Mathématiques appliquées à l'informatique

COLLECTION MATHÉMATIQUES

les éditions
Le Griffon d'argile

7649, boulevard Wilfrid-Hamel
Sainte-Foy (Québec) G2G 1C3
Téléphone: (418) 871-6898 • 1 800 268-6898
Télécopieur: (418) 871-6818
www.griffondargile.com
admin@griffondargile.com

Algèbre, géométrie analytique, trigonométrie
Ross, André

Algèbre linéaire et géométrie vectorielle
Ouellet, Gilles

Calcul 1, 4ᵉ édition
Ouellet, Gilles

Calcul 1 pour les sciences humaines et les techniques de la gestion
Ross, André

Calcul 2
Ouellet, Gilles

Calcul 3
Ouellet, Gilles

Calcul différentiel. Avec applications en sciences humaines
Ouellet, Gilles

Calcul différentiel et résolution de problèmes avec Maple V
Etchecopar, Philippe

Calculatrice et mathématiques financières
Picotte, Sylvie

Compléments de mathématiques pour les techniques de gestion
Ouellet, Gilles

Défis mathématiques. 40 ans du concours annuel de l'AMQ
Turgeon, Jean M.

Éléments de biométrie
Mercier, André

Laboratoires Maple V (4 cahiers)
Lalancette, Paul-Edmond

Maple V pour les sciences
Lemelin, Mario

Maple V pour l'algèbre linéaire
Lemelin, Mario; Paquette, Éric; Picotte, Sylvie

Mathématiques appliquées à l'administration
Ross, André

Mathématiques appliquées à l'informatique
Ross, André

Mathématiques appliquées aux technologies du bâtiment et du territoire
Ross, André

Mathématiques appliquées aux technologies du génie électrique 1
Ross, André

Mathématiques appliquées aux technologies du génie électrique 2
Ross, André

Mathématiques au collégial I. Calcul différentiel
Ouellet, Gilles

Mathématiques au collégial II. Calcul intégral
Ouellet, Gilles

Mathématiques au collégial III. Statistique et probabilités
Ouellet, Gilles

Méthodes quantitatives, 2ᵉ édition
Simard, Christiane

Méthodes quantitatives en sciences humaines (Notes de cours)
Brousseau, Guy

Méthodes quantitatives en sciences humaines
Plourde, Bibiane ; Coulombe, Patrick

Méthodes quantitatives. Formation complémentaire
Caumartin, André ; Geleyn, Linda

Modèles mathématiques pour les techniques industrielles
Ross, André

Statistique 201–337. Notes de cours
Brousseau, Guy

Tables statistiques expliquées et appliquées
Laurencelle, Louis; Dupuis, François A.

Vecteurs et matrices
Ouellet, Gilles

Consultez notre site Web pour plus de détails
www.griffondargile.com

Mathématiques appliquées à l'informatique

André Ross

les éditions
Le Griffon d'argile

```
Données de catalogage avant publication (Canada)

Ross, André
    Mathématiques appliquées à l'informatique

Comprend un index.
Pour les étudiants du niveau collégial.
ISBN 2-89443-127-9

    1. Informatique--Mathématiques. 2. Informatique--
Mathématiques--Problèmes et exercices. 3. Mathématiques--
Informatique. I. Titre.

QA76.9.M35R67 2000        004'.01'51        C00-900628-1
```

Coordination de l'édition : Sophie Descoteaux; **Graphisme et montage :** André Ross;
Illustrations de scientifiques : Réjean Roy; **Couverture :** Charles Lessard; Photos de couverture © 2000 Photodisc.

Il est interdit de reproduire le présent ouvrage, en tout ou en partie, sous quelque forme que ce soit,
sans la permission écrite des éditions Le Griffon d'argile ou d'une société de gestion dûment mandatée.

© 2000, Les éditions Le Griffon d'argile
Tous droits réservés

7649, boulevard Wilfrid-Hamel
Sainte-Foy (Québec) G2G 1C3
(418) 871-6898 • 1 800 268-6898
Télécopieur: (418) 871-6818
http://www.griffondargile.com
admin@griffondargile.com

Mathématiques appliquées à l'informatique
ISBN 2-89443-127-9

Nous reconnaissons l'aide financière du gouvernement du Canada par l'entremise du
Programme d'aide au développement de l'industrie de l'édition (PADIE) pour nos activités d'édition.

Dépôt légal
Bibliothèque nationale du Canada
Bibliothèque nationale du Québec
3ᵉ trimestre 2000

À France, Magali, Noémie et Jean-Christian

REMERCIEMENTS

C'est avec plaisir que je remercie toutes les personnes qui ont collaboré à la réalisation de cet ouvrage. De nombreuses personnes m'ont fait des commentaires et des suggestions au cours des années, et elles ont toute ma gratitude. Les suggestions des lecteurs sont toujours grandement appréciées, elles contribuent à l'amélioration de l'ouvrage.

Pour la révison du texte et des exercices, je tiens à remercier tout particulièrement:
Robert Bilinski (Cégep Saint-Jean-sur-Richelieu),
Josée Breton,
Paul Charlebois (Collège François-Xavier-Garneau),
Luc Cloutier (Collège de Limoilou),
Lise Desautels (Collège de l'Outaouais),
Jenny Dugas,
Jean Fradette (Collège Bois-de-Boulogne),
Maude Lemay,
Lucie Nadeau (Cégep de Lévis-Lauzon).

Je remercie également Sophie Descoteaux pour la coordination du projet.

André Ross

AVANT-PROPOS

La résolution de problèmes mathématiques en informatique demande, entre autres, d'être capable:
1. d'effectuer des traitement sur des données internes de l'ordinateur;
2. d'effectuer des opérations logiques;
3. d'organiser et traiter de l'information;
4. de résoudre des problèmes de programmation linéaire;
5. de résoudre des problèmes de dénombrement.

Dans cet ouvrage, l'accent a été mis sur les applications pratiques pour favoriser un meilleur apprentissage et pour développer l'habileté à appliquer les notions mathématiques dans des situations pratiques. Des activités de laboratoire ont été ajoutées en annexe pour permettre l'utilisation du logiciel Excel.

Les mathématiques rendent possible un apprentissage progressif de la résolution de problèmes en proposant aux étudiantes et aux étudiants des situations qu'ils doivent analyser et comparer à des problématiques déjà rencontrées, et pour lesquelles il faut faire une synthèse de l'information, adapter des procédures de résolution à la situation particulière, appliquer la procédure de résolution et critiquer les résultats obtenus dans le contexte.

L'application des mathématiques, dans quelque domaine que ce soit, nécessite un transfert des connaissances, ce qui implique une adaptation au contexte et une meilleure intégration des connaissances. Le transfert est une activité d'apprentissage de haut niveau et l'étudiant doit être soutenu dans cet apprentissage. C'est l'objectif visé par cet ouvrage et par les cours de mathématiques dans les programmes techniques.

André Ross

STRUCTURE DES CHAPITRES

Différents éléments graphiques sont utilisés dans la mise en page pour repérer rapidement certains éléments du contenu. Le sens de ces symboles est donné ci-dessous.

6.1 TITRE DE SECTION

OBJECTIF: Les objectifs de section présentent les éléments de compétence visés par les activités d'apprentissage de la section.

SOUS-TITRES
Les sous-titres indiquent les divisions en sous-sections.

DÉFINITIONS ET THÉORÈMES
Les définitions et les théorèmes constituent les fondements des procédures utilisées dans la résolution des problèmes.

PROCÉDURE
Les procédures indiquent une méthode générale de résolution pour un type de problèmes donné. Elles constituent un outil sans imposer un cheminement ferme. Il faut pouvoir adapter la procédure à des situations nouvelles. L'application correcte des procédures, incluant l'interprétation des résultats dans le contexte, est la manifestation concrète de la maîtrise de l'élément de compétence.

Les exemples illustrent les procédures de résolution de problèmes sans que les étapes ne soient clairement identifiées pour ne pas alourdir le texte. Ils comportent toujours une question à laquelle on répond en adaptant et en appliquant une ou des procédures.

REMARQUE

Les remarques apportent un complément d'information pour faciliter la compréhension et l'intégration des notions, concepts et procédures.

NOTES HISTORIQUES
Les notes historiques permettent de mieux connaître quelques-uns des mathématiciens ayant œuvré sur les notions qui constituent les fondements des applications en informatique.

PRÉPARATION À L'ÉVALUATION ET VOCABULAIRE UTILISÉ DANS LE CHAPITRE
À la fin de chaque chapitre, des pages sont consacrées à la préparation à l'évaluation et au vocabulaire utilisé dans le chapitre. La préparation à l'évaluation passe en revue les objectifs et les procédures du chapitre.

TABLE DES SUJETS

CHAPITRE 1 – SYSTÈMES DE NUMÉRATION

1.0 PRÉAMBULE	1
1.1 SYSTÈME DE NUMÉRATION BINAIRE	2
Objectif	2
Introduction	2
Conversion d'un nombre binaire en décimal	2
Base d'un système de numération	3
Procédure pour convertir un nombre binaire en décimal	3
Conversion d'un nombre décimal en binaire	4
Conversion d'un nombre entier	4
Procédure pour convertir un nombre entier en binaire	6
Conversion d'un nombre fractionnaire	6
Procédure pour convertir un nombre fractionnaire en binaire	7
Procédure pour convertir en binaire un nombre comportant une partie entière et une partie fractionnaire	9
Systèmes de numération (note historique)	9
1.2 EXERCICES	10
1.3 SYSTÈMES DE NUMÉRATION OCTAL ET HEXADÉCIMAL	11
Objectif	11
Conversion décimal-octal	11
Procédure pour convertir un nombre décimal en octal	11
Procédure pour convertir un nombre octal en décimal	12
Conversion décimal-hexadécimal	13
Procédure pour convertir un nombre décimal en hexadécimal	13
Procédure pour convertir un nombre hexadécimal en décimal	14
Conversion binaire-octal et binaire-hexadécimal	15
Procédure de conversion binaire-octal et binaire-hexadécimal	16
Décimal codé binaire	18
Procédure pour coder un nombre décimal en dcb	19
Procédure pour décoder un nombre écrit en dcb	19
Code binaire réfléchi ou code Gray	19
Procédure pour coder ou décoder un nombre en binaire réfléchi	20
1.4 EXERCICES	21
1.5 EXERCICES DIVERS	22
PRÉPARATION À L'ÉVALUATION	26
VOCABULAIRE UTILISÉ DANS LE CHAPITRE	28

CHAPITRE 2 – OPÉRATIONS DANS DIFFÉRENTES BASES

2.0 PRÉAMBULE	29
2.1 OPÉRATIONS EN BINAIRE	30
Objectif	30
Addition	30
Procédure pour additionner des nombres en binaire naturel	31
Soustraction	32
Procédure pour soustraire des nombres en binaire naturel	32
Complémentation	33
Procédure pour trouver le complément à deux $(10)_2$ d'un nombre en binaire	35
Procédure pour effectuer une soustraction par complémentation à deux $(10)_2$	36
Procédure pour effectuer une soustraction par complémentation à un $(1)_2$	38
Multiplication	39
Procédure pour multiplier des nombres en binaire naturel	39
Division	40
Procédure pour diviser des nombres en binaire naturel	41
2.2 EXERCICES	42
2.3 ADDITION ET SOUSTRACTION EN OCTAL ET EN HEXADÉCIMAL	44
Objectif	44
Addition et soustraction en octal	44
Procédure pour additionner des nombres en octal	45
Table d'addition en octal	45
Soustraction	47
Procédure pour trouver le complément à huit $(10)_8$ en octal	47
Procédure pour soustraire des nombres par complémentation en octal	47
Addition et soustraction en hexadécimal	49
Procédure pour additionner des nombres en hexadécimal	49
Procédure pour trouver le complément à seize $(10)_{16}$ en hexadécimal	50
Procédure pour soustraire des nombres par complémentation en hexadécimal	50
Table d'addition en hexadécimal	51
2.4 EXERCICES	51
PRÉPARATION À L'ÉVALUATION	54
VOCABULAIRE UTILISÉ DANS LE CHAPITRE	56

CHAPITRE 3 – ARITHMÉTIQUE DE L'ORDINATEUR

3.0 PRÉAMBULE	57
3.1 REPRÉSENTATION NORMALISÉE DES NOMBRES	58
Objectif	58
Représentation par complémentation à deux	58
Addition de deux nombres de même signe	59
Addition de deux nombres de signe différent	59
Procédure pour additionner des nombres par complémentation à deux	60
Représentation par complémentation à un	62
Procédure pour additionner des nombres par complémentation à un	62
Représentation signe et module	64
Addition de deux nombres de même signe	65
Procédure pour additionner deux nombres de même signe en représentation signe et module	65
Addition de deux nombres de signe différent	66
Procédure pour additionner deux nombres de signe différent en représentation signe et module	68
Représentation par excès	70
Représentation en mode réel	71
Opérations en mode réel	72

Addition	72
Multiplication	74
Procédure pour simuler une opération en mode réel	75
Alan Mathison TURING (note historique)	75

3.2 EXERCICES 76
3.3 LIMITES DE PRÉCISION 78
   Objectif 78
   Erreur 78
      Erreurs de modélisation 78
      Erreurs de troncature 78
      Erreurs de représentation sur ordinateur 78
      Erreur absolue 79
      Erreur relative 79
      Incertitude absolue 80
      Interprétation graphique de l'incertitude 80
   Opérations et incertitude absolue 81
      Sommes et différences 81
      Produits et quotients 82
   Limites de la représentation des données 85
      Erreurs dues à la représentation des entiers 86
      Erreurs en notation flottante 86
      Procédure pour effectuer une addition ou une soustraction en notation flottante 86
      Procédure pour effectuer une multiplication ou une division en notation flottante 88
   Erreurs dues à la représentation en mode réel 90
      Erreurs en mode réel 91
      Incertitude relative 92
      Précision machine 93
3.4 EXERCICES 94
3.5 EXERCICES DIVERS 96
PRÉPARATION À L'ÉVALUATION 98
VOCABULAIRE UTILISÉ DANS LE CHAPITRE 100

CHAPITRE 4 – ALGÈBRE DE BOOLE

4.0 PRÉAMBULE 101
4.1 ALGÈBRE DES PROPOSITIONS 102
   Objectifs 102
   Proposition 102
   Opérateurs booléens 103
      Négation 103
      Conjonction 103
      Disjonction 104
      Disjonction exclusive 105
      Implication 105
      Réciproque et contraposée 107
      Procédure pour construire la table de vérité d'un énoncé composé 107
      Biconditionnelle 107
      Tautologie 107
      Contradiction 108
      Implication logique 108
      Équivalence logique 108
      Procédure pour démontrer l'équivalence logique de deux propositions composées ... 109
   George BOOLE (note historique) 110
4.2 EXERCICES 111
4.3 SIMPLIFICATION D'ÉNONCÉS BOOLÉENS 113
   Objectif 113

Propriétés des opérateurs booléens 113
    Procédure pour simplifier des énoncés à l'aide des propriétés des opérateurs 114
    Procédure pour trouver la négation d'une proposition 115
Forme booléenne et quantificateurs 115
    Forme booléenne 115
    Formes booléennes et ensembles 116
    Relations entre ensembles 116
    Égalité et inclusion 116
Opérations sur les ensembles 117
    Complément d'un ensemble 117
    Intersection de deux ensembles 117
    Union de deux ensembles 117
    Propriétés des opérations sur les ensembles 118
Quantification 119
    Quantificateur universel 119
    Quantificateur existentiel 120
    Variables libres et variables liées 120
    Procédure pour déterminer la valeur de vérité d'une proposition comportant des quantificateurs 121
Opérateurs et circuits 122
    Circuit série 122
    Circuit parallèle 123
    Variable booléenne 123
    Fonction logique 123
    Procédure pour décrire un circuit par une fonction logique 123
    Procédure pour simplifier un circuit à l'aide de sa fonction logique 123
4.4 EXERCICES 125
4.5 EXERCICES DIVERS 129
PRÉPARATION À L'ÉVALUATION 130
VOCABULAIRE UTILISÉ DANS LE CHAPITRE 132

CHAPITRE 5 – ALGÈBRE DES CIRCUITS

5.0 PRÉAMBULE 135
5.1 CIRCUITS LOGIQUES 136
    Objectif 136
    Circuits de base 136
        Circuit inverseur 136
        Circuit OU 136
        Circuit ET 136
    Propriétés des opérateurs booléens et circuits correspondants 137
    Circuits particuliers 138
        Circuit NON-ET 139
        Circuit NON-OU 139
        Circuit OU exclusif 139
        Circuit à coïncidence ou comparateur 140
    Tableau des circuits particuliers 140
    Tableau des fonctions de deux variables 141
        Semi-conducteurs 141
    Simplification de circuits 142
        Procédure pour simplifier un circuit 142
    Applications des circuits logiques 144
        Somme canonique 144
    Demi-additionneur et additionneur 146
5.2 EXERCICES 148

5.3 TABLEAUX DE KARNAUGH 150
    Objectif 150
    Tableau de Karnaugh à deux variables 150
    Tableau de Karnaugh à trois variables 152
    Tableau de Karnaugh à quatre variables 152
        Procédure pour simplifier une fonction logique par la méthode de Karnaugh 154
    Augustus DE MORGAN (note historique) 156
5.4 EXERCICES 157
PRÉPARATION À L'ÉVALUATION 160
VOCABULAIRE UTILISÉ DANS LE CHAPITRE 162

CHAPITRE 6 – MODÉLISATION: FONCTIONS DISCRÈTES

6.0 PRÉAMBULE 163
6.1 SUITES, SOMMATIONS ET FONCTIONS RÉCURSIVES 164
    Objectif 164
        Fonction 164
        Suite 164
        Fonction récursive 165
    FIBONACCI (note historique) 167
        Progression arithmétique 167
        Progression géométrique 168
        Valeur future et valeur actuelle 169
    Sommations 170
        Portée d'un symbole de sommation 170
        Propriétés du symbole de sommation 171
        Somme partielle d'une progression arithmétique 171
        Somme partielle d'une progression géométrique 171
            Annuités 173
            Procédure pour calculer la valeur cumulée d'une annuité de début de période ... 174
            Annuités de fin de période 175
            Procédure pour résoudre un problème d'annuités simples 174
            Taux nominal, taux périodique et taux réel 180
        Somme d'une progression géométrique infinie 181
6.2 EXERCICES 182
6.3 INDUCTION ET PREUVE PAR RÉCURRENCE 187
    Méthode graphique 187
    Principe de la démonstration par récurrence 189
        Axiome d'induction 189
        Procédure pour faire une démonstration à l'aide de l'axiome d'induction ... 190
        Divisibilité des entiers 193
6.4 EXERCICES 195
PRÉPARATION À L'ÉVALUATION 198
VOCABULAIRE UTILISÉ DANS LE CHAPITRE 200

CHAPITRE 7 – MODÉLISATION AFFINE

7.0 PRÉAMBULE 201
7.1 MODÉLISATION AFFINE 202
    Objectifs 202
        Procédure de modélisation affine 202
        Relation et fonction 204

Fonction affine	204
Représentation graphique	204
Pente d'une droite	204
Équation d'une droite	205
Deux points de la droite sont connus	205
Un point et la pente sont connus	205
Relation réciproque	206

7.2 EXERCICES ... 207
- Daniel Gabriel FAHRENHEIT (note historique) ... 208

7.3 DROITE DE RÉGRESSION ... 212
- Objectif ... 212
- Méthode des moindres carrés ... 212
  - Procédure pour calculer les paramètres d'une droite de régression ... 212
- Précision du modèle ... 214
  - Coefficient de corrélation ... 214
- Droite de tendance ... 215
  - Interpolation ... 215
  - Extrapolation ... 215
- Sir Francis GALTON (note historique) ... 217

7.4 EXERCICES ... 218
PRÉPARATION À L'ÉVALUATION ... 222
VOCABULAIRE UTILISÉ DANS LE CHAPITRE ... 224

CHAPITRE 8 – MODÉLISATION EXPONENTIELLE

8.0 PRÉAMBULE ... 225
8.1 MODÉLISATION EXPONENTIELLE ... 226
- Objectifs ... 226
  - Procédure pour modéliser un phénomène de croissance ou de décroissance à taux constant ... 228
  - Caractéristique algébrique du modèle exponentiel ... 228
  - Procédure pour représenter des données à pas constant par un modèle exponentiel ... 229
- John NAPIER et Henry BRIGGS (note historique) ... 231

8.2 EXERCICES ... 232
8.3 LOGARITHMES ... 234
- Équation exponentielle ... 234
- Objectif ... 234
  - Logarithme en base b ... 235
  - Logarithme d'un nombre affecté d'un exposant ... 236
  - Changement de base ... 238
  - Procédure pour résoudre une équation exponentielle ... 238
  - Propriétés des logarithmes et des exposants ... 240
- Fonctions exponentielles et logarithmiques ... 240
  - Fonction exponentielle ... 240
  - Fonction inverse, la fonction logarithmique ... 241
- Intérêt et capital ... 242
  - Calcul du taux ... 243
  - Calcul du temps ... 243
- Leonhard EULER (note historique) ... 244

8.4 EXERCICES ... 244
8.5 ÉCHELLE LOGARITHMIQUE ... 246
- Objectif ... 246
- Échelle linéaire ... 246
- Échelle logarithmique ... 246

Échelle logarithmique et modélisation	249
Procédure pour modéliser à partir de données expérimentales	254
Logarithmes (note historique)	254
8.6 EXERCICES	255
PRÉPARATION À L'ÉVALUATION	260
VOCABULAIRE UTILISÉ DANS LE CHAPITRE	262

CHAPITRE 9 – MATRICES ET SYSTÈME D'ÉQUATIONS LINÉAIRES

9.0 PRÉAMBULE	263
9.1 MATRICES	264
Objectif	264
Mise en situation	264
Matrice	265
Égalité de matrices	265
Opérations sur les matrices	266
Somme	266
Multiplication d'une matrice par un scalaire	267
Propriétés des opérations d'addition des matrices et de multiplication par un scalaire d'une matrice	268
Produit de matrices	268
Produit matriciel	269
Propriétés du produit matriciel	270
Arthur Cayley (note historique)	270
Transposition	271
Propriété de la transposition et du produit matriciel	271
9.2 EXERCICES	272
9.3 SYSTÈMES D'ÉQUATIONS LINÉAIRES	278
Objectif	278
Mise en situation	278
Systèmes d'équations linéaires et matrices	281
Méthode de Gauss	281
Opérations élémentaires sur les lignes	282
Matrices équivalentes-lignes	282
Procédure pour résoudre un système d'équations linéaires	283
Carl Friedrich Gauss (note historique)	285
Méthode de Gauss-Jordan et inversion de matrices	286
Matrice identité	286
Matrice inverse	286
Matrices et prise de décision	289
Mise en situation	289
9.4 EXERCICES	292
9.5 DÉFIS	299
PRÉPARATION À L'ÉVALUATION	300
VOCABULAIRE UTILISÉ DANS LE CHAPITRE	302

CHAPITRE 10 – PROGRAMMATION LINÉAIRE

10.0 PRÉAMBULE	305
10.1 ÉLÉMENTS DE PROGRAMMATION LINÉAIRE	306
Objectif	306
Mise en situation	306
Inégalités et inéquations	307
Propriétés des inégalités	307
Inéquations linéaires	307
Procédure pour déterminer l'ensemble-solution d'une inéquation linéaire à deux variables	308
Demi-plan fermé et demi-plan ouvert	308

Ensemble convexe	311
Polygone convexe	311
Point sommet	311
Problème de programmation linéaire	312
Résolution géométrique	312
Discussion des solutions	313
Fonction linéaire	314
Théorème de la programmation linéaire	314
Procédure de résolution d'un problème de programmation linéaire	314
Affectation des ressources	316
Procédure de résolution d'un problème d'affectation des ressources	316
10.2 EXERCICES	320
10.3 MÉTHODE DU SIMPLEXE	324
Objectif	324
Variable d'écart	324
Solution de base	325
Résolution algébrique	325
Résolution matricielle	327
Procédure pour résoudre un problème de programmation linéaire à l'aide d'une matrice	329
Problème dual	334
Georges Bernard Dantzig (note historique)	340
10.4 EXERCICES	340
10.5 PROBLÈMES DE TRANSPORT	344
Objectifs	344
Mise en situation	344
Détermination d'une solution initiale	345
Méthode du coin nord-ouest	345
Procédure de l'algorithme du coin nord-ouest	346
Méthode du coût minimal	346
Procédure de l'algorithme du coût minimal	347
Détermination d'une solution optimale	348
Procédure de l'algorithme des pierres de gué (ou « stepping-stone »)	349
10.6 EXERCICES	352
PRÉPARATION À L'ÉVALUATION	356
VOCABULAIRE UTILISÉ DANS LE CHAPITRE	358

CHAPITRE 11 – DÉNOMBREMENT

11.0 PRÉAMBULE	361
11.1 ARRANGEMENTS	362
Objectif	362
Permutations d'objets distincts	362
Arrangements sans répétition	364
Notation factorielle	365
Notation factorielle du nombre d'arrangements sans répétition	366
Permutations avec objets indiscernables	366
Arrangements avec répétitions	368
Propriété de $n!$	369
Un cas particulier intéressant, $0!$	369
Procédure pour dénombrer les permutations d'une collection d'objets	371
Procédure pour dénombrer les arrangements d'une collection d'objets	371
Pierre de Fermat (note historique)	371

11.2 EXERCICES 372
11.3 COMBINAISONS 375
    Objectif 375
        Définition des nombres C_n^p 376
        Principe multiplicatif 377
        Principe additif 377
        Propriétés des nombres C_n^p 382
            Triangle de PASCAL 383
            Procédure pour dénombrer les combinaisons d'une collection d'objets 383
        Blaise PASCAL (note historique) 383

11.4 EXERCICES 384
PRÉPARATION À L'ÉVALUATION 388
VOCABULAIRE UTILISÉ DANS LE CHAPITRE 390

CHAPITRE 12 – INITIATION AU CALCUL DES PROBABILITÉS

12.0 PRÉAMBULE 391
12.1 NOTION DE PROBABILITÉ 392
    Objectif 392
        Expérience aléatoire 392
        Espace échantillonnal 392
        Événement 392
        Cardinalité d'un ensemble 393
        Probabilité d'un événement 393
        Procédure pour calculer la probabilité d'un événement 393
        Événement certain et événement impossibe 395
    Probabilités et opérations sur les ensembles 396
        Événements incompatibles 396
        Événement complémentaire 397
        Règle du complément 397
        Procédure pour calculer la probabilité d'un événement par la règle du complément . . . 397
        Procédure pour calculer la probabilité de l'union d'événements non disjoints 398
12.2 EXERCICES 400
12.3 PROBABILITÉS CONDITIONNELLES 402
    Objectif 402
    Processus stochastiques 402
        Procédure pour calculer une probabilité conditionnelle 407
        Événements indépendants 408
    Coïncidence de dates 410
12.4 EXERCICES 410
PRÉPARATION À L'ÉVALUATION 416
VOCABULAIRE UTILISÉ DANS LE CHAPITRE 418

CHAPITRE 13 – EXERCICES DE SYNTHÈSE

13.0 PRÉAMBULE 419

ANNEXE-LABORATOIRES 429

RÉPONSES AUX EXERCICES 475

BIBLIOGRAPHIE 515

INDEX 517

SYSTÈMES DE NUMÉRATION

1.0 PRÉAMBULE

Au cours des siècles, la façon de représenter les nombres s'est adaptée à l'utilisation qu'on voulait en faire et aux besoins engendrés par les nouvelles découvertes. Ainsi, les bergers pouvaient se contenter de conserver une corde à laquelle ils ajoutaient un nœud à la naissance d'un mouton ; cette pratique de numération leur convenait puisque le seul besoin était de « compter » les moutons en vue de s'assurer qu'aucun n'était perdu. Cette pratique a d'ailleurs été à l'origine du boulier chinois et du chapelet.

Au fil de l'évolution des besoins, les modes de représentation et de manipulation des nombres, c'est-à-dire les systèmes de numération, ont également évolué. Notre système, appelé *système décimal*, qui utilise dix symboles, répond bien à la plupart des exigences de la science moderne. Toutefois, la découverte de l'électricité et le développement technologique qui s'ensuivit ont créé de nouveaux besoins qui ont entraîné une utilisation plus systématique du système binaire, du système octal et du système hexadécimal. Dans ce premier chapitre, nous présenterons chacun de ces trois systèmes et étudierons la conversion d'un système à l'autre..

Les activités d'apprentissage de ce chapitre visent à développer l'élément de compétence suivant :

EFFECTUER DES TRAITEMENTS SUR DES DONNÉES INTERNES DE L'ORDINATEUR.

Les composantes particulières de l'élément de compétence visées par ce chapitre sont :

Représentation correcte de nombres dans différentes bases.
Conversion de nombres d'une base dans une autre.

1.1 SYSTÈME DE NUMÉRATION BINAIRE

On appelle *système de numération* un système qui permet de représenter les nombres à l'aide de symboles appelés *chiffres*. Le système décimal, avec lequel nous sommes familiers, est un système de numération. Les autres systèmes de numération que nous étudierons sont les systèmes binaire, octal et hexadécimal. Cette première section est consacrée à l'étude du système binaire.

OBJECTIF: Convertir un nombre du système décimal vers le système binaire et réciproquement.

INTRODUCTION

Notre système de numération est un système positionnel de base dix. Cela signifie que nous utilisons dix symboles ou chiffres (0, 1, 2, 3, 4, 5, 6, 7, 8 et 9), et que la valeur d'un chiffre dépend de la position qu'il occupe dans un nombre. Ainsi, dans le nombre 534, chaque symbole ou chiffre a une valeur qui dépend de sa position

$$534 = 500 + 30 + 4$$

ou encore,

$$534 = 5 \times 10^2 + 3 \times 10^1 + 4 \times 10^0$$

Cette dernière expression est appelée *la représentation polynomiale* du nombre 534. Les nombres fractionnaires s'expriment également comme somme de puissances successives de la base, cependant les exposants sont négatifs. Ainsi, le nombre 0,752 sous forme polynomiale donne

$$0,752 = 0,7 + 0,05 + 0,002$$
$$= 7 \times 10^{-1} + 5 \times 10^{-2} + 2 \times 10^{-3}$$

On peut également exprimer ce nombre sous la forme équivalente suivante:

$$0,752 = \frac{7}{10^1} + \frac{5}{10^2} + \frac{2}{10^3}$$

En faisant la somme du développement de la partie entière et du développement de la partie fractionnaire, on obtient la représentation polynomiale de n'importe quel nombre réel. Ainsi, la représentation polynomiale du nombre 253,67 est

$$253,67 = 2 \times 10^2 + 5 \times 10^1 + 3 \times 10^0 + 6 \times 10^{-1} + 7 \times 10^{-2}$$

CONVERSION D'UN NOMBRE BINAIRE EN DÉCIMAL

Le système binaire est également un système positionnel, mais dans le système binaire, il n'y a que deux symboles: 0 et 1. Ainsi, le nombre 101101 est un nombre en système binaire. La représentation polynomiale de ce nombre nous permet de trouver son équivalent dans le système décimal. On trouve alors

$$101101 = 1 \times 2^5 + 0 \times 2^4 + 1 \times 2^3 + 1 \times 2^2 + 0 \times 2^1 + 1 \times 2^0$$
$$= 32 + 0 + 8 + 4 + 0 + 1$$
$$= 45$$

Pour convertir en décimal un nombre fractionnaire exprimé en binaire, nous utilisons également la représentation polynomiale. Ainsi, le nombre binaire 0,1011 peut être converti en décimal de la façon suivante:

$$0{,}1011 = 1 \times 2^{-1} + 0 \times 2^{-2} + 1 \times 2^{-3} + 1 \times 2^{-4}$$
$$= \frac{1}{2} + \frac{0}{4} + \frac{1}{8} + \frac{1}{16}$$
$$= 0{,}5 + 0{,}125 + 0{,}0625$$
$$= 0{,}6875$$

BASE D'UN SYSTÈME DE NUMÉRATION

La *base d'un système de numération* est le nombre de symboles (ou de chiffres) utilisés pour représenter les nombres dans ce système de numération. Ainsi, notre système décimal est en base 10 et le système binaire est en base 2.

Dans la représentation d'un nombre en base b, chaque chiffre a une valeur de position exprimée par les puissances successives de b, ces puissances étant négatives à droite de la virgule et non négatives à gauche. Un nombre de base b s'écrira comme suit:

$$(a_n a_{n-1} \ldots a_2 a_1 a_0, a_{-1} a_{-2} \ldots a_{-m})_b$$

où les a_i sont les chiffres utilisés en base b. La valeur de l'indice i représente la *position* (ou le *rang*) du chiffre dans le nombre.

Pour convertir un nombre de base b en nombre décimal, il suffit d'utiliser la représentation polynomiale du nombre, soit:

$$a_n b^n + a_{n-1} b^{n-1} + \ldots + a_2 b^2 + a_1 b^1 + a_0 b^0 + a_{-1} b^{-1} + a_{-2} b^{-2} + \ldots a_{-m} b^{-m}$$

PROCÉDURE POUR CONVERTIR UN NOMBRE BINAIRE EN DÉCIMAL

1. Multiplier chacun des chiffres du nombre par la puissance de la base correspondant à sa position dans le nombre.
2. Faire la somme des produits obtenus pour obtenir le nombre dans le système décimal.

EXEMPLE 1.1.1

Trouver la valeur des nombres suivants dans la base dix.
a) 110110 *b)* 100011 *c)* 0,111
d) 0,0111 *e)* 101,011 *f)* 1110,1101

Solution

a) En écrivant le nombre 110110 sous forme polynomiale, on a

$$110110 = 1 \times 2^5 + 1 \times 2^4 + 0 \times 2^3 + 1 \times 2^2 + 1 \times 2^1 + 0 \times 2^0$$
$$= 32 + 16 + 4 + 2 = 54$$

On peut donc écrire: $(110110)_2 = (54)_{10}$.

b) $100011 = 1\times 2^5 + 0\times 2^4 + 0\times 2^3 + 0\times 2^2 + 1\times 2^1 + 1\times 2^0$
$= 32 + 2 + 1 = 35$

On peut donc écrire: $(100011)_2 = (35)_{10}$.

c) $0{,}111 = 1\times 2^{-1} + 1\times 2^{-2} + 1\times 2^{-3}$
$= 0{,}5 + 0{,}25 + 0{,}125 = 0{,}875$

On peut donc écrire: $(0{,}111)_2 = (0{,}875)_{10}$.

d) $0{,}0111 = 0\times 2^{-1} + 1\times 2^{-2} + 1\times 2^{-3} + 1\times 2^{-4}$
$= 0 + 0{,}25 + 0{,}125 + 0{,}0625 = 0{,}4375$

On peut donc écrire: $(0{,}0111)_2 = (0{,}4375)_{10}$.

e) $101{,}011 = 1\times 2^2 + 0\times 2^1 + 1\times 2^0 + 0\times 2^{-1} + 1\times 2^{-2} + 1\times 2^{-3}$
$= 4 + 1 + 0{,}25 + 0{,}125 = 5{,}375$

On peut donc écrire: $(101{,}011)_2 = (5{,}375)_{10}$.

f) $1110{,}1101 = 1\times 2^3 + 1\times 2^2 + 1\times 2^1 + 0\times 2^0 + 1\times 2^{-1} + 1\times 2^{-2} + 0\times 2^{-3} + 1\times 2^{-4}$
$= 8 + 4 + 2 + 0{,}5 + 0{,}25 + 0{,}0625 = 14{,}8125$

On peut donc écrire: $(1110{,}1101)_2 = (14{,}8125)_{10}$.

CONVERSION D'UN NOMBRE DÉCIMAL EN BINAIRE

CONVERSION D'UN NOMBRE ENTIER

Écrire un nombre en binaire revient à l'exprimer comme une somme de puissances de 2. Les puissances successives de 2 sont $1 = 2^0$, $2 = 2^1$, $4 = 2^2$, $8 = 2^3$, $16 = 2^4$, $32 = 2^5$, $64 = 2^6$. Les coefficients de ces puissances successives sont les chiffres servant à écrire le nombre dans le système binaire. Ainsi, pour convertir $(51)_{10}$ en binaire, on peut développer comme suit:

$$51 = 32 + 19$$
$$= 32 + 16 + 3$$
$$= 32 + 16 + 2 + 1$$
$$= 1\times 2^5 + 1\times 2^4 + 0\times 2^3 + 0\times 2^2 + 1\times 2^1 + 1\times 2^0$$

Les coefficients de la représentation polynomiale permettent alors d'écrire le nombre 51 en binaire, ce qui donne 110011. Donc, $(51)_{10} = (110011)_2$.

EXEMPLE *1.1.2*

Exprimer le nombre $(83)_{10}$ comme somme de puissances de 2 pour l'écrire en binaire.

Solution

On identifie d'abord la plus grande puissance de 2 inférieure à 83; cette puissance est 64. On peut alors écrire $83 = 64 + 19$. La plus grande puissance de 2 inférieure à 19 est 16; on a donc
$$83 = 64 + 16 + 3.$$
En poursuivant le processus, on obtient
$$\begin{aligned} 83 &= 64 + 19 \\ &= 64 + 16 + 3 \\ &= 64 + 16 + 2 + 1 \\ &= 1\times 2^6 + 0\times 2^5 + 1\times 2^4 + 0\times 2^3 + 0\times 2^2 + 1\times 2^1 + 1\times 2^0 \end{aligned}$$

Les coefficients de la représentation polynomiale sont dans l'ordre 1010011 et ils représentent les chiffres du nombre en base 2. On peut donc écrire $(83)_{10} = (1010011)_2$.

Évidemment le processus de développement d'un nombre comme somme de puissances de la base peut se révéler long et fastidieux lorsque le nombre à convertir en binaire est assez grand. Illustrons comment on peut parvenir au même résultat plus efficacement. Pour convertir le nombre décimal 83 en base 2, on divise successivement le nombre à convertir par 2, et on trouve

$$\begin{aligned} 83 \div 2 &\text{ donne } 41 \text{ reste } 1 \\ 41 \div 2 &\text{ donne } 20 \text{ reste } 1 \\ 20 \div 2 &\text{ donne } 10 \text{ reste } 0 \\ 10 \div 2 &\text{ donne } 5 \text{ reste } 0 \\ 5 \div 2 &\text{ donne } 2 \text{ reste } 1 \\ 2 \div 2 &\text{ donne } 1 \text{ reste } 0 \\ 1 \div 2 &\text{ donne } 0 \text{ reste } 1 \end{aligned}$$

Ce qui donne:

$$\begin{aligned} 83 &= 2\times 41 + 1 = 2\times 41 + 1\times 2^0 \\ &= 2\times(2\times 20 + 1) + 1\times 2^0 = 2^2\times 20 + 1\times 2^1 + 1\times 2^0 \\ &= 2^2\times(2\times 10 + 0) + 1\times 2^1 + 1\times 2^0 = 2^3\times 10 + 0\times 2^2 + 1\times 2^1 + 1\times 2^0 \\ &= 2^3\times(2\times 5 + 0) + 0\times 2^2 + 1\times 2^1 + 1\times 2^0 = 2^4\times 5 + 0\times 2^3 + 0\times 2^2 + 1\times 2^1 + 1\times 2^0 \\ &= 2^4\times(2\times 2 + 1) + 0\times 2^3 + 0\times 2^2 + 1\times 2^1 + 1\times 2^0 \\ &= 1\times 2^6 + 0\times 2^5 + 1\times 2^4 + 0\times 2^3 + 0\times 2^2 + 1\times 2^1 + 1\times 2^0 \end{aligned}$$

Par conséquent, les restes des divisions successives sont les coefficients de la représentation polynomiale, le reste de la première division effectuée étant le chiffre de rang nul. En pratique, il nous suffit donc de rechercher les restes des divisions successives par 2. Voici un tableau permettant de le faire rapidement:

Quotient	Reste
83	2
41	1
20	1
10	0
5	0
2	1
1	0
0	1

Chiffre de rang nul

d'où $(83)_{10} = (1010011)_2$

La représentation du nombre 83 en binaire est alors donnée dans la colonne de droite, le chiffre de rang nul étant au sommet de la colonne.

PROCÉDURE POUR CONVERTIR UN NOMBRE ENTIER EN BINAIRE
1. Diviser le nombre à convertir par 2 et noter le quotient et le reste de la division.
2. Diviser par 2 le quotient obtenu à l'étape précédente et noter à nouveau le quotient et le reste.
3. Poursuivre le processus jusqu'à ce que le quotient soit 0.
4. Utiliser les restes successifs pour écrire le nombre en binaire, le dernier reste obtenu étant le coefficient de la plus grande puissance de la base.

EXEMPLE 1.1.3

Écrire en binaire le nombre décimal 61 en utilisant la méthode des divisions successives par la base 2.

Quotient	Reste
61	2
30	1
15	0
7	1
3	1
1	1
0	1

Solution

Pour exprimer ce nombre en binaire, il faut procéder par divisions successives, ce qui donne le tableau ci-contre. La colonne de droite représente à la fois les restes des divisions et les coefficients de la représentation polynomiale, le coefficient de la plus grande puissance de 2 étant au bas de la colonne et le coefficient de la plus petite puissance, qui est le chiffre de rang nul, étant au sommet de la colonne. Le nombre s'écrit donc $(111101)_2$.

CONVERSION D'UN NOMBRE FRACTIONNAIRE

Pour exprimer un nombre fractionnaire (ou la partie fractionnaire d'un nombre) en binaire, nous procédons par multiplications successives par la base 2. Considérons le nombre fractionnaire $(0{,}8125)_{10}$; en multipliant successivement le numérateur et le dénominateur de ce nombre par 2, on obtient

$$0{,}8125 = \frac{1{,}6250}{2}$$
$$= \frac{1}{2} + \frac{0{,}6250}{2}$$
$$= \frac{1}{2} + \frac{1{,}250}{2^2}$$
$$= \frac{1}{2} + \frac{1}{2^2} + \frac{0{,}250}{2^2}$$
$$= \frac{1}{2} + \frac{1}{2^2} + \frac{0{,}50}{2^3}$$
$$= \frac{1}{2} + \frac{1}{2^2} + \frac{0}{2^3} + \frac{0{,}50}{2^3}$$
$$= \frac{1}{2} + \frac{1}{2^2} + \frac{0}{2^3} + \frac{1}{2^4}$$
$$= 1 \times 2^{-1} + 1 \times 2^{-2} + 0 \times 2^{-3} + 1 \times 2^{-4}$$

On obtient donc la représentation polynomiale du nombre en base 2 et les coefficients des puissances successives nous donnent la représentation du nombre en binaire, soit:

$$(0{,}8125)_{10} = (0{,}1101)_2$$

On peut effectuer le même travail de façon synthétique. Puisque les chiffres cherchés sont les parties entières obtenues lors des multiplications successives, nous procéderons comme suit:

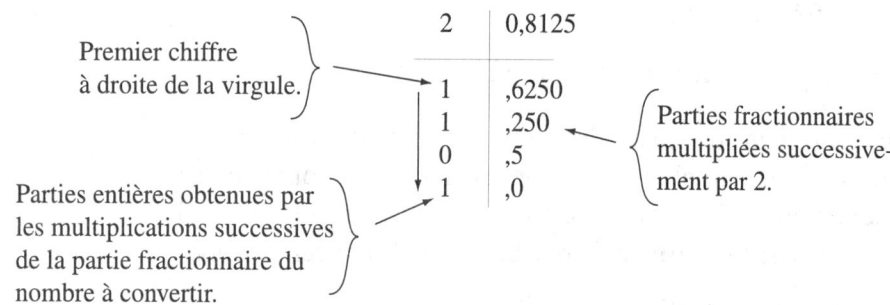

Pour écrire le nombre fractionnaire, le chiffre du sommet de la colonne est le premier à droite de la virgule et on écrit les autres dans l'ordre.

PROCÉDURE POUR CONVERTIR UN NOMBRE FRACTIONNAIRE EN BINAIRE

1. Multiplier le nombre fractionnaire par 2 et noter la partie entière et la partie fractionnaire obtenues.
2. Multiplier à nouveau la partie fractionnaire du produit par 2, et noter le résultat.
3. Poursuivre le processus jusqu'à ce que la partie fractionnaire soit nulle.
4. Utiliser les parties entières successives pour écrire le nombre en binaire, la première partie entière étant le premier chiffre après la virgule.

REMARQUE

La conversion en binaire d'un nombre décimal ne donne pas toujours une suite décimale finie. On peut également obtenir une suite périodique infinie ou une suite infinie non périodique.

EXEMPLE 1.1.4

Écrire le nombre $(0,2)_{10}$ en binaire.

Solution

Les multiplications successives par 2 donnent les résultats consignés dans le tableau ci-contre. On constate que les chiffres se répètent périodiquement. On indiquera la période en plaçant un trait horizontal au-dessus des nombres de la période. Le nombre s'écrit donc

$$(0,\overline{0011})_2.$$

2	0,2
0	,4
0	,8
1	,6
1	,2
0	,4
0	,8
.	.
.	.

EXEMPLE 1.1.5

Écrire le nombre $(0,37)_{10}$ en binaire.

Solution

Dans ce cas, la période est de vingt chiffres et ne se répète qu'à partir du vingt-deuxième chiffre, soit:

$$(0,37)_{10} = (0,0\overline{1011110101110000101 0})_2.$$

Il n'est pas nécessairement pertinent de trouver la période. Cependant, dans les exercices visant simplement à convertir des nombres, il est conseillé de trouver au moins douze chiffres après la virgule, ce qui correspond à une précision de trois chiffres en décimal. On écrira donc

$$(0,370)_{10} = (0,010111101011...)_2.$$

2	0,37
0	,74
1	,48
0	,96
1	,92
1	,84
1	,68
1	,36
0	,72
1	,44
0	,88
1	,76
1	,52
.	.

Lorsqu'une des parties, entière ou fractionnaire, d'un nombre binaire comporte plus de cinq chiffres, la lecture en est difficile. Pour faciliter cette lecture, nous regrouperons les chiffres par tranches de 4 dans la ou les parties du nombre comportant plus de cinq chiffres. Ainsi, on écrira

$$(0,370)_{10} = (0,0101\ 1110\ 1011...)_2.$$

REMARQUE

Dans les situations pratiques, il faut tenir compte du contexte du problème pour déterminer le nombre de chiffres à calculer dans la partie fractionnaire.

> *PROCÉDURE POUR CONVERTIR EN BINAIRE UN NOMBRE COMPORTANT UNE PARTIE ENTIÈRE ET UNE PARTIE FRACTIONNAIRE*
> 1. Convertir en binaire la partie entière par la procédure des divisions successives par 2.
> 2. Convertir en binaire la partie fractionnaire par la procédure des multiplications successives par 2.
> 3. Écrire chacune des parties du nombre selon la procédure appropriée.

EXEMPLE 1.1.6

Écrire le nombre $(321{,}3125)_{10}$ en binaire.

Solution

Pour exprimer ce nombre en système binaire, il faut convertir séparément la partie entière et la partie fractionnaire. On exprime la partie entière par divisions successives par 2 et la partie fractionnaire par multiplications successives par 2, ce qui donne

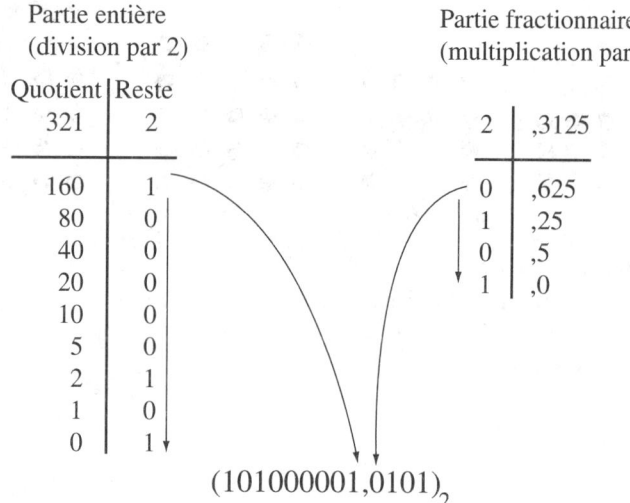

donc $(321{,}3125)_{10} = (1\ 0100\ 0001{,}0101)_2$.

SYSTÈMES DE NUMÉRATION

Plusieurs types de bases ont été utilisées dans l'histoire de l'humanité. Apparemment, les tribus les plus primitives ont d'abord utilisé le groupement par deux, puis par quatre et par six. Ces choix étaient faits en fonction des besoins mais également du vocabulaire: plus il y a de symboles, plus il faut de mots pour les identifier. Les systèmes les plus naturels correspondent aux doigts de la main et aux orteils. Les systèmes de base cinq, dix et vingt qui ont été utilisés dans l'histoire proviennent de la tendance naturelle à associer les doigts aux objets à compter. Il nous reste certains reliquats de l'utilisation de ces bases, tel que le mot quatre-vingts qui signifie quatre fois la base vingt.

Certaines unités de mesures conservent des traces de la base soixante utilisée par les Babyloniens. Les trois cent soixante degrés du cercle, chaque degré étant divisé en soixante minutes et chaque minute étant divisée en soixante secondes, en sont un exemple. La mesure du temps en est un autre exemple.

Le système de numération exerce une influence déterminante sur la pensée. Ainsi, les Grecs, qui sont reconnus comme de grands géomètres, n'ont pas contribué autant au développement de l'algèbre car leur système de numération ne leur permettait pas une représentation simple des nombres, en particulier les fractions. En effet, les Grecs ont d'abord utilisé les lettres de l'alphabet pour nommer les nombres, ce qui n'est pas très souple pour effectuer des opérations. Les Pythagoriciens ont malgré tout déterminé plusieurs caractéristiques des nombres en les représentant à l'aide de cailloux (calculi en latin). Ainsi, les nombres pairs sont ceux qui peuvent se décomposer en deux parties égales. Les nombres triangulaires sont ceux qui peuvent être disposés pour former un triangle, les nombres carrés sont ceux qui peuvent être disposés pour former un carré, et ainsi de suite.

Parmi les propriétés des nombres que ces représentations géométriques ont permis d'identifier, citons la suivante:
« Tout nombre carré plus grand que 1 est la somme de deux nombres triangulaires consécutifs. »

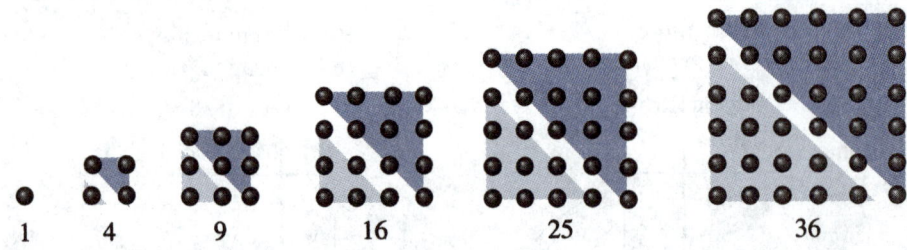

Les Pythagoriciens étaient cependant conscients que ces propriétés étaient obtenues par un raisonnement inductif et à leurs yeux, elles n'avaient pas le même statut que les résultats obtenus déductivement, c'est-à-dire qui font l'objet d'une démonstration. C'est Blaise PASCAL qui va développer une méthode de peuve par « récurrence » pour démontrer des propriétés portant sur les nombres naturels.

1.2 EXERCICES

1. Convertir en binaire les nombres suivants à l'aide de la procédure de la représentation polynomiale.
   a) 77   b) 97   c) 115
   d) 0,5   e) 0,75   f) 0,125

2. Convertir en binaire les nombres décimaux suivants à l'aide de la procédure des divisions ou des multiplications successives.
   a) 77   b) 187   c) 257
   d) 0,75   e) 0,32   f) 0,15
   g) 0,125   h) 0,29   i) 0,4

3. Convertir en décimal les nombres binaires suivants à l'aide de la procédure appropriée. (Dans le cas des nombres binaires périodiques, arrêter après huit chiffres après la virgule, en décimal.)
   a) 10011   b) 11011   c) 1101
   d) 0,1101   e) 0,00101   f) 0,11101
   g) $0,1\overline{101}$ h) $0,\overline{0011}$ i) $0,11\overline{01}$

4. Convertir en binaire les nombres décimaux suivants à l'aide de la procédure appropriée.
   - a) 51,375
   - b) 132,85
   - c) 254,27
   - d) 47,18
   - e) 24,361
   - f) 17,11

5. Convertir en décimal les nombres binaires suivants à l'aide de la procédure appropriée.
   - a) 1101,10011
   - b) 11001,001
   - c) 1110011,11$\overline{001}$
   - d) 1100001,10$\overline{011}$
   - e) 1100101,001
   - f) 11100,0010$\overline{011}$

1.3 SYSTÈMES DE NUMÉRATION OCTAL ET HEXADÉCIMAL

Dans cette section, nous présenterons le système octal (base 8) et le système hexadécimal (base 16) et nous montrerons comment convertir un nombre décimal ou un nombre binaire dans ces systèmes et réciproquement. Les procédures de conversion sont analogues à celles permettant de convertir du système décimal au système binaire et réciproquement. Pour convertir un nombre décimal en octal, il suffit de diviser successivement la partie entière par 8 et de multiplier successivement la partie fractionnaire par 8. Pour convertir en décimal un nombre qui est donné en octal, il suffit d'écrire le nombre sous la forme polynomiale en utilisant les puissances de la base 8 et d'additionner. On procède de la même façon pour les conversions de décimal à hexadécimal, en utilisant le nombre 16 comme diviseur et comme multiplicateur.

OBJECTIF: Convertir un nombre en différents systèmes de numération: décimal, binaire, octal et hexadécimal.

CONVERSION DÉCIMAL-OCTAL

Le système octal, comme son nom l'indique, est un système de base 8 et pour lequel les symboles utilisés sont 0, 1, 2, 3, 4, 5, 6 et 7. Pour convertir un nombre en octal, on procède de la même façon que pour la conversion en binaire, c'est-à-dire par divisions successives pour la partie entière et par multiplications successives pour la partie fractionnaire. La justification du processus pourrait être illustrée comme nous l'avons fait pour le système binaire en montrant que les restes des divisions sont les coefficients de la représentation polynomiale de la partie entière alors que les parties entières obtenues par les produits successifs sont les coefficients de la représentation polynomiale de la partie fractionnaire.

> *PROCÉDURE POUR CONVERTIR UN NOMBRE DÉCIMAL EN OCTAL*
> 1. Convertir la partie entière en divisant successivement par 8 et en notant, à chaque fois, le quotient et le reste.
> 2. Utiliser les restes successifs pour écrire la partie entière du nombre en octal, le dernier reste obtenu étant le coefficient de la plus grande puissance de la base.
> 3. Convertir la partie fractionnaire en multipliant successivement par 8 et en notant, à chaque fois, la partie entière et la partie fractionnaire.
> 4. Utiliser les parties entières successives pour écrire la partie fractionnaire du nombre en octal.

EXEMPLE 1.3.1

Écrire le nombre $(321,3125)_{10}$ en octal.

Solution

On doit convertir séparément la partie entière et la partie fractionnaire. Pour la partie entière, on procède par divisions successives par 8 et pour la partie fractionnaire, par multiplications successives par 8. Les résultats de ces opérations sont consignés dans les tableaux suivants:

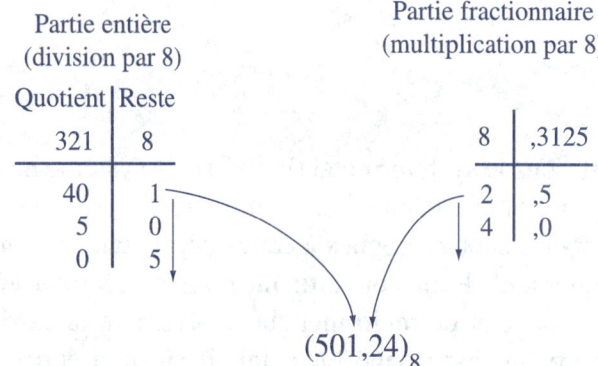

On trouve donc $(321,3125)_{10} = (501,24)_8$.

EXEMPLE 1.3.2

Écrire le nombre $(0,4)_{10}$ en octal.

Solution

On procède par multiplications successives par 8 de la partie fractionnaire. Les résultats de ces multiplications sont consignés dans le tableau ci-contre. On constate qu'il y a périodicité et le nombre s'écrit $(0,\overline{3146})_8$.

8	0,4
3	,2
1	,6
4	,8
6	,4
3	,2
1	,6
.	.
.	.

PROCÉDURE POUR CONVERTIR UN NOMBRE OCTAL EN DÉCIMAL

1. Multiplier chacun des chiffres du nombre par la puissance de la base 8 correspondant à sa position dans le nombre (représentation polynomiale).
2. Faire la somme des produits obtenus pour obtenir le nombre dans le système décimal.

Ainsi, pour convertir en décimal le nombre octal $(501,24)_8$ obtenu à l'exemple 1.3.1, on procède comme suit:

$$(501,24)_8 = 5 \times 8^2 + 0 \times 8^1 + 1 \times 8^0 + 2 \times 8^{-1} + 4 \times 8^{-2}$$
$$= 5 \times 64 + 1 + \frac{2}{8} + \frac{4}{64}$$
$$= 320 + 1 + 0,25 + 0,0625$$
$$= (321,3125)_{10}$$

On obtient bien le nombre, en décimal, de l'énoncé de l'exemple 1.3.1.

EXEMPLE 1.3.3

Écrire le nombre $(146,72)_8$ dans le système décimal.

Solution

On exprime le nombre sous forme polynomiale, ce qui signifie que l'on multiplie chaque chiffre du nombre par la puissance de la base 8 correspondant à sa position dans le nombre. On a alors la représentation suivante:

$$(146,72)_8 = (1 \times 8^2 + 4 \times 8^1 + 6 \times 8^0 + 7 \times 8^{-1} + 2 \times 8^{-2})_{10}$$
$$= (64 + 32 + 6 + 0,875 + 0,03125)_{10}$$
$$= (102,90625)_{10}$$

On obtient donc que $(146,72)_8 = (102,90625)_{10}$.

CONVERSION DÉCIMAL-HEXADÉCIMAL

Le système hexadécimal est un système de base 16. Il faut donc utiliser seize symboles pour représenter les nombres en hexadécimal. Ces symboles sont

0, 1, 2, 3, 4, 5, 6, 7, 8, 9, A, B, C, D, E et F

où

$(A)_{16} = (10)_{10}$, $(B)_{16} = (11)_{10}$, $(C)_{16} = (12)_{10}$,
$(D)_{16} = (13)_{10}$, $(E)_{16} = (14)_{10}$, $(F)_{16} = (15)_{10}$.

PROCÉDURE POUR CONVERTIR UN NOMBRE DÉCIMAL EN HEXADÉCIMAL
1. Convertir la partie entière en divisant successivement par 16 et en notant, à chaque fois, le quotient et le reste.
2. Utiliser les restes successifs pour écrire la partie entière du nombre en hexadécimal, le dernier reste obtenu étant le coefficient de la plus grande puissance de la base.
3. Convertir la partie fractionnaire en multipliant successivement par 16 et en notant, à chaque fois, la partie entière et la partie fractionnaire.
4. Utiliser les parties entières successives pour écrire la partie fractionnaire du nombre en hexadécimal.

EXEMPLE 1.3.4

Écrire le nombre $(532,90625)_{10}$ en hexadécimal.

Solution

On procède séparément pour la partie entière et la partie fractionnaire, ce qui donne:

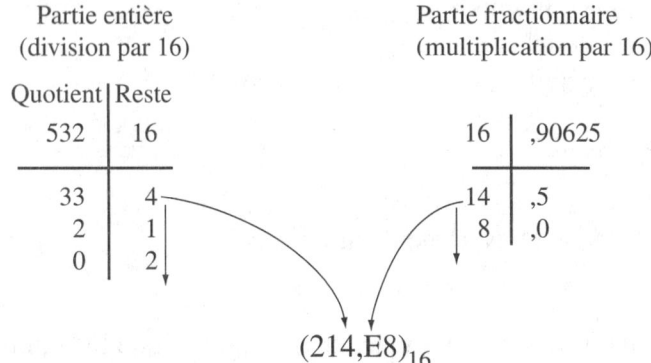

On trouve donc $(532,90625)_{10} = (214,E8)_{16}$.

PROCÉDURE POUR CONVERTIR UN NOMBRE HEXADÉCIMAL EN DÉCIMAL

1. Multiplier chacun des chiffres du nombre par la puissance de la base correspondant à sa position dans le nombre en substituant aux chiffres A, B, C, D, E et F leur valeur décimale respective.
2. Faire la somme des produits obtenus pour obtenir le nombre dans le système décimal.

EXEMPLE 1.3.5

Écrire le nombre $(1B3,CE)_{16}$ dans le système décimal.

Solution

On exprime le nombre sous forme polynomiale, ce qui signifie que l'on multiplie chaque chiffre du nombre par la puissance de la base correspondant à sa position dans le nombre. On a alors la représentation suivante:

$$(1B3,CE)_{16} = (1\times16^2 + 11\times16^1 + 3\times16^0 + 12\times16^{-1} + 14\times16^{-2})_{10}$$
$$= (256 + 176 + 3 + 0,75 + 0,0546875)_{10}$$
$$= (435,8046875)_{10}$$

On obtient donc que $(1B3,CE)_{16} = (435,8046875)_{10}$.

CONVERSION BINAIRE-OCTAL ET BINAIRE-HEXADÉCIMAL

La conversion du binaire à l'octal ou du binaire à l'hexadécimal peut se faire directement sans avoir à diviser ou multiplier. On peut associer à chacun des huit symboles du système octal un mot-code ou symbole de trois chiffres qui donne la valeur en binaire du symbole octal. De la même façon, on peut associer à chacun des seize symboles du système hexadécimal un mot-code ou symbole de quatre chiffres qui donne la valeur en binaire du symbole hexadécimal. Un tel procédé de codage a pour avantage d'écrire les nombres sous une forme plus condensée qu'en binaire. Pour convertir un nombre binaire en octal, on prend les chiffres par tranches de trois en partant de la virgule, en allant vers la gauche pour la partie entière et en allant vers la droite pour la partie fractionnaire. Pour le convertir en hexadécimal, on prend des tranches de quatre chiffres. Les tables de conversion sont les suivantes:

TABLEAUX DE CONVERSION OCTAL-BINAIRE ET HEXADÉCIMAL-BINAIRE

Octal	Binaire
0	000
1	001
2	010
3	011
4	100
5	101
6	110
7	111

Hexadécimal	Binaire
0	0000
1	0001
2	0010
3	0011
4	0100
5	0101
6	0110
7	0111
8	1000
9	1001
A	1010
B	1011
C	1100
D	1101
E	1110
F	1111

Les exemples suivants, de même que les exemples 1.3.8 à 1.3.10 illustrent comment on utilise ces tableaux pour convertir les nombres.

EXEMPLE 1.3.6

Écrire en octal le nombre binaire suivant:
$$(101110011{,}001101111)_2$$

Solution

En décomposant par tranches de trois chiffres, on obtient:

$$\underbrace{101}_{5}\ \underbrace{110}_{6}\ \underbrace{011}_{3}\ ,\ \underbrace{001}_{1}\ \underbrace{101}_{5}\ \underbrace{111}_{7}$$

d'où
$$(101110011{,}001101111)_2 = (563{,}157)_8.$$

EXEMPLE *1.3.7*

Écrire en binaire le nombre octal $(27,53)_8$.

Solution

Pour exprimer en binaire un nombre octal, on substitue à chacun des chiffres son mot-code en binaire, ce qui donne

$$(27,53)_8 = (010\ 111,101\ 011)_2.$$

REMARQUE

La conversion peut faire apparaître des zéros non significatifs, à gauche et à droite du nombre converti en binaire. On peut laisser tomber ces chiffres dans l'écriture du nombre. Par exemple, $(27,53)_8$ peut s'écrire $(10\ 111,101\ 011)_2$. Si on veut convertir un nombre binaire en octal, il suffit d'ajouter des zéros à gauche et à droite pour compléter les tranches de 3 chiffres si besoin est.

PROCÉDURE DE CONVERSION BINAIRE-OCTAL ET BINAIRE-HEXADÉCIMAL
1. Regrouper les chiffres en tranches à partir de la virgule. (Tranches de 3 pour convertir en octal et tranches de 4 pour convertir en hexadécimal).
2. Lorsque la dernière tranche de la partie entière comporte moins de trois chiffres (ou quatre chiffres), ajouter des zéros à gauche de la partie entière pour obtenir des tranches complètes.
3. Lorsque la dernière tranche de la partie fractionnaire comporte moins de trois chiffres (ou quatre chiffres),
   - ajouter des zéros à droite lorsque la partie fractionnaire est une suite finie;
   - répéter la période lorsque la partie fractionnaire comporte une partie périodique.
4. Utiliser le tableau de conversion pour écrire chaque tranche dans la base souhaitée.

EXEMPLE *1.3.8*

Écrire en octal les nombres binaires suivants:

a) $(1011,01101)_2$ b) $(1101,0\overline{111})_2$

Solution

a) Pour écrire un nombre binaire en octal, on regroupe les chiffres du nombre binaire par tranches de trois chiffres à partir de la virgule séparant la partie entière de la partie fractionnaire et on substitue les valeurs du tableau de correspondance pour chacune des tranches. Dans ce nombre, la partie fractionnaire est finie et comporte cinq chiffres, on ajoute donc un zéro pour compléter la dernière tranche de trois chiffres. On a alors

$$1011{,}01101 = \underbrace{001}_{1}\,\underbrace{011}_{3}\,,\underbrace{011}_{3}\,\underbrace{01\overset{\text{Ajout de zéros}}{0}}_{2}$$

d'où $(1011{,}01101)_2 = (13{,}32)_8$.

b) Dans ce nombre, la partie fractionnaire est périodique, on répète donc la période jusqu'à ce que l'on obtienne une tranche complète de trois chiffres. On a alors

$$1101{,}0\overline{111} = \underbrace{001}_{1}\,\underbrace{101}_{5}\,,\underbrace{011}_{3}\,\underbrace{111}_{7}\,\underbrace{111}_{7}\ldots$$

(Ajout de zéros ; Répétition de la période)

d'où $(1101{,}0\overline{111})_2 = (15{,}3\overline{7})_8$.

EXEMPLE 1.3.9

Écrire en hexadécimal le nombre binaire $(10110{,}011101)_2$.

Solution

Pour écrire un nombre binaire en hexadécimal, on regroupe les chiffres du nombre binaire par tranches de quatre chiffres à partir de la virgule séparant la partie entière de la partie fractionnaire et on substitue les valeurs du tableau de correspondance pour chacune des tranches. Dans ce nombre, la partie fractionnaire est finie et comporte six chiffres, tandis que la partie entière comporte cinq chiffres. On doit donc ajouter deux zéros à la partie fractionnaire pour compléter la dernière tranche de quatre chiffres et trois zéros devant la partie entière pour compléter la première tranche de quatre chiffres. On a alors

$$\underbrace{0001}_{1}\,\underbrace{0110}_{6}\,,\underbrace{0111}_{7}\,\underbrace{0100}_{4}$$

(Ajout de zéros)

d'où $(10110{,}011101)_2 = (16{,}74)_{16}$.

EXEMPLE 1.3.10

Écrire en binaire le nombre hexadécimal $(3A5{,}CF)_{16}$.

Solution

On substitue à chacun des chiffres son mot-code en binaire. On obtient

$$(3A5{,}CF)_{16} = (0011\ 1010\ 0101{,}1100\ 1111)_2 = (11\ 1010\ 0101{,}1100\ 1111)_2$$

DÉCIMAL CODÉ BINAIRE

La conversion en binaire est une opération qui se révèle assez longue. Pour pallier à cet inconvénient, d'autres codes binaires ont été développés. L'un de ceux-ci est le décimal codé binaire (dcb). Il existe différents codes dcb selon le nombre de bits. Afin de distinguer le dcb du système binaire que nous avons traité jusqu'à maintenant, nous appellerons ce dernier *système binaire naturel*. (Le mot « bit » est une contraction de « binary digit », qui signifie « symbole binaire ».)

Décimal	dcb
0	0000
1	0001
2	0010
3	0011
4	0100
5	0101
6	0110
7	0111
8	1000
9	1001

Dans le dcb, on associe un mot-code de quatre bits à chacun des symboles du système décimal. Ainsi chaque chiffre d'un nombre décimal sera représenté par une tranche de quatre bits. Cette façon de procéder permet de coder rapidement et efficacement tout nombre décimal. On procède comme pour la conversion binaire-hexadécimal.

Ainsi, en codant le nombre décimal 53,76 en dcb quatre bits, on a:

$$\underbrace{5}_{0101}\underbrace{3}_{0011},\underbrace{7}_{0111}\underbrace{6}_{0110}$$

On peut donc écrire $(53,76)_{10} = (0101\ 0011,0111\ 0110)_{dcb}$

REMARQUE

- Le codage en dcb nécessite plus de bits qu'en binaire naturel. Par exemple,
$$(47)_{10} = (101111)_2 = (01000111)_{dcb}$$
- La conversion en dcb est plus rapide qu'en binaire naturel; il suffit de connaître la table de conversion qui ne contient que dix mots-codes.
- Le binaire naturel transforme plusieurs fractions à développement fini en suites infinies ou périodiques, ce qui entraîne une perte de précision. Le code dcb présente le grand avantage de ne pas introduire d'erreur dans la conversion des parties fractionnaires.
- Pour écrire en décimal un nombre codé dcb, il n'y a aucun calcul à faire. On n'a pas à utiliser la forme polynomiale; il suffit de connaître la table de conversion.
- Les opérations sont plus compliquées en dcb qu'en binaire naturel.

EXEMPLE 1.3.11

Écrire le nombre $(245,7)_{10}$ en code dcb.

Solution

En codant chacun des chiffres du nombre à l'aide du tableau de correspondance, on a
$$(245,7)_{10} = (0010\ 0100\ 0101,0111)_{dcb} = (10\ 0100\ 0101,0111)_{dcb}.$$

> **PROCÉDURE POUR CODER UN NOMBRE DÉCIMAL EN DCB**
> Utiliser le tableau de conversion pour écrire chacun des chiffres du nombre en décimal codé binaire.

> **PROCÉDURE POUR DÉCODER UN NOMBRE ÉCRIT EN DCB**
> 1. Regrouper les chiffres par tranches de quatre.
> 2. Traduire chaque tranche en décimal en utilisant le tableau de conversion.

EXEMPLE 1.3.12

Écrire en décimal le nombre $(1000\ 1001\ 0111{,}0110\ 1001)_{dcb}$.

Solution
En décodant chacun des chiffres du nombre à l'aide du tableau de correspondance, on a
$$(1000\ 1001\ 0111{,}0110\ 1001)_{dcb} = (897{,}69)_{10}.$$

CODE BINAIRE RÉFLÉCHI OU CODE GRAY

Le code binaire réfléchi est utilisé pour coder des grandeurs successives de telle sorte qu'il y a un seul changement de bit pour passer d'une grandeur à l'autre. Un tel codage a pour effet de minimiser les erreurs de détection. Dans un système de codage à quatre chiffres en binaire naturel, lorsque la valeur de la variable passe de 7 à 8, le code passe de 0111 à 1000. Tous les chiffres changent. Si ces changements ne sont pas simultanés, il y a un risque d'erreur dans la manipulation des données.

$$\begin{array}{c} 0 \\ 1 \\ \hline 1 \\ 0 \end{array} \text{Miroir}$$

Le code binaire réfléchi est ainsi appelé parce qu'il est construit par réflexion. Considérons les chiffres 0 et 1 de la figure ci-contre et imaginons un miroir dans lequel les chiffres se réfléchissent.

$$\begin{array}{c} 00 \\ 01 \\ \hline 11 \\ 10 \end{array} \text{Miroir}$$

On peut alors distinguer les valeurs de part et d'autre du miroir en ajoutant un 0 à gauche de chacun des nombres au-dessus du miroir et un 1 à gauche des nombres sous le miroir.

Déplaçons maintenant le miroir sous la colonne des quatre nombres binaires ainsi obtenus et répétons le processus en ajoutant un 0 à gauche des nombres au-dessus du miroir et un 1 à gauche des nombres sous le miroir. On obtient alors un code de huit nombres.

$$\begin{array}{c} 000 \\ 001 \\ 011 \\ 010 \\ \hline 110 \\ 111 \\ 101 \\ 100 \end{array} \text{Miroir}$$

On peut poursuivre le processus pour obtenir autant de nombres qu'on désire. On peut alors associer chaque nombre entier à un nombre du code réfléchi obtenu. On associe 0 au nombre du sommet de la colonne, 1 au deuxième, et ainsi de suite.

Entiers	Code réfléchi
0	0000
1	0001
2	0011
3	0010
4	0110
5	0111
6	0101
7	0100
8	1100
9	1101
10	1111
11	1110
12	1010
13	1011
14	1001
15	1000

REMARQUE

On constate qu'il est possible de coder les huit premiers entiers avec un code de trois chiffres, les seize premiers avec un code de quatre chiffres, et ainsi de suite. On remarque également, en lisant chacun des nombres du code réfléchi, que deux nombres successifs ne diffèrent que par un chiffre, ce qui était le but visé.

Il ne semble pas y avoir de notation particulière pour le binaire réfléchi. Pour indiquer qu'un nombre est exprimé dans ce système, nous utiliserons les lettres « br » en indice.

 **EXEMPLE** *1.3.13*

Coder le nombre $(22)_{10}$ en binaire réfléchi.

Solution
Le nombre que l'on veut coder est plus petit que 32, mais plus grand que 15. Construisons d'abord le tableau de conversion pour les nombres de 0 à 15.

On peut alors considérer la réflexion de ce tableau dans un miroir. Il suffit de déterminer le nombre qui, dans la réflexion, correspondra à 22 et lui ajouter ensuite un 1 à gauche.

Puisque 22 − 15 = 7, le nombre correspondant à 22 sera le septième nombre à partir du miroir. Ce nombre est 1101 et en lui ajoutant un 1 à gauche, on obtient 11101 qui est la codification de 22 en binaire réfléchi. On peut donc écrire
$$(22)_{10} = (11101)_{br}$$

Code réfléchi
0000
0001
0011
0010
0110
0111
0101
0100
1100
1101 ← Septième
1111   nombre à
1110   partir
1010   du miroir
1011
1001
1000

PROCÉDURE POUR CODER OU DÉCODER UN NOMBRE EN BINAIRE RÉFLÉCHI
1. Construire un tableau de conversion contenant le nombre approprié de termes.
2. Utiliser le tableau de conversion pour coder ou décoder le nombre.

Nous avons vu qu'il existe différentes façons de coder de l'information en binaire et nous ne les avons pas toutes présentées. Il existe sur le marché des appareils utilisant ces différents codes. Ces appareils ne sont pas tous des ordinateurs mais l'information obtenue à l'aide de ces appareils doit souvent être traitée et convertie à l'aide d'un ordinateur. Donnons un exemple d'appareil utilisant le code Gray. Dans le cadran ci-dessous, la position du pointeur rotatif est représentée numériquement grâce à un système de contact. Le cadran est divisé en huit secteurs circulaires numérotés à l'aide du code Gray. Il comporte également trois anneaux dont les parties foncées sont constituées d'un matériau conducteur et les parties pâles sont constituées d'un matériau isolant. La position du pointeur est donnée par une chaîne binaire de trois chiffres, la valeur du premier chiffre étant donnée par l'anneau intérieur. Lorsque le pointeur est en contact avec la partie conductrice de cet anneau, le premier bit est 1 et lorsqu'il est en contact avec la partie isolante de l'anneau, le premier bit est 0. De même pour les autres anneaux, qui donnent la valeur du deuxième et du troisième bit. Ce dispositif permet de minimiser les erreurs de lecture car un seul bit change lorsque le pointeur passe d'un secteur circulaire à l'autre. Dans la position actuelle du pointeur, la lecture est 001. L'information fournie par ce cadran, ou par un cadran comportant un plus grand nombre de secteurs circulaires peut avoir à être traitée par un ordinateur dans les processus de contrôle.

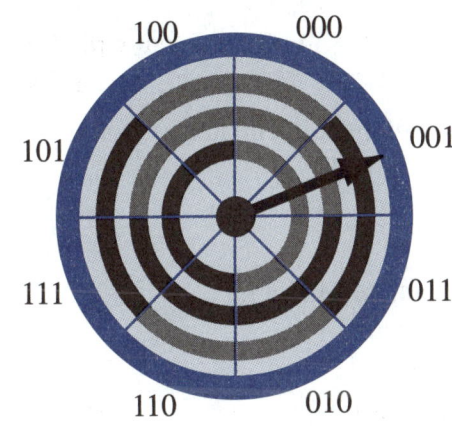

1.4 EXERCICES

1. Convertir en octal les nombres décimaux suivants:
   - *a)* 241
   - *b)* 153
   - *c)* 0,176
   - *d)* 0,341
   - *e)* 35,75
   - *f)* 127,45
   - *g)* 576,275
   - *h)* 342,14

2. Convertir en décimal les nombres octaux suivants:
   - *a)* 22
   - *b)* 157
   - *c)* 27,35
   - *d)* 126,371
   - *e)* 243,1$\bar{2}$
   - *f)* 0,$\overline{413}$

3. Convertir en hexadécimal les nombres décimaux suivants:
   - *a)* 241
   - *b)* 0,42
   - *c)* 176,47
   - *d)* 151,04

4. Convertir en décimal les nombres hexadécimaux suivants:
   - *a)* 37
   - *b)* 224,535
   - *c)* 2A3
   - *d)* 4F,2E
   - *e)* 51A,39B
   - *f)* 2E5,F
   - *g)* E02,$\overline{1B}$
   - *h)* AC,BE

5. Convertir en octal les nombres binaires suivants:
   a) 11011
   b) 1001,101
   c) 1110,0011
   d) 11000,11$\overline{001}$
   e) 10001,11001
   f) 10,110$\overline{01}$

6. Convertir en binaire les nombres octaux suivants:
   a) 35
   b) 47,2
   c) 50,014
   d) 143,5$\overline{7}$
   e) 537,1$\overline{41}$
   f) 21,$\overline{1}$

7. Convertir en hexadécimal les nombres binaires suivants:
   a) 11011,01
   b) 111001,1101
   c) 10011,11$\overline{01}$
   d) 1110001,11$\overline{001}$
   e) 10011,110
   f) 100,$\overline{110}$

8. Convertir en binaire les nombres hexadécimaux suivants:
   a) B5C
   b) 379,D
   c) 4FB,5$\overline{7}$
   d) 87,E$\overline{CD}$
   e) 17A,7$\overline{8}$
   f) 45B,1D$\overline{E}$

9. Convertir en dcb quatre bits les nombres décimaux suivants:
   a) 54
   b) 243
   c) 6700
   d) 35,51
   e) 24,97
   f) 510,37

10. Coder les nombres suivants en binaire réfléchi.
    a) 23
    b) 31
    c) 27

11. Dans le tableau ci-contre, écrire les titres des colonnes et des lignes en binaire réfléchi.

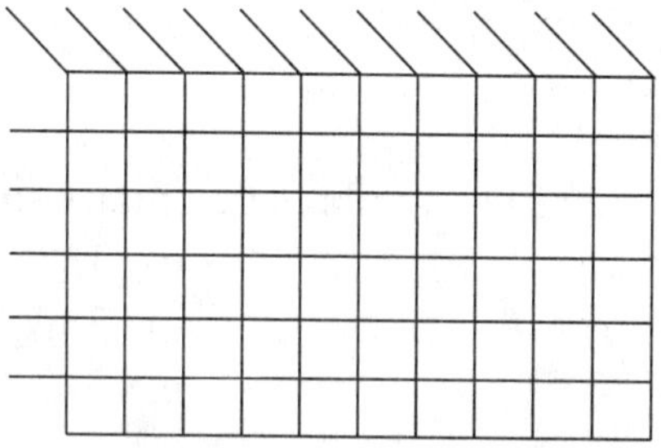

1.5 EXERCICES DIVERS

1. Exprimer le nombre $(234,12)_5$ en base 10.

2. Donner la forme polynomiale du nombre 453 en base 5.

3. Exprimer le nombre $(354,36)_7$ en base 10.

4. Donner la forme polynomiale du nombre 932 en base 7.

5. Exprimer les chiffres du système décimal en base 3.

6. Exprimer les chiffres du système décimal en base 5.

7. En signe d'amitié, un émir arabe a fait parvenir au prince de chacun des trois pays voisins un nombre égal de chevaux. Chacun lui a fait parvenir ses remerciements; le premier pour 400 chevaux, le deuxième pour 121 chevaux et le troisième pour 202 chevaux. Sachant que les princes des pays voisins ne comptent pas dans le même système de numération (bien que la base de chaque système soit inférieure ou égale à 10), déterminer le nombre exact de chevaux dont l'émir a fait don et les bases utilisées par chacun des princes.

8. Compléter le tableau suivant en donnant l'équivalent dans la base indiquée.

Bases				
10	2	8	16	dcb
5				
		12		
	11011			
12,25				
			23	
				1000 0011
	11,01			
		37		
			AB	
32				
		215		
			A,A	
7				
		17		
				1000,0111
32,25				
	101101			
		340,4		
			20B	
315,625				
				0,0001 0001 0101

9. On a découvert un nouveau système planétaire composé de cinq planètes. Les habitants de ces planètes ont un même alphabet mais des systèmes de numération différents. Les planètes de ce système et leur système de numération sont présentés ci-dessous.

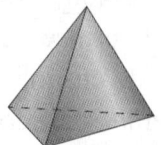
La première planète, nommée « Tétria », est formée de quatre côtés qui sont des triangles équilatéraux. Les habitants de cette planète ont adopté un système de numération positionnel de base 4 appelé « système tétraédral » dont les chiffres sont 0, 1, 2 et 3.

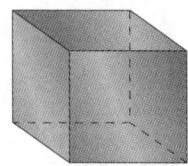
La deuxième planète, nommée « Hexalia », est formée de six côtés qui sont des carrés. Les habitants de cette planète ont adopté un système de numération positionnel de base 6 appelé « système hexaédral » dont les chiffres sont 0, 1, 2, 3, 4 et 5.

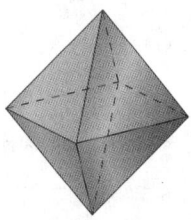
La troisième planète, nommée « Octalia », est formée de huit côtés qui sont des triangles équilatéraux. Les habitants de cette planète ont adopté un système de numération positionnel de base 8 appelé « système octal » dont les chiffres sont 0, 1, 2, 3, 4, 5, 6 et 7.

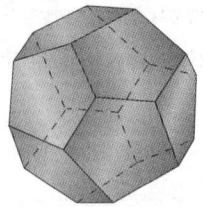
La quatrième planète, nommée « Dodécaédria », est formée de 12 côtés qui sont des pentagones. Les habitants de cette planète ont adopté un système de numération positionnel de base 12 appelé « système dodécaédral » dont les chiffres sont 0, 1, 2, 3, 4, 5, 6, 7, 8, 9, A et B.

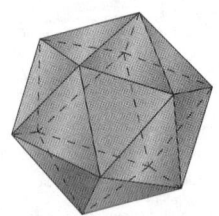
La cinquième planète, nommée « Icosaédria » est formée de 20 côtés qui sont des triangles équilatéraux. Les habitants de cette planète ont adopté un système de numération positionnel de base 20 appelé « système icosaédral » dont les chiffres sont 0, 1, 2, 3, 4, 5, 6, 7, 8, 9, A, B, C, D, E, F, G, H, I et J.

Les habitants de ces planètes ont décidé de former une confédération à laquelle on a donné le nom « Quinque Regularis Corpus » ou « RC5 ». Chaque planète conservera son système de numération, mais l'administration générale se fera dans un nouveau système de numération. Il a été convenu d'utiliser à cette fin la moyenne des bases en usage. L'administration de la confédération se fera donc en base 10. La première tâche des délégués planétaires est de dresser les statistiques de la population de chacune des planètes et de rendre cette information disponible dans chacune des bases, en incluant celle de la confédération. Pour ce faire, il faut compléter les tableaux de la page ci-contre:

a) La confédération a fixé par réglementation les données du tableau suivant qui doivent être rendues disponibles dans les systèmes de numération des différentes planètes. Compléter ce tableau.

Statistiques de la confédération dans chacun des systèmes de numération						
	Confédéral	Tétraédral	Hexaédral	Octal	Dodécaédral	Icosaédral
Durée d'une journée	28 heures					
Nombre de jours par an	391 jours					
Âge scolaire	4 ans					
Durée des études	18 ans					
Âge de la majorité	21 ans					
Âge de la retraite	52 ans					
Espérance de vie	127 ans					
Revenu minimum garanti	56 728 $					

b) La confédération doit effectuer différents calculs dans chacun de ces systèmes. Effectuer les additions et soustractions nécessaires en utilisant le système de numération de l'administration de la Fédération et donner le résultat dans les bases des différentes planètes.

Statistiques de chaque planète (dans le système de numération de la planète)					
	Tétria	Hexalia	Octalia	Dodécaédria	Icosaédria
Nombre de femmes	23 203 132	2 543 421	6 245 673	3AB 973	IJ ABC
Nombre d'hommes	22 320 323	3 214 223	5 767 456	3BA A89	II CBA
Nombre total d'adultes					
Nombre de mineurs	33 213 022	5 432 441	12 643 367	578 3AA	EFG HIJ
Population totale					
Nombre d'adultes occupant un emploi	20 322 213	3 554 342	7 765 726	557 978	J9 A8J
Nombre de chômeurs					

PRÉPARATION À L'ÉVALUATION

Pour préparer votre examen, assurez-vous d'avoir atteint les objectifs suivants. **Consignez à la page suivante des indications pour vous remémorer plus facilement les notions et concepts qui vous posent le plus de difficultés.**

Si vous avez atteint l'objectif, cochez.

☆ **EFFECTUER DES TRAITEMENTS SUR DES DONNÉES INTERNES DE L'ORDINATEUR.**

△ **Représentation correcte de nombres dans différentes bases.**

△ **Conversion de nombres d'une base dans une autre.**

○ CONVERTIR UN NOMBRE DU SYSTÈME DÉCIMAL VERS LE SYSTÈME BINAIRE ET RÉCIPROQUEMENT.

◇ Convertir un nombre binaire en décimal.

  ❑ Multiplier chacun des chiffres du nombre par la puissance de la base 2 correspondant à sa position dans le nombre.
  ❑ Faire la somme des produits obtenus pour obtenir le nombre dans le système décimal.

◇ Convertir un nombre décimal en binaire.

  ❑ Convertir en binaire la partie entière par la procédure des divisions successives par 2.
  ❑ Convertir en binaire la partie fractionnaire par la procédure des multiplications successives par 2.
  ❑ Écrire chacune des parties du nombre selon la procédure appropriée.

○ CONVERTIR UN NOMBRE EN DIFFÉRENTS SYSTÈMES DE NUMÉRATION: DÉCIMAL, BINAIRE, OCTAL ET HEXADÉCIMAL.

◇ Convertir un nombre décimal dans un système de numération positionnel.

  ❑ Convertir la partie entière en la divisant successivement par la base du nouveau système.
  ❑ Utiliser les restes successifs pour écrire la partie entière du nombre dans la base du nouveau système.
  ❑ Convertir la partie fractionnaire en la multipliant successivement par la base du nouveau système.
  ❑ Utiliser les parties entières successives pour écrire la partie fractionnaire du nombre dans la base du nouveau système.

◇ Convertir un nombre donné dans un système de numération positionnel en décimal.

  ❑ Multiplier chacun des chiffres du nombre par la puissance de la base correspondant à sa position dans le nombre (en substituant aux chiffres A, B, C, D, E et F leur valeur décimale, lorsqu'ils apparaissent).
  ❑ Faire la somme des produits obtenus pour obtenir le nombre dans le système décimal.

◇ Coder un nombre décimal en dcb.

◇ Décoder un nombre écrit en dcb.

◇ Coder ou décoder un nombre en binaire réfléchi.

Signification des symboles: ☆ Élément de compétence   △ Composantes particulières de la compétence
                              ○ Objectif de section   ◇ Procédure ou démarche   ❑ Étape d'une procédure

Notes personnelles

VOCABULAIRE UTILISÉ DANS LE CHAPITRE

BASE D'UN SYTÈME DE NUMÉRATION
La *base* d'un système de numération positionnel est le nombre de chiffres de ce système.

SYSTÈME BINAIRE OU BINAIRE NATUREL
Le *binaire naturel* est le code binaire positionnel usuel utilisant deux symboles pour écrire les nombres. Ces symboles sont 0 et 1.

BINAIRE RÉFLÉCHI
Le *binaire réfléchi* est un code binaire (deux symboles) qui est construit par réflexion dans un miroir en distinguant par la suite les nombres d'un côté du miroir par l'ajout d'un « 0 » au début du nombre et de l'autre côté du miroir par l'ajout d'un « 1 » au début du nombre.

CHIFFRES D'UN SYSTÈME DE NUMÉRATION
On appelle *chiffres d'un système de numération* les symboles utilisés dans ce système pour écrire les nombres.

DÉCIMAL CODÉ BINAIRE
Le *décimal codé binaire* est un code binaire qui, à chaque chiffre du système décimal, associe un nombre binaire de quatre chiffres. Dans ce système, on utilise seulement 10 des 16 nombres binaires distincts de quatre chiffres.

SYSTÈME DE NUMÉRATION POSITIONNEL
On appelle *système de numération positionnel* un système qui permet de représenter les nombres à l'aide de symboles appelés *chiffres*, qui ont une valeur particulière selon la position qu'ils occupent.

SYSTÈME HEXADÉCIMAL
Le *système hexadécimal* est un système de numération utilisant seize symboles pour écrire les nombres. Ces symboles sont 0, 1, 2, 3, 4, 5, 6, 7, 8, 9, A, B, C, D, E et F.

SYSTÈME OCTAL
Le *système octal* est un système de numération utilisant huit symboles pour écrire les nombres. Ces symboles sont 0, 1, 2, 3, 4, 5, 6 et 7.

OPÉRATIONS DANS DIFFÉRENTES BASES

2.0 PRÉAMBULE

Un système de numération serait de peu d'utilité s'il n'était pas possible d'effectuer des opérations telles que l'addition et la multiplication, par exemple, dans ce système. Le présent chapitre est consacré aux opérations simples dans les systèmes de numération présentés au premier chapitre. Nous verrons que, dans un système positionnel comme les systèmes décimal, binaire, octal et hexadécimal, la façon d'effectuer les opérations est analogue. Nous introduirons une procédure de résolution, la *complémentation*, qui est valide dans chacun de ces systèmes et qui permet d'effectuer les soustractions de façon simple.

Les activités d'apprentissage de ce chapitre visent à développer l'élément de compétence suivant:

EFFECTUER DES TRAITEMENTS SUR DES DONNÉES INTERNES DE L'ORDINATEUR.

La composante particulière de l'élément de compétence visée par ce chapitre est:

Exécution correcte des opérations arithmétiques dans différentes bases.

2.1 OPÉRATIONS EN BINAIRE

Cette première section sera consacrée aux opérations fondamentales en binaire, soit les additions, les soustractions, les multiplications et les divisions. Les procédures de résolution de ces opérations seront présentées en les comparant aux procédures analogues dans le système décimal.

OBJECTIF : Effectuer les opérations fondamentales en binaire naturel.

ADDITION
Dans tout système de numération positionnel, les symboles sont utilisés de façon cyclique et la longueur du cycle correspond à la base du système de numération. Ainsi, lorsqu'on compte dans le système décimal, on utilise d'abord les symboles de 0 à 9 dans la position des unités. Lorsqu'un cycle est complété, on inscrit 1 dans la colonne des dizaines et on amorce un deuxième cycle dans la colonne des unités, et ainsi de suite.

Pour additionner des nombres dans le système décimal, il suffit de connaître le résultat de l'addition des chiffres du système entre eux. On superpose alors les nombres à additionner en colonnes, en alignant les chiffres de même position. On effectue la somme des chiffres, colonne par colonne, à partir de la colonne la plus à droite. Lorsqu'un cycle est complété dans une colonne, on effectue un report dans la colonne immédiatement à sa gauche.

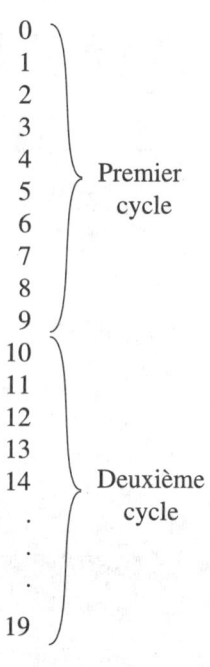

Ainsi, pour additionner les nombres 124,7 et 82,8, on superpose les nombres en colonnes, en alignant les chiffres de même position. En effectuant la somme des chiffres de la colonne la plus à droite, on obtient 7 + 8 = 15. On indique donc 5 dans cette colonne et on effectue un report de 1 dans la colonne immédiatement à sa gauche. En poursuivant ce processus, on obtient 207,5, tel qu'observé ci-contre.

En binaire, on a seulement deux chiffres et les sommes possibles avec ces chiffres sont :

$$0 + 0 = 0$$
$$0 + 1 = 1$$
$$1 + 0 = 1$$
$$1 + 1 = 10 \text{ (ou 0 avec un report de 1)}$$

Ces renseignements pourraient également être donnés sous forme de table d'opération, soit :

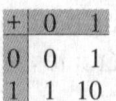

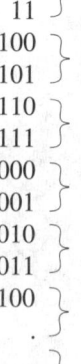

On procédera donc comme dans le système décimal, mais en utilisant les symboles 0 et 1 et en tenant compte de la longueur des cycles. Le nombre qui suit 1 est 10 ; on commence alors un deuxième cycle dans la position des unités (ou la colonne de droite), et ainsi de suite.

La procédure pour effectuer l'addition de deux nombres en binaire est donc la même que dans le système décimal et on peut la décrire comme suit:

> *PROCÉDURE POUR ADDITIONNER DES NOMBRES EN BINAIRE NATUREL*
> 1. Superposer les nombres en colonnes de telle sorte que les chiffres de même position soient alignés verticalement.
> 2. Additionner colonne par colonne, à partir de la droite, en effectuant les reports appropriés.

EXEMPLE 2.1.1

Effectuer la somme des deux nombres binaires suivants 1011,011 + 110,01.

a) en binaire

b) en décimal afin de comparer les procédures et les résultats.

Solution

a) Opération en binaire

On doit superposer les nombres en colonnes en alignant les chiffres de même position, puis on additionne en tenant compte que la somme 1 + 1 dans une colonne donne un zéro dans cette colonne et un report de 1 dans la colonne immédiatement à gauche. En poursuivant le processus, on obtient 10001,101.

```
Reports →  111   1
             1011,011
          +   110,01
            10001,101
```

En exprimant ce nombre en base 10, on a
$(10001,101)_2 = (17,625)_{10}$

b) Opération en décimal

En exprimant les nombres à additionner dans le système décimal, on a:
$(1011,011)_2 = (11,375)_{10}$
et $(110,01)_2 = (6,25)_{10}$
dont la somme est effectuée ci-contre. On obtient encore 17,625.

```
Équivalent
en décimal
    1
   11,375
 +  6,25
   17,625
```

REMARQUE

Dans l'exemple qui précède, l'addition a été effectuée dans les deux bases pour bien constater que la procédure est équivalente et donne le même résultat, mais dans des bases différentes. En pratique, on effectuera la somme dans une seule base et on convertira au besoin.

SOUSTRACTION

Pour soustraire deux nombres dans le système décimal, on les superpose en alignant les chiffres de même position. Le nombre à soustraire est placé sur la deuxième ligne. On soustrait alors colonne par colonne en partant de la colonne de droite. Si le nombre de la deuxième ligne d'une colonne est plus petit que celui de la première ligne de la même colonne, on fait la soustraction directe des chiffres impliqués. Lorsque le chiffre de la deuxième ligne d'une colonne est plus grand que celui de la première ligne, on effectue un emprunt pour pouvoir soustraire.

Ainsi, pour soustraire 142,8 de 524,3, on superpose les nombres en plaçant 142,8 sous 524,3. Dans la colonne de droite, le chiffre de la deuxième ligne est plus grand que celui de la première ligne, on effectue donc un emprunt. Le chiffre de la première ligne devient alors 13 et on peut soustraire 8 de 13, ce qui donne 5. En effectuant l'emprunt, le chiffre 4 de la deuxième colonne est devenu 3 et ce chiffre étant plus grand que le chiffre 2 de la deuxième ligne, on peut soustraire directement, ce qui donne 1. On passe alors à la colonne suivante jusqu'à ce que la soustraction soit complétée dans chacune des colonnes.

$$\begin{array}{r} 52\overset{3}{\cancel{4}},^{1}3 \\ -142,8 \\ \hline 1,5 \end{array}$$

$$\begin{array}{r} \overset{4}{\cancel{5}}\overset{3}{\cancel{2}}\overset{}{\cancel{4}},^{1}3 \\ -142,8 \\ \hline 381,5 \end{array}$$

Dans le système binaire, quatre situations peuvent être rencontrées lors d'une soustraction colonne par colonne. Lorsqu'on emprunte, c'est que l'on doit effectuer $0 - 1$ dans une colonne. En empruntant, deux cas peuvent se produire. S'il y a un 1 dans la colonne immédiatement à gauche, ce 1 devient un 0 et le 0 devient 10 (ou 2), d'où $10 - 1 = 1$. Par contre, lorsqu'on emprunte, si le chiffre de la colonne (ou des colonnes) de gauche est un zéro (ou sont des zéros), ce zéro (ou ces zéros) devient un 1 (ou deviennent des 1) jusqu'à ce que l'on rencontre un 1 qui devient 0.

$0 - 0 = 0$
$1 - 0 = 1$
$0 - 1 = 1$ avec emprunt de 1
$1 - 1 = 0$

−	0	1
0	0	1
1	1	0

> **PROCÉDURE POUR SOUSTRAIRE DES NOMBRES EN BINAIRE NATUREL**
> 1. Superposer les nombres en colonnes, de telle sorte que les chiffres de même position soient alignés verticalement.
> 2. Soustraire colonne par colonne, à partir de la droite, en effectuant les emprunts appropriés.

EXEMPLE 2.1.2

Effectuer la soustraction des nombres binaires suivants. Donner l'équivalent de cette opération dans le système décimal.

$$100010 - 110$$

Solution
On superpose les nombres de façon à aligner les chiffres de même position. Dans la première colonne à partir de la droite, on a $0 - 0$ qui donne 0. Dans la deuxième colonne, on a $1 - 1$ qui donne 0. Dans la troisième colonne, on doit effectuer $0 - 1$, il faut donc emprunter.

$$\begin{array}{r} 100010 \\ -110 \\ \hline 00 \end{array}$$

Le chiffre de la troisième colonne devient alors 10, les zéros des quatrième et cinquième colonnes deviennent des 1, le 1 de la sixième colonne devient un zéro. En effet, il fallait emprunter 1 à 100. Le nombre de la deuxième colonne devient alors 10 et le nombre représenté dans les colonnes restantes à gauche est alors 100 – 1 = 11 en binaire.

$$\begin{array}{r} {\overset{0\ 1\ 1}{\cancel{1\ 0\ 0}}0\ 1\ 0} \\ -1\ 1\ 0 \\ \hline 0\ 0 \end{array}$$

On poursuit alors la soustraction colonne par colonne. Dans la troisième colonne, on a 10 – 1 = 1 et dans les quatrième et cinquième colonnes, on a 1 – 0 = 1.

$$\begin{array}{r} {\overset{0\ 1\ 1}{\cancel{1\ 0\ 0}}0\ 1\ 0} \\ -1\ 1\ 0 \\ \hline 1\ 1\ 1\ 0\ 0 \end{array}$$

En exprimant chacun des nombres de départ dans le système décimal, on constate que l'opération effectuée est

$$34 - 6 = 28.$$

Or, $(11100)_2 = (28)_{10}$.

REMARQUE

Lorsque le nombre à soustraire est le plus grand des deux, on change l'ordre de la soustraction; comme dans le système décimal, on effectue l'opération puis on change le signe de la réponse.

COMPLÉMENTATION

Nous venons de voir comment additionner et soustraire en binaire en suivant les mêmes principes que dans le système décimal. Techniquement, ces opérations sont effectuées par un même circuit qui ne fait qu'additionner. C'est-à-dire que la soustraction est effectuée en additionnant. C'est ce qu'on appelle *soustraire par complémentation*. Nous allons illustrer le principe de la complémentation en décimal puisque le lecteur est plus familier avec ce système; par la suite, nous verrons comment l'utiliser en binaire.

Complémentation en décimal

Dans le système décimal, le *complément à 10 d'un nombre* est obtenu en soustrayant ce nombre de la puissance de 10 qui lui immédiatement supérieure. Ainsi, pour trouver le complément à 10 du nombre 5 327, on le soustrait de 10^4 puisque le nombre dont on cherche le complément comporte quatre chiffres.

$$\begin{array}{r} 10\ 000 \\ -5\ 327 \\ \hline \end{array}$$

Pour effectuer cette opération, on doit emprunter et on trouve 4673.

$$\begin{array}{r} {\overset{0\ 9\ 9\ 9}{\cancel{1\ 0\ 0\ 0}}0} \\ -5\ 327 \\ \hline 4\ 673 \end{array}$$

En pratique, on a donc soustrait de 10 le premier chiffre à partir de la droite et on a soustrait les autres de 9. Si les premiers chiffres à partir de la droite sont des zéros, ils demeurent inchangés. Le premier chiffre non nul est soustrait de 10 et les autres de 9. La démarche est la même lorsque le nombre a une partie fractionnaire.

EXEMPLE 2.1.3

Trouver le complément à 10 des nombres 5 800 et 27,38.

Solution

La partie entière du nombre 5 800 a quatre chiffres; on le soustrait donc de 10^4, ce qui, en pratique, revient à laisser inchangés les zéros à droite du nombre, à soustraire le premier chiffre non nul de 10 et à soustraire les autres de 9. Le complément de 5 800 est donc 4 200.

```
  0 9 ¹
 10 0 0 0
− 5 8 0 0
  4 2 0 0
```

La partie entière du nombre 27,38 a deux chiffres; on le soustrait donc de 10^2, ce qui, en pratique, revient à soustraire le premier chiffre de 10 et à soustraire les autres de 9. Le complément de 27,38 est donc 72,62.

```
  0 9 9 9
 1 0 0, 0 0
− 2 7, 3 8
  7 2, 6 2
```

Voyons maintenant comment la complémentation peut être utilisée pour effectuer une soustraction dans le système décimal. Supposons que l'on veuille effectuer 81 − 32. Illustrons à l'aide d'une règle graduée comment s'effectue cette opération par complémentation.

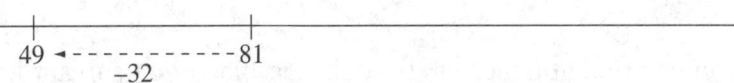

Pour soustraire 32 de 81, on se déplace de 32 unités vers la gauche, ce qui nous amène à 49.

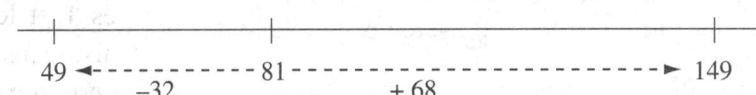

Lorsqu'on effectue cette opération par la complémentation à 10, on ajoute à 81 le complément de 32, soit 68. On se déplace donc vers la droite de 68 unités pour parvenir à 149.

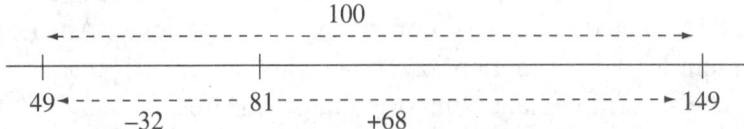

La différence entre le résultat de l'addition et le résultat de la soustraction est alors de 100, soit la somme de 32 et de son complément à 10.

En soustrayant 100 de 149, c'est-à-dire en retranchant le chiffre 1 de la colonne des centaines, on obtient le résultat de la soustraction. C'est donc dire qu'au lieu de soustraire, on additionne le complément et on efface le 1 à gauche du nombre obtenu en effectuant cette addition, ce qui donne le résultat de la soustraction.

EXEMPLE 2.1.4

Effectuer la soustraction suivante dans le système décimal, par complémentation à 10.

$$247,36 - 147,73$$

Solution

Le complément à 10 de 147,73 est 852,27. En effectuant l'addition de ces deux nombres, on obtient 1 099,63. En retranchant le 1 de la colonne de gauche, on obtient le résultat de la soustraction, soit 99,63.

$$\begin{array}{r} \overset{1}{2}47,36 \\ + 852,27 \\ \hline 1099,63 \end{array}$$

REMARQUE

Dans le système décimal, il n'est pas nécessaire d'utiliser la complémentation pour soustraire. Lorsque la soustraction est effectuée par un circuit électrique, la complémentation permet d'effectuer la soustraction en utilisant le même circuit que pour l'addition. Lorsque c'est le cas, les nombres négatifs sont automatiquement complémentés lorsqu'ils sont placés dans la mémoire de l'ordinateur. Au chapitre 4, nous verrons quelques façons de représenter les nombres dans une mémoire d'ordinateur.

Complémentation à deux $(10)_2$ en binaire

En binaire, le complément est communément appelé *complément à 2*. Rappelons que les chiffres d'un nombre binaire sont appelés *bits*. Ce mot vient d'une contraction du terme anglais *binary digit* qui signifie *symbole binaire*. Ce terme décrit le fait qu'il y a deux états possibles, 0 et 1. Dans le système binaire, le complément à 2 d'un nombre est obtenu en soustrayant ce nombre de la puissance immédiatement supérieure de 2. Ainsi, le complément à 2 de 1101101 est obtenu de la façon suivante :

$$\begin{array}{r} 10000000 \\ - 1101101 \end{array} \qquad \text{et en empruntant} \qquad \begin{array}{r} 0\,1\,1\,1\,1\,1\,1_1 \\ \cancel{1}\,\cancel{0}\,\cancel{0}\,\cancel{0}\,\cancel{0}\,\cancel{0}\,\cancel{0}\,0 \\ -\ 1\,1\,0\,1\,1\,0\,1 \\ \hline 0\,0\,1\,0\,0\,1\,1 \end{array}$$

On constate que le premier bit est soustrait de 10 et les autres de 1. En pratique, pour trouver le complément à 2, on laisse inchangés tous les bits à droite du nombre jusqu'au premier 1 inclusivement et on change tous les autres bits qui précèdent, en remplaçant les 0 par des 1 et les 1 par des 0. Cette procédure s'applique de la même façon pour les nombres fractionnaires finis. Dans une mémoire d'ordinateur, un nombre fractionnaire à développement infini n'existe pas car le nombre de bits des mémoires est toujours un nombre fini.

PROCÉDURE POUR TROUVER LE COMPLÉMENT À DEUX $(10)_2$ D'UN NOMBRE EN BINAIRE
1. Laisser inchangés les 0 à droite du nombre.
2. Laisser inchangé le premier 1 à partir de la droite du nombre.
3. Changer tous les autres chiffres qui précèdent, les 0 par des 1 et les 1 par des 0.

 *EXEMPLE* 2.1.5

Trouver le complément à 2 des nombres suivants :
a) 1101101   b) 1100100   c) 1101,001

Solution

a) Le bit de droite est 1. On le conserve et les autres sont complémentés, on obtient donc
$$0010011$$

Que faire des 0 à gauche du nombre? Lorsqu'on désire simplement connaître le complément à 2 d'un nombre, on peut les supprimer. Ainsi, dans ce cas, on pourrait écrire 10011.

b) Les bits de droite sont des 0. Ils demeurent inchangés jusqu'au premier 1 inclusivement, les autres sont complémentés. On obtient donc
$$0011100$$
que l'on peut écrire 11100.

c) Le bit de droite est 1. On le conserve et les autres sont complémentés. On obtient donc
$$0010{,}111$$
que l'on peut écrire 10,111.

Le principe de la soustraction par complémentation a déjà été expliqué à l'aide d'un exemple en décimal; il s'illustre de la même façon en binaire. Il faut cependant se rappeler, lorsqu'on utilise ce procédé, que les nombres doivent avoir le même nombre de bits. Si besoin est, on ajoute des zéros à l'un des nombres. En pratique, dans un ordinateur, cela est automatique car les cases mémoires ont toutes le même nombre de bits. Nous y reviendrons au chapitre 5.

PROCÉDURE POUR EFFECTUER UNE SOUSTRACTION PAR COMPLÉMENTATION À DEUX $(10)_2$
1. Ajouter des zéros au nombre à soustraire pour que les parties entières et fractionnaires des deux nombres concernés aient le même nombre de bits.
2. Déterminer le complément à deux du nombre à soustraire après cet ajout de zéros.
3. Additionner le complément à deux au nombre dont on veut soustraire.
4. Éliminer le chiffre de gauche de la somme.

EXEMPLE *2.1.6*

Effectuer la soustraction suivante dans le système binaire par complémentation à deux:
$$101101{,}001 - 110{,}01$$

Solution

Ajoutons des zéros pour que les nombres aient le même nombre de bits. Le nombre à soustraire est alors 000110,010 et son complément à 2 est 111001,110. On effectue alors l'addition ci-contre qui donne 1100110,111. En éliminant le 1 complètement à gauche, on obtient alors la différence des deux nombres, soit:

$$100110{,}111.$$

```
   1 1 1   1   1
   1 0 1 1 0 1 , 0 0 1
 + 1 1 1 0 0 1 , 1 0 1
   ─────────────────────
  1│1 0 0 1 1 0 , 1 1 0
```
Rejet du chiffre de gauche

Complémentation à un $(1)_2$ en binaire

En binaire, il existe une variante de la complémentation à 2 qu'on appelle *complémentation à un*. Dans le système décimal, cette complémentation s'appelle *complémentation à 9*. Le complément à 9 d'un nombre est obtenu en soustrayant chacun de ses chiffres de 9.

Ainsi, le complément à 9 de 542 est donné par 999 – 542, soit 457.

On peut utiliser le complément à 9 pour effectuer une soustraction. Plutôt que de soustraire le nombre, on additionne son complément à 9 puis on ajoute 1 au résultat et on supprime le chiffre le plus à gauche.

Illustrons la procédure à l'aide d'un exemple. Pour effectuer la soustraction 723 – 318, il faut tout d'abord déterminer le complément à 9 de 318. On l'obtient en soustrayant chacun des chiffres de 9, ce qui donne 681.

On effectue alors l'addition 723 + 681, ce qui donne 1 404. En additionnant 1 au dernier chiffre de ce résultat, on a alors 1 405 et en supprimant le chiffre de gauche on obtient 405 qui est le résultat de la soustraction.

Pour soustraire des nombres entiers par complémentation, on ajoute des zéros à gauche du nombre à soustraire pour que le nombre de chiffres soit le même dans les deux nombres. Lorsque les nombres comportent une partie fractionnaire, on ajoute des 0 à droite du nombre à soustraire pour que le nombre de chiffres soit identique dans les parties fractionnaires des deux nombres.

REMARQUE

On peut facilement comprendre qu'en additionnant 1 au complément à 9, on obtient le complément à 10. Cette procédure est analogue à celle de la soustraction par complément à 10.

Pour effectuer une soustraction par complémentation à 1 en binaire, la procédure est la même. Avant de détailler cette procédure, voyons comment trouver le complément à un en binaire. Considérons le nombre 101 001. Pour trouver son complément à 1 en binaire, il faut le soustraire de 111 111, ce qui donne 010 110. En pratique, il suffit donc de changer tous les bits; les 0 par des 1 et les 1 par des 0.

Cette constatation est fort intéressante car elle signifie que pour trouver le complément à 1, il suffit d'utiliser un *inverseur* qui changera l'état de chaque bit, et que pour trouver le complément à 2, on détermine d'abord le complément à 1, auquel on ajoute 1 au dernier bit.

EXEMPLE 2.1.7

Trouver le complément à $(1)_2$ des nombres suivants et utiliser ce résultat pour trouver le complément à 2.

a) 1111101
b) 1110,011

Solution

a) En changeant tous les bits, on obtient

$$0000010$$

qui est le complément à 1. En additionnant 1 au dernier bit du complément à 1, on obtient alors le complément à 2, soit

$$0000011$$

Le complément à 1 de 1111101 est 10 et son complément à 2 est 11.

b) En changeant tous les bits, on obtient

$$0001,100$$

qui est le complément à 1. En additionnant 1 au dernier bit du complément à 1, on obtient alors le complément à 2, soit

$$0001,101$$

Le complément à 1 de 1110,011 est 1,100 et son complément à 2 est 1,101.

PROCÉDURE POUR EFFECTUER UNE SOUSTRACTION PAR COMPLÉMENTATION À UN $(1)_2$
1. Ajouter des zéros au nombre à soustraire pour que les parties entières ainsi que les parties fractionnaires des deux nombres concernés aient chacune le même nombre de bits.
2. Déterminer le complément à un du nombre à soustraire.
3. Additionner le complément à un au nombre dont on veut soustraire.
4. Additionner 1 au résultat.
5. Éliminer le chiffre de gauche de la somme.

EXEMPLE 2.1.8

Effectuer la soustraction suivante dans le système binaire par complémentation à 1:
$$101101,001 - 110,01$$

Solution

Ajoutons des zéros pour que les parties entières et les parties fractionnaires des nombres aient chacune le même nombre de bits. Le nombre à soustraire est alors 000110,010 et son complément à 1 est 111001,101. On effectue alors l'addition ci-contre qui donne 1100110,110.

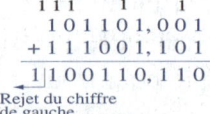

On ajoute alors 1 au dernier bit à droite et on obtient
$$1100110,111$$
En éliminant le 1 complètement à gauche, on obtient alors la différence des deux nombres, soit
$$100110,111$$

```
  1 1 0 0 1 1 0, 1 1 0
+                    1
  ─────────────────────
1 1 0 0 1 1 0, 1 1 1
↑
Rejet du chiffre
de gauche
```

MULTIPLICATION

La procédure pour effectuer le produit de deux nombres en décimal est basée sur la distributivité de la multiplication sur l'addition. Ainsi, pour effectuer le produit 324×35, on peut exprimer 35 comme somme, soit $30 + 5$. Le produit s'écrit alors $324 \times (30 + 5)$ et par distributivité, on a:

$$\begin{aligned} 324 \times 35 &= 324 \times (30 + 5) \\ &= (324 \times 30) + (324 \times 5) \\ &= 9720 + 1\,620 \\ &= 11\,340 \end{aligned}$$

```
      3 2 4
    ×   3 5
    ───────
    1 6 2 0
  + 9 7 2
  ─────────
  1 1 3 4 0
```

En pratique, on applique cette propriété de la façon suivante. On superpose les deux nombres et on multiplie le nombre de la première ligne par chacun des chiffres du deuxième nombre en partant de la droite, en tenant compte des retenues et en décalant d'une colonne à chaque chiffre pour tenir compte de la position.

En binaire, on procède de la même façon et les situations que l'on peut rencontrer en effectuant le produit sont données ci-contre.

$0 \times 0 = 0$
$1 \times 0 = 0$
$0 \times 1 = 0$
$1 \times 1 = 1$

La table d'opération permet de constater que lors d'une multiplication par 1, on répète le nombre multiplié et, lorsqu'on multiplie par zéro, on obtient 0. En pratique, on procède comme dans le système décimal.

×	0	1
0	0	0
1	0	1

PROCÉDURE POUR MULTIPLIER DES NOMBRES EN BINAIRE NATUREL
1. Superposer les deux nombres.
2. Multiplier le nombre de la première ligne par chacun des chiffres de la deuxième ligne (répéter la première ligne pour multiplier par 1 et décaler d'une colonne vers la gauche pour multiplier par 0).
3. Additionner les produits obtenus.

EXEMPLE *2.1.9*

Effectuer la multiplication des nombres binaires suivants:
$$111011001 \times 101011.$$

Solution

On superpose les deux nombres, puis on multiplie le nombre de la première ligne par les chiffres de la deuxième ligne. Pour multiplier par 1, il suffit de réécrire le nombre de la première ligne. Pour multiplier par 0, on indique un 0 pour décaler d'une colonne, puis on effectue le produit par le chiffre suivant. Il ne reste qu'à additionner pour trouver le résultat de la multiplication.

```
        111011001
     ×     101011
        111011001
        111011001
       1110110010   ← ajout d'un 0 dû à
       1110110010   ← la multiplication
      100111101110011   par 0.
```

REMARQUE

Si au moins un des deux nombres de la multiplication a une partie fractionnaire, il faut traiter la (ou les) virgule(s) de la même façon qu'on le ferait dans une multiplication de deux nombres en décimal.

Pour multiplier par $(10)_2$, un nombre binaire ne comportant pas de partie fractionnaire, il suffit d'ajouter un 0 à droite du nombre. Si le nombre comporte une partie fractionnaire, il suffit de déplacer la virgule d'une position vers la droite. De la même façon, pour multiplier un nombre binaire par $(100)_2$, on lui ajoute deux zéros à droite s'il ne comporte pas de partie fractionnaire ou on déplace la virgule de deux positions vers la droite lorsque le nombre comporte une partie fractionnaire.

DIVISION

Avant de voir comment procéder pour diviser en binaire, rappelons comment on procède en décimal, en divisant 2 534 par 35.

```
2534 | 35
-245 |─────
      | 72,4
  84
 -70
 140
-140
   0
```

Le diviseur est un nombre de deux chiffres, on considère donc la tranche formée des deux premiers chiffres du dividende. On constate que le diviseur est plus grand que la tranche des 2 premiers chiffres du dividende. On considère alors la tranche des trois premiers chiffres du dividende, soit 253. Le produit de 7 par 35 donne 245 et en soustrayant, on obtient 8. On abaisse alors le chiffre suivant, ce qui donne 84. Le produit de 35 par 2 donne 70 et en soustrayant de 84, on obtient 14. Il n'y a plus de chiffres à abaisser, on ajoute donc une virgule et un zéro au reste. Le produit de 35 par 4 donne alors 140 et le reste est nul. La division est complétée et le quotient est 72,4. Dans cet exemple, la partie fractionnaire est une suite finie mais on peut également obtenir une suite infinie, périodique ou non périodique.

On procédera de la même façon pour diviser en binaire, en se rappelant que si le diviseur est plus petit ou égal à la tranche du dividende considérée, le chiffre à inscrire au quotient est 1, et que si le diviseur est plus grand que la tranche du dividende considérée, le chiffre à inscrire au quotient est 0.

PROCÉDURE POUR DIVISER DES NOMBRES EN BINAIRE NATUREL

1. Comparer le diviseur à la tranche du dividende comportant le même nombre de chiffres.
   - Si cette tranche représente un nombre plus grand ou égal au diviseur, le quotient donne 1.
   - Si cette tranche représente un nombre plus petit que le diviseur, considérer la tranche du dividende comportant un chiffre de plus que le diviseur. Le quotient est alors 1.
2. Soustraire le diviseur de la tranche du dividende considérée (le produit par 1 donne le diviseur).
3. Abaisser le chiffre du dividende à droite de la tranche considérée.
   - Si la nouvelle tranche représente un nombre plus grand ou égal au diviseur, le quotient donne 1.
   - Si le diviseur est plus grand que la partie à diviser, inscrire 0 et abaisser le chiffre suivant. Recommencer jusqu'à ce que la tranche représente un nombre plus grand ou égal au diviseur.
   - S'il n'y a plus de chiffres à abaisser, ajouter une virgule au quotient et ajouter un 0 à droite de la tranche à diviser.
4. Reprendre le processus à partir de l'étape 2 jusqu'à ce qu'une des conditions suivantes soit satisfaite:
   - Le reste est 0.
   - La partie fractionnaire donne une suite périodique.
   - La partie fractionnaire donne la précision souhaitée.

EXEMPLE 2.1.10

Effectuer la division des nombres binaires suivants:
$$1111101 \div 101$$

Solution

Le diviseur est plus petit que la tranche des trois premiers chiffres, le quotient est 1. On soustrait puis on abaisse le quatrième chiffre, le quotient est 1. On soustrait puis on abaisse le cinquième chiffre, le quotient est 0, et ainsi de suite. On trouve donc $1111101 \div 101 = 11001$.

```
 1111101 | 101
 -101    |------
 -----   | 11001
  0101
  -101
  -----
  000101
   -101
   ----
    000
```

EXEMPLE 2.1.11

Effectuer la division des nombres binaires suivants:
$$1101101 \div 1110$$

Solution

Le diviseur est plus grand que la tranche des quatre premiers chiffres du dividende, et on prend alors les cinq premiers chiffres. Le quotient est 1 et la soustraction donne 1101. On abaisse le sixième chiffre, le quotient est 1, et ainsi de suite.

On trouve donc $1101101 \div 1110 = 111{,}1\overline{100}$.

```
 1101101 | 1110
 -1110   |---------
 -----   | 111,11001
  11010
  -1110
  -----
   11001
   -1110
   -----
    10110
    -1110
    -----
     10000
     -1110
     -----
      0010000
       -1110
       -----
        0010
```

> **REMARQUE**

À l'exemple précédent, le quotient des deux nombres donne un nombre dont la partie fractionnaire est périodique. Ce n'est pas toujours le cas car on peut obtenir une suite infinie et non périodique. Il est conseillé de prendre au moins douze chiffres après la virgule, ce qui correspond approximativement à trois chiffres en décimal. De plus, une séquence de douze chiffres peut être divisée en tranches de trois chiffres si on veut transformer le nombre en octal et elle peut être divisée en tranches de quatre chiffres si on veut convertir le nombre en hexadécimal.

Pour diviser un nombre binaire par $(10)_2$, il suffit de déplacer la virgule d'une position vers la gauche en considérant qu'un nombre entier a une virgule à droite du chiffre de rang nul. De la même façon, pour diviser un nombre binaire par $(100)_2$ on déplace la virgule de deux positions vers la gauche.

2.2 EXERCICES

1. Effectuer les opérations suivantes en binaire, sans utiliser la complémentation pour les soustractions.
   a) 100110 + 11101   b) 11001 + 1100   c) 1110011 − 111111
   d) 1100101 − 11101   e) 111000 − 111,1   f) 1100,01 − 101,11
   g) 1101 × 111   h) 111011 × 1101   i) 1110101 × 110011
   j) 111001 ÷ 101   k) 100111 ÷ 110   l) 1100110 ÷ 11101
   m) 11100011 ÷ 1110   n) 1100011 ÷ 1101

2. Dans les situations suivantes, vérifier, en effectuant les opérations en binaire, que les expressions sont égales.
   a) 1011 × (100,1 + 1101,01) et (1011 × 100,1) + (1011 × 1101,01)
   b) 110 × (101,01 + 1101,01) et (110 × 101,01) + (110 × 1101,01)
   c) 1011,11 × (110,01 + 11101,01) et (1011,11 × 110,01) + (1011,11 × 11101,01)

3. Effectuer les opérations suivantes en binaire:
   a) (1101,1 + 1101,01) ÷ 1101   b) 11011 × (1101,01 + 111101,011)

4. Trouver le complément à $(10)_2$ des nombres binaires suivants:
   a) 11001   b) 11010
   c) 11100   d) 10,001
   e) 110000   f) 1001,01

5. Effectuer les soustractions suivantes par complémentation à $(10)_2$.
   a) 111001 − 101100   b) 110011 − 1100
   c) 110000 − 10000   d) 111,0011 − 10,0101
   e) 10011,01 − 110,1001 f) 1001,001 − 110,101

6. Trouver le complément à $(1)_2$ des nombres binaires suivants:
   a) 110011
   b) 11110101
   c) 1010011
   d) 110,001
   e) 1100,0111
   f) 1001,01

7. Effectuer les soustractions suivantes par complémentation à $(1)_2$.
   a) 110011 − 100101
   b) 111011 − 1101
   c) 110110,001 − 10011,1
   d) 1110,0011 − 10,01

8. Considérons la figure suivante formée de six cadrans dont l'aiguille est soit en position 0, soit en position 1. Le chiffre 1 représente alors une rotation de 180° de l'aiguille d'un cadran et lorsqu'un tour complet a été effectué sur un cadran, l'aiguille du cadran situé immédiatement à sa gauche subit à son tour une rotation de 180°, c'est-à-dire un report de 1. Le nombre indiqué par ces cadrans est 001011.

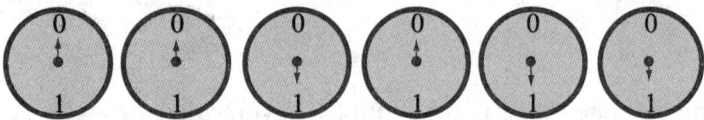

Supposons que l'aiguille du cadran de droite subit une rotation de 180° à toutes les heures.

a) Indiquer, dans le schéma suivant, la position des aiguilles dans une heure.

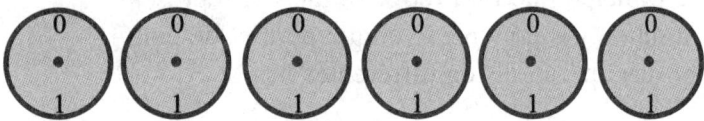

b) Indiquer, dans le schéma suivant, la position des aiguilles dans neuf heures.

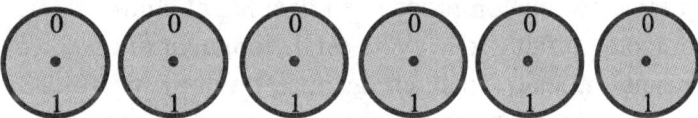

c) Indiquer, dans le schéma suivant, la position des aiguilles il y a de cela deux heures.

9. Numéroter chacune des divisions de la règle en binaire.

10. Numéroter chacune des divisions de la règle en octal.

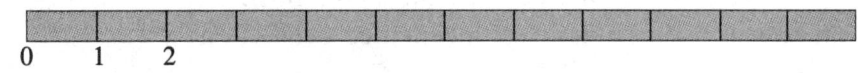

2.3 ADDITION ET SOUSTRACTION EN OCTAL ET EN HEXADÉCIMAL

OBJECTIF: Effectuer des additions et des soustractions en octal et en hexadécimal.

ADDITION ET SOUSTRACTION EN OCTAL

Comme nous l'avons signalé au début du chapitre, dans tout système de numération positionnel, les symboles sont utilisés de façon cyclique et la longueur du cycle correspond à la base du système de numération. Ainsi, lorsqu'on compte en octal, on utilise les symboles de 0 à 7. On a alors complété un cycle dont la longueur est 8. Le nombre qui suit 7 est 10 ; on commence alors un deuxième cycle dans la colonne de droite, et ainsi de suite.

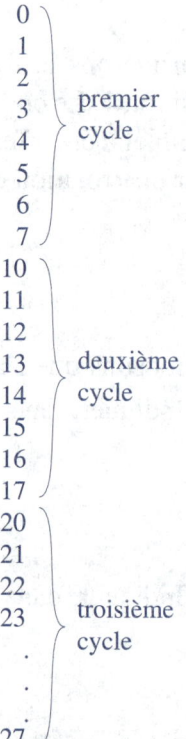

Un cycle dans la deuxième colonne correspond à huit (8^1) cycles dans la première colonne et un cycle dans la troisième colonne correspond à huit cycles dans la deuxième colonne ou soixante-quatre (8^2) cycles dans la première colonne. C'est ce principe que l'on retrouve dans la représentation polynomiale d'un nombre. Ce principe cyclique permet de comprendre comment effectuer des opérations en différentes bases.

Supposons que l'on veuille additionner les nombres 6 et 7 en octal. On pourra alors effectuer la somme comme on procède en décimal et compenser ensuite pour tenir compte du fait que le cycle est de longueur dix en décimal et de longueur huit en octal. Ainsi, en décimal, on obtient

$$6 + 7 = 13$$

Dans le nombre 13, le 1 de la colonne (ou position) de gauche signifie qu'il y a eu report, donc qu'il y a eu un cycle de complété dans la colonne de droite. Les cycles n'étant pas de même longueur, il faut compenser en ajoutant la différence des longueurs de cycles. En octal, la différence des longueurs de cycles est égale à 2, en effet

$$10 - 8 = 2$$

Cela signifie qu'il faut additionner 2 à chaque fois qu'un cycle est complété. Dans l'exemple précédent, cela nous donne $(6)_8 + (7)_8 = (15)_8$. Cependant, on peut également avoir à compenser sans qu'il y ait report, l'opération faisant alors apparaître un mot de code inconnu. Ainsi, en additionnant 5 et 4 on obtient 9, ce symbole est inconnu en octal et en additionnant 2, on obtient 11, ce qui signifie que

$$(9)_{10} = (11)_8$$

ou encore

$$(5)_8 + (4)_8 = (11)_8$$

Opérations dans différentes bases 45

> PROCÉDURE POUR ADDITIONNER DES NOMBRES EN OCTAL
> 1. Superposer les nombres à additionner de telle sorte que les chiffres de même position soient dans une même colonne.
> 2. Additionner colonne par colonne à partir de la droite en procédant comme en décimal.
> 3. Additionner la différence des longueurs de cycles dans les colonnes où un cycle a été complété.
> 4. Poursuivre le processus de compensation jusqu'à ce qu'il n'y ait plus de cycle complété.

EXEMPLE 2.3.1

Additionner les nombres octaux 2475 et 3604.

Solution

Étapes 1 et 2

On superpose les nombres à additionner et on effectue l'addition, colonne par colonne, en procédant comme dans le système décimal, qui est notre référence.

Étape 3 (*compensation*)

Dans la colonne de droite, on a un symbole inconnu; on additionne 2 dans cette colonne. À l'étape 2, il y a eu un report de la colonne trois à la colonne quatre; on additionne donc 2 dans la colonne trois. En effectuant l'addition de ces reports, on a un report normal de la première vers la deuxième colonne; c'est le report dû à la compensation.

Étape 4 (*compensation finale*)

À l'étape 3, on a obtenu 8 dans la deuxième colonne, ce qui est un symbole inconnu en octal. Il faut donc compenser de nouveau en additionnant 2 dans cette colonne. On obtient alors le résultat de l'opération, soit 6301.

```
  1
  2 4 7 5
+ 3 6 0 4
---------
  6 0 7 9
```

```
  1
  2 4 7 5
+ 3 6 0 4
---------
    1
  6 0 7 9
+ 0 2 0 2
---------
  6 2 8 1
```

```
  1
  2 4 7 5
+ 3 6 0 4
---------
    1
  6 0 7 9
+ 0 2 0 2
---------
  1
  6 2 8 1
+ 0 0 2 0
---------
  6 3 0 1
```

On peut également se servir de la table d'addition suivante pour effectuer rapidement les compensations.

TABLE D'ADDITION EN OCTAL

+	0	1	2	3	4	5	6	7
0	0	1	2	3	4	5	6	7
1	1	2	3	4	5	6	7	10
2	2	3	4	5	6	7	10	11
3	3	4	5	6	7	10	11	12
4	4	5	6	7	10	11	12	13
5	5	6	7	10	11	12	13	14
6	6	7	10	11	12	13	14	15
7	7	10	11	12	13	14	15	16

EXEMPLE 2.3.2

Additionner les nombres octaux 57 et 73 en utilisant la table d'addition en octal.

Solution

Superposons les nombres à additionner. Dans la colonne de droite, on a 7 + 3. En consultant la table, on trouve que 7 + 3 donne 12 en octal. On inscrit donc 2 dans la colonne de droite et un report dans la deuxième colonne.

```
  1 1
    5 7
  + 7 3
  ─────
        2
```

Dans la deuxième colonne, on a alors 1 + 5 + 7 ou 6 + 7, la table d'addition en octal donne 15. On inscrit 5 dans la deuxième colonne et un report dans la troisième colonne.

```
  1 1
    5 7
  + 7 3
  ─────
      5 2
```

Dans la troisième colonne n'apparaît que le dernier report et le résultat de l'addition est 152.

```
  1 1
    5 7
  + 7 3
  ─────
    1 5 2
```

REMARQUE

L'utilisation de la table d'addition peut sembler plus simple, mais il ne faut pas oublier que notre souci doit être de voir comment on peut expliquer à un ordinateur la manière d'effectuer ces opérations. On ne peut lui conseiller de consulter la table d'opération, il faut lui indiquer quand et comment il doit effectuer une compensation. Cette compensation peut être faite à chaque fois qu'un nombre inconnu est rencontré, ou globalement, mais elle doit être faite.

Pour illustrer l'importance des mécanismes de compensation, considérons le cas du code dcb. On a vu que le codage et le décodage des nombres en dcb est plus simple qu'en binaire naturel. Comment un ordinateur utilisant ce procédé de codage procède-t-il pour additionner des nombres? Dans la mémoire de ces ordinateurs, chaque chiffre d'un nombre est représenté par une tranche de 4 bits. Lorsqu'au cours d'une opération un « mot inconnu » apparaît dans une plage de 4 bits, l'ordinateur doit effectuer une compensation et additionner un report dans la tranche de 4 bits suivante.

```
              Plages de 4 bits
              ┌──┬──┬──┐
   5 3 7     0101 0011 0111
 +   2 5    +0000 0010 0101
 ───────    ───────────────
   5 6 2     0101 0101 1100

                5    5   mot
                         inconnu
```

Ainsi, pour effectuer l'addition 537 + 25, les chiffres des nombres sont rangés dans des tranches de 4 bits. De plus, dans une mémoire d'ordinateur, tous les nombres ont le même nombre de bits; c'est pourquoi dans l'illustration ci-contre, on a

$$(25)_{10} = (0000\ 0010\ 0101)_{dcb}.$$

En additionnant tranche par tranche, un « mot-inconnu » apparaît dans la tranche de droite. Puisqu'il y a 16 mots-code possibles en dcb mais seulement 10 chiffres en décimal, il faut compenser en additionnant la différence des cycles, soit $(6)_{10} = (0110)_{dcb}$.

```
                  Plages de 4 bits
                  ┌──┬──┬──┐
   5 3 7         0101 0011 0111
 +   2 5        +0000 0010 0101
 ───────        ───────────────
   5 6 2              11 1
                 0101 0101 1100
Compensation→   +0000 0000 0110
                ───────────────
                 0101 0110 0010
   Décodage →      5    6    2
```

Cette addition a pour effet de reporter une unité dans la deuxième tranche. Ce qui, dans cet exemple, constitue la compensation finale.

Il existe également un code parfois appelé « dcb + 3 » dont la table est donnée ci-contre. Dans les appareils utilisant ce code, on doit également prévoir des compensations lors des opérations.

Nous présenterons d'autres situations de traitement des données numériques selon le mode de représentation dans la mémoire de l'ordinateur au chapitre 3.

Décimal	dcb+3
0	0011
1	0100
2	0101
3	0110
4	0111
5	1000
6	1001
7	1010
8	1011
9	1100

SOUSTRACTION

La soustraction peut s'effectuer par complémentation à 8. Pour obtenir le complément à 8 d'un nombre octal, on applique la procédure suivante.

PROCÉDURE POUR TROUVER LE COMPLÉMENT À HUIT $(10)_8$ D'UN NOMBRE EN OCTAL
1. Laisser inchangés les 0 à droite du nombre.
2. Soustraire de huit $(10)_8$ le premier chiffre non nul à partir de la droite du nombre.
3. Soustraire de 7 tous les autres chiffres.

EXEMPLE 2.3.3

Trouver le complément à 8 du nombre octal 32500.

Solution
Pour trouver le complément à 8 de 32500, on pourrait le soustraire de la puissance supérieure, c'est-à-dire le soustraire de $(100000)_8$. En pratique, il suffit de soustraire de 8 le premier chiffre non nul à partir de la droite et soustraire les autres de 7. On a alors
$$45300$$

PROCÉDURE POUR SOUSTRAIRE DES NOMBRES PAR COMPLÉMENTATION EN OCTAL
1. Ajouter, si nécessaire, des 0 au nombre à soustraire pour que les parties entières des deux nombres aient le même nombre de chiffres et pour que leurs parties fractionnaires aient le même nombre de chiffres.
2. Calculer le complément à 8 du nombre à soustraire.
3. Superposer le nombre duquel on soustrait et le complément à 8 du nombre à soustraire de telle sorte que les chiffres de même position soient dans une même colonne.
4. Additionner en effectuant les compensations.
5. Effacer le chiffre 1 à gauche de la somme; le nombre obtenu est le résultat de la soustraction.

48 Chapitre 2

EXEMPLE 2.3.4

Effectuer la soustraction $(572)_8 - (254)_8$ par complémentation à 8 :

Solution

Les deux nombres sont des entiers et comportent le même nombre de chiffres. Le complément à 8 de 254 est 524 (il est obtenu en soustrayant le chiffre de droite de 8 et en soustrayant les autres de 7).

```
      572            ¹↘  5 7 2
    − 254           +↗   5 2 4
                       1 0 9 6
```

Pour soustraire $(254)_8$ de $(572)_8$, on additionne donc à $(572)_8$ le complément $(524)_8$. Cette addition donne $(1316)_8$, après compensation.

En éliminant le chiffre de gauche, on obtient le résultat de la soustraction, soit $(316)_8$.

```
        5 7 2
      + 5 2 4
      1 ¹↘
      1 0 9 6
      + 0 2 2 0
      1 3 1 6
```

EXEMPLE 2.3.5

Effectuer la soustraction $(3054{,}42)_8 - (41{,}3)_8$ par complémentation à 8.

Solution

Les parties entières des deux nombres ne comportent pas le même nombre de chiffres. La partie entière de $(3054{,}42)_8$ comporte quatre chiffres. Pour effectuer la soustraction par complémentation, il faut déterminer le complément à 8 de $(0041{,}3)_8$, qui est $(7736{,}5)_8$ (il est obtenu en soustrayant le chiffre de droite de 8 et en soustrayant les autres de 7).

```
       3 0 5 4, 4 2
    +  7 7 3 6, 5         ← Complément de (41,3)₈,
                             partie entière à 4 chiffres.
```

Pour soustraire $(41{,}3)_8$ de $(3054{,}42)_8$, on additionne donc à $(3054{,}42)_8$ le complément de $(0041{,}3)_8$, soit $(7736{,}5)_8$.

Cette addition donne $(13013{,}12)_8$, après compensation.

En éliminant le chiffre de gauche, on obtient le résultat de la soustraction, soit $(3013{,}12)_8$.

```
   ¹↘      ¹↘
       3  0  5  4, 4  2
    + ↗7  7  3 ↗6, 5
    1  0  7  9  0, 9  2
       2        2  2  2     ← Compensation
    1  2  8  1  3, 1  2
                2           ← Compensation
    1  3  0  1  3, 1  2
```

ADDITION ET SOUSTRACTION EN HEXADÉCIMAL

En hexadécimal, on doit également prévoir un mécanisme de compensation pour les différences des longueurs de cycles. On additionne colonne par colonne et, si besoin est, on compense en additionnant 4, soit 20 moins la longueur du cycle en hexadécimal, et on effectue un report de 1 pour chaque tranche de 20 obtenue.

> **PROCÉDURE POUR ADDITIONNER DES NOMBRES EN HEXADÉCIMAL**
> 1. Superposer les nombres à additionner de telle sorte que les chiffres de même position soient dans une même colonne.
> 2. Additionner colonne par colonne à partir de la droite en procédant comme en décimal.
> 3. Additionner 4, soit 20 moins la longueur du cycle en hexadécimal, dans les colonnes où un cycle a été complété.
> 4. Poursuivre le processus de compensation jusqu'à ce qu'il n'y ait plus de cycle complété.

EXEMPLE 2.3.6

Effectuer en hexadécimal l'addition des nombres hexadécimaux 9A7 + 49D.

Solution

Étapes 1 et 2

On superpose les nombres à additionner et on effectue l'addition colonne par colonne.

Étape 3

Dans les colonnes de droite, on obtient un nombre plus grand ou égal à 16. On compense en additionnant 4 dans chacune de ces colonnes.

Étape 4

On effectue un report de 1 pour chaque tranche de 20.

```
   Étapes 1 et 2        Étape 3              Étape 4
   Superposition      Compensation       Reports et
   et addition                         compensation finale

     9 | A | 7         9 | A | 7          9 | A | 7
   + 4 | 9 | D       + 4 | 9 | D        + 4 | 9 | D
   ─────────────     ─────────────      ─────────────
    13 |19 |20        13 |19 |20         13 |19 |20
                       0 | 4 | 4          0 | 4 | 4
                     ─────────────         1 | 1
                      13 |23 |24        ─────────────
                                        13 |23 |24
                                        14 | 4 | 4
                                         E | 4 | 4
```

On obtient $(E44)_{16}$ comme somme.

PROCÉDURE POUR TROUVER LE COMPLÉMENT À SEIZE $(10)_{16}$ D'UN NOMBRE EN HEXADÉCIMAL
1. Laisser inchangés les 0 à droite du nombre.
2. Soustraire de 16 $(10)_{16}$ le premier chiffre non nul à partir de la droite du nombre.
3. Soustraire de 15 $(F)_{16}$ tous les autres chiffres.

PROCÉDURE POUR SOUSTRAIRE DES NOMBRES PAR COMPLÉMENTATION EN HEXADÉCIMAL
1. Ajouter, si nécessaire, des 0 au nombre à soustraire pour que les parties entières des deux nombres aient le même nombre de chiffres et pour que leurs parties fractionnaires aient le même nombre de chiffres.
2. Calculer le complément à 16 du nombre à soustraire.
3. Superposer le nombre duquel on soustrait et le complément à 16 du nombre à soustraire de telle sorte que les chiffres de même position soient dans une même colonne.
4. Additionner en effectuant les compensations.
5. Effacer le chiffre 1 à gauche de la somme; le nombre obtenu est le résultat de la soustraction.

EXEMPLE 2.3.7

Effectuer en hexadécimal la soustraction suivante 83B5 − 5D73.

Solution

Le complément à $(10)_{16}$ de 5D73 est A28D. On l'obtient en soustrayant le chiffre de droite de $(10)_{16}$ et en soustrayant les autres de F.

On additionne le complément A28D à 83B5. (On compense pour les différence de longeurs de cycles et on effectue un report de 1 pour chaque tranche de 20 obtenue.)

```
   Étape 1              Étapes 2 et 3              Étape 4
Superposition          Complémentation           Compensation
                         et addition              et reports

   8  3  B  5            8 | 3 | B | 5           8 | 3 | B | 5
 − 5  D  7  3          + A | 2 | 8 | D         + A | 2 | 8 | D
                       ─────────────────         ─────────────────
                        18 | 5 | 19| 18           1   1   1
                                                  ↙18  5↙ 19↙18
                                                + 4   0   4   4
                                                  ─────────────────
                                                  22  6  24  22
                                                  ─────────────────
                                                  1  2   6   4   2
```

En éliminant le 1 de la colonne de gauche, on obtient $(2642)_{16}$, soit le résultat de la soustraction.

REMARQUE

Signalons que l'on peut soustraire par complémentation à 7 en octal et par complémentation à F $(15)_{16}$ en hexadécimal. La procédure est la même qu'en binaire ou en décimal. On additionne le complément au nombre dont on veut soustraire, on ajoute 1 au résultat et on supprime le 1 de la colonne de gauche.

On peut également se servir de la table d'addition suivante pour effectuer des opérations en hexadécimal. La table devrait, dans un premier temps, aider à vérifier vos résultats.

TABLE D'ADDITION EN HEXADÉCIMAL

+	0	1	2	3	4	5	6	7	8	9	A	B	C	D	E	F
0	0	1	2	3	4	5	6	7	8	9	A	B	C	D	E	F
1	1	2	3	4	5	6	7	8	9	A	B	C	D	E	F	10
2	2	3	4	5	6	7	8	9	A	B	C	D	E	F	10	11
3	3	4	5	6	7	8	9	A	B	C	D	E	F	10	11	12
4	4	5	6	7	8	9	A	B	C	D	E	F	10	11	12	13
5	5	6	7	8	9	A	B	C	D	E	F	10	11	12	13	14
6	6	7	8	9	A	B	C	D	E	F	10	11	12	13	14	15
7	7	8	9	A	B	C	D	E	F	10	11	12	13	14	15	16
8	8	9	A	B	C	D	E	F	10	11	12	13	14	15	16	17
9	9	A	B	C	D	E	F	10	11	12	13	14	15	16	17	18
A	A	B	C	D	E	F	10	11	12	13	14	15	16	17	18	19
B	B	C	D	E	F	10	11	12	13	14	15	16	17	18	19	1A
C	C	D	E	F	10	11	12	13	14	15	16	17	18	19	1A	1B
D	D	E	F	10	11	12	13	14	15	16	17	18	19	1A	1B	1C
E	E	F	10	11	12	13	14	15	16	17	18	19	1A	1B	1C	1D
F	F	10	11	12	13	14	15	16	17	18	19	1A	1B	1C	1D	1E

MACHINES À CALCULER

Durant plusieurs siècles, les mathématiciens ont cherché à inventer une machine qui effectuerait rapidement les opérations arithmétiques et les soulagerait de cette partie fastidieuse de leur travail. On a longtemps cru que la première machine à calculer était l'œuvre de Blaise PASCAL (1623-1662), machine qu'il mit au point à l'âge de vingt ans. En fait, Wilhelm SCHICKARD (1592-1635) a réalisé en 1623 une machine à roues dentées capable d'additionner, de soustraire, de multiplier et de diviser. Il avait réalisé cette machine pour le mathématicien et astronome Johann KEPLER. Les versions modernes de machines à calculer prirent naissance avec l'avènement du tube radio à vide qui peut être conducteur si on lui applique une tension ou encore inactif en l'absence de tension. Les mathématiciens, qui s'étaient toujours intéressés à différentes bases de systèmes de numération, virent tout de suite l'intérêt qu'offrait cette propriété des tubes à vide pour le calcul en base 2.

2.4 EXERCICES

1. Effectuer les additions suivantes en octal:
   - a) 45 + 37
   - b) 257 + 176
   - c) 574 + 652
   - d) 7635 + 376
   - e) 5143 + 456
   - f) 467 + 325

2. Trouver le complément à 8 $(10)_8$ des nombres suivants:
   - a) 54
   - b) 347
   - c) 4752
   - d) 4600
   - e) 4501
   - f) 15640

3. Effectuer les soustractions suivantes par complémentation à 8 $(10)_8$:
   - a) 47 − 23
   - b) 452 − 344
   - c) 564 − 34
   - d) 7642 − 354
   - e) 54,67 − 23,45
   - f) 153,54 − 27,32
   - g) 367,65 − 17,6
   - h) 7563 − 3100

4. Effectuer les additions suivantes en hexadécimal:
   a) 256 + 321
   b) 478 + 97
   c) 589 + 467
   d) 5AB + C43
   e) C3E + D2F
   f) AB,DE + 35,56
   g) 56,9C + 34,DF
   h) 354,B9 + 53C,DE

5. Trouver le complément à 16 $(10)_{16}$ des nombres suivants:
   a) 47
   b) 543
   c) C3D
   d) 51C00
   e) 3A7,B2
   f) 4C3,FE

6. Effectuer les soustractions suivantes par complémentation à 16 $(10)_{16}$:
   a) 543 – 237
   b) 457 – 69
   c) 8AC3 – 5D4
   d) 6EC,3E – 57,9
   e) 41,89 – E,CF
   f) 5134,25 – E40
   g) 53CF,EDC – 54A,DB
   h) 3267,BE – CDB,35

7. Écrire les nombres binaires entiers compris entre
   a) $(101)_2$ et $(1101)_2$
   b) $(1101)_2$ et $(10101)_2$

8. Écrire les nombres octaux entiers compris entre
   a) $(25)_8$ et $(33)_8$
   b) $(46)_8$ et $(61)_8$

9. Écrire les nombres octaux manquants dans les séquences croissantes suivantes:
   a) 56, 57, —, —, —, —, —.
   b) 75, 76, —, —, —, —, —.

10. Écrire les nombres hexadécimaux entiers compris entre
    a) $(29)_{16}$ et $(33)_{16}$
    b) $(FC)_{16}$ et $(102)_{16}$

11. Écrire les nombres octaux entiers compris entre
    a) $(0)_8$ et $(50)_8$, par intervalle de 4.
    b) $(0)_8$ et $(50)_8$, par intervalle de 3.
    c) $(0)_8$ et $(50)_8$, par intervalle de 6.

12. Écrire les dix premiers multiples de
    a) $(C)_{16}$
    b) $(9)_{16}$

13. En vous référant à l'illustration de la page 34, illustrer graphiquement le principe de la soustraction par complémentation à $(10)_2$ en effectuant la soustraction $(1101)_2 - (1001)_2$.

14. Disposer dans les cases ci-contre les nombres binaires de $(1)_2$ à $(1001)_2$ de telle sorte que la somme de chaque ligne, chaque colonne et chaque diagonale soit égale à $(1111)_2$.

15. Qu'est-ce que la représentation polynomiale d'un nombre?

16. Exprimer le nombre 243 en base 5.

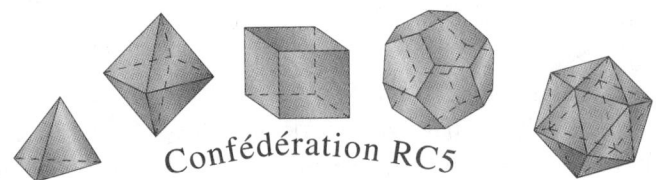

17. Les représentants des planètes à la confédération RC5 (voir exercice 9 de la section 1.5) ont décidé de faire préparer des tables d'addition et de multiplication pour les écoliers. Compléter ces tables pour trois des planètes.

a) TABLES D'OPÉRATIONS DANS LE SYSTÈME TÉTRAÉDRAL

b) TABLES D'OPÉRATIONS DANS LE SYSTÈME HEXAÉDRAL

c) TABLES D'OPÉRATIONS DANS LE SYSTÈME OCTAL

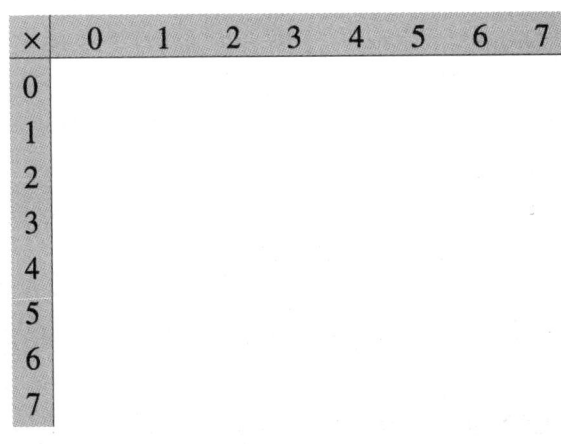

PRÉPARATION À L'ÉVALUATION

Pour préparer votre examen, assurez-vous d'avoir atteint les objectifs suivants. **Consignez à la page suivante des indications pour vous remémorer plus facilement les notions et concepts qui vous posent le plus de difficultés.**

Si vous avez atteint l'objectif, cochez.

☆ **EFFECTUER DES TRAITEMENTS SUR DES DONNÉES INTERNES DE L'ORDINATEUR.**

△ **Exécution correcte des opérations arithmétiques dans différentes bases.**

○ EFFECTUER LES OPÉRATIONS FONDAMENTALES EN BINAIRE NATUREL.

◇ Additionner des nombres en binaire naturel.

◇ Soustraire des nombres en binaire naturel.

◇ Soustraire par complémentation à 2 $(10)_2$ ou à 1 $(1)_2$ en binaire naturel.

◇ Multiplier des nombres en binaire naturel.

◇ Diviser des nombres en binaire naturel.

○ EFFECTUER LES OPÉRATIONS D'ADDITION ET DE SOUSTRACTION EN OCTAL ET EN HEXADÉCIMAL.

◇ Additionner des nombres en octal et en hexadécimal.

◇ Soustraire des nombres en octal et en hexadécimal.

◇ Soustraire par complémentation en octal et en hexadécimal.

Signification des symboles: ☆ Élément de compétence △ Composantes particulières de la compétence
○ Objectif de section ◇ Procédure ou démarche ❑ Étape d'une procédure

Notes personnelles

VOCABULAIRE UTILISÉ DANS LE CHAPITRE

COMPLÉMENTATION
La *complémentation d'un nombre* est l'opération consistant à soustraire le nombre de la puissance de la base immédiatement supérieure au nombre.

CYCLE
Dans un système de numération positionnel, un *cycle* est constitué de la séquence ordonnée de tous les chiffres utilisés dans le système.

LONGUEUR DE CYCLE
Dans un système de numération positionnel, la *longueur d'un cycle* est le nombre de chiffres utilisés dans le système, soit la base du système de numération.

SOUSTRACTION PAR COMPLÉMENTATION
La *soustraction par complémentation* consiste à additionner le complément du nombre que l'on veut soustraire. On doit d'abord ajouter des zéros au nombre à soustraire pour que les parties entières des nombres de même que leurs parties fractionnaires aient le même nombre de chiffres. On doit, après l'addition, retrancher le premier 1 à gauche dans la somme obtenue.

ARITHMÉTIQUE DE L'ORDINATEUR

3.0 PRÉAMBULE

Dans les deux premiers chapitres, nous avons vu comment exprimer un nombre dans différents systèmes de numération et comment effectuer les opérations courantes dans ces systèmes. Cependant, un ordinateur ne peut traiter les nombres comme le fait un humain. Dans un ordinateur, l'unité d'information est le *bit*, qui peut prendre la valeur « 0 » ou la valeur « 1 ». Un seul bit ne peut contenir beaucoup d'information. C'est pourquoi on regroupe les bits en *mots*. Ceux-ci peuvent avoir différentes longueurs dont les plus courantes sont 8, 16, 32 et 64. La représentation des nombres, entiers et réels, se fait en tenant compte de la longueur des mots de mémoire. La représentation précise d'un nombre peut, à certains égards, dépendre du fabricant. Nous présenterons ici des caractéristiques générales qui permettent de mieux comprendre les contraintes de représentation des nombres dans un ordinateur et les erreurs inhérentes à ces représentations.

Les activités d'apprentissage de ce chapitre visent à développer l'élément de compétence suivant:

EFFECTUER DES TRAITEMENTS SUR DES DONNÉES INTERNES DE L'ORDINATEUR.

Les composantes particulières de l'élément de compétence visées par ce chapitre sont:

Représentation juste de données dans la mémoire de l'ordinateur.
Interprétation juste des limites de représentation des données dans la mémoire de l'ordinateur.

3.1 REPRÉSENTATION NORMALISÉE DES NOMBRES

Dans une mémoire d'ordinateur, les nombres ne sont pas représentés en binaire naturel. À cause de la structure même des mémoires d'ordinateurs, celles-ci sont constituées de « mots » ou d'emplacements qui comportent plusieurs bits et l'information conservée en mémoire doit être écrite avec des 0 et des 1. Dans un ordinateur, les nombres sont représentés en « binaire normalisé »; c'est un binaire dans lequel tous les nombres ont exactement le même nombre de bits. De plus, les signes « + » et « – » sont représentés par « 0 » et « 1 » respectivement.

OBJECTIF: Écrire les nombres entiers selon différents modes de représentation interne d'un ordinateur.

Les algorithmes d'opérations dans un ordinateur dépendent de la façon dont les nombres y sont représentés. Nous allons donc présenter différents modes de représentation des entiers et illustrer comment l'addition de deux nombres peut s'effectuer. Nous illustrerons différents types de représentation en mode entier: la représentation par complémentation à deux, la représentation par complémentation à un, la représentation « signe et module » et la représentation par excès; pour faciliter la compréhension, nous simulerons une mémoire à huit bits.

REPRÉSENTATION PAR COMPLÉMENTATION À DEUX

Dans la représentation par complémentation à deux, le bit de gauche est réservé au signe et les entiers négatifs sont représentés par leur complément à deux.

Ainsi, la représentation par complémentation à deux du nombre entier 3 dans une mémoire à huit bits est donnée ci-contre. En binaire naturel, ce nombre s'écrit $(11)_2$. Il suffit donc de deux chiffres pour écrire le nombre. En binaire normalisé à huit bits, les bits inutilisés affichent la valeur 0. De plus, le bit-signe affiche 0 puisque le nombre est positif.

Dans la représentation par complémentation à deux, les nombres négatifs sont représentés par leur complément à $(10)_2$. En binaire naturel, le nombre –3 est $-(11)_2$. En écrivant le nombre avec 7 chiffres, on aurait

$$-(0000011)_2$$

En complémentant à deux, on a la représentation du nombre –3 qui est donnée ci-contre.

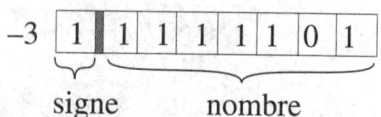

Lors de la complémentation, le premier 1 à droite demeure inchangé tout comme les bits qui le précèdent. Les autres bits sont tous complémentés ou changés d'état. Le 1 dans le bit-signe indique que le nombre a été complémenté en entrant en mémoire et qu'il doit être complémenté à nouveau pour en sortir.

ADDITION DE DEUX NOMBRES DE MÊME SIGNE

Dans un ordinateur représentant les nombres par complémentation, les additions et les soustractions se font grâce à un circuit appelé *additionneur*. L'illustration ci-contre indique comment se fait, en écriture normalisée à huit bits, la somme 49 + 25.

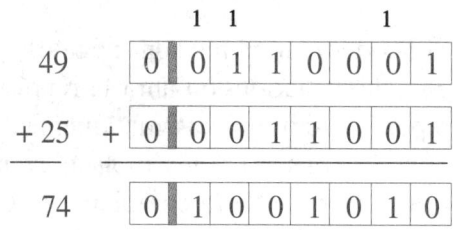

Dans un mot de huit bits, on ne peut écrire de très grands nombres. En fait, le plus grand nombre entier que l'on peut écrire est

$$(1111111)_2 = (127)_{10}$$

dont la représentation est donnée ci-contre. On peut dès lors se demander comment se comportera notre ordinateur à huit bits si on lui demande d'effectuer l'addition suivante.

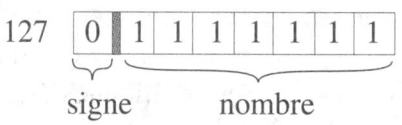

Considérons la somme 75 + 87. Les deux nombres à additionner étant positifs, on aurait donc dû obtenir un 0 dans le bit-signe; cependant, à cause de la retenue, on a un 1. Le nombre 1 du bit-signe est incohérent avec le fait que le résultat doit être positif: cela indique qu'il y a débordement, c'est-à-dire un nombre trop grand pour les capacités de l'ordinateur. Évidemment, dans un ordinateur à 32 bits, les nombres peuvent être beaucoup plus grands que 127.

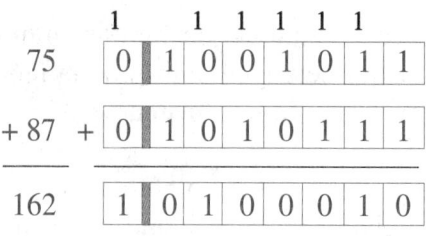

ADDITION DE DEUX NOMBRES DE SIGNE DIFFÉRENT

Voyons maintenant comment s'effectue une soustraction dans ce type de représentation. L'opération 59 – 18 est traitée comme somme, soit 59 + (–18). On a $(59)_{10} = (111011)_2$ et $(18)_{10} = (10010)_2$. La représentation par complémentation à deux donne alors l'illustration ci-contre. En effectuant cette somme, il y a un report éliminé; ce report est dû à la complémentation. Il s'élimine de lui-même car il n'y a pas d'espace pour le conserver, les mots de mémoire n'ayant que 8 bits. Cependant, le bit-signe est à l'état 0, ce qui signifie que le résultat est bien positif.

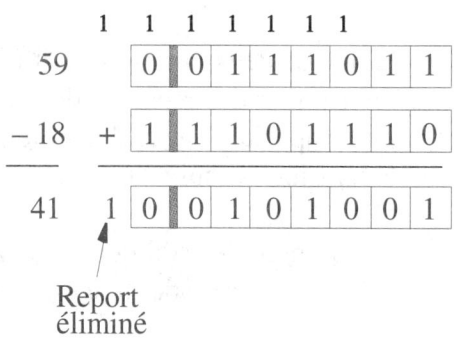

Voyons comment s'effectuera l'opération 18 – 59. Dans ce cas, le résultat doit être un nombre négatif. Après avoir effectué l'addition, le 1 dans le bit-signe signifie que le résultat de l'opération doit être complémenté pour trouver la réponse exacte. Ce qui donne

$$-(0101001)_2 = -(41)_{10}$$

On remarque que la façon dont l'ordinateur effectue cette opération est différente de la méthode utilisée normalement. En effet, normalement on soustrait le plus petit du plus grand et on ajuste le signe de la façon suivante:

$$18 - 59 = -(59 - 18)$$

Si les deux nombres sont négatifs, par exemple –18 – 59, après complémentation, on aura la représentation ci-contre. Le dernier report est éliminé automatiquement puisqu'il n'y a pas de place pour le conserver, les mots n'ayant que 8 bits. Le résultat de l'opération doit être complémenté et ce faisant, on trouve
$$-(1001101)_2 = -(77)_{10}$$

Illustrons maintenant comment sera détecté un débordement lorsque les nombres ont été complémentés. Considérons l'opération –78 – 85. On a $(78)_{10} = (1001110)_2$ et $(85)_{10} = (1010101)_2$. Les deux nombres additionnés étant négatifs, le résultat ne peut être positif. Cependant, il y a un 0 dans le bit-signe: il y a donc débordement. La capacité de l'ordinateur a été dépassée.

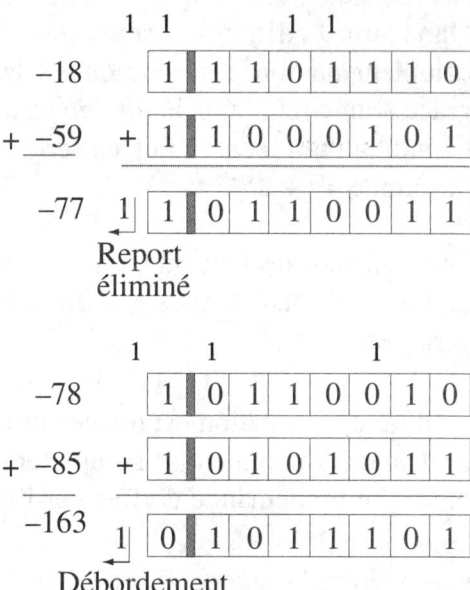

Ces exemples d'opérations en mode entier nous ont permis d'illustrer certaines limites de la représentation des données dans la mémoire de l'ordinateur.

Quel que soit le nombre de bits de la représentation entière, il y a toujours un plus grand et un plus petit nombre que l'on peut représenter. Dans des mots de huits bits en représentation par complémentation à deux, le plus grand nombre est 127 et le plus petit est –127.

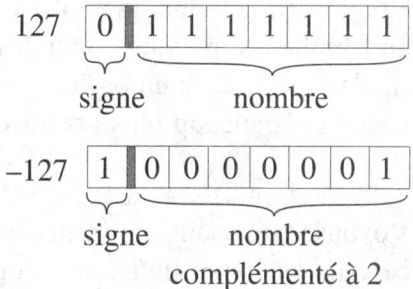

L'addition de deux nombres positifs ou de deux nombres négatifs peut générer un dépassement de capacité. On détecte un dépassement de capacité lors de l'addition de deux nombres de même signe dans les cas suivants:

- les deux nombres additionnés sont positifs et le bit-signe est 1.
- les deux nombres additionnés sont négatifs et le bit-signe est 0.

Dans le cas où il y a dépassement de capacité, le résultat obtenu est erroné. Lorsque les nombres sont de signe différent, il ne peut y avoir de dépassement de capacité résultant de l'addition.

PROCÉDURE POUR ADDITIONNER DES NOMBRES PAR COMPLÉMENTATION À DEUX
1. Additionner les deux nombres, chiffre après chiffre, en incluant le bit-signe et en ignorant le report généré par l'addition des bits-signe.
2. Détecter les dépassements de capacité.
3. Complémenter le résultat de l'opération si besoin est.

EXEMPLE 3.1.1

Représenter les nombres en mode entier à huit bits par complémentation à deux. Effectuer les sommes, détecter les dépassements de capacité et donner le résultat final en décimal.

a) $(110101)_2 + (1001111)_2$
b) $(110101)_2 - (100101)_2$
c) $-(1100011)_2 + (11010)_2$
d) $-(1101011)_2 - (1010110)_2$

Solution

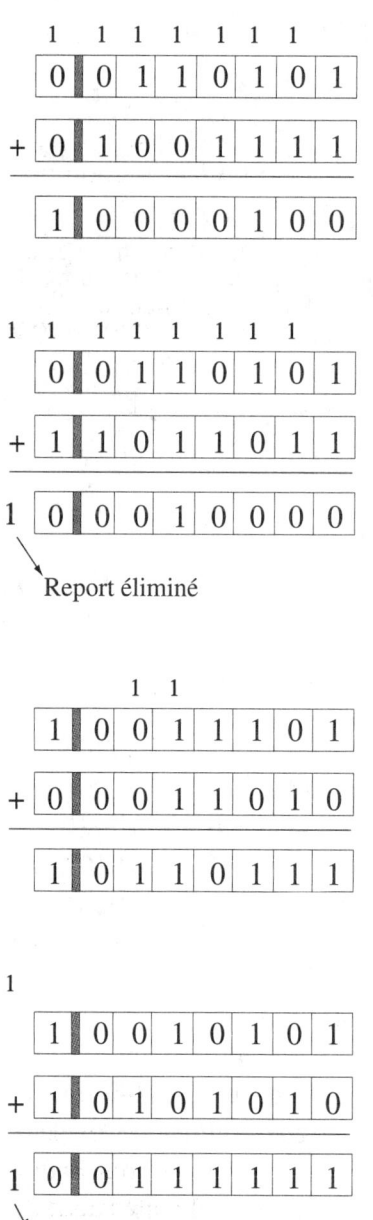

a) En représentant en mode entier à huit bits par complémentation à deux, on a la configuration ci-contre. Dans ce cas, les deux nombres sont positifs et ils sont représentés tels quels avec un 0 dans le bit-signe. En additionnant chiffre à chiffre, on a le résultat ci-contre. Puisque les deux nombres à additionner étaient positifs et qu'il y a un 1 dans le bit-signe, cela signifie qu'il y a dépassement de la capacité et le résultat est erroné. Dans ce cas, en décimal, l'opération à effectuer était 53 + 79, le résultat est donc plus grand que 127 et il y a dépassement.

b) En représentant en mode entier à huit bits par complémentation à deux et en additionnant chiffre à chiffre, on a le résultat ci-contre. Puisque les deux nombres à additionner étaient de signe différent, le résultat est correct. Le résultat de l'opération est un nombre positif puisqu'on a un 0 dans le bit du signe. En décimal, le résultat de l'opération est 16.

c) En représentant en mode entier à huit bits par complémentation à deux et en additionnant chiffre à chiffre, on a le résultat ci-contre. Puisque les deux nombres à additionner étaient de signe différent, le résultat est correct. Le résultat de l'opération est un nombre négatif puisqu'on a un 1 dans le bit du signe. Il faut donc complémenter et on obtient -1001001. En décimal, le résultat de l'opération est -73.

d) En représentant en mode entier à huit bits par complémentation à deux et en additionnant chiffre à chiffre, on a le résultat ci-contre. Puisque les deux nombres à additionner étaient négatifs et qu'il y a un 0 dans le bit-signe, il y a dépassement de la capacité et le résultat est erroné. Dans ce cas, en décimal, l'opération à effectuer était $-107 - 86$, le résultat est donc plus grand que -127 et il y a dépassement.

REPRÉSENTATION PAR COMPLÉMENTATION À UN

La représentation de nombres par leur complément à un est intéressante car un circuit pour complémenter à un est plus simple à construire qu'un circuit pour complémenter à deux. Le nombre positif a alors une représentation similaire à sa représentation en binaire naturel sauf pour le signe qui est représenté par 0. Le nombre négatif est représenté par son complément à un, ce qui signifie que tous les chiffres sont changés, les 0 pour des 1 et les 1 pour des 0, le signe étant représenté par 1.

Ainsi, les nombres 3 et –3 sont donnés ci-contre en représentation par complémentation à un.

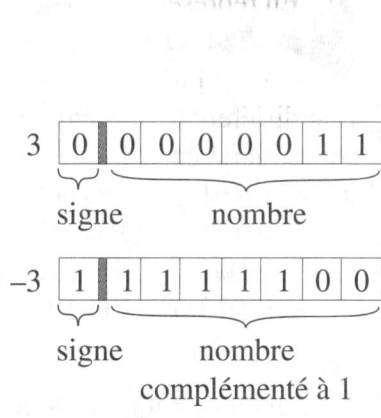

PROCÉDURE POUR ADDITIONNER DES NOMBRES PAR COMPLÉMENTATION À UN

1. Additionner les nombres, chiffre à chiffre, en incluant le bit-signe et en ajoutant le report généré par le bit-signe à la position de plus faible puissance.
2. Détecter les dépassements de capacité et les réponses erronées. Il y a dépassement de capacité dans les cas suivants:
   • les deux nombres sont positifs et il y a un 1 dans le bit-signe.
   • les deux nombres sont négatifs et il y a un 0 dans le bit-signe.
3. Le chiffre du bit-signe indique si le résultat doit être complémenté pour obtenir la valeur réelle.

EXEMPLE 3.1.2

Représenter les nombres en mode entier à huit bits par complémentation à un. Effectuer les sommes, détecter les dépassements de capacité et donner le résultat final en décimal.
a) $(111011)_2 + (1110111)_2$
b) $(1101010)_2 - (100101)_2$
c) $-(1101011)_2 + (11010)_2$
d) $-(11011)_2 - (1010)_2$
e) $(10111)_2 - (1000010)_2$
f) $(1100001)_2 - (1110001)_2$

Solution

a) En représentant en mode entier à huit bits par complémentation à un et en additionnant chiffre à chiffre, on a le résultat ci-contre. Puisque les deux nombres à additionner étaient positifs et qu'il y a un report du bit de plus grande puissance dans le bit-signe, cela signifie qu'il y a dépassement de la capacité et le résultat est erroné. Dans ce cas, en décimal, l'opération à effectuer était 53 + 79, le résultat est donc plus grand que 127 et il y a dépassement.

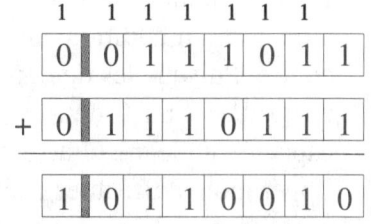

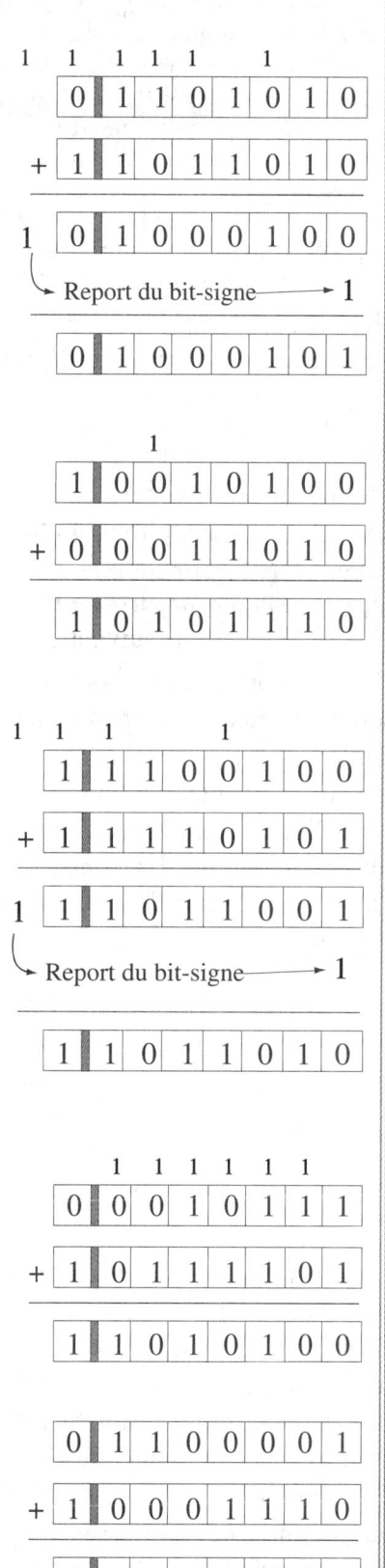

b) En représentant en mode entier à huit bits par complémentation à un et en additionnant chiffre à chiffre, on a le résultat ci-contre. Puisque les deux nombres à additionner étaient de signe différent, il ne peut y avoir dépassement. Il y a un report du bit-signe que l'on doit ajouter au résultat de la première addition. En effet, on avait vu au chapitre précédent qu'en effectuant une soustraction (somme d'un nombre positif et d'un nombre négatif) par complémentation à un, il faut ajouter 1 au chiffre de droite pour obtenir le résultat cherché. Le résultat est positif puisque le chiffre dans le bit-signe est 0. En exprimant ce résultat en décimal, on trouve 69. Dans ce cas, l'opération à effectuer était 106 + (–37).

c) En représentant en mode entier à huit bits par complémentation à un et en additionnant chiffre à chiffre, on a le résultat ci-contre. Puisque les deux nombres à additionner étaient de signe différent, il ne peut y avoir dépassement. Le résultat est négatif puisque le chiffre dans le bit-signe est 1. En complémentant à un le résultat, on a –(1010001) qui, en décimal, donne –81. Dans ce cas, l'opération à effectuer était –107 + 26.

d) En représentant en mode entier à huit bits par complémentation à un et en additionnant chiffre à chiffre, on a le résultat ci-contre. Puisque les deux nombres à additionner étaient négatifs et qu'il y a un 1 dans le bit-signe, le résultat est correct. De plus, il existe un report du bit-signe que l'on doit ajouter au résultat de la première addition (voir justification en b). Le résultat est négatif puisque le chiffre dans le bit-signe est 1. En exprimant ce résultat en décimal, on trouve –37. Dans ce cas, l'opération à effectuer était –27 + (–10.)

e) En représentant en mode entier à huit bits par complémentation à un et en additionnant chiffre à chiffre, on a le résultat ci-contre. Puisque les deux nombres à additionner étaient de signe différent, il ne peut y avoir dépassement. Le résultat est négatif puisque le chiffre dans le bit-signe est 1. En complémentant à un le résultat, on a –(0101011) qui, en décimal, donne –43. Dans ce cas, l'opération à effectuer était 23 + (–66).

f) En représentant en mode entier à huit bits complémentés à un et en additionnant chiffre à chiffre, on a le résultat ci-contre. Puisque les deux nombres à additionner étaient de signe différent, il ne peut y avoir dépassement. Le résultat est négatif puisque le chiffre dans le bit-signe est 1. En complémentant à un le résultat, on a –(0010000) qui, en décimal, donne –16. Dans ce cas, l'opération à effectuer était 97 + (–113).

REPRÉSENTATION SIGNE ET MODULE

Dans la représentation « signe et module », le module (ou grandeur) du nombre est écrit en binaire naturel, les bits inutilisés étant dans l'état 0. Le bit de gauche est réservé au signe. Le signe + sera représenté par 0 et le signe – par 1. Si le nombre est trop petit pour nécessiter l'utilisation de tous les bits, ceux inutilisés sont à l'état 0.

Si on considère la représentation des nombres 3 et –3, on remarque que l'écriture d'un nombre est assez proche du binaire naturel même lorsque le nombre est négatif. La configuration des circuits pour effectuer les opérations et pour coder l'information doit être adaptée à la façon dont les nombres sont représentés.

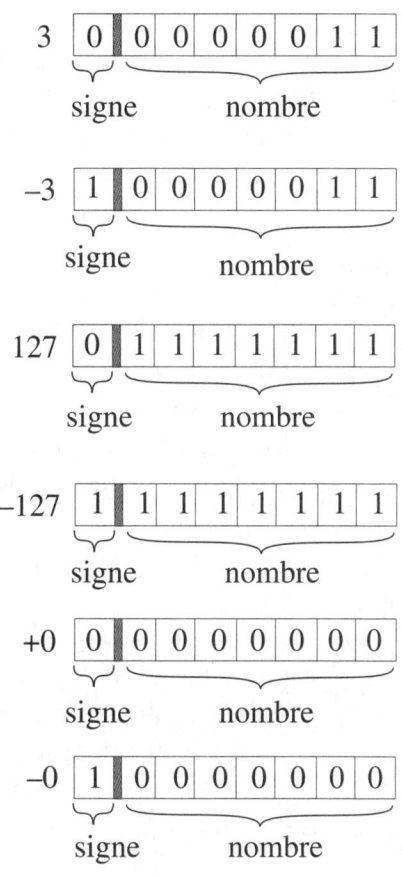

REMARQUE

Dans la représentation signe et module à huit bits, le plus grand entier positif qui peut être représenté est $2^7 - 1 = 127$, alors que le plus petit entier négatif est –127.

Dans la représentation signe et module, le nombre 0 peut être représenté de deux façons parce que la gestion du bit-signe est indépendante de la gestion des autres bits, alors que dans les représentations par complémentation, tous les bits sont affectés par l'inverseur. Si on considère les huit bits à l'état 0000 0000 en passant par un circuit inverseur, ces bits deviennent 1111 1111 qui est le complément à un. On obtient le complément à 2 en additionnant 1 au nombre, ce qui donne

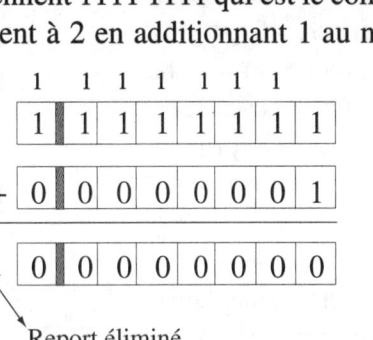

Report éliminé

ADDITION

Dans la représentation signe et module, les procédures d'addition et de soustraction sont plus compliquées que dans la représentation par complémentation à deux. En effet, lorsqu'il faut additionner deux nombres de signe différent, ou soustraire deux nombres de même signe, il faut connaître lequel de ces nombres a le plus grand module pour savoir si le résultat est positif ou négatif. On peut utiliser un circuit *comparateur* pour permettre à l'ordinateur de détecter lequel des nombres a le plus grand module. Cependant, cette solution nécessite un équipement électronique supplémentaire important. Ce n'est donc pas une solution économique. Il existe d'autres solutions moins coûteuses. On peut, par exemple, utiliser seulement des additionneurs élémentaires. Dans une telle solution, il faut qu'il n'y ait pas de report du bit de plus grande puissance au bit-signe, c'est-à-dire que s'il y a un report, il doit être éliminé: le circuit doit être conçu de façon à ne pas en tenir compte. Nous allons décrire une procédure pour additionner des nombres de même signe et une procédure pour additionner des nombres de signe différent. Ces procédures seront appliquées dans des exemples. Ces procédures ne sont pas les seules possibles, mais elles sont simples et peu coûteuses.

On distingue deux cas d'addition en représentation signe et module: l'addition de deux nombres de même signe et l'addition de deux nombres de signe différent.

ADDITION DE DEUX NOMBRES DE MÊME SIGNE

Pour additionner deux nombres positifs ou deux nombres négatifs, il suffit d'additionner chiffre par chiffre dans la partie module et d'assigner au résultat le signe commun aux deux nombres. Lorsqu'il y a un report en provenance du bit de plus grande puissance, cela signifie que la capacité a été dépassée et que le résultat est erroné. Pour illustrer, considérons l'opération suivante:

$$844 + 257$$

Si on devait effectuer cette opération dans une représentation standardisée à quatre chiffres, on aurait la représentation ci-contre.

```
  1 1 1
|0|8|4|4|
|0|2|5|7|
---------
|1|1|0|1|
```

Dans ce cas, le résultat est un nombre positif puisque les deux nombres combinés par l'opération étaient positifs. Cependant, si on avait eu à effectuer l'opération

$$-844 - 257$$

la procédure aurait été la même. Il suffit, après avoir combiné les nombres, d'affecter le résultat d'un signe moins, c'est-à-dire le signe commun aux deux nombres additionnés. C'est ainsi que seront traités les nombres lors d'une addition en représentation signe et module. L'état du bit-signe ne vise qu'à garder en mémoire l'information sur le signe des nombres traités. Dans l'exemple ci-haut, nous n'avions pas besoin d'ajouter un bit pour garder cette information, notre propre mémoire s'en chargeait.

Essayons maintenant de voir comment on peut détecter les dépassement de capacité lors de l'addition de deux nombres de même signe. Pour ce faire, considérons l'opération

$$-8\,044 - 2\,657$$

```
1   1 1
|8|0|4|4|
|2|6|5|7|
---------
|0|7|0|1|
```

Dans une représentation standardisée à quatre chiffres, on aurait la représentation ci-contre. On constate que, dans l'addition de nombres de même signe, lorsqu'il y a un report en provenance du bit de plus grande puissance, cela signifie que la capacité a été dépassée et le résultat est erroné.

PROCÉDURE POUR ADDITIONNER DEUX NOMBRES
DE MÊME SIGNE EN REPRÉSENTATION SIGNE ET MODULE
 1. Additionner les nombres, chiffre à chiffre, comme en binaire naturel, en effectuant les reports.
 2. Détecter les dépassements de capacité (report en provenance du bit de plus grande puissance).
 3. Assigner au résultat le signe commun aux deux nombres.

EXEMPLE 3.1.3

Représenter les nombres de huit bits en mode entier signe et module. Effectuer les sommes, détecter les dépassements de capacité et donner le résultat final en décimal.

a) $(110011)_2 + (1001010)_2$
b) $-(111\ 111)_2 - (101\ 010)_2$
c) $(1110011)_2 + (110110)_2$

Solution

a) En additionnant chiffre à chiffre, on a le résultat ci-contre. Puisque les deux nombres à additionner étaient positifs et qu'il n'y a pas de report du bit de plus grande puissance, il n'y a pas de dépassement et le résultat est correct. Le résultat en décimal est alors +125.

```
              1
  0 0 1 1 0 0 1 1
+ 0 1 0 0 1 0 1 0
  ─────────────────
  0 1 1 1 1 1 0 1
```

b) En additionnant chiffre à chiffre, on a le résultat ci-contre. Puisque les deux nombres à additionner étaient négatifs et qu'il n'y a pas de report du bit de plus grande puissance, il n'y a pas de dépassement et le résultat est correct. Le résultat en décimal est alors −105.

```
        1 1  1 1
  1 0 1 1 1 1 1 1
+ 1 0 1 0 1 0 1 0
  ─────────────────
  1 1 1 0 1 0 0 1
```

c) En additionnant chiffre à chiffre, on a le résultat ci-contre. Puisque les deux nombres à additionner étaient positifs et qu'il y a un report éliminé à partir du bit de plus grande puissance, il y a dépassement et le résultat est erroné.

```
Report éliminé
  ← 1  1 1    1 1
    0 1 1 1 0 0 1 1
  + 0 0 1 1 0 1 1 0
    ─────────────────
    0 0 1 0 1 0 0 1
```

ADDITION DE DEUX NOMBRES DE SIGNE DIFFÉRENT

Dans une représentation standardisée signe et module, on ne peut additionner deux nombres de signe différent en utilisant la même procédure que pour des nombres de même signe. On peut cependant effectuer l'opération en ayant recours au complément à 1. Pour bien comprendre cette procédure, nous allons illustrer différentes situations dans le système décimal en utilisant le complément à 9. Ces situations nous permettront de bien comprendre les particularités de la procédure d'addition de nombres de signe différent en représentation signe et module.

Considérons l'opération −324 + 122. Le complément à 9 de 324 dans la représentation standardisée à quatre chiffres est 9675. Il est obtenu en soustrayant le nombre 0324 de 9999. On a alors la représentation ci-contre.

```
  9 6 7 5
  0 1 2 2
  ───────
```

En additionnant chiffre à chiffre, on a alors la représentation ci-contre.

9	6	7	5
0	1	2	2
9	7	9	7

Si on complémente à 9 le résultat obtenu, on obtient 0202 ou 202. Il reste à déterminer quel signe affecter au résultat. Le signe du résultat devra être celui du nombre complémenté. Dans ce cas, la réponse est −202.

Pour bien comprendre le procédé, on peut considérer une droite numérique. En complémentant le nombre 324, on a déterminé un point situé à 324 unités à droite de 9 999.

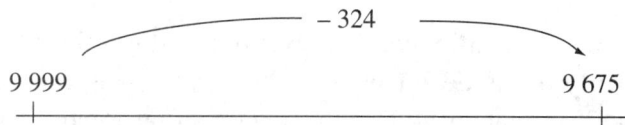

En additionnant 122, on a alors déterminé un point à une distance de 122 unités à gauche de 9 675.

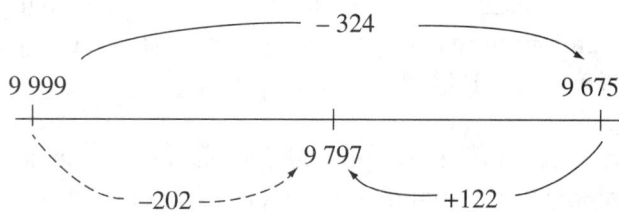

La distance entre 9 797 et 9 999 est la valeur cherchée et on l'obtient en complémentant à 9 le nombre 9 797, ce qui donne 202. Il ne reste qu'à assigner au résultat le signe du nombre qui a été complémenté. Il est à remarquer qu'en écrivant l'opération sous la forme 122 − 324, on obtient le même résultat en complémentant le deuxième nombre au lieu du premier.

Considérons maintenant l'opération − 123 + 435. Le complément à 9 de 123 dans une représentation standardisée à 4 chiffres est 9 876. On a donc la représentation ci-contre.

9	8	7	6
0	4	3	5

En additionnant chiffre à chiffre, on a alors:

On constate que le résultat de l'opération est 0311 alors qu'on attendait 0312. Pour en comprendre la raison, utilisons à nouveau la droite numérique. En complémentant le nombre 123, on a déterminé un point situé à 123 unités à droite de 9 999.

 1 1 1 1
9	8	7	6
0	4	3	5
0	3	1	1

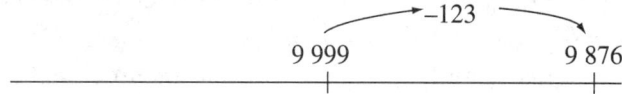

Par la suite, en additionnant 435, on a déterminé un point à 435 unités à gauche du point 9 876. Ce point est désigné par 10 311.

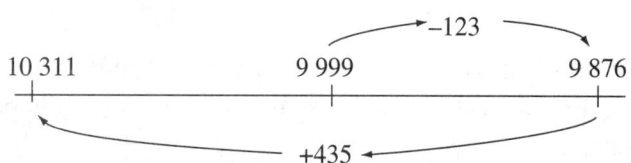

Le résultat de l'opération est la distance entre ce point et le point de référence 9 999, soit
10 311 − 9 999 = 312.

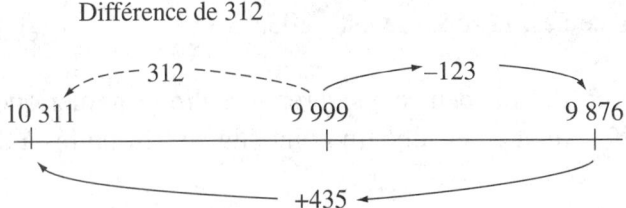

Pour obtenir la valeur exacte, il suffit donc d'additionner 1 au résultat et d'éliminer le 1 à gauche. En pratique, dans un ordinateur, puisqu'il n'y a pas de bit pour conserver le 1 de gauche, il est éliminé automatiquement. Il faut cependant que l'ordinateur additionne 1 au résultat lorsqu'il y a un report en provenance du bit de plus grande puissance. Comme nous l'avons illustré, l'addition de deux nombres de signe différent en repésentation signe et module se fait en référence à un point qui est la plus grande valeur représentable compte tenu du nombre de bits réservés au module du nombre. Ainsi, dans une représentation décimale à quatre chiffres, le plus grand nombre est 9 999 et dans un système binaire à huit bits dont sept sont réservés au module, la référence est $(111\ 1111)_2 = (127)_{10}$.

Dans les applications techniques de la procédure présentée, pour alléger la conception des circuits, on peut imposer à l'ordinateur de toujours complémenter le même nombre dans l'opération, soit le premier ou le deuxième. L'ordinateur a ainsi moins de décisions à prendre et la tâche est plus simple à faire effectuer. Le signe affecté au résultat dépend du fait qu'il y a on non report en provenance du bit de plus grande puissance. Dans l'exemple 3.1.4, nous effectuerons toujours la complémentation du deuxième nombre.

En résumé, dans la représentation signe et module, les nombres positifs et les nombres négatifs s'expriment de la même façon, si on exclut le bit-signe. Pour additionner des nombres de même signe, il suffit d'additionner chiffre à chiffre et d'assigner au résultat le signe commun aux deux nombres. Dans la procédure d'addition des nombres de signe différent, il faut additionner l'un des nombres au complément à un du module de l'autre nombre, sans égard au signe de ces nombres. Nous allons donner la procédure lorsque c'est le deuxième nombre, sans égard à son signe, qui est complémenté.

> *PROCÉDURE POUR ADDITIONNER DEUX NOMBRES*
> *DE SIGNE DIFFÉRENT EN REPRÉSENTATION SIGNE ET MODULE*
> 1. Additionner le module du premier nombre au complément à un du module du deuxième nombre.
> 2. S'il existe un report du bit de plus grande puissance, ajouter ce report au bit de plus faible puissance et assigner au résultat le signe du premier nombre.
> 3. S'il n'existe pas de report du bit de plus grande puissance, faire le complément à un du résultat et assigner à celui-ci le signe du deuxième nombre.

REMARQUE

Lorsque c'est toujours le premier nombre qui est complémenté, l'assignation du signe est inversée, c'est-à-dire que le signe est celui du deuxième nombre s'il y a un report du bit de plus grande puissance et celui du premier nombre s'il n'y a pas de report.

EXEMPLE 3.1.4

Représenter les nombres de huit bits en mode entier signe et module. Effectuer les sommes et donner le résultat final en décimal.

a) $-(1011001)_2 + (111110)_2$
b) $(10111)_2 - (111110)_2$
c) $-(100011)_2 + (1000011)_2$
d) $(1100001)_2 - (1111)_2$

Solution

a) Puisque les nombres sont de signe différent, pour les additionner, il faut d'abord complémenter à un le deuxième nombre. Puis, en additionnant chiffre à chiffre, on a le résultat ci-contre. Puisqu'il y a un report du bit de plus grande puissance, on doit l'additionner au bit de plus faible puissance et assigner au résultat le signe du premier nombre. Le résultat en décimal est alors −27. Dans ce cas, la somme à effectuer était −89 + 62. On remarque que la gestion du bit-signe est indépendante des autres et le report du bit de plus grande puissance n'affecte pas le bit-signe. Ce report est cependant utilisé pour effectuer une compensation.

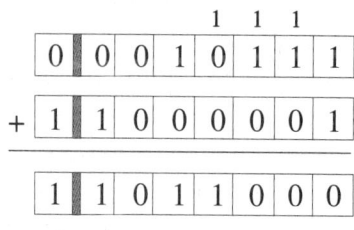

b) Puisque les nombres sont de signe différent, pour les additionner, il faut d'abord complémenter à un le deuxième nombre. Puis, en additionnant chiffre à chiffre, on a le résultat ci-contre. Puisqu'il n'y a pas de report du bit de plus grande puissance, il faut faire le complément à un du résultat de l'addition auquel on donne le signe du deuxième nombre. En binaire, le résultat est donc −0100111. Ce qui, en décimal, donne −39. Dans ce cas, la somme à effectuer était 23 + (−62).

c) Puisque les nombres sont de signe différent, il faut d'abord complémenter à un le deuxième nombre pour les additionner. Puis, en additionnant chiffre à chiffre, on a le résultat ci-contre. Puisqu'il n'y a pas de report du bit de plus grande puissance, le résultat est le complément à un de la somme auquel on donne le signe du deuxième nombre. En binaire, le résultat est donc 100000, ce qui, en décimal, donne 32. Dans ce cas, la somme à effectuer était −35 + (67).

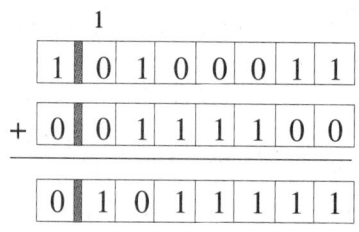

d) Puisque les nombres sont de signe différent, pour les additionner, il faut d'abord complémenter à un le deuxième nombre. Puis, en additionnant chiffre à chiffre, on a le résultat ci-contre. Puisqu'il y a un report du bit de plus grande puissance, on doit additionner celui-ci au bit de plus faible puissance et assigner au résultat le signe du premier nombre. Le résultat en binaire est alors +1010010, ce qui, en décimal, donne 82. Dans ce cas, la somme à effectuer était 97 + (–15).

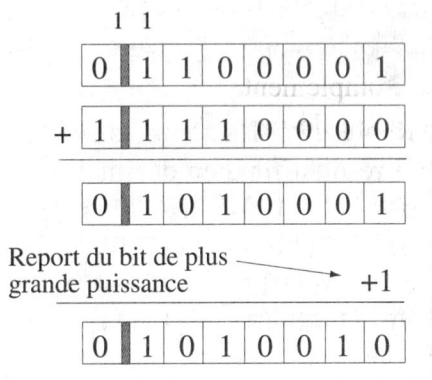

REMARQUE

Ces quelques exemples permettent de voir qu'il est possible d'additionner des nombres en représentation signe et module sans avoir recours à un comparateur. Il faut alors utiliser des inverseurs pour complémenter et des additionneurs élémentaires. Nous présenterons au chapitre 5 les principaux types de circuits.

REPRÉSENTATION PAR EXCÈS

Dans la représentation par excès, une valeur constante est ajoutée à chaque nombre entier pour que tous les nombres soient positifs. Illustrons également ce mode de représentation en prenant des mots de huit bits. Les nombres entiers que l'on peut représenter sont alors les entiers de l'intervalle [–127;127]. En additionnant $2^7 = 128$ à chacun des nombres entiers de cet intervalle, on obtient la correspondance du tableau ci-contre.

On constate que dans la représentation par excès, lorsque le nombre est négatif, il y a un 0 dans le bit-signe et lorsque le nombre est positif, il y a un 1 dans le bit-signe.

Dans cette représentation, les entiers représentables sont ordonnés en assignant la valeur 0000 0000 au plus petit entier représentable et en assignant la valeur 1111 1111 au plus grand entier représentable. Le décodage des résultats d'opération doit être adapté au mode de représentation par excès.

TABLEAU DE CORRESPONDANCES REPRÉSENTATION PAR EXCÈS		
Forme binaire	Valeur virtuelle	Valeur réelle
0000 0000	1	–127
0000 0001	2	–126
⋮	⋮	⋮
0111 1111	127	–1
1000 0000	128	0
1000 0001	129	1
⋮	⋮	⋮
1111 1110	254	126
1111 1111	255	127

Chaque mode de représentation a ses avantages et ses inconvénients, mais aucun de ces modes ne présente un avantage suffisant pour définir les standards. L'opération d'addition sur les nombres en représentation par complémentation, à deux ou à un, nécessite des équipements électroniques comparables. Dans la structure de représentation par complémentation à un, le circuit pour déterminer le complément d'un nombre est plus simple. Par ailleurs, dans la représentation par complémentation à deux, l'opération d'addition s'effectue plus rapidement à cause de la façon dont les reports sont gérés et parce que l structure de l'additionneur est plus simple. Par ailleurs, il existe une seule représentation pour le zéro.

Dans la représentation signe et module, les dispositifs arithmétiques nécessitent un équipement électronique plus volumineux que ceux utilisant une des représentations par complémentation. Pour une même vitesse d'exécution, l'addition dans la structure signe et module est désavantageuse. Cependant, pour effectuer les opérations de multiplication et de division, dont nous n'avons pas parlé dans ce chapitre, la représentation signe et module nécessite un équipement moins important. En prenant en compte toutes les opérations, aucun des modes de représentation n'a d'avantage marqué.

REPRÉSENTATION EN MODE RÉEL

La représentation des nombres réels dans l'ordinateur est basée sur l'écriture exponentielle des nombres. Il s'agit de la représentation exponentielle binaire, dont voici quelques exemples:

$$1101,001 = 0,1101001 \times 2^4,$$
$$0,0010011 = 0,10011 \times 2^{-2},$$
$$0,1101 = 0,1101 \times 2^0.$$

Signalons qu'il y a un léger abus de langage dans l'écriture car, en binaire, les chiffres 2 et 4 n'existent pas. Pour ranger de tels nombres, les mots-mémoire sont divisés en trois parties. Une première partie pour le bit-signe, une deuxième partie pour l'exposant et une troisième partie pour la mantisse. Pour optimiser la précision, le premier chiffre de la mantisse est toujours 1 comme dans les exemples ci-haut. On y parvient en modifiant l'exposant. Pour illustrer, voici comment seraient configurés les mots dans un ordinateur dont les mots-mémoire seraient de 32 bits réservant un bit pour le signe et sept bits pour l'exposant.

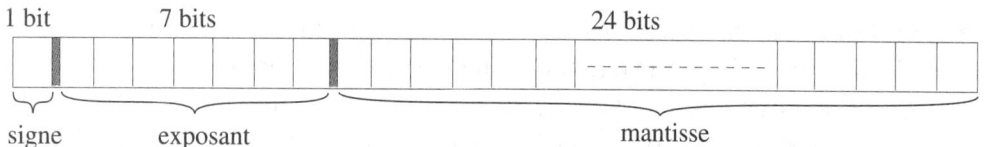

Une mantisse de 24 bits donne une précision de huit chiffres en décimal. Les chiffres de la mantisse entreront dans la mémoire à partir du bit de gauche de l'espace réservé à cette fin. Le premier chiffre après la virgule occupera donc le bit de gauche de la partie réservée à la mantisse.

Il y a différentes façons de représenter l'exposant d'un nombre en mode réel. Certains ordinateurs rangent l'exposant en écriture signe et module, d'autres en le complémentant à 2 lorsqu'il est négatif. Cette façon de faire implique qu'une des cases de la partie réservée à l'exposant sera consacrée au signe de celui-ci, ce qui limite la capacité de l'ordinateur. On peut également avoir une représentation par excès et rendre tous les exposants positifs en leur additionnant 2^{T-1} où T est le nombre de bits réservés à l'exposant. Lorsqu'il y a 7 bits réservés à l'exposant, on a les équivalences suivantes:

Exposant	−64	−63	−62	...	−1	0	1	...	62	63
Équivalent	0	1	2	...	63	64	65	...	126	127

Par exemple, le nombre 54,625 s'écrit 110110,101 en binaire naturel et sous sa forme exponentielle, il s'écrit 0,110110101×2⁶. L'exposant est 6 et, en lui ajoutant 64, on obtient 70 qui, en binaire naturel, s'écrit 1000110. Le nombre 54,625 sera alors rangé sous la forme suivante

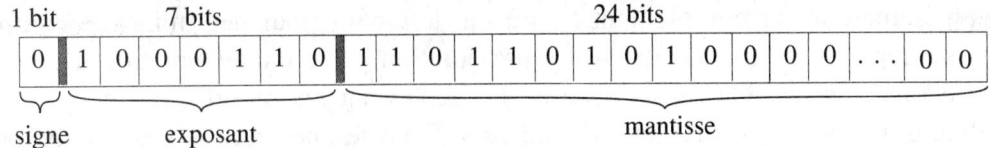

On remarque que la mantisse n'occupe que les neufs bits de la gauche, les autres sont à l'état 0. De plus, additionner 64 à l'exposant revient à mettre un 1 dans le bit de gauche de la partie réservée à l'exposant. Dans l'écriture en mode réel, le premier bit de la mantisse est toujours 1; c'est l'écriture *normalisée*; cela permet d'éviter la confusion que pourrait engendrer l'utilisation d'expressions comme

$$0{,}10011 \times 2^3 \quad \text{et} \quad 0{,}010011 \times 2^4$$

qui représentent la même quantité. La deuxième expression n'est jamais utilisée.

*EXEMPLE 3.1.5*

Représenter le nombre 33,45 en mode réel dans une mémoire d'ordinateur à 32 bits.
Solution

On doit d'abord écrire le nombre en binaire naturel, ce qui donne $100001{,}01\overline{1100}$. Sous forme exponentielle, le nombre est $0{,}10000101\overline{1100} \times 2^6$. Dans la mémoire d'ordinateur, nous aurons donc

| 0 | 1000110 | 10000101110011001100 |

OPÉRATIONS EN MODE RÉEL

Il est assez simple d'effectuer des opérations sur des nombres en mode réel. Dans le cas des additions et des soustractions, il faut ajuster la forme exponentielle des nombres pour qu'ils aient le même exposant; on peut alors effectuer l'addition des mantisses et décoder. Pour effectuer un produit, on fait le produit des mantisses et la somme des exposants, puis on décode. Les quelques exemples qui suivent vont aider à y voir plus clair. Nous allons d'abord présenter des exemples d'opérations sur des nombres en base 10, pour bien comprendre les principes, puis nous verrons comment transposer en binaire normalisé.

ADDITION

On considérera deux cas: celui où les nombres à additionner ont le même exposant et celui où les nombres à additionner ont des exposants différents.

Si les nombres à additionner ont le même exposant, on additionne les mantisses. Si, après l'addition, la mantisse est plus petite que 1, l'exposant demeure inchangé. Si après l'addition, la mantisse est plus grande que 1, on déplace la virgule et on additionne 1 à l'exposant. Voici un exemple:

$$50{,}25 + 47{,}5 = 0{,}5025 \times 10^2 + 0{,}475 \times 10^2 = 0{,}9775 \times 10^2 = 97{,}75$$

Après l'addition, la mantisse étant plus petite que 1, l'exposant demeure inchangé.

Considérons maintenant un cas pour lequel la somme des mantisses donne une mantisse plus grande que 1. Par exemple,
$$0{,}75 \times 10^4 + 0{,}625 \times 10^4 = 1{,}375 \times 10^4$$
$$= 0{,}1375 \times 10^5$$

Après l'addition, la mantisse étant plus grande que 1, la virgule est déplacée et l'exposant est augmenté d'une unité.

Si les deux nombres à additionner n'ont pas le même exposant, on doit ajuster les exposants pour pouvoir additionner. L'ajustement se fait sur le plus petit exposant. Par exemple,
$$0{,}5123 \times 10^4 + 0{,}1752 \times 10^2 = 0{,}5123 \times 10^4 + 0{,}001752 \times 10^4$$
$$= 0{,}514052 \times 10^4$$

Ces trois situations risquent de se présenter lors de l'addition de deux nombres en mode réel.

EXEMPLE 3.1.6

Écrire les nombres en binaire normalisé à 32 bits, mode réel, et effectuer l'opération en simulant un circuit additionneur complet.
$$50{,}25 + 47{,}5$$

Solution

En binaire naturel, le nombre 50,25 s'écrit 110010,01 et sous forme exponentielle, il s'écrit $0{,}11001001 \times 2^6$. En binaire normalisé, mode réel à 32 bits, il s'écrit

| 0 | 1000110 | 11001001000000000000000 |

En binaire naturel, le nombre 47,5 s'écrit 101111,1 et sous forme exponentielle, il s'écrit $0{,}1011111 \times 2^6$. En binaire normalisé, mode réel à 32 bits, il s'écrit

| 0 | 1000110 | 10111110000000000000000 |

En effectuant l'opération, le circuit additionneur donnera

```
              Reports   1   1 1 1 1
              0 | 1000110 | 11001001000000000000000
        +     0 | 1000110 | 10111110000000000000000
              ─────────────────────────────────────
              0 | 1000111 | 10000111000000000000000
```

Le report dans la zone de l'exposant entraîne un décalage avec ajout d'un 1 dans le bit de gauche de la mantisse.

| 0 | 1000111 | 11000011100000000000000 |

En décodant ce nombre, on a $0{,}110000111 \times 2^7$ sous forme exponentielle, ce qui donne 1100001,11 en binaire naturel et la forme polynomiale donne
$$1 \times 2^6 + 1 \times 2^5 + 1 \times 2^0 + 1 \times 2^{-1} + 1 \times 2^{-2} = 64 + 32 + 1 + 0{,}5 + 0{,}25 = 97{,}75$$

Considérons maintenant un cas nécessitant l'ajustement des exposants avant l'addition.

 3.1.7

Écrire les nombres en binaire normalisé à 32 bits, mode réel, et effectuer l'opération en simulant un circuit additionneur complet.

$$67,75 + 12,5$$

Solution

En binaire naturel, le nombre 67,75 s'écrit 1000011,11 et sous forme exponentielle, il s'écrit $0,100001111 \times 2^7$. En binaire normalisé, mode réel à 32 bits, il s'écrit

| 0 | 1000111 | 10000111100000000000000 |

En binaire naturel, le nombre 12,5 s'écrit 1100,1 et sous forme exponentielle, il s'écrit $0,11001 \times 2^4$. En binaire normalisé, mode réel à 32 bits, il s'écrit

| 0 | 1000100 | 11001000000000000000000 |

En faisant la comparaison des exposants avant d'additionner, on constate qu'il faut ajuster les exposants. Le deuxième nombre s'écrira alors $0,00011001 \times 2^7$ sous forme exponentielle et, en binaire normalisé,

| 0 | 1000111 | 00011001000000000000000 |

Le circuit additionneur donnera

```
              Reports   1 1 1 1 1
    | 0 | 1000111 | 10000111100000000000000 |
  + | 0 | 1000111 | 00011001000000000000000 |
    | 0 | 1000111 | 10100000100000000000000 |
```

En décodant ce nombre, on a $0,101000001 \times 2^7$ sous forme exponentielle, ce qui donne 1010000,01 en binaire naturel et la forme polynomiale donne

$$1 \times 2^6 + 1 \times 2^4 + 1 \times 2^{-2} = 64 + 16 + 0,25 = 80,25$$

MULTIPLICATION

Dans le système décimal, la multiplication de nombres sous forme exponentielle s'effectue en faisant le produit des mantisses et la somme des exposants. Par exemple,

$$(0,45 \times 10^3) \times (0,54 \times 10^2) = (0,45 \times 0,54) \times (10^3 \times 10^2) = 0,2430 \times 10^5$$

Dans certains produits, il faut déterminer la position de la virgule après multiplication. Ainsi, dans le produit

$$(0,16 \times 10^3) \times (0,12 \times 10^2) = (0,16 \times 0,12) \times (10^3 \times 10^2) = 0,0192 \times 10^5,$$

la partie fractionnaire de chacun des nombres comportait deux chiffres significatifs. La partie fractionnaire du produit en comportera donc quatre. Il faut calculer quatre places décimales à partir de la droite. Les mêmes procédures s'appliqueront pour le produit de nombres binaires normalisés en mode réel.

EXEMPLE 3.1.8

Écrire les nombres en binaire normalisé à 32 bits, mode réel, et effectuer l'opération.
$$5,25 \times 8,5$$

Solution
En binaire naturel, le nombre 5,25 s'écrit 101,01 et sous forme exponentielle, il s'écrit $0,10101 \times 2^3$. En binaire normalisé, mode réel à 32 bits, il s'écrit

| 0 | 1000011 | 10101000000000000000000 |

En binaire naturel, le nombre 8,5 s'écrit 1000,1 et sous forme exponentielle, il s'écrit $0,10001 \times 2^4$. En binaire normalisé, mode réel à 32 bits, il s'écrit

| 0 | 1000100 | 10001000000000000000000 |

Après le produit des mantisses, l'ajustement de la virgule et l'addition des exposants, on aura

| 0 | 1000111 | 01011001010000000000000 |

En décodant ce nombre, on a $0,0101100101 \times 2^7$ sous forme exponentielle, ce qui donne 101100,101 en binaire naturel et la forme polynomiale donne
$$1 \times 2^5 + 1 \times 2^3 + 1 \times 2^2 + 1 \times 2^{-1} + 1 \times 2^{-3} = 32 + 8 + 4 + 0,5 + 0,125 = 44,625$$

PROCÉDURE POUR SIMULER UNE OPÉRATION EN MODE RÉEL
1. Exprimer les nombres en binaire naturel.
2. Écrire les nombres sous forme exponentielle.
3. Pour chaque nombre, écrire l'exposant en binaire normalisé selon le mode de représentation indiqué.
4. Ajuster les exposants des deux nombres, si nécessaire, et effectuer l'opération.
5. Écrire le résultat de l'opération en décimal.

Alan Mathison Turing

Alan Mathison TURING était un mathématicien anglais, né le 23 juin 1912. Dès ses débuts à l'école, il se démarqua par son intérêt pour les sciences et les mathématiques. Sa carrière de mathématicien débuta au King's College de l'Université de Cambridge en 1931. À sa graduation, il fut fait « fellow » du King's College, puis s'installa à l'Université Princeton. C'est à cet endroit qu'il développa ce qui fut plus tard appelé la « machine de TURING ».

Cette machine était fondée essentiellement sur les mêmes principes que les ordinateurs modernes. Elle pouvait lire des séries de 0 et de 1 sur des rubans. Ces uns et ces zéros décrivaient les étapes de résolution de problèmes.

Ce concept était révolutionnaire à l'époque car en 1950, les appareils étaient conçus pour résoudre des problèmes particuliers, ce qui limitait beaucoup leur utilisation. Ce que TURING a conçu, c'est une machine qui effectuait seulement quelques instructions et qui, de ce fait, pouvait réaliser à peu près n'importe quelle tâche. Il suffisait de décomposer la solution du problème en un algorithme dont chaque étape était une instruction simple que la machine pouvait réaliser. Il croyait que tout problème peut se décomposer en un tel algorithme. La partie difficile était cette décomposition des problèmes en étapes successives simples.

Durant la deuxième guerre mondiale, il utilisa ses compétences mathématiques dans le décodage des messages allemands, qui étaient encodés par la machine *Enigma* qui modifiait continuellement la clé d'encodage des messages.

3.2 EXERCICES

1. Écrire les nombres suivants en binaire normalisé à huit bits par complémentation à 2:
   - *a*) 34
   - *b*) 97
   - *c*) −24
   - *d*) −2
   - *e*) −67
   - *f*) −8

2. Écrire les nombres suivants en binaire normalisé à huit bits par complémentation à 1:
   - *a*) 34
   - *b*) 97
   - *c*) −24
   - *d*) −2
   - *e*) −67
   - *f*) −8

3. Écrire les nombres suivants en binaire normalisé à huit bits en représentation signe et module:
   - *a*) 34
   - *b*) 97
   - *c*) −24
   - *d*) −2
   - *e*) −67
   - *f*) −8

4. Représenter le nombre −5 selon le mode entier à huit bits indiqué:
   - *a*) représentation signe et module;
   - *b*) représentation par complémentation à deux;
   - *c*) représentation par excès;
   - *d*) représentation par complémentation à un.

5. Trouver l'équivalent dans le système décimal du nombre 10010011, selon que le nombre est en
   - *a*) représentation signe et module;
   - *b*) représentation par complémentation à deux;
   - *c*) représentation par excès;
   - *d*) représentation par complémentation à un.

6. Trouver l'équivalent dans le système décimal du nombre 00110101, selon que le nombre est en
   - *a*) représentation signe et module;
   - *b*) représentation par complémentation à deux;
   - *c*) représentation par excès;
   - *d*) représentation par complémentation à un.

7. Trouver l'équivalent dans le système décimal du nombre 11001100, selon que le nombre est en
   a) représentation signe et module;
   b) représentation par complémentation à deux;
   c) représentation par excès;
   d) représentation par complémentation à un.

8. Effectuer les opérations suivantes après avoir écrit les nombres en binaire normalisé à huit bits complémenté à 2. Décoder en décimal le résultat de l'opération, s'il n'y a pas débordement.
   a) 15 + 26
   b) 92 + 44
   c) 77 − 23
   d) −57 − 125
   e) −28 − 47
   f) −52 + 24

9. Effectuer les opérations suivantes après avoir écrit les nombres en binaire normalisé à huit bits complémenté à 1. Décoder en décimal le résultat de l'opération, s'il n'y a pas débordement.
   a) 15 + 26
   b) 92 + 44
   c) 77 − 23
   d) −57 − 125
   e) −28 − 47
   f) −52 + 24

10. Effectuer les opérations suivantes après avoir écrit les nombres en binaire normalisé en représentation signe et module en complémentant à 1 le deuxième nombre (lorsque nécessaire). Décoder en décimal le résultat de l'opération, s'il n'y a pas débordement.
    a) 15 + 26
    b) 92 + 44
    c) 77 − 23
    d) −57 − 125
    e) −28 − 47
    f) −52 + 24

11. Quelle est la valeur de la constante à ajouter à chaque nombre entier dans la représentation par excès en mode entier dans un mot de mémoire de
    a) 4 bits?
    b) 8 bits?
    c) 16 bits?
    d) 32 bits?

12. Dans la représentation par excès, déterminer l'intervalle des entiers représentables dans un mot de mémoire de
    a) 4 bits
    b) 8 bits
    c) 16 bits
    d) 32 bits

13. Représenter les nombres suivants en mode réel dans une mémoire d'ordinateur à 32 bits dont l'un est réservé au signe, l'exposant est représenté par excès en mode entier à 7 bits et la partie réelle est représentée par une mantisse normalisée.
    a) 243
    b) 5 412
    c) −58,2
    d) −175,58
    e) 0,575
    f) 320,005

14. Écrire les nombres en binaire normalisé, mode réel à 32 bits, exposant par excès à sept bits et un bit-signe. Effectuer l'opération, puis décoder l'information en décimal.
    a) 52,5 + 37,5
    b) 14,375 + 74,75
    c) 63,75 + 24,5
    d) 12,75 × 21,5
    e) 7,5 × 32,25

3.3 LIMITES DE PRÉCISION

On constate que la représentation des nombres sur ordinateur, en mode entier et en mode réel, peut se faire de différentes façons et que la conception de l'ordinateur et des circuits opérateurs doit tenir compte du type de représentation retenue. Un organisme s'est donné comme objectif l'uniformisation des représentations sur ordinateur; c'est le Institute for Electrical and Electronic Engineers (IEEE). Cet organisme suggère l'adoption de la représentation des nombres réels sur 32 bits (simple précision) et 64 bits (*double précision*). Ces représentations sont conçues de la façon suivante. Le bit de gauche est le bit-signe du nombre, les huit bits suivants sont réservés à l'exposant (11 *bits en double précision*) et les 23 derniers bits (52 *en double précision*) sont réservés à la mantisse normalisée.

OBJECTIF: Identifier certaines limites de représentation des données dans la mémoire de l'ordinateur.

ERREUR
L'utilisation de l'ordinateur dans le traitement des données numériques est source d'erreurs qui proviennent de trois causes principales: les erreurs de modélisation, de troncature et de représentation.

ERREURS DE MODÉLISATION
En modélisant un phénomène complexe, on doit faire abstraction de certains détails qu'il serait trop compliqué ou coûteux en temps de retenir. Un modèle est souvent constitué de systèmes d'équations complexes qu'on ne pourrait résoudre sans négliger les composantes moins importantes, ce qui introduit déjà une erreur de modélisation.

ERREURS DE TRONCATURE
L'évaluation des fonctions impliquées dans un modèle se fait souvent à l'aide d'une somme infinie de termes de valeur décroissante, qu'on appelle *développement en série de TAYLOR*. Dans l'évaluation d'une telle somme, on est souvent obligé de laisser tomber les derniers termes du développement. On doit donc tronquer le développement en série, ce qui est un facteur d'erreur. L'ordinateur peut également négliger les derniers chiffres significatifs d'un nombre, faute d'espace mémoire pour les conserver. Il s'agit également d'une troncature.

L'analyse des erreurs de modélisation et de troncature nécessite des connaissances mathématiques qui ne relèvent pas du présent cours, en particulier des connaissances sur les équations différentielles et le développement en séries de fonctions.

ERREURS DE REPRÉSENTATION SUR ORDINATEUR
La représentation binaire des nombres est déjà une source d'erreurs, puisque plusieurs nombres fractionnaires qui s'expriment par une suite finie dans le système décimal s'expriment par une suite illimitée dans le système binaire. Considérons par exemple les nombres 0,14 et 0,15. Dans le système décimal, ces nombres fractionnaires s'expriment par une suite finie de deux décimales. Si on veut exprimer ces nombres en binaire naturel, on a

$$(0,14)_{10} = (0,00\overline{100011110101110000 1})_2$$

$$\text{et } (0,15)_{10} = (0,00\overline{1001})_2$$

Les nombres 0,14 et 0,15 se représentent par des suites périodiques de longueurs différentes qui seront nécessairement tronquées ou arrondies lors de la représentation binaire normalisée.

Dans le présent texte, nous allons voir comment la représentation des nombres sur ordinateur peut être source d'erreurs. Pour pouvoir juger de l'importance d'une erreur, il faut pouvoir lui donner un ordre de grandeur; c'est ce que vise la définition suivante.

ERREUR ABSOLUE

Soit a la valeur exacte d'un nombre réel et a' une valeur approchée de a. En utilisant la valeur approchée a' plutôt que la valeur exacte, on commet une *erreur* que l'on note Δa et dont la mesure est définie par

$$\Delta a = |a' - a|$$

ERREUR RELATIVE

Soit a la valeur exacte d'un nombre réel et a' une valeur approchée de a. En utilisant la valeur approchée a' plutôt que la valeur exacte, on commet une *erreur relative* définie par

$$\frac{\Delta a}{|a|} = \frac{|a' - a|}{|a|}$$

L'erreur relative est particulièrement intéressante car elle permet de déterminer l'ordre de grandeur de l'erreur par rapport à la valeur réelle. Elle est souvent exprimée en pourcentage.

EXEMPLE 3.3.1

Calculer l'erreur absolue et l'erreur relative commises par l'utilisation d'une suite tronquée de la représentation binaire de 0,15 selon que la période est répétée une, deux, trois, quatre, cinq ou six fois.

Solution
Pour effectuer ce calcul, il faut exprimer en décimal le nombre représenté selon le nombre de fois que la période est répétée. On a alors les données du tableau suivant:

Nombre a	Valeur approchée a'		Erreurs	
	binaire	décimal	absolue	relative
0,15	0,001001	0,140625	0,009375000	6,25 %
0,15	0,0010011001	0,149414063	0,000585937	0,39 %
0,15	0,00100110011001	0,149963379	0,000036621	0,024 %
0,15	0,001001100110011001	0,149997711	0,000002289	0,0015 %
0,15	0,0010011001100110011001	0,149999857	0,000000143	0,00009 %
0,15	0,00100110011001100110011001	0,149999976	0,000000024	0,000016 %

On constate que la représentation en binaire de la fraction 0,15 introduit inévitablement une erreur dont l'importance dépend du nombre de bits utilisés pour la représentation du nombre. En pratique, la majorité des nombres fractionnaires auront une représentation inexacte sur ordinateur. Seuls ceux dont la représentation polynomiale binaire comporte un nombre de termes plus petit ou égal au nombre de bits utilisés pour la représentation de la mantisse du nombre auront une représentation exacte.

Dans l'exemple qui précède, on connaît la valeur exacte du nombre et sa valeur approximative puisque celle-ci dépend du nombre de chiffres conservés dans le développement fractionnaire périodique. Cependant, la plupart du temps, les nombres utilisés proviennent de données ou de mesures et on ne connaît pas la valeur exacte de ces nombres, mais seulement leur valeur approximative. On ne peut donc déterminer exactement l'erreur commise, mais on peut déterminer la valeur maximum de cette erreur, valeur qui permet de définir la notion d'incertitude.

> *INCERTITUDE ABSOLUE*
> On appelle *incertitude absolue*, ou encore *borne supérieure* de l'erreur absolue, la valeur maximum de l'erreur absolue commise en utilisant une valeur approchée d'un nombre. L'incertitude absolue, notée I_a, satisfait donc à l'inéquation
> $$\Delta a \leq I_a.$$

INTERPRÉTATION GRAPHIQUE DE L'INCERTITUDE
Considérons $a' = 1,57$ une valeur obtenue en arrondissant un nombre a. On peut supposer que a est un nombre compris entre 1,565 et 1,575. Exprimé autrement,
$$\Delta a \leq I_a = 0,005 = 0,5 \times 10^{-2}$$
On dit alors que
$$a = 1,57 \pm 0,5 \times 10^{-2}$$
Cela signifie que la valeur exacte de a (qui est inconnue) est comprise dans l'intervalle de 1,565 à 1,575, ce que l'on peut représenter graphiquement de la façon suivante:

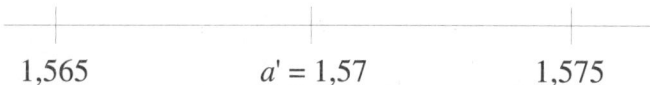

      1,565 $a' = 1,57$ 1,575

Donc, dans le cas d'un nombre arrondi, l'incertitude absolue est la demi-unité de la position du dernier chiffre retenu.

Par contre, dans le cas d'une troncature, l'incertitude absolue est l'unité de la position du dernier chiffre. Si nous considérons maintenant que le nombre $a' = 1,57$ est obtenu par troncature, on peut alors conclure que a est un nombre compris entre 1,57 et 1,58. On a alors $I_a = 0,01$.

      $a' = 1,57$ 1,575   1,58

Si le nombre tronqué est négatif, par exemple $b' = -1,57$, alors b est un nombre compris entre $-1,58$ et $-1,57$ et on a $I_b = 0,01$. Les nombres $a' = 1,57$ et $b' = -1,57$ étant obtenus par troncature, on a
$$1,570 \leq a < 1,58 \text{ et } -1,58 < b \leq -1,570$$
En pratique, il est plus simple de considérer que $a = 1,57 \pm 0,1 \times 10^{-1}$ et $b = -1,57 \pm 0,1 \times 10^{-1}$ lorsqu'on veut procéder au calcul d'incertitude sur le résultat d'une opération.

En résumé, il y a différents facteurs qui concourent à engendrer des erreurs dans le traitement des nombres sur ordinateur, comme le mode de représentation et les procédures d'arrondi ou de troncature.

OPÉRATIONS ET INCERTITUDE ABSOLUE

Lorsque l'on combine deux nombres, arrondis ou tronqués, par une opération (addition, soustraction, produit ou quotient), les incertitudes se combinent également. Il existe des règles permettant de déterminer l'incertitude absolue du résultat d'une opération sur des nombres arrondis ou tronqués. Nous allons présenter ces règles et les illustrer par des exemples.

SOMMES ET DIFFÉRENCES

L'incertitude absolue d'une somme ou d'une différence de deux nombres arrondis ou tronqués est égale à la somme des incertitudes absolues de chacun des termes de l'opération.

Considérons les nombres
$a = 26{,}7 \pm 0{,}5 \times 10^{-1}$ et $b = 13{,}26 \pm 0{,}5 \times 10^{-2}$, obtenus des nombres arrondis a' et b'.
Pour déterminer l'incertitude absolue, il faut connaître la valeur maximale et la valeur minimale générée en additionnant ou en soustrayant ces nombres.

Somme

La somme des deux nombres arrondis est
$$a' + b' = 26{,}7 + 13{,}26 = 39{,}96$$
Cependant, la valeur maximale de la somme est
$$26{,}75 + 13{,}265 = 40{,}015 \text{ (qui est } 39{,}96 + 0{,}055\text{)},$$
et sa valeur minimale est $26{,}65 + 13{,}255 = 39{,}905$ (qui est $39{,}96 - 0{,}055$),
d'où $\qquad a + b = 39{,}96 \pm 0{,}055$.

RÈGLE 1

Soit deux nombres, arrondis ou tronqués:
$$a = a' \pm I_a \text{ et } b = b' \pm I_b.$$
La somme de ces nombres est approximativement
$$a + b = a' + b' \pm (I_a + I_b).$$

Démonstration

La somme satisfait à l'inégalité
$$(a' - I_a) + (b' - I_b) \leq a + b \leq (a' + I_a) + (b' + I_b)$$
d'où $\qquad (a' + b') - (I_a + I_b) \leq a + b \leq (a' + b') + (I_a + I_b)$
donc $\qquad a + b = (a' + b') \pm (I_a + I_b)$

Différence

La différence des deux nombres arrondis $a' = 26{,}7$ et $b' = 13{,}26$ est
$$a' - b' = 26{,}7 - 13{,}26 = 13{,}44$$
Cependant, la différence maximale est
$$26{,}75 - 13{,}255 = 13{,}495 \text{ (qui est } 3{,}44 + 0{,}055\text{)},$$
et la différence minimale est
$$26{,}65 - 13{,}265 = 13{,}385 \text{ (qui est } 13{,}44 - 0{,}055\text{)}.$$
d'où $\qquad a - b = 13{,}44 \pm 0{,}055$

> **RÈGLE 2**
>
> Soit deux nombres, arrondis ou tronqués:
> $$a = a' \pm I_a \text{ et } b = b' \pm I_b.$$
> La différence de ces nombres est approximativement
> $$a - b = a' - b' \pm (I_a + I_b)$$

Démonstration

La différence de ces nombres satisfait à l'inégalité
$$(a' - I_a) - (b' + I_b) \leq a - b \leq (a' + I_a) - (b' - I_b),$$
d'où $\qquad (a' - b') - (I_a + I_b) \leq a - b \leq (a' - b') + (I_a + I_b),$
donc $\qquad a - b = (a' - b') \pm (I_a + I_b).$

PRODUITS ET QUOTIENTS

Lorsque l'on effectue le produit de deux nombres, il se peut que les nombres aient été arrondis ou tronqués, mais il est possible également que l'un des nombres soit exact; nous aurons donc deux règles relatives au produit.

Produit par un nombre exact

L'incertitude absolue du produit d'un nombre arrondi (ou tronqué) par un nombre exact est égale au produit de l'incertitude absolue du nombre arrondi (ou tronqué) par le nombre exact. Considérons les nombres $a = 18,7 \pm 0,5 \times 10^{-1}$ relatif au nombre arrondi $a' = 18,7$ et $k = 4$ dont la valeur est exacte. Le produit du nombre arrondi et de k est
$$ka' = 4 \times 18,7 = 74,8$$
Cependant, la valeur maximale du produit est
$$4 \times 18,75 = 75 \text{ qui correspond à } (74,8 + 0,2) \text{ ou } (74,8 + 4(0,05))$$
et la valeur minimale est
$$4 \times 18,65 = 74,6 \text{ qui correspond à } (74,8 - 0,2) \text{ ou } (74,8 - 4(0,05))$$
d'où $\qquad ka = 74,8 \pm 0,2 = 74,8 \pm 4(0,05)$

> **RÈGLE 3**
>
> Soit un nombre, arrondi ou tronqué:
> $$a = a' \pm I_a \text{ et } k, \text{ un nombre exact.}$$
> Le produit de ces nombres est approximativement
> $$ka = ka' \pm kI_a$$

Démonstration

Le produit de ces nombres satisfait à l'inégalité
$$k(a' - I_a) \leq ka \leq k(a' + I_a)$$
$$ka' - kI_a \leq ka \leq ka' + I_a$$
d'où $\qquad ka = ka' \pm kI_a$

On peut représenter ce produit graphiquement pour avoir une interprétation graphique de l'incertitude d'un produit. Si on représente a' et k par les côtés d'un rectangle dont la longueur d'un côté est exacte et l'autre est affectée d'une incertitude, on a la figure ci-contre dans laquelle l'aire du rectangle est comprise entre $ka' - kI_a$ et $ka' + kI_a$.

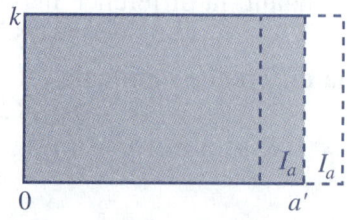

Arithmétique de l'ordinateur

Produit de deux nombres arrondis ou tronqués

L'incertitude absolue du produit de deux nombres arrondis (ou tronqués) est approximativement la somme du produit de chacun des nombres par l'incertitude absolue de l'autre nombre. On symbolise ce résultat de la façon suivante:

> **RÈGLE 4**
> Soit deux nombres, arrondis ou tronqués:
> $$a = a' \pm I_a \text{ et } b = b' \pm I_b.$$
> Le produit de ces nombres est approximativement
> $$ab = a'b' \pm (a'I_b + b'I_a)$$

Démonstration

En effet, la valeur maximale de ce produit est
$$(a' + I_a)(b' + I_b)$$
et la valeur minimale est
$$(a' - I_a)(b' - I_b)$$
d'où
$$(a' - I_a)(b' - I_b) \leq ab \leq (a' + I_a)(b' + I_b)$$
et
$$a'b' - a'I_b - b'I_a + I_a I_b \leq ab \leq a'b' + a'I_b + b'I_a + I_a I_b$$

En négligeant le terme $I_a I_b$, on obtient
$$a'b' - (a'I_b + b'I_a) < ab < a'b' + (a'I_b + b'I_a)$$
d'où
$$ab = a'b' \pm (a'I_b + b'I_a)$$

En représentant ce produit par l'aire d'une surface, on a la figure ci-contre.

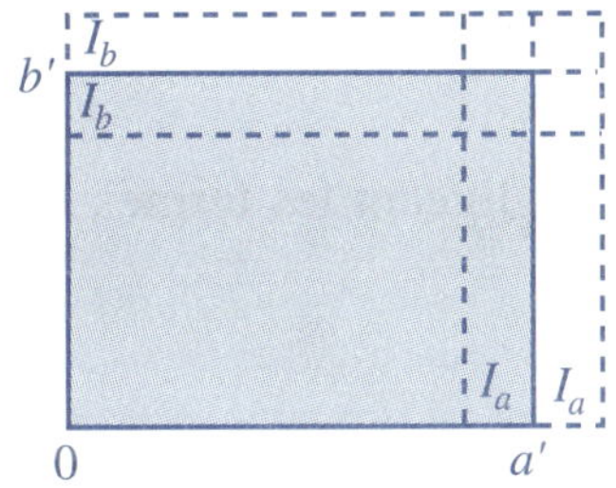

L'aire maximale est
$$(a' + I_a)(b' + I_b) = a'b' + a'I_b + b'I_a + I_a I_b$$

Dans cette expression, le terme $I_a I_b$ est l'aire du rectangle grisé de la deuxième figure ci-contre, et l'aire maximale est celle du grand rectangle bleu dont deux des côtés sont en pointillés.

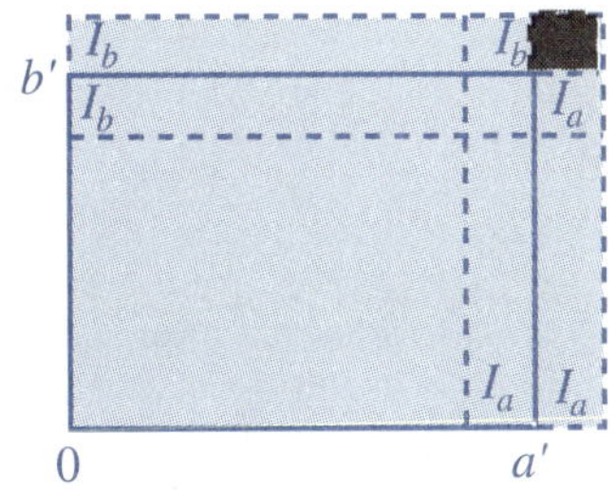

L'aire minimale est
$$(a' - I_a)(b' - I_b) = a'b' - a'I_b - b'I_a + I_a I_b$$

Dans cette expression, le terme $I_a I_b$ est l'aire du rectangle grisé de la troisième figure ci-contre, et l'aire minimale est celle du petit rectangle bleu dont deux des côtés sont en pointillés.

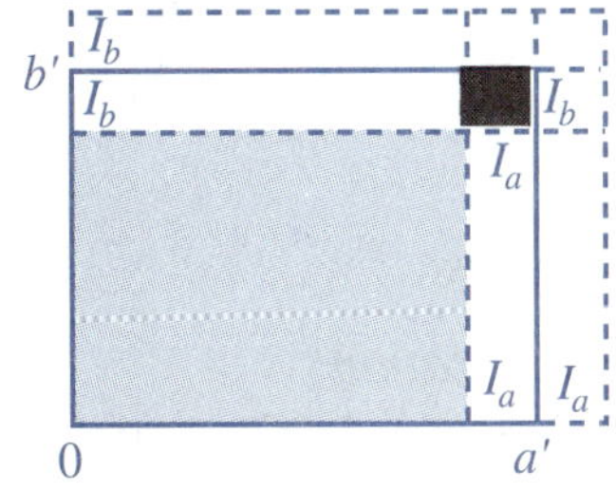

On a donc que
$$a'b' - (a'I_b + b'I_a) < ab < a'b' + (a'I_b + b'I_a)$$

En pratique, les produits de la forme $I_a I_b$ sont négligeables et on n'en tient pas compte; on a alors
$$ab = a'b' \pm (a'I_b + b'I_a)$$

RÈGLE 5

Soit deux nombres, arrondis ou tronqués:
$$a = a' \pm I_a \quad \text{et} \quad b = b' \pm I_b.$$
Le quotient de ces nombres est approximativement
$$\frac{a}{b} = \frac{a'}{b'} \pm \frac{(a' I_b + b' I_a)}{b'^2}$$

Démonstration

La valeur minimale du quotient est donnée par
$$\frac{a' - I_a}{b' + I_b}$$
et la valeur maximale par
$$\frac{a' + I_a}{b' - I_b}$$
d'où
$$\frac{a' - I_a}{b' + I_b} \leq \frac{a}{b} \leq \frac{a' + I_a}{b' - I_b}$$

$$\frac{a' - I_a}{b' + I_b} \times \frac{b' - I_b}{b' - I_b} \leq \frac{a}{b} \leq \frac{a' + I_a}{b' - I_b} \times \frac{b' + I_b}{b' + I_b}$$

$$\frac{a'b' - a'I_b - b'I_a + I_a I_b}{b'^2 - I_b^2} \leq \frac{a}{b} \leq \frac{a'b' + a'I_b + b'I_a + I_a I_b}{b'^2 - I_b^2}$$

En négligeant les termes $I_a I_b$ et I_b^2, on a
$$\frac{a'b' - a'I_b - b'I_a}{b'^2} \leq \frac{a}{b} \leq \frac{a'b' + a'I_b + b'I_a}{b'^2}$$

$$\frac{a'b'}{b'^2} - \frac{(a'I_b + b'I_a)}{b'^2} \leq \frac{a}{b} \leq \frac{a'b'}{b'^2} + \frac{(a'I_b + b'I_a)}{b'^2}$$

d'où
$$\frac{a}{b} = \frac{a'b'}{b'^2} \pm \frac{(a'I_b + b'I_a)}{b'^2} = \frac{a'}{b'} \pm \frac{(a'I_b + b'I_a)}{b'^2}$$

RÈGLE 6

(Puissance d'un nombre arrondi ou tronqué)
Soit un nombre, arrondi ou tronqué:
$$a = a' \pm I_a.$$
Alors
$$a^n = (a')^n \pm n(a')^{n-1} I_a$$

Démonstration

Soit $a = a' \pm I_a$. On a alors
$$(a' - I_a)^2 \leq a^2 \leq (a' + I_a)^2$$
$$(a')^2 - 2a'I_a + I_a^2 \leq a^2 \leq (a')^2 + 2a'I_a + I_a^2$$
On néglige le terme I_a^2, d'où $(a')^2 - 2a'I_a < a^2 < (a')^2 + 2a'I_a$
d'où $a^2 = (a')^2 \pm 2a'I_a$

De la même façon,
$$(a' - I_a)^3 \leq a^3 \leq (a' + I_a)^3$$
$$(a')^3 - 3(a')^2 I_a + 3a'I_a^2 - I_a^3 \leq a^3 \leq (a')^3 + 3(a')^2 I_a + 3a'I_a^2 + I_a^3$$

On néglige les termes $3a'I_a^2$ et I_a^3 pour obtenir
$$(a')^3 - 3(a')^2 I_a < a^3 < (a')^3 + 3(a')^2 I_a$$
d'où
$$a^3 = (a')^3 \pm 3(a')^2 I_a$$

Par induction mathématique, on peut généraliser ce résultat pour montrer que
$$a^n = (a')^n \pm n(a')^{n-1} I_a$$
Nous verrons les fondements de l'induction mathématique au chapitre 6.

REMARQUE

La règle sur le produit par un nombre exact nous permet d'écrire que
$$ka^n = k(a')^n \pm kn(a')^{n-1} I_a$$

EXEMPLE 3.3.2

Soit deux nombres arrondis
$$a = 47{,}81 \pm 0{,}5 \times 10^{-2} \text{ et } b = 13{,}2 \pm 0{,}5 \times 10^{-1}$$
Touver l'incertitude absolue sur
a) $a + b$,
b) $a - b$,
c) ab,
d) a/b,
e) a^5.

Solution

a) $a + b = 47{,}81 + 13{,}2 \pm (0{,}5 \times 10^{-2} + 0{,}5 \times 10^{-1})$
$ = 61{,}01 \pm (0{,}05 \times 10^{-1} + 0{,}5 \times 10^{-1})$
$ = 61{,}01 \pm 0{,}55 \times 10^{-1}$

b) $a - b = 47{,}81 - 13{,}2 \pm (0{,}05 \times 10^{-1} + 0{,}5 \times 10^{-1})$
$ = 34{,}61 \pm 0{,}55 \times 10^{-1}$

c) $ab = 47{,}81 \times 13{,}2 \pm (47{,}81 \times 0{,}05 + 13{,}2 \times 0{,}005) = 631{,}092 \pm 2{,}4565$

d) $\dfrac{a}{b} = \dfrac{47{,}81}{13{,}2} \pm \dfrac{(47{,}81 \times 0{,}05 + 13{,}2 \times 0{,}005)}{(13{,}2)^2} = 3{,}622 \pm 0{,}014$

On arrondit le quotient a/b au nombre total de décimales des données.

e) $a^5 = 47{,}81^5 \pm (5(47{,}81)^4 \times 0{,}005) = 249\ 800\ 739 \pm 130\ 622$

LIMITES DE LA REPRÉSENTATION DES DONNÉES

Dans la première partie de la section 3.3, nous avons vu que, dans l'ordinateur, la représentation des nombres fractionnaires diffère souvent de la valeur exacte de ceux-ci. En effet, en binaire, plusieurs fractions sont représentées par des suites illimitées, périodiques ou non, qui seront inévitablement tronquées lors de l'entrée en mémoire. Par conséquent, les calculs s'effectuent souvent sur des valeurs approchées et nous avons vu comment se propageaient les erreurs.

Nous verrons maintenant quelques sources additionnelles d'erreurs dans la représentation et le traitement des nombres.

ERREURS DUES À LA REPRÉSENTATION DES NOMBRES ENTIERS

Quel que soit le nombre de bits utilisés et la façon de représenter un nombre entier, il existe un plus petit nombre et un plus grand nombre entiers représentables. Il existe donc un intervalle contenant tous les nombres entiers représentables avec le nombre de bits utilisés.

Les opérations sur les nombres entiers contenus dans cet intervalle peuvent donner lieu à des débordements, ce qui signifie que le résultat de l'opération est un nombre à l'extérieur de l'intervalle. L'ordinateur ne peut donc représenter le résultat de cette opération et doit communiquer un message indiquant qu'il y a débordement. Les modalités d'opération en mode entier et la détection des débordements dépendent de la représentation des nombres en mémoire.

ERREURS EN NOTATION FLOTTANTE

L'utilisation de l'arithmétique flottante génère également des erreurs. Ces erreurs étant indépendantes de la base utilisée, nous les illustrerons en base 10 pour simplifier la présentation. Les exemples choisis comporteront une représentation décimale de quatre chiffres, ce qui correspond environ à une mantisse de douze bits. Voyons d'abord comment s'effectuent les opérations en notation flottante.

PROCÉDURE POUR EFFECTUER UNE ADDITION OU UNE SOUSTRACTION EN NOTATION FLOTTANTE

1. Ajuster les exposants lorsqu'ils sont différents (l'ajustement est effectué sur le nombre ayant le plus petit exposant) et tronquer la mantisse du nombre ajusté, le cas échéant.
2. Additionner (ou soustraire) les mantisses.
3. Conserver le même exposant si la somme des mantisses est plus petite que 1 (ou si la différence est plus grande que 0,1).
4. Déplacer la virgule et augmenter l'exposant si la somme des mantisses est plus grande que 1 (ou si la différence est plus petite que 0,1). Tronquer la mantisse selon la quantité de décimales de la mantisse du nombre qui en a le moins.

EXEMPLE 3.3.3

Effectuer les additions suivantes en notation flottante:
a) $0{,}3572 \times 10^5 + 0{,}2314 \times 10^5$
b) $0{,}7831 \times 10^5 + 0{,}4312 \times 10^5$
c) $0{,}5123 \times 10^4 + 0{,}1752 \times 10^2$

Solution

a) Dans cette addition, les nombres ont le même exposant. On additionne d'abord les mantisses. Puisque la somme des mantisses reste plus petite que 1, l'exposant demeure inchangé. On a donc
$$0{,}3572 \times 10^5 + 0{,}2314 \times 10^5 = 0{,}5886 \times 10^5$$

b) Dans cette addition, les nombres ont le même exposant. On additionne d'abord les mantisses. La somme des mantisses est plus grande que 1, la virgule est déplacée et l'exposant augmente de 1. La mantisse est tronquée à quatre chiffres. On a donc
$$0{,}7831 \times 10^5 + 0{,}4312 \times 10^5 = 1{,}2143 \times 10^5 = 0{,}1214 \times 10^6$$

c) Dans cette addition, les exposants sont différents. L'ajustement des exposants est effectué sur le nombre ayant le plus petit exposant et ce nombre est automatiquement tronqué. On additionne alors les mantisses. Puisque la somme des mantisses reste plus petite que 1, l'exposant demeure inchangé. On a donc
$$0{,}5123 \times 10^4 + 0{,}0017 \times 10^4 = 0{,}5140 \times 10^4$$

REMARQUE

Lorsqu'on additionne plusieurs nombres nécessitant un ajustement des exposants et que la mantisse devient plus grande que 1, la virgule doit être déplacée, ce qui entraîne une modification de l'exposant.

EXEMPLE 3.3.4

Effectuer les soustractions suivantes en notation flottante:
a) $0{,}7312 \times 10^{-3} - 0{,}2135 \times 10^{-3}$
b) $0{,}3521 \times 10^{-3} - 0{,}2314 \times 10^{-4}$
c) $0{,}1523 \times 10^{-3} - 0{,}9782 \times 10^{-4}$

Solution

a) Dans cette soustraction, les nombres ont le même exposant. On soustrait d'abord les mantisses. Puisque la différence des mantisses reste plus grande que 0,1, l'exposant demeure inchangé. On a donc
$$0{,}7312 \times 10^{-3} - 0{,}2135 \times 10^{-3} = 0{,}5177 \times 10^{-3}$$

b) Dans cette soustraction, les exposants sont différents. L'ajustement des exposants se fait sur le nombre ayant le plus petit exposant et ce nombre est automatiquement tronqué. On soustrait alors les mantisses. Puisque la différence des mantisses reste plus grande que 0,1, l'exposant demeure inchangé. On a donc
$$0{,}3521 \times 10^{-3} - 0{,}0231 \times 10^{-3} = 0{,}3290 \times 10^{-3}$$

c) Dans cette soustraction, les exposants sont différents. L'ajustement des exposants se fait sur le nombre ayant le plus petit exposant et ce nombre est automatiquement tronqué. On soustrait alors les mantisses. Puisque la différence des mantisses est plus petite que 0,1, la virgule est déplacée et l'exposant diminué de 1. On a donc
$$0{,}1523 \times 10^{-3} - 0{,}0978 \times 10^{-3} = 0{,}0545 \times 10^{-3} = 0{,}5450 \times 10^{-4}$$

Plusieurs erreurs importantes peuvent se produire lorsque l'ordinateur a à soustraire des nombres voisins l'un de l'autre, car plusieurs chiffres significatifs peuvent être perdus lors de la soustraction. Considérons par exemple les nombres
$$a = 137{,}58 \text{ et } b = 137{,}47$$
La différence de ces deux nombres est $d = a - b = 0{,}11$. Cependant, l'ordinateur tronque les nombres à l'équivalent de quatre chiffres en décimal. Les nombres a et b seront rangés sous la forme
$$a = 0{,}1375 \times 10^3 \text{ et } b = 0{,}1374 \times 10^3$$
d'où
$$d' = a - b = 0{,}1375 \times 10^3 - 0{,}1374 \times 10^3 = 0{,}0001 \times 10^3 = 0{,}1$$

On a alors une erreur absolue $\Delta d = |d' - d| = |0{,}1 - 0{,}11| = 0{,}01$

et une erreur relative $\dfrac{\Delta d}{d} = \dfrac{0{,}01}{0{,}11} = 0{,}\overline{09}$,

soit une erreur relative de 9,1 % alors que l'erreur absolue, en tronquant à quatre chiffres, est de 0,1 %. L'erreur relative suite à cette soustraction est donc 90 fois l'erreur absolue commise en tronquant à quatre chiffres significatifs. L'addition de deux nombres dont l'ordre de grandeur est très différent est également une opération à risque, car le plus petit nombre d'entre eux peut disparaître complètement.

PROCÉDURE POUR EFFECTUER UNE MULTIPLICATION OU UNE DIVISION EN NOTATION FLOTTANTE
1. Multiplier (diviser) les mantisses. Tronquer les résultats.
2. Additionner (soustraire) les exposants.
3. Si la mantisse est supérieure à 1 ou inférieure à 0,1, déplacer la virgule et ajuster l'exposant en conséquence.

EXEMPLE 3.3.5

Effectuer les multiplications suivantes en notation flottante:
a) $(0{,}2143 \times 10^3) \times (0{,}5216 \times 10^2)$ b) $(0{,}1121 \times 10^3) \times (0{,}1345 \times 10^{-2})$

Solution
a) On multiplie d'abord les mantisses et on additionne les exposants, ce qui donne
$$(0{,}2143 \times 10^3) \times (0{,}5216 \times 10^2) = 0{,}1117 \times 10^5$$
Le produit des mantisses est tronqué. Ce produit est supérieur à 0,1 et inférieur à 1. L'exposant demeure inchangé.

b) On multiplie d'abord les mantisses et on additionne les exposants, ce qui donne
$$(0{,}1121 \times 10^3) \times (0{,}1345 \times 10^{-2}) = 0{,}0150 \times 10^1 = 0{,}1500 \times 10^0$$
Le produit des mantisses est tronqué. Il est inférieur à 0,1. La virgule est déplacée et l'exposant est ajusté. Le résultat de cette opération pourrait être 0,1507 si les circuits avaient été conçus pour conserver le dernier chiffre lorsque la mantisse est plus petite que 0,1.

EXEMPLE 3.3.6

Effectuer les divisions suivantes en notation flottante:
a) $(0{,}5321 \times 10^5) \div (0{,}3124 \times 10^3)$ b) $(0{,}9214 \times 10^3) \div (0{,}1145 \times 10^{-2})$
c) $(0{,}4153 \times 10^{-3}) \div (0{,}7531 \times 10^{-5})$

Solution

a) On divise d'abord les mantisses et on soustrait les exposants, ce qui donne
$$(0{,}5321 \times 10^5) \div (0{,}3124 \times 10^3) = 1{,}7032 \times 10^2 = 0{,}1703 \times 10^3$$
Le quotient des mantisses est tronqué. Le quotient est supérieur à 1. La virgule est déplacée et l'exposant est ajusté.

b) On divise d'abord les mantisses et on soustrait les exposants, ce qui donne
$$(0{,}9214 \times 10^3) \div (0{,}1145 \times 10^{-2}) = 8{,}0471 \times 10^5 = 0{,}8047 \times 10^6$$
Le quotient des mantisses est tronqué. Il est supérieur à 1. La virgule est déplacée et l'exposant est ajusté.

c) On divise d'abord les mantisses et on soustrait les exposants, ce qui donne
$$(0{,}4153 \times 10^{-3}) \div (0{,}7531 \times 10^{-5}) = 0{,}5514 \times 10^2$$
Le quotient des mantisses est tronqué.

La troncature des nombres est une source d'erreur non négligeable. Les exemples suivants vont illustrer cette affirmation.

EXEMPLE 3.3.7

Calculer l'erreur absolue et l'erreur relative découlant de l'opération
$$3 \times 1/3 = 1$$
effectuée en notation flottante à quatre chiffres.

Solution

En exprimant 1/3 en notation flottante, on a
$$0{,}3333 \times 10^0$$
Cette représentation est une valeur approchée de la fraction 1/3, ce qui signifie que l'on commet une erreur en écrivant ce nombre en notation flottante, mais il est impossible de faire autrement en utilisant l'ordinateur.

Considérons maintenant l'opération
$$3 \times 1/3$$
Le résultat de l'opération est 1, mais en effectuant cette opération en notation flottante, on a
$$(0{,}3000 \times 10^1) \times (0{,}3333 \times 10^0) = 0{,}0999 \times 10^1 = 0{,}9990 \times 10^0$$
On constate que l'erreur persiste après l'opération. Dans ce cas, l'erreur absolue est
$$\Delta a = 1 - 0{,}9990 = 0{,}001$$
et l'erreur relative est
$$\frac{\Delta a}{|a|} = \frac{|a' - a|}{|a|} = \frac{0{,}001}{1} = 0{,}001 = 0{,}1\%$$

> **EXEMPLE** 3.3.8
>
> Calculer l'erreur absolue et l'erreur relative découlant de l'opération
> $$2\,401 \times 1/7 = 343$$
> effectuée en notation flottante à quatre chiffres.
>
> *Solution*
> En effectuant l'opération 1/7 sur une calculatrice, on obtient 0,142857143. Représenté en notation flottante à 4 bits, ce nombre est tronqué, ce qui donne
> $$0{,}1428 \times 10^0$$
> En notation flottante, le nombre 2 401 s'écrit $0{,}2401 \times 10^4$
> Considérons maintenant l'opération
> $$2\,401 \times 1/7$$
> Le résultat de l'opération est 343, mais en effectuant cette opération en notation flottante, on a
>
> $$(0{,}2401 \times 10^4) \times (0{,}1428 \times 10^0) = (0{,}0342 \times 10^4) = (0{,}3420 \times 10^3)$$
>
> L'erreur absolue est
> $$\Delta a = 343 - 342 = 1$$
> et l'erreur relative est
> $$\frac{\Delta a}{|a|} = \frac{|a' - a|}{|a|} = \frac{1}{343} = 0{,}0029 = 0{,}29\%$$

REMARQUE

La troncature introduit un biais systématique puisque la représentation du nombre sera toujours plus petite ou égale au nombre.

ERREURS DUES À LA REPRÉSENTATION EN MODE RÉEL

La représentation en mode réel binaire est une source supplémentaire d'erreurs. Nous allons illustrer les erreurs inhérentes à ce type de représentation par différents exemples. Illustrons d'abord le fait qu'il existe seulement un nombre fini de nombres réels ayant une représentation exacte en mode réel. Pour ce faire, nous allons considérer la représentation en mode réel à huit bits dont le premier est réservé au signe du nombre, les trois suivants à l'exposant et les quatre derniers à la mantisse. Quelles sont les caractéristiques du plus petit nombre positif représentable de cette façon? Le nombre cherché étant positif, nous aurons un 0 dans le bit-signe. Le nombre cherché étant le plus petit réel positif, il est donc fractionnaire et son exposant sera le plus petit entier négatif représentable sur 3 bits. Cet exposant est donc −3 (101 par complémentation à deux) et la mantisse normalisée doit être la plus petite possible, soit 1000. Le plus petit nombre réel positif qui peut être représenté en mode réel à huit bits est alors
$$0\ 101\ 1000$$
Si on exprime ce nombre en base 10, on aura
$$+ (1 \times 2^{-1} + 0 \times 2^{-2} + 0 \times 2^{-3} + 0 \times 2^{-4}) \times 2^{-3} = 0{,}0625$$
C'est le plus petit nombre réel positif représentable à huit bits. Tout calcul donnant un nombre réel positif plus petit donnera lieu à un sous-dépassement (*underflow*). C'est donc dire qu'en mode réel à huit bits, le plus petit nombre positif que l'on peut représenter est 1/16.

Considérons maintenant le nombre
$$0\ 101\ 1001$$
qui est le deuxième plus petit nombre réel positif. Dans le système décimal, ce nombre vaut
$$(1\times 2^{-1} + 0\times 2^{-2} + 0\times 2^{-3} + 1\times 2^{-4}) \times 2^{-3} = 0{,}0703125$$
On constate donc qu'il est impossible, dans le mode réel à huit bits, de représenter les nombres réels compris dans l'intervalle]0,0625; 0,0703125[. Si le résultat d'une opération est un nombre compris dans cet intervalle, l'ordinateur choisira l'une des bornes de l'intervalle pour représenter le nombre, soit 0,0625 ou 0,0703125. Si le choix se fait par *troncature*, l'ordinateur choisira toujours la borne inférieure, générant un biais systématique. Si le choix se fait par *arrondi*, l'ordinateur choisira la borne supérieure lorsque le nombre à représenter est plus grand que le milieu de l'intervalle et choisira la borne inférieure dans le cas contraire.

Ainsi, dans une représentation à huit bits, si le résultat d'une opération est 0,068 et que le choix se fait par troncature, le résultat affiché sera 0,0625. Par ailleurs, si le choix est par arrondi, le résultat affiché sera 0,073125. Si le résultat de l'opération est 0,065, l'ordinateur affichera 0,0625 que le choix se fasse par troncature ou par arrondi.

Considérons maintenant le plus grand nombre réel positif qu'il est possible de représenter dans ce système, soit:
$$0\ 011\ 1111$$
Converti en décimal, ce nombre donne
$$(1\times 2^{-1} + 1\times 2^{-2} + 1\times 2^{-3} + 1\times 2^{-4}) \times 2^3 = 7{,}5$$
Le nombre qui précède est
$$0\ 011\ 1110$$
qui, converti en décimal, donne
$$(1\times 2^{-1} + 1\times 2^{-2} + 1\times 2^{-3} + 0\times 2^{-4}) \times 2^3 = 7{,}0$$
On constate encore qu'il existe un écart entre les nombres représentables qui est cette fois-ci de 0,5 alors qu'entre les nombres 0,0625 et 0,073125, l'écart est de 0,010625. En pratique, l'écart entre deux nombres représentables consécutifs dépend de la valeur de l'exposant devant la mantisse.

> *ERREURS EN MODE RÉEL*
> Ces deux exemples ont permis d'illustrer trois faits. Quel que soit le nombre de bits utilisés,
> - il existe un plus petit et un plus grand nombres positifs représentables; ils définissent l'*intervalle des nombres positifs représentables*;
> - il existe toujours un écart entre deux nombres représentables consécutifs;
> - pour représenter un nombre compris entre deux nombres représentables consécutifs, il faut avoir recours à la troncature ou à l'arrondi.

Les exemples présentés avaient pour but de mettre en évidence les erreurs découlant de la représentation en mode réel, c'est pourquoi nous avons eu recours à une représentation sur huit bits. En pratique, la représentation sur huit bits n'est pas utilisée, mais il faut retenir que la représentation en mode réel, et c'est ce que nous avons voulu illustrer, induit une erreur relative qui dépend à la fois du nombre de bits de la mantisse, de l'utilisation de la troncature ou de l'arrondi et du nombre que l'on veut représenter. La longueur de l'intervalle entre deux nombres représentables consécutifs varie en fonction de l'exposant devant la mantisse et il existe seulement un nombre fini de nombres réels ayant une représentation exacte.

> **REMARQUE**

Dans les applications où la précision est primordiale, on utilise un code binaire-décimal qui à chaque chiffre décimal associe un code de quatre chiffres binaires. Le tableau suivant présente quelques-uns des codes en usage.

Chiffre	Code 8421	Code 2421	Code « Excès 3 »
0	0000	0000	0011
1	0001	0001	0100
2	0010	0010	0101
3	0011	0011	0110
4	0100	0100	0111
5	0101	1011	1000
6	0110	1100	1001
7	0111	1101	1010
8	1000	1110	1011
9	1001	1111	1100

Nous avons signalé quelques-uns des avantages du code 8421 (décimal codé-binaire) aux pages 18 et 19 du présent ouvrage. Les nombres entiers peuvent alors être représentés selon l'un des trois modes présentés dans ce chapitre, soit la représentation par complémentation à 2, la représentation par complémentation à 1 ou la représentation par signe et module. Les procédures d'opérations doivent être adaptées.

> *INCERTITUDE RELATIVE*
>
> On appelle *incertitude relative* la plus grande erreur relative que l'on peut commettre en utilisant une valeur approchée d'un nombre a.

Nous allons démontrer que, quelle que soit la base b dans laquelle est exprimé un nombre a, l'incertitude relative générée par une troncature ne conservant que n bits est majorée par b^{1-n}, puis nous déduirons les conséquences pour les nombres exprimés en binaire.

> *THÉORÈME 3.3.1*
>
> Soit a un nombre dont la représentation en base b est
> $$a = 0{,}d_1d_2d_3 \ldots d_n d_{n+1} d_{n+2} d_{n+3} \ldots \times b^m.$$
> Alors l'incertitude relative résultant d'une troncature de ce nombre pour ne conserver que les n premiers bits satisfait à l'inéquation suivante:
> $$\frac{|\Delta a|}{|a|} \leq b^{1-n}$$

Démonstration

Soit a un nombre dont la représentation en base b est
$$a = 0{,}d_1d_2d_3 \ldots d_n d_{n+1} d_{n+2} d_{n+3} \ldots \times b^m$$
En tronquant ce nombre pour ne conserver que n chiffres, on commet l'erreur absolue suivante:

$$\Delta a = 0{,}000\ldots 0d_{n+1}d_{n+2}d_{n+3}\ldots \times b^m$$

En normalisant la mantisse de l'erreur absolue, on a

$$\Delta a = 0{,}d_{n+1}d_{n+2}d_{n+3}\ldots \times b^{m-n}$$

Puisque chacun des chiffres de la base b est plus petit ou égal à $b-1$, on peut alors majorer l'erreur absolue de la façon suivante :

$$\Delta a \leq 0{,}(b-1)(b-1)(b-1)\ldots \times b^{m-n}$$

L'erreur relative satisfait donc à l'inéquation

$$\frac{|\Delta a|}{|a|} \leq \frac{0{,}(b-1)(b-1)(b-1)\ldots \times b^{m-n}}{0{,}d_1d_2d_3\ldots d_n d_{n+1}d_{n+2}d_{n+3}\ldots \times b^m}$$

Puisque le nombre est en écriture normalisée, on a $1 \leq d_1 \leq b$, d'où

$$\frac{|\Delta a|}{|a|} \leq \frac{0{,}(b-1)(b-1)(b-1)\ldots \times b^{m-n}}{0{,}1000\ 0000\ldots \times b^m}$$

De plus, $0{,}(b-1)(b-1)(b-1)\ldots < 1$, on a donc

$$\frac{|\Delta a|}{|a|} \leq \frac{1 \times b^{m-n}}{0{,}1000\ 0000\ldots \times b^m} = \frac{1{,}000 \times b^{m-n}}{1{,}000\ 000\ldots \times b^{m-1}}$$

et par simplification, on obtient

$$\frac{|\Delta a|}{|a|} \leq \frac{b^{m-n}}{b^{m-1}} = b^{1-n}$$

Par conséquent, b^{1-n} est un majorant de l'incertitude relative.

REMARQUE

Le théorème qui précède est valide pour la troncature en n'importe quelle base, donc en particulier en base 2, et l'incertitude relative en base 2 est majorée par 2^{1-n}, où n est le nombre de bits de la mantisse en écriture normalisée.

PRÉCISION MACHINE

La *précision machine* est l'incertitude relative que l'on peut générer en utilisant la troncature pour représenter un nombre réel sur ordinateur.

Le théorème et la définition qui précèdent nous permettent de conclure que la précision machine ε satisfait à l'inéquation

$$\varepsilon \leq 2^{1-n}$$

où n est le nombre de bits de la mantisse. En pratique, on ne fait pas de distinction entre la précision machine et sa borne supérieure car la différence entre les deux est très petite et qu'il est assez simple de calculer la borne supérieure. On utilisera donc l'expression 2^{1-n} comme valeur de la précision machine lorsque le choix de la représentation se fait par troncature.

REMARQUE

Lorsque la procédure d'arrondi est utilisée, la précison machine est $\varepsilon/2$.

3.4 EXERCICES

1. Déterminer l'erreur absolue et l'erreur relative commises en représentant le nombre fractionnaire 0,27 avec
   a) 4 bits
   b) 8 bits
   c) 12 bits
   d) 16 bits

2. Déterminer l'erreur absolue et l'erreur relative commises en représentant le nombre fractionnaire 0,1 avec
   a) 4 bits
   b) 8 bits
   c) 12 bits
   d) 16 bits

3. Trouver deux nombres réels et représentables en mode réel à huit bits dont l'un est réservé au signe et trois sont réservés à l'exposant, et dont les représentations binaires ne se distinguent que par le dernier bit.

4. Calculer, dans la représentation en mode réel à huit bits, l'écart entre deux nombres représentables consécutifs selon que l'exposant prend les valeurs 3, 2, 1, 0, –1, –2 et –3.

5. Déterminer le plus petit nombre réel positif non nul qui peut être représenté en mode réel à 16 bits dont l'un est réservé au signe et tel que l'exposant comporte 6 bits par complémentation à 2. Déterminer le nombre réel suivant et calculer l'écart entre les deux.

6. Déterminer le plus grand nombre réel positif non nul qui peut être représenté en mode réel à 16 bits dont l'un est réservé au signe et tel que l'exposant comporte 6 bits par complémentation à 2. Déterminer le nombre réel précédent et calculer l'écart entre les deux.

7. Écrire le plus petit nombre réel positif en mode réel à huit bits dont l'un est réservé au signe et trois sont réservés à l'exposant, selon que l'exposant est en:
   a) représentation signe et module;
   b) représentation par complémentation à deux;
   c) représentation par excès.

8. Selon la norme IEEE, la mantisse en simple précision comporte 23 bits. Cependant, cette même norme recommande de ne pas conserver le premier bit en mémoire puisque ce bit affiche toujours 1 après normalisation, ce qui permet d'avoir l'équivalent d'une mantisse de 24 bits. Calculer, dans ce cas, la précision machine si la représentation est par troncature.

9. En ne conservant pas le premier bit en double précision, selon la norme suggérée par l'IEEE, la mantisse comporte l'équivalent de 53 bits. Calculer, dans ce cas, la précision machine si la représentation est par troncature.

10. Calculer la valeur de la précision machine lorsque le choix de la représentation à n bits se fait par arrondi.

11. Arrondir les nombres suivants à quatre chiffres significatifs et écrire les résultats sous forme exponentielle normalisée à quatre chiffres.
    a) 253,57
    b) 54,382
    c) 353,7005

d) 357,289   *e)* 532,75   *f)* 42,725
g) 37   *h)* 0,00367   *i)* 0,00035783
j) 3579,999   *k)* −543,827   *l)* −14,545

12. Tronquer les nombres suivants à quatre chiffres significatifs et écrire les résultats sous forme exponentielle normalisée à quatre chiffres.
    a) 3579,999   *b)* 32,543   *c)* 0,00567832
    d) −5 436,897   *e)* −27,5685   *f)* −0,0034768

13. Effectuer les opérations d'addition en notation flottante avec une précision à quatre chiffres et arrondir les résultats.
    a) $(0{,}4347 \times 10^3) + (0{,}3125 \times 10^3)$
    b) $(0{,}7513 \times 10^4) + (0{,}8217 \times 10^4)$
    c) $(0{,}5134 \times 10^3) + (0{,}9521 \times 10^2)$
    d) $(0{,}3205 \times 10^{-3}) + (0{,}5831 \times 10^{-3})$
    e) $(0{,}7831 \times 10^{-4}) + (0{,}9157 \times 10^{-4})$
    f) $(0{,}9134 \times 10^{-5}) + (0{,}5291 \times 10^{-5})$

14. Effectuer les soustractions en notation flottante avec une précision à quatre chiffres et arrondir les résultats.
    a) $(0{,}5124 \times 10^3) - (0{,}3125 \times 10^3)$
    b) $(0{,}7321 \times 10^{-2}) - (0{,}4153 \times 10^{-2})$
    c) $(0{,}2314 \times 10^{-2}) - (0{,}9152 \times 10^{-2})$
    d) $(0{,}7321 \times 10^3) - (0{,}4512 \times 10^2)$
    e) $(0{,}5321 \times 10^{-3}) - (0{,}4217 \times 10^{-2})$
    f) $(0{,}7327 \times 10^{-5}) - (0{,}7311 \times 10^{-5})$

15. Effectuer les multiplications en notation flottante avec une précision à quatre chiffres et arrondir les résultats.
    a) $(0{,}3451 \times 10^4) \times (0{,}5217 \times 10^4)$
    b) $(0{,}9153 \times 10^5) \times (0{,}3512 \times 10^5)$
    c) $(0{,}2134 \times 10^2) \times (0{,}2781 \times 10^2)$
    d) $(0{,}7214 \times 10^{-2}) \times (0{,}5324 \times 10^1)$
    e) $(0{,}5214 \times 10^{-5}) \times (0{,}4132 \times 10^{-7})$
    f) $(0{,}1378 \times 10^{-5}) \times (0{,}1785 \times 10^{-3})$

16. Effectuer les divisions en notation flottante avec une précision à quatre chiffres et arrondir les résultats.
    a) $(0{,}5134 \times 10^4) \div (0{,}2357 \times 10^2)$
    b) $(0{,}1532 \times 10^4) \div (0{,}9813 \times 10^3)$
    c) $(0{,}7821 \times 10^2) \div (0{,}2415 \times 10^7)$
    d) $(0{,}5214 \times 10^{-5}) \div (0{,}4321 \times 10^{-3})$
    e) $(0{,}4315 \times 10^{-3}) \div (0{,}2145 \times 10^{-7})$
    f) $(0{,}4378 \times 10^{-5}) \div (0{,}9871 \times 10^{-5})$

17. Montrer, en effectuant les opérations suivantes et en tronquant à quatre chiffres, que la propriété de distributivité n'est pas toujours respectée lors des opérations en notation flottante.
    a) $(0{,}2153 \times 10^3) \times [0{,}4487 \times 10^3 + 0{,}6742 \times 10^3]$
    b) $[(0{,}2153 \times 10^3) \times (0{,}4487 \times 10^3)] + [(0{,}2153 \times 10^3) \times (0{,}6742 \times 10^3)]$

18. Trouver l'erreur absolue et l'erreur relative commises en arrondissant les nombres suivants à deux chiffres significatifs.
    a) 2,53   *b)* 27,51   *c)* 0,0536
    d) −3,72   *e)* −1,54   *f)* − 0,00876

19. Trouver l'erreur absolue et l'erreur relative commises en tronquant les nombres suivants à quatre chiffres significatifs.
    a) 273,35   *b)* 45,278   *c)* 6,38745
    d) −33,879   *e)* −0,0037178   *f)* −3,00314

20. Trouver l'incertitude absolue commise en effectuant les opérations suivantes, sachant que
$a = 24{,}5 \pm 0{,}5 \times 10^{-1}$; $b = 8{,}18 \pm 0{,}5 \times 10^{-2}$; $c = 12{,}6 \pm 0{,}5 \times 10^{-1}$ et $d = 5$
   a) $a + b$
   b) $a + c$
   c) ab
   d) ad
   e) ac
   f) a/d
   g) a^4
   h) b^3

3.5 EXERCICES DIVERS

1. Exprimer les nombres suivants en binaire naturel:
   a) 227,2
   b) –118,12
   c) –2 145,33

2. Exprimer les nombres suivants en octal:
   a) 372,25
   b) –442,24
   c) –3 245,56

3. Exprimer les nombres suivants en hexadécimal:
   a) 452,125
   b) –823,15
   c) –4 012,2

4. Exprimer les nombres suivants en dcb.
   a) 227,25
   b) 114,35
   c) –118,12
   d) –2 145,33

5. Exprimer les nombres suivants en décimal:
   a) $(227{,}25)_8$
   b) $(314{,}35)_6$
   c) $(-137{,}52)_8$
   d) $(-2\ 145{,}33)_8$
   e) $(227{,}25)_{16}$
   f) $(314{,}35)_8$
   g) $(-1AB{,}52)_{16}$
   h) $(2\ 342{,}33)_5$

6. Effectuer les opérations suivantes dans la base indiquée:
   a) $(227{,}25)_8 + (132{,}35)_8$
   b) $(312{,}16)_8 - (126{,}35)_8$
   c) $(AB{,}CD)_{16} + (56{,}78)_{16}$
   d) $(BE{,}BE)_{16} + (D0{,}D0)_{16}$
   e) $(142{,}27)_8 - (36{,}52)_8$
   f) $(555{,}55)_8 - (227{,}27)_8$
   g) $(DEC)_{16} - (BAC)_{16}$
   h) $(547{,}FF)_{16} + (897{,}AD)_{16}$
   i) $(10011{,}11)_2 + (110{,}0011)_2$
   j) $(11111{,}111)_2 + (11{,}0001)_2$
   k) $(11111{,}111)_2 - (111{,}00111)_2$
   l) $(10010011{,}011)_2 - (1100110{,}011)_2$
   m) $(10011{,}11)_2 \times (110{,}11)_2$
   n) $(110011{,}001)_2 \times (11{,}001)_2$
   o) $(1011100{,}1101)_2 \div (111{,}1)_2$
   p) $(10110010111{,}001)_2 \div (11010{,}11)_2$

7. Trouver le complément du nombre dans la base indiquée.
   a) $(132{,}35)_8$
   b) $(126{,}27)_8$
   c) $(56{,}78)_{16}$
   d) $(BE{,}BE)_{16}$
   e) $(110{,}0011)_2$
   f) $(11{,}0001)_2$
   g) $(122{,}12)_3$
   h) $(233{,}44)_5$

8. Effectuer les soustractions à l'aide du complément.
   a) $(227{,}25)_8 - (132{,}35)_8$
   b) $(312{,}16)_8 - (126{,}27)_8$
   c) $(AB{,}CD)_{16} - (56{,}78)_{16}$
   d) $(D0{,}D0)_{16} - (BE{,}BE)_{16}$
   e) $(10011{,}11)_2 - (110{,}0011)_2$
   f) $(11111{,}111)_2 - (11{,}0001)_2$
   g) $(221{,}01)_3 - (122{,}12)_3$
   h) $(442{,}11)_5 - (233{,}44)_5$

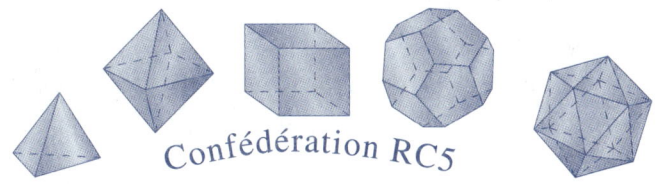

Confédération RC5

9. Les représentants des Ministères de l'Éducation des planètes à la confédération RC5 (voir exercice 9 de la section 1.5), ont décidé d'uniformiser les procédures d'opérations et ont produit les procédures suivantes en retenant la représentation signe et module.

> *PROCÉDURE D'ADDITION DE DEUX NOMBRES*
> *DE MÊME SIGNE EN REPRÉSENTATION SIGNE ET MODULE*
> 1. Additionner les nombres, chiffre à chiffre dans le système planétaire, en effectuant les reports.
> 2. Détecter les dépassements de capacité (report en provenance du bit de plus grande puissance).
> 3. Assigner au résultat le signe commun aux deux nombres.
>
> *PROCÉDURE D'ADDITION DE DEUX NOMBRES*
> *DE SIGNE DIFFÉRENT EN REPRÉSENTATION SIGNE ET MODULE*
> 1. Additionner le module du premier nombre au complément à un du module du deuxième nombre.
> 2. S'il existe un report du bit de plus grande puissance, ajouter ce report au bit de plus faible puissance et assigner au résultat le signe du premier nombre.
> 3. S'il n'existe pas de report du bit de plus grande puissance, faire le complément à un du résultat et assigner à celui-ci le signe du deuxième nombre.
>
> Ministères de l'Éducation, Confédération RC5

Pour illustrer ces procédures, les Ministres ont décidé de préparer quelques exemples dans le système de numération confédéral qui doivent être exprimés dans les bases de chacune des planètes. Ces exemples sont les suivants:

a) $(524)_{10} + (135)_{10}$
b) $(7\ 835)_{10} + (6\ 465)_{10}$
c) $-(324)_{10} - (435)_{10}$
d) $-(7\ 842)_{10} - (6\ 622)_{10}$
e) $-(823)_{10} + (135)_{10}$
f) $(7\ 835)_{10} - (6\ 465)_{10}$
g) $-(152)_{10} + (728)_{10}$
h) $(943)_{10} - (2\ 757)_{10}$

Ces opérations doivent être effectuées en décimal en représentation normalisée à quatre chiffres.

PRÉPARATION À L'ÉVALUATION

Pour préparer votre examen, assurez-vous d'avoir atteint les objectifs suivants.

Consignez à la page suivante des indications pour vous remémorer plus facilement les notions et concepts qui vous posent le plus de difficultés.

Si vous avez atteint l'objectif, cochez.

☆ **EFFECTUER DES TRAITEMENTS SUR DES DONNÉES INTERNES DE L'ORDINATEUR.**

△ **Représentation juste de données dans la mémoire de l'ordinateur.**

△ **Interprétation juste des limites de représentation des données dans la mémoire de l'ordinateur.**

○ ÉCRIRE LES NOMBRES ENTIERS SELON DIFFÉRENTS MODES DE REPRÉSENTATION INTERNE DE L'ORDINATEUR.

◇ Représenter et additionner des nombres en mode entier complémenté à deux.

◇ Représenter et additionner des nombres en mode entier complémenté à un.

◇ Représenter et additionner des nombres de même signe en représentation signe et module.

◇ Représenter et additionner des nombres de signe différent en représentation signe et module.

◇ Représenter et additionner des nombres en mode réel.

○ IDENTIFIER CERTAINES LIMITES DE REPRÉSENTATION DES DONNÉES DANS LA MÉMOIRE DE L'ORDINATEUR.

◇ Calculer l'incertitude absolue et l'incertitude relative sur le résultat d'une opération algébrique.

◇ Additionner et soustraire des nombres en notation flottante.

◇ Multiplier et diviser des nombres en notation flottante.

Signification des symboles : ☆ Élément de compétence   △ Composantes particulières de la compétence
○ Objectif de section   ◇ Procédure ou démarche   ❏ Étape d'une procédure

Notes personnelles

VOCABULAIRE UTILISÉ DANS LE CHAPITRE

ERREUR ABSOLUE
Soit a la valeur exacte d'un nombre réel et a' une valeur approchée de a. En utilisant la valeur approchée a' plutôt que la valeur exacte, on commet une *erreur* que l'on note Δa et dont la mesure est définie par
$$\Delta a = |a' - a|$$

ERREUR RELATIVE
Soit a la valeur exacte d'un nombre réel et a' une valeur approchée de a. En utilisant la valeur approchée a' plutôt que la valeur exacte, on commet une *erreur relative* définie par
$$\frac{\Delta a}{|a|} = \frac{|a' - a|}{|a|}$$

INCERTITUDE ABSOLUE
On appelle *incertitude absolue*, ou encore *borne supérieure* de l'erreur absolue, la valeur maximum de l'erreur absolue commise en utilisant une valeur approchée d'un nombre. L'incertitude absolue, notée I_a satisfait donc à l'inéquation
$$\Delta a \leq I_a$$

INCERTITUDE RELATIVE
On appelle *incertitude relative*, la plus grande erreur relative que l'on peut commettre en utilisant une valeur approchée d'un nombre a.

PRÉCISION MACHINE
La *précision machine* est l'incertitude relative que l'on peut générer en utilisant la troncature pour représenter un nombre réel sur ordinateur. La précision machine satisfait à l'inéquation
$$\varepsilon \leq 2^{1-n}$$
où n est le nombre de bits de la mantisse. Lorsque la procédure d'arrondi est utilisée, la préciosn machine est $\varepsilon/2$.

NOTATION FLOTTANTE
C'est un mode de représentation dans laquelle la virgule décimale n'est pas fixe, mais se positionne de telle sorte que le premier chiffre à droite de la virgule soit non nul. Le nombre est alors de la forme
$$a = 0,d_1 d_2 d_3 \ldots d_n \times b^m$$
où b est la base du système de numération, les d_i sont les chiffres dans ce système et $d_1 \neq 0$, n est le nombre de chiffres de la mantisse et m est l'exposant qui indique l'ordre de grandeur du nombre.

REPRÉSENTATION PAR COMPLÉMENTATION À UN
C'est un mode de représentation des nombres entiers dans laquelle le bit de gauche est réservé au signe et les nombres négatifs sont représentés par leur complément à 1.

REPRÉSENTATION PAR COMPLÉMENTATION À DEUX
C'est un mode de représentation des nombres entiers dans laquelle le bit de gauche est réservé au signe et les nombres négatifs sont représentés par leur complément à 2.

REPRÉSENTATION SIGNE ET MODULE
C'est un mode de représentation des nombres entiers dans laquelle le bit de gauche est réservé au signe, 0 ou 1, et les autres bits servent à représenter le nombre en binaire normalisé.

REPRÉSENTATION EN MODE RÉEL
C'est une représentation des nombres basée sur l'écriture exponentielle des nombres. Un bit est réservé pour le signe du nombre, sept bits sont réservés pour l'exposant et 24 bits pour la mantisse. L'exposant peut être en mode entier complémenté à 1 ou complémenté à 2, en mode signe et module ou encore en représentation par excès.

REPRÉSENTATION PAR EXCÈS
C'est un mode de représentation des nombres entiers qui consiste à ajouter à chaque entier une valeur constante 2^{n-1}, où n est le nombre de bits.

ALGÈBRE DE BOOLE

4.0 PRÉAMBULE

L'algèbre de Boole, du nom de son inventeur George BOOLE, est une algèbre dans laquelle les variables n'ont que deux valeurs possibles, appelées *valeurs de vérité*. Ces valeurs sont représentées en binaire par les chiffres 0 et 1. Les variables booléennes jouent un rôle primordial dans les algorithmes en programmation; on s'en sert pour faire prendre des décisions à l'ordinateur dans le déroulement d'un programme.

Les activités d'apprentissage de ce chapitre visent à développer l'élément de compétence suivant:

EFFECTUER DES OPÉRATIONS LOGIQUES.

Les composantes particulières de l'élément de compétence visées par ce chapitre sont:

Formulation des propositions appropriées à différentes situations.
Construction d'une table de vérité conforme à une proposition.
Simplification correcte d'une proposition.

4.1 ALGÈBRE DES PROPOSITIONS

La logique mathématique est à la base du raisonnement mathématique. C'est grâce aux règles de la logique que l'on peut donner un sens précis aux énoncés mathématiques et que l'on peut déterminer si une argumentation mathématique est valide. Cependant, l'objet de la logique n'est pas seulement de comprendre les mathématiques. La logique mathématique a également beaucoup d'applications en informatique, notamment dans la conception des ordinateurs, dans la construction des programmes et dans leur vérification.

OBJECTIFS:
- Formuler des propositions propres à différentes situations.
- Déterminer la valeur de vérité d'un énoncé booléen à l'aide d'une table de vérité.

Une proposition, qu'on appelle également *énoncé booléen*, est un énoncé dont on peut décider s'il est vrai ou faux. Pour des énoncés simples, cela ne présente aucune difficulté. Pour un énoncé complexe formé en combinant plusieurs énoncés simples, la valeur de vérité dépend des énoncés simples en cause et des opérateurs logiques reliant ces énoncés simples. Dans cette section, nous allons présenter les opérateurs logiques ainsi que leur table de vérité.

> *PROPOSITION*
> Une *proposition* (ou *énoncé booléen*) est un énoncé dont on peut décider de la valeur de vérité. Les valeurs de vérité possibles sont « vrai » (représenté par V ou 1) et « faux » (représenté par F ou 0).

REMARQUE

Puisque nous allons voir l'utilisation des règles de la logique dans la conception des circuits d'un ordinateur et dans la représentation et le traitement des données dans la mémoire d'un ordinateur, nous utiliserons dès maintenant l'écriture binaire et noterons la valeur de vérité par le chiffre 1 pour un énoncé vrai et par le chiffre 0 pour un énoncé faux.

Les énoncés suivants sont des propositions car on peut décider de leur valeur de vérité:
- Paris est la capitale de la France.
- Rome est la capitale de la Belgique.
- $2 + 2 = 7$.
- $2 + 2 = 4$.

Dans cette liste, le premier et le dernier énoncés sont vrais alors que les deux autres sont faux.

Voici maintenant une deuxième liste d'énoncés:
- Quelle est la température extérieure?
- Faites tous vos exercices.
- $x + 3 = 5$

Dans cette deuxième liste, il n'y a aucune proposition. Les deux premières phrases ne sont même pas des énoncés et on ne peut décider de la valeur de vérité de la troisième car aucune valeur n'a été assignée à la variable x. Dans ce dernier cas, « $x + 3 = 5$ » est appelée *forme booléenne*. Une forme booléenne devient un énoncé booléen lorsqu'on affecte une valeur à chacune des variables présente dans la forme.

Algèbre de Boole

OPÉRATEURS BOOLÉENS

Un énoncé booléen peut être composé de plusieurs énoncés simples reliés par des *opérateurs booléens* (on les appelle également *connecteurs* ou *opérateurs connectifs*). La valeur de vérité d'un énoncé composé dépend à la fois des valeurs de vérité des énoncés simples qui le composent et des opérateurs reliant ces énoncés simples. Les trois opérateurs de base sont la négation, la disjonction et la conjonction. Pour simplifier l'étude de ces opérateurs, nous utiliserons les lettres minuscules p, q et r pour représenter des énoncés booléens.

NÉGATION

Soit p un énoncé booléen. La *négation de p*, notée $\neg p$ et qui se lit « non p », est également un énoncé booléen qui est vrai lorsque p est faux et qui est faux lorsque p est vrai. La *table de vérité* de la négation est donnée ci-contre.

p	$\neg p$
0	1
1	0

D'autres symboles sont parfois utilisés pour noter la négation; ce sont p', $\sim p$ et non p.

EXEMPLE 4.1.1

Trouver la négation des propositions suivantes et donner leur valeur de vérité.
a) p: Ottawa est la capitale de la France.
b) q: Rome est la capitale de l'Italie.
c) r: $2 + 5 = 9$.

Solution
a) $\neg p$: Ottawa n'est pas la capitale de la France. La proposition $\neg p$ est vraie puisque la proposition p est fausse.
b) $\neg q$: Rome n'est pas la capitale de l'Italie. La proposition $\neg q$ est fausse puisque la proposition q est vraie.
c) $\neg r$: $2 + 5 \neq 9$. La proposition $\neg r$ est vraie puisque la proposition r est fausse.

CONJONCTION

Soit p et q deux propositions. La proposition composée notée $p \wedge q$, qui se lit « p et q », est vraie si les deux propositions p et q sont vraies et elle est fausse dans les autres cas. Cette proposition composée est appelée la *conjonction* de p et q. La table de vérité de la conjonction est donnée ci-contre.

p	q	$p \wedge q$
0	0	0
0	1	0
1	0	0
1	1	1

Dans cette table de vérité, les deux premières colonnes sont réservées aux valeurs de vérité des deux propositions simples p et q alors que la dernière colonne est réservée aux valeurs de vérité de la proposition composée $p \wedge q$.

EXEMPLE 4.1.2

Trouver la conjonction des propositions p et q suivantes et donner sa valeur de vérité.
- a) p: Ottawa est la capitale de la France;
  q: Rome est la capitale de l'Italie.
- b) p: 5 est plus grand que 0;
  q: 5 est plus petit que huit.

Solution
- a) $p \wedge q$: Ottawa est la capitale de la France et Rome est la capitale de l'Italie. Cette conjonction est fausse car la proposition p est fausse.
- b) $p \wedge q$: 5 est plus grand que 0 et 5 est plus petit que huit. Cette conjonction est vraie car les deux propositions sont vraies.

DISJONCTION

Soit p et q deux propositions. La proposition composée notée $p \vee q$, qui se lit « p ou q », est vraie si au moins l'une des deux propositions simples est vraie et elle est fausse lorsque les deux sont fausses. Cette proposition composée est appelée la *disjonction* de p et q. La table de vérité de la disjonction est donnée ci-contre.

p	q	$p \vee q$
0	0	0
0	1	1
1	0	1
1	1	1

EXEMPLE 4.1.3

Trouver la disjonction des énoncés p et q suivants et donner sa valeur de vérité.
- a) p: Ottawa est la capitale de la France;
  q: Rome est la capitale de l'Italie.
- b) p: 5 est plus petit que 0;
  q: 5 est plus grand que 8.
- c) p: 5 est plus grand que 0;
  q: 5 est plus petit que 6.

Solution
- a) Ottawa est la capitale de la France ou Rome est la capitale de l'Italie. Cette disjonction est vraie car la proposition q est vraie.
- b) 5 est plus petit que 0 ou 5 est plus grand que 8. Cette disjonction est fausse car la proposition p est fausse et la proposition q est fausse.
- c) 5 est plus grand que 0 ou 5 est plus petit que 6. Cette disjonction est vraie car la proposition p est vraie et la proposition q est vraie.

DISJONCTION EXCLUSIVE

Soit p et q deux propositions. La proposition composée notée $p \oplus q$, qui se lit « p ou exclusif q », est vraie si une seule des deux propositions simples est vraie et elle est fausse dans les autres cas. Cette proposition composée est appelée la *disjonction exclusive* de p et q. La table de vérité de la disjonction exclusive est donnée ci-contre.

p	q	$p \oplus q$
0	0	0
0	1	1
1	0	1
1	1	0

IMPLICATION

Soit p et q deux propositions. La proposition composée notée $p \rightarrow q$, qui se lit « p implique q », est fausse lorsque la proposition p est vraie et que la proposition q est fausse et elle est vraie dans tous les autres cas. Cette proposition composée est appelée une *implication*. La table de vérité de l'implication est donnée ci-contre.

p	q	$p \rightarrow q$
0	0	1
0	1	1
1	0	0
1	1	1

Dans une implication $p \rightarrow q$, la proposition p est appelée l'*hypothèse* (ou l'*antécédent* ou la *prémisse*) et la proposition q est appelée la *conclusion* (ou la *conséquence*). Il y a différentes terminologies pour désigner l'implication en mathématiques. Les plus utilisées sont « si p alors q » et « p implique q ».

Dans le langage courant, on ne s'intéresse pas à l'implication lorsque l'hypothèse est fausse. En mathématiques, on s'y intéresse et on assigne une valeur de vérité à l'implication même lorsque l'hypothèse est fausse. Cependant, il faut distinguer d'une part la valeur de vérité de l'implication comme lien logique et d'autre part la valeur de vérité de la conclusion. Dire que l'implication est vraie ne signifie pas que la conclusion est vraie, cela signifie que le lien logique est vrai. Cependant, si l'antécédent est vrai et le lien logique est vrai, la conclusion est nécessairement vraie.

Considérons, par exemple, l'énoncé suivant:

> *Si un triangle est rectangle, alors la somme des carrés des côtés de son angle droit est égale au carré de son hypoténuse.*

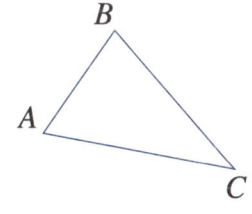

Considérons le triangle ABC ci-contre. Ce triangle n'est pas rectangle. Il ne satisfait donc pas à l'hypothèse de l'implication et la conclusion est fausse dans ce cas. Cependant, l'implication reste vraie. Lorsque l'antécédent de l'implication est faux, l'implication est vraie peu importe la valeur de vérité de la conclusion. Cependant, si l'antécédent est vrai, il faut que la conclusion soit vraie pour que l'implication le soit. Lorsque l'antécédent est vrai et la conclusion fausse, l'implication est fausse.

En programmation, on rencontre des expressions de la forme « si p alors S » où S est une série d'instructions. Lors de l'exécution de tels programmes, les instructions de S sont exécutées si l'énoncé p est vrai. Si l'énoncé p est faux, S ne s'exécute pas. Dans certains programmes, il peut y avoir des instructions différentes à exécuter selon que p est vrai ou que p est faux.

Supposons que l'on veuille faire déterminer les racines d'une équation quadratique
$$ax^2 + bx + c = 0$$
On sait que les racines sont données par
$$x = \frac{-b \pm \sqrt{b^2 - 4ac}}{2a}$$
Dans cette expression, on appelle *discriminant* le terme sous le radical
$$D = b^2 - 4ac$$
et les trois cas suivants peuvent se présenter
- si $D < 0$, l'équation n'a pas de racines réelles;
- si $D = 0$, l'équation a une racine double $x = -b/2a$;
- si $D > 0$, l'équation a deux racines réelles qui sont

$$x_1 = \frac{-b + \sqrt{b^2 - 4ac}}{2a} \text{ et } x_2 = \frac{-b - \sqrt{b^2 - 4ac}}{2a}$$

Les étapes de l'algorithme pourraient être les suivantes:

    LIRE A, B, C
    D:= B*B − 4*A*C
    SI D < 0, ÉCRIRE « PAS DE RACINES RÉELLES »
    SINON SI D = 0 ALORS X:= −B/(2*A)
    ÉCRIRE X
    SINON X1:= (−B+$\sqrt{D}$)/(2*A)
           X2:= (−B−$\sqrt{D}$)/(2*A)
    ÉCRIRE X1, X2

> **REMARQUE**

Notre objectif n'est pas d'écrire l'algorithme, mais de comprendre le rôle que jouent les expressions « $D < 0$ » et « $D = 0$ » dans l'algorithme. Dans cet algorithme, l'ordinateur calcule d'abord la valeur du discriminant D. L'expression $D < 0$ lui indique de vérifier si la valeur rangée dans la case-mémoire affectée à la variable D est négative; si oui, il doit écrire qu'il n'y a pas de racines réelles, sinon l'énoncé $D = 0$ lui indique de vérifier si le discriminant est nul. S'il est nul, il n'y a qu'une racine qui est donnée par $x = -b/(2a)$. Il doit la calculer puis l'écrire. Si le discriminant n'est pas nul, il ne reste qu'une possibilité, $D > 0$; il doit alors calculer puis écrire les deux racines. Dans ce déroulement, les expressions
$$D < 0 \text{ et } D = 0$$
peuvent être soit vraies, soit fausses; tout dépend des valeurs A, B et C. Lorsqu'une expression de cette forme est vraie, l'ordinateur doit exécuter certaines instructions et si elle est fausse, il doit en exécuter d'autres. Ces expressions jouent un rôle majeur dans le déroulement d'un programme. Le lecteur trouvera en annexe une activité de laboratoire portant sur les racines des équations quadratiques.

RÉCIPROQUE ET CONTRAPOSÉE

Soit $p \to q$ une implication. L'implication $q \to p$ est appelée *implication réciproque* et l'implication $\neg q \to \neg p$ est appelée *contraposée* (ou *implication contraposée*).

EXEMPLE 4.1.4

Écrire la réciproque et la contraposée des implications suivantes:
a) $p \to q$: si vous conduisez à plus de 110 km/h alors vous aurez une contravention.
b) $r \to s$: si vous ne faites pas vos exercices alors vous échouerez le cours.

Solution
a) $q \to p$: si vous avez une contravention alors vous conduisiez à plus de 110 km/h.
$\neg q \to \neg p$: si n'avez pas de contravention, alors vous ne vous conduisez pas à plus de 110 km/h

b) $s \to r$: si vous échouez le cours alors vous n'avez pas fait vos exercices.
$\neg s \to \neg r$: si vous n'échouez pas le cours alors vous avez fait vos exercices.

PROCÉDURE POUR CONSTRUIRE LA TABLE DE VÉRITÉ D'UN ÉNONCÉ COMPOSÉ

1. Construire un tableau en réservant une colonne pour chacun des énoncés simples.
2. Écrire toutes les combinaisons possibles des valeurs de vérité des énoncés simples.
3. En utilisant les règles d'opération, déduire les valeurs de vérité des énoncés composés pour chaque combinaison des valeurs de vérité des énoncés simples.

BICONDITIONNELLE

Soit p et q deux propositions. La proposition composée notée $p \leftrightarrow q$, qui se lit « p si et seulement si q », est vraie lorsque les deux propositions ont la même valeur de vérité; elle est fausse dans les autres cas. Cette proposition composée est appelée une *biconditionnelle*. La table de vérité de la biconditionnelle est donnée ci-contre.

p	q	$p \leftrightarrow q$
0	0	1
0	1	0
1	0	0
1	1	1

L'énoncé « je vais te reconduire en voiture si et seulement si il pleut » est un énoncé biconditionnel.

TAUTOLOGIE

Une *tautologie*, notée t, est un énoncé composé qui est toujours vrai, quelle que soit la valeur de vérité de ses composantes.

L'énoncé $p \vee \neg p$ est une tautologie, comme sa table de vérité, donnée ci-contre, permet de le constater.

p	$\neg p$	$p \vee \neg p$
0	1	1
1	0	1

CONTRADICTION
Une *contradiction*, notée c, est un énoncé composé qui est toujours faux, quelle que soit la valeur de vérité de ses composantes.

L'énoncé $p \wedge \neg p$ est une contradiction comme en témoigne sa table de vérité.

p	$\neg p$	$p \wedge \neg p$
0	1	0
1	0	0

REMARQUE

La négation d'une tautologie est une contradiction et la négation d'une contradiction est une tautologie.

IMPLICATION LOGIQUE
Soit P et Q deux énoncés composés. On dit que P *implique logiquement* Q si l'énoncé $P \rightarrow Q$ est une tautologie. On note alors $P \Rightarrow Q$.

ÉQUIVALENCE LOGIQUE
Soit P et Q deux énoncés composés. On dit que P et Q sont *logiquement équivalents* si l'énoncé $P \leftrightarrow Q$ est une tautologie. On note alors $P \equiv Q$ ou $P \Leftrightarrow Q$.

On peut identifier certaines équivalences logiques simples par comparaison des tables de vérité.

EXEMPLE 4.1.5

Construire la table de vérité de la proposition composée $p \wedge \neg q$. Comparer cette table à celles déjà présentées dans le chapitre.

Solution
La table de vérité de cette proposition est

p	q	$\neg q$	$p \wedge \neg q$
0	0	1	0
0	1	0	0
1	0	1	1
1	1	0	0

En comparant cette table de vérité à celles déjà présentées, on constate que la proposition $p \wedge \neg q$ est en relation avec la table de l'implication. En effet, lorsque la proposition $p \wedge \neg q$ est vraie, la proposition $p \rightarrow q$ est fausse et lorsque la proposition $p \wedge \neg q$ est fausse, la proposition $p \rightarrow q$ est vraie.

REMARQUE

La conclusion de l'exemple précédent nous porte à croire qu'il doit être possible de démontrer l'équivalence des propositions $\neg(p \rightarrow q)$ et $p \wedge \neg q$.

> *PROCÉDURE POUR DÉMONTRER L'ÉQUIVALENCE LOGIQUE DE DEUX PROPOSITIONS COMPOSÉES*
> 1. Construire la table de vérité de la biconditionnelle reliant les deux propositions.
> 2. Vérifier que la biconditionnelle est bien une tautologie.

EXEMPLE 4.1.6

Montrer que les propositions $\neg(p \rightarrow q)$ et $p \wedge \neg q$ sont logiquement équivalentes.

Solution

Pour démontrer l'équivalence logique, il faut montrer que la biconditionnelle $[\neg(p \rightarrow q)] \leftrightarrow [p \wedge \neg q]$ est une tautologie.

p	q	$\neg q$	$p \rightarrow q$	$\neg(p \rightarrow q)$	$p \wedge \neg q$	$[\neg(p \rightarrow q)] \leftrightarrow [p \wedge \neg q]$
0	0	1	1	0	0	1
0	1	0	1	0	0	1
1	0	1	0	1	1	1
1	1	0	1	0	0	1

On constate que la biconditionnelle est une tautologie; les deux énoncés composés sont donc logiquement équivalents et on peut écrire

$$\neg(p \rightarrow q) \equiv p \wedge \neg q$$

REMARQUE

Les parenthèses et crochets servent à indiquer les priorités des opérations, il ne faut pas les négliger.

EXEMPLE 4.1.7

Montrer que les propositions $\neg(p \vee q)$ et $\neg p \wedge \neg q$ sont logiquement équivalentes.

Solution

Pour démontrer l'équivalence logique, il faut montrer que la biconditionnelle $[\neg(p \vee q)] \leftrightarrow [\neg p \wedge \neg q]$ est une tautologie.

p	q	$\neg p$	$\neg q$	$p \vee q$	$\neg(p \vee q)$	$\neg p \wedge \neg q$	$[\neg(p \vee q)] \leftrightarrow [\neg p \wedge \neg q]$
0	0	1	1	0	1	1	1
0	1	1	0	1	0	0	1
1	0	0	1	1	0	0	1
1	1	0	0	1	0	0	1

On constate que la biconditionnelle est une tautologie; les deux énoncés composés sont donc logiquement équivalents et on peut écrire

$$\neg(p \vee q) \equiv \neg p \wedge \neg q$$

REMARQUE

Deux propositions sont équivalentes lorsqu'elles ont les mêmes valeurs de vérité, ce qui signifie que la biconditionnelle reliant ces propositions est une tautologie. Ainsi, l'implication $p \rightarrow q$ et sa contraposée sont logiquement équivalentes.

EXEMPLE 4.1.8

Montrer que les propositions $\neg(p \wedge q)$ et $\neg p \vee \neg q$ sont logiquement équivalentes.

Solution

Construisons la table de vérité de la biconditionnelle $[\neg(p \wedge q)] \leftrightarrow [\neg p \vee \neg q]$. Ce qui donne

p	q	$\neg p$	$\neg q$	$p \wedge q$	$\neg(p \wedge q)$	$\neg p \vee \neg q$	$[\neg(p \wedge q)] \leftrightarrow [\neg(p \wedge q)]$
0	0	1	1	0	1	1	1
0	1	1	0	0	1	1	1
1	0	0	1	0	1	1	1
1	1	0	0	1	0	0	1

La biconditionnelle reliant les propositions $\neg(p \wedge q)$ et $\neg p \vee \neg q$ est une tautologie, ce qui signifie que les deux propositions sont logiquement équivalentes et on peut écrire

$$\neg(p \wedge q) \equiv \neg p \vee \neg q$$

George BOOLE

George BOOLE était un mathématicien anglais né en 1815. Il fut initié aux mathématiques et à la construction d'appareils d'optique par son père. Il s'intéressa aux langues et fut initié au latin par un libraire. Sans avoir obtenu de diplôme, il ouvrit une école en 1835 et se mit résolument à l'étude des mathématiques. Il finit par se rendre compte qu'il avait perdu au moins cinq années à essayer d'apprendre les mathématiques par lui-même au lieu d'avoir un professeur. À cette époque, il étudia les travaux de LAPLACE et de LAGRANGE et suivit des cours à Cambridge. Il publia une application de méthodes algébriques à la solution d'équations différentielles dans les *Transactions of the Royal Society*. Pour cet article, il reçut la médaille de la Royal Society.

Il devint professeur de mathématiques au Queens College en 1849 où il enseigna jusqu'à la fin de sa vie. En 1854, il publia *An investigation into the Laws of Thought, on Which are founded the Mathematical Theories of Logic and Probabilities*. Dans cet ouvrage, il développa une nouvelle approche de la logique dont il fit une algèbre. Il mit en évidence l'analogie entre les symboles algébriques et les symboles logiques.

BOOLE a également publié *Treatise on Differential Equations* et *Treatise on the Calculus of Finite Differences* ainsi que des méthodes générales sur le calcul des probabilités. En 1864, il attrapa une forte fièvre après avoir fait à pied, et sous la pluie, le trajet de sa résidence au College, un parcours d'environ deux kilomètres. Cette fièvre entraîna des complications pulmonaires dont il est mort à 49 ans.

L'algèbre de Boole a de multiples applications dans la conception des réseaux téléphoniques et dans la conception des ordinateurs. Ses travaux ont contribué de façon importante à l'avènement de l'informatique.

4.2 EXERCICES

1. Dire quels sont les énoncés booléens dans la liste suivante et donner leur valeur de vérité.
   a) 4 est pair
   b) $5 \times 2 = 11$
   c) $x \leq 3$
   d) $x > y$
   e) Ottawa est la capitale du Mexique.
   f) Quel temps fait-il?
   g) Un triangle a trois côtés.
   h) Un quadrilatère a cinq côtés.

2. Soit p : « il fait froid » et q : « il pleut ». Exprimer en phrases simples les énoncés suivants:
   a) $\neg p$
   b) $p \wedge q$
   c) $p \vee q$
   d) $q \vee \neg p$
   e) $\neg p \vee \neg q$
   f) $\neg \neg p$

3. Écrire sous forme symbolique les énoncés suivants en désignant « je fais mes exercices » par p, « je relis mes notes de cours » par q et « je réussirai mes examens » par r.
   a) Je ne fais pas mes exercices et je ne relis pas mes notes de cours.
   b) Si je fais mes exercices et relis mes notes de cours, je réussirai mes examens.
   c) Si je ne relis pas mes notes de cours, je ne réussirai pas mes examens.
   d) Si je fais mes exercices ou si je relis mes notes de cours, alors je réussirai mes examens.
   e) Je réussirai mes examens si et seulement si je fais mes exercices et relis mes notes de cours.

4. Écrire les propositions suivantes avec la locution « si ... alors ... ». Donner la réciproque et la contraposée et donner leur valeur de vérité.
   a) Tout point de la bissectrice d'un angle est équidistant des côtés de cet angle.
   b) Tout nombre plus grand que 8 est plus grand que 3.
   c) Toute droite parallèle à l'axe des x a une pente égale à 0.
   d) Aucun triangle rectangle ne possède trois angles aigus.
   e) Des angles opposés par le sommet sont égaux.
   f) Des triangles sont semblables lorsque les côtés homologues sont proportionnels.
   g) Tout triangle inscrit dans un demi-cercle est rectangle.
   h) Dans un triangle isocèle, la hauteur, la médiane, la médiatrice et la bissectrice coïncident.
   i) Tout point de la médiatrice d'un segment de droite est équidistant des extrémités de ce segment.

5. Construire les tables de vérité des propositions suivantes et identifier lesquelles sont logiquement équivalentes.
   a) $\neg p \wedge q$
   b) $\neg(p \wedge q)$
   c) $p \vee \neg q$
   d) $\neg(p \vee q)$
   e) $\neg p \vee \neg q$
   f) $\neg p \wedge \neg q$

6. Construire la table de vérité de chacune des propositions suivantes:
   a) $p \oplus \neg p$
   b) $p \oplus \neg q$
   c) $\neg p \oplus q$
   d) $\neg p \oplus \neg q$
   e) $(p \wedge q) \oplus q$
   f) $(p \oplus q) \vee \neg p$

7. Montrer, à l'aide des tables de vérité, que les propositions suivantes sont des tautologies.
   a) $p \vee \neg p$
   b) $p \vee \neg(p \wedge q)$
   c) $[p \wedge (p \rightarrow q)] \rightarrow q$
   d) $[(p \rightarrow q) \wedge \neg q] \rightarrow \neg p$
   e) $[(p \vee q) \wedge \neg p] \rightarrow q$
   f) $[(p \rightarrow q) \wedge (q \rightarrow r)] \rightarrow (p \rightarrow r)$

8. Montrer que les énoncés suivants ne sont pas des tautologies en choisissant une assignation aux énoncés de base de telle sorte que la valeur de la proposition composée soit 0.
   a) $(p \vee q) \rightarrow (p \wedge q)$
   b) $(p \rightarrow q) \rightarrow (q \rightarrow p)$
   c) $[p \rightarrow (p \wedge q)] \rightarrow q$
   d) $[p \rightarrow (p \wedge q)] \vee r$

9. Montrer, à l'aide des tables de vérité, que les propositions suivantes sont des contradictions.
   a) $p \wedge \neg p$
   b) $\neg p \wedge (p \wedge q)$
   c) $(p \wedge q) \wedge \neg(p \vee q)$

10. Déterminer les tautologies et les contradictions parmi les énoncés suivants:
    a) $p \rightarrow [(p \vee q) \vee r]$
    b) $(p \rightarrow q) \rightarrow (q \rightarrow p)$
    c) $[(p \rightarrow q) \leftrightarrow q] \rightarrow p$
    d) $p \rightarrow [q \rightarrow (q \rightarrow p)]$
    e) $(p \wedge q) \rightarrow (q \vee r)$
    f) $\neg[p \leftrightarrow (p \vee p)]$
    g) $(p \leftrightarrow p) \leftrightarrow p$
    h) $\neg(p \leftrightarrow p) \leftrightarrow (\neg p \leftrightarrow p)$

11. Montrer que:
    a) la conjonction de deux contradictions est toujours une contradiction.
    b) la conjonction de deux tautologies est toujours une tautologie.
    c) la disjonction de deux tautologies est toujours une tautologie.
    d) la disjonction de deux contradictions est toujours une contradiction.

12. À l'aide d'une table de vérité, déterminer parmi les biconditionnelles suivantes celles qui sont des équivalences logiques.
    a) $[p \vee (q \wedge r)] \leftrightarrow [(p \vee q) \wedge (p \vee r)]$
    b) $[p \wedge (q \vee r)] \leftrightarrow [(p \wedge q) \vee (p \wedge r)]$
    c) $[\neg(p \vee q)] \leftrightarrow [\neg p \wedge \neg q]$
    d) $[\neg(p \wedge q)] \leftrightarrow [\neg p \vee \neg q]$
    e) $[p \vee (p \wedge q)] \leftrightarrow p$
    f) $[p \wedge (p \rightarrow q)] \leftrightarrow q$

13. Les énoncés suivants sont-ils logiquement équivalents?
    a) $p \vee \neg q$ et $q \rightarrow p$
    b) p et $\neg q \rightarrow \neg p$
    c) p et $\neg p \rightarrow p$
    d) p et $\neg p \wedge q$
    e) p et $p \rightarrow \neg p$
    f) $(p \vee \neg q) \rightarrow p$ et $p \rightarrow (\neg p \wedge q)$
    g) p et $(q \vee \neg q) \rightarrow p$
    h) $\neg(p \oplus p)$ et $(p \leftrightarrow p)$

14. À l'aide des tables de vérité construites à l'exercice 7, déterminer si les implications suivantes sont des implications logiques.
    a) $[p \wedge (p \rightarrow q)] \rightarrow q$
    b) $[(p \rightarrow q) \wedge \neg q] \rightarrow \neg p$
    c) $[(p \vee q) \wedge \neg p] \rightarrow q$
    d) $[(p \rightarrow q) \wedge (q \rightarrow r)] \rightarrow (p \rightarrow r)$

4.3 SIMPLIFICATION D'ÉNONCÉS BOOLÉENS

Les opérateurs booléens ont des propriétés que l'on peut écrire à l'aide des équivalences logiques. Ces équivalences sont utilisées pour simplifier les énoncés booléens en substituant ces énoncés ou des parties de ces énoncés par des expressions équivalentes. La présente section sera consacrée à de telles simplifications. Nous aurons à appliquer ces simplifications dans différents contextes dont ceux des ensembles, ceux des propositions comportant des quantificateurs et ceux des circuits à commutateurs.

OBJECTIF : Simplifier un énoncé booléen à l'aide des propriétés des opérateurs.

PROPRIÉTÉS DES OPÉRATEURS BOOLÉENS

Soit p, q et r des énoncés booléens, t une tautologie et c une contradiction, $\wedge$, $\vee$ et $\neg$ les opérations de conjonction, de disjonction et de négation respectivement. Ces opérations satisfont alors aux propriétés suivantes:

Idempotence

$p \vee p \equiv p$ $\qquad\qquad p \wedge p \equiv p$

Associativité

$(p \vee q) \vee r \equiv p \vee (q \vee r)$ $\qquad\qquad (p \wedge q) \wedge r \equiv p \wedge (q \wedge r)$

Commutativité

$p \vee q \equiv q \vee p$ $\qquad\qquad p \wedge q \equiv q \wedge p$

Distributivité

$p \vee (q \wedge r) \equiv (p \vee q) \wedge (p \vee r)$ $\qquad\qquad p \wedge (q \vee r) \equiv (p \wedge q) \vee (p \wedge r)$

Identité

$p \vee t \equiv t$ $\qquad\qquad p \wedge c \equiv c$
$p \vee c \equiv p$ $\qquad\qquad p \wedge t \equiv p$

Complémentarité

$p \vee \neg p \equiv t$ $\qquad\qquad p \wedge \neg p \equiv c$
$\neg t \equiv c$ $\qquad\qquad \neg c \equiv t$

Involution

$\neg \neg p \equiv p$

Lois de DE MORGAN

$\neg (p \vee q) \equiv \neg p \wedge \neg q$ $\qquad\qquad \neg (p \wedge q) \equiv \neg p \vee \neg q$

Négation de l'implication

$\neg (p \rightarrow q) \equiv p \wedge \neg q$

REMARQUE

On constate que les propriétés des opérateurs booléens vont toujours par paires. En interchangeant les symboles d'opérateurs ($\vee$ pour $\wedge$, $\wedge$ pour $\vee$, t pour c et c pour t) dans la première équivalence, on obtient la deuxième. Il en est de même pour tous les théorèmes de l'algèbre de Boole. Cette propriété générale se désigne par l'appellation *dualité de l'algèbre de Boole*.

PROCÉDURE POUR SIMPLIFIER DES ÉNONCÉS À L'AIDE DES PROPRIÉTÉS DES OPÉRATEURS

Utiliser les équivalences pour remplacer des énoncés ou des parties d'énoncés par des propositions équivalentes plus simples.

EXEMPLE 4.3.1

Simplifier la forme booléenne
$$(p \wedge q) \vee (p \wedge \neg q)$$

Solution
En utilisant les propriétés des opérateurs, on peut écrire les équivalences suivantes:

$$(p \wedge q) \vee (p \wedge \neg q) \equiv p \wedge (q \vee \neg q) \quad \text{par la distributivité}$$
$$\equiv p \wedge t \quad \text{par la complémentarité}$$
$$\equiv p \quad \text{par l'identité}$$

On obtient donc l'équivalence $(p \wedge q) \vee (p \wedge \neg q) \equiv p$, ce qui signifie que l'on peut remplacer la proposition $(p \wedge q) \vee (p \wedge \neg q)$ par la proposition p.

REMARQUE

On peut suivre la même procédure pour démontrer des équivalences.

EXEMPLE 4.3.2

Démontrer la propriété
$$p \vee (p \wedge q) \equiv p$$

Solution
En utilisant les propriétés des opérateurs, on peut écrire les équivalences suivantes:

$$p \vee (p \wedge q) \equiv (p \wedge t) \vee (p \wedge q) \quad \text{par l'identité}$$
$$\equiv p \wedge (t \vee q) \quad \text{par la distributivité}$$
$$\equiv p \wedge t \quad \text{par l'identité}$$
$$\equiv p \quad \text{par l'identité}$$

Ce qui démontre l'équivalence $p \vee (p \wedge q) \equiv p$.

REMARQUE

Dans l'exemple 4.3.2, on a démontré l'équivalence $p \vee (p \wedge q) \equiv p$. Cela signifie que lorsque la proposition $p \vee (p \wedge q)$ est une partie d'une proposition plus complexe, on peut remplacer cette partie par p.

Les équivalences sont également utiles lorsqu'on cherche la négation d'une proposition sous une forme simplifiée.

> *PROCÉDURE POUR TROUVER LA NÉGATION D'UNE PROPOSITION*
> 1. Placer la proposition entre crochets et la faire précéder du symbole de négation ($\neg$).
> 2. Écrire la proposition équivalente lorsqu'on enlève les crochets.
> 3. Utiliser les équivalences logiques pour simplifier l'énoncé obtenu.

EXEMPLE 4.3.3

Trouver la négation de l'expression
$$p \wedge (r \vee \neg q)$$

Solution
La négation est donnée par
$$\neg[p \wedge (r \vee \neg q)]$$
En utilisant les propriétés des opérateurs, on peut écrire les équivalences suivantes:

$$\neg[p \wedge (r \vee \neg q)] \equiv \neg p \vee \neg(r \vee \neg q) \quad \text{par la loi de DE MORGAN}$$
$$\equiv \neg p \vee (\neg r \wedge \neg\neg q) \quad \text{par la loi de DE MORGAN}$$
$$\equiv \neg p \vee (\neg r \wedge q) \quad \text{par l'involution}$$

La négation est donc $\neg p \vee (\neg r \wedge q)$.

FORME BOOLÉENNE ET QUANTIFICATEURS

L'énoncé « 2 est pair » est un énoncé booléen car on peut décider s'il est vrai ou faux. Cependant, l'expression « x est pair » n'est pas un énoncé booléen car on ne peut déterminer s'il est vrai ou faux sans connaître la valeur de x. Une expression comme « x est pair » est appelée *forme booléenne*. Une forme booléenne devient un énoncé booléen lorsqu'on affecte une valeur à la variable. En mathématiques et en informatique, on utilise beaucoup les formes booléennes. On donne généralement un cadre de référence à une forme booléenne.

> *FORME BOOLÉENNE*
> Une *forme booléenne* est une expression comportant une ou des variables qui devient un énoncé booléen (proposition) lorsqu'on assigne des valeurs à sa variable ou à chacune de ses variables.

REMARQUE

Il faut assigner une valeur de vérité à chacune des variables d'une forme booléenne pour obtenir un énoncé booléen et déterminer la valeur de vérité de l'énoncé.

FORMES BOOLÉENNES ET ENSEMBLES

La programmation fait appel à plusieurs structures discrètes dont les ensembles constituent les fondements. Intuitivement, un ensemble est une collection d'objets. On peut définir de façon plus stricte la structure ensembliste pour éliminer les paradoxes décrits par Bertrand RUSSELL en 1902. Mais il n'est pas utile dans le présent cours de poser des fondements axiomatiques pour éviter des paradoxes que nous ne rencontrerons pas de toute façon.

Les formes booléennes sont utilisées dans la définition en compréhension des ensembles. Considérons l'ensemble U ci-contre et définissons le sous-ensemble A de la façon suivante:
$$A = \{x \in U \mid x \leq 4\}$$
Dans cette situation, le cadre de référence est l'ensemble U et la forme booléenne est $x \leq 4$. L'ensemble A est alors l'ensemble des valeurs de x pour lesquelles la forme booléenne donne un énoncé qui est vrai. Ainsi, si on affecte la valeur 2 à la variable x, on obtient l'énoncé
$$2 \leq 4$$
qui est un énoncé vrai. Le nombre 2 est donc un élément de l'ensemble A.

Cependant, si on affecte à x la valeur 7, on obtient un énoncé faux, soit:
$$7 \leq 4$$
Le nombre 7 n'est donc pas un élément de l'ensemble A.

Pour nous, cela est évident. En lisant la définition de l'ensemble
$$A = \{x \in U \mid x \leq 4\}$$
on a automatiquement conclu que A contient les éléments 1, 2, 3 et 4, c'est-à-dire
$$A = \{1; 2; 3; 4\}$$

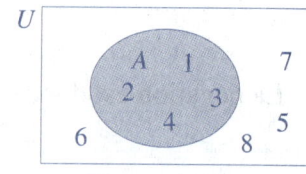

L'ensemble A

RELATIONS ENTRE ENSEMBLES

L'égalité et l'inclusion sont des relations entre ensembles. On les définit de la façon suivante:

ÉGALITÉ ET INCLUSION

On dit que deux ensembles A et B sont *égaux* si et seulement s'ils contiennent les mêmes éléments. On note alors $A = B$.

On dit que A est un *sous-ensemble* de B si et seulement si tous les éléments de A sont des éléments de B. On note alors $A \subseteq B$. On dit également que A est *inclus* dans B.

REMARQUE

Dans l'exemple précédent, l'ensemble A est un sous-ensemble de l'ensemble de référence, soit $A \subseteq U$. On remarque également l'utilisation de la biconditionnelle dans la définition de ces relations entre ensembles.

Algèbre de Boole **117**

OPÉRATIONS SUR LES ENSEMBLES

Les formes booléennes sont également affectées par les opérateurs booléens. On les utilise pour définir les opérations sur les ensembles. Ainsi, la négation de la forme booléenne $x \leq 4$ est la forme booléenne $x > 4$. Cette dernière forme booléenne permet de définir le complément de l'ensemble A (défini en page précédente), qui est noté A'.

$$A' = \{x \in U \mid x > 4\}$$

d'où $A' = \{5; 6; 7; 8\}$.

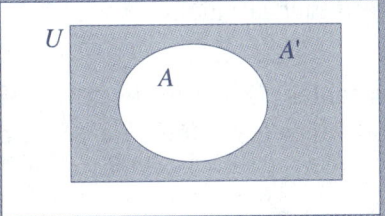

Le complément de l'ensemble A

COMPLÉMENT D'UN ENSEMBLE

Soit A un ensemble. On appelle *complément* de A l'ensemble noté A' et défini par

$$A' = \{x \in U \mid \neg (x \in A)\} = \{x \in U \mid x \notin A\}$$

Dans la définition du complément, $x \in A$ est une forme booléenne et $x \notin A$ est sa négation.

INTERSECTION DE DEUX ENSEMBLES

Soit A et B deux ensembles. On appelle *intersection* de A et B l'ensemble défini par

$$A \cap B = \{x \in U \mid (x \in A) \wedge (x \in B)\}$$

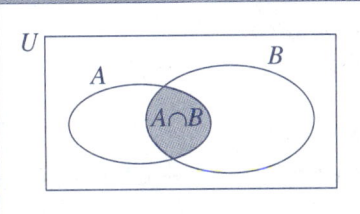

L'ensemble $A \cap B$ est alors formé des éléments de U pour lesquels les deux formes booléennes

$$x \in A \text{ et } x \in B$$

donnent deux énoncés vrais.

UNION DE DEUX ENSEMBLES

Soit A et B deux ensembles. On appelle *union* de A et B l'ensemble défini par

$$A \cup B = \{x \in U \mid (x \in A) \vee (x \in B)\}$$

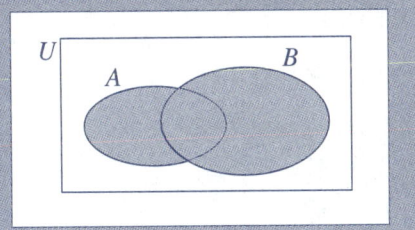

L'ensemble $A \cup B$ est alors formé des éléments de U pour lesquels au moins l'une des deux formes booléennes

$$x \in A \text{ ou } x \in B$$

donne un énoncé vrai.

Les représentations graphiques des ensembles présentées plus haut sont souvent appelées *diagrammes de Vern*.

> **REMARQUE**

Dans l'écriture d'un énoncé booléen, il y a un ordre de priorité des symboles à respecter. Dans le tableau ci-contre, les priorités sont dans l'ordre de 1 à 5; la plus basse priorité est donnée aux symboles de décision qui ont des priorités équivalentes.

Ordre	Symbole
1	( )
2	¬
3	∧
4	∨
5	= ; ≠; <; ≤; >; ≥

Dans la forme booléenne

$$(x \in A) \vee (x \in B),$$

après avoir assigné une valeur à x, on détermine la valeur de vérité des énoncés simples obtenus avant de déterminer la valeur de vérité de la disjonction. Il en est de même pour la forme booléenne

$$(x \text{ est pair}) \wedge (x \leq 6).$$

Les tables de vérité de la négation, de la conjonction et de la disjonction peuvent être utilisées pour déterminer les valeurs de vérité d'énoncés composés à l'aide de ces opérateurs.

PROPRIÉTÉS DES OPÉRATIONS SUR LES ENSEMBLES

Soit A, B et C des ensembles, U l'ensemble universel et $\emptyset$ l'ensemble vide, $\cap$, $\cup$ et $'$ les opérations d'intersection, de réunion et de complémentation respectivement. Ces opérations satisfont alors aux propriétés suivantes :

Idempotence

$A \cup A = A$ $\qquad\qquad A \cap A = A$

Associativité

$(A \cup B) \cup C = A \cup (B \cup C)$ $\qquad (A \cap B) \cap C = A \cap (B \cap C)$

Commutativité

$A \cup B = B \cup A$ $\qquad\qquad A \cap B = B \cap A$

Distributivité

$A \cup (B \cap C) = (A \cup B) \cap (A \cup C)$ $\qquad A \cap (B \cup C) = (A \cap B) \cup (A \cap C)$

Identité

$A \cup U = U$ $\qquad\qquad A \cap \emptyset = \emptyset$
$A \cup \emptyset = A$ $\qquad\qquad A \cap U = A$

Complémentarité

$A \cup A' = U$ $\qquad\qquad A \cap A' = \emptyset$
$U' = \emptyset$ $\qquad\qquad \emptyset' = U$

Involution

$A'' = A$

Lois de DE MORGAN

$(A \cup B)' = A' \cap B'$ $\qquad\qquad (A \cap B)' = A' \cup B'$

EXEMPLE 4.3.4

Écrire la forme booléenne suivante sous une forme équivalente.
$$(x \notin A) \vee (x \notin B)$$

Solution

À l'aide de la loi de DE MORGAN, on peut écrire
$$(x \notin A) \vee (x \notin B) \equiv [\neg(x \in A)] \vee [\neg(x \in B)] \equiv \neg[(x \in A) \wedge (x \in B)]$$

EXEMPLE 4.3.5

Démontrer la propriété
$$A \cup (A \cap B) = A$$

Solution

En utilisant les propriétés des opérations sur les ensembles, on a

$A \cup (A \cap B) = (A \cap U) \cup (A \cap B)$ par l'identité

$\qquad\qquad\qquad = A \cap (U \cup B)$ par la distributivité

$\qquad\qquad\qquad = A \cap U$ par l'identité

$\qquad\qquad\qquad = A$ par l'identité

Ce qui démontre l'équivalence $A \cup (A \cap B) = A$.

QUANTIFICATION

On peut utiliser les formes booléennes pour définir des énoncés sans assigner aux variables des valeurs particulières. On procède alors par *quantification*. La quantification se fait également par rapport à un ensemble de référence, mais celui-ci est parfois implicite. Dans la suite de ce chapitre, nous représenterons par $P(x)$, $Q(x)$ et $R(x)$ des formes booléennes à une variable, par $P(x,y)$, $Q(x,y)$ et $R(x,y)$ des formes booléennes à deux variables et par U et V les ensembles de référence. Lorsqu'un ensemble de référence est un ensemble de nombres, nous le représenterons selon l'usage habituel.

QUANTIFICATEUR UNIVERSEL

La *quantification universelle* d'une forme booléenne $P(x)$ est la proposition « $P(x)$ est vraie pour toutes les valeurs de x dans l'ensemble de référence ». Symboliquement, on écrit simplement
$$\forall x \in U, P(x)$$
qui se lit « pour tout élément x de U, $P(x)$ » ou « quel que soit l'élément x de U, $P(x)$ ». Le symbole $\forall$ est appelé *quantificateur universel*.

Considérons la forme propositionnelle $x > 4$. La quantification universelle de cette proposition sur l'ensemble des nombres réels donne
$$\forall x \in \mathbf{R}, x > 4$$
qui se lit « pour tout élément x des réels, $x > 4$ » et qui signifie dans le langage ordinaire « tous les nombres réels sont plus grands que 4 ». La quantification, dans ce cas, donne donc une proposition fausse.

QUANTIFICATEUR EXISTENTIEL

La *quantification existentielle* d'une forme booléenne $P(x)$ est la proposition « Il existe au moins un élément x de l'ensemble de référence tel que $P(x)$ est vraie ». Symboliquement, on écrit simplement
$$\exists\, x \in U,\ P(x)$$
qui se lit « il existe un élément x de U, tel que $P(x)$ » ou « il existe au moins un élément x de U, tel que $P(x)$ ». Le symbole $\exists$ est appelé *quantificateur existentiel*.

Considérons l'ensemble $U = \{1; 2; 3; 4; 5; 6; 7; 8; 9\}$ et la forme booléenne $P(x) : x^2 < 100$. La proposition
$$\forall\, x \in U,\ P(x)$$
est équivalente à la conjonction
$$P(1) \wedge P(2) \wedge P(3) \wedge P(4) \wedge P(5) \wedge P(6) \wedge P(7) \wedge P(8) \wedge P(9),\ \text{qui est vraie.}$$

De plus, si on considère la forme booléenne $R(x): x^2 < 5$, la proposition
$$\exists\, x \in U,\ R(x)$$
est équivalente à la disjonction
$$R(1) \vee R(2) \vee R(3) \vee R(4) \vee R(5) \vee R(6) \vee R(7) \vee R(8) \vee R(9)$$
qui est également vraie, car entre autres, $R(1)$ est vraie.

VARIABLES LIBRES ET VARIABLES LIÉES

Une variable *libre* est une variable à laquelle on n'a pas assigné de valeur et qui n'est pas quantifiée. Lorsqu'on assigne une valeur particulière à une variable ou lorsqu'on quantifie cette variable, on dit que la variable est *liée*.

REMARQUE

Lorsque des quantificateurs différents portent sur des variables différentes, l'ordre d'apparition de ces quantificateurs dans une proposition ne peut être changé sans modifier la proposition. Cependant, si la proposition ne comporte que des quantificateurs de même nature, universels ou existentiels, on peut les permuter sans changer la proposition.

EXEMPLE 4.3.6

Écrire chaque proposition en langage courant et donner sa valeur de vérité.
a) $\forall\, x \in \mathbf{R},\ \exists\, y \in \mathbf{R},\ xy = 1$.
b) $\exists\, x \in \mathbf{R},\ \forall\, y \in \mathbf{R},\ x + y = y$.
c) $\forall\, x \in \mathbf{R},\ \exists\, y \in \mathbf{R},\ x + y = 0$.

Solution
a) En traduisant littéralement, on obtient:
« pour tout nombre réel x, il existe un nombre réel y tel que $xy = 1$ ».

Dans ce cas, on peut facilement déterminer que la proposition est fausse, puisque 0 est un nombre réel et il n'existe aucun nombre réel dont le produit par 0 donne 1.

b) En traduisant littéralement, on obtient

« il existe un nombre réel x tel que pour tout nombre réel y, $x + y = y$ ».

Cette proposition est vraie, le nombre réel x qui satisfait à cette condition étant $x = 0$.

c) En traduisant littéralement, on obtient

« pour tout nombre réel x, il existe un nombre réel y tel que $x + y = 0$ ».

Cette proposition est vraie; le nombre réel y qui satisfait à cette condition est $-x$.

Cet exemple nous indique comment procéder pour juger de la valeur de vérité d'une proposition obtenue par quantification.

PROCÉDURE POUR DÉTERMINER LA VALEUR DE VÉRITÉ
D'UNE PROPOSITION COMPORTANT DES QUANTIFICATEURS
1. Traduire la proposition en langage courant.
2. Analyser le sens de la proposition pour décider de sa valeur de vérité en tenant compte de l'ensemble de référence des variables.

REMARQUE

Lorsque l'ensemble de référence comporte un nombre fini d'éléments, il est parfois intéressant de procéder par itérations pour déterminer la valeur de vérité d'une proposition obtenue par quantification. On vérifie donc les valeurs une par une.

Dans le cas d'une quantification universelle ($\forall x \in U, P(x)$), si la proposition P est vraie pour chacune des valeurs de l'ensemble de référence, cela signifie que la quantification est vraie. Cependant, si on trouve une valeur a pour laquelle la proposition $P(a)$ est fausse, on doit conclure à la fausseté de la proposition obtenue par quantification. Ainsi, dans l'exemple précédent, la proposition « $\forall x \in \mathbf{R}, \exists y \in \mathbf{R}, xy = 1$ » est fausse car il existe un cas où elle est fausse.

On peut également vérifier une quantification existentielle ($\exists x \in U, P(x)$) par itération. Dès que l'on a trouvé une valeur a pour laquelle $P(a)$ est vraie, on peut conclure que la proposition quantifiée est vraie. Si on ne trouve aucune valeur pour laquelle la proposition est vraie, on a montré que la proposition est fausse.

Cependant, le processus itératif peut être très long lorsque l'ensemble de référence contient un grand nombre d'éléments. De plus, ce processus est inutilisable pour des ensembles dénombrables ou des ensembles infinis. Il n'est donc pas utile lorsque l'ensemble de référence est $\mathbf{N}$, $\mathbf{Z}$, $\mathbf{Q}$ ou $\mathbf{R}$.

Il est également utile de savoir que lorsqu'on détermine la réciproque ou la contraposée d'une implication dans une proposition quantifiée, les quantificateurs ne changent pas.

OPÉRATEURS ET CIRCUITS

Les circuits logiques constituent une des applications importantes de l'algèbre de Boole. Les contacts électriques peuvent être ouverts ou fermés et constituent de ce fait des variables booléennes. Deux contacts jumelés peuvent être ouverts ou fermés simultanément, ils seront alors identifiés par la même lettre. Si l'un est ouvert lorsque l'autre est fermé, on représentera l'un des contacts par une lettre et l'autre par la même lettre, mais avec une barre horizontale au-dessus pour indiquer qu'il s'agit de son complément.

Le circuit constitue une situation physique dont la structure logique est analogue à celle des propositions. Les opérateurs booléens de base sont les mêmes qu'en algèbre des propositions, soit: non, et, ou. Cependant, dans la description des circuits, on utilise plutôt les symboles suivants: le point « · » pour représenter la conjonction, le symbole d'addition « + » pour représenter la disjonction et la barre horizontale au-dessus de la lettre pour représenter la négation. À l'aide de ces opérateurs, on peut relier les variables booléennes de différentes façons; ces regroupements constituent des fonctions logiques dont le résultat est également une variable booléenne.

Pour alléger les représentations graphiques, nous allons, comme c'est l'usage, représenter les contacts par les symboles graphiques ci-contre. Le symbole du haut représentera un contact x et le deuxième représentera le contact en situation complémentaire. Les contacts peuvent être montés en série ou en parallèle. Lorsqu'un circuit x est ouvert, on dira que $x = 0$. Si le circuit est fermé, on écrira $x = 1$.

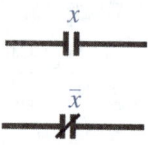

REMARQUE

On peut représenter l'effet de la conjonction dans une table d'opération. En comparant cette table à celle du produit, on constate que les deux tables sont identiques.

∧	0	1
0	0	0
1	0	1

×	0	1
0	0	0
1	0	1

CIRCUIT SÉRIE

Dans un circuit série, les commutateurs sont branchés l'un à la suite de l'autre comme dans l'illustration ci-dessous. S'il y a une tension à l'entrée E, il y en aura également une à la sortie S si les deux contacts x et y sont fermés. La sortie du circuit série est décrite par
$$S = x \cdot y.$$

x	y	$x \cdot y$
0	0	0
0	1	0
1	0	0
1	1	1

CIRCUIT PARALLÈLE

Dans un circuit parallèle, les commutateurs sont branchés sur des fils distincts reliés à une même entrée et à une même sortie. S'il y a une tension à l'entrée E, il y en aura également une à la sortie S si au moins l'un des deux contacts est fermé. La sortie du circuit parallèle est décrite par
$$S = x + y.$$

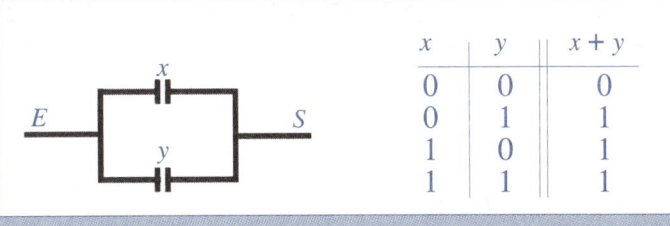

x	y	$x + y$
0	0	0
0	1	1
1	0	1
1	1	1

VARIABLE BOOLÉENNE

Une *variable booléenne* est une variable dont les seules valeurs possibles sont 0 et 1.

L'état d'un commutateur simple est décrit par une variable booléenne.

FONCTION LOGIQUE

On appelle *fonction logique* une combinaison de variables booléennes reliées par les opérateurs « non, et, ou », représentés respectivement par les symboles « ¯, ·, + ».

Ainsi, les énoncés $S = x \cdot y$ et $S = x + y$ sont des fonctions logiques, tout comme l'expression $S = x + x \cdot y$. On peut décrire un circuit de commutateurs par une fonction logique et, en simplifiant cette fonction à l'aide des propriétés des opérateurs, on peut déterminer la fonction décrivant un circuit équivalent plus simple.

PROCÉDURE POUR DÉCRIRE UN CIRCUIT PAR UNE FONCTION LOGIQUE

1. Décrire chaque branche du circuit par une fonction logique en écrivant le produit des symboles de chacun des commutateurs de la branche.
2. Décrire l'énoncé de sortie en écrivant la somme des fonctions booléennes de chacune des branches.

PROCÉDURE POUR SIMPLIFIER UN CIRCUIT À L'AIDE DE SA FONCTION LOGIQUE

1. Décrire le circuit par sa fonction logique.
2. Simplifier la fonction logique en utilisant les propriétés des opérateurs booléens.
3. Dessiner le circuit équivalent.

EXEMPLE 4.3.7

Décrire les circuits illustrés par un énoncé booléen, donner la table de vérité correspondante et donner un circuit équivalent plus simple s'il y a lieu.

a)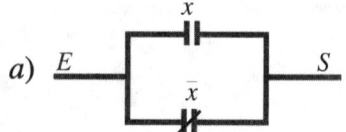

b)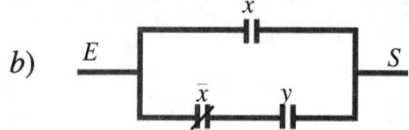

c)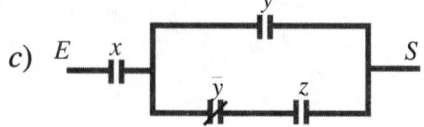

Solution

a) La fonction booléenne décrivant l'énoncé de sortie est $S = x + \bar{x}$. En construisant la table de vérité, on a

x	$\bar{x}$	$x + \bar{x}$
0	1	1
1	0	1

On contate que S est toujours 1, soit $S = 1$. Comme l'indique la table de vérité, s'il y a une tension à l'entrée, il y en aura une à la sortie. En effet, l'énoncé est une tautologie. Cet élément peut donc être remplacé par l'élément équivalent suivant:

$$E \underline{\qquad\qquad\qquad} S$$

b) La fonction booléenne décrivant l'énoncé de sortie est $S = x + \bar{x} \cdot y$.

x	$\bar{x}$	y	$x + \bar{x} \cdot y$
0	1	0	$0 + (1 \times 0) = 0$
0	1	1	$0 + (1 \times 1) = 1$
1	0	0	$1 + (0 \times 0) = 1$
1	0	1	$1 + (0 \times 1) = 1$

Les valeurs du tableau sont identiques à celles de la proposition $x + y$. On peut comparer les tables de vérité pour le confirmer, ce qui donne

x	$\bar{x}$	y	$x + \bar{x} \cdot y$	$x + y$
0	1	0	0	0
0	1	1	1	1
1	0	0	1	1
1	0	1	1	1

On constate que les tables de vérité sont bien identiques; les énoncés sont donc équivalents. On peut décrire l'énoncé de sortie du circuit par un énoncé booléen équivalent, soit $S = x + y$ et on peut simplifier ce circuit en le remplaçant par le circuit équivalent suivant:

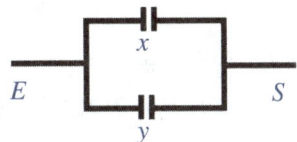

c) La fonction booléenne décrivant l'énoncé de sortie est $S = x \cdot (y + \overline{y} \cdot z)$.

x	y	$\overline{y}$	z	$x \cdot (y + \overline{y} \cdot z)$
0	0	1	0	0
0	0	1	1	0
0	1	0	0	0
0	1	0	1	0
1	0	1	0	0
1	0	1	1	1
1	1	0	0	1
1	1	0	1	1

La partie b de l'exemple permet d'écrire cet énoncé sous une forme équivalente. En effet, puisque $y + \overline{y} \cdot z \equiv y + z$ on a $S = x \cdot (y + \overline{y} \cdot z) \equiv x \cdot (y + z)$. Le circuit pourrait donc être remplacé par le circuit suivant:

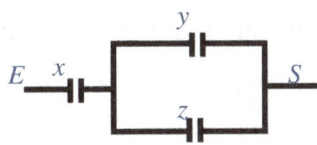

REMARQUE

Les propriétés des opérateurs booléens peuvent être utilisées pour simplifier les énoncés et construire un circuit équivalent plus simple.

4.4 EXERCICES

1. Démontrer les équivalences suivantes à l'aide des propriétés des opérateurs booléens.

   a) $(p \vee q) \wedge (p \vee \neg q) \equiv p$
   b) $p \vee (p \wedge q) \equiv p$
   c) $p \wedge (p \vee q) \equiv p$
   d) $p \vee (\neg p \wedge q) \equiv p \vee q$
   e) $p \wedge (\neg p \vee q) \equiv p \wedge q$

2. Trouver la négation ou le complément des expressions suivantes et simplifier l'expression obtenue.

   a) $A \cup (B \cap C) \cup (A \cap B)$
   b) $(p \vee q) \wedge (q \vee r) \wedge (p \vee r)$
   c) $(p \wedge q) \vee (\neg q \wedge r) \vee (r \wedge \neg p)$
   d) $A \cap (B \cup C) \cap (C' \cup D')$

3. Simplifier, s'il y a lieu, les expressions suivantes:
   a) $(\neg p \vee q) \wedge (p \vee q)$
   b) $p \vee (p \wedge q) \vee (\neg p \vee \neg q)$
   c) $(p \vee \neg q) \wedge (p \vee r)$
   d) $(p \wedge q) \vee (p \wedge \neg r)$
   e) $p \wedge (p \vee q) \wedge (p \vee \neg q)$
   f) $p \wedge [(p \wedge q) \wedge (\neg p \wedge \neg q)]$
   g) $p \wedge [(p \vee q) \wedge (p \vee r)]$
   h) $p \vee [(p \wedge q) \wedge (\neg p \wedge \neg r)]$
   i) $\neg p \wedge [(p \vee q) \wedge (p \vee r)]$
   j) $\neg p \vee [(p \wedge q) \wedge (p \wedge \neg r)]$

4. Démontrer les équivalences suivantes à l'aide des opérations sur les ensembles et illustrer à l'aide d'un diagramme de VENN.
   a) $(A \cup B) \cap (A \cup B') = A$
   b) $A \cup (A \cap B) = A$
   c) $A \cap (A \cup B) = A$
   d) $A \cup (A' \cap B) = A \cup B$
   e) $A \cap (A' \cup B) = A \cap B$

5. Soit $P(x)$: « x étudie au moins trois heures par semaine en mathématiques » et U l'ensemble des étudiants de la classe.
   a) Quantifier existentiellement cette forme booléenne et décrire en langage ordinaire.
   b) Quantifier universellement cette forme booléenne et décrire en langage ordinaire.
   c) Exprimer en langage ordinaire la proposition $\exists\, x \in U,\ \neg P(x)$.
   d) Exprimer en langage ordinaire la proposition $\forall\, x \in U,\ \neg P(x)$.

6. Utiliser les quantificateurs pour exprimer les énoncés suivants:
   a) Tous les étudiants d'informatique ont réussi le cours de mathématiques de secondaire 5.
   b) Un étudiant de la classe porte des lunettes.
   c) Tous les étudiants de la classe possèdent un ordinateur.

7. Soit $P(x)$: « x fait ses exercices », $R(x)$: « x réussira le cours » et U l'ensemble des étudiants de la classe.
   a) Quantifier existentiellement la conjonction de ces formes booléennes et décrire en langage ordinaire.
   b) Quantifier universellement la conjonction de ces formes booléennes et décrire en langage ordinaire.
   c) Quantifier existentiellement la forme booléenne $P(x) \rightarrow R(x)$. Donner la réciproque et la contraposée. Décrire en langage ordinaire chacune de ces propositions.
   d) Quantifier existentiellement la forme booléenne $R(x) \leftrightarrow P(x)$ et décrire en langage ordinaire.
   e) Quantifier universellement la forme booléenne $P(x) \rightarrow R(x)$. Donner la réciproque et la contraposée. Décrire en langage ordinaire chacune de ces propositions.
   f) Quantifier universellement la forme booléenne $R(x) \leftrightarrow P(x)$ et décrire en langage ordinaire.

8. Compléter le tableau suivant dans lequel $P(x)$ est une forme booléenne quelconque.

Énoncé	Cet énoncé est vrai lorsque ...	Cet énoncé est faux lorsque ...
$\forall x, P(x)$		
$\exists x, P(x)$		

9. Compléter le tableau suivant dans lequel $P(x,y)$ est une forme booléenne quelconque.

Énoncé	Cet énoncé est vrai lorsque ...	Cet énoncé est faux lorsque ...
$\forall x, \forall y, P(x,y)$ $\forall y, \forall x, P(x,y)$		
$\forall x, \exists y, P(x,y)$		
$\exists x, \forall y, P(x,y)$		
$\exists x, \exists y, P(x,y)$ $\exists y, \exists x, P(x,y)$		

10. Soit $P(x)$: « $x^2 + x = 6$ », $R(x)$: « $x^2 + x = 1$ » et $U = \{0; 1; 2; 3; 4; 5; 6; 7; 8; 9\}$. Exprimer les propositions suivantes en langage ordinaire et donner leur valeur de vérité.
    a) $P(2)$
    b) $P(5)$
    c) $\exists x \in U, P(x)$
    d) $\forall x \in U, P(x)$
    e) $\forall x \in U, \neg P(x)$
    f) $\exists x \in U, \neg P(x)$
    g) $R(2)$
    h) $R(1)$
    i) $\exists x \in U, R(x)$
    j) $\forall x \in U, R(x)$
    k) $\forall x \in U, \neg R(x)$
    l) $\exists x \in U, \neg R(x)$

11. Soit $U = \{0; 1; 2; 3; 4; 5; 6; 7; 8; 9; 10\}$ et les formes booléennes:
    $P(x)$: « x est pair » et
    $R(x)$: « x est divisible par 4 ».
    Décrire en langage usuel les propositions suivantes et donner leur valeur de vérité.
    a) $P(3)$
    b) $\neg P(5)$
    c) $P(8) \wedge R(8)$
    d) $\forall x \in U, P(x)$
    e) $\forall x \in U, R(x)$
    f) $\exists x \in U, P(x)$

g) $\exists\, x \in U,\ \neg P(x)$
h) $\forall\, x \in U,\ R(x) \rightarrow P(x)$
i) $\exists\, x \in U,\ P(x) \wedge R(x)$
j) $\forall\, x \in U,\ \neg P(x) \rightarrow \neg R(x)$
k) $\exists\, x \in U,\ \neg P(x) \vee R(x)$
l) $\exists\, x \in U,\ P(x) \wedge \neg R(x)$

12. Soit $U = \{0;\ 1;\ 2;\ 3;\ 4;\ 5;\ 6;\ 7;\ 8;\ 9;\ 10\}$ et les formes booléennes:
  $P(x,y)$: « $x + y \in U$ » et
  $R(x,y)$: « x est divisible par y ».
  Décrire en langage usuel les propositions suivantes et donner leur valeur de vérité.
  a) $P(2,5)$
  b) $R(6,3)$
  c) $P(8,9)$
  d) $R(7,2)$
  e) $\forall\, x \in U,\ P(x,0)$
  f) $\exists\, x \in U,\ R(x,4)$
  g) $\exists\, y \in U,\ P(9,y)$
  h) $\exists\, x \in U,\ R(x,5)$
  i) $\forall\, x \in U,\ \neg R(x,0)$
  j) $\forall\, x \in U,\ P(x,5)$
  k) $\forall\, x \in U,\ \forall\, y \in U,\ P(x,y)$
  l) $\exists\, x \in U,\ \exists\, y \in U,\ P(x,y)$
  m) $\forall\, x \in U,\ \exists\, y \in U,\ P(x,y)$
  n) $\exists\, x \in U,\ \forall\, y \in U,\ P(x,y)$

13. Soit $P(x,y)$: « $x + y$ est pair » et $\mathbf{Z}$ l'ensemble de référence des variables x et y. Donner la valeur de vérité des propositions suivantes:
  a) $P(2,7)$
  b) $P(4,2)$
  c) $\forall\, x,\ P(x,0)$
  d) $\exists\, x,\ P(x,5)$
  e) $\exists\, y,\ P(9,y)$
  f) $\forall\, x,\ \neg P(x,0)$
  g) $\forall\, x,\ \forall\, y,\ P(x,y)$
  h) $\exists\, x,\ \exists\, y,\ P(x,y)$
  i) $\forall\, x,\ \exists\, y,\ P(x,y)$
  j) $\exists\, x,\ \forall\, y,\ P(x,y)$

14. Soit $P(x,y)$: « x est divisible par y » et $\mathbf{Z}$ l'ensemble de référence des variables x et y. Donner la valeur de vérité des propositions suivantes:
  a) $P(2,7)$
  b) $P(4,2)$
  c) $\forall\, x,\ P(x,0)$
  d) $\exists\, x,\ P(x,5)$
  e) $\exists\, y,\ P(9,y)$
  f) $\forall\, x,\ \neg P(x,0)$
  g) $\forall\, x,\ \forall\, y,\ P(x,y)$
  h) $\exists\, x,\ \exists\, y,\ P(x,y)$
  i) $\forall\, x,\ \exists\, y,\ P(x,y)$
  j) $\exists\, x,\ \forall\, y,\ P(x,y)$

15. On appelle *chaîne binaire* une suite de chiffres binaires. Le nombre de chiffres de la chaîne est appelé la *longueur de la chaîne*. L'effet des opérateurs booléens sur ces chaînes est obtenu en effectuant, chiffre par chiffre, l'opération telle que définie dans les tables d'opérations suivantes:

$\wedge$	0	1
0	0	0
1	0	1

$\vee$	0	1
0	0	1
1	1	1

$\oplus$	0	1
0	0	1
1	1	0

Soit les chaînes $C_1 := 1100\ 1011$ et $C_2 := 0110\ 1000$.
  a) Trouver $C_1 \wedge C_2$.
  b) Trouver $C_1 \vee C_2$.
  c) Trouver $C_1 \oplus C_2$.
  d) Trouver $(C_1 \vee C_2) \oplus C_2$.
  e) Trouver $(C_1 \oplus C_2) \vee C_1$.
  f) Trouver $(C_1 \wedge C_2) \oplus C_2$.

16. Décrire le circuit illustré par une fonction logique, représenter la situation par des ensembles (diagrammes de Venn), donner la table de vérité correspondante et donner un circuit équivalent plus simple s'il y a lieu.

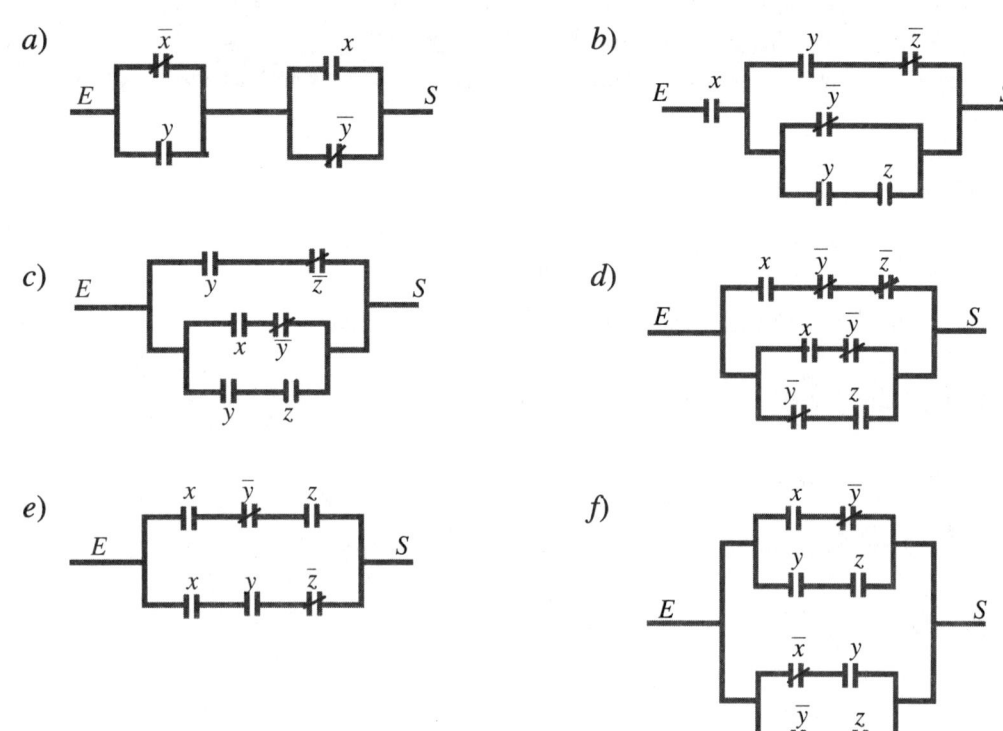

4.5 EXERCICES DIVERS

1. Expliquer la différence entre un énoncé booléen et une forme booléenne.
2. Une forme booléenne peut-elle être composée?
3. Une forme booléenne peut-elle contenir plus d'une variable?
4. Qu'est-ce qu'une tautologie?
5. Qu'est-ce qu'une contradiction?
6. Quel est le résultat de la conjonction d'une proposition avec une contradiction?
7. Quel est le résultat de la disjonction d'une proposition avec une contradiction?
8. Quel est le résultat de la conjonction d'une proposition avec une tautologie?
9. Quel est le résultat de la disjonction d'une proposition avec une tautologie?
10. Quel est le résultat de la disjonction de deux tautologies?
11. Quel est le résultat de la conjonction de deux tautologies?
12. Quel est le résultat de la disjonction d'une tautologie avec une contradiction?
13. Quel est le résultat de la conjonction d'une tautologie avec une contradiction?

PRÉPARATION À L'ÉVALUATION

Pour préparer votre examen, assurez-vous d'avoir atteint les objectifs suivants.
Consignez à la page suivante des indications pour vous remémorer plus facilement les notions et concepts qui vous posent le plus de difficultés.

Si vous avez atteint l'objectif, cochez.

☆ **EFFECTUER DES OPÉRATIONS LOGIQUES.**

△ **Formulation des propositions appropriées à différentes situations.**

△ **Construction d'une table de vérité conforme à une proposition.**

△ **Simplification correcte d'une proposition.**

○ FORMULER DES PROPOSITIONS PROPRES À DIFFÉRENTES SITUATIONS.

○ DÉTERMINER LA VALEUR DE VÉRITÉ D'UN ÉNONCÉ BOOLÉEN À L'AIDE D'UNE TABLE DE VÉRITÉ.

◇ Construire la table de vérité d'un énoncé composé.

◇ Démontrer l'équivalence logique de deux propositions composées.

○ SIMPLIFIER UN ÉNONCÉ BOOLÉEN À L'AIDE DES PROPRIÉTÉS DES OPÉRATEURS.

◇ Simplifier des énoncés à l'aide des propriétés des opérateurs.

◇ Déterminer la valeur de vérité d'une proposition comportant des quantificateurs.

◇ Décrire un circuit par une fonction booléenne.

◇ Simplifier un circuit en utilisant sa fonction booléenne.

Signification des symboles: ☆ Élément de compétence   △ Composantes particulières de la compétence
○ Objectif de section   ◇ Procédure ou démarche   ❑ Étape d'une procédure

Notes personnelles

VOCABULAIRE UTILISÉ DANS LE CHAPITRE

ANTÉCÉDENT (OU HYPOTHÈSE OU PRÉMISSE) D'UNE IMPLICATION
L'*antécédent* (ou l'*hypothèse* ou la *prémisse*) d'une implication $p \to q$ est la proposition p.

BICONDITIONNELLE
La *biconditionnelle* de deux propositions p et q est la proposition composée notée $p \leftrightarrow q$, qui se lit « p si et seulement si q », qui est vraie si les deux propositions p et q ont la même valeur de vérité et qui est fausse dans les autres cas.

CHAÎNE BINAIRE
Une *chaîne binaire* est une suite de chiffres binaires.

CIRCUIT PARALLÈLE
Un circuit est dit en *parallèle* s'il comporte des composantes branchées sur des fils distincts reliés à une sortie et à une entrée.

CIRCUIT SÉRIE
Un circuit est dit en *série* s'il comporte des composantes qui sont reliées les unes à la suite des autres.

COMPLÉMENT
Le *complément* d'un ensemble A est un nouvel ensemble, noté A', formé des éléments de l'ensemble de référence qui ne sont pas dans l'ensemble A.

CONCLUSION (OU CONSÉQUENCE) D'UNE IMPLICATION
La *conclusion* (ou *conséquence*) d'une implication $p \to q$ est la proposition q.

CONJONCTION
La *conjonction* de deux propositions p et q est la proposition composée notée $p \wedge q$, qui se lit « p et q », qui est vraie si les deux propositions p et q sont vraies et qui est fausse dans les autres cas.

CONTRADICTION
Une *contradiction* est une proposition composée qui est toujours fausse quelle que soit la valeur de vérité de ses composantes.

CONTRAPOSÉE
La *contraposée* d'une implication $p \to q$ est la proposition $\neg q \to \neg p$.

DISJONCTION
La *disjonction* de deux propositions p et q est la proposition composée notée $p \vee q$, qui se lit « p ou q », qui est vraie si au moins une des deux propositions p et q est vraie et qui est fausse lorsque les deux sont fausses.

DISJONCTION EXCLUSIVE
La *disjonction exclusive* de deux propositions p et q est la proposition composée notée $p \oplus q$, qui se lit « p ou exclusif q », qui est vraie si une seule des deux propositions p et q est vraie et qui est fausse dans les autres cas.

ÉNONCÉ BOOLÉEN
Un *énoncé booléen* est un énoncé dont on peut déterminer s'il est vrai ou faux.

ENSEMBLE DE RÉFÉRENCE
L'*ensemble de référence* d'une variable est l'ensemble des valeurs que peut prendre cette variable. C'est par rapport à cet ensemble qu'une variable peut être quantifiée.

ÉQUIVALENCE LOGIQUE
Deux énoncés P et Q sont logiquement équivalents si $P \leftrightarrow Q$ est une tautologie. On note alors $P \equiv Q$ ou $P \Leftrightarrow Q$.

FORME BOOLÉENNE
Une *forme booléenne* est une expression comportant une ou des variables et qui devient une proposition lorsqu'on assigne une valeur à chacune de ses variables ou lorsqu'on quantifie ses variables.

ÉGALITÉ ENTRE ENSEMBLES
On dit que deux ensembles A et B sont *égaux* si et seulement s'ils ont les mêmes éléments. On note $A = B$.

FONCTION LOGIQUE
On appelle *fonction logique* une combinaison de variables booléennes reliées par les opérateurs « non, et , ou » représentés respectivement par les symboles « ¯, ·, + ».

IMPLICATION
L'*implication* de deux propositions p et q est la proposition composée notée $p \to q$, qui se lit « p implique q », qui est fausse lorsque p est vraie et que q est fausse et qui est vraie dans les autres cas.

IMPLICATION LOGIQUE
On dit qu'un énoncé P implique logiquement Q lorsque $P \to Q$ est une tautologie. On note alors $P \Rightarrow Q$.

INCLUSION
L'*inclusion* est une relation entre deux ensembles. On dit qu'un ensemble A est inclus dans un ensemble B si et seulement si tous les éléments de A sont des éléments de B. On note $A \subseteq B$ (et $A \subset B$, pour l'inclusion stricte).

INTERSECTION
L'*intersection de deux ensembles* A et B est une opération qui donne un nouvel ensemble, noté $A \cap B$, formé des éléments communs aux deux ensembles.

LONGUEUR D'UNE CHAÎNE BINAIRE
La *longueur d'une chaîne binaire* est le nombres de chiffres binaires qu'elle comporte.

NÉGATION
La *négation* d'un énoncé p, notée $\neg p$ et qui se lit « non p », est un nouvel énoncé booléen qui est vrai lorsque p est faux et qui est faux lorsque p est vrai.

OPÉRATEURS BOOLÉENS
Les *opérateurs booléens* sont les opérateurs qui associent deux propositions pour former une proposition composée. Les principaux opérateurs booléens sont la négation, la conjonction et la disjonction. Tous les autres peuvent s'exprimer par des combinaisons de ces trois opérateurs de base.

PROPOSITION
Une *proposition* (ou *énoncé booléen*) est un énoncé dont on peut décider de la valeur de vérité. Les valeurs de vérité possibles sont « vrai » (représenté par V ou 1) et « faux » (représenté par F ou 0).

QUANTIFICATEUR EXISTENTIEL
Le *quantificateur existentiel* est le symbole $\exists$ qui signifie « il existe » ou « il existe au moins ». Il transforme une forme booléenne $P(x)$ en la proposition, « il existe au moins une valeur de x dans l'ensemble de référence telle que $P(x)$ est vraie ». Symboliquement, on écrit simplement $\exists\, x \in U, P(x)$, où U est l'ensemble de référence.

QUANTIFICATEUR UNIVERSEL
Le *quantificateur universel* est le symbole $\forall$ qui signifie « pour tout » ou « quel que soit ». Il transforme une forme booléenne $P(x)$ en la proposition « $P(x)$ est vraie pour toutes les valeurs de x dans l'ensemble de référence ». Symboliquement, on écrit simplement $\forall\, x \in U, P(x)$, où U est l'ensemble de référence.

QUANTIFICATION
    La *quantification* est un procédé qui transforme une forme booléenne en proposition en indiquant:
- qu'au moins une des valeurs de l'ensemble de référence transforme la forme booléenne en proposition vraie (quantificateur existentiel);
- que toutes les valeurs de l'ensemble de référence transforment la forme booléenne en proposition vraie (quantificateur universel).

RÉCIPROQUE
    La *réciproque* d'une implication $p \to q$ est la proposition $q \to p$.

TAUTOLOGIE
    Une *tautologie* est une proposition composée qui est toujours vraie quelle que soit la valeur de vérité de ses composantes.

UNION
    L'*union de deux ensembles A et B* est une opération qui donne un nouvel ensemble, noté $A \cup B$, formé des éléments qui appartiennent à l'un ou à l'autre des deux ensembles.

VARIABLE BOOLÉENNE
    Une *variable booléenne* est une variable dont les seules valeurs possibles sont 0 et 1.

VARIABLE LIBRE
    Une *variable libre* d'un énoncé booléen est une variable à laquelle on n'a pas assigné de valeur particulière ou que l'on n'a pas quantifiée.

VARIABLE LIÉE
    Une *variable liée* d'un énoncé booléen est une variable à laquelle on a assigné une valeur particulière ou que l'on a quantifiée.

ALGÈBRE DES CIRCUITS

5.0 PRÉAMBULE

Il existe sur le marché des dispositifs électriques qui peuvent exécuter les opérations de base de l'algèbre de Boole. Nous allons présenter certains de ces dispositifs et les utiliser dans la configuration de circuits décrits par des énoncés booléens. Les propriétés des opérations de l'algèbre de Boole seront utilisées pour simplifier les énoncés, ce qui rendra possible la configuration de circuits équivalents plus simples donc plus efficaces et moins coûteux.

Les activités d'apprentissage de ce chapitre visent à développer l'élément de compétence suivant:

EFFECTUER DES TRAITEMENTS SUR DES DONNÉES INTERNES DE L'ORDINATEUR.

La composante particulière de l'élément de compétence visée par ce chapitre est:

Représentation juste de données dans la mémoire de l'ordinateur.

5.1 CIRCUITS LOGIQUES

Dans un ordinateur, l'information est traitée par des circuits qui effectuent des opérations logiques sur les valeurs d'entrée. L'effet des circuits de base est décrit par des opérateurs booléens et nous verrons comment on peut concevoir un circuit en effectuant une opération booléenne et, réciproquement, comment l'effet d'un circuit peut être décrit par un énoncé booléen.

OBJECTIF : Utiliser les opérateurs booléens pour décrire l'effet d'un circuit.

CIRCUITS DE BASE
Les circuits de base sont les circuits correspondant aux opérateurs de base de l'algèbre de Boole, soit la négation, la disjonction et la conjonction.

CIRCUIT INVERSEUR
Le symbole graphique ci-contre représente le circuit correspondant à la fonction « non », appelé également *circuit inverseur*.

Dans ce circuit, si l'interrupteur x est ouvert, l'interrupteur $\bar{x}$ est fermé et si l'interrupteur x est fermé, l'interrupteur $\bar{x}$ est ouvert. On notera donc la sortie $S = \bar{x}$. L'effet du circuit est décrit par la table de vérité de la négation.

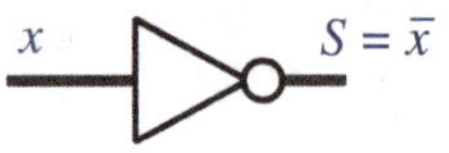

Entrée	Sortie
x	$\bar{x}$
0	1
1	0

CIRCUIT OU
Le symbole graphique ci-contre est utilisé pour désigner le circuit « ou ».

Dans ce circuit, si on applique une tension à l'entrée, il y aura une tension à la sortie S si l'un des deux interrupteurs ou les deux sont fermés. On notera donc la sortie $S = x + y$ et l'opération est analogue à la disjonction logique.

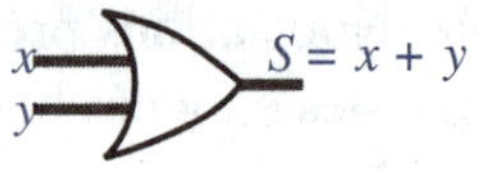

Entrée		Sortie
x	y	$x+y$
0	0	0
0	1	1
1	0	1
1	1	1

CIRCUIT ET
Le symbole graphique ci-contre est utilisé pour désigner le circuit « et ».

Dans ce circuit, si on applique une tension à l'entrée, il y aura une tension en S si et seulement si x et y sont fermés. On notera donc la sortie $S = x \cdot y$ et l'opération est analogue à la conjonction logique.

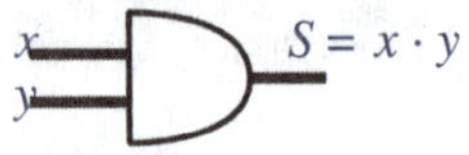

Entrée		Sortie
x	y	$x \cdot y$
0	0	0
0	1	0
1	0	0
1	1	1

Algèbre des circuits 137

Les propriétés des opérateurs booléens permettent d'identifier des circuits équivalents. Nous allons rappeler ces propriétés en donnant les circuits correspondants. Nous distinguerons les deux montages équivalents d'une propriété en les séparant par une ligne pointillée, le montage correspondant à la partie gauche de l'équivalence sera en haut de la ligne pointillée et le montage correspondant à la partie droite sera sous cette ligne.

PROPRIÉTÉS DES OPÉRATEURS BOOLÉENS ET CIRCUITS CORRESPONDANTS

Soit x, y et z des variables booléennes, « $\cdot$ », « $+$ » et « $^-$ » les opérations de produit, de somme et d'inversion respectivement; ces opérations satisfont alors aux propriétés suivantes:

Idempotence

$x + x = x$ $x \cdot x = x$

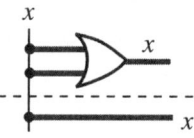 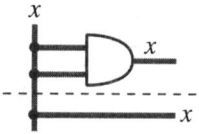

Associativité

$(x + y) + z = x + (y + z)$ $(x \cdot y) \cdot z = x \cdot (y \cdot z)$

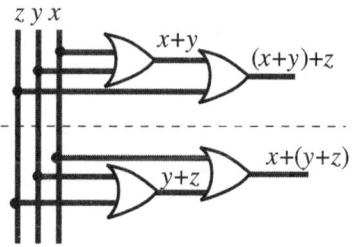 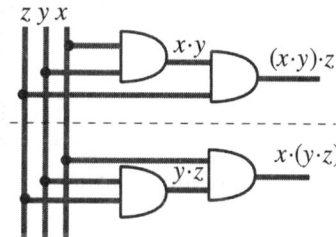

Commutativité

$x + y = y + x$ $x \cdot y = y \cdot x$

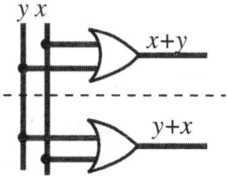 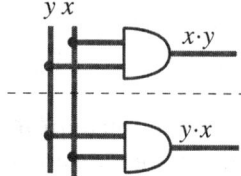

Distributivité

$x + (y \cdot z) = (x + y) \cdot (x + z)$ $x \cdot (y + z) = (x \cdot y) + (x \cdot z)$

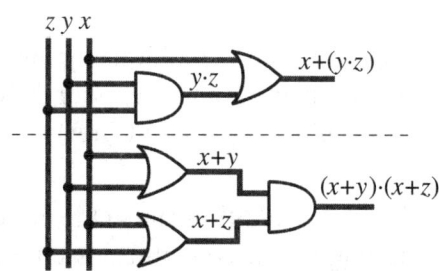 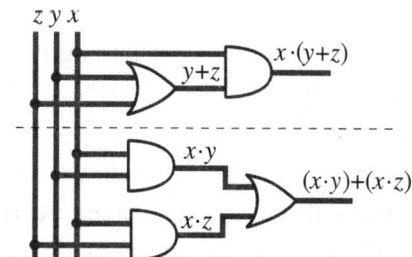

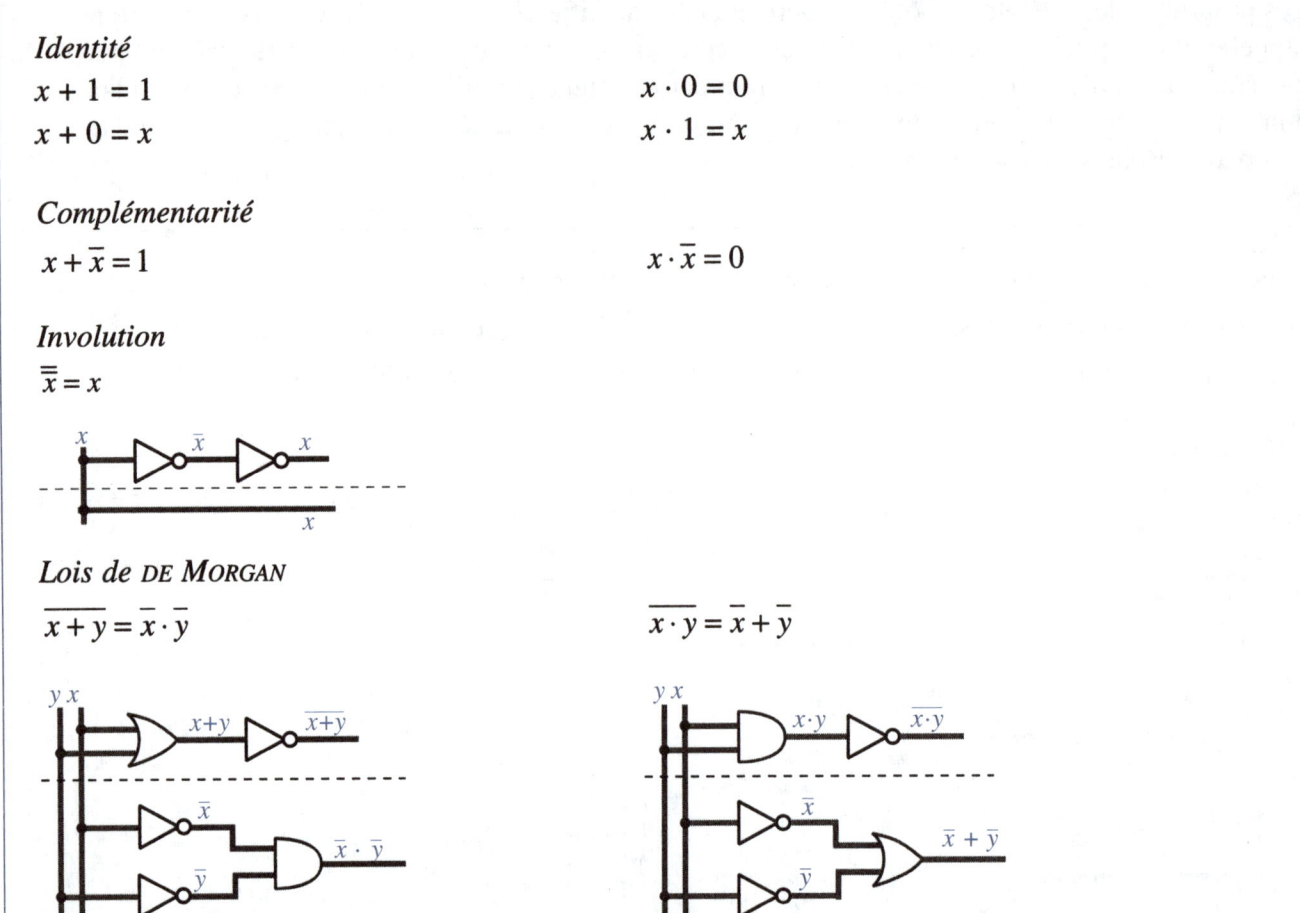

> **REMARQUE**

Le principe de dualité est observé dans ces propriétés.

CIRCUITS PARTICULIERS

La lecture de ces propriétés et la représentation des circuits correspondants permettent de voir que certains circuits sont plus simples que d'autres tout en ayant la même valeur de sortie. Ce sont des circuits équivalents. Lorsque deux circuits sont équivalents, le plus simple est le plus avantageux à produire car c'est le moins dispendieux et le plus efficace. Nous allons donc nous intéresser à la simplification des circuits.

Avant de procéder à de telles simplifications, signalons qu'il existe des symboles graphiques pour les fonctions correspondant aux lois de DE MORGAN. Ces circuits sont suffisamment importants pour qu'on leur ait donné un nom particulier; ce sont les circuits appelés « non-et (nand) » et « non-ou (nor) ».

Nous allons également présenter le circuit « ou exclusif » qui est utilisé dans les additionneurs et le circuit « comparateur » que l'on utilise pour comparer des valeurs et à l'aide duquel on construit des circuits permettant de déterminer si un nombre est plus grand ou plus petit qu'un autre.

CIRCUIT NON-ET

La fonction qui effectue la négation du produit (ou de la conjonction) est réalisée par un circuit que l'on appelle « non-et » (ou nand en anglais). Ce circuit est représenté par le symbole graphique ci-contre. Le circuit « non-et » peut être construit à l'aide des circuits de base selon le montage ci-dessous qui présente un produit suivi d'une inversion.

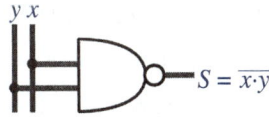

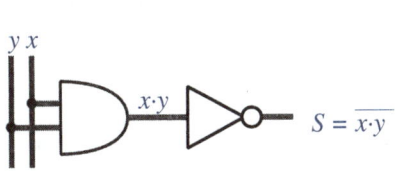

Entrée		Sortie
x	y	$\overline{x \cdot y}$
0	0	1
0	1	1
1	0	1
1	1	0

CIRCUIT NON-OU

La fonction qui effectue la négation d'une somme (ou de la disjonction) est réalisée par un circuit que l'on appelle « non-ou » (ou nor en anglais). Ce circuit est représenté par le symbole graphique ci-contre. Le circuit « non-ou » peut être construit à l'aide des circuits de base selon le montage ci-dessous qui présente une somme suivie d'une inversion.

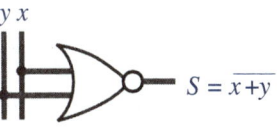

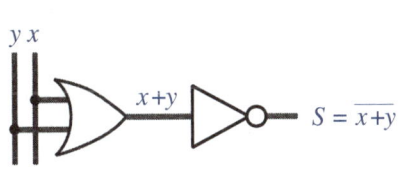

Entrée		Sortie
x	y	$\overline{x+y}$
0	0	1
0	1	0
1	0	0
1	1	0

CIRCUIT OU EXCLUSIF

La fonction qui effectue le « ou exclusif » (xor) est réalisée par le circuit représenté par le symbole graphique ci-contre. On représente souvent la sortie de ce circuit par $S = x \oplus y$. Le circuit « ou exclusif » peut être construit à l'aide des circuits de base selon le montage ci-dessous:

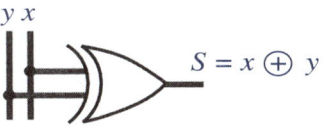

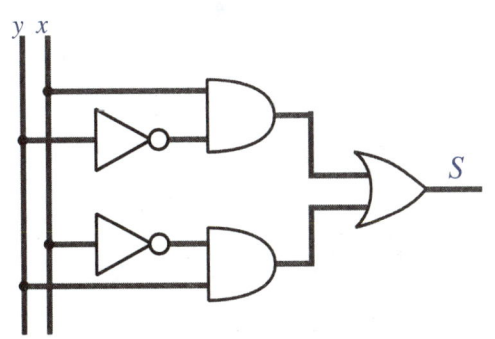

Entrée		Sortie
x	y	$x \cdot \overline{y} + \overline{x} \cdot y$
0	0	0
0	1	1
1	0	1
1	1	0

CIRCUIT À COÏNCIDENCE OU COMPARATEUR

La fonction qui effectue la négation du « ou exclusif » est réalisée par le circuit représenté par le symbole graphique ci-contre. On représente souvent la sortie de ce circuit par $S = \overline{x \oplus y}$. Ce circuit est appelé *circuit comparateur* parce que la valeur de la fonction est 1 lorsque les deux variables ont la même valeur et elle est 0 dans les autres cas. Le circuit comparateur peut être construit à l'aide des circuits de base selon le montage ci-dessous:

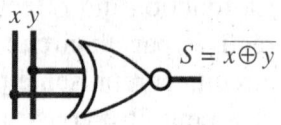

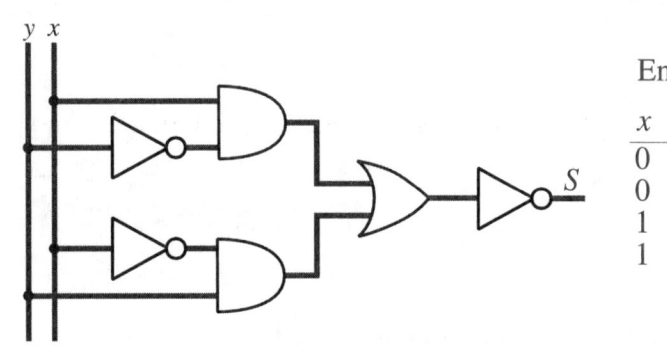

Entrée		Sortie
x	y	$\overline{(x \cdot \overline{y} + \overline{x} \cdot y)}$
0	0	1
0	1	0
1	0	0
1	1	1

On peut noter que

$$\begin{aligned}
S &= \overline{x \oplus y} \\
&= \overline{(x \cdot \overline{y} + \overline{x} \cdot y)} \\
&= \overline{(x \cdot \overline{y})} \cdot \overline{(\overline{x} \cdot y)} &&\text{Loi de De Morgan} \\
&= (\overline{x} + y) \cdot (x + \overline{y}) &&\text{Loi de De Morgan} \\
&= \overline{x} \cdot x + \overline{x} \cdot \overline{y} + x \cdot y + y \cdot \overline{y} &&\text{Distributivité} \\
&= \overline{x} \cdot \overline{y} + x \cdot y &&\text{Complémentarité}
\end{aligned}$$

Le tableau suivant résume les caractéristiques de ces circuits.

TABLEAU DES CIRCUITS PARTICULIERS			
Fonction		Formule	Symbole
non	none	$S = \overline{x}$	
ou	or	$S = x+y$	
et	and	$S = x \cdot y$	
non-et	nand	$S = \overline{x \cdot y}$	
non-ou	nor	$S = \overline{x+y}$	
ou exclusif	xor	$S = x \cdot \overline{y} + \overline{x} \cdot y$	
comparateur		$S = \overline{x} \cdot \overline{y} + x \cdot y$	

Algèbre des circuits 141

> **REMARQUE**

Il existe d'autres fonctions logiques que celles présentées dans ce texte. Il y a seize fonctions possibles pour deux variables. Ces seize fonctions sont données dans le tableau suivant:

x	y	F_0	F_1	F_2	F_3	F_4	F_5	F_6	F_7	F_8	F_9	F_{10}	F_{11}	F_{12}	F_{13}	F_{14}	F_{15}
0	0	0	1	0	1	0	1	0	1	0	1	0	1	0	1	0	1
0	1	0	0	1	1	0	0	1	1	0	0	1	1	0	0	1	1
1	0	0	0	0	0	1	1	1	1	0	0	0	0	1	1	1	1
1	1	0	0	0	0	0	0	0	0	1	1	1	1	1	1	1	1

Chacune de ces fonctions peut être exprimée à l'aide des opérateurs élémentaires, comme l'indique le tableau qui suit:

TABLEAU DES FONCTIONS DE DEUX VARIABLES

Fonction	Appellation	Fonction	Appellation
$F_0 = 0$		$F_8 = x \cdot y$	et
$F_1 = \overline{x + y} = \overline{x} \cdot \overline{y}$	non-ou	$F_9 = \overline{x} \cdot \overline{y} + x \cdot y$	comparateur
$F_2 = \overline{x} \cdot y$		$F_{10} = y$	
$F_3 = \overline{x}$	négation	$F_{11} = \overline{x} + y$	
$F_4 = x \cdot \overline{y}$		$F_{12} = x$	
$F_5 = \overline{y}$	négation	$F_{13} = x + \overline{y}$	
$F_6 = x \cdot \overline{y} + \overline{x} \cdot y$	ou exclusif	$F_{14} = x + y$	ou
$F_7 = \overline{x \cdot y} = \overline{x} + \overline{y}$	non-et	$F_{15} = 1$	

SEMI-CONDUCTEURS

Les circuits logiques modernes sont, pour la plupart, réalisés à l'aide de transistors à base de silicium (Si). L'atome de silicium a quatre électrons périphériques et, dans un réseau cristallin, il partage ses électrons avec ses quatre voisins. Un tel réseau est stable et n'est pas un bon conducteur du courant électrique. Électriquement, il se classe entre les isolants et les conducteurs. Le silicium, comme tous les éléments ayant quatre électrons périphériques (germanium, carbone), est donc appelé *semi-conducteur*.

Il est possible de rendre le silicium conducteur. Pour ce faire, il faut lui injecter des atomes porteurs de charges électriques supplémentaires. On peut lui injecter des atomes d'éléments ayant cinq électrons, comme le phosphore ou l'arsenic, qui rendent le cristal *négatif* et *conducteur* ou encore on peut lui injecter des atomes de bore qui ont trois électrons et qui rendent le cristal *positif* et *conducteur*.

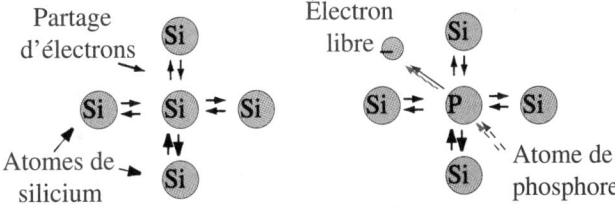

Ces caractéristiques permettent de construire des transistors qui laisseront passer le courant si on leur applique une tension de 5 volts et qui seront bloqués s'il n'y a pas de tension appliquée, soit l'équivalent de circuits fermés ou ouverts.

SIMPLIFICATION DE CIRCUITS

Les propriétés des opérateurs booléens permettent de simplifier les circuits. Le processus est le même que pour simplifier les propositions logiques.

> *PROCÉDURE POUR SIMPLIFIER UN CIRCUIT*
> 1. Décrire le circuit par sa fonction logique.
> 2. Simplifier la fonction logique en utilisant les propriétés des circuits.
> 3. Dessiner le circuit équivalent.

EXEMPLE 5.1.1

Représenter graphiquement le circuit dont la variable de sortie est

$$(x+y) \cdot (\overline{y}+z)$$

Solution
Le circuit est

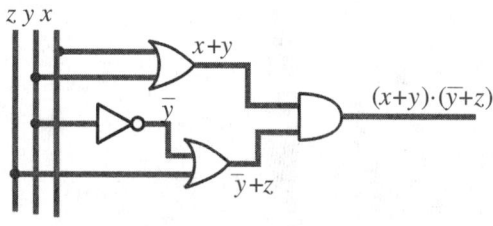

EXEMPLE 5.1.2

Écrire l'énoncé de sortie du circuit illustré

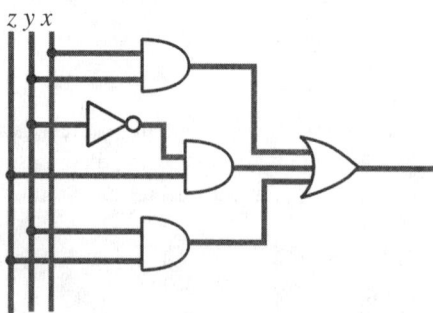

Solution
L'énoncé de sortie est $x \cdot y + \overline{y} \cdot z + y \cdot z$.

Pour alléger l'écriture des fonctions logiques, il est d'usage de ne pas écrire le symbole du produit. On écrit donc simplement xy au lieu de $x \cdot y$.

EXEMPLE 5.1.3

Simplifier le circuit suivant:

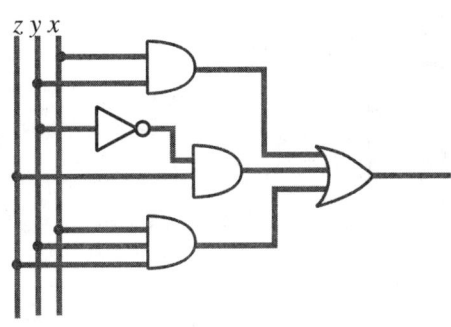

Solution

L'énoncé de sortie du circuit est

$$xy + \overline{y}z + xyz$$

Simplifions cet énoncé, ce qui donne

$$\begin{aligned}
xy + \overline{y}z + xyz &= xy + xyz + \overline{y}z && \text{par commutativité,} \\
&= xy(1 + z) + \overline{y}z && \text{par distributivité et identité,} \\
&= xy + \overline{y}z && \text{par identité, car } 1 + z = 1.
\end{aligned}$$

Le circuit équivalent simplifié est donc

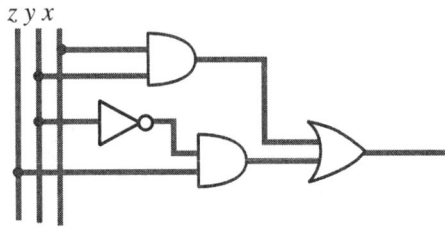

EXEMPLE 5.1.4

Démontrer la propriété suivante et représenter graphiquement les circuits correspondant à chacun des membres de l'égalité.

$$xy + x\overline{y} = x$$

Solution
Démontrons tout d'abord la propriété suivante:
$$xy + x\bar{y} = x(y + \bar{y}) \quad \text{par distributivité,}$$
$$= x \cdot 1 \quad \text{par complémentarité,}$$
$$= x \quad \text{par identité.}$$
Les circuits correspondants sont alors

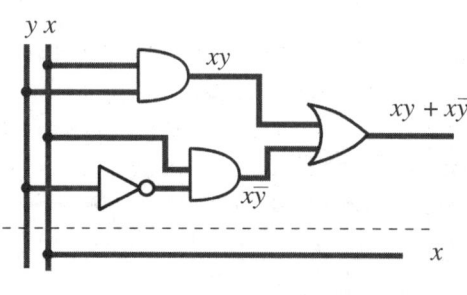

APPLICATIONS DES CIRCUITS LOGIQUES

Un fabricant d'automobiles souhaite que ses voitures soient munies d'un témoin sonore qui avise le conducteur lorsque la portière est ouverte et que la clé est dans le contact. Déterminer quel type de porte logique il doit utiliser pour contrôler ce témoin sonore.

Représentons par x la variable « la portière est ouverte » et par y la variable « la clé est dans le contact ». Chacune de ces variables a deux états, 0 et 1; ce sont donc des variables booléennes. Ainsi, $x = 0$ signifie que la portière n'est pas ouverte et $x = 1$ signifie que la portière est ouverte. Il faut, dans un premier temps, prévoir l'installation de capteurs qui fourniront l'état des variables x et y. En construisant une table décrivant tous les états possibles des deux variables, on a alors:

x	y	S
0	0	0
0	1	0
1	0	0
1	1	1

La variable de sortie doit être égale à 1 lorsque les deux variables prennent la valeur 1. On constate que la variable de sortie est décrite par $S = xy$. La porte logique à utiliser est donc la porte ET, dont la représentation graphique est

SOMME CANONIQUE

La *somme canonique* d'une variable de sortie S est la description de cette variable en fonction des variables d'entrée. Pour obtenir la somme canonique, on fait correspondre, pour chaque 1 de la variable de sortie, le produit des variables d'entrée. Dans ces produits, une variable est sous la forme normale lorsque sa valeur est 1 à l'entrée, et elle est sous forme complémentée lorsque sa valeur est 0 à l'entrée. Généralement, une somme canonique est simplifiable.

On tient compte d'un produit lorsque la valeur de la variable S est 1. Ainsi, à l'exemple précédent, la somme canonique est $S = xy$ puisque la seule occurence de la valeur 1 est sur la dernière ligne. Considérons un deuxième exemple, classique, celui du vote d'un comité de trois membres.

EXEMPLE 5.1.5

On veut automatiser le résultat du vote d'un comité de trois personnes (Amélie, Bérénice et Candide), de telle sorte qu'un voyant lumineux s'allume lorsque la proposition est adoptée à la majorité simple (au moins deux des membres votent en faveur de la proposition et les membres sont obligés de se prononcer pour ou contre la proposition). Vous êtes chargé de concevoir le circuit logique le plus simple possible qui permettra cette automatisation.

Solution

Puisque les membres sont obligés de se prononcer pour ou contre la proposition, le résultat du vote de chacun des membres peut être représenté par une variable booléenne dont la valeur est 0 lorsque le membre vote contre et 1 lorsque le membre vote pour. Représentons ces variables par a, b et c. Le tableau des états est le suivant:

a	b	c	S
0	0	0	0
0	0	1	0
0	1	0	0
0	1	1	1
1	0	0	0
1	0	1	1
1	1	0	1
1	1	1	1

Pour construire le circuit logique, nous allons d'abord déterminer la somme canonique de la variable de sortie. Sur la quatrième ligne du tableau, la variable de sortie prend la valeur 1 alors que la variable a est à l'état 0 et les deux autres variables sont à l'état 1. On représente ce cas par le produit $\overline{a}bc$, où le facteur $\overline{a}$ indique que la première variable est à l'état 0 et les facteurs b et c indiquent que ces variables sont à l'état 1. La somme canonique de l'énoncé de sortie est alors

$$S = \overline{a}bc + a\overline{b}c + ab\overline{c} + abc$$

Pour que le coût de l'automatisation ne soit pas trop élevé, il faut simplifier l'énoncé de sortie afin de déterminer le circuit à concevoir. On trouve alors

$$\begin{aligned}S &= \overline{a}bc + a\overline{b}c + ab\overline{c} + abc \\ &= (\overline{a}b + a\overline{b})c + ab(\overline{c} + c) \\ &= (a \oplus b)c + ab\end{aligned}$$

Le circuit logique correspondant est le suivant:

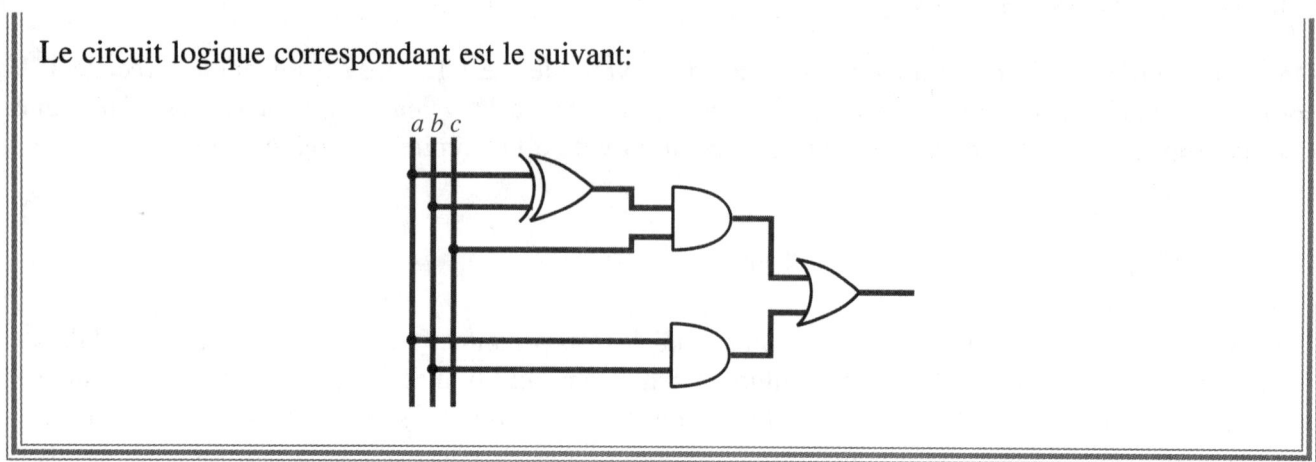

DEMI-ADDITIONNEUR ET ADDITIONNEUR

Nous allons expliquer comment un circuit peut effectuer des additions de nombres binaires. Pour ce faire, nous analyserons le fonctionnement et la composition d'un tel circuit pour additionner des nombres à un bit puis nous verrons le cas plus général de l'addition de nombres à quatre bits. Le tableau ci-contre nous donne les différents résultats possibles pour la somme de deux nombres à un bit.

x	y	Somme	Retenue
0	0	0	0
0	1	1	0
1	0	1	0
1	1	0	1

Ce tableau nous révèle que la somme correspond à une fonction *ou exclusif* et la retenue correspond à une fonction *et*. On peut donc réaliser cette somme avec le montage ci-contre:

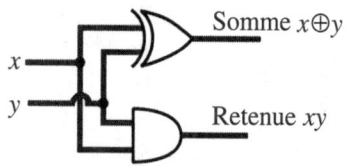

Ce circuit ne tient pas compte de la retenue éventuelle provenant de la somme des chiffres des autres rangs d'un nombre; c'est pourquoi il est appelé un *demi-additionneur*. Cependant, on peut le compléter pour tenir compte de ces retenues. En binaire, lorsqu'on effectue la somme des chiffres de rang n d'un nombre, la retenue provenant de la somme des chiffres de rang $n-1$ se comporte comme une troisième variable booléenne; la somme de ces trois variables est alors décrite par la table de vérité suivante, où R_{n-1} est la retenue de la somme des chiffres de rang $n-1$, S_n est la somme des chiffres x et y de rang n et R_n est la retenue de la somme des chiffres x et y de rang n.

x	y	Retenue R_{n-1}	Somme S_n	Retenue R_n
0	0	0	0	0
0	1	0	1	0
1	0	0	1	0
1	1	0	0	1
0	0	1	1	0
0	1	1	0	1
1	0	1	0	1
1	1	1	1	1

L'analyse de ce tableau permet de faire les constatations suivantes :
$$S_n = (x \oplus y) \oplus R_{n-1}$$
$$\text{et} \quad R_n = (x \oplus y) \cdot R_{n-1} + x y$$

On peut donc construire un *additionneur complet* composé de deux demi-additionneurs et d'un « ou » logique de la façon suivante :

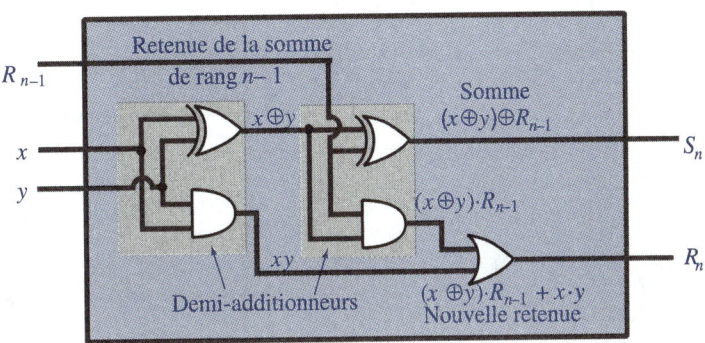

Pour additionner un nombre à quatre bits, il faut un additionneur complet pour chacun des bits. En représentant par un rectangle ombragé l'additionneur complet pour un bit, la structure d'un additionneur pour un nombre à quatre bits serait la suivante :

SCHÉMA D'UN ADDITIONNEUR À QUATRE BITS

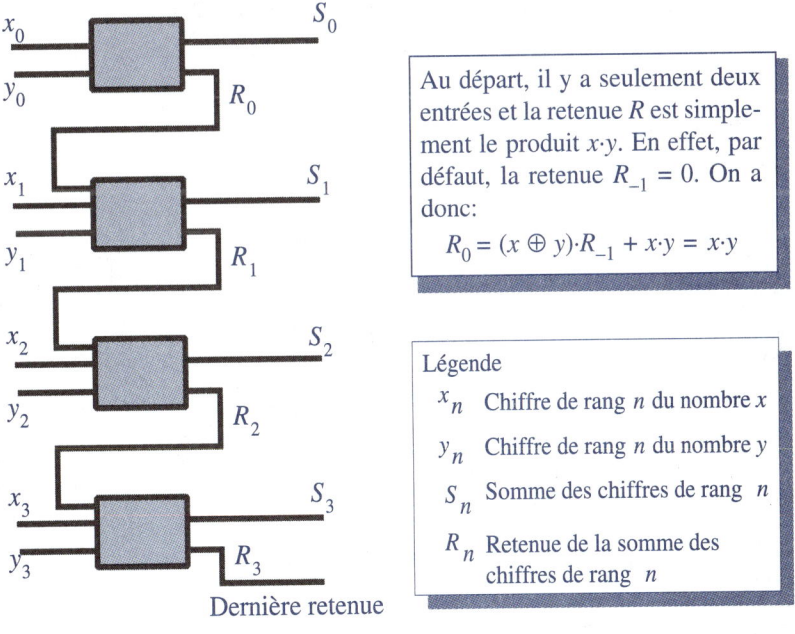

REMARQUE

L'additionneur illustré a une capacité assez limitée car il ne peut additionner que des nombres pour lesquels il n'y aura pas de retenue pour le quatrième bit. Nous verrons plus en détail ce qui se passe à la prochaine section.

5.2 EXERCICES

1. À l'aide des opérateurs booléens, écrire l'énoncé de sortie des circuits suivants:

   a) 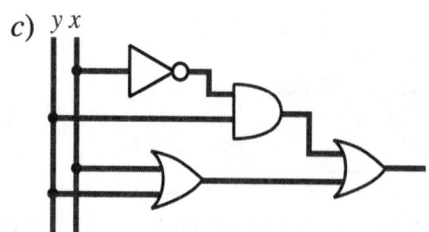   b)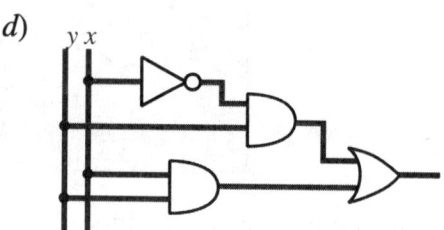

   c) 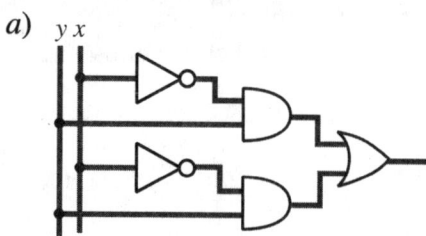   d)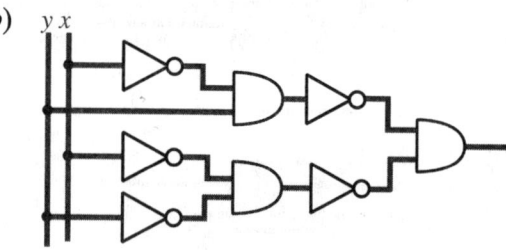

2. Représenter graphiquement le circuit dont l'énoncé de sortie est donné.

   a) $S = (x+y)\overline{(x\,y)}$
   b) $S = \overline{\overline{\overline{x\,y} + x\,y}}$
   c) $S = xy + x\overline{y}z$
   d) $S = (x+y)(x+\overline{y})$
   e) $S = xy + \overline{y}z$
   f) $S = x + yz + xy$
   g) $S = x(y+z)(\overline{y}+\overline{x})$
   h) $S = xy(\overline{y}+\overline{x})$

3. Simplifier les circuits suivants:

   a) 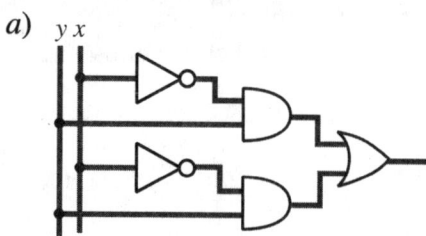   b)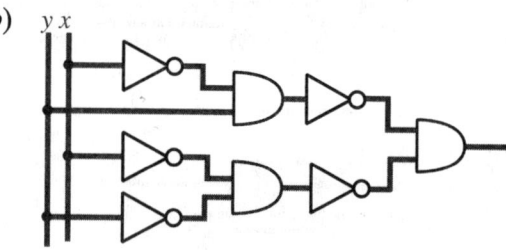

   c)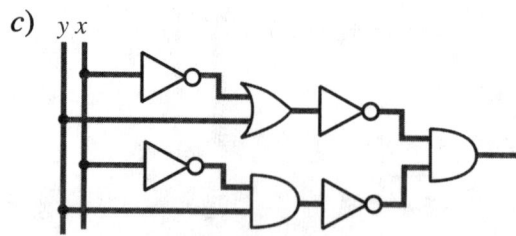

4. Démontrer les égalités suivantes et représenter graphiquement les circuits correspondant à chacun des membres de l'égalité.

   a) $\overline{\overline{xy} + xy} = xy(\overline{x}+\overline{y})$
   b) $(x+y)\overline{xy} = \overline{x}y + x\overline{y}$
   c) $\overline{x\overline{y} + \overline{x}y} = \overline{x}\,\overline{y} + xy$

5. Simplifier les énoncés suivants et construire le circuit simplifié correspondant:
   a) $S = x\bar{y}z + x\bar{y}\bar{z} + xyz$
   b) $S = x(\bar{y}z + z) + xy\bar{z} + \bar{x}z$
   c) $S = y(\bar{y}z + xz) + xy\bar{z} + \bar{x}z$

6. Démontrer l'égalité $\overline{(x\bar{y} + \bar{x}y)} = \bar{x}\bar{y} + xy$. À l'aide de ce résultat, construire un circuit équivalent au circuit comparateur $\overline{x \oplus y} = \overline{(x\bar{y} + \bar{x}y)}$.

7. Démontrer les égalités suivantes à l'aide des propriétés des opérateurs booléens.
   a) $(x + y)(x + \bar{y}) = x$
   b) $x + xy = x$
   c) $x(x + y) = x$
   d) $x + \bar{x}y + xy = x + y$
   e) $x(\bar{x} + y)(x + y) = xy$
   f) $xy + \bar{x}yz + \bar{x}\,\bar{y}z = xy + \bar{x}z$
   g) $(x + y)(\bar{x} + y + z)(\bar{x} + \bar{y} + z) = (x + y)(\bar{x} + z)$
   h) $xy + x\bar{y}z + xyz = xy + xz$
   i) $(x + y)(x + \bar{y} + z)(x + y + z) = (x + y)(x + z)$

8. Trouver le complément des expressions suivantes:
   a) $x + yz + xy$
   b) $(x + \bar{y})(y + \bar{z})(x + z)$
   c) $x + yz + xyz$
   d) $(x + yz)(y + xz)$

9. L'entreprise qui vous emploie possède deux salles de réunion qui sont très utilisées. On vous demande de concevoir un circuit logique qui allumera un voyant lumineux lorsqu'au moins l'une des deux salles est disponible.

10. L'éclairage d'une pièce est contrôlé par trois interrupteurs. La pièce est éclairée lorsque le nombre d'interrupteurs en position « allumée » est pair. Construire le circuit logique simplifié effectuant ce contrôle.

11. Un comité de trois personnes est formé d'un président et de deux vice-présidents. On souhaite concevoir un circuit permettant de compiler automatiquement les votes sur les propositions étudiées.
    a) Représenter ce circuit à l'aide de portes logiques si les propositions doivent être adoptées à majorité simple, indépendamment du titre des trois personnes.
    b) Représenter ce circuit à l'aide de portes logiques si les propositions doivent être adoptées à majorité simple et qu'aucune proposition ne peut être adoptée si le président vote contre.

12. Le tableau du demi-additionneur $(x + y)$, illustré ci-contre, a deux énoncés de sortie. L'énoncé S donne la somme des variables x et y et l'énoncé R donne la retenue de cette somme.
    a) Écrire la somme canonique de chacun de ces énoncés.
    b) Donner le circuit logique simplifié correspondant.

x	y	S	R
0	0	0	0
0	1	1	0
1	0	1	0
1	1	0	1

13. Le tableau du demi-soustracteur $(x - y)$, illustré ci-contre, a deux énoncés de sortie. L'énoncé D donne la différence des variables x et y et l'énoncé E donne l'emprunt effectué.
    a) Écrire la somme canonique de chacun de ces énoncés.
    b) Donner le circuit logique simplifié correspondant.

x	y	D	E
0	0	0	0
0	1	1	1
1	0	1	0
1	1	0	0

5.3 TABLEAU DE KARNAUGH

La simplification (ou réduction) des énoncés de sortie vise à élaborer des circuits en minimisant leur nombre de composantes. Cependant, la simplification d'une somme canonique par les propriétés peut se révéler un travail assez long lorsque le nombre de variables est plus grand que 3. Il existe une alternative intéressante, le tableau de KARNAUGH, qui a été développée par Maurice KARNAUGH en 1953. C'est un tableau qui, tout comme la table de vérité, caractérise l'énoncé. Pour représenter la table de vérité d'un énoncé, il faut 2^n lignes où n est le nombre de variables. Dans le tableau de KARNAUGH du même énoncé, on aura besoin de 2^n cellules qui seront disposées en un rectangle de p lignes et q colonnes. De plus, si n est pair, on aura $p = q = n$ et le tableau sera carré. Si n est impair, le tableau sera un rectangle.

OBJECTIF : Simplifier une fonction logique à l'aide d'un tableau de KARNAUGH.

TABLEAU DE KARNAUGH À DEUX VARIABLES

Considérons deux variables booléennes x et y. En représentant chaque variable par la lettre qui l'identifie lorsqu'elle prend la valeur 1 et par la lettre complémentée lorsqu'elle prend la valeur 0, on peut décrire les quatre produits fondamentaux de ces variables, ce qui donne

$$\overline{x}\,\overline{y},\ \overline{x}y,\ x\overline{y},\ xy$$

On peut représenter chacun de ces produits par une cellule dans un tableau carré de la façon suivante :

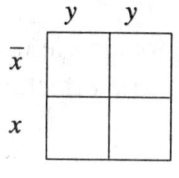

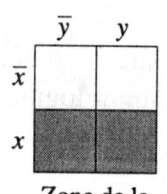

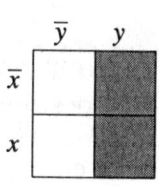

| Zone de la variable x | Zone de la variable y | Produit représenté par chaque cellule | Valeur des variables dans les produits |

On peut alors décrire une somme canonique en indiquant par un 1 les produits fondamentaux qui font partie de cette somme et par 0 ceux qui n'en font pas partie. (On remarque que le tableau de KARNAUGH s'apparente au diagramme de VENN, les cellules du tableau représentant les intersections des plages du diagramme de VENN.)

Ainsi, la somme canonique

$$S = \overline{x}\,\overline{y} + xy$$

qui est celle du circuit comparateur (p. 140), est représentée par le tableau de KARNAUGH ci-contre. Le 1 dans la cellule en haut à gauche de ce tableau indique que $\overline{x}\,\overline{y}$ est un produit de la somme canonique et le 1 dans la cellule en bas à droite indique que xy est également un produit de cette somme.

Considérons maintenant la somme canonique
$$S = \bar{x}y + xy$$
On peut simplifier cette somme à l'aide des propriétés de distributivité et de complémentarité, ce qui donne
$$S = \bar{x}y + xy = (\bar{x} + x)y = y$$
C'est la propriété de complémentarité, $\bar{x} + x = 1$, qui est la plus importante dans cette simplification et qui permet la simplification d'énoncés à l'aide du tableau de KARNAUGH.

Dans un tableau de KARNAUGH, s'il y a un 1 dans deux cellules adjacentes, horizontalement ou verticalement, on peut remplacer la somme des produits représentés par ces cellules par la variable d'entrée commune à ces cellules. Illustrons cela à l'aide des trois tableaux suivants:

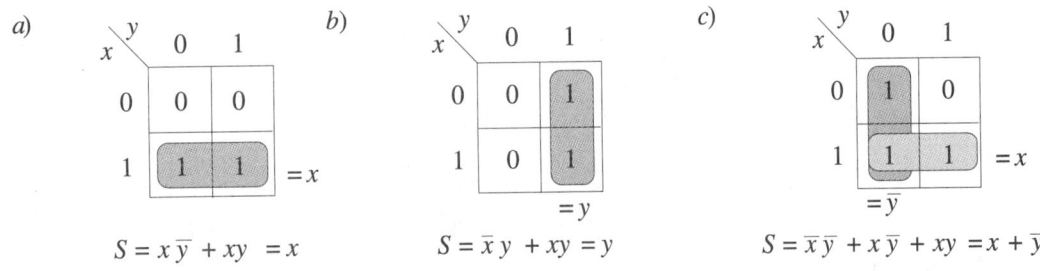

Ainsi, dans le tableau a, il y a deux cellules comportant un 1 et elles ont la variable x comme entrée commune; on peut donc simplifier la somme et on obtient
$$S = x\bar{y} + xy = x(\bar{y} + y) = x \cdot 1 = x.$$

Dans le tableau b, il y a deux cellules comportant un 1 et elles ont la variable y comme entrée commune; on peut donc simplifier la somme et on obtient
$$S = \bar{x}y + xy = (\bar{x} + x)y = 1 \cdot y = y.$$

Dans le tableau c, il y a deux groupements possibles. L'entrée commune du groupement horizontal est x et l'entrée commune du groupement vertical est $\bar{y}$; on a donc
$$S = \bar{x}\,\bar{y} + x\bar{y} + xy = x + \bar{y}.$$

Si on utilise les propriétés pour effectuer cette simplification, on a
$$S = \bar{x}\,\bar{y} + x\bar{y} + xy = \bar{x}\,\bar{y} + x\bar{y} + x\bar{y} + xy$$
$$= (\bar{x} + x)\bar{y} + x(\bar{y} + y) = 1 \cdot \bar{y} + x \cdot 1 = \bar{y} + x.$$

En pratique, on a repéré les blocs de cellules qui contiennent un 1 et pour simplifier, on a remplacé chaque bloc par la variable d'entrée commune à chacune des cellules du bloc.

REMARQUE

Toutes les fonctions du tableau de la page 141 peuvent être décrites par un tableau de KARNAUGH.

Pour pouvoir effectuer des simplifications à l'aide de la propriété de complémentarité, il faut que le tableau soit construit de telle sorte qu'en se déplaçant d'une cellule donnée à une cellule adjacente, il y ait un seul bit qui change. Cela se fait en utilisant le binaire réfléchi ou code GRAY (voir page 19), pour identifier les lignes et les colonnes.

TABLEAU DE KARNAUGH À TROIS VARIABLES

Les figures suivantes représentent des tableaux de KARNAUGH à trois variables. De la même façon, on recherche les blocs de cellules contenant un 1 et formant des carrés ou des rectangles. Dans les illustrations suivantes, on a des blocs de cellules 2×1, 1×2, 2×2, 1×4 et 2×4. Pour simplifier, on remplace la somme des énoncés de ces cellules par les variables d'entrée communes au bloc de cellules.

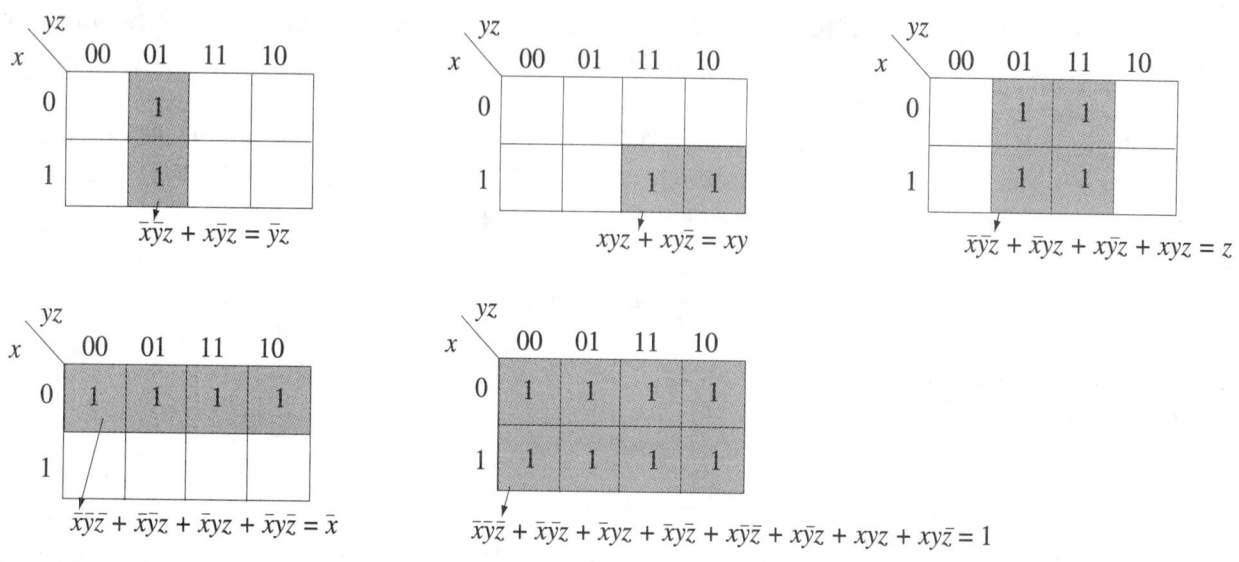

Lorsque toutes les cellules d'un tableau comportent un 1, comme dans le dernier tableau, on remplace la somme par 1.

> **REMARQUE**

Plus le nombre de cellules d'un bloc est grand, plus l'énoncé simplifié (valeurs d'entrée communes) est simple.

CELLULES PÉRIPHÉRIQUES

Pour regrouper les cellules périphériques, on considère que le tableau forme un cylindre, comme dans l'illustration suivante:

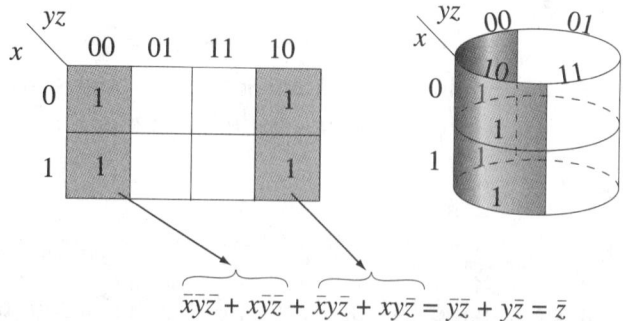

En formant un cylindre avec le tableau, les cellules de chaque côté du tableau sont contiguës.

TABLEAU DE KARNAUGH À QUATRE VARIABLES

Les figures suivantes représentent des tableaux de KARNAUGH à quatre variables. De la même façon, on recherche les blocs de cellules contenant un 1 et formant des carrés ou des rectangles. Dans les illustrations suivantes, on a des blocs de cellules 2×2 et 4×2. Pour simplifier, on remplace la somme des énoncés de ces cellules par les variables d'entrée communes au bloc de cellules.

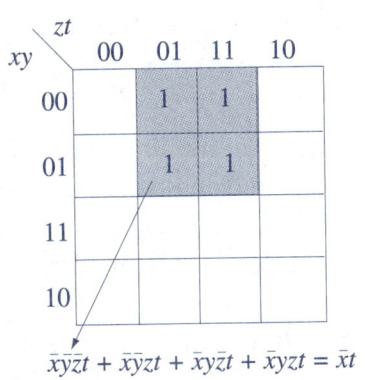
$\bar{x}\bar{y}\bar{z}t + \bar{x}\bar{y}zt + \bar{x}y\bar{z}t + \bar{x}yzt = \bar{x}t$

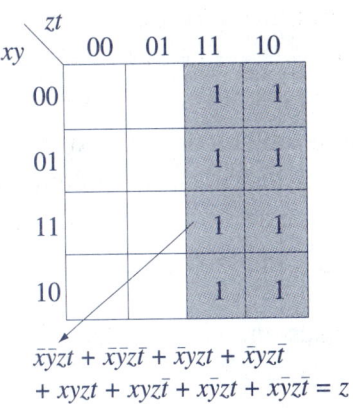
$\bar{x}\bar{y}zt + \bar{x}\bar{y}z\bar{t} + \bar{x}yzt + \bar{x}yz\bar{t}$
$+ xyzt + xyz\bar{t} + x\bar{y}zt + x\bar{y}z\bar{t} = z$

Dans un tableau à quatre entrées, on peut également former des cylindres avec les bandes à la verticale ou à l'horizontale, selon les besoins.

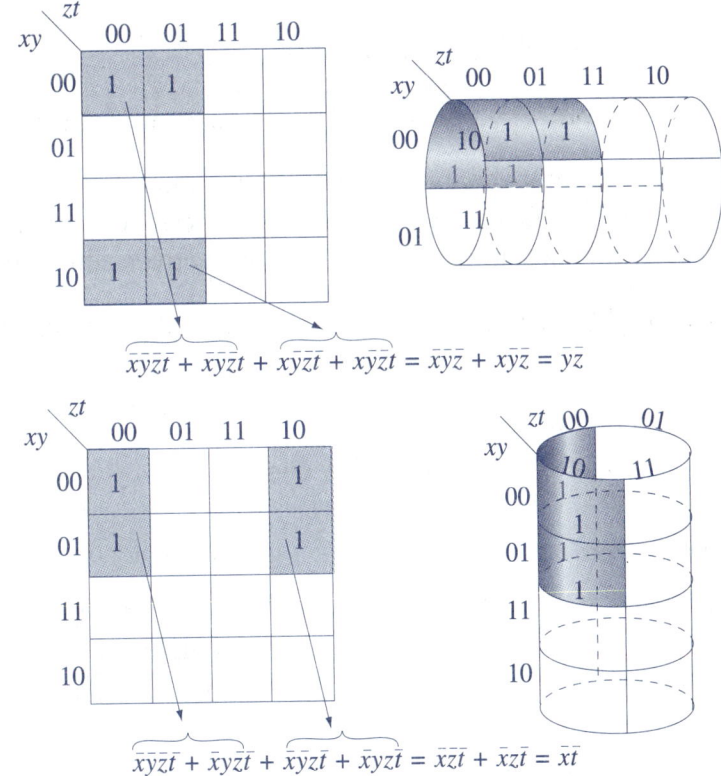

$\overline{\bar{x}\bar{y}\bar{z}\bar{t}} + \bar{x}\bar{y}\bar{z}t + x\bar{y}\bar{z}\bar{t} + x\bar{y}\bar{z}t = \bar{x}\bar{y}\bar{z} + x\bar{y}\bar{z} = \bar{y}\bar{z}$

$\overline{\bar{x}\bar{y}\bar{z}\bar{t}} + \bar{x}y\bar{z}\bar{t} + \bar{x}\bar{y}z\bar{t} + \bar{x}yz\bar{t} = \bar{x}\bar{z}\bar{t} + \bar{x}z\bar{t} = \bar{x}\bar{t}$

REMARQUE

On pourrait également, pour effectuer les regroupements des cellules en périphérie, ajouter à l'extrémité de la dernière colonne du tableau une copie de la première colonne et ajouter au bas de la dernière ligne une copie de la première ligne; les 1 se trouvent alors contigus.

En pratique, on doit donc rechercher les blocs les plus grands possible. Il faut que les blocs couvrent toutes les cases comportant un 1 tout en utilisant le nombre minimal de blocs. On ne tient pas compte des blocs qui sont complètement inclus dans des blocs de plus grande dimension. On remplace la somme des énoncés de ces blocs par les valeurs d'entrée communes aux cellules du bloc, en commençant par les blocs les plus grands.

> *PROCÉDURE POUR SIMPLIFIER UNE FONCTION LOGIQUE PAR LA MÉTHODE DE KARNAUGH*
> 1. Construire le tableau de KARNAUGH correspondant, selon le nombre de variables.
> 2. Couvrir toutes les cases comportant un 1 avec des blocs rectangulaires de cellules.
> 3. Écrire l'énoncé de sortie en indiquant, pour chaque bloc retenu, les valeurs d'entrée communes au bloc (négliger les rectangles inutiles qui regroupent des 1 présents dans d'autres regroupements).
> 4. Faire les mises en évidence dans l'expression simplifiée, lorsque celle-ci s'y prête.

EXEMPLE 5.3.1

Simplifier l'énoncé S à l'aide d'un tableau de KARNAUGH.

a) $S = \bar{x}yz + xyz + x\bar{y}z$
b) $S = x\bar{y}\bar{z} + xy\bar{z} + \bar{x}y\bar{z}$

Solution

a) Comme l'énoncé comporte trois variables, le tableau comportera 2 lignes et 4 colonnes. Ce tableau est donné ci-dessous. Il faut deux blocs rectangulaires pour couvrir les cellules comportant un 1. Les entrées communes au bloc a sont xz et les entrées communes au bloc b sont yz. L'énoncé simplifié est alors

$$S = xz + yz = (x + y)z$$

La simplification par les propriétés aurait donné

$$\begin{aligned}
S &= \bar{x}yz + xyz + x\bar{y}z \\
&= \bar{x}yz + xyz + xyz + x\bar{y}z && \text{par idempotence,} \\
&= (\bar{x} + x)yz + xz(y + \bar{y}) && \text{par mise en évidence (distributivité),} \\
&= yz + xz && \text{par complémentarité,} \\
&= (y + x)z && \text{par mise en évidence.}
\end{aligned}$$

b) Comme l'énoncé comporte trois variables, le tableau comportera 2 lignes et 4 colonnes. Ce tableau est donné ci-contre. En considérant que le tableau forme un cylindre, il faut deux blocs rectangulaires pour couvrir les cellules comportant un 1. Les entrées communes au bloc a sont $x\bar{z}$ et les entrées communes au bloc b sont $y\bar{z}$. L'énoncé simplifié est alors

$$S = x\bar{z} + y\bar{z} = (x + y)\bar{z}$$

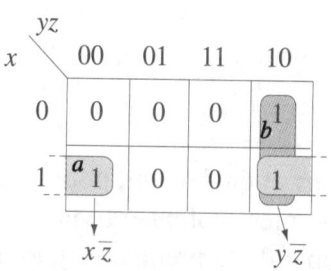

EXEMPLE 5.3.2

Écrire l'énoncé simplifié des tableaux suivants :

a)

x \ yz	00	01	11	10
0	0	0	0	0
1	1	0	0	1

b)

x \ yz	00	01	11	10
0	0	0	0	1
1	0	1	0	0

Solution

a) On peut regrouper les cellules de coin en considérant que forme un cylindre. Les énoncés des cellules sont $x\bar{y}\bar{z}$ et $xy\bar{z}$: l'entrée commune aux deux cellules de coin est $x\bar{z}$. L'énoncé simplifié est donc

$$S = x\bar{z}$$

b) Les cellules sont isolées et on ne peut les regrouper. Il n'y a donc pas de simplification possible. L'énoncé est

$$S = \bar{x}y\bar{z} + x\bar{y}z.$$

EXEMPLE 5.3.3

Simplifier l'énoncé S à l'aide d'un tableau de KARNAUGH

$$S = \bar{x}\,\bar{y}\,\bar{z}\,t + \bar{x}y\,\bar{z}\,t + \bar{x}yzt + \bar{x}yz\bar{t} + xy\,\bar{z}\,\bar{t} + xy\bar{z}t + xyzt + x\,\bar{y}zt$$

Solution

Comme l'énoncé comporte quatre variables, le tableau comportera 4 lignes et 4 colonnes. Ce tableau est donné ci-contre. En déterminant les groupes de cellules adjacentes contenant un 1, on obtient quatre rectangles et un carré. Cependant, le carré est superflu pour la couverture minimum des produits de la somme S. On ne retiendra donc que les entrées communes des quatre rectangles, ce qui donne l'énoncé simplifié

$$S = \bar{x}\,\bar{z}\,t + \bar{x}yz + xy\bar{z} + xzt$$

xy \ zt	00	01	11	10
00	0	1	0	0
01	0	1	1	1
11	1	1	1	0
10	0	0	1	0

EXEMPLE 5.3.4

En simplifiant à l'aide des propriétés, montrer que l'énoncé simplifié du tableau ci-contre est

$$S = \overline{y}\,\overline{t}$$

xy\\zt	00	01	11	10
00	1			1
01				
11				
10	1			1

Solution

Si on fait la somme complète, on a

$$\begin{aligned}
S &= \overline{x}\,\overline{y}\,\overline{z}\,\overline{t} + \overline{x}\,\overline{y}z\,\overline{t} + x\,\overline{y}\,\overline{z}\,\overline{t} + x\,\overline{y}z\,\overline{t} \\
&= \overline{x}\,\overline{y}\,\overline{t}(\overline{z} + z) + x\,\overline{y}\,\overline{t}(\overline{z} + z) \quad \text{Distributivité,} \\
&= \overline{x}\,\overline{y}\,\overline{t} + x\,\overline{y}\,\overline{t} \quad \text{Idempotence,} \\
&= (\overline{x} + x)\,\overline{y}\,\overline{t} \quad \text{Distributivité,} \\
&= \overline{y}\,\overline{t} \quad \text{Idempotence.}
\end{aligned}$$

Ce qui complète la démonstration.

L'étude des circuits logiques est un domaine très large et qui comporte de multiples applications. Il n'est pas possible à l'intérieur d'un cours de faire le tour de la question, encore moins à l'intérieur d'un chapitre. Cette présentation visait à établir des liens entre l'algèbre de Boole et ses applications dans les circuits logiques; le lecteur intéressé par le sujet peut trouver plusieurs ouvrages traitant spécifiquement des circuits logiques.

Signalons de plus que les tableaux de KARNAUGH ne sont habituellement pas utilisés lorsqu'il y a plus de 6 variables en cause. La méthode de QUINE-MCCLUSKEY est une des procédures développées pour simplifier les fonctions logiques comportant plus de 6 variables.

Augustus DE MORGAN

Augustus DE MORGAN était un mathématicien anglais. Il est né en 1806 à Madura, en Inde, où son père servait comme officier de l'armée britannique. Il perdit un œil peu après sa naissance et, à l'âge de sept mois, sa famille retourna en Angleterre. Orphelin de père à 10 ans, il entra au Trinity College de Cambridge à 16 ans. En 1827, il obtint la chaire de mathématiques au University College de Londres qui venait d'être créée. Il démissionna de ce poste en 1831 pour une question de principe. Il occupa de nouveau cette chaire de 1836 à 1866.

En 1838, il définit le terme « induction mathématique », donnant une assise rigoureuse à un procédé qui était déjà utilisé sans que les fondements n'en aient été posés de façon précise.

De Morgan a écrit plusieurs mémoires sur l'algèbre, s'intéressant aux symboles et aux relations entre ceux-ci. C'est par les ouvrages *Formal logic*, édité en 1847, et *Trigonometry and Double Algebra*, édité en 1849, que DE MORGAN a fait connaître ses idées sur le sujet. Pour lui, l'algèbre est une collection de symboles et d'opérations définies sur ces symboles. L'algèbre comporte des lois, comme la distributivité, la commutativité, les lois des exposants, etc. Il distinguait:

- l'arithmétique universelle, qui traite des nombres naturels;
- l'algèbre simple, dont l'objet est l'étude des nombres négatifs;
- l'algèbre double, qui traite des nombres complexes.

Il cofonda, en 1866, la London Mathematical Society dont il fut le premier président. Il est mort à Londres en 1871.

5.4 EXERCICES

1. Écrire l'énoncé simplifié des tableaux suivants:

a)

x \ yz	00	01	11	10
0	1	1	0	0
1	0	1	1	1

b)

x \ yz	00	01	11	10
0	1	1	0	1
1	1	0	0	1

c)

x \ yz	00	01	11	10
0	1	1	1	1
1	0	0	1	0

d)

x \ yz	00	01	11	10
0	0	1	1	1
1	1	1	0	0

e)

x \ yz	00	01	11	10
0	1	1	1	1
1	1	1	0	0

f)

x \ yz	00	01	11	10
0	0	1	1	0
1	1	1	1	1

2. Écrire l'énoncé simplifié des tableaux suivants:

a)

xy \ zt	00	01	11	10
00	0	0	0	0
01	1	0	1	1
11	1	1	1	0
10	0	0	1	0

b)

xy \ zt	00	01	11	10
00	0	0	1	0
01	1	1	1	1
11	0	0	1	0
10	0	0	1	0

c)

xy \ zt	00	01	11	10
00	1	0	0	1
01	0	1	1	0
11	0	0	1	0
10	1	0	0	1

d)

xy \ zt	00	01	11	10
00	1	0	0	0
01	0	1	0	0
11	0	0	1	0
10	0	0	0	1

e)

ab\cd	00	01	11	10
00	0	1	1	0
01	1	0	0	1
11	1	0	0	1
10	0	0	0	0

f)

ab\cd	00	01	11	10
00	0	1	1	0
01	1	1	1	1
11	1	1	1	1
10	0	1	1	0

3. Simplifier les sommes canoniques à l'aide d'un tableau de KARNAUGH.

   a) $S = \bar{x}yz + \bar{x}y\bar{z} + \bar{x}\bar{y}z$
   b) $S = \bar{x}y\bar{z} + xy\bar{z} + \bar{x}\bar{y}z + x\bar{y}z$

4. Utiliser un tableau de KARNAUGH pour simplifier l'énoncé de sortie du problème de la compilation des votes dans un comité de trois personnes, présenté à l'exemple 5.1.5, page 145. Donner le circuit simplifié.

5. Un système de contrôle est composé de quatre capteurs A, B, C et D. Le système doit permettre d'allumer un témoin sous certaines conditions qui sont décrites par la somme canonique suivante:
$$S = \bar{a}\,\bar{b}\,\bar{c}\,\bar{d} + \bar{a}\,\bar{b}\,\bar{c}\,d + \bar{a}\,\bar{b}\,c\,d + \bar{a}\,b\,\bar{c}\,d + \bar{a}\,b\,c\,d + a\,\bar{b}\,\bar{c}\,d + a\,\bar{b}\,c\,d + a\,\bar{b}\,c\,\bar{d}$$
Déterminer le circuit simplifié du système.

6. Déterminer la somme canonique de la variable de sortie du tableau et simplifier, s'il y a lieu.

a)

x	y	z	S
0	0	0	0
0	0	1	1
0	1	0	1
0	1	1	0
1	0	0	1
1	0	1	0
1	1	0	0
1	1	1	1

b)

x	y	z	S
0	0	0	1
0	0	1	0
0	1	0	0
0	1	1	1
1	0	0	0
1	0	1	1
1	1	0	1
1	1	1	0

c)

x	y	z	S
0	0	0	0
0	0	1	0
0	1	0	1
0	1	1	1
1	0	0	1
1	0	1	1
1	1	0	0
1	1	1	1

d)

x	y	z	S
0	0	0	1
0	0	1	1
0	1	0	0
0	1	1	0
1	0	0	1
1	0	1	0
1	1	0	1
1	1	1	1

e)

x	y	z	S
0	0	0	0
0	0	1	0
0	1	0	1
0	1	1	1
1	0	0	1
1	0	1	0
1	1	0	0
1	1	1	0

f)

x	y	z	S
0	0	0	1
0	0	1	0
0	1	0	1
0	1	1	0
1	0	0	0
1	0	1	1
1	1	0	0
1	1	1	1

g)

x	y	z	S
0	0	0	1
0	0	1	1
0	1	0	1
0	1	1	1
1	0	0	0
1	0	1	1
1	1	0	0
1	1	1	1

h)

x	y	z	S
0	0	0	0
0	0	1	1
0	1	0	1
0	1	1	1
1	0	0	0
1	0	1	1
1	1	0	0
1	1	1	0

7. L'entreprise qui vous emploie possède trois salles de réunion qui sont très utilisées. On vous demande de concevoir un circuit logique qui allumera un voyant lumineux lorsque au moins une des trois salles est disponible.

8. L'éclairage d'une pièce est contrôlé par trois interrupteurs. La pièce est éclairée lorsque le nombre d'interrupteurs en position « allumée » est pair. Construire le circuit logique simplifié effectuant ce contrôle.

9. Un comité de quatre personnes est formé d'un président et de trois vice-présidents. On souhaite concevoir un circuit permettant de compiler automatiquement les votes sur les propositions étudiées.
   a) Représenter ce circuit à l'aide de portes logiques si les propositions doivent être adoptées à majorité simple, indépendamment du titre des quatre personnes.
   b) Représenter ce circuit à l'aide de portes logiques si les propositions doivent être adoptées à majorité simple et qu'aucune proposition ne peut être adoptée si le président vote contre.

PRÉPARATION À L'ÉVALUATION

Pour préparer votre examen, assurez-vous d'avoir atteint les objectifs suivants.

Consignez à la page suivante des indications pour vous remémorer plus facilement les notions et concepts qui vous posent le plus de difficultés.

Si vous avez atteint l'objectif, cochez.

☆ **EFFECTUER DES TRAITEMENTS SUR DES DONNÉES INTERNES DE L'ORDINATEUR.**

△ **Représentation juste de données dans la mémoire de l'ordinateur.**

○ UTILISER LES OPÉRATEURS BOOLÉENS POUR DÉCRIRE L'EFFET D'UN CIRCUIT.

◇ Représenter un circuit correspondant à une fonction logique.

◇ Simplifier un circuit.
   ❏ Décrire le circuit par sa fonction logique.
   ❏ Simplifier la fonction logique en utilisant les propriétés des circuits.
   ❏ Dessiner le circuit équivalent.

○ SIMPLIFIER UNE FONCTION LOGIQUE À L'AIDE D'UN TABLEAU DE KARNAUGH.

◇ Simplifier une fonction logique par la méthode de KARNAUGH.
   ❏ Construire le tableau de KARNAUGH correspondant, selon le nombre de variables.
   ❏ Couvrir toutes les cases comportant des 1 par des blocs rectangulaires de cellules.
   ❏ Écrire l'énoncé de sortie en indiquant, pour chaque bloc retenu, les valeurs d'entrée communes au bloc.
   ❏ Faire les mises en évidence dans l'expression simplifiée, lorsque celle-ci s'y prête.

Signification des symboles: ☆ Élément de compétence △ Composantes particulières de la compétence
○ Objectif de section ◇ Procédure ou démarche ❏ Étape d'une procédure

Notes personnelles

VOCABULAIRE UTILISÉ DANS LE CHAPITRE

ADDITIONNEUR COMPLET
C'est un circuit composé de deux demi-additionneurs et d'un « ou » logique qui effectue la somme chiffre par chiffre en tenant compte de la retenue provenant des autres rangs.

CIRCUITS PARTICULIERS
Les *circuits particuliers* sont les dispositifs qui effectuent des opérations booléennes particulières.

DEMI-ADDITIONNEUR
C'est un circuit qui effectue la somme chiffre par chiffre sans tenir compte de la retenue provenant des autres rangs du nombre.

SOMME CANONIQUE
La *somme canonique* d'une variable de sortie S est la description de cette variable en fonction des variables d'entrée. Pour obtenir la somme canonique, on fait correspondre, pour chaque 1 de la variable de sortie, le produit des variables d'entrée. Dans ces produits, une variable est sous la forme normale lorsque sa valeur est 1 à l'entrée, et elle est sous la forme complémentée lorsque sa valeur est 0 à l'entrée. Généralement, une somme canonique est simplifiable.

TABLEAU DE KARNAUGH
C'est un tableau rectangulaire dont les cellules présentent les différentes combinaisons des valeurs des variables et qui permet de simplifier une fonction logique.

MODÉLISATION: FONCTIONS DISCRÈTES

6.0 PRÉAMBULE

Dans le traitement de l'information, on doit souvent associer à chacun des éléments d'un ensemble un élément particulier d'un autre ensemble. Mathématiquement, une telle association est une fonction. Les fonctions constituent un instrument très efficace de description et d'analyse de l'information. Il existe différentes classifications des fonctions. En particulier, on peut distinguer les fonctions discrètes et les fonctions continues. Dans le présent chapitre, nous étudierons quelques fonctions discrètes.

Les activités d'apprentissage de ce chapitre visent à développer les éléments de compétence suivants:

**ORGANISER ET TRAITER DE L'INFORMATION.
EFFECTUER DES OPÉRATIONS LOGIQUES.**

Les composantes particulières des éléments de compétence visées par ce chapitre sont:

Établissement de relations justes entre des ensembles.
Utilisation appropriée de la méthode de preuve par induction.

6.1 SUITES, SOMMATIONS ET FONCTIONS RÉCURSIVES

La représentation d'une liste ordonnée d'éléments forme une suite. Les suites constituent de ce fait une structure de données importante. Nous présenterons dans cette section les fondements théoriques des notions de suite et de fonction récursive.

OBJECTIF: Utiliser les suites et les fonctions discrètes dans le traitement de situations diverses.

À chaque élément d'une liste ordonnée d'objets, on peut associer un nombre naturel qui représente son rang dans la liste. Cette association est une fonction de l'ensemble des nombres naturels dans l'ensemble constitué de la liste d'objets. Ce genre d'association est important dans le traitement de l'information.

FONCTION

Soit A et B deux ensembles. Une *fonction* de A dans B est l'affectation d'au plus un élément de B à chaque élément de A. L'ensemble A est appelé *ensemble de départ* de la fonction et l'ensemble B est appelé *ensemble d'arrivée*. On notera $f: A \rightarrow B$ une fonction dont A est l'ensemble de départ et B est l'ensemble d'arrivée. Si a est un élément de A associé à l'élément b de B, on écrit $f(a) = b$ qui se lit « l'image de a par la fonction f est b ».

SUITE

Une *suite* est une fonction dont l'ensemble de départ est l'ensemble des entiers positifs, noté $\mathbf{N}^*$, et dont l'ensemble d'arrivée est l'ensemble des réels, noté $\mathbf{R}$. Une *suite* numérique est un ensemble ordonné de nombres non nécessairement distincts. Ces nombres sont appelés les *termes* de la suite. Une suite comportant un nombre fini de termes est appelée *suite finie*; dans le cas contraire, la suite est dite *infinie*.

NOTATION

La suite étant un ensemble, on utilise la notation ensembliste pour la représenter. De plus, pour décrire les caractéristiques générales des termes d'une suite, on les représente souvent par des lettres indicées, les indices indiquant le *rang* du terme dans la suite, comme suit:
$$\{a_1; a_2; a_3; \ldots; a_i; \ldots\} \text{ où } i \in \mathbf{N}^*$$
Lorsqu'on veut parler d'une suite, on indiquera simplement $\{a_i\}$. Plusieurs suites obéissent à une règle particulière de formation; on peut alors représenter la suite à l'aide de cette règle de formation. Par exemple, dans la suite
$$\left\{\frac{1}{2}; \frac{2}{3}; \frac{3}{4}; \frac{4}{5}; \ldots\right\},$$
on remarque qu'il est possible de décrire chacun des termes par le *terme général* $a_n = \dfrac{n}{n+1}$; on peut alors décrire la suite par $\left\{\dfrac{n}{n+1}\right\}$. Certaines suites sont décrites par *récurrence*. Lorsqu'une suite est définie par récurrence, on donne généralement le premier terme, ou quelques termes du début, et une *règle de récurrence* qui permet de calculer les autres termes de la suite à partir du ou des termes précédents.

EXEMPLE 6.1.1

Écrire les six premiers termes de la suite définie par
$$\left\{\frac{2n}{n+1}\right\}$$

Solution
En donnant successivement à *n* les valeurs de 1 à 6, on obtient
$$\left\{\frac{2}{2},\frac{4}{3},\frac{6}{4},\frac{8}{5},\frac{10}{6},\frac{12}{7}\right\}.$$
En simplifiant les termes, on a
$$\left\{1,\frac{4}{3},\frac{3}{2},\frac{8}{5},\frac{5}{3},\frac{12}{7}\right\}.$$

FONCTION RÉCURSIVE

Une *fonction récursive* est une fonction définie de la façon suivante:
- on donne le ou les premiers termes;
- on donne la règle récurrente pour trouver les autres termes à partir de la ou des valeurs précédentes.

Le premier terme d'une fonction récursive n'est pas nécessairement associé à l'élément 1. Il peut être associé à 0. On a alors une fonction de **N** dans **R**.

EXEMPLE 6.1.2

Soit la fonction récursive définie par
$$f(0) = 2 \text{ et } f(n) = 3f(n-1) - 1$$
Écrire les termes $f(1)$, $f(2)$, $f(3)$, $f(4)$, $f(5)$ et $f(6)$.

Solution
Les termes sont obtenus par récurrence, l'image d'un élément étant définie par l'image du précédent. On a alors
$$f(1) = 3f(0) - 1 = 3\times 2 - 1 = 5,$$
$$f(2) = 3f(1) - 1 = 3\times 5 - 1 = 14,$$
$$f(3) = 3f(2) - 1 = 3\times 14 - 1 = 41,$$
$$f(4) = 3f(3) - 1 = 3\times 41 - 1 = 122,$$
$$f(5) = 3f(4) - 1 = 3\times 122 - 1 = 365,$$
$$f(6) = 3f(5) - 1 = 3\times 365 - 1 = 1\,094.$$

NOTATION

Les images d'une fonction récursive forment une suite que l'on note parfois $f_0, f_1, f_2, ..., f_n$. Ainsi, dans l'exemple 6.1.2, on aurait pu noter $f_0 = 2$ et $f_n = 3f_{n-1} - 1$.

EXEMPLE 6.1.3

Soit la fonction récursive définie par
$$f_0 = 1 \text{ et } f_n = (n)f_{n-1}$$
Écrire les termes $f_0, f_1, f_2, ..., f_6$.

Solution

Les termes sont obtenus par récurrence, l'image d'un élément étant définie par l'image du précédent. On a alors

$f_0 = 1$
$f_1 = 1 \times f_0 = 1 \times 1 = 1,$
$f_2 = 2 \times f_1 = 2 \times 1 = 2,$
$f_3 = 3 \times f_2 = 3 \times 2 = 6,$
$f_4 = 4 \times f_3 = 4 \times 6 = 24,$
$f_5 = 5 \times f_4 = 5 \times 24 = 120,$
$f_6 = 6 \times f_5 = 6 \times 120 = 720.$

EXEMPLE 6.1.4

Soit la fonction récursive définie par
$$f_0 = 1, f_1 = 1 \text{ et } f_n = f_{n-1} + f_{n-2}$$
Écrire les termes $f_0, f_1, f_2, ..., f_8$.

Solution

Les termes sont obtenus par récurrence, l'image d'un élément étant définie par la somme des images des deux précédents. On a alors

$f_0 = 1,$
$f_1 = 1,$
$f_2 = f_1 + f_0 = 1 + 1 = 2,$
$f_3 = f_2 + f_1 = 2 + 1 = 3,$
$f_4 = f_3 + f_2 = 3 + 2 = 5,$
$f_5 = f_4 + f_3 = 5 + 3 = 8,$
$f_6 = f_5 + f_4 = 8 + 5 = 13,$
$f_7 = f_6 + f_5 = 13 + 8 = 21,$
$f_8 = f_7 + f_6 = 21 + 13 = 34.$

La suite de l'exemple 6.1.4 est appelée *suite de FIBONACCI*. Par extension, toutes les suites de la forme
$$f_0 = a, f_1 = b \text{ et } f_n = f_{n-1} + f_{n-2}$$
sont également appelées *suites de FIBONACCI*.

FIBONACCI

LÉONARD DE PISE (vers 1180-1250) est mieux connu sous le nom de FIBONACCI, qui signifie *fils de Bonaccio* en italien. Il fit paraître en 1202 un ouvrage intitulé *Liber abaci* présentant des problèmes et des méthodes algébriques qui accordent une place importante à l'utilisation des chiffres indo-arabes.

Ce livre comportait quinze chapitres. Le premier était consacré à la numération positionnelle et au calcul digital. Les chapitres 2 à 5 portaient sur les opérations élémentaires relatives aux entiers, sur la décomposition des nombres en facteurs premiers et sur la divisibilité des nombres par 2, par 3, ..., par 13. Les chapitres 6 et 7 traitaient des fractions, alors que les chapitres 8 à 11 présentaient des problèmes relatifs aux opérations commerciales. La fin du livre était consacrée à des opérations arithmétiques plus complexes, telles que l'extraction de racines carrées et cubiques et la résolution d'équations du second degré.

FIBONACCI a laissé son nom à la suite de nombres obtenue en résolvant un des problèmes présentés dans le *Liber abaci*. Ce problème est le suivant:

Combien de couples de lapins obtient-on à la fin d'une année si on commence avec un couple de lapins naissants et que chaque couple produit chaque mois un nouveau couple et que chaque couple devient productif au second mois de son existence?

La solution de ce problème donne, pour chaque mois, la suite infinie de nombres
$$\{1; 1; 2; 3; 5; 8; 13; 21; 34; 55; 89; 144; \ldots\}$$
Il y a donc 144 couples de lapins à la fin de l'année. On remarque qu'à partir de 2, chaque terme de la suite est la somme des deux termes qui le précèdent. On peut donc construire une suite contenant un nombre infini de termes en poursuivant le processus. Cette suite possède de nombreuses propriétés. Notamment, le rapport de deux nombres consécutifs donne la nouvelle suite

$$\left\{ 1\,;\, \frac{2}{1}\,;\, \frac{3}{2}\,;\, \frac{5}{3}\,;\, \frac{8}{5}\,;\, \ldots \right\}$$

dont la limite à l'infini donne le nombre d'or, soit

$$\frac{\sqrt{5}+1}{2}$$

Cette suite est reliée à plusieurs phénomènes de croissance naturels: cœurs de tournesols, cœurs de marguerites, cornes de béliers, coquillages, ananas, pommes de pins, etc.

PROGRESSION ARITHMÉTIQUE

Une *progression arithmétique* est une suite récurrente, ou fonction récursive, de **N** dans **R**, dont la règle de récurrence est de la forme $a_n = a_{n-1} + d$, où d est une valeur constante appelée la *raison* de la progression. La progression est croissante lorsque $d > 0$ et décroissante lorsque $d < 0$.

Ainsi, la suite $\{1; 3; 5; 7; 9; \ldots\}$ est une progression arithmétique de raison 2 dont le premier terme est 1 et la règle de récurrence est $a_n = a_{n-1} + 2$. La règle de récurrence donne la valeur du terme de rang n en fonction du terme de rang $n - 1$.

On remarque qu'il est possible d'exprimer le terme général d'une progression arithmétique à partir de la règle de récurrence. En effet, on peut écrire les termes de la progression de la façon suivante:
$$\{a_1;\ a_1 + d;\ a_1 + 2d;\ a_1 + 3d;\ \ldots\ ;\ a_1 + (n-1)d;\ \ldots\}$$
Le terme général est donc $a_n = a_1 + (n-1)d$. On peut donc trouver le terme de rang n sans avoir à calculer tous les termes précédents.

EXEMPLE 6.1.5

Écrire les six premiers termes de la progression arithmétique définie par $a_1 = 43$ et $d = -3$.

Solution
Les termes de la progression sont
$a_1 = 43,$
$a_2 = 43 - 3 = 40,$
$a_3 = 40 - 3 = 37,$
$a_4 = 37 - 3 = 34,$
$a_5 = 34 - 3 = 31,$
et $a_6 = 31 - 3 = 28.$
La progression est donc
$$\{43, 40, 37, 34, 31, 28, ...\}.$$

PROGRESSION GÉOMÉTRIQUE

Une *progression géométrique* est une suite récurrente, ou fonction récursive, de **N** dans **R**, dont la règle de récurrence est de la forme $a_n = a_{n-1}r$, où r est une valeur constante appelée la *raison* de la progression. La progression est croissante lorsque $|r| > 1$ et décroissante lorsque $0 < |r| < 1$.

La suite $\{1; 2; 4; 8; 16; ...\}$ est une progression géométrique dont le premier terme est 1 et la raison est 2. Le terme général d'une progression géométrique de raison r peut s'écrire sous la forme $a_n = a_1 r^{n-1}$.

EXEMPLE 6.1.6

Écrire les six premiers termes de la progression géométrique définie par $a_1 = 96$ et $r = 1/2$.

Solution
Chaque terme de la progression est obtenu en multipliant le terme précédent par 1/2. Puisque le premier terme est 96, les termes de la progression sont
$a_1 = 96,$
$a_2 = 96 \times (1/2) = 48,$
$a_3 = 48 \times (1/2) = 24,$
$a_4 = 24 \times (1/2) = 12,$
$a_5 = 12 \times (1/2) = 6,$
et $a_6 = 6 \times (1/2) = 3.$
Les six premiers termes de la progression sont donc
$$\{96, 48, 24, 12, 6, 3\}$$

EXEMPLE 6.1.7

On place un montant de 5 000 $ à un taux d'intérêt mensuel de 1,5 %.
a) Déterminer un modèle mathématique décrivant la valeur du capital après n mois.
b) Quel sera le capital accumulé dans quatre ans?

Solution
a) Représentons par $C(n)$ le capital accumulé après n mois. On a alors
$C(1) = 5\,000\,(1{,}015)$,
$C(2) = 5\,000\,(1{,}015)(1{,}015) = 5\,000(1{,}015)^2$,
$C(3) = 5\,000\,(1{,}015)^2(1{,}015) = 5\,000(1{,}015)^3$,
....

$C(n) = 5\,000\,(1{,}015)^n$.

b) Le capital accumulé dans 48 mois sera
$$C(48) = 5\,000\,(1{,}015)^{48} = 10\,217{,}39\ \$$$

REMARQUE

Le capital accumulé est décrit de façon récursive par une progression géométrique.

VALEUR FUTURE ET VALEUR ACTUELLE

On appelle *valeur future* (ou valeur cumulée ou valeur définitive) d'un capital, la valeur C après n périodes de ce capital ayant été placé à un taux périodique fixe.
On appelle *valeur actuelle* d'une somme C payable dans n périodes, le capital C_0 qu'il faut placer à un taux périodique fixe pendant n périodes pour accumuler la somme C.

THÉORÈME 6.1.1

La valeur future C d'un capital initial C_0 placé à un taux d'intérêt périodique i pour une durée de n périodes est décrite par
$$C(n) = C_0\,(1 + i)^n$$

Démonstration
En représentant par $C(n)$ le capital après n périodes, on a
$C(1) = C_0\,(1 + i)$,
$C(2) = C_0\,(1 + i)(1 + i) = C_0\,(1 + i)^2$,
$C(3) = C_0\,(1 + i)^2(1 + i) = C_0\,(1 + i)^3$,
....

$C(n) = C_0\,(1 + i)^n$.

> **REMARQUE**

Dans cette relation entre la valeur future et la valeur actuelle, il y a quatre paramètres et on peut avoir à calculer n'importe lequel de ces paramètres selon les données du problème.

La relation entre la valeur future C et la valeur actuelle C_0 est également utilisée pour calculer la valeur actuelle lorsqu'on connaît la valeur future. En effet, puisque
$$C = C_0 (1 + i)^n$$
on a
$$C_0 = \frac{C}{(1+i)^n} = C(1+i)^{-n}.$$

SOMMATIONS

On s'intéresse souvent à la somme des n premiers termes d'une suite. Pour représenter une telle somme de façon condensée, on utilise le terme général de la suite et la lettre grecque Σ (sigma), qu'on appelle *symbole de sommation*. Ainsi, la somme des n premiers termes de la suite
$$\left\{\frac{1}{2}; \frac{2}{3}; \frac{3}{4}; \frac{4}{5}; ...\right\}$$
s'écrit
$$\sum_{i=1}^{n} \frac{i}{i+1}.$$

Cette expression se lit « la somme, pour i variant de 1 jusqu'à n, des termes de la forme $\frac{i}{i+1}$ ». Dans cette expression, la lettre i est appelée *variable de sommation*. On utilise également les lettres j, k et n pour représenter la variable de sommation.

> *PORTÉE D'UN SYMBOLE DE SOMMATION*
> La *portée* d'un symbole de sommation est l'expression algébrique qui est affectée par le symbole de sommation.

Lorsque le symbole de sommation est suivi d'une expression algébrique constituée du produit ou du quotient d'expressions algébriques plus simples, on convient que toute cette expression est dans la portée du symbole de sommation. Cependant, si l'expression algébrique qui suit le symbole de sommation est constituée de sommes ou de différences d'expressions algébriques plus simples, il faut préciser la portée du symbole à l'aide de parenthèses lorsque la portée s'étend au-delà du premier terme de cette somme ou de cette différence. Ainsi, dans l'expression
$$\sum_{i=1}^{n} a_i x_i + b,$$
le symbole de sommation n'affecte que le terme $a_i x_i$, alors que dans l'expression
$$\sum_{i=1}^{n} (a_i x_i + b),$$
la portée du symbole de sommation est $a_i x_i + b$.

PROPRIÉTÉS DU SYMBOLE DE SOMMATION

Les propriétés de commutativité, de distributivité et d'associativité de l'addition permettent de démontrer facilement les propriétés suivantes du symbole de sommation.

1. $\sum_{i=1}^{n}(x_i + y_i) = \sum_{i=1}^{n} x_i + \sum_{i=1}^{n} y_i$
2. $\sum_{i=1}^{n} a x_i = a \sum_{i=1}^{n} x_i$

3. $\sum_{i=1}^{n} a = na$
4. $\sum_{i=1}^{n}(x_i + a) = \sum_{i=1}^{n} x_i + na$

SOMME PARTIELLE D'UNE PROGRESSION ARITHMÉTIQUE

On appelle *somme partielle* d'une suite la somme des n premiers termes de cette suite et on la note souvent S_n pour alléger l'écriture. Dans le cas des progressions arithmétiques, on peut exprimer la somme des n premiers termes sous une forme simple impliquant le nombre de termes n, le premier terme et le terme de rang n.

THÉORÈME 6.1.2

La somme des n premiers termes d'une progression arithmétique est donnée par

$$S_n = \frac{n(a_1 + a_n)}{2}$$

où n est le nombre de termes de la somme, a_1 est le premier terme et a_n est le terme de rang n.

Démonstration

La somme des n termes est
$$S_n = a_1 + a_2 + a_3 + \ldots + a_{n-1} + a_n$$
En exprimant chacun des termes par rapport au premier terme a_1 et à la raison d, on a
$$S_n = a_1 + [a_1 + d] + [a_1 + 2d] + \ldots + [a_1 + (n-2)d] + [a_1 + (n-1)d]$$
En écrivant cette somme dans l'ordre inverse, on obtient
$$S_n = [a_1 + (n-1)d] + [a_1 + (n-2)d] + \ldots + [a_1 + 2d] + [a_1 + d] + a_1$$
En additionnant terme à terme ces deux expressions de S_n, on a
$$2S_n = [2a_1 + (n-1)d] + [2a_1 + (n-1)d] + \ldots + [2a_1 + (n-1)d] + [2a_1 + (n-1)d]$$
Cette somme est constituée de n fois le terme $[2a_1 + (n-1)d]$; on a donc
$$2S_n = n[2a_1 + (n-1)d]$$
d'où
$$S_n = \frac{n[2a_1 + (n-1)d]}{2} = \frac{n[a_1 + a_1 + (n-1)d]}{2} = \frac{n(a_1 + a_n)}{2}$$

SOMME PARTIELLE D'UNE PROGRESSION GÉOMÉTRIQUE

THÉORÈME 6.1.3

La somme des n premiers termes d'une progression géométrique est donnée par

$$S_n = \frac{a_1(1 - r^n)}{1 - r}$$

où n est le nombre de termes, a_1 est le premier terme et r est la raison.

Démonstration

La somme des n termes est

$$S_n = a_1 + a_2 + a_3 + \ldots + a_{n-1} + a_n.$$

En exprimant chacun des termes par rapport au premier terme a_n et à la raison r, on a

$$S_n = a_1 + a_1 r + a_1 r^2 + \ldots + a_1 r^{n-2} + a_1 r^{n-1}.$$

En multipliant les deux membres de cette égalité par r, on obtient

$$rS_n = a_1 r + a_1 r^2 + a_1 r^3 + \ldots + a_1 r^{n-1} + a_1 r^n.$$

En soustrayant la deuxième et la troisième égalités l'une de l'autre, on trouve

$$S_n - rS_n = a_1 - a_1 r^n$$

d'où

$$S_n(1-r) = a_1(1-r^n)$$

et

$$S_n = \frac{a_1(1-r^n)}{1-r} = \frac{a_1(r^n-1)}{r-1}.$$

EXEMPLE 6.1.8

Vous décidez de constituer un capital en déposant dès maintenant 800 $ à un taux de 7 % capitalisé annuellement et en faisant un dépôt similaire au début de chacune des trois prochaines années.

a) Quelle sera la valeur cumulée dans quatre ans?
b) Quelle est la valeur actuelle de ce placement?

Solution

a) Représentons par des points sur une droite chacun des débuts de période, soit le moment où les dépôts sont effectués. Pour le premier dépôt, il y aura quatre capitalisations et sa valeur cumulée sera $800(1{,}07)^4$. Pour le deuxième dépôt, il y aura trois capitalisations et sa valeur cumulée sera $800(1{,}07)^3$. Pour le troisième dépôt, il y aura deux capitalisations et sa valeur cumulée sera $800(1{,}07)^2$ et pour le dernier dépôt, il y aura une seule capitalisation et sa valeur cumulée sera $800(1{,}07)$.

	Première période	Deuxième période	Troisième période	Quatrième période	
Premier dépôt	800	$800(1{,}07)$	$800(1{,}07)^2$	$800(1{,}07)^3$	$800(1{,}07)^4$
Deuxième dépôt		800	$800(1{,}07)$	$800(1{,}07)^2$	$800(1{,}07)^3$
Troisième dépôt			800	$800(1{,}07)$	$800(1{,}07)^2$
Quatrième dépôt				800	$800(1{,}07)$

Pour trouver la valeur cumulée, il faut faire la somme des valeurs futures de chacun des dépôts, soit:

$$S_4 = 800(1{,}07) + 800(1{,}07)^2 + 800(1{,}07)^3 + 800(1{,}07)^4$$

Cette dernière expression est la somme des quatre premiers termes d'une progression géométrique pour laquelle $a_1 = 800(1{,}07)$ et la raison est $r = 1{,}07$. La somme est donc

$$S = \frac{800(1,07)[(1,07)^4 - 1]}{0,07} = 3\,800,59\ \$;$$

c'est la valeur cumulée de la suite de placements.

b) La valeur actuelle de cette suite de versements est le montant qu'il faudrait placer actuellement à 7 % capitalisé annuellement pour accumuler 3 800,59 $ dans quatre ans. La relation entre la valeur cumulée et la valeur actuelle d'un capital est $C = C_0 (1 + i)^n$. La valeur cumulée sera notée VC_d et la valeur actuelle VA_d. Le taux i est le taux annuel de 7 % et n représente le nombre de périodes, soit quatre années; on a donc

$$VC_d = VA_d\,(1+i)^n$$

Par substitution, on a alors $\quad 3\,800,59 = VA_d\,(1,07)^4$

En isolant VA_d, on a alors $\quad VA_d = \dfrac{3\,800,59\ \$}{(1,07)^4} = 2\,899,45\ \$$

Au taux de 7 % par année, il faudrait donc placer, actuellement, 2 899,45 $ pour avoir dans 4 ans un capital accumulé de 3 800, 59 $, équivalent à celui obtenu en plaçant 800 $ au début des quatre années.

ANNUITÉS

On appelle *annuités* ou *périodicités* les versements égaux que l'on fait à intervalle régulier pour constituer un capital ou rembourser un emprunt. Les versements permettant de constituer un capital sont appelés *annuités de début de période* et les versements permettant de rembourser un emprunt sont appelés *annuités de fin de période*.

REMARQUE

On constate, en analysant le résultat de l'exemple 6.1.8 et la façon dont on l'obtient, qu'il est possible de généraliser la démarche pour effectuer le travail plus efficacement. En effet, si on représente le montant de 800 $ par A, le taux périodique de 7% par i et le nombre de capitalisations par n, on a

$$VC_d = \frac{A(1+i)[(1+i)^n - 1]}{i}$$

THÉORÈME 6.1.4

La valeur cumulée de n annuités de début de période placées à un taux périodique i est donnée par

$$VC_d = \frac{A(1+i)[(1+i)^n - 1]}{i}$$

où VC_d est la valeur cumulée à l'échéance du placement, A est le montant de l'annuité (versement périodique), i est le taux par période et n est le nombre de périodes.

Démonstration

En représentant sur une droite chacun des n débuts de période où on effectue un versement d'un montant A, la valeur future de chacune des annuités est alors celle apparaissant dans la colonne à l'extrême droite du graphique suivant:

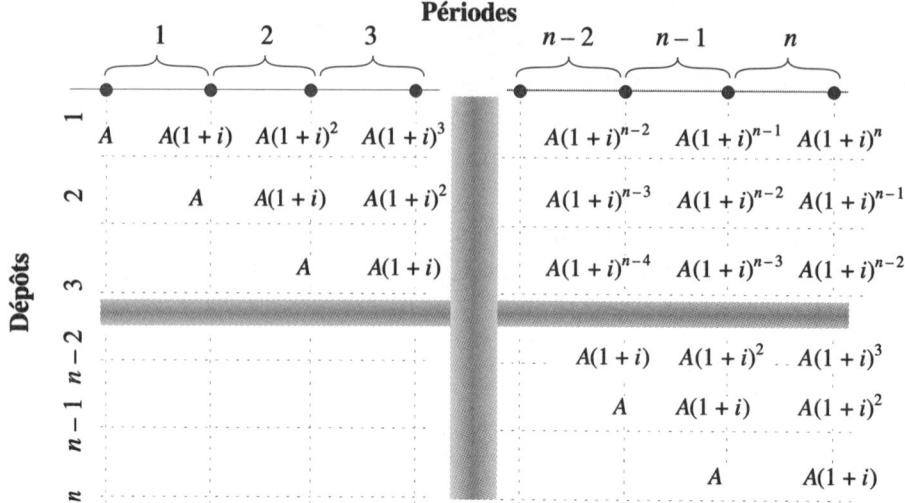

La somme de ces valeurs cumulées est alors
$$VC_d = A(1+i) + A(1+i)^2 + \ldots + A(1+i)^{n-1} + A(1+i)^n$$
C'est la somme d'une progression géométrique dont le premier terme est $A(1+i)$ et la raison est $(1+i)$. On obtient donc

$$VC_d = \frac{A(1+i)[(1+i)^n - 1]}{i}, \quad \text{puisque } S_n = \frac{a_1(r^n - 1)}{r - 1}.$$

Nous avons maintenant démontré que la valeur cumulée est donnée par cette expression quelle que soit la valeur des paramètres A, i et n. On peut donc l'utiliser directement pour effectuer le calcul de la valeur cumulée.

PROCÉDURE POUR CALCULER LA VALEUR CUMULÉE D'UNE ANNUITÉ DE DÉBUT DE PÉRIODE

1. On identifie le montant des versements A, le nombre de périodes n et le taux périodique i.
2. On substitue ces données dans l'expression décrivant la somme des valeurs futures de ces versements.

$$VC_d = \frac{A(1+i)[(1+i)^n - 1]}{i}$$

 *EXEMPLE 6.1.9*

Vous désirez vous constituer un capital en déposant 50 $ au début de chaque mois à un taux mensuel de 0,6 %. Quel sera le capital accumulé dans cinq ans? Dans dix ans? Dans quinze ans?

Solution
On veut trouver la valeur cumulée d'une suite de versements $A = 50$ $ placés à un taux périodique $i = 0,006$ pour $n = 5 \times 12 = 60$ périodes. En substituant ces valeurs dans

$$VC_d = \frac{A(1+i)[(1+i)^n - 1]}{i}$$

on a
$$VC_d = \frac{50(1,006)[(1,006)^{60} - 1]}{0,006} = 3\ 619,83\ \$$$

En dix ans, il y aura $10 \times 12 = 120$ périodes et le capital accumulé sera

$$VC_d = \frac{50(1,006)[(1,006)^{120} - 1]}{0,006} = 8\ 802,65\ \$$$

En quinze ans, il y aura $15 \times 12 = 180$ périodes et le capital accumulé sera

$$VC_d = \frac{50(1,006)[(1,006)^{180} - 1]}{0,006} = 16\ 223,36\ \$$$

EXEMPLE 6.1.10

Quel montant faut-il placer au début de chaque trimestre à un taux trimestriel de 2 % pour constituer un capital de 15 000 $ en dix ans? Quel est le gain en intérêts?

Solution

On cherche le montant de l'annuité, sachant que la valeur définitive est de 15 000 $ et que le taux i est de 2 %. La durée est de dix ans; il y aura donc 40 trimestres et, en substituant dans

$$VC_d = \frac{A(1+i)[(1+i)^n - 1]}{i}$$

on trouve
$$15\ 000 = \frac{A(1,02)[(1,02)^{40} - 1]}{0,02}$$

et, en isolant A, on a
$$A = \frac{15\ 000 \times 0,02}{(1,02)[(1,02)^{40} - 1]} = 243,47\ \$$$

On peut trouver le gain en intérêts en soustrayant le montant placé par versements de la valeur cumulée. Le montant placé est $\quad 243,47 \times 40 = 9\ 738,80\ \$$
Le gain en intérêts est donc $\quad 15\ 000 - 9\ 738,80 = 5\ 261,20\ \$$

ANNUITÉS DE FIN DE PÉRIODE

Les annuités de fin de période sont celles servant à calculer les versements à effectuer pour rembourser un emprunt, car le versement se fait à la fin de la période. Ainsi, lorsqu'on emprunte et qu'on désire rembourser par des versements mensuels, le premier versement est effectué un mois après avoir obtenu cet emprunt. Nous représenterons la valeur actuelle d'une annuité de fin de période par VA_f et la valeur cumulée par VC_f.

EXEMPLE 6.1.11

Un de vos amis a effectué un emprunt qu'il doit rembourser par quatre versements de 800 $ faits à chaque année à un taux annuel de 7 %.

a) Quelle sera la valeur accumulée par l'institution prêteuse à l'échéance, si elle place l'argent au même taux immédiatement après chaque paiement?
b) Quel était le montant de cet emprunt?
c) Calculer le coût en intérêts de cet emprunt.

Solution

a) Représentons par VC_f la valeur cumulée de ces remboursements. La valeur cumulée par l'institution prêteuse sera alors décrite par le diagramme suivant:

	Première période	Deuxième période	Troisième période	Quatrième période
Premier paiement	800	800(1,07)	800(1,07)^2	800(1,07)^3
Deuxième paiement		800	800(1,07)	800(1,07)^2
Troisième paiement			800	800(1,07)
Quatrième paiement				800

L'institution prêteuse recevra le premier paiement à la fin de la première période et ce montant sera capitalisé trois fois. Le deuxième paiement sera effectué à la fin de la deuxième période et sera capitalisé deux fois, et ainsi de suite. La valeur cumulée, ou remboursement total, sera donc

$$VC_f = 800 + 800 \times 1{,}07 + 800 \times (1{,}07)^2 + 800 \times (1{,}07)^3$$

En effectuant la somme de cette progression géométrique dont le premier terme est 800, la raison est 1,07 et le nombre de termes est 4, on a

$$VC_f = \frac{800[(1{,}07)^4 - 1]}{0{,}07} = 3\,551{,}95\ \$$$

b) Pour trouver le montant de l'emprunt, on doit calculer la valeur actuelle qui représente la somme due *actuellement*; la relation entre la valeur actuelle et la valeur cumulée est

$$VC_f = VA_f (1 + i)^n$$

La valeur actuelle est donc

$$VA_f = \frac{VC_f}{(1+i)^n} = \frac{3\,551{,}95\ \$}{(1{,}07)^4} = 2\,709{,}77\ \$$$

La valeur actuelle ou le montant de l'emprunt est 2 709,77 $.

c) La somme trouvée en *b* sera remboursée par quatre versements de 800 $ soit 3 200 $ en tout. La différence entre la somme versée et la valeur actuelle est le coût en intérêts, soit

$$3\,200\ \$ - 2\,709{,}77\ \$ = 490{,}23\ \$$$

Dans la pratique, lorsqu'on effectue un emprunt, on connaît la valeur actuelle et on désire calculer le montant des remboursements à effectuer en tenant compte du taux d'intérêt et de la durée de l'emprunt. On peut procéder en calculant d'abord la valeur cumulée par l'institution prêteuse en utilisant la relation
$$VC_f = VA_f (1 + i)^n$$

> *THÉORÈME 6.1.5*
>
> La valeur cumulée de n annuités de fin de période placées à un taux périodique i est donnée par
>
> $$VC_f = \frac{A[(1+i)^n - 1]}{i}$$
>
> où A est le montant de l'annuité et VC_f est la valeur cumulée.

Démonstration

Dans le cas d'annuités de fin de période, il y a une période de capitalisation de moins que dans celle de début de période, comme l'illustre la figure suivante:

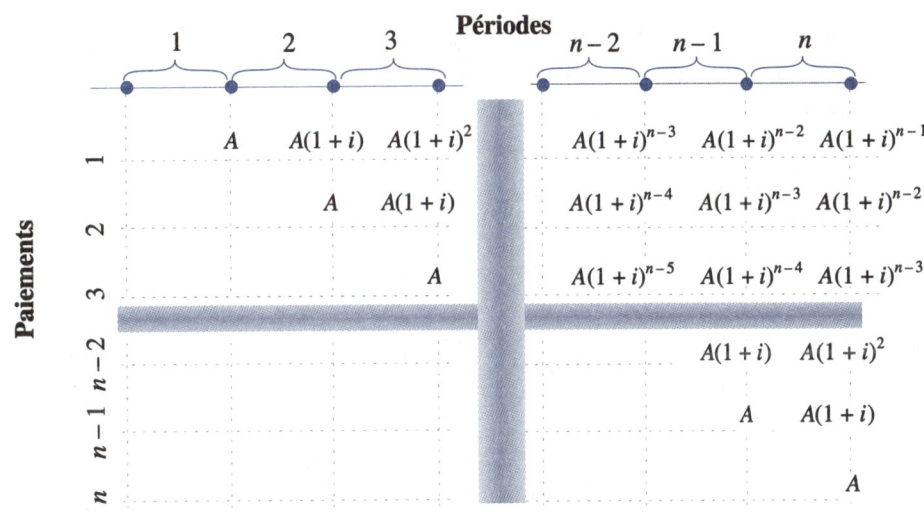

On doit donc faire la somme de la progression géométrique suivante:
$$VC_f = A + A(1 + i) + A(1 + i)^2 + \ldots + A(1 + i)^{n-2} + A(1 + i)^{n-1}$$
La progression comporte n termes; le premier de ces termes est A et la raison est $1 + i$. On a donc

$$VC_f = \frac{A[(1+i)^n - 1]}{i}, \text{ puisque } S_n = \frac{a_1(r^n - 1)}{r - 1}$$

On remarque qu'il y a une capitalisation de plus, représentée par le facteur $(1 + i)$, dans la valeur cumulée de l'annuité de début de période, qui est donnée par

$$VC_d = \frac{A(1+i)[(1+i)^n - 1]}{i}$$

REMARQUES

1. Les annuités de début de période comportent une période de capitalisation de plus que les annuités de fin de période, on a donc $\qquad VC_d = VC_f + VC_f \, i = VC_f (1 + i)$
   ou encore $\qquad VC_f = VC_d (1 + i)^{-1}$
   et $\qquad VA_f = VA_d (1 + i)^{-1}$

2. La relation entre la valeur cumulée et la valeur actuelle est toujours valide, on a donc
$$VC_d = VA_d(1+i)^n$$
de même
$$VC_f = VA_f(1+i)^n$$
on pourra écrire simplement
$$VC = VA(1+i)^n$$
3. Le montant d'une annuité de début de période se calcule normalement à partir de la valeur future, car la valeur future représente le montant que l'investisseur veut accumuler.
4. Le montant d'une annuité de fin de période se calcule normalement à partir de la valeur actuelle, car la valeur actuelle représente le montant emprunté ou la somme qui reste à rembourser si certains versements ont déjà été effectués.

EXEMPLE 6.1.12

Quel est le montant des versements qu'il faut effectuer à la fin de chaque mois pour rembourser un emprunt de 12 000 $ en cinq ans, sachant que l'intérêt est de 1 % par mois? Quel est le coût en intérêts?

Solution

La valeur actuelle est de 12 000 $. Les paiements seront mensuels et l'intérêt mensuel est de 1 %. La durée de l'emprunt est de cinq ans; il y aura donc 60 paiements à effectuer. La relation entre la valeur actuelle et la valeur cumulée permet d'écrire
$$VC_f = 12\,000(1,01)^{60} = 21\,800,36\ \$$$
La relation entre les paramètres et la valeur cumulée est
$$VC_f = \frac{A[(1+i)^n - 1]}{i}$$

Ce qui donne
$$21\,800,36 = \frac{A[(1,01)^{60} - 1]}{0,01}$$

d'où
$$A = \frac{21\,800,36 \times 0,01}{[(1,01)^{60} - 1]} = 266,93\ \$$$

Le paiement total sera de $266,93\ \$ \times 60 = 16\,015,80\ \$$
et le coût en intérêts est de $16\,015,80 - 12\,000 = 4\,015,80\ \$$.

REMARQUE

Dans l'exemple précédent, la valeur future du montant de 12 000 $ est donnée par
$$VC_f = VA_f(1+i)^n$$
ce qui donne
$$VC_f = 12\,000(1,01)^{60} = 21\,800,36\ \$$$
Ce montant peut être interprété de différentes façons:
- c'est le montant qu'il faudrait remettre si le paiement de l'emprunt se faisait en un seul versement à la fin des cinq années;
- c'est le capital que détiendra l'institution prêteuse si, dès la réception d'un paiement, elle place le montant reçu au même taux. Ce capital inclut les annuités versées et l'intérêt provenant du placement des annuités.

EXEMPLE 6.1.13

Quel est le montant des versements mensuels qu'il faut effectuer pour rembourser un emprunt de 6 000 $ en quatre ans, sachant que l'intérêt annuel est de 9 % capitalisé mensuellement? Quel est le coût en intérêts?

Solution

La valeur actuelle est de 6 000 $, l'intérêt annuel est de 9 % capitalisé mensuellement. On a donc un taux mensuel de 9%/12 = 0,75 %. La durée est de quatre ans et il y aura donc $4 \times 12 = 48$ versements à effectuer. La valeur cumulée par l'institution prêteuse sera

$$VC_f = 6\,000(1,0075)^{48} = 8\,588,43 \text{ \$}$$

En substituant dans la formule de la valeur cumulée, soit

$$VC_f = \frac{A[(1+i)^n - 1]}{i}$$

on trouve

$$8\,588,43 = \frac{A[(1,0075)^{48} - 1]}{0,0075}$$

et, en isolant A, on a

$$A = \frac{8\,588,43 \times 0,0075}{[(1,0075)^{48} - 1]} = 149,31 \text{ \$}.$$

Le paiement total sera de $\quad 149,31 \times 48 = 7\,166,88$ \$.
et le coût en intérêts est de $\quad 7\,166,88$ \$ $- 6\,000$ \$ $= 1\,166,88$ \$.

PROCÉDURE POUR RÉSOUDRE UN PROBLÈME D'ANNUITÉS SIMPLES

1. Déterminer s'il s'agit d'une annuité de début de période (placement) ou de fin de période (remboursement d'un emprunt).
2. Déterminer si on doit chercher la valeur actuelle *VA*, la valeur cumulée *VC* ou le montant *A*.
3. Trouver le taux périodique ($i = j/m$), où j est le taux d'intérêt annuel et m le nombre de versements par année.
4. Calculer le nombre de périodes lorsque celui-ci n'est pas donné (nombre de versements par année multiplié par le nombre d'années).
5. Substituer les données dans l'expression appropriée et effectuer les calculs.

REMARQUE

Quelles formules faut-il apprendre par cœur? Deux formules suffisent! La formule de la valeur cumulée de l'annuité de fin de période, soit

$$VC_f = \frac{A[(1+i)^n - 1]}{i} \quad \text{et la formule } VC = VA\,(1+i)^n, \text{ donnant la relation entre la valeur cumulée et la valeur actuelle.}$$

La première étant connue, on peut trouver celle de la valeur cumulée de l'annuité de début de période. En effet, ce qui différencie les deux annuités, c'est que l'annuité de début de période a une période de capitalisation de plus, puisque la capitalisation se fait en début plutôt qu'en fin de période. Pour capitaliser une fois, on multiplie par $(1 + i)$; on obtient donc VC_d en multipliant VC_f par $(1 + i)$, ce qui donne:

$$VC_d = \frac{A(1+i)[(1+i)^n - 1]}{i}$$

De plus, pour trouver la valeur actuelle de l'une ou l'autre, il suffit d'utiliser la seconde formule.

> **TAUX NOMINAL, TAUX PÉRIODIQUE ET TAUX RÉEL**
>
> On appelle *taux nominal*, que l'on note $(j;m)$, un taux annuel j qui est composé m fois par année. On appelle *taux périodique*, que l'on note i, le taux qui s'applique à chaque période de capitalisation. On appelle *taux réel* ou *taux effectif*, que l'on note r, le taux réellement payé annuellement. On l'obtient en ramenant le taux périodique sur une base annuelle.

EXEMPLE 6.1.14

Trouver le taux périodique et le taux réel correspondant à un taux nominal de 12 % capitalisé trimestriellement.

Solution

Puisqu'il y a quatre périodes de capitalisation dans l'année, le taux périodique est

$$i = \frac{j}{m} = \frac{0{,}12}{4} = 0{,}03$$

Le taux périodique est de 3 % par trimestre. Le taux réel est le taux r pour lequel
$$1 + r = (1{,}03)^4 = 1{,}1255.$$
Le taux réel est donc $r = 0{,}1255$ ou 12,55 %.

L'illustration suivante donne le taux réel versé par trois banques offrant un taux nominal de 9 % capitalisé selon différentes fréquences.

Première banque

Taux annuel de 9 % et taux périodique de 9 %

$(1 + i)^m = (1{,}09)^1 = 1{,}09$, d'où $r = 0{,}09$ ou 9 %, qui est le taux réel.

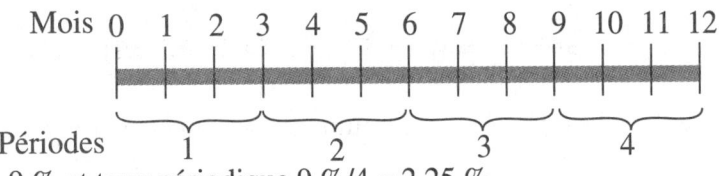

Deuxième banque

Taux annuel de 9 % et taux périodique 9 %/4 = 2,25 %

$(1 + i)^m = (1{,}0225)^4 = 1{,}09308$, d'où $r = 0{,}09308$ ou 9,31 %, qui est le taux réel.

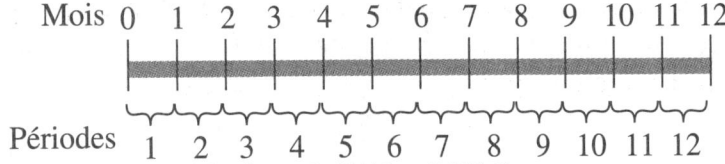

Troisième banque

Taux annuel de 9 % et taux périodique 9 %/12 = 0,75 %

$(1 + i)^m = (1{,}0075)^{12} = 1{,}09381$, d'où $r = 0{,}09381$ ou 9,38 %, qui est le taux réel.

Le calcul du taux réel constitue une autre forme de comparaison des conditions offertes par les différentes institutions financières. Dans l'exemple qui précède, on constate que le taux réel versé par la troisième banque est le plus avantageux.

SOMME D'UNE PROGRESSION GÉOMÉTRIQUE INFINIE

Les situations présentées jusqu'ici portaient sur la somme de progressions finies. Cependant, dans certains cas, on peut déterminer la somme d'une progression géométrique infinie lorsque la raison r satisfait à la condition $0 < |r| < 1$. Le théorème suivant indique comment procéder.

THÉORÈME 6.1.6

La somme d'une progression géométrique infinie de raison r telle que $0 < |r| < 1$ est donnée par

$$S = \frac{a_1}{1-r}$$

Démonstration

Note: Cette démonstration fait appel au concept de limite. La somme des n premiers termes est donnée par

$$S_n = \frac{a_1(1-r^n)}{1-r}$$

et $$S = \lim_{n\to\infty} S_n = \lim_{n\to\infty}\left(\frac{a_1(1-r^n)}{1-r}\right) = \lim_{n\to\infty}\left(\frac{a_1 - a_1 r^n}{1-r}\right) = \lim_{n\to\infty}\left(\frac{a_1}{1-r}\right) - \lim_{n\to\infty}\left(\frac{a_1 r^n}{1-r}\right)$$

Cependant, lorsque $0 < |r| < 1$, on a $\lim_{n\to\infty}\left(\frac{a_1}{1-r}\right) = \frac{a_1}{1-r}$ et $\lim_{n\to\infty}\left(\frac{a_1 r^n}{1-r}\right) = 0$. On obtient donc

$$S = \frac{a_1}{1-r}$$

EXEMPLE 6.1.15

Exprimer la fraction décimale 0,444... comme un quotient de deux nombres entiers.

Solution

On peut considérer ce nombre comme la somme suivante:
$$0{,}444\ldots = 0{,}4 + 0{,}04 + 0{,}004 + \ldots = 0{,}4 + 0{,}4\,(0{,}1) + 0{,}4\,(0{,}1)^2 + \ldots$$
C'est donc la somme des termes d'une progression géométrique infinie dont le premier terme est 0,4 ou 4/10 et la raison est 0,1 ou 1/10. La somme est donc:
$$S = \frac{a_1}{1-r} = \frac{4/10}{1-1/10} = \frac{4}{9}$$

6.2 EXERCICES

1. Trouver les six premiers termes des fonctions récursives suivantes:
   a) $f(0) = 2$ et $f(n+1) = -2f(n)$.
   b) $f(0) = 5$ et $f(n+1) = 2f(n) - 2$.
   c) $f(0) = 2$, $f(1) = 2$ et $f(n+1) = f(n) + f(n-1)$.
   d) $f(0) = 2$ et $f(n+1) = [f(n)]^2 + 2f(n) - 1$.
   e) $f(0) = 2$, $f(1) = 1$ et $f(n+1) = f(n)/f(n-1)$.

2. On organise une levée de fonds où vous devez piger un billet dans une enveloppe et payer le montant indiqué sur le billet. Les montants indiqués vont de un sou à cinq dollars inclusivement, par saut de 1 sou. Quelle est la recette totale maximum possible de cette levée de fonds?

3. Un organisme de charité organise une loterie dont les lots sont: un premier prix de cinq cents dollars, un deuxième prix de deux cent cinquante dollars et un troisième prix de cent cinquante dollars. Douze séries identiques de billets dont les coûts d'achat vont de un à dix dollars inclusivement, par intervalles de dix sous, ont été produits, l'acheteur ayant à payer le prix du billet qu'il aura pigé au hasard.
   a) Combien y a-t-il de billets dans chaque série?
   b) Combien rapporte chaque série?
   c) Quelle est la recette totale et le bénéfice net, si tous les billets ont été vendus?

4. Lors d'une visite dans un Centre d'achats, vous êtes abordé par un individu qui prétend être un ancien prisonnier et demande votre aide pour financer ses études. Il vous suffit de gratter une ou des cases du carton qu'il vous présente. Dans chaque case est indiqué un montant d'argent et vous devez lui remettre le montant ou les montants indiqués. Vous vous informez de la valeur des montants indiqués et il vous explique que tous les montants sont différents, que ce sont des multiples de 0,05 $ et que la carte comporte les 64 premiers multiples de ce montant supérieurs ou égaux à 0,05 $. À l'aide des renseignements donnés, déterminer le montant total que lui rapportera la carte lorsque toutes les cases auront été grattées.

La joie par l'étude

5. Votre caisse vous fait parvenir le relevé suivant:

	RELEVÉ DE COMPTE				
La caisse populaire La caisse d'économie Des potagers G.D.Pinsons 450 des Faucons Québec	**LA CAISSE POPULAIRE DE SAINT-MATHIEU**			Page	1
				Folio	32154
				Période finissant le	31 mar. 2000
Service Date	Code	Intérêts	Amortissement		Solde
Prêt 1					6 534,82
4 MAR	CT	21,66	220,34		6 314,48
11 MAR	CT	21,22	220,78		6 093,70
18 MAR	CT	20,78	221,22		5 872,48
25 MAR	CT	20,34	221,66		5 650,82

Aviser votre caisse de tout changement d'adresse.
Veuillez vérifier ce relevé sans tarder et aviser votre caisse de toute erreur ou omission.

Vos versements sont de 242 $ par semaine et vous constatez que la partie consacrée au paiement des intérêts forme une progression arithmétique décroissante, alors que la partie servant au remboursement de la dette forme une progression arithmétique croissante.

  a) Déterminer la somme des remboursements de capital pour les treize versements qui suivent la date du 25 mars.
  b) Combien de versements vous reste-t-il à effectuer pour acquitter votre dette?
  c) Quel sera le montant du dernier remboursement de capital?

6. Trouver les six premiers termes des progressions géométriques définies par:

  a) $a_1 = 8$ et $r = 1/2$ *b)* $a_1 = 1$ et $r = 2$ *c)* $a_1 = 42$ et $r = 1/3$

7. Trouver les termes demandés dans les progressions géométriques suivantes:
  a) a_5 et a_7 dans la progression $\{\ 1\ ;\ 3\ ;\ 9\ ;\ ...\ \}$
  b) a_9 et a_{13} dans la progression $\{\ 512\ ;\ 256\ ;\ 128\ ;\ ...\ \}$
  c) a_6 dans la progression $\{\ 0{,}3\ ;\ 0{,}03\ ;\ 0{,}003\ ;\ ...\ \}$
  d) a_8 dans la progression $\{\ 400\ ;\ 40\ ;\ 4\ ;\ ...\ \}$

8. Calculer la valeur des sommes suivantes:

  a) $\displaystyle\sum_{i=1}^{5}(i+1)$ *b)* $\displaystyle\sum_{j=0}^{4}(-3)^j$

  c) $\displaystyle\sum_{i=1}^{4}[3\times(2)^i]$ *d)* $\displaystyle\sum_{k=1}^{5}\frac{2^k}{k}$

9. Utiliser les propriétés de commutativité, de distributivité et d'associativité de l'addition pour démontrer les propriétés suivantes du symbole de sommation.

   a) $\displaystyle\sum_{i=1}^{n}(x_i + y_i) = \sum_{i=1}^{n} x_i + \sum_{i=1}^{n} y_i$ b) $\displaystyle\sum_{i=1}^{n} ax_i = a\sum_{i=1}^{n} x_i$

   c) $\displaystyle\sum_{i=1}^{n} a = na$ d) $\displaystyle\sum_{i=1}^{n}(x_i + a) = \sum_{i=1}^{n} x_i + na$

   e) $\displaystyle\sum_{i=1}^{n} a(x_i + y_i) = a\sum_{i=1}^{n}(x_i + y_i)$

10. Calculer la valeur des sommes suivantes :

    a) $\displaystyle\sum_{i=1}^{3}\sum_{k=1}^{2}(2^i - k)$ b) $\displaystyle\sum_{i=1}^{3}\sum_{k=1}^{2}(3i - 2k)$

    c) $\displaystyle\sum_{i=1}^{3}\sum_{k=1}^{2}(3k)$ d) $\displaystyle\sum_{i=0}^{3}\sum_{k=0}^{2}(i^2 k^3)$

11. Démontrer les propriétés suivantes :

    a) $\displaystyle\sum_{i=1}^{n}\sum_{j=1}^{m} a = nma$ b) $\displaystyle\sum_{j=1}^{m}\sum_{i=1}^{n} x_i = m\sum_{i=1}^{n} x_i$

    c) $\displaystyle\sum_{i=1}^{n}\sum_{j=1}^{m} ax_{ij} = a\sum_{i=1}^{n}\sum_{j=1}^{m} x_{ij}$ d) $\displaystyle\sum_{i=1}^{n}\sum_{j=1}^{m}(x_{ij} + y_{ij}) = \sum_{i=1}^{n}\sum_{j=1}^{m} x_{ij} + \sum_{i=1}^{n}\sum_{j=1}^{m} y_{ij}$

12. Trouver la somme demandée dans les progressions géométriques suivantes :
    a) S_8, sachant que $a_1 = 8$ et $r = 1/2$ b) S_6, sachant que $a_1 = 1$ et $r = 2$
    c) S_7, sachant que $a_1 = 42$ et $a_2 = 14$

13. Trouver la somme des douze premiers termes de la progression géométrique
    $$\{1\,;\,1{,}07\,;\,1{,}07^2\,;\,1{,}07^3\,;\,\ldots\}$$

14. Trouver la valeur définitive et la valeur actuelle d'un placement constitué de versements de 120 $ effectués pendant 8 ans au début de chaque mois, sachant que le taux d'intérêt nominal est de 8,4 % capitalisé mensuellement. Expliquer ce que représente la valeur actuelle et la valeur définitive, comparativement au montant total placé par versements, et calculer le gain en intérêts.

15. Vous devez préparer le contrat de deux clients empruntant chacun 2 000 $. L'un désire rembourser en deux ans et l'autre en quatre ans. Le taux nominal pour les prêts personnels est de 12 % capitalisé mensuellement et vous devez déterminer les versements mensuels que chacun devra effectuer à la fin de chaque mois ainsi que le coût total du prêt.

16. Un client désire emprunter 6 000 $ à un taux de 14,4 % capitalisé mensuellement pour l'achat d'une automobile. Ce client désire connaître le montant des versements mensuels qu'il aura à effectuer à la fin de chaque mois ainsi que le coût du prêt, selon que le remboursement se fait en trois, quatre ou cinq ans.

17. Quelle est la valeur du capital constitué pendant quinze ans par des versements de 300 $ effectués au début de chaque trimestre à un taux de 7,5 % capitalisé trimestriellement? Quel est le gain en intérêts?

18. Vous placez 2 000 $ au début de chaque année à un taux de 9 % capitalisé trimestriellement. Combien aurez-vous accumulé dans dix ans?

19. Vous versez trimestriellement 1 000 $ pour rembourser une dette. Le taux est de 14,4 % capitalisé mensuellement. Déterminer la valeur actuelle de la dette et le coût en intérêts, s'il reste quatre ans pour la rembourser.

20. Une compagnie d'aviation vous offre la possibilité de prendre des vacances à crédit. Le remboursement se fait en douze versements égaux plus 0,8 % du solde restant. Vous rêvez d'un voyage et vous décidez de calculer les versements mensuels que vous auriez à effectuer pour payer ce voyage.
    a) Sachant que le coût du voyage qui vous intéresse est de 2 160 $ taxes incluses, quels seront ces versements?
    b) Quel sera le coût en intérêts de ce voyage?
    c) Vous recevez un retour d'impôt de 960 $ et vous décidez de l'utiliser pour réaliser votre rêve. Quel seront alors les versements mensuels? Quel sera le coût en intérêts?

21. Vous achetez une automobile de 13 500 $ en versant 3 500 $ comptant et vous empruntez le reste à 12 % capitalisé mensuellement, que vous devrez rembourser par des paiements mensuels durant les cinq prochaines années. Quels seront ces paiements et le coût en intérêts de cet emprunt?

22. Quels versements annuels devrez-vous effectuer pour constituer un capital de 10 000 $ en dix ans, si le taux est de 8 % capitalisé annuellement? Quel est le gain en intérêts?

23. Vous désirez accumuler 5 000 $ au cours des trois prochaines années en prévision de l'achat d'une automobile. Sachant que le taux d'intérêt est de 7,2 % capitalisé mensuellement, quels seront les versements mensuels? Quel sera le gain en intérêts?

24. Vous remboursez actuellement un emprunt par des versements annuels de 800 $. Il vous reste huit versements à effectuer et vous désirez augmenter le montant des remboursements de façon à vous acquitter de la dette en cinq ans. Quels seront les nouveaux versements, sachant que le taux est de 12 % capitalisé annuellement?

25. Trouver la somme des progressions géométriques infinies suivantes:
    a) { 12 ; 6 ; 3 ; ... }
    b) { 729 ; 243 ; 81 ; ... }
    c) { 2/5 ; 4/25 ; 8/125 ; ... }
    d) { 1/2 ; 1/4 ; 1/8 ; ... }
    e) { 4 ; 4/7 ; 4/49 ; ... }

26. Exprimer chacune des fractions décimales périodiques suivantes par un quotient de deux entiers.
    a) 0,888...
    b) 0,777...
    c) 0,2424...
    d) 0,145145...
    e) 0,333...
    f) 0,6222...

27. Exprimer les nombres binaires suivants comme un quotient de deux nombres décimaux entiers.
    a) $0,0\overline{01}$
    b) $0,0\overline{10}$
    c) $0,\overline{110}$
    d) $0,0\overline{101}$

28. Chaque terme d'une progression géométrique est égal à quatre fois la somme de tous les termes qui le suivent. Quelle est la raison de cette progression?

29. En prenant les points milieux des côtés d'un carré d'un mètre de côté comme sommets, on construit un deuxième carré inscrit dans le premier. En prenant les points milieux des côtés de ce deuxième carré comme sommets, on trace un troisième carré inscrit dans le deuxième, et ainsi de suite.
    a) Quelle est la longueur du côté du sixième carré ainsi construit?
    b) Quelle est l'aire du sixième carré ainsi construit?
    c) En poursuivant le processus indéfiniment, quelle sera la somme des aires des carrés ainsi construits?

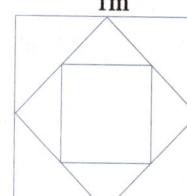

30. On construit un triangle équilatéral dont la mesure du côté est de un mètre. En prenant les points milieux des côtés comme sommets, on construit un deuxième triangle équilatéral à l'intérieur du premier. En prenant les points milieux des côtés de ce second triangle équilatéral comme sommets, on construit un troisième triangle équilatéral, et ainsi de suite.
    a) Quel est le périmètre du cinquième triangle équilatéral?
    b) En poursuivant indéfiniment ces constructions, quelle sera la somme des périmètres de ces triangles équilatéraux?

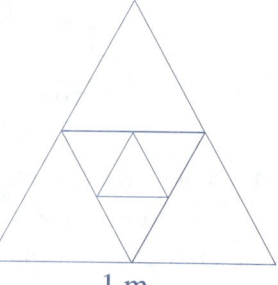

31. Considérons un triangle équilatéral de côté unitaire. On divise ce côté en trois segments égaux et on construit un triangle équilatéral sur le segment central de chacun des côtés. On divise à nouveau chacun des côtés de l'étoile obtenue en trois segments égaux et, sur le segment central de chacun des côtés, on construit un triangle équilatéral, et ainsi de suite.

   a) Déterminer le nombre de côtés du polygone après n étapes.
   b) Calculer le périmètre de la figure obtenue en poursuivant indéfiniment le processus.
   c) Calculer l'aire de la figure obtenue en poursuivant indéfiniment le processus.

6.3 INDUCTION ET PREUVE PAR RÉCURRENCE

Lorsqu'on veut déterminer la somme de n termes d'une suite, il n'est pas avantageux d'utiliser une fonction récursive, surtout lorsque n est grand. Il est beaucoup plus intéressant d'utiliser une formule donnant directement cette somme. Dans le cas des progressions arithmétiques et des progressions géométriques, nous avons obtenu des formules permettant de calculer directement la somme sans avoir à additionner tous les termes un par un. Cependant, pour avoir la certitude que le résultat obtenu était bien la somme cherchée, il a fallu démontrer que ces formules étaient valides. Pour établir la validité d'une telle formule, il ne suffit pas d'avoir vérifié que dans quelques cas elle donne le bon résultat. Il faut avoir la certitude, lorsqu'on utilise une formule, dans un programme ou ailleurs, que celle-ci donne toujours la valeur exacte. Pour avoir cette certitude, il faut démontrer que la propriété est toujours valide, c'est-à-dire qu'elle est valide pour toute valeur de $n \in \mathbf{N}$.

OBJECTIF : Utiliser correctement la méthode de preuve par récurrence (ou induction mathématique).

L'induction est un mode de raisonnement qui consiste à énoncer une conjecture à partir de l'observation de cas particuliers. Une conjecture ne peut cependant pas être acceptée comme propriété générale si on ne parvient pas à démontrer qu'elle est toujours valide. Pour illustrer comment on peut généraliser par induction pour démontrer une conjecture, considérons l'exemple suivant.

TABLEAU I

n	Somme
3	$2 + 1$
5	$2 + 3$
7	$2 + 5$
9	$2^3 + 1$
11	$2^3 + 3$
13	$2^3 + 5$
15	$2^3 + 7$
17	$2^4 + 1$
19	$2^4 + 3$
21	$2^4 + 5$
23	$2^4 + 7$
25	$2^3 + 17$
27	$2^4 + 11$
29	$2^4 + 13$
31	$2^3 + 23$
33	$2^5 + 1$
35	$2^5 + 3$
37	$2^5 + 5$
39	$2^5 + 7$
41	$2^2 + 37$
43	$2^5 + 11$
45	$2^5 + 13$
47	$2^4 + 31$
49	$2^5 + 17$

Un mathématicien amateur, A. DE POLIGNAC, en décomposant les entiers impairs en somme d'entiers, a obtenu les expressions du tableau ci-contre. En observant ces expressions, il a constaté que chacun des entiers impairs de 3 à 49 peut s'exprimer comme somme d'une puissance de deux et d'un nombre premier. En se basant sur ces calculs, POLIGNAC a fait une généralisation par induction pour énoncer la conjecture suivante sur les nombres impairs.

« Tout entier positif impair est la somme d'une puissance de 2 et d'un nombre premier. »

Une conjecture est l'énoncé d'une propriété qui semble plausible, compte tenu des observations effectuées. Cet énoncé de POLIGNAC est donc une conjecture. Cependant, énoncer une conjecture ne signifie pas que l'on a découvert une vérité. La conjecture peut être vraie, mais elle peut être fausse; comment savoir? Un sceptique peut toujours nous dire: « vous n'avez pas essayé tous les cas! Il existe peut-être un entier positif impair qui n'est pas décomposable de cette façon. Qui peut savoir? »

On peut être tenté, pour répondre aux critiques, de faire un plus grand nombre de vérifications. Par exemple, on peut faire les décompositions du tableau II. On constate que certains nombres impairs peuvent s'exprimer de deux façons comme somme d'une puissance de deux et d'un nombre premier, c'est le cas du nombre 51. Mais que peut-on dire de plus sur la validité de la conjecture après avoir fait ces vérifications? Plus le nombre de cas vérifiant la conjecture est grand, plus on est porté à considérer que la propriété est plausible, mais l'accumulation des cas particuliers vérifiant l'énoncé ne constitue pas une démonstration. Lors de la présentation de sa conjecture, POLIGNAC déclara avoir fait la vérification pour tous les nombres impairs inférieurs à 3 millions. Il s'est donc donné la peine de faire un grand nombre de vérifications et tenait la conjecture pour très plausible. Il aurait souhaité que sa conjecture puisse être acceptée comme propriété générale des nombres impairs, mais toutes ces vérifications ne démontrent pas que la propriété énoncée dans la conjecture est vraie. En mathématiques, le nombre de vérifications effectuées ne constitue pas une preuve. Et si POLIGNAC s'était trompé?

TABLEAU II

n	Somme
51	$2^5 + 19$
51	$2^3 + 43$
53	$2^4 + 37$
55	$2^3 + 47$
57	$2^4 + 41$
59	$2^4 + 43$
61	$2^5 + 29$
63	$2^5 + 31$
65	$2^6 + 1$
67	$2^6 + 3$
69	$2^6 + 5$
71	$2^6 + 7$
73	$2^5 + 41$

Dans ses calculs, POLIGNAC avait certainement oublié le nombre 127 (ou il s'était trompé dans ses calculs), car les décompositions de 127 comme somme de nombres comportant une puissance de 2 sont les suivantes:

$$127 = 1 + 126 = 2^0 + (2 \times 63)$$
$$127 = 2 + 125 = 2^1 + (5 \times 25)$$
$$127 = 4 + 123 = 2^2 + (3 \times 41)$$
$$127 = 8 + 119 = 2^3 + (7 \times 17)$$
$$127 = 16 + 111 = 2^4 + (3 \times 37)$$
$$127 = 32 + 95 = 2^5 + (5 \times 19)$$
$$127 = 64 + 63 = 2^6 + (3 \times 21)$$

Ce sont les seules décompositions du nombre 127 comportant une puissance de deux. Ce nombre, quoiqu'impair, ne peut donc s'exprimer comme somme d'une puissance de deux et d'un nombre premier. Il nous faut donc conclure que la conjecture de POLIGNAC est fausse; les nombres impairs ne peuvent pas tous s'exprimer comme somme d'une puissance de deux et d'un nombre premier.

L'exemple de l'impossibilité d'exprimer 127 comme somme d'une puissance de deux et d'un nombre premier constitue une démonstration mathématique. C'est ce qu'on appelle une *démonstration par contre-exemple*. En effet, cet exemple démontre que la conjecture de POLIGNAC est fausse. Le contre-exemple permet donc de porter un jugement définitif sur cette conjecture. Le nombre 127 est-il le seul nombre impair ne pouvant pas s'exprimer comme somme d'une puissance de deux et d'un nombre premier? Il importe peu de le savoir, car un seul contre-exemple est suffisant pour dire que la conjecture est fausse. Il faut donc conclure que

« *Les nombres impairs ne sont pas tous décomposables en somme d'une puissance de 2 et d'un nombre premier.* »

Il est important de remarquer que même si POLIGNAC avait eu raison pour les nombres impairs plus petits que trois millions, l'accumulation des cas particuliers ne démontre pas la validité d'une conjecture. Rien ne permet de conclure qu'il n'y a pas de contre-exemple si on n'a pas essayé tous les cas. Cet exemple de la conjecture de POLIGNAC indique qu'il faut être très prudent lorsqu'on croit avoir détecté une propriété générale à partir de l'observation de cas particuliers.

Pour pouvoir établir la validité d'une propriété portant sur les nombres naturels, il faut la démontrer. Il existe une méthode de preuve, appelée *preuve par récurrence* (ou induction mathématique), qui permet de démontrer les propriétés sur les nombres naturels. Le principe de cette méthode de preuve, qui a été imaginée par Blaise PASCAL, peut être illustré par une chaîne de dominos. Sous quelles conditions peut-on faire tomber tous les dominos d'une chaîne?

Deux conditions doivent être satisfaites pour faire tomber une chaîne de dominos, même si elle est infinie:

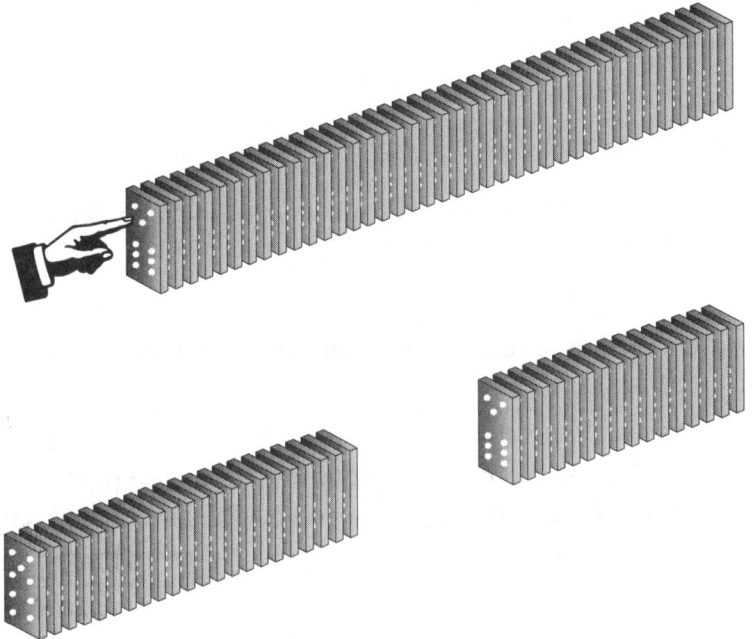

1. il faut faire tomber le premier domino de la chaîne;
2. il ne doit pas y avoir de brisure dans la chaîne, c'est-à-dire qu'il faut que chaque domino puisse faire tomber le domino suivant.

Il faut absolument que les deux conditions soient satisfaites pour pouvoir faire tomber tous les dominos de la chaîne, même si celle-ci s'étend indéfiniment.

Les deux conditions nécessaires pour faire tomber la chaîne de dominos sont celles que PASCAL a énoncé dans son axiome d'induction.

PRINCIPE DE LA DÉMONSTRATION PAR RÉCURRENCE
Si une proposition P relative à l'ensemble des nombres naturels $\mathbf{N}^*$ satisfait aux deux conditions suivantes:
- La proposition est vraie pour $n = 1$; (On peut faire tomber le premier domino.)
- Si la proposition est vraie pour $n = k$, alors elle est vraie pour $n = k + 1$; (Chaque domino peut faire tomber le domino suivant.)

alors on peut conclure que la proposition est vraie pour tout nombre naturel n (on peut faire tomber toute la chaîne en faisant tomber le premier domino).

REMARQUE

Symboliquement, on peut exprimer l'axiome d'induction de la façon suivante:
$$[P(1) \land \forall\, n,\, (P(n) \to P(n+1))] \to \forall\, n,\, P(n)$$

AXIOME D'INDUCTION
Si une proposition P relative à $\mathbf{N}^*$ satisfait aux deux conditions suivantes:
- P est vraie pour $n = 1$;
- P est vraie pour $n = k$ implique que P est vraie pour $n = k + 1$

alors la proposition est vraie pour tout $n \in \mathbf{N}^*$.

PROCÉDURE POUR EFFECTUER UNE DÉMONSTRATION À L'AIDE DE L'AXIOME D'INDUCTION

1. Vérifier que la proposition est vraie pour $n = 1$.
2. Montrer que si la proposition est vraie pour $n = k$, alors elle est nécessairement vraie pour $n = k + 1$.
3. Tirer la conclusion découlant de la vérification des deux hypothèses.

EXEMPLE 6.3.1

Montrer que pour tout $n \in \mathbf{N}^*$, on a
$$S_n = 1 + 2 + 3 + 4 + \ldots + n = \frac{n(n+1)}{2}$$

Solution

On veut montrer que la somme des n premiers entiers est donnée par
$$S_n = \frac{n(n+1)}{2}$$

Vérifions d'abord que la proposition est vraie pour $n = 1$. On doit donc vérifier qu'en posant $n = 1$ dans la forme générale de la conjecture, on obtient bien la somme du premier entier. Ce qui donne
$$S_1 = \frac{1(1+1)}{2} = \frac{2}{2} = 1$$

Montrons que si la proposition est vraie pour $n = k$, alors elle est nécessairement vraie pour $n = k + 1$. C'est-à-dire montrons que si la somme des k premiers entiers est donnée par la formule de la conjecture, alors la somme des $k + 1$ premiers entiers sera obtenue de la même façon. Pour ce faire, supposons que la propriété est vraie pour $n = k$, ce qui signifie que
$$S_k = 1 + 2 + 3 + \ldots + k = \frac{k(k+1)}{2},$$

et montrons que cette hypothèse implique que la somme des $k + 1$ premiers entiers est obtenue par la même formule.

La somme des $k + 1$ premiers entiers est
$$1 + 2 + 3 + \ldots + k + (k+1) = S_k + (k+1)$$

Or, $\qquad S_k + (k+1) = \dfrac{k(k+1)}{2} + (k+1)$, par l'hypothèse d'induction.

En mettant au même dénominateur, on a
$$S_k + (k+1) = \frac{k(k+1)}{2} + \frac{2(k+1)}{2}$$

En mettant $(k + 1)$ en évidence, on obtient
$$S_k + (k+1) = \frac{(k+1)(k+2)}{2}$$

On doit maintenant vérifier si on obtient le même résultat en utilisant la formule de la conjecture, c'est-à-dire en posant $n = k + 1$ dans

$$S_n = \frac{n(n+1)}{2}$$

En effectuant cette substitution, on obtient

$$S_{k+1} = \frac{(k+1)(k+2)}{2}$$

On constate qu'en additionnant $k + 1$ à la somme des k premiers nombres naturels, on obtient le même nombre qu'en substituant $k + 1$ à n dans la forme générale. Par conséquent, si la propriété est vraie pour $n = k$, alors elle est vraie pour $n = k+1$.

Puisque les deux conditions de l'axiome d'induction sont satisfaites, on peut conclure que la propriété est vraie pour tout nombre naturel. C'est-à-dire que, pour tout $n \in \mathbf{N}^*$,

$$S_n = 1 + 2 + 3 + 4 + \ldots + n = \frac{n(n+1)}{2}$$

REMARQUE

Parmi les analogies présentant le principe de l'induction, citons celle des échelles métalliques fixées dans un mur de brique qui se perd dans les nuages pour illustrer que ces échelles se prolongent indéfiniment.

Pour atteindre les nuages, on ne peut utiliser la première échelle car il est impossible d'atteindre le premier barreau.

On ne peut non plus utiliser la deuxième échelle car il n'est pas toujours possible, à partir d'un barreau, d'atteindre le barreau suivant.

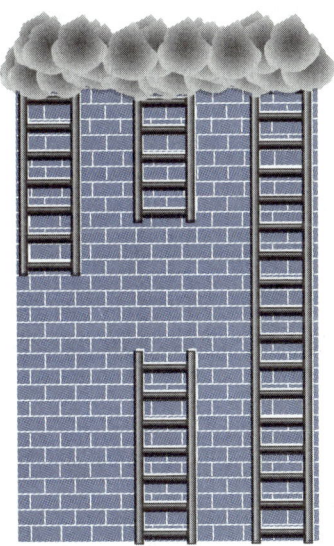

Seule la troisième échelle permet d'atteindre les nuages. En effet, on peut mettre le pied sur le premier barreau et, une fois sur un barreau, on peut toujours passer au barreau suivant. Ces deux conditions étant satisfaites, on peut parcourir l'échelle au complet et ce, indéfiniment.

EXEMPLE 6.3.2

Montrer que, pour tout $n \in \mathbf{N}^*$, on a

$$S_n = 1 + 4 + 7 + 10 + 13 + \ldots + (3n - 2) = \frac{n(3n-1)}{2}$$

Solution

On veut montrer que la somme des n premiers entiers de la forme $3n - 2$ est donnée par

$$S_n = \frac{n(3n-1)}{2}$$

Vérifions d'abord que la proposition est vraie pour $n = 1$. On doit donc vérifier qu'en posant $n = 1$ dans la forme générale de la conjecture, on obtient bien la somme du premier entier. Ce qui donne

$$S_1 = \frac{1(3 \times 1 - 1)}{2} = 1$$

Montrons que si la proposition est vraie pour $n = k$, alors elle est nécessairement vraie pour $n = k + 1$. C'est-à-dire montrons que si la somme des k premiers entiers de la forme $3n - 2$ est donnée par la formule de la conjecture, alors la somme des $k + 1$ premiers entiers de cette forme sera obtenue de la même façon. Pour ce faire, supposons que la propriété est vraie pour $n = k$, ce qui signifie que

$$S_k = 1 + 4 + 7 + 10 + 13 + \ldots + (3k - 2) = \frac{k(3k - 1)}{2},$$

et montrons que cette hypothèse implique que la somme des $k + 1$ premiers entiers est obtenue par la même formule.

Le $(k + 1)^e$ terme de la forme $3n - 2$ est $3(k + 1) - 2 = 3k + 1$ et la somme des $k + 1$ premiers entiers de cette forme est

$$1 + 4 + 7 + 10 + 13 + \ldots + (3k-2) + (3k+1) = S_k + (3k+1)$$

Or, $\qquad S_k + (3k + 1) = \dfrac{k(3k - 1)}{2} + (3k + 1)$, par l'hypoyhèse d'induction.

En mettant au même dénominateur, on a

$$S_k + (3k + 1) = \frac{k(3k - 1)}{2} + \frac{2(3k + 1)}{2}$$

En distribuant,

$$S_k + (3k + 1) = \frac{3k^2 - k}{2} + \frac{6k + 2}{2} = \frac{3k^2 + 5k + 2}{2}$$

En décomposant en facteurs,

$$S_k + (3k + 1) = \frac{(k + 1)(3k + 2)}{2}$$

On doit maintenant vérifier si on obtient le même résultat en utilisant la forme de la conjecture, c'est-à-dire en posant $n = k + 1$ dans

$$S_n = \frac{n(3n - 1)}{2}$$

En effectuant cette substitution, on obtient

$$S_{k+1} = \frac{(k + 1)(3k + 2)}{2}$$

On constate qu'en additionnant $3k + 1$ à la somme des k premiers nombres de la forme $3n - 2$, on obtient le même nombre qu'en substituant $k + 1$ à n dans la formule générale. Par conséquent, si la propriété est vraie pour $n = k$ alors elle est vraie pour $n = k + 1$.

Puisque les deux conditions de l'axiome d'induction sont satisfaites, on peut conclure que la propriété est vraie pour tout nombre naturel. C'est-à-dire que, pour tout $n \in \mathbf{N}^*$,

$$S_n = 1 + 4 + 7 + 10 + 13 + \ldots + (3n - 2) = \frac{n(3n - 1)}{2}.$$

Forme géométrique des nombres

Les Pythagoriciens avaient l'habitude de représenter les nombres par des arrangements géométriques de cailloux (calculi) ou de points dans le sable. Les premiers nombres triangulaires sont illustrés ci-dessous.

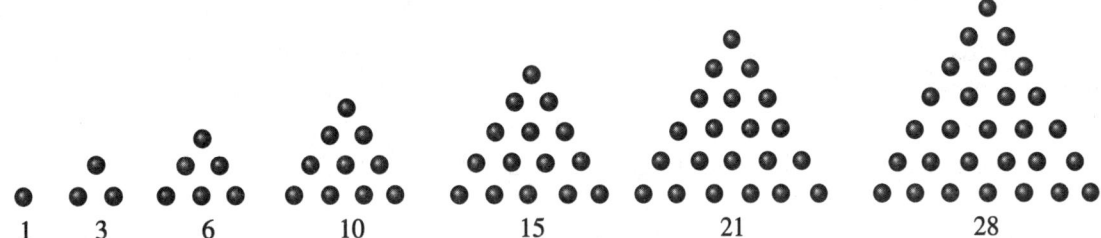

On remarque que le nombre triangulaire de rang n est la somme des n premiers entiers.

Les premiers nombres pentagonaux sont illustrés ci-dessous.

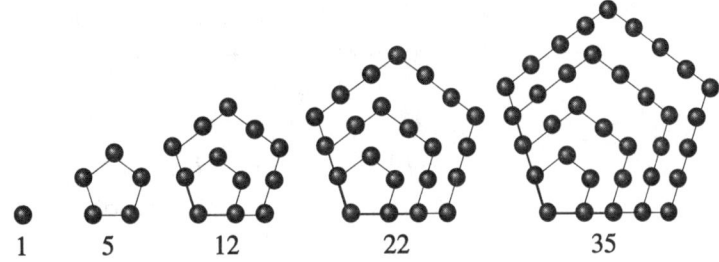

On remarque que le nombre pentagonal de rang n est la somme des n premiers entiers de la forme $(3n - 2)$.

La représentation des nombres par des cailloux a également permis de constater une autre propriété des nombres, soit la divisibilité. Dans l'illustration suivante, on constate que les cailloux représentant le nombre 12 peuvent être regroupés pour former 3 groupes de 4 cailloux ou 4 groupes de 3 cailloux. Il peuvent également former 2 groupes de 6 cailloux ou 6 groupes de 2 cailloux.

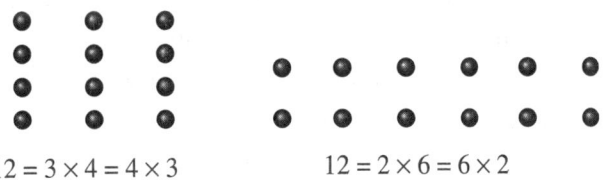

Il y a des nombres dont les cailloux ne peuvent être regroupés que d'une seule façon. Ils furent appelés *nombres premiers*.

$$3 = 1 \times 3 = 3 \times 1 \qquad 5 = 1 \times 5 = 5 \times 1$$

Ces derniers exemples illustrent ce que fut, à l'origine, la divisibilité.

DIVISIBILITÉ DES ENTIERS

Soit n et a deux nombres entiers. On dit que n est *divisible* par a s'il existe un entier b tel que
$$n = a \times b$$

EXEMPLE 6.3.3

Montrer que, pour tout $n \in \mathbf{N}^*$, $n^3 - n$ est divisible par 3.

Solution

Vérifions d'abord que $P(1)$ est vraie, c'est-à-dire que la proposition est vraie pour $n = 1$. En substituant, on obtient
$$1^3 - 1 = 0$$
et 0 est divisible par 3 puisqu'il existe un entier, 0, tel que $0 = 3 \times 0$.

Montrons que si $P(k)$ est vraie, alors $P(k+1)$ est vraie. On pose comme hypothèse que $P(k)$ est vraie, c'est-à-dire que $k^3 - k$ est divisible par 3. Il existe donc un entier b tel que $k^3 - k = 3b$. En utilisant cette hypothèse, il faut montrer que $P(k+1)$ est vraie, c'est-à-dire montrer que $(k + 1)^3 - (k + 1)$ est divisible par 3. En développant, on obtient
$$\begin{aligned}(k + 1)^3 - (k + 1) &= (k^3 + 3k^2 + 3k + 1) - (k + 1) \\ &= k^3 + 3k^2 + 3k + 1 - k - 1 \\ &= k^3 + 3k^2 + 3k - k \\ &= k^3 - k + 3k^2 + 3k \\ &= (k^3 - k) + 3(k^2 + k) \\ &= 3b + 3(k^2 + k) \text{ par l'hypothèse d'induction} \\ &= 3[b + (k^2 + k)]\end{aligned}$$

Il existe donc un entier $c = b + (k^2 + k)$ tel que
$$(k + 1)^3 - (k + 1) = 3c$$
Par conséquent, si $k^3 - k$ est divisible par 3, alors $(k + 1)^3 - (k + 1)$ est également divisible par 3.

Puisque les deux conditions de l'axiome d'induction sont satisfaites, on peut conclure que la propriété est vraie pour tout nombre naturel, c'est-à-dire que

pour tout $n \in \mathbf{N}^*$, $n^3 - n$ est divisible par 3.

REMARQUE

Pour montrer que $(k + 1)^3 - (k + 1)$ est divisible par 3, il faut montrer qu'il existe un entier c qui satisfait à la définition, c'est-à-dire un entier c tel que
$$(k + 1)^3 - (k + 1) = 3c$$

On a implicitement considéré que $b + (k^2 + k)$ était un nombre entier positif puisque b et k sont des nombres entiers positifs et que les opérations de multiplication et d'addition sont fermées sur les nombres naturels.

6.4 EXERCICES

1. Montrer que, pour tout $n \in \mathbf{N}^*$, $3^0 + 3^1 + 3^2 + 3^3 + \ldots + 3^{n-1} = \dfrac{3^n - 1}{2}$.

2. Montrer que, pour tout $n \in \mathbf{N}^*$, $4^0 + 4^1 + 4^2 + 4^3 + \ldots + 4^{n-1} = \dfrac{4^n - 1}{3}$.

3. Montrer que, pour tout $n \in \mathbf{N}^*$, $1 + 3 + 5 + 7 + \ldots + (2n - 1) = n^2$.

4. Montrer que, pour tout $n \in \mathbf{N}^*$, $\left(1 + \dfrac{1}{1}\right)\left(1 + \dfrac{1}{2}\right)\left(1 + \dfrac{1}{3}\right) \ldots \left(1 + \dfrac{1}{n}\right) = n + 1$.

5. Montrer que, pour tout $n \in \mathbf{N}^*$, $1 + 7 + 13 + \ldots + (6n - 5) = n(3n - 2)$.

6. Montrer que, pour tout $n \in \mathbf{N}^*$, $1^3 + 2^3 + 3^3 + \ldots + n^3 = \dfrac{n^2(n+1)^2}{4}$.

7. Montrer que, pour tout nombre naturel n,
$$\dfrac{1}{3} + \dfrac{1}{3^2} + \dfrac{1}{3^3} + \dfrac{1}{3^4} + \ldots + \dfrac{1}{3^n} = \dfrac{1}{2}\left(1 - \dfrac{1}{3^n}\right).$$

8. Montrer que si l'égalité $1 + 2 + 3 + 4 + \ldots + n = \dfrac{1}{8}(2n + 1)^2$
est vraie pour $n = k$, alors elle est vraie pour $n = k + 1$.

9. Démontrer par induction que $n^2 + n$ est divisible par 2, pour tout $n \in \mathbf{N}^*$.

10. Démontrer par induction que $n^3 + 2n$ est divisible par 3, pour tout $n \in \mathbf{N}^*$.

11. Démontrer par induction que $n^5 - n$ est divisible par 5, pour tout $n \in \mathbf{N}^*$.

12. Démontrer par induction que $n^3 - n$ est divisible par 6, pour tout $n \in \mathbf{N}^*$.

13. Effectuer les sommes partielles suivantes:
    $1 \times 3 =$
    $1 \times 3 + 3 \times 5 =$
    $1 \times 3 + 3 \times 5 + 5 \times 7 =$
    $1 \times 3 + 3 \times 5 + 5 \times 7 + 7 \times 9 =$
    a) Vérifier que la conjecture
    $$\text{pour tout } n \in \mathbf{N}^*, \ 1 \times 3 + 3 \times 5 + 5 \times 7 + \ldots + (2n-1)(2n+1) = \dfrac{n(4n^2 + 6n - 1)}{3}$$
    est plausible.
    b) Démontrer cette conjecture.

14. Effectuer les sommes partielles suivantes:
    $1 \times 3 =$
    $1 \times 3 + 2 \times 4 =$
    $1 \times 3 + 2 \times 4 + 3 \times 5 =$
    $1 \times 3 + 2 \times 4 + 3 \times 5 + 4 \times 6 =$
    $1 \times 3 + 2 \times 4 + 3 \times 5 + 4 \times 6 + 5 \times 7 =$
    $1 \times 3 + 2 \times 4 + 3 \times 5 + 4 \times 6 + 5 \times 7 + 6 \times 8 =$

    a) Vérifier que la conjecture
    $$\text{pour tout } n \in \mathbb{N}^*,\ 1 \times 3 + 2 \times 4 + 3 \times 5 + 4 \times 6 + \ldots + n(n+2) = \frac{n(n+1)(2n+7)}{6}$$
    est plausible.

    b) Démontrer cette conjecture.

15. La figure suivante représente les nombres pyramidaux à base carrée.

    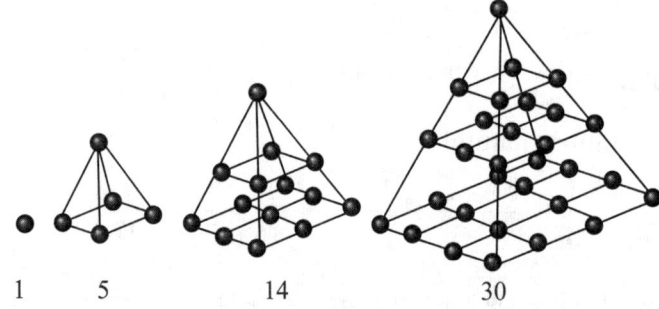

    1   5   14   30

    a) Vérifier que les nombres pyramidaux à base carrée sont de la forme
    $$1^2 + 2^2 + 3^2 + \ldots + n^2$$

    b) Montrer que, pour tout $n \in \mathbb{N}^*$,
    $$S_n = 1^2 + 2^2 + 3^2 + \ldots + n^2 = \frac{n(n+1)(2n+1)}{6}$$

    c) Utiliser ce résultat pour trouver le huitième nombre pyramidal à base carrée.

16. Effectuer les sommes suivantes:

    $\dfrac{1}{1 \times 2} =$

    $\dfrac{1}{1 \times 2} + \dfrac{1}{2 \times 3} =$

    $\dfrac{1}{1 \times 2} + \dfrac{1}{2 \times 3} + \dfrac{1}{3 \times 4} =$

    $\dfrac{1}{1 \times 2} + \dfrac{1}{2 \times 3} + \dfrac{1}{3 \times 4} + \dfrac{1}{4 \times 5} =$

    À l'aide de ces résultats, conjecturer une formule donnant la somme suivante:

$$\frac{1}{1\times 2}+\frac{1}{2\times 3}+\frac{1}{3\times 4}+\frac{1}{4\times 5}+...+\frac{1}{n(n+1)}$$

Démontrer cette propriété à l'aide de l'axiome d'induction.

17. Effectuer les sommes partielles suivantes:
    $1 =$
    $1 + 3 =$
    $1 + 3 + 5 =$
    $1 + 3 + 5 + 7 =$
    $1 + 3 + 5 + 7 + 9 =$
    a) Quelle conjecture vous suggèrent ces résultats?
    b) Vérifier si cette conjecture est vraie dans d'autres cas particuliers.
    c) Démontrer cette conjecture.

18. Effectuer les sommes partielles suivantes:
    $1 \times 2 =$
    $1 \times 2 + 2 \times 3 =$
    $1 \times 2 + 2 \times 3 + 3 \times 4 =$
    $1 \times 2 + 2 \times 3 + 3 \times 4 + 4 \times 5 =$
    a) Quelle conjecture vous suggèrent ces résultats?
    b) Vérifier si cette conjecture est vraie dans d'autres cas particuliers.
    c) Démontrer cette conjecture.

19. a) Procéder inductivement pour trouver le nombre total de carrés dans une figure de la forme suivante lorsque le nombre de carrés sur une ligne est donné.

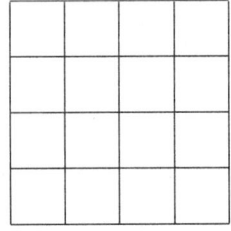

   b) Établir une conjecture décrivant le nombre total de carrés en fonction du nombre de carrés sur un côté de la figure.
   c) Utiliser cette conjecture pour déterminer le nombre total de carrés dans la figure suivante:

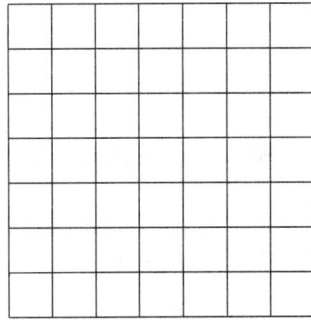

PRÉPARATION À L'ÉVALUATION

Pour préparer votre examen, assurez-vous d'avoir atteint les objectifs suivants.

Consignez à la page suivante des indications pour vous remémorer plus facilement les notions et concepts qui vous posent le plus de difficultés.

Si vous avez atteint l'objectif, cochez.

☆ **ORGANISER ET TRAITER DE L'INFORMATION.**

△ **Établissement de relations justes entre des ensembles.**

○ UTILISER LES SUITES ET LES FONCTIONS DISCRÈTES DANS LE TRAITEMENT DE SITUATIONS DIVERSES.

◇ Représenter les premiers termes d'une suite ou d'une fonction récursive.

◇ Faire la somme des *n* premiers termes d'une progression arithmétique ou d'une progression géométrique.

◇ Calculer la valeur future ou la valeur actuelle d'un capital.

◇ Résoudre un problème d'annuités

◇ Calculer un taux réel ou périodique correspondant à un taux nominal.

◇ Calculer la somme des termes d'une progression géométrique infinie.

☆ **EFFECTUER DES OPÉRATIONS LOGIQUES.**

△ **Utilisation appropriée de la méthode de preuve par induction.**

○ UTILISER CORRECTEMENT LA MÉTHODE DE PREUVE PAR RÉCURRENCE (OU INDUCTION MATHÉMATIQUE).

◇ Effectuer une démonstration à l'aide de l'axiome d'induction.

Signification des symboles: ☆ Élément de compétence   △ Composantes particulières de la compétence
○ Objectif de section   ◇ Procédure ou démarche   ❑ Étape d'une procédure

Notes personnelles

VOCABULAIRE UTILISÉ DANS LE CHAPITRE

ANNUITÉS

On appelle *annuités* (ou *périodicités*) les versements égaux que l'on fait à intervalle régulier pour constituer un capital ou rembourser un emprunt. Les versements permettant de constituer un capital sont appelés *annuités de début de période* et les versements permettant de rembourser un emprunt sont appelés *annuités de fin de période*.

CONJECTURE

Une *conjecture* est un énoncé dont la validité n'a pas encore été démontrée.

FONCTION

Soit A et B deux ensembles. Une *fonction* de A dans B est l'affectation d'au plus un élément de B à chaque élément de A.

FONCTION RÉCURSIVE

Une *fonction récursive* est une fonction définie de la façon suivante:
- on donne le ou les premiers termes;
- on donne la règle récurrente pour trouver les autres termes à partir de la ou des valeurs précédentes.

INDUCTION MATHÉMATIQUE

L'*induction mathématique* (ou preuve par récurrence) est une méthode de preuve permettant d'établir la validité de propriétés portant sur les nombres naturels.

PORTÉE D'UN SYMBOLE DE SOMMATION

La *portée* d'un symbole de sommation est l'expression algébrique qui est affectée par le symbole de sommation.

PROGRESSION ARITHMÉTIQUE

Une *progression arithmétique* est une suite récurrente, ou fonction récursive de $\mathbf{N}^*$ dans $\mathbf{R}$, dont la règle de récurrence est de la forme $a_n = a_{n-1} + d$, où d est une valeur constante appelée la *raison* de la progression. La progression est croissante lorsque $d > 0$ et décroissante lorsque $d < 0$.

PROGRESSION GÉOMÉTRIQUE

Une *progression géométrique* est une suite récurrente, ou fonction récursive de $\mathbf{N}^*$ dans $\mathbf{R}$, dont la règle de récurrence est de la forme $a_n = a_{n-1}r$, où est une valeur constante appelée la *raison* de la progression. La progression est croissante lorsque $|r| > 1$ et décroissante lorsque $0 < |r| < 1$.

SUITE

Une *suite* est une fonction dont l'ensemble de départ est l'ensemble des entiers positifs, noté $\mathbf{N}^*$, et dont l'ensemble d'arrivée est l'ensemble des réels, noté $\mathbf{R}$. Une *suite* numérique est un ensemble ordonné de nombres non nécessairement distincts. Ces nombres sont appelés les *termes* de la suite. Une suite comportant un nombre fini de termes est appelée *suite finie*; dans le cas contraire, la suite est dite *infinie*.

SUITE DE FIBONACCI

Une *suite de Fibonacci* est une suite de la forme
$$f_0 = a, f_1 = b \text{ et } f_n = f_{n-1} + f_{n-2}$$
où a et b sont des nombres entiers positifs.

VALEUR FUTURE ET VALEUR ACTUELLE

On appelle *valeur future* (ou valeur cumulée, ou valeur définitive) d'un capital, la valeur C de ce capital ayant été placé à un taux périodique fixe pour n périodes.

On appelle *valeur actuelle* d'une somme C payable dans n périodes le capital C_0 qu'il faut placer à un taux périodique fixe pour accumuler la somme C au terme de n périodes.

TAUX NOMINAL, TAUX PÉRIODIQUE ET TAUX RÉEL

On appelle *taux nominal*, que l'on note $(j;m)$, un taux annuel j qui est composé m fois par année.

On appelle *taux périodique*, que l'on note i, le taux qui s'applique à chaque période de capitalisation.

On appelle *taux réel* ou *taux effectif*, que l'on note r, le taux réellement payé annuellement.

MODÉLISATION AFFINE

7.0 PRÉAMBULE

Un modèle affine est un modèle dont la représentation graphique est une droite. Construire un modèle affine signifie trouver la pente et l'ordonnée à l'origine d'une droite satisfaisant aux particularités de la situation à décrire. Nous verrons différents types de situations pour lesquels le modèle affine est pertinent. Les premières situations abordées sont celles pour lesquelles la description de la situation permet de préciser deux points ou un point et la pente de la droite et de trouver le modèle par une procédure qui a déjà été présentée en quatrième année de niveau secondaire.

Dans le deuxième type de situation, nous traiterons un ensemble de données pouvant provenir d'une enquête ou d'une étude de marché afin de mettre en évidence et de décrire le phénomène. Dans ces cas, la représentation graphique des données constitue la première étape de la modélisation, qui donne une représentation visuelle du phénomène à l'étude. La deuxième étape est la description algébrique du lieu géométrique formé par les points. Pour ces situations, nous recommandons fortement l'utilisation d'un tableur électronique ou d'une calculatrice disposant des fonctions statistiques pour cibler l'analyse des résultats plutôt que les détails des calculs.

Les activités d'apprentissage de de ce chapitre contribuent à développer l'élément de compétence suivant:

ORGANISER ET TRAITER DE L'INFORMATION.

La composante particulière de l'élément de compétence visée par ce chapitre est:

Établissement de relations justes entre des ensembles.

7.1 MODÉLISATION AFFINE

Lorsque les points qui représentent graphiquement les valeurs correspondantes forment une droite, le lien entre les variables est décrit par l'équation de cette droite. La démarche pour trouver cette équation et déterminer son domaine de validité est appelée *modélisation affine*.

OBJECTIFS :
- Construire un modèle affine pour décrire le lien entre deux variables.
- Utiliser le modèle affine décrivant le lien entre deux variables pour analyser un phénomène.

PROCÉDURE DE MODÉLISATION AFFINE
1. Identifier les données et les variables du problème.
2. Modéliser mathématiquement :
   a) Choisir la variable indépendante et la variable dépendante.
   b) Décrire mathématiquement le lien entre les variables (trouver les paramètres m et b).
3. Utiliser le modèle (ou les modèles) pour analyser la situation et trouver ce que l'on cherche. Représenter graphiquement et interpréter s'il y a lieu.

EXEMPLE 7.1.1

L'entreprise qui vous emploie doit remplacer temporairement un appareil nécessitant des réparations. Ce remplacement pourrait durer de deux à trois mois. Deux compagnies de location ont présenté une soumission. La première compagnie demande 12 $ par jour de location tous services inclus. La deuxième compagnie exige 8 $ par jour et des frais d'installation de 210 $. L'appareil est muni d'un dispositif qui détermine le nombre de jours d'utilisation pour tenir compte seulement des jours ouvrables dans la facturation. Vous devez préparer une étude comparative de ces offres pour le conseil d'administration qui devra choisir un fournisseur. On vous demande donc de trouver quelle entreprise offre la solution la plus économique, compte tenu de la durée possible de la location.

Solution
ÉTAPE 1 : Identifier les données et les variables du problème.
   Durée de la location de deux à trois mois.
   Coût : premier fournisseur, 12 $ par jour tout inclus ;
       deuxième fournisseur, 8 $ par jour plus 210 $ de frais de base.
   Les variables du problème sont le nombre de jours de location et le coût de location pour chacune des deux compagnies.

ÉTAPE 2 : Modéliser mathématiquement.
a) Dans cette situation, la variable indépendante est le nombre de jours de location et le coût de location dépend de la durée de la location.
b) On pose donc x pour le nombre de jours de location,
       C_1, le coût de location pour la première compagnie,
       C_2, le coût de location pour la deuxième compagnie.

Dans ce cas, les données du problème permettent d'exprimer directement le coût de location en fonction du nombre de jours de location, soit:

$C_1(x) = 12x$, le coût en fonction du nombre de jours pour la première compagnie,

$C_2(x) = 8x + 210$, le coût en fonction du nombre de jours pour la deuxième compagnie.

ÉTAPE 3: Utiliser le modèle pour analyser la situation et trouver ce que l'on cherche.

Pour analyser la situation, nous devons calculer le coût pour différentes durées de location. Le coût pour 30 jours d'utilisation pour chacune des soumissions donne

$$C_1(30) = 12 \times 30 = 360 \text{ \$}$$

et
$$C_2(30) = 8 \times 30 + 210 = 450 \text{ \$}.$$

Le coût pour 90 jours d'utilisation pour chacune des soumissions donne

$$C_1(90) = 12 \times 90 = 1\,080 \text{ \$}$$

et
$$C_2(90) = 8 \times 90 + 210 = 930 \text{ \$}.$$

On constate que pour 30 jours de location, il est plus avantageux de choisir la première compagnie, alors que pour 90 jours de location, il est préférable de choisir la deuxième.

On cherche pour quel nombre de jours de location le coût sera le même pour les deux compagnies. On cherche donc x pour lequel

$$C_1(x) = C_2(x)$$

Soit: $\qquad 12x = 8x + 210$

d'où $\qquad 4x = 210$

et $\qquad x = 52{,}5$

On peut donc conclure que si la location doit durer moins de 52 jours, il est préférable de choisir la première compagnie, mais si elle doit durer 53 jours ou plus, il est préférable de choisir la deuxième compagnie. Le conseil d'administration devra trancher.

Les modèles mathématiques $C_1(x)$ et $C_2(x)$ sont de la forme $y = mx + b$. La représentation graphique du premier modèle est une droite dont la pente, qui représente les frais variables, est $m = 12$ \$/jour. La représentation graphique du deuxième modèle est une droite dont la pente est $m = 8$ \$/jour, et $b = 210$ \$ représente les frais fixes. On représente la variable indépendante sur l'axe horizontal et la variable dépendante sur l'axe vertical, ce qui donne la représentation graphique ci-contre.

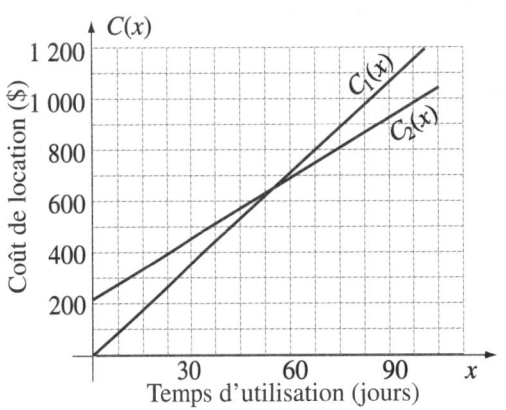

Dans la procédure de modélisation affine, il faut décrire mathématiquement la situation à l'aide des données du problème. Cela signifie, dans le contexte, qu'il faut trouver l'équation d'une droite. Avant d'aller plus loin dans la modélisation, nous allons donc revoir quelques notions sur les fonctions et les équations de droites.

RELATION ET FONCTION

Mathématiquement, une *relation* est un lien entre deux variables dont l'une est la *variable indépendante* et l'autre, la *variable dépendante*. La variable indépendante est celle à laquelle on assigne des valeurs pour étudier le comportement de la variable dépendante. Une relation peut être représentée par un tableau de correspondance, par un graphique ou par une règle de correspondance. Graphiquement, la variable indépendante est sur l'axe horizontal et la variable dépendante sur l'axe vertical.

Une *fonction* est une relation qui à chaque valeur de la variable indépendante associe au plus une valeur de la variable dépendante.

REMARQUE

Pour représenter la variable indépendante, on utilise souvent la lettre x et pour représenter la variable dépendante, on utilise la lettre y.

FONCTION AFFINE

Une *fonction affine* est une fonction définie par une expression de la forme
$$f(x) = mx + b,$$
où $m \in \mathbf{R}$, $b \in \mathbf{R}$ et $m \neq 0$.

REPRÉSENTATION GRAPHIQUE

La représentation graphique d'une fonction affine est une droite dont l'intersection avec l'axe vertical est $(0;b)$ et dont le coefficient m est appelé *pente* de la droite. Lorsque la règle de correspondance d'une fonction affine n'est pas connue, on peut trouver la pente de la droite à partir de deux des points de cette droite.

PENTE D'UNE DROITE

Soit $(x_1;y_1)$ et $(x_2;y_2)$, deux points d'une droite tels que $x_1 \neq x_2$.
On définit la *pente* de cette droite par le rapport
$$m = \frac{\Delta y}{\Delta x} = \frac{y_2 - y_1}{x_2 - x_1}$$

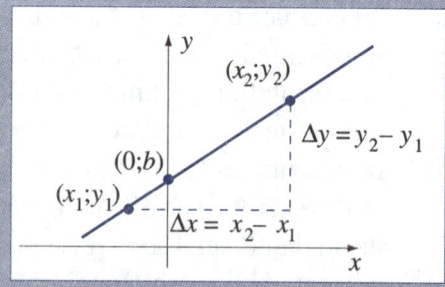

La pente est la représentation graphique du taux de variation de la variable dépendante par rapport à la variable indépendante. On doit parfois vérifier, à partir des données du problème, si le modèle affine est pertinent. Il faut donc vérifier si les données forment bien une droite. Pour ce faire, on calcule la pente entre différents points représentant les données du problème. Si la pente est constante, le modèle affine est indiqué.

REMARQUE

Lorsque la constante b est nulle, on a $f(x) = mx$ ou $y = mx$ et y varie de façon *directement proportionnelle* à x, car le rapport y/x est constant et égal à m. Lorsque $m = 0$, on a une *fonction constante* $f(x) = b$. Graphiquement, c'est une droite parallèle à l'axe des x. Une fonction affine est *croissante* lorsque sa pente est positive, et *décroissante* lorsque sa pente est négative. Dans un modèle affine, y n'est pas proportionnel à x (sauf si $b = 0$), mais Δy est proportionnel à Δx et la constante de proportionnalité est la pente.

ÉQUATION D'UNE DROITE

On a souvent à trouver la règle de correspondance entre deux variables à partir de données numériques ou de couples. Lorsque le phénomène est affine, il faut trouver l'équation d'une droite. Différents cas peuvent se présenter.

DEUX POINTS DE LA DROITE SONT CONNUS

Soit $(x_1;y_1)$ et $(x_2;y_2)$, deux points d'une droite tels que $x_1 \neq x_2$. Pour qu'un point quelconque $(x;y)$ soit sur la même droite que $(x_1;y_1)$ et $(x_2;y_2)$, il faut que la pente soit la même en prenant ces points deux à deux. Traduite algébriquement, cette condition donne

$$\frac{y - y_1}{x - x_1} = \frac{y_2 - y_1}{x_2 - x_1}$$

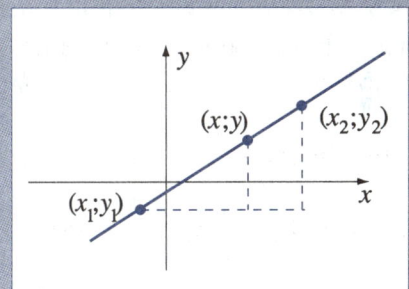

UN POINT ET LA PENTE SONT CONNUS

Soit $(x_1;y_1)$ un point et m la pente de la droite. Pour qu'un point $(x;y)$ soit sur cette droite, il faut que la valeur de la pente entre les points $(x;y)$ et $(x_1;y_1)$ soit égale à m. Traduite algébriquement, cette condition s'écrit

$$\frac{y - y_1}{x - x_1} = m$$

ou encore $\qquad y - y_1 = m(x - x_1)$

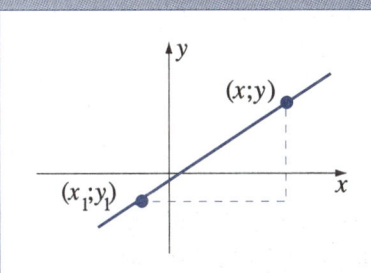

EXEMPLE 7.1.2

Trouver l'équation de la droite passant par les points $(-3;1)$ et $(4;6)$.

Solution

En utilisant $\qquad \dfrac{y - y_1}{x - x_1} = \dfrac{y_2 - y_1}{x_2 - x_1}$

on trouve $\qquad \dfrac{y - 1}{x - (-3)} = \dfrac{6 - 1}{4 - (-3)} = \dfrac{5}{7}$

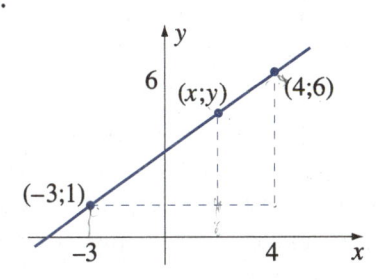

et
$$\frac{y-1}{x+3} = \frac{5}{7}$$

d'où
$$7(y-1) = 5(x+3)$$
$$7y - 7 = 5x + 15$$
$$7y = 5x + 22$$

et
$$y = \frac{5x}{7} + \frac{22}{7}$$

REMARQUE

Soit $(a;c)$, un couple d'éléments correspondants par une fonction f. Le premier élément du couple est appelé la *préimage* de c par la fonction f et le deuxième élément est appelé l'*image* de a par la fonction f. Lorsqu'il existe une fonction entre deux variables, l'image d'un élément quelconque est notée $f(x)$ qui se lit « f de x » et signifie l'*image de x par la fonction f*. Ainsi, dans l'exemple précédent, on écrira

$$f(x) = \frac{5x}{7} + \frac{22}{7}$$

La forme générale de la règle de correspondance d'une fonction affine comporte deux paramètres représentés par les lettres m et b.

Dans la représentation graphique, m est la *pente de la droite*, et b, son *ordonnée à l'origine*, c'est-à-dire l'ordonnée du point d'intersection du graphique et de l'axe vertical. Pour construire un modèle affine dans une situation particulière, on doit utiliser les données de la situation pour trouver ces paramètres.

Lorsque le modèle affine est utilisé pour analyser un coût, l'ordonnée à l'origine représente les frais fixes (transport d'équipement, assurances, droits d'exploitation, permis, etc.) et la pente est associée aux frais variables (taux horaire, prix unitaire, etc.).

RELATION RÉCIPROQUE

Soit f une fonction. On appelle *relation réciproque* de f la relation formée des couples réciproques de la fonction f. Lorsque la relation réciproque d'une fonction est elle-même une fonction, on l'appelle *fonction inverse* et on la note f^{-1}.

Puisque le couple réciproque de $(x;y)$ est le couple $(y;x)$, on peut trouver la règle de correspondance de la relation réciproque en isolant la variable indépendante dans la règle de correspondance de la fonction f. L'usage, en mathématiques, veut que l'on emploie la lettre x pour désigner la variable indépendante; c'est pourquoi, après avoir isolé celle-ci, on réécrit la règle de correspondance en substituant x à y et y à x pour représenter la règle de correspondance de la relation réciproque. On peut également construire rapidement le graphique de la relation réciproque puisque, dans un système cartésien, les couples réciproques sont placés symétriquement par rapport à la droite $y = x$.

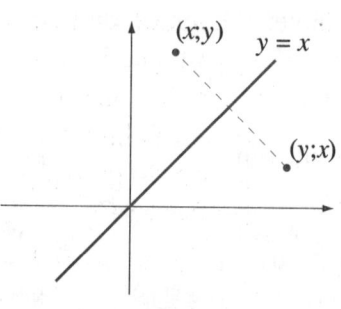

EXEMPLE 7.1.3

Un représentant de commerce a la mauvaise habitude de ne pas remplir correctement le formulaire de remboursement des dépenses de voyage. Il ne donne pas la distance parcourue mais seulement la quantité d'essence consommée.

a) Sachant que la consommation d'essence de la voiture est de 8,2 L/100 km, déterminer un modèle permettant de calculer la distance parcourue en connaissant la quantité d'essence consommée.

b) Le représentant vous remet un rapport indiquant que la consommation d'essence pour la semaine écoulée est de 56,5 L. Utiliser le modèle pour calculer le nombre de kilomètres qu'il a parcourus durant la semaine.

Solution

a) On connaît la consommation d'essence aux 100 km, soit 8,2 L/100 km = 0,082 L/km. Le représentant donne à chaque semaine la quantité d'essence consommée et on cherche la distance parcourue. La variable indépendante est le nombre de kilomètres parcourus x et la variable dépendante est la quantité d'essence consommée q. La description mathématique de la relation entre les variables est alors

$$q = 0,082\, x$$

Pour calculer la distance parcourue en connaissant la quantité d'essence consommée, il faut trouver la fonction inverse, ce qui donne

$$x = \frac{1}{0,082} q$$

d'où $x = 12,2q$

b) Pour une consommation de 56,5 L, la distance parcourue est alors
$$x = 12,2 \times 56,5 = 689,3 \text{ km}$$

7.2 EXERCICES

1. Trouver l'équation de la droite de pente m passant par le point P.
   a) $P = (8;2)$ et $m = -1/5$
   b) $P = (-3;2)$ et $m = 3/4$
   c) $P = (2;-5)$ et $m = 4$

2. Trouver l'équation de la droite passant par les points donnés.
   a) $(-3;2)$ et $(7;1)$
   b) $(6;-3)$ et $(-1;5)$
   c) $(4;-7)$ et $(-3;3)$

3. Un thermomètre est gradué en degrés Celsius et en degrés Fahrenheit. Déterminer le modèle mathématique décrivant la relation entre les unités de mesure.
   a) Trouver la fonction exprimant la température en Celsius en fonction de la température en Fahrenheit.
   b) Esquisser le graphique de la fonction trouvée en a.
   c) Exprimer en Celsius les températures de 25 °F, 100 °F, 180 °F.
   d) Trouver la fonction exprimant la température en Fahrenheit en fonction de la température en Celsius.

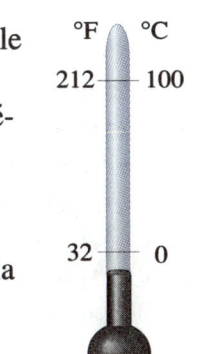

Daniel Gabriel Fahrenheit

Daniel Gabriel FAHRENHEIT (1686-1736), physicien allemand, s'est beaucoup intéressé à la thermométrie (mesure de la température). Il a construit des thermomètres et a innové en utilisant le mercure comme liquide thermométrique, ce qui a permis de produire des thermomètres de petite dimension et de le rendre célèbre. Il a défini de façon empirique la première échelle de température en prenant comme points fixes la température d'un corps froid (glace pilée et sel d'ammoniac) et la température du corps humain et en déterminant des divisions de l'intervalle ainsi obtenu sur la colonne du thermomètre. Il a laissé son nom à une échelle de température, l'échelle Fahrenheit.

Anders Celsius

Anders CELSIUS (1701-1744), astronome et physicien suédois, est à l'origine de l'échelle thermométrique centésimale. Il avait cependant désigné par 0 le point d'ébullition de l'eau et par 100 le point de congélation, ce qui a été changé depuis ce temps.

ANDERS CELSIUS

4. Un technicien en réparation d'appareils de chauffage affiche un taux de 30 $ par demi-heure de travail. Cependant, il demande un supplément de 20 $ pour son déplacement.
   a) Déterminer le modèle mathématique décrivant le coût de la main-d'œuvre pour les réparations d'appareils de chauffage effectuées par ce technicien.
   b) Déterminer le coût d'une réparation qui nécessite une demi-heure de travail.

5. Vous désirez faire planter une haie de cèdres autour de votre résidence et le spécialiste de l'aménagement paysager que vous consultez dit que le coût pour un tel travail comporte des frais fixes de 50 $ et des frais variables de 36 $ le mètre; ces frais variables incluent le creusage de la tranchée, la terre et les plants nécessaires.
   a) Quelle est la variable indépendante et quelle est la variable dépendante de cette situation?
   b) Déterminer la fonction permettant d'évaluer le coût d'un tel travail.
   c) Votre terrain rectangulaire mesurant 20 m sur la facade par 32 m de profondeur, déterminer le coût si vous décidez de faire planter la haie sur un seul côté; sur les deux côtés; à l'arrière seulement; sur les côtés et à l'arrière.
   d) Vous contactez un autre entrepreneur qui déclare pouvoir planter une haie sur les deux côtés et à l'arrière pour la somme totale de 2 444 $. Sachant que les frais fixes sont également de 50 $, déterminer le coût par mètre de haie plantée.

6. L'entreprise qui vous emploie doit remplacer temporairement un appareil nécessitant des réparations. Ce remplacement pourrait durer de deux à trois mois. Deux compagnies de location ont présenté une soumission. La première compagnie demande 10 $ par jour de location tous services inclus. La deuxième compagnie demande 6 $ par jour et des frais d'installation de 180 $. L'appareil est muni d'un dispositif qui détermine le nombre de jours d'utilisation pour tenir compte seulement des jours ouvrables dans la facturation. Vous devez préparer une étude comparative de ces offres pour le conseil d'administration qui devra choisir un fournisseur.
   a) Déterminer pour chaque cas le modèle mathématique décrivant le coût en fonction de la durée de la location. Représenter graphiquement les deux modèles sur un même système d'axes.
   b) Quel sera le coût pour une location de 30 jours? de 90 jours?
   c) Après l'analyse des modèles, quelle stratégie recommanderiez-vous au conseil d'administration pour le choix du fournisseur?

7. En vacances à l'île aux Coudres, vous envisagez de louer une bicyclette pour faire le tour de l'île. Deux entreprises de location offrent des bicyclettes. L'une demande 4 $/h et l'autre propose un forfait de 6 $ plus 2 $/h.
   a) Déterminer pour chaque cas le modèle mathématique décrivant le coût en fonction de la durée de la location. Représenter graphiquement les deux modèles sur un même système d'axes.
   b) Quel sera le coût pour une location de deux heures? de quatre heures?
   c) Pour quelle durée de location le coût est-il le même pour les deux entreprises?

8. L'entreprise de construction qui vous emploie attribue en sous-traitance la pose de pelouse sur le terrain des édifices qu'elle érige. Deux sous-traitants sont en lice pour l'attribution de ces contrats. La première entreprise demande 200 $ de frais fixes et 7,50 $ le mètre carré. La deuxième demande 80 $ de frais fixes et 7,80 $ le mètre carré.
   a) Déterminer dans chaque cas le modèle mathématique décrivant le coût en fonction de la superficie à couvrir. Représenter graphiquement les deux modèles sur un même système d'axes.
   b) Quel sera le montant demandé par chaque entrepreneur pour recouvrir une superficie de 300 m^2? de 600 m^2?
   c) À partir de quelle superficie la soumission du premier entrepreneur est-elle avantageuse?

9. Vous désirez faire nettoyer les tapis des bureaux de votre compagnie. Après avoir consulté les petites annonces, vous avez déniché une compagnie spécialisée dans le nettoyage des tapis pour les édifices commerciaux. Elle affiche les prix suivants:
   60 $ de frais fixes et 0,50 $ le mètre carré de tapis à nettoyer.
   a) Définir un modèle algébrique décrivant le coût en fonction de la superficie.
   b) Avant de faire appel à cette compagnie de nettoyage, vous souhaitez estimer approximativement l'ordre de grandeur du coût d'une telle opération pour vos bureaux. Vous estimez que la superficie à nettoyer est comprise entre 200 m^2 et 250 m^2. À l'aide du modèle, déterminer le coût pour le nettoyage d'une superficie de 200 m^2; de 250 m^2.
   c) La compagnie de nettoyage vous achemine une facture de 175 $. Déterminer, à l'aide du modèle, la superficie que la compagnie estime avoir traitée.
   d) Une compagnie rivale demande un montant fixe de 200 $ peu importe la superficie à traiter. Représenter graphiquement cette situation et déterminer à partir de quelle superficie il aurait été préférable de retenir les services de la deuxième compagnie.

10. L'entreprise qui vous emploie envisage de louer une automobile pour son représentant de commerce qui parcourt parfois jusqu'à 1 500 km par semaine. On vous demande de préparer, pour le conseil d'administration, un dossier permettant d'analyser le coût d'une telle location. Après avoir effectué des négociations avec une compagnie de location, vous avez obtenu le coût suivant:
    150 $ par semaine plus 0,22 $ le kilomètre parcouru.
    a) Représenter graphiquement le lien entre les variables en cause.
    b) Définir un modèle mathématique décrivant le lien entre les variables.
    c) Utiliser le modèle mathématique pour estimer le coût de location hebdomadaire, sachant que le représentant parcourt en moyenne 700 km par semaine.
    d) Pour tenir compte de la dépréciation, des réparations et du coût de l'essence, la politique de l'entreprise est de rembourser 0,34 $ le kilomètre lorsqu'un employé utilise sa voiture personnelle pour le travail. Déterminer s'il est plus avantageux pour la compagnie de louer une automobile pour son représentant ou de lui rembourser les frais d'utilisation de sa voiture personnelle.

11. Un groupe de cyclistes part en excursion et se déplace à une vitesse de 30 km/h. Une heure et quarante-cinq minutes plus tard, la camionnette transportant l'équipement lourd et la nourriture part à leur suite à une vitesse de 50 km/h.
    a) Déterminer un modèle mathématique décrivant la distance parcourue par la camionnette en fonction du temps t à partir du moment où la poursuite est entamée.
    b) Déterminer un modèle mathématique décrivant la distance parcourue par les cyclistes en fonction de la variable t définie en a.
    c) Représenter graphiquement ces modèles mathématiques sur un même système d'axes.
    d) Dans cette représentation graphique, que représente l'abscisse du point de rencontre des droites? Que représente l'ordonnée du point de rencontre des droites?
    e) Combien de temps faudra-t-il à la camionnette pour rejoindre le groupe et quelle sera alors la distance parcourue?

12. Deux cyclistes partent simultanément de deux endroits distants de 300 km et se dirigent l'un vers l'autre. André part du point A et roule à 22 km/h, alors que Bertrand part du point B et roule à 26 km/h.
    a) Exprimer, en fonction du temps écoulé depuis le départ simultané des deux cyclistes, la position par rapport au point A de chacun des cyclistes.
    b) Représenter graphiquement les deux fonctions sur un même système d'axes.
    c) Dans cette représentation graphique, que représente l'abscisse du point de rencontre des droites? Que représente l'ordonnée du point de rencontre des droites?
    d) Déterminer dans combien de temps les deux cyclistes vont se rencontrer.
    e) Déterminer la distance parcourue par chacun des cyclistes au moment de la rencontre.

13. Un service de photocopie demande 7 ¢ la page et 1,25 $ la reliure spirale.
    a) Identifier la variable indépendante et la variable dépendante de cette situation.
    b) Décrire mathématiquement la relation entre ces variables.
    c) Représenter graphiquement cette relation.
    d) Quel sera le coût pour reproduire un document relié de 240 pages?
    e) Déterminer le nombre de pages d'un document relié dont la reproduction a coûté 14,27 $.

14. Vous contactez deux entrepreneurs paysagistes pour faire la pelouse de votre terrain. L'un de ces entrepreneurs demande 1,80 $ le mètre carré et des frais fixes de 120 $. L'autre entrepreneur demande 2,10 $ le mètre carré sans frais fixes.
    a) Quelle est la variable indépendante et la variable dépendante de cette situation?
    b) Déterminer dans chacun des cas la fonction permettant d'évaluer les coûts. Représenter graphiquement ces fonctions sur un même système d'axes.
    c) Sachant que la partie de terrain que vous désirez recouvrir de pelouse a une superficie de 300 m², lequel de ces entrepreneurs exige le moins cher?
    d) Quelle devrait être la superficie à couvrir pour qu'il soit plus avantageux de choisir l'autre entrepreneur?

15. Une personne désirant établir la correspondance entre les kilogrammes et les livres se pèse à l'aide d'une balance graduée selon les deux échelles de mesure. Sur l'échelle graduée en kilogrammes, cette personne évalue son poids à 70 kg et sur l'échelle graduée en livres, elle fait une lecture de 154 livres.
    a) À l'aide de ces données, établissez la correspondance entre les deux unités de mesure.

b) Esquisser le graphique de cette correspondance.
c) Quel est l'équivalent en livres de 80 kg? de 100 kg?
d) Sachant qu'une personne a maigri de 8 livres au cours du dernier mois, combien a-t-elle perdu en kg?

16. Un tachymètre mesure la vitesse de rotation de la roue d'entraînement d'une courroie. L'échelle du tachymètre est graduée de 0 à 200 rpm (révolution par minute) et le diamètre de la roue est de 0,2 m.
    a) Déterminer la vitesse de la courroie en fonction du nombre de révolutions par minute.
    b) On vous demande de concevoir un système qui allumera un témoin lumineux si la vitesse de la courroie est inférieure à 50 m/min ou supérieure à 100 m/min. Quel est le nombre de révolutions par minute correspondant à ces vitesses de la courroie?

17. Le Comité du programme d'informatique vous a demandé d'organiser la visite d'un musée présentant une exposition sur l'avènement de l'informatique et son impact sur la société. L'agent de relation publique vous apprend que le prix d'entrée est de 8 $ par étudiant et ce prix est celui demandé pour un groupe de 10 étudiants ou moins; cependant, la visite n'est pas guidée. Pour les groupes comptant plus de 10 étudiants, la présence d'un guide est obligatoire. Le prix d'entrée est alors de 6 $ par étudiant pour un groupe de 11 à 16 étudiants et, lorsque le groupe compte plus de 16 étudiants, le prix individuel est de 5 $; cependant, la convention collective des guides impose un maximum de 25 personnes par groupe. S'il y a plus de 25 étudiants, il faut engager un autre guide et former deux groupes. Après consultation du Comité de programme, il a été décidé de limiter à 25 le nombre d'étudiants qui pourront faire cette visite.
    a) Construire un modèle mathématique décrivant le coût individuel en fonction du nombre d'étudiants dans le groupe.
    b) Représenter graphiquement la fonction trouvée en a.
    c) Construire un modèle mathématique décrivant le revenu du musée en fonction du nombre d'étudiants dans le groupe.
    d) Représenter graphiquement la fonction trouvée en c.
    e) Calculer le revenu du musée si le groupe est formé de 13 étudiants; de 22 étudiants.
    f) Sachant que la visite dure une journée et que le salaire du guide pour cette journée est de 60 $, construire un modèle mathématique décrivant le profit du musée en fonction du nombre d'étudiants dans le groupe. Représenter graphiquement cette fonction.

Pour vous rendre au musée, il faut louer un autobus et on vous apprend que le coût de location d'un petit autobus qui peut contenir jusqu'à 35 personnes est de 80 $.
    g) Puisque le coût de location de l'autobus sera réparti entre les étudiants qui feront le voyage, construire un modèle mathématique donnant le coût individuel pour le transport en fonction du nombre d'étudiants dans le groupe.
    h) Représenter graphiquement la fonction trouvée en g.
    i) Avant de présenter le projet à l'ensemble des étudiants du programme, vous devez construire un modèle mathématique décrivant le coût total (visite et transport) pour un étudiant en fonction du nombre de participants.
    j) Représenter graphiquement la fonction trouvée en i.

7.3 DROITE DE RÉGRESSION

Lorsqu'on obtient des données à partir d'une expérience de laboratoire, d'un sondage ou d'une recherche, même si le phénomène peut être décrit par un modèle affine, il faut s'attendre à ce qu'il y ait une différence entre les valeurs observées et les valeurs décrites par le modèle. En effet, aucun modèle n'est une description exacte d'un phénomène expérimental. La règle de correspondance obtenue à partir de données expérimentales est un *modèle empirique* et sa fiabilité dépend de la précision des données expérimentales utilisées. Lorsqu'on étudie la relation entre les variables d'un phénomène pour lequel on dispose de données empiriques, la représentation graphique se révèle un moyen efficace pour déceler si le phénomène est descriptible par un modèle affine. Dans la pratique, on a plusieurs couples formant un nuage de points et on cherche à déterminer la droite qui décrit le plus fidèlement possible le phénomène.

OBJECTIF : Utiliser la droite de régression pour construire un modèle affine à partir de données numériques.

MÉTHODE DES MOINDRES CARRÉS

La méthode des moindres carrés est la méthode consistant à déterminer la droite pour laquelle la somme des carrés des distances aux points représentant les données expérimentales est minimale. Les paramètres de cette droite sont donnés par les expressions suivantes :

$$m = \frac{n \sum x_i y_i - \left(\sum x_i\right)\left(\sum y_i\right)}{n \sum x_i^2 - \left(\sum x_i\right)^2}$$

Dans ce contexte, n représente le nombre de couples avec lesquels on travaille.

et $\quad b = \dfrac{\sum y_i - m \sum x_i}{n}$

Nous allons présenter un exemple, pour faire la démarche une fois, mais il est fortement recommandé d'utiliser le logiciel Excel ou une calculatrice graphique pour calculer les paramètres m et b, de façon à pouvoir se concentrer sur l'analyse de la situation à l'aide du modèle.

PROCÉDURE POUR CALCULER LES PARAMÈTRES D'UNE DROITE DE RÉGRESSION
1. Représenter graphiquement les données pour s'assurer que le modèle affine est pertinent.
2. Pour simplifier le traitement et la gestion des données, construire un tableau en réservant une colonne pour chacun des paramètres x, y, xy et x^2. La dernière ligne du tableau sera réservée pour les sommations précisées dans les formules précédentes.

EXEMPLE 7.3.1

Le constructeur d'habitations pour lequel vous travaillez a décidé d'évaluer le coût de chauffage des maisons qu'il construit afin de se servir de ce renseignement dans sa publicité. Il a fait relever, pour des périodes de 24 heures, la consommation moyenne de mazout en fonction de la température extérieure. Les relevés ont été faits en fonction de la température moyenne durant ces 24 heures. Les données obtenues ont été compilées dans le tableau suivant :

T (°F)	−13	−8	−4	2	8	15
Q (L)	52,0	44,0	36,8	28,0	18,0	6,8

Trouver, par la méthode des moindres carrés, le modèle affine décrivant la relation entre la température et la quantité de mazout consommé.

Solution

Dans cette situation, la quantité de mazout consommé dépend de la température extérieure. En représentant graphiquement les données, on a

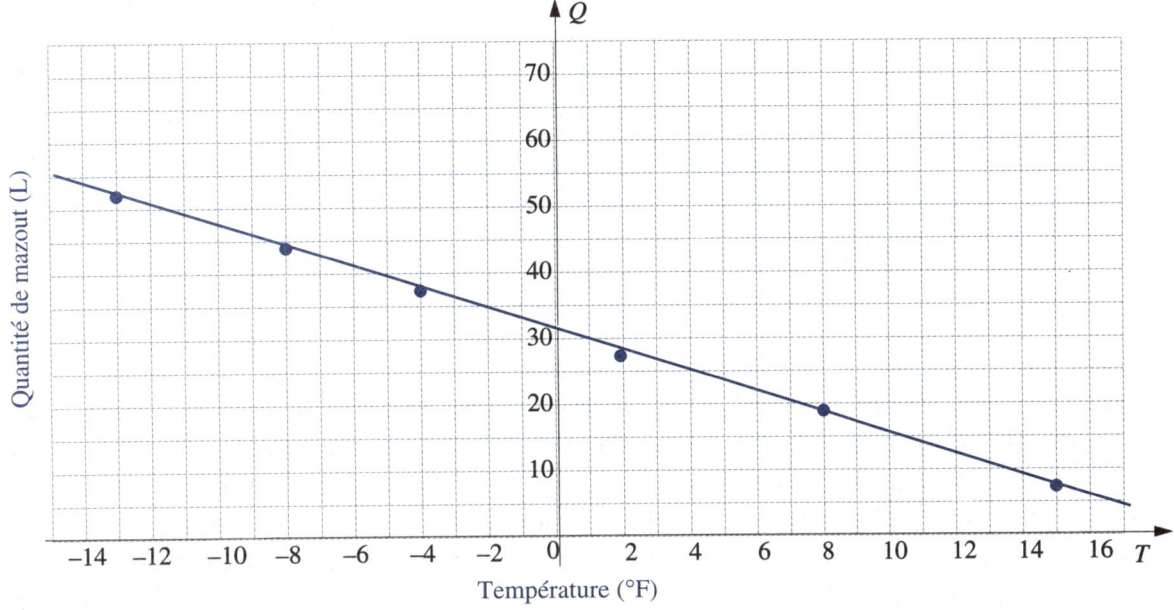

Température (°F)

Le nuage de points suggère une droite, mais les points ne sont pas parfaitement alignés. Pour calculer la valeur des paramètres de la droite, il nous faut calculer les produits des valeurs correspondantes et le carré des valeurs de la variable indépendante puis faire la somme de ces données et résultats. On peut effectuer tous ces calculs dans un même tableau. La ligne supplémentaire sous le tableau donne les sommes des valeurs dans les colonnes. En utilisant les expressions permettant de calculer la valeur des paramètres, on a alors

Valeurs expérimentales			
T	Q	TQ	T^2
−13	52,0	−676,0	169
−8	44,0	−352,0	64
−4	36,8	−147,2	16
2	28,0	56,0	4
8	18,0	144,0	64
15	6,8	102,0	225
Σ 0	185,6	−873,2	542

$$m = \frac{n\sum Q_i - (\sum T_i)(\sum Q_i)}{n\sum T_i^2 - (\sum T_i)^2} = \frac{6 \times (-873,2) - 0 \times 185,6}{6 \times 542 - (0)^2} = -1,611$$

et $\quad b = \dfrac{\sum Q_i - m\sum T_i}{n} = \dfrac{185,6 - (-1,611) \times 0}{6} = 30,93$

Le modèle est donc $Q(T) = -1,611T + 30,93$

On a dit que le modèle des moindres carrés est le meilleur ajustement affine des données. Mais ce modèle mathématique est-il fiable? Quelle est la qualité de l'ajustement du modèle aux données? Nous allons présenter deux *mesures* qui donnent des éléments de réponse à cette question. Ces mesures sont le calcul des résidus et le coefficient de corrélation.

PRÉCISION DU MODÈLE

On peut mesurer la précision du modèle obtenu en calculant, pour chaque valeur de la variable indépendante, la différence entre la valeur observée et la valeur donnée par le modèle mathématique. Ces différences sont appelées les *résidus*. La somme des carrés des résidus est une mesure de précision du modèle mathématique. Le calcul des résidus de l'exemple précédent donne

	Valeurs expérimentales			Valeurs du modèle	Résidus	Carrés des résidus
	T	Q	TQ	T^2	$Q(T)$	$Q - Q(T)$	
	–13	52,0	–676,0	169	51,873	0,127	0,016129
	–8	44,0	–352,0	64	43,818	0,182	0,033124
	–4	36,8	–147,2	16	37,374	–0,574	0,329476
	2	28,0	56,0	4	27,708	0,292	0,085246
	8	18,0	144,0	64	18,042	–0,042	0,001764
	15	6,8	102,0	225	6,765	0,035	0,001225
Σ	0	185,6	–873,2	542			0,466982

Le tableau précédent illustre ce qu'est le calcul des résidus. Pour chacune des données, on calcule la différence entre la valeur observée et la valeur théorique (décrite par le modèle). Parmi ces différences, certaines sont négatives, d'autres positives et on les élève au carré pour obtenir seulement des nombres positifs. La somme des carrés des résidus est alors la somme des carrés des distances des points à la droite. Dans notre exemple, cette somme est petite par rapport aux valeurs expérimentales: on peut donc conclure que le modèle est valide pour l'analyse de cette situation. Rappelons que la droite de régression est la droite pour laquelle cette somme des carrés des résidus est minimale.

COEFFICIENT DE CORRÉLATION

Le coefficient de corrélation est une mesure de l'intensité du lien de linéarité entre deux variables. Il indique le degré de regroupement des points dans le voisinage de la droite. Ce coefficient est donné par

$$r = \frac{n\sum x_i y_i - (\sum x_i)(\sum y_i)}{\sqrt{n\sum x_i^2 - (\sum x_i)^2} \sqrt{n\sum y_i^2 - (\sum y_i)^2}}$$

Dans l'exemple précédent, on peut écrire

$$r = \frac{n\sum T_i Q_i - (\sum T_i)(\sum Q_i)}{\sqrt{n\sum T_i^2 - (\sum T_i)^2} \sqrt{n\sum Q_i^2 - (\sum Q_i)^2}}$$

Les colonnes du tableau de la page précédente donnent déjà quatre des sommes apparaissant dans cette définition. Il manque seulement $\sum Q_i^2$. On peut donc assez simplement calculer ce coefficient en ajoutant une colonne au tableau. Dans l'exemple précédent, on a le tableau ci-contre et le coefficient est

Valeurs expérimentales				
T	Q	TQ	T^2	Q^2
–13	52,0	–676,0	169	2 704,00
–8	44,0	–352,0	64	1 936,00
–4	36,8	–147,2	16	1 354,24
2	28,0	56,0	4	784,00
8	18,0	144,0	64	324,00
15	6,8	102,0	225	46,24
0	185,6	–873,2	542	7 148,48

$$r = \frac{6 \times (-873,2) - 0 \times 185,6}{\sqrt{6 \times 542 - (0)^2} \sqrt{6 \times 7\,148,48 - (185,6)^2}} = -0,9998$$

Le coefficient de corrélation linéaire r est un nombre toujours compris entre –1 et 1 ($-1 \leq r \leq 1$). Lorsque $r = 0$ (corrélation nulle), le modèle affine n'est pas du tout indiqué pour modéliser le phénomène. Lorsque r est proche de 1 ou de –1, le regroupement des points dans le voisinage de la droite est important.

Lorsque la valeur de r est positive, les variables varient dans le même sens, c'est-à-dire que la valeur de la variable dépendante augmente lorsque la valeur de la variable indépendante augmente. Lorsque la valeur de r est négative, les valeurs des variables varient en sens inverse, c'est-à-dire que la valeur de la variable dépendante diminue lorsque la valeur de la variable indépendante augmente. C'est ce qui se produit dans l'exemple 7.3.1: la quantité de mazout consommée diminue lorsque la température augmente. De plus, le coefficient est $-0,9998$, ce qui est très près de -1. La corrélation est donc très forte.

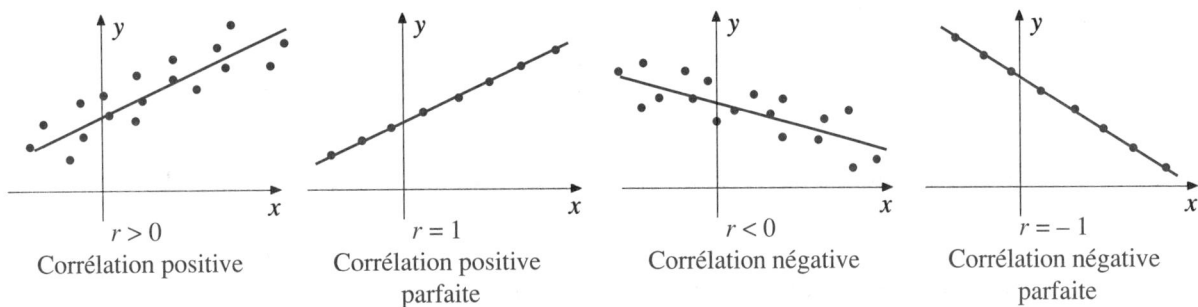

| $r > 0$ | $r = 1$ | $r < 0$ | $r = -1$ |
| Corrélation positive | Corrélation positive parfaite | Corrélation négative | Corrélation négative parfaite |

Le coefficient de corrélation peut être calculé assez simplement avec le logiciel Excel. On le retrouve dans la catégorie « Statistiques » de la banque de fonctions. L'activité de laboratoire en annexe permettra de voir comment l'utiliser. Il est également possible de trouver la valeur de r à l'aide d'une calculatrice graphique.

DROITE DE TENDANCE

Il est indispensable en gestion de « prévoir » pour prendre la meilleure décision possible, mais l'estimation obtenue par le modèle mathématique n'impose pas une décision; elle donne des informations qui aident à prendre, avec précaution, la meilleure décision. Sans le modèle, il faudrait quand même prendre la décision, mais sans aucune information. Ainsi, un distributeur d'huile peut avoir à estimer la quantité de mazout qu'il aura à livrer à ses clients et la quantité qu'il devra acheter, en se basant sur les prévisions météorologiques et sur ses statistiques de consommation. De même, Hydro-Québec peut acheminer à ses clients une facture établie à partir d'une estimation de leur consommation en électricité. Il y aura ensuite un réajustement, une fois la lecture du compteur faite.

La droite de régression permet de modéliser et de construire des modèles simples qui sont utilisés pour analyser des situations ou pour décrire une tendance. On l'appelle alors *droite de tendance*. On distingue deux cas dans l'analyse de tendance, selon que les valeurs estimées sont à l'intérieur ou à l'extérieur de l'ensemble des données observées.

INTERPOLATION

Lorsque les prévisions portent sur des valeurs à l'intérieur de l'intervalle des données, le processus est appelé *interpolation*. Généralement, les estimations provenant d'une interpolation sont plutôt fiables.

EXTRAPOLATION

Lorsque les prévisions portent sur des valeurs à l'extérieur de l'ensemble des données, le processus est appelé *extrapolation*. Il faut noter que la fiabilité est plus grande lorsque l'on fait des prédictions pour des valeurs proches de l'ensemble des données observées. Les prédictions portant sur des valeurs éloignées de cet intervalle donnent une estimation qui, sans être à rejeter, doit être considérée de façon plus critique.

Dans les deux cas, il ne faut cependant pas attendre du modèle une précision plus grande que celle des données qu'il décrit. Ainsi, si des données provenant d'une étude de marché ne comportent que deux chiffres significatifs, les prévisions obtenues par le modèle doivent être arrondies à deux chiffres significatifs. Si les données sont en milliers d'unités, les résultats des calculs devront être arrondis au millier près.

EXEMPLE 7.3.2

Une association d'automobilistes a demandé à ses membres de lui communiquer la distance qu'ils ont parcourue et le coût d'utilisation pour la dernière année en incluant les frais d'enregistrement, les assurances, l'essence et l'entretien. L'association a dressé le tableau suivant de ces données pour la voiture la plus populaire auprès de ses membres :

Distance (km)	5 000	10 000	15 000	20 000	25 000	30 000
Coût ($)	1 950	2 860	3 740	4 600	5 520	6 460

a) Trouver un modèle mathématique décrivant la correspondance entre les variables.
b) Donner une mesure de la précision du modèle par le calcul des résidus.
c) Prévoir, à l'aide du modèle, le coût d'utilisation de cette voiture pour une distance annuelle de 45 000 km. Discuter de la fiabilité du résultat obtenu.

Solution

a) Dans cette situation, le coût d'utilisation annuel dépend de la distance parcourue. Représentons graphiquement ces données.

Pour obtenir la valeur des paramètres de la droite, il faut calculer les produits des valeurs correspondantes et le carré des valeurs de la variable indépendante et faire la somme de ces données et résultats. On peut compiler tous ces calculs dans un même tableau. Après avoir complété les quatre premières colonnes, on peut calculer les paramètres, ce qui donne

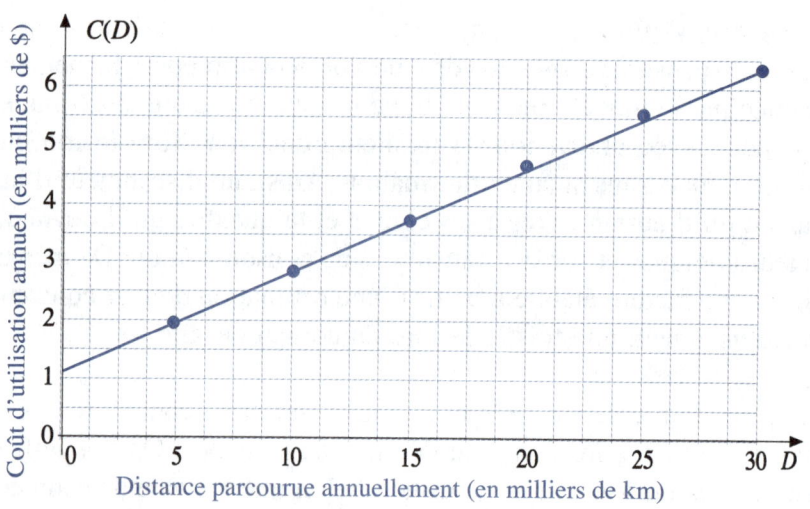

Valeurs expérimentales				Valeurs du modèle	Résidus	Carrés des résidus
D (km)	C ($)	DC	D^2	$C(D)$	$C-C(D)$	
5 000	1 950	9 750 000	25 000 000	1 950	0	0
10 000	2 860	28 600 000	100 000 000	2 850	10	100
15 000	3 740	56 100 000	225 000 000	3 750	−10	100
20 000	4 600	92 000 000	400 000 000	4 650	−50	2 500
25 000	5 520	138 000 000	625 000 000	5 550	−30	900
30 000	6 460	193 800 000	900 000 000	6 450	10	100
Σ 105 000	25 130	518 250 000	2 275 000 000			3 700

$$m = \frac{n\sum D_i C_i - (\sum D_i)(\sum C_i)}{n\sum D_i^2 - (\sum D_i)^2} = \frac{6 \times 518\,250\,000 - 105\,000 \times 25\,130}{6 \times 2\,275\,000\,000 - (105\,000)^2} = 0{,}1794$$

et $$b = \frac{\sum C_i - m\sum D_i}{n} = \frac{25\,130 - 0{,}1794 \times 105\,000}{6} = 1\,048{,}83$$

Le modèle est donc $C(D) = 0{,}18D + 1\,050$. Il est à noter que l'arrondissement est fait en vertu des règles présentées au bas de la page 215.

b) Après avoir rempli tout le tableau, on a la somme des carrés des résidus, soit 3 700. La somme des carrés des résidus indique que la droite ne recouvre pas chacun des points.

c) Le modèle donne une estimation de $C(45\,000) = 9\,150$ \$. On conserve trois chiffres significatifs car les données en comportent également trois. Il faut peut-être douter de la fiabilité de ce résultat puisque la somme des carrés des résidus est assez élevée et que la valeur de 45 000 km est éloignée de l'ensemble des données.

REMARQUE

Le calcul des résidus donne des indications sur la validité du modèle, mais, dans chaque situation, son analyse doit prendre en compte le contexte. Il se peut, par exemple, que pour une même valeur de la somme des résidus, les points soient tous du même côté de la droite ou encore, dispersés de part et d'autre de celle-ci. Le coefficient de corrélation donnera de l'information supplémentaire dans un tel cas. Il faut aussi tenir compte de l'ordre de grandeur des données. Ainsi, une valeur de la somme des carrés des résidus peut sembler élevée tout en étant petite par rapport à l'ordre de grandeur des données. Une réflexion doit donc accompagner les mesures de validité du modèle à l'étape de l'interprétation dans le contexte. Un traitement approfondi des mesures de validité englobant tous les types de situations dépasse cependant les objectifs de cet ouvrage. En effet, une telle analyse nécessite la prise en compte de plusieurs paramètres, comme, par exemple, le nombre de données et la fiabilité des instruments de mesure.

Sir Francis GALTON

Sir Francis GALTON (1822-1911), physiologiste et grand voyageur, est né à Birmingham en Grande-Bretagne. Il était cousin de Charles DARWIN. Il fut l'un des fondateurs de l'eugénisme qui est l'étude des conditions favorables au maintien de la qualité de la race humaine. Il s'est également fait connaître par sa contribution à l'élaboration de la méthode statistique. Dans son traité *Hereditary genius* (1869), il a consacré un chapitre à l'hérédité des scientifiques.

C'est à la suite de ses études sur l'hérédité qu'il avait découvert que des parents de petite taille avaient des enfants plus petits que la moyenne, mais plus grands que leurs parents. De même, des parents plus grands que la moyenne avaient des enfants plus grands que la moyenne, mais plus petits que leurs parents. Ce phénomène est une régression par rapport à la moyenne et c'est de là que vient l'appellation *droite de régression*. Il serait intéressant de vérifier si cette constatation est toujours valable de nos jours...

7.4 EXERCICES

1. Le propriétaire d'une salle de cinéma de 800 places veut tenter de déterminer l'influence du prix d'entrée sur le nombre de spectateurs. Il décide donc de fixer des prix différents pour chacun des samedis du mois et, à la fin du mois, il a recueilli les données ci-contre.
   a) Identifier la variable indépendante et la variable dépendante.
   b) Représenter graphiquement les données.
   c) Déterminer un modèle affine décrivant la relation entre le prix d'entrée et le nombre de spectateurs.
   d) Quel prix d'entrée devrait-il fixer pour que toutes les places soient occupées?
   e) Dans quel intervalle ce modèle est-il le plus fiable?

Prix d'entrée ($)	Nombre de spectateurs
8,50	404
8,00	506
7,50	600
7,00	706

2. Le constructeur d'habitations pour lequel vous travaillez a décidé d'évaluer le coût de chauffage des maisons qu'il construit afin de se servir de ce renseignement dans sa publicité. Il a fait relever la consommation moyenne de mazout Q en fonction de la température à l'extérieur. Les relevés ont été faits pour des périodes de 24 heures en fonction de la température moyenne T durant ces 24 heures. Les données obtenues ont été compilées dans le tableau ci-contre.
   a) Représenter graphiquement les données.
   b) Trouver le modèle affine décrivant la relation entre la température et la quantité de mazout consommé.
   c) Évaluer la quantité de mazout consommé en une journée lorsque la température extérieure est de 9 °F.
   d) Évaluer la quantité de mazout consommé en une journée lorsque la température extérieure est de –20 °F.
   e) Si la moyenne des températures en janvier est de –12 °F, estimer la consommation mensuelle de mazout.

T (°F)	Q (L)
–11	48,0
–7	41,0
–1	32,0
2	27,0
6	20,0
12	11,0

3. La résistance R d'un conducteur a été mesurée à différentes températures T et les données ont été compilées dans le tableau ci-contre.
   a) Quelle est la variable indépendante et la variable dépendante de cette situation?
   b) Déterminer la règle de correspondance entre la température et la résistance.
   c) Faire le calcul des résidus.

T (°C)	R (Ω)
10	48,3
15	49,2
20	50,1
25	51,2
30	52,3
35	53,4

4. Vous travaillez pour une entreprise d'entretien ménager d'édifices. Il est très important pour l'entreprise d'estimer le mieux possible le temps nécessaire à l'entretien d'un édifice avant de faire une soumission. Le coût que la compagnie demande dans ses soumissions dépend de cette estimation. La compagnie effectue déjà l'entretien de différents édifices et elle a établi un tableau donnant la superficie de chacun et le temps nécessaire pour en faire l'entretien.
   a) Représenter graphiquement les données.
   b) À l'aide de ces données, établir un modèle décrivant la relation entre le temps consacré à l'entretien et la superficie.
   c) La compagnie doit soumissionner pour l'entretien d'un édifice de 56 000 m². Estimer le temps d'entretien à l'aide du modèle que vous avez construit.
   d) Calculer le coefficient de corrélation. Que vous indique ce coefficient?

Superficie (m²)	Nombre d'heures par semaine
87 000	320
81 000	400
69 000	260
64 000	388
60 000	325
51 000	284
44 000	227
39 000	180
28 000	125

5. Une petite compagnie gère huit stations d'essence ayant la même enseigne. Cependant, le chiffre d'affaires varie d'une station à l'autre. Le conseil d'administration a décidé de faire réaliser une étude pour voir s'il existe un lien entre le nombre moyen de véhicules qui circulent quotidiennement devant une station-service et son volume de ventes. Les données obtenues sont consignées dans le tableau ci-contre.
   a) Représenter graphiquement les données.
   b) À l'aide de ces données, établir un modèle décrivant la relation entre le nombre moyen de véhicules qui circulent quotidiennement devant la station et le volume des ventes.
   c) La compagnie souhaite implanter une neuvième station-service. Quel devrait être l'achalandage minimal de la rue pour que le volume des ventes soit plus élevé que 10 000 L?
   d) Calculer le coefficient de corrélation. Que vous indique ce coefficient?

Station	Nombre de litres par mois	Nombre moyen de véhicules par jour
1	14 000	330
2	15 000	410
3	11 000	260
4	12 000	350
5	8 000	300
6	7 000	280
7	9 000	210
8	8 000	180

6. À la suite d'une étude de marché, un fabricant de chaussures a reçu les données ci-contre sur la relation entre le prix de vente de ses produits et le nombre de paires vendues annuellement.
   a) Représenter graphiquement les données.
   b) Établir la règle de correspondance entre le prix et le volume des ventes.
   c) Calculer le coefficient de corrélation. Que vous indique ce coefficient?

Prix ($)	Ventes annuelles (en milliers de paires)
37	35
39	29
41	24
43	18
45	12

7. Votre compagnie fabrique, entre autres choses, des étuis à crayons. Constatant que les ventes ont baissé au cours des dernières années, vous décidez de voir s'il est possible de redresser la tendance du marché. Vous faites relever le volume des ventes ainsi que le prix au cours des dernières années. Les résultats sont donnés ci-contre, la comparaison étant effectuée en dollars constants.

Année	Prix ($)	Ventes annuelles (en milliers d'étuis)
1995	1,50	35
1996	1,75	31
1997	1,95	28
1998	2,30	24
1999	3,00	10

   a) Représenter graphiquement les données.
   b) À l'aide de ces données, établir un modèle décrivant la relation entre le prix et le volume des ventes.
   c) La compagnie peut produire 20 000 étuis par année sans demander aux travailleurs de faire des heures supplémentaires et sans arrêter ses autres productions. Quel devrait être le prix pour écouler cette production?
   d) Calculer le coefficient de corrélation. Que vous indique ce coefficient?

8. Au cours des derniers mois, vous avez augmenté sensiblement le prix de vente d'un des articles que fabrique votre usine. Il s'en est suivi une baisse des ventes qui n'est pas sans vous inquiéter. Vous demandez donc un relevé des ventes pour déterminer l'impact des hausses de prix sur la demande.

Mois	Prix ($)	Volume de ventes
Janvier	25	483
Février	30	441
Mars	35	392
Avril	40	338
Mai	45	286

   a) Représenter graphiquement les données.
   b) À l'aide de ces données, établir un modèle décrivant la relation entre le prix et le volume des ventes.
   c) La compagnie peut produire 400 unités par mois sans demander aux travailleurs de faire des heures supplémentaires et sans arrêter ses autres productions. Quel devrait être le prix pour écouler cette production?
   d) Calculer le coefficient de corrélation. Que vous indique ce coefficient?

9. Vous devez finaliser une étude pour voir s'il y a un lien entre le nombre de logements mis en chantier et le taux hypothécaire annuel. L'étude porte plus précisément sur le mois de juin et les données ci-contre ont été recueillies.

Année	Taux hypothécaire	Nombre de logements
1981	18,55 %	9 000
1982	19,75 %	3 500
1983	13,00 %	10 100
1984	14,50 %	7 800
1985	11,75 %	8 800

   a) Représenter graphiquement les données.
   b) À l'aide de ces données, établir un modèle décrivant la relation entre le taux hypothécaire et le nombre de mises en chantier.
   c) Calculer le coefficient de corrélation. Que vous indique ce coefficient?

10. La direction des ressources humaines d'une compagnie a décidé de réaliser une étude sur l'âge des employés et le nombre de journées d'absence dans l'année. Le dossier de chaque employé a été consulté et les données du tableau ci-contre ont été recueillies.
    a) Représenter graphiquement les données.
    b) À l'aide de ces données, établir un modèle décrivant la relation entre l'âge de l'employé et le nombre de jours d'absence.
    c) Calculer le coefficient de corrélation. Que vous indique ce coefficient?

Âge de l'employé	Nombre de jours d'absence
32	11
44	7
27	6
35	3
24	10
43	15
54	8
63	10
49	13
57	17
39	7
47	6

11. Votre compagnie entend commercialiser un nouvel appareil électronique permettant d'éliminer les insectes les soirs de pleine lune. Une étude de marché a été effectuée avant de fixer le prix de ce produit. Les résultats de l'étude sont compilés dans le tableau ci-contre.
    a) Quelle est la variable indépendante et quelle est la variable dépendante de cette situation?
    b) Déterminer la règle de correspondance affine entre le prix de l'article et le nombre de clients potentiels.
    c) Faire un tableau donnant le nombre de clients prédit par le modèle mathématique pour chacun des prix choisis pour l'étude.
    d) Estimer la précision du modèle à l'aide des résidus et du coefficient de corrélation.

Prix de l'article ($)	Nombre de clients potentiels
35	540
40	492
45	458
50	406
55	336
60	294

12. Durant ses trente-cinq années d'enseignement, un professeur a réalisé une étude pour déterminer s'il existe un lien entre le nombre d'heures d'étude hebdomadaires et la réussite aux examens. Il a recueilli les données du tableau ci-contre. Ces données indiquent que la note moyenne de tous les étudiants qui, au cours de ces années, ont consacré huit heures par semaine à l'étude est de 96 %, et ainsi de suite.
    a) Quelle est la variable indépendante et quelle est la variable dépendante de cette situation?
    b) Déterminer la règle de correspondance affine entre le nombre d'heures d'étude et la réussite aux examens.
    c) Estimer la précision du modèle à l'aide du coefficient de corrélation.

Nombre d'heures d'étude	Note moyenne aux examens
8	96
7	92
6	87
5	85
4	77
3	70
2	61
1	43
0	24

PRÉPARATION À L'ÉVALUATION

Pour préparer votre examen, assurez-vous d'avoir atteint les objectifs suivants.

Consignez à la page suivante des indications pour vous remémorer plus facilement les notions et concepts qui vous posent le plus de difficultés.

Si vous avez atteint l'objectif, cochez.

☆ **ORGANISER ET TRAITER DE L'INFORMATION.**

△ **Établissement de relations justes entre des ensembles.**

○ CONSTRUIRE UN MODÈLE AFFINE POUR DÉCRIRE LE LIEN ENTRE DEUX VARIABLES.

○ UTILISER LE MODÈLE AFFINE DÉCRIVANT LE LIEN ENTRE DEUX VARIABLES POUR ANALYSER UN PHÉNOMÈNE.

◇ Construire un modèle affine.
- ❏ Identifier les données et les variables du problème.
- ❏ Modéliser mathématiquement.
    - ❏ Choisir la variable indépendante et la variable dépendante.
    - ❏ Trouver l'équation d'une droite dont on connaît deux points.
    - ❏ Trouver l'équation d'une droite dont on connaît un point et la pente.
    - ❏ Trouver l'équation d'un modèle, connaissant les frais variables et les frais fixes.
- ❏ Utiliser le modèle mathématique pour analyser la situation.
    - ❏ Interpréter dans le langage mathématique les questions posées.
    - ❏ Interpréter la signification de l'image et de la préimage dans le contexte.
    - ❏ Représenter graphiquement et interpréter le graphique.

○ UTILISER LA DROITE DE RÉGRESSION POUR CONSTRUIRE UN MODÈLE AFFINE À PARTIR DE DONNÉES NUMÉRIQUES.

◇ Utiliser la méthode des moindres carrés.
- ❏ Calculer les paramètres m et b du modèle à l'aide d'un tableau (x, y, xy et x^2).
- ❏ Utiliser le modèle pour prédire une valeur.
- ❏ Estimer la fiabilité du modèle (calcul des résidus ou coefficient de corrélation).
- ❏ Vérifier si la réponse est plausible et réalisable.

Signification des symboles: ☆ Élément de compétence   △ Composantes particulières de la compétence   ○ Objectif de section   ◇ Procédure ou démarche   ❏ Étape d'une procédure

Notes personnelles

VOCABULAIRE UTILISÉ DANS LE CHAPITRE

COEFFICIENT DE CORRÉLATION
Le *coefficient de corrélation*, noté r, est une mesure de la précision du modèle affine. Plus $|r|$ est près de 1, plus le modèle affine est approprié.

DROITE DE RÉGRESSION
C'est une droite utilisée pour modéliser un ensemble de données dont la représentation graphique (nuage de points) suggère un tel modèle. On veut minimiser le carré de la différence des valeurs de la variable indépendante entre le modèle et les données brutes, de sorte que le modèle décrive le plus fidèlement possible le phénomène. Les points appartenant à la droite de régression répondent à cette condition.

FONCTION AFFINE
C'est une fonction de la forme $f(x) = mx + b$ dont la représentation graphique est une droite. Elle est caractérisée par sa pente m et son ordonnée à l'origine b.

FRAIS FIXES
Dans un coût de production, les *frais fixes* représentent les coûts d'opération qu'il faut assumer indépendamment du nombre d'articles produits (par exemple, frais de location de bureau, d'éclairage, de chauffage, etc.).

FRAIS VARIABLES
Dans un coût de production, les *frais variables* représentent le coût des matières premières ou les autres coûts liés à la production et qui dépendent du nombre d'articles produits (par exemple, coûts d'opération de la machinerie).

IMAGE
L'*image* d'une valeur a de la variable indépendante est la valeur correspondante de la variable dépendante. Dans la notation des fonctions, l'image d'un élément a est la valeur de y telle que $y = f(a)$. On la calcule en substituant la valeur a à la variable indépendante dans la règle de correspondance de la fonction ou du modèle.

ORDONNÉE À L'ORIGINE
L'*ordonnée à l'origine* est l'ordonnée du point de rencontre d'une fonction et de l'axe vertical. C'est la valeur de la variable dépendante lorsque la variable indépendante a une valeur nulle. Dans le cas d'un modèle décrivant un coût, cette valeur représente les frais fixes. Lorsque la variable indépendante est le temps, l'ordonnée à l'origine représente la valeur initiale (à $t = 0$).

PENTE D'UNE DROITE
La *pente d'une droite* est le rapport de la variation de la variable dépendante sur la variation correspondante de la variable indépendante. La pente d'une droite est un rapport constant, quel que soit l'intervalle considéré. Dans un modèle représentant un coût, la pente est associée aux frais variables.

PRÉIMAGE
La *préimage* d'une valeur c de la variable dépendante est la valeur correspondante de la variable indépendante. Dans la notation des fonctions, la préimage d'un élément c est la valeur de x telle que $f(x) = c$. On la calcule en substituant la valeur c à la variable dépendante dans la règle de correspondance de la fonction, ou du modèle, et en résolvant l'équation ainsi construite.

RELATION RÉCIPROQUE
La *relation réciproque* d'une fonction est la relation obtenue en intervertissant les composantes de chaque couple de la fonction. La relation réciproque de f est parfois une fonction; on l'appelle alors *fonction inverse* et on la note f^{-1}.

RÉSIDUS
Les *résidus* sont les différences entre les points de la droite servant de modèle et les points provenant des observations. La somme des carrés des résidus est une mesure de la précision du modèle.

MODÉLISATION EXPONENTIELLE

8.0 PRÉAMBULE

Au chapitre 6, nous avons présenté des modèles discrets dont la variable indépendante est en exposant. Les modèles construits pour décrire l'évolution d'un capital en sont des exemples. On dit que ces modèles sont discrets parce que la variable indépendante ne prend que certaines valeurs particulières. C'est le cas dans l'évolution d'un capital puisque la variable indépendante représente le nombre de mois ou le nombre d'années et ne prend, par conséquent, que des valeurs entières. Nous verrons maintenant les fonctions exponentielles qui sont également des fonctions dont la variable indépendante est en exposant. Cependant, on considère que celle-ci peut prendre toutes les valeurs réelles. Nous verrons comment construire un modèle exponentiel pour décrire un ensemble de données dont la variable indépendante est à pas constant. Nous utiliserons les logarithmes pour résoudre les équations exponentielles rencontrées dans l'analyse des phénomènes à l'aide du modèle exponentiel. Nous verrons également comment utiliser les papiers semi-log et log-log dans la détection et l'établissement d'un lien exponentiel lorsque le pas de la variable indépendante n'est pas constant.

Les activités d'apprentissage de de ce chapitre contribuent à développer l'élément de compétence suivant:

ORGANISER ET TRAITER DE L'INFORMATION.

La composante particulière de l'élément de compétence visée par ce chapitre est:

Établissement de relations justes entre des ensembles.

8.1 MODÉLISATION EXPONENTIELLE

Au chapitre 6, nous avons modélisé la croissance d'un capital à l'aide d'une fonction discrète. Nous généraliserons maintenant le modèle utilisé pour pouvoir décrire des situations dont la variable indépendante peut prendre des valeurs réelles. Nous identifierons d'abord une caractéristique des modèles exponentiels que nous utiliserons pour établir le modèle décrivant des données à pas constant.

OBJECTIF: Exploiter les liens exponentiels ou logarithmiques entre deux variables dans l'analyse de situations diverses.

EXEMPLE 8.1.1

Une jeune femme d'affaires avisée envisage de prendre sa retraite dans 18 ans. Pour s'y préparer, elle place un montant de 5 000 $ à un taux d'intérêt mensuel de 0,9 %.
a) Déterminer un modèle mathématique décrivant la valeur du capital après n mois.
b) Esquisser le graphique décrivant la croissance du capital pour les 18 prochaines années.
c) Déterminer le montant accumulé dans 18 ans.

Solution

a) En représentant par C_0 le capital initial, par n le nombre de mois et par $C(n)$ le capital accumulé après n mois, on peut décrire le capital accumulé par une fonction récursive de la façon suivante:
Après un mois, $\quad C(1) = C_0(1{,}009)$
Après deux mois, $\quad C(2) = C(1)(1{,}009) = C_0(1{,}009)^2$
Après trois mois, $\quad C(3) = C(2)(1{,}009) = C_0(1{,}009)^3$
Et après n mois, $\quad C(n) = C_0(1{,}009)^n$
En substituant 5 000 à C_0, on obtient le modèle mathématique cherché, soit
$$C(n) = 5\,000(1{,}009)^n$$

b) Pour esquisser le graphique, calculons quelques-unes des correspondances par intervalles de trois ans ou de 36 mois.

Nombre d'années	Nombre de mois n	$C(n)$
3	36	$1{,}38\,C_0$
6	72	$1{,}91\,C_0$
9	108	$2{,}63\,C_0$
12	144	$3{,}63\,C_0$
15	180	$5{,}02\,C_0$
18	216	$6{,}93\,C_0$

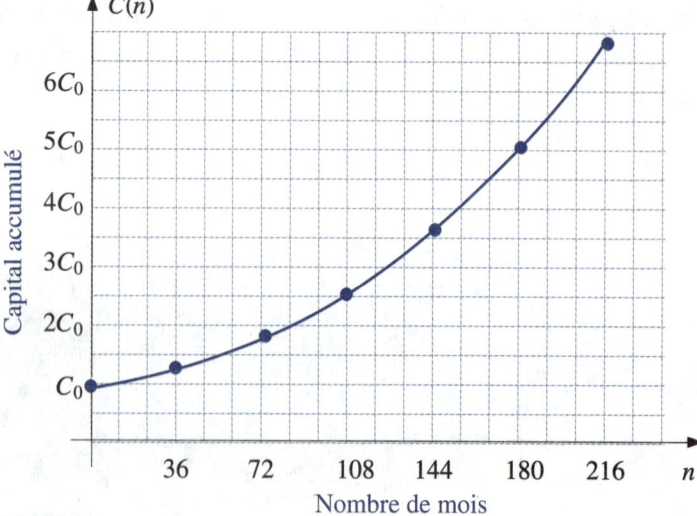

c) Le capital accumulé dans 18 ans sera
$$C(216) = 5\,000(1{,}009)^{216} = 34\,630{,}75\ \$$$

En procédant de façon récursive, connaissant la valeur initiale et le taux de croissance, on peut calculer de mois en mois le capital accumulé. On peut alors déterminer le terme général de cette suite et obtenir un modèle décrivant l'évolution du capital en fonction du nombre de mois, en supposant bien sûr que le taux demeurera constant. On peut procéder de façon analogue pour modéliser un phénomène dont la variable dépendante décroît à un taux constant. C'est l'objectif de l'exemple suivant.

EXEMPLE 8.1.2

Un équipement électronique se déprécie de 1,8 % par mois.
a) Déterminer un modèle mathématique décrivant la valeur de l'équipement n mois après l'achat, sachant que la valeur d'achat est de 20 000 $.
b) Esquisser le graphique de cette fonction décrivant la valeur de cet équipement au cours des six premières années.
c) Quelle sera la valeur de cet équipement 2 ans après l'achat?

Solution

a) Pour simplifier l'écriture, représentons par V_0 la valeur initiale et par $V(n)$ la valeur après n mois. Puisque le taux de dépréciation est de 1,8 %, après un mois, la valeur sera 98,2 % de la valeur initiale, ce qui revient à multiplier la valeur initiale par 0,982. On a donc

$$V(1) = V_0 (0{,}982)$$

Après deux mois, on a $\quad V(2) = V(1)(0{,}982) = V_0 (0{,}982)^2$

Après trois mois, on a $\quad V(3) = V(2)(0{,}982) = V_0 (0{,}982)^3$

Et après n mois, on a $\quad V(n) = V_0 (0{,}982)^n$

En substituant 20 000 à V_0, on obtient

$$V(n) = 20\,000\,(0{,}982)^n$$

b) Pour esquisser le graphique, calculons quelques-unes des correspondances.

n mois	$V(n)$
0	V_0
12	$0{,}80 V_0$
24	$0{,}65 V_0$
36	$0{,}52 V_0$
48	$0{,}42 V_0$
60	$0{,}34 V_0$
72	$0{,}27 V_0$

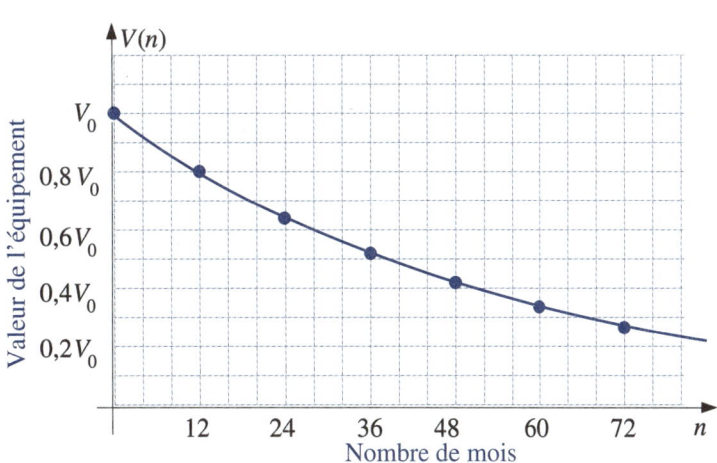

c) La valeur dans deux ans sera
$$V(24) = 20\,000\,(0{,}982)^{24} = 12\,933{,}19\ \$$$

> *PROCÉDURE POUR MODÉLISER UN PHÉNOMÈNE*
>   *DE CROISSANCE OU DE DÉCROISSANCE À TAUX CONSTANT*
> 1. Identifier la variable indépendante et la variable dépendante.
> 2. Identifier la valeur initiale et le taux de croissance ou de décroissance.
> 3. Déterminer la base k du modèle exponentiel; $k = 1 + r$ ou $k = 1 - r$, selon le cas (r est le taux).
> 4. Établir la relation entre les variables.
> 5. Utiliser le modèle pour analyser la situation.

Dans l'exemple 8.1.1, la variable indépendante est le temps, en nombre de mois, représenté par n, et la variable dépendante est la valeur du capital, représentée par C. La valeur initiale est le capital initial, soit 5 000 \$ et le taux de croissance est de 0,9 % par mois. La base du modèle exponentiel est alors $k = 1 + r = 1 + 0,009 = 1,009$ et le modèle est

$$C(n) = 5\ 000\ (1,009)^n.$$

Dans l'exemple 8.1.2, la variable indépendante est le temps, en nombre de mois, représenté par n, et la variable dépendante est la valeur de l'équipement, représentée par V. La valeur initiale est la valeur à l'achat, soit 20 000 \$ et le taux de décroissance est de 1,8 % par mois. La base du modèle exponentiel est alors $k = 1 - r = 1 - 0,018 = 0,982$ et le modèle est

$$V(n) = 20\ 000\ (0,982)^n.$$

Ces deux modèles sont appelés *modèles exponentiels* car la variable indépendante est placée en exposant.

CARACTÉRISTIQUE ALGÉBRIQUE DU MODÈLE EXPONENTIEL

Les exemples qui précèdent nous ont permis de découvrir que la croissance d'un capital et la dépréciation d'un équipement sont parfois des phénomènes descriptibles par des modèles exponentiels. Ces exemples nous permettent également de préciser une caractéristique importante des modèles exponentiels, caractéristique qui permet de confirmer l'existence d'un lien exponentiel à partir de données expérimentales. Pour mettre en évidence cette caractéristique, considérons à nouveau la croissance de capital du début de la section 8.1. Notre démarche de modélisation a permis d'établir les relations suivantes:

$$C(1) = 1,009 C(0)$$
$$C(2) = 1,009 C(1)$$
$$C(3) = 1,009 C(2)$$
$$\vdots$$
$$C(n + 1) = 1,009 C(n)$$

De la même façon, dans le problème de dépréciation de machinerie, on a obtenu

$$V(1) = 0,982 V(0)$$
$$V(2) = 0,982 V(1)$$
$$V(3) = 0,982 V(2)$$
$$\vdots$$
$$V(n + 1) = 0,982 V(n)$$

On constate qu'on peut décrire cette caractéristique des modèles exponentiels par l'expression

$$f(x + 1) = k\, f(x)$$

Dans cette expression, si $k > 1$, le modèle décrit un phénomène de croissance et si $0 < k < 1$, le modèle décrit un phénomène de décroissance. On peut reformuler cette relation en divisant les deux membres de l'égalité par $f(x)$ et on obtient alors la condition suivante:

$$\frac{f(x+1)}{f(x)} = k$$

Cette constatation nous permet de développer une procédure pour construire un modèle exponentiel à partir de données expérimentales à pas constant.

PROCÉDURE POUR REPRÉSENTER DES DONNÉES À PAS CONSTANT PAR UN MODÈLE EXPONENTIEL

1. S'assurer que les données sont à pas constant (c'est-à-dire que les valeurs de la variable indépendante sont à intervalles réguliers).
2. Calculer le rapport des valeurs consécutives de la variable dépendante.
3. Vérifier que le rapport $\dfrac{f(x+1)}{f(x)}$ est relativement constant, ce qui confirme l'existence du lien exponentiel.
4. Calculer la base $k = 1 \pm r$ du modèle en prenant la valeur moyenne de ces rapports.
5. Construire le modèle qui est de la forme $f(x) = b_0 (1 \pm r)^x$, où b_0 est la valeur initiale.
6. Représenter graphiquement en choisissant judicieusement l'échelle pour bien illustrer le comportement et interpréter.

EXEMPLE 8.1.3

Un matériau a été soumis à des tests pour déterminer sa capacité d'absorption des rayons X. Pour ce faire, on a utilisé des plaques de différentes épaisseurs que l'on a soumises au bombardement d'un faisceau de rayons X dont l'intensité est de 2,4 unités et on a mesuré l'intensité du faisceau de l'autre côté de la plaque. Les résultats de ces mesures ont été compilés dans le tableau suivant:

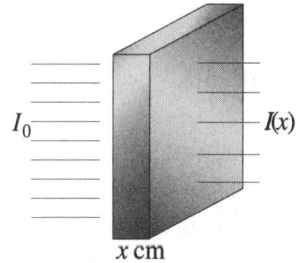

Épaisseur (cm)	0	1	2	3	4	5	6	7	8
Intensité à la sortie	2,400	1,872	1,460	1,140	0,888	0,693	0,540	0,422	0,329

a) Trouver un modèle mathématique décrivant ce phénomène.
b) À l'aide du modèle, trouver l'intensité du faisceau qui traverserait une plaque de 2,6 cm de ce matériau.

Solution

a) Représentons graphiquement les données.

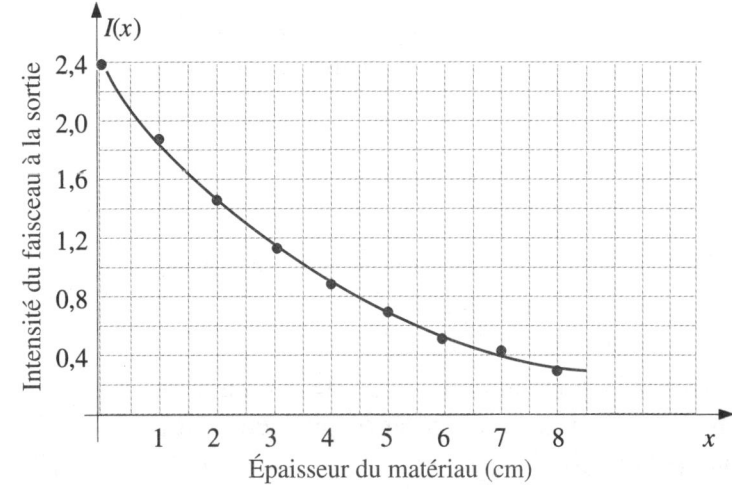

La représentation graphique permet de déceler un lien exponentiel entre les variables. Puisque les valeurs de la variable indépendante sont à intervalle constant, on peut confirmer l'existence du lien exponentiel en vérifiant que le rapport des valeurs consécutives de la variable dépendante est aussi assez constant. On obtient alors le tableau ci-contre. Si l'on accepte 0,78 comme base de la fonction exponentielle et puisque la valeur initiale est 2,400, le modèle est alors
$$I(x) = 2,4 \times (0,78)^x.$$

x	$I(x)$	$\dfrac{I(x+1)}{I(x)}$
0	2,400	–
1	1,872	0,780
2	1,460	0,780
3	1,140	0,781
4	0,888	0,779
5	0,693	0,780
6	0,540	0,779
7	0,422	0,781
8	0,329	0,780

b) L'intensité du faisceau qui traverserait une plaque de 2,6 cm d'épaisseur est l'image de 2,6 par le modèle, soit
$$I(2,6) = 2,4 \times (0,78)^{2,6} = 1,258 \text{ unités.}$$
On fait ici de l'interpolation puisque 2,6 est à l'intérieur du nuage de points.

EXEMPLE 8.1.4

En considérant qu'une population croît de façon exponentielle, trouver le modèle décrivant la population d'une petite ville à l'aide des relevés du tableau ci-contre.
a) Décrire algébriquement la correspondance entre les variables.
b) À l'aide du modèle, estimer la population en l'an 2000.

Année	Milliers d'habitants
1960	15,0
1965	16,0
1970	17,5
1975	18,8
1980	20,3

Solution

a) Considérons 1960 comme instant initial et représentons par n le nombre de périodes de cinq ans écoulées depuis 1960. Pour confirmer l'existence du lien exponentiel, on doit calculer le rapport des valeurs successives de P.

Les rapports, consignés dans le tableau ci-contre, sont relativement constants, ce qui indique que le modèle exponentiel est approprié. En acceptant la valeur moyenne de ces rapports, soit 1,08, comme base du modèle exponentiel, on obtient
$$P(n) = P_0 (1,08)^n = 15,0 \times (1,08)^n$$

n	P	$\dfrac{P(n+1)}{P(n)}$
0	15,0	–
1	16,0	1,07
2	17,5	1,09
3	18,8	1,07
4	20,3	1,08

b) En l'an 2000, huit périodes de cinq ans se sont écoulées depuis 1960. La population sera donnée par
$$P(8) = 15,0 \times (1,08)^8 = 27,8$$
On peut donc estimer la population en l'an 2000 à environ 27 800 habitants. On fait ici de l'extrapolation puisque 8 est à l'extérieur du nuage de points.

> **REMARQUE**

La variable *n* représente le nombre d'intervalles de 5 années en considérant l'année 1960 comme année 0. On peut exprimer le modèle exponentiel de telle sorte que la variable indépendante soit le nombre d'années. Pour ce faire, on doit déterminer une base *a* telle que

$$a^5 = 1,08$$

La résolution de cette équation donne

$$a = (1,08)^{1/5} = (1,08)^{0,2} = 1,0155$$

Le modèle serait alors

$$P(t) = 15,0 \times (1,08)^{0,2t} = 15,0 \times (1,0155)^t$$

où *t* est le temps en années écoulées depuis 1960.

John NAPIER

John NAPIER (1550-1617), mathématicien écossais, était préoccupé par le fait que le progrès scientifique était difficile à cause des calculs fastidieux que suppose toute recherche scientifique et plus particulièrement les calculs en astronomie. Pour faciliter la recherche scientifique, NAPIER a consacré ses énergies au développement de méthodes permettant de simplifier les calculs. Il mit au point des réglettes permettant d'effectuer les multiplications assez rapidement. Celles-ci furent utilisées pendant plus d'un siècle en Écosse. En 1614, il fit paraître son traité *Mirifici logarithmorum canonis descriptio* qui décrit son système de logarithmes. Il fut suivi d'un second traité en 1619, *Mirifici logarithmorum canonis constructio*.

NAPIER était contemporain de GALILÉE (1564-1642) et de Johannes KEPLER (1571-1630), dont les travaux ont porté pour une bonne partie sur le système planétaire. KEPLER aurait sans doute apprécié que les logarithmes soient inventés plus tôt. Les trois lois qui portent son nom lui ont demandé 17 ans de travail et de calculs, en particulier pour décrire l'orbite de la planète Mars.

John NAPIER

Henry BRIGGS

Henry BRIGGS (1561-1630), professeur de géométrie d'Oxford, fut un admirateur de John NAPIER. À la suite de rencontres avec NAPIER, les deux savants conclurent que le logarithme de 1 devait être 0 et que le logarithme de 10 devait être 1, ce qui était le pas définitif vers la notion de base de logarithmes et la création des logarithmes en base 10. BRIGGS se chargea de construire la première table de logarithmes en base 10. En 1617, année de la mort de NAPIER, BRIGGS publia *Logarithmorum chilias prima* qui comprenait les logarithmes de 1 à 1 000 avec une précision de 14 décimales. C'est en 1624, dans *Arithmetica logarithmica*, que BRIGGS présenta pour la première fois les concepts de *mantisse* et de *caractéristique* qui permettaient de simplifier la construction et l'utilisation des tables de logarithmes.

L'idée de base dans l'utilisation de la mantisse et de la caractéristique est que tout nombre peut s'exprimer comme le produit d'un nombre compris entre 1 et 10 et d'une puissance de 10. Ainsi, le nombre 152 peut s'écrire $1,52 \times 10^2$. En utilisant les propriétés des logarithmes, le logarithme de 152 en base 10 est alors

$$\log 152 = \log(1,52 \times 10^2) = \log 1,52 + \log 10^2 = \log 1,52 + 2.$$

Or, log 1,52 = 0,1818435... On a donc log 152 = 2,1818435... De la même façon, on obtient le logarithme du nombre 15 200, soit

$$\log 15\ 200 = \log(1,52 \times 10^4) = \log 1,52 + \log 10^4 = 4,1818435...$$

Dans ces logarithmes, la partie entière caractérise les nombres. C'est la *caractéristique*. La partie décimale du logarithme, soit log 1,52 est la *mantisse*. La mantisse est la même pour 152 et 15 200, mais leurs caractéristiques sont différentes. Il est donc suffisant de connaître le logarithme en base 10 des nombres compris entre 1 et 10 pour pouvoir trouver le logarithme de tout nombre réel, ce qui était très intéressant avant l'invention de la calculatrice.

8.2 EXERCICES

1. Trouver le modèle exponentiel donnant la valeur d'un capital de 7 500 $ placé à 6,5 % d'intérêt capitalisé annuellement.
   a) Quel sera le capital accumulé après 5 ans?
   b) Esquisser le graphique du modèle ($0 \leq n \leq 10$).

2. Une automobile se déprécie de 15 % par année.
   a) Trouver le modèle mathématique décrivant la valeur de l'automobile en fonction du temps n.
   b) Esquisser le graphique de ce modèle ($0 \leq n \leq 10$).
   c) Si la valeur initiale de la voiture était de 10 000 $, combien vaudra-t-elle 8 ans après l'achat? 10 ans après l'achat?

3. Une compagnie renouvelle sa machinerie au prix de 300 000 $. Cette machinerie se déprécie au taux de 1,7 % par mois.
   a) Trouver la règle de correspondance donnant la valeur de la machinerie en fonction du temps.
   b) Trouver la valeur de la machinerie 2 ans après l'achat, 3 ans après l'achat et 5 ans après l'achat.
   c) Esquisser le graphique de cette fonction.

4. Un sel radioactif se désintègre de telle sorte qu'à la fin de chaque année, il reste les 49/50 de la quantité du début de l'année.
   a) Trouver le modèle mathématique donnant la quantité restante après t années si la quantité initiale est Q_0.
   b) Représenter graphiquement ce modèle dans l'intervalle [0;100].
   c) Si la quantité initiale est $Q_0 = 100$ unités, trouver la quantité restante après 5 ans et après 10 ans.

5. Le radium A se désintègre à une vitesse telle qu'à la fin de chaque minute, il ne reste que les 8/10 de la quantité initiale.
   a) Établir le modèle décrivant la quantité de radium en fonction du temps t mesuré en minutes.
   b) Esquisser le graphique de cette fonction.

6. Vous prêtez un montant de 8 000 $ remboursable dans 6 ans, en un seul versement incluant les intérêts, à un taux d'intérêt de 9 % par année capitalisé annuellement. Déterminer le montant total que vous recevrez en remboursement du prêt.

7. Vous placez un montant de 5 000 $ à un taux trimestriel de 1,2 % pour 10 ans.
   a) Décrire l'évolution de ce capital en fonction du temps.
   b) Quel montant aurez-vous accumulé à l'échéance?

8. Vous prêtez un montant de 10 000 $ remboursable dans 10 ans, en un seul versement incluant les intérêts, à un taux de 12 % composé annuellement. Quel sera le remboursement total que vous recevrez?

9. Vous venez de recevoir 6 000 $ et vous décidez de placer ce montant pendant 5 ans afin de constituer un capital pour vous acheter une maison. Le placement se fera à un taux annuel de 6 % composé mensuellement. Quel est le montant total que vous aurez accumulé?

10. Déterminer quel montant il faudrait placer maintenant à un taux de 0,6 % composé mensuellement pour constituer un capital de 10 000 $ en 15 ans.

11. Vous achetez une automobile au montant de 12 000 $ et le marchand vous donne la possibilité d'acquitter ce montant comptant ou de payer 16 000 $ dans 3 ans.
    a) Sachant que le taux d'intérêt est actuellement de 7 % capitalisé annuellement, déterminer la valeur actuelle du montant de 16 000 $ afin de voir laquelle des deux offres est la plus avantageuse pour vous.
    b) Si vous empruntiez un montant de 12 000 $ remboursable dans 3 ans à un taux de 7 % capitalisé annuellement, quel serait le paiement à effectuer à l'échéance?

12. Au cours d'une panne d'électricité à la mi-janvier, vous avez relevé la température à l'intérieur de la maison à chaque heure à partir du début de la panne. Les données obtenues sont consignées dans le tableau suivant:

Durée de la panne (h)	0	1	2	3	4	5	6
Température intérieure (°C)	22	19	16	14	12	10	9

    a) Sachant que la température intérieure en temps normal est maintenue à 22 °C, déterminer un modèle mathématique décrivant la correspondance entre les variables en cause.
    b) Représenter graphiquement cette fonction.
    c) Quelle devrait être la température après dix heures de panne?

13. L'ancien comptable d'une compagnie avait effectué un placement au nom de celle-ci. Vous ne trouvez dans le dossier que deux relevés de ce placement. L'un d'eux est daté de 1977 et indique 35 000 $ comme valeur acquise par le placement. L'autre relevé, daté de 1982, indique 56 800 $ comme valeur du placement.
    a) Trouver le modèle mathématique décrivant la valeur du placement en fonction du nombre d'années, en supposant que le lien est exponentiel.
    b) Quelle était la valeur du placement en 1994?

14. Le maire de la municipalité qui vous emploie vous demande de faire une étude sur la population de façon à prévoir les services qu'il faudra offrir dans les prochaines années. Vous trouvez dans les registres municipaux les résultats de quatre relevés présentés dans le tableau ci-contre.

Année	Population en milliers d'individus
1972	27
1976	29
1980	32
1984	35

    a) Établir le modèle décrivant la population n périodes de quatre années après 1972, une fois la vérification des rapports des populations effectuée.
    b) Exprimer ce modèle en fonction du temps t en années depuis 1972.
    c) Par mesure de précaution, vérifier la concordance des résultats statistiques et des valeurs données par le modèle.
    d) Quelle est la population en l'an 2000?

8.3 LOGARITHMES

La première section du chapitre nous a permis de présenter différentes situations présentant un comportement exponentiel. Dans ces situations, lorsqu'on désire connaître la valeur de la variable indépendante répondant à certaines conditions, il faut résoudre une équation dans laquelle l'inconnue est en exposant. Une telle équation est appelée *équation exponentielle* et, pour la résoudre, nous devrons utiliser les logarithmes. Dans cette section, nous allons introduire la notion de logarithme et nous utiliserons cette notion dans la résolution d'équations exponentielles.

ÉQUATION EXPONENTIELLE

Considérons la situation d'un capital de 10 000 $ placé à un taux d'intérêt de 6 % capitalisé annuellement. Le capital accumulé au cours des années peut être décrit par le modèle exponentiel suivant:

$$C(n) = 10\ 000\ (1{,}06)^n$$

Supposons qu'on désire savoir pendant combien de temps on doit placer cet argent pour doubler le capital. On cherche alors n tel que

$$10\ 000\ (1{,}06)^n = 20\ 000$$

En divisant les deux membres de l'équation par 10 000, on obtient

$$(1{,}06)^n = 2$$

Une équation de cette forme est une équation exponentielle et, pour la résoudre, il faut connaître la valeur de l'exposant n. Les méthodes de résolution basées sur les propriétés de l'égalité ne permettent pas de résoudre cette équation. Il nous faut maintenant présenter un outil spécialement adapté à la résolution de ce type d'équations, les *logarithmes*.

OBJECTIF: Résoudre des équations exponentielles à l'aide des propriétés des exposants et des logarithmes.

ÉQUATION EXPONENTIELLE

On appelle *équation exponentielle* toute équation dont l'inconnue apparaît en exposant. La forme la plus simple d'équation exponentielle est la forme

$$b^x = N$$

où $b > 0$ et $b \neq 1$. Dans cette expression, x est une *inconnue*, N et b sont des nombres réels positifs quelconques et b est appelée la *base de l'exponentielle*.

Pour résoudre une équation exponentielle de la forme $b^x = N$, il faut trouver à quel exposant on doit élever la base b pour obtenir le nombre N. Ainsi, l'équation

$$2^x = 32$$

est une équation exponentielle et, pour résoudre cette équation, on doit trouver à quel exposant il faut élever 2 pour obtenir 32. On peut exprimer le membre de droite de l'équation en base 2, ce qui donne

$$2^x = 2^5$$

Les deux membres de l'équation étant exprimés dans la même base, les exposants sont nécessairement égaux et on peut donc conclure que $x = 5$. La résolution d'une équation exponentielle n'est pas toujours aussi simple. Cependant, il faut toujours pouvoir exprimer un nombre donné dans une base donnée en l'affectant d'un exposant réel. Cet exposant est appelé le *logarithme* du nombre.

Modélisation exponentielle   235

LOGARITHME EN BASE b

Soit $b \neq 1$ et N, deux nombres réels positifs. Il existe un et un seul nombre réel n tel que $b^n = N$. Le nombre n est appelé le *logarithme en base b du nombre N*, ce qui s'écrit:
$$n = \log_b N$$

On remarque que le logarithme est un exposant. C'est l'exposant qu'il faut donner à la base b pour obtenir le nombre N. Cette notion est très importante pour la compréhension des logarithmes et de leurs propriétés.

EXEMPLE 8.3.1

Trouver le logarithme dans la base 3 de 81.

Solution
On cherche $\log_3 81$, c'est-à-dire l'exposant auquel il faut élever le nombre 3 pour obtenir 81. On doit donc résoudre l'équation exponentielle
$$3^x = 81$$
En exprimant 81 en base 3, on a
$$3^x = 3^4$$
On trouve donc $x = 4$ et le logarithme en base 3 de 81 est 4, c'est-à-dire
$$\log_3 81 = 4$$

REMARQUE

L'équation exponentielle $N = b^x$ est équivalente à l'équation logarithmique $x = \log_b N$, c'est-à-dire
$$N = b^x \text{ si et seulement si } x = \log_b N$$

Pour pouvoir effectuer des calculs logarithmiques, on doit connaître les logarithmes dans une base donnée. La calculatrice se révèle alors un outil très intéressant. Même si, théoriquement, tout nombre positif et différent de 1 peut servir de base d'un système de logarithmes, en pratique, deux bases sont plus spécifiquement utilisées pour effectuer des calculs logarithmiques: ce sont la base 10 et la base $e = 2{,}71828\ldots$ Les calculatrices effectuent directement les calculs dans ces bases. Pour simplifier l'écriture, le logarithme en base 10 d'un nombre N est noté $\log N$ et le logarithme en base e d'un nombre N est noté $\ln N$. Ainsi, $\log 3$ est le logarithme en base 10 du nombre 3, c'est-à-dire l'exposant qu'il faut donner à 10 pour obtenir le nombre 3, alors que $\ln 3$ est le logarithme en base e du nombre 3.

EXEMPLE 8.3.2

Exprimer le nombre 2,8 en base 10.

Solution
Pour exprimer 2,8 en base 10, on doit trouver l'exposant auquel il faut élever 10 pour obtenir 2,8. On cherche donc x tel que

$$10^x = 2,8$$
La définition de logarithme permet d'écrire cette équation sous forme logarithmique. En effet, on cherche l'exposant qu'il faut donner à 10 pour obtenir le nombre 2,8. Cet exposant étant le logarithme en base 10 de 2,8, on cherche donc x tel que
$$x = \log 2,8$$
On peut alors résoudre l'équation en utilisant la calculatrice et on trouve
$$x = \log 2,8 = 0,447158...$$
On peut maintenant exprimer 2,8 en base 10 en posant $2,8 = 10^{0,447158...}$.

EXEMPLE 8.3.3

Exprimer le nombre 7,3 en base e.

Solution
Pour exprimer 7,3 en base e, on doit trouver l'exposant auquel il faut élever e pour obtenir 7,3. On cherche donc x tel que
$$e^x = 7,3$$
En écrivant cette équation sous forme logarithmique en base e, on a alors
$$x = \ln 7,3$$
On peut alors résoudre l'équation en utilisant la calculatrice et on trouve
$$x = \ln 7,3 = 1,98787...$$
On peut maintenant exprimer 7,3 en base e en posant $e^{1,98787...} = 7,3$.

EXEMPLE 8.3.4

Soit N un nombre réel tel que $\log_b N = 3$; trouver $\log_b N^2$.

Solution
Par hypothèse, on a l'équation $\log_b N = 3$. En la transformant sous forme exponentielle, on obtient
$$\log_b N = 3 \Leftrightarrow N = b^3$$
En élevant les deux membres de l'équation $N = b^3$ à l'exposant 2, on trouve
$$N^2 = (b^3)^2 = b^6$$
En écrivant cette équation sous forme logarithmique, on a alors
$$N^2 = b^6 \Leftrightarrow \log_b N^2 = 6.$$

LOGARITHME D'UN NOMBRE AFFECTÉ D'UN EXPOSANT
Soit un nombre réel N tel que $\log_b N = n$, alors $\log_b N^p = pn$, d'où
$$\log_b N^p = p \log_b N$$

Démonstration

Par hypothèse, on a l'équation $\log_b N = n$. En l'exprimant sous forme exponentielle, on obtient
$$\log_b N = n \Leftrightarrow N = b^n$$
En élevant les deux membres de l'équation $N = b^n$ à l'exposant p, on trouve
$$N^p = (b^n)^p = b^{np}$$
En l'exprimant sous forme logarithmique, on a alors
$$N^p = b^{np} \Leftrightarrow \log_b N^p = np$$
Puisque $n = \log_b N$, on peut, par substitution, écrire
$$\log_b N^p = p \log_b N$$

Les logarithmes, nous l'avons dit, constituent un outil puissant pour résoudre les équations exponentielles. Lorsque deux expressions sont égales, leurs exposants dans une base donnée sont égaux. Lorsque l'inconnue est en exposant dans une équation, on peut donc construire une autre équation en égalant les logarithmes des deux membres de l'équation initiale. Les propriétés des logarithmes et de l'égalité permettent alors de transformer cette nouvelle équation pour isoler la variable.

EXEMPLE 8.3.5

Résoudre l'équation exponentielle suivante:
$$3^x = 24$$

Solution

Ces deux expressions étant égales, il faut que l'exposant permettant d'exprimer 3^x en base 10 soit égal à l'exposant permettant d'exprimer 24 dans la même base. En d'autres mots, pour que $3^x = 24$, il faut que le logarithme en base 10 de 3^x soit égal au logarithme en base 10 de 24. On a donc
$$\log 3^x = \log 24$$
d'où
$$x \log 3 = \log 24$$
Puisque $\log 3$ est une constante, $x \log 3$ est un produit et on peut isoler la variable x en divisant les deux membres de l'équation par $\log 3$, ce qui donne
$$x = \frac{\log 24}{\log 3}$$
En effectuant le calcul à l'aide de la calculatrice, on a alors
$$x = \frac{\log 24}{\log 3} = \frac{1{,}3802...}{0{,}4771...} = 2{,}8927...$$

REMARQUE

On parvient au même résultat en prenant les logarithmes en base e des deux membres de l'équation initiale. En effet
$$\ln 3^x = \ln 24$$
d'où
$$x \ln 3 = \ln 24$$
et en divisant les deux membres de l'équation par $\ln 3$, on a
$$x = \frac{\ln 24}{\ln 3} = \frac{3{,}1780...}{1{,}0986...} = 2{,}8927...$$

> **REMARQUE**

Sous forme logarithmique, l'équation $3^x = 24$ s'écrit $x = \log_3 24$. Cependant, on ne peut la résoudre directement et il faut faire le calcul dans une base connue. On a alors recours à un *changement de base* pour utiliser soit la base 10, soit la base e comme base de calcul. On a alors

$$x = \log_3 24 = \frac{\log 24}{\log 3} = \frac{\ln 24}{\ln 3} = 2{,}8927\ldots$$

On peut généraliser ce résultat pour démontrer la *propriété de changement de base* de façon à l'utiliser directement dans nos calculs.

CHANGEMENT DE BASE

Soit a et b deux nombres réels positifs et différents de 1, et N un nombre réel positif quelconque.
Alors
$$\log_a N = \frac{\log_b N}{\log_b a}$$

Démonstration

Soit n tel que $a^n = N$. Par définition du logarithme, on a
$$n = \log_a N$$
Cependant, en prenant les logarithmes en base b des deux membres de l'équation exponentielle $a^n = N$, on a
$$\log_b a^n = \log_b N$$
d'où
$$n \log_b a = \log_b N$$
En isolant n, on a
$$n = \frac{\log_b N}{\log_b a}$$
Et, puisque $n = \log_a N$, on a
$$\log_a N = \frac{\log_b N}{\log_b a}$$

Voyons comment utiliser le changement de base en résolvant l'équation $5^x = 18$. On peut trouver directement l'équivalent logarithmique de cette équation en posant $x = \log_5 18$. Cependant, la calculatrice ne nous permet pas de calculer le logarithme en base 5 et il faut donc effectuer un changement de base. Le changement de base donne

$$x = \log_5 18 = \frac{\ln 18}{\ln 5} = 1{,}7958\ldots \quad \text{ou encore} \quad x = \log_5 18 = \frac{\log 18}{\log 5} = 1{,}7958\ldots$$

Le changement de base nous permet d'écrire l'expression logarithmique dans l'une ou l'autre des bases usuelles pour effectuer les calculs lorsqu'on doit trouver la valeur de la variable indépendante.

PROCÉDURE POUR RÉSOUDRE UNE ÉQUATION EXPONENTIELLE

1. Établir l'équation exponentielle.
2. Effectuer les transformations algébriques pour isoler le terme contenant l'inconnue en exposant.
3. Utiliser la définition de logarithme pour isoler la variable.
4. Utiliser la formule de changement de base pour effectuer les calculs.
5. Interpréter le résultat dans le contexte, s'il y a lieu.

Dans un modèle exponentiel, lorsqu'on veut trouver la valeur de la variable indépendante, on doit résoudre une équation exponentielle. Par exemple, pour trouver dans combien de temps un capital placé à un taux périodique i aura doublé ou triplé, il faut résoudre une équation exponentielle. De même, si on veut trouver dans combien de temps la valeur d'un équipement soumis à un taux de dépréciation i aura diminué de moitié, on doit résoudre une équation exponentielle. L'exemple qui suit illustre ce propos.

EXEMPLE 8.3.6

On place un montant de 5 000 $ à un taux d'intérêt de 9 % capitalisé annuellement. Déterminer dans combien de temps le capital aura doublé.

Solution

Le taux d'intérêt étant de 9 %, la valeur du capital à la fin de chacune des années est 109 % de la valeur du début de l'année. On a donc
$$C(n) = 5\,000\,(1{,}09)^n$$
Le temps nécessaire pour doubler le capital est la valeur de n pour laquelle
$$5\,000\,(1{,}09)^n = 10\,000$$
En divisant les deux membres de l'équation par 5 000, on obtient
$$(1{,}09)^n = 2$$
Il faut donc résoudre une équation exponentielle de base 1,09 et nous allons effectuer un changement de base, ce qui donne
$$n = \log_{1{,}09} 2 = \frac{\log 2}{\log 1{,}09} = 8{,}04$$
À ce taux, le capital aura doublé dans huit ans.

REMARQUE

Dans l'exemple qui précède, on a établi l'équation en substituant les données du problème dans la forme générale $C(n) = C_0(1 + i)^n$. Ce qui a donné l'équation $C(n) = 5\,000\,(1{,}09)^n$.

L'interprétation du résultat nous amène à conclure que le capital aura doublé dans huit ans. L'interprétation est nécessaire lorsque l'équation porte sur une situation concrète. Lorsque la question est simplement « Résoudre l'équation ... », il n'est pas pertinent de tenter d'interpréter. On interprète lorsque l'équation vise à trouver de l'information sur une situation contextuelle particulière.

Les logarithmes étant des exposants, on obtient les propriétés des logarithmes par une réécriture de certaines des propriétés des exposants. Le tableau qui suit met en parallèle les propriétés des exposants et l'équivalent logarithmique de celles qui sont utilisées dans les manipulations d'expressions logarithmiques.

PROPRIÉTÉS DES LOGARITHMES ET DES EXPOSANTS

Soit $M > 0$, $N > 0$, $b > 0$, $a > 0$, c, m, n et p des nombres réels
tels que $a \neq 1$ et $b \neq 1$ et $M = b^m$ et $N = b^n$.

Propriétés des exposants	Exemple	Forme logarithmique ($b \neq 1$)
1. $MN = b^m b^n = b^{m+n}$	$9 \times 81 = 3^2 3^4 = 3^6 = 729$	1. $\log_b MN = m + n = \log_b M + \log_b N$
2. $\dfrac{M}{N} = \dfrac{b^m}{b^n} = b^{m-n}$	$\dfrac{243}{9} = \dfrac{3^5}{3^2} = 3^3 = 27$	2. $\log_b \dfrac{M}{N} = m - n = \log_b M - \log_b N$
3. $M^p = (b^m)^p = b^{mp} = b^{pm}$	$(3^2)^3 = 3^6 = 729$	3. $\log_b M^p = pm = p \log_b M$
4. $b^0 = 1$	$3^0 = 1$	4. $\log_b 1 = 0$
5. $b^1 = b$	$3^1 = 3$	5. $\log_b b = 1$
6. $a^n b^n = (ab)^n$	$2^3 3^3 = (2 \times 3)^3 = (6)^3 = 216$	
7. $\dfrac{a^n}{b^n} = \left(\dfrac{a}{b}\right)^n$ si $b \neq 0$	$\dfrac{6^4}{2^4} = \left(\dfrac{6}{2}\right)^4 = 3^4 = 81$	
8. $c^{-n} = \dfrac{1}{c^n}$ si $c \neq 0$	$2^{-4} = \dfrac{1}{2^4} = \dfrac{1}{16}$	
9. $c^{1/n} = \sqrt[n]{c}$ sauf si $c < 0$ et n pair	$16^{1/2} = \sqrt{16} = 4$	
10. $c^{m/n} = \sqrt[n]{c^m} = \left(\sqrt[n]{c}\right)^m$ sauf si $c < 0$ et n pair	$16^{3/4} = \left(\sqrt[4]{16}\right)^3 = (2)^3 = 8$	

FONCTIONS EXPONENTIELLES ET LOGARITHMIQUES

La modélisation de la croissance d'un capital et de la dépréciation d'un appareil constituent deux cas où on peut rencontrer des fonctions exponentielles.

FONCTION EXPONENTIELLE

Soit b, un nombre réel tel que $b > 0$ et $b \neq 1$. On appelle *fonction exponentielle* toute fonction de la forme $f(x) = b^x$ où b est la *base* de la fonction exponentielle.

Une fonction exponentielle est donc une fonction dont la variable indépendante est à l'exposant. Le domaine d'une fonction exponentielle est l'ensemble des nombres réels et son codomaine (ou image) est l'intervalle $]0; \infty[$. Les deux graphiques ci-contre représentent des fonctions exponentielles.

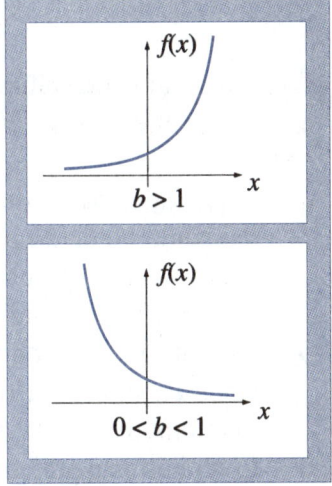

La fonction exponentielle est *croissante* lorsque $b > 1$ et *décroissante* lorsque $0 < b < 1$. Dans la modélisation de phénomènes, on rencontre souvent des expressions dont la définition comporte une exponentielle, comme les fonctions $f(x) = Ab^x$ et $f(x) = B - Ab^x$. Il est utile de trouver l'asymptote horizontale des fonctions exponentielles pour en esquisser le graphique. Il suffit de se rappeler que:
- b^{-x} tend vers 0 lorsque x tend vers ∞,
- b^x tend vers 0 lorsque x tend vers $-\infty$.

Par conséquent, la fonction $f(x) = B - Ab^{-x}$ a une asymptote horizontale de hauteur B puisque b^{-x} tend vers 0 lorsque x tend vers ∞.

FONCTION INVERSE, LA FONCTION LOGARITHMIQUE

On peut trouver la fonction inverse d'une fonction exponentielle de la forme $f(x) = b^x$ en isolant la variable indépendante. Puisque $f(x)$ représente la valeur de la variable dépendante y, on a
$$y = b^x$$
Par définition des logarithmes,
$$x = \log_b y$$
En intervertissant les identificateurs de la variable indépendante et de la variable dépendante, on a $y = \log_b x$. Ainsi, la fonction inverse de $f(x) = b^x$ est la fonction
$$f(x) = \log_b x.$$

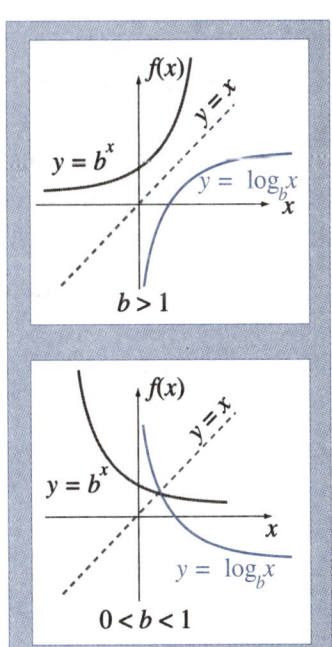

Le graphique de la fonction inverse peut être esquissé en ayant recours à la propriété de symétrie par rapport à la droite d'équation $y = x$ (voir les deux graphiques ci-contre).

Comme nous l'avons déjà signalé, la fonction logarithmique de base 10 est simplement notée
$$f(x) = \log x$$
et la fonction logarithmique de base e est notée $f(x) = \ln x$.

FONCTION LOGARITHMIQUE

Soit b, un nombre réel tel que $b > 0$ et $b \neq 1$. On appelle *fonction logarithmique en base b* toute fonction de la forme $f(x) = \log_b x$ où b est la *base* de la fonction logarithmique.

EXEMPLE 8.3.7

La municipalité de banlieue pour laquelle vous travaillez est en pleine croissance. La population, qui est actuellement de 17 500 personnes, a connu une augmentation de 5,2 % pour chacune des deux dernières années.

a) Vous faites partie de l'équipe de planification du développement de la municipalité et on vous a demandé de déterminer une fonction permettant de prévoir la population de la municipalité au cours des cinq prochaines années. Quelle est cette fonction et quelle sera la population dans cinq ans? Exprimer cette fonction en base e.

b) Durant la présentation de vos résultats, l'économiste de la municipalité a contesté vos conclusions en alléguant que le ralentissement économique aura un impact sur la croissance de la municipalité, car le nombre de jeunes ménages désirant acquérir une maison neuve va diminuer. L'économiste prétend que le taux d'accroissement pour les cinq prochaines années sera plutôt de 2,4 % par année. Si vous tenez compte de cette information, quelle serait la fonction décrivant la population pour les prochaines années et quelle sera la population dans cinq ans?

Solution

a) Soit P la population de la municipalité. La fonction cherchée est de la forme
$$P(t) = P_0 (1{,}052)^t$$
où t est le nombre d'années à partir d'aujourd'hui et P_0 est la population au temps $t = 0$. La fonction est donc
$$P(t) = 17\ 500\ (1{,}052)^t$$
et $P(5) = 17\ 500\ (1{,}052)^5 = 22\ 548$ personnes.
Puisque $1{,}052 = e^{\ln 1{,}052} = e^{0{,}050693}$, on peut écrire
$$P(t) = 17\ 500\ e^{0{,}0507t}$$

b) Dans ces conditions, la fonction est
$$P(t) = 17\ 500\ (1{,}024)^t = 17\ 500\ e^{0{,}0237t}$$
et la population, dans cinq ans, sera environ $P(5) = 17\ 500\ e^{0{,}0237 \times 5} = 19\ 702$.

REMARQUE

Une fonction $f(x) = A \cdot b^x$ peut toujours s'écrire sous la forme $f(x) = A \cdot e^{(\ln b) \cdot x}$.

INTÉRÊT ET CAPITAL

EXEMPLE 8.3.8

Quel montant faudrait-il placer maintenant pour accumuler un capital de 12 000 $ dans cinq ans sachant que le taux d'intérêt est de 8 % capitalisé annuellement?

Solution

La valeur future est $C = 12\ 000$, le taux de 8% est capitalisé annuellement, on a donc $i = 0{,}08$ et $n = 5$; ce qui donne:

$$12\,000 = C_0 (1{,}08)^5$$
$$C_0 = 12\,000(1{,}08)^{-5} = 8\,167{,}00\ \$$$

Il faut donc placer dès maintenant 8 167 $ à un taux de 8 % capitalisé annuellement pour accumuler un capital de 12 000 $ en cinq ans.

CALCUL DU TAUX

EXEMPLE 8.3.9

À quel taux capitalisé annuellement faut-il placer un montant de 4 500 $ pour accumuler un montant de 9 000 $ en 8 ans?

Solution
La valeur future est $C = 9\,000$, la valeur actuelle est $C_0 = 4\,500$ et le nombre de périodes est 8. On a donc
$$9\,000 = 4\,500\,(1 + i)^8$$
d'où
$$2 = (1 + i)^8$$
On peut résoudre en prenant la racine huitième des deux membres de l'égalité. Puisqu'il s'agit d'une racine paire, on obtient une valeur positive et une valeur négative, soit
$$1 + i = \pm\,1{,}0905$$
Puisque i représente un taux d'intérêt, la valeur négative est à rejeter et on a
$$1 + i = 1{,}0905$$
d'où
$$i = 0{,}0905 = 9{,}05\ \%$$

CALCUL DU TEMPS

EXEMPLE 8.3.10

Pendant combien de temps doit-on placer un capital de 8 000 $ à un taux semestriel de 3,5 % pour doubler ce capital?

Solution
La valeur actuelle est de 8 000 $, la valeur future est de 16 000 $ et le taux de 0,035 est semestriel. On a donc, pour un nombre n de semestres,
$$16\,000 = 8\,000\,(1{,}035)^n$$
d'où
$$2 = (1{,}035)^n$$
En prenant les logarithmes des deux membres de l'égalité,
$$n = \log_{1{,}035} 2$$
d'où, par changement de base,
$$n = \frac{\ln 2}{\ln(1{,}035)} = 20{,}15$$

Puisque l'intérêt est versé à la fin de la période, il faut donc placer le montant pendant 21 semestres ou pendant dix ans et six mois.

Leonhard Euler

Leonhard EULER (1707-1783) était un mathématicien suisse qui fut élève de Jean BERNOUILLI. En 1727, il devint membre de l'Académie des sciences de Saint-Petersbourg à l'invitation de Catherine I, épouse de Pierre le Grand. Il fut médecin militaire dans la marine russe de 1727 à 1730 puis devint professeur de physique à l'Académie en 1730 et professeur de mathématiques à partir de 1733. En 1741, il devint membre de l'Académie des sciences de Berlin à l'invitation de Frédéric le Grand. Il y demeura 25 ans pour retourner à Saint-Petersbourg en 1766 après une dispute avec Frédéric le Grand sur la liberté académique. À l'âge de 31 ans, il avait perdu son œil droit et, peu après son retour en Russie, il devint presque entièrement aveugle après l'opération d'une cataracte. Malgré tout, il poursuivit ses recherches; il dictait alors les résultats à son fils. Le nombre d'EULER ($e = 2{,}718\ldots$), qui est la base des logarithmes naturels, commémore son nom.

Auteur de travaux sur le calcul différentiel, les mathématiques analytiques, l'algèbre, la mécanique, l'hydrodynamique, l'astronomie et l'optique, EULER a publié son premier mémoire en 1725; il avait alors 18 ans. Il produisit en tout près de 900 travaux, mémoires et livres pour une moyenne de 800 pages par année durant la partie productive de sa vie.

LE NOMBRE e

Le nombre d'EULER, défini par
$$\lim_{m \to \infty} \left(1 + \frac{1}{m}\right)^m = e$$

est la base des logarithmes naturels. Ce nombre est relié aux taux d'intérêts. La relation $1 + r = (1 + j/m)^m$ donne le taux réel r correspondant à un taux nominal capitalisé m fois. Plus la durée de la période de capitalisation est courte, plus m sera grand. À la limite, lorsque m devient infini, on dit que l'intérêt est continu.

On a alors
$$\lim_{m \to \infty} \left(1 + \frac{j}{m}\right)^m = e^j$$

Donc, si la capitalisation se fait de façon continue, on a
$$1 + r = e^j, \text{ d'où } j = \ln(1 + r)$$

Le taux d'intérêt continu j équivalent au taux réel est donc défini par $j = \ln(1 + r)$. En pratique, un intérêt journalier peut être considéré comme un intérêt capitalisé de façon continue.

8.4 EXERCICES

1. Trouver les logarithmes demandés.
   a) $\log_2 32$
   b) $\log_4 16$
   c) $\log_3 243$
   d) $\log_2 (1/32)$
   e) $\log_8 2$
   f) $\log_9 27$
   g) $\log_5 625$
   h) $\log_{25} 5$

2. Exprimer les nombres suivants sous forme exponentielle de base 10.
   a) 3
   b) 54,5
   c) 0,22
   d) 1,2
   e) 3,7
   f) 0,37
   g) 8,32
   h) 81,34

3. Trouver x tel que:
   a) $10^x = 8$
   b) $10^x = 0{,}65$
   c) $\log x = 1{,}5$
   d) $\log x = -0{,}27$
   e) $10^{2x} = 0{,}7$
   f) $2(\log x) - 5 = 0$
   g) $10^{-x}(10^{-x} - 8) = 0$
   h) $10^{3x} = 25$

4. La population d'une ville est de 20 000 habitants. En tenant compte des taux de mortalité et de natalité, on a établi que la population est décrite en fonction du temps t en années par le modèle
$$P(t) = 20\,000\, e^{0,05t}$$
Dans combien de temps la population aura-t-elle doublé?

5. Une compagnie renouvelle sa machinerie au coût de 300 000 $. Sachant que cette machinerie se déprécie au taux de 20 % par année, dans combien de temps la machinerie vaudra-t-elle la moitié de sa valeur d'achat? le tiers? le quart? le cinquième?

6. Un sel radioactif se désintègre de telle sorte qu'à la fin de chaque année, il reste les 49/50 de la quantité du début de l'année. À partir de ces données, on a établi que la quantité de ce sel après t années était décrite par le modèle
$$Q(t) = Q_0(0,98)^t$$
   a) Dans combien de temps la quantité initiale aura-t-elle diminué du quart? de la moitié? des trois quarts?
   b) Sachant que la période (ou demi-vie) d'un élément radioactif est le temps nécessaire à la désintégration de la moitié de la quantité initiale, quelle est la période de ce sel radioactif?

7. Trouver le modèle exponentiel donnant la valeur d'un capital de 8 500 $ placé à 8,5 % d'intérêt capitalisé annuellement. Dans combien de temps le capital aura-t-il doublé?

8. Le radium A se désintègre à une vitesse telle qu'à la fin de chaque minute, il ne reste que les 8/10 de la quantité initiale. Trouver la période du radium A, sachant que la période d'un élément radioactif est le temps nécessaire pour que la moitié de la quantité initiale soit désintégrée.

9. On place un montant de 5 000 $ à un taux de 0,8 % capitalisé mensuellement. Dans combien de temps le capital aura-t-il doublé?

10. On place un montant à un taux de 1,5 % capitalisé trimestriellement. Dans combien de temps le capital aura-t-il doublé? triplé?

11. Pendant combien de temps doit-on placer un montant de 8 000 $ à un taux de 9 % capitalisé annuellement pour accumuler un capital de 12 000 $?

12. Quelle est la valeur définitive d'un capital de 5 000 $ placé pour 5 ans à un taux nominal de 9 % capitalisé mensuellement? Dans combien de temps le capital vaudra-t-il 12 500 $?

13. On place un capital de 20 000 $ à un taux nominal de 12 % capitalisé mensuellement. Dans combien de temps le capital vaudra-t-il 42 000 $?

14. Pendant combien de temps faut-il placer un capital C_0 à un taux nominal de 8 % capitalisé trimestriellement pour doubler le capital?

15. Pendant combien de temps faut-il placer un capital C_0 à un taux nominal de 9 % capitalisé mensuellement pour tripler le capital?

8.5 ÉCHELLE LOGARITHMIQUE

En début de chapitre, nous avons vu comment confirmer l'existence d'un lien exponentiel lorsque les valeurs de la variable indépendante sont à pas constant. Cependant, il n'est pas toujours facile de contrôler à ce point la variable indépendante. Dans la présente section, nous allons réutiliser les méthodes de modélisation affine du chapitre 7 pour trouver un modèle exponentiel. Ces méthodes seront utilisées à partir de représentations graphiques à échelle logarithmique. Il faut donc, dans un premier temps, trouver les caractéristiques d'une échelle logarithmique en la comparant à une échelle linéaire. Une activité basée sur Excel facilitera la modélisation des données expérimentales.

OBJECTIF: Utiliser les papiers semi-log et log-log pour trouver le lien entre deux variables.

ÉCHELLE LINÉAIRE

On dit qu'une échelle est *linéaire* lorsque son pas est constant, c'est-à-dire que chaque nombre est situé à une distance de l'origine proportionnelle à sa valeur. Illustrons ce propos à l'aide d'une droite comportant un point d'origine O et un point A qui détermine la valeur unitaire ou longueur du pas de l'échelle.

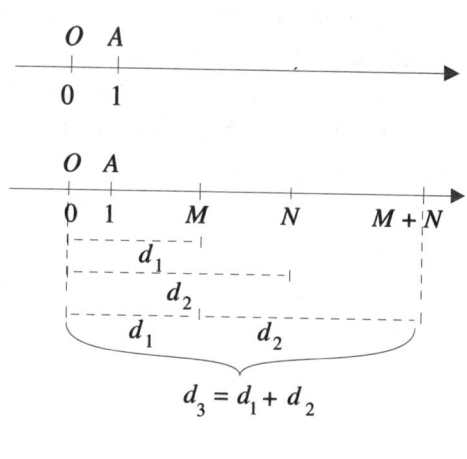

Si la droite est graduée à partir de cette longueur unitaire, en respectant la proportionnalité, et que l'on considère deux nombres positifs M et N représentés à des distances d_1 et d_2 de l'origine, alors le nombre $V = M + N$ sera représenté par un point à une distance $d_1 + d_2$ de l'origine.

De plus, si on considère un nombre $N > 0$ représenté à une distance d de l'origine et un nombre $k > 0$, alors le nombre kN sera représenté à une distance kd de l'origine.

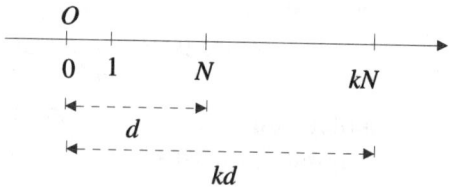

Considérons un système d'axes dont les axes sont gradués par des échelles linéaires de pas différents. En joignant par un segment de droite les points correspondants, on obtient des triangles semblables, ce qui illustre que, dans une échelle linéaire, la distance à l'origine est proportionnelle à la valeur du nombre.

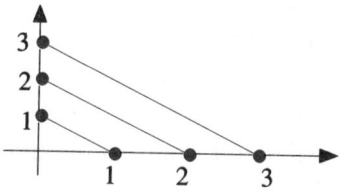

ÉCHELLE LOGARITHMIQUE

Comme nous l'avons déjà fait remarquer, la droite est la forme graphique la plus facile à reconnaître. Pour déceler un lien exponentiel entre deux variables, il est d'usage d'utiliser un papier graphique dont l'échelle horizontale est linéaire et dont l'échelle verticale est graduée à l'aide du logarithme en base 10. Sur une échelle logarithmique, l'origine est indiquée par le nombre 1, car $(0;0) = (0; \log 1)$. Les positions des autres nombres sont déterminées de telle sorte que leur distance à l'origine est proportionnelle au logarithme du nombre. Ainsi, puisque le logarithme en base 10 de 5 est environ 0,6989 et que le logarithme de 10 est 1, la distance de 1 à 5 correspond à 69,89 % de la distance de 1 à 10. De plus, puisque le logarithme de 100 est 2, la distance de 1 à 100 est égale à deux fois la distance de 1 à 10. De la même façon, la distance entre 0,1 et 1 est égale à la distance entre 1 et 10 puisque le logarithme de 0,1 est égal à −1. Chacun des intervalles représentant une unité logarithmique est appelé un *cycle*. Ainsi, l'intervalle de 0,1 à 1 est un cycle, tout comme l'intervalle de 1 à 10 et l'intervalle de 10 à 100.

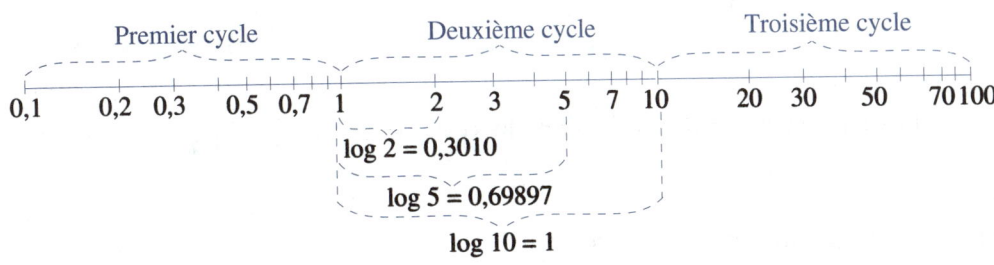

Un papier quadrillé comportant une échelle linéaire et une échelle logarithmique est appelé *papier semi-log* et un papier quadrillé dont les deux échelles sont logarithmiques est appelé *papier log-log*. Sur ces papiers quadrillés, il n'y a pas de nombre indiquant les graduations; l'échelle peut commencer à n'importe quel nombre suivant les besoins du problème. Dans les premiers problèmes présentés, nous indiquerons les graduations pour permettre à l'étudiant de se familiariser avec ce genre de représentations graphiques. La caractéristique la plus intéressante est le fait que le graphique d'une fonction exponentielle sur un papier semi-log donne une droite. Pour illustrer ce propos, représentons la fonction $f(x) = 2^x$ sur un papier semi-log à deux cycles.

Dans ce graphique, le point désigné par (2;4) correspond en réalité au point (2;log 4) puisque la distance verticale est proportionnelle au logarithme de la valeur de la variable dépendante.

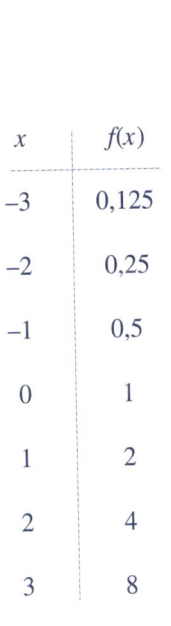

x	$f(x)$
−3	0,125
−2	0,25
−1	0,5
0	1
1	2
2	4
3	8

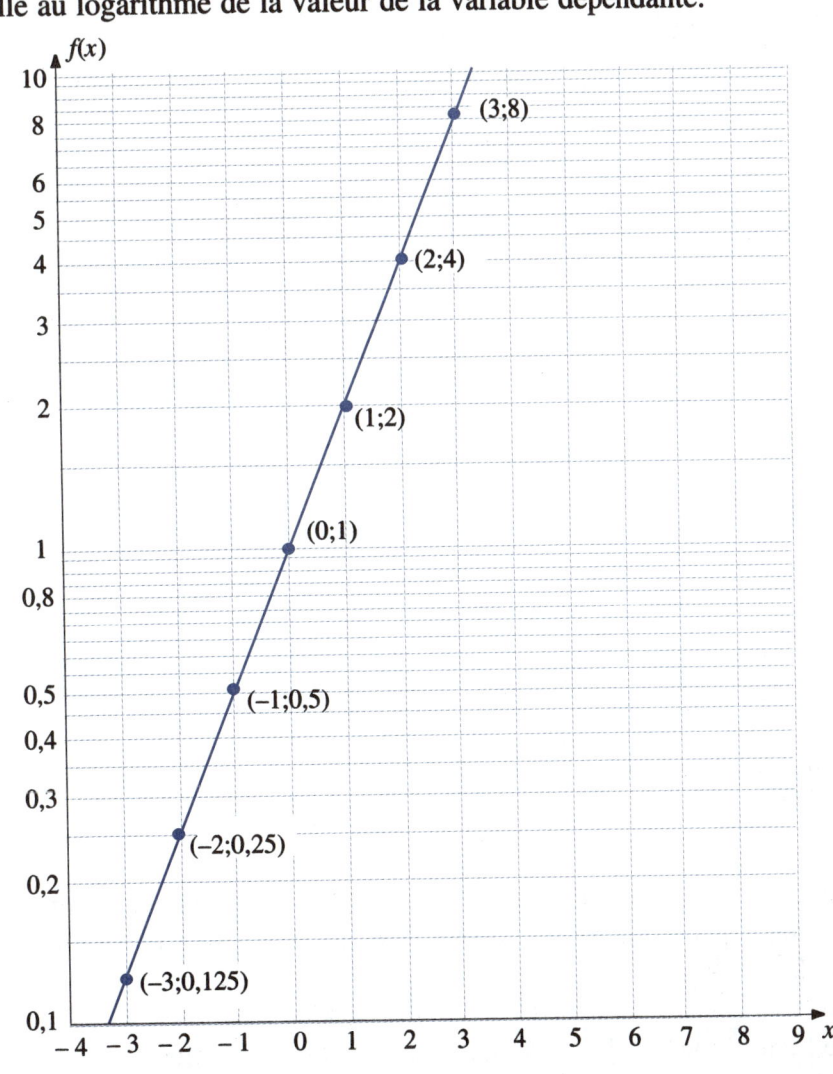

EXEMPLE 8.5.1

Représenter la fonction $f(x) = 3 \times 1{,}5^x$ dans le système semi-log illustré ci-dessous.

Solution

Calculer d'abord quelques correspondances.

x	$f(x)$
-4	0,59
-3	0,89
-2	1,33
-1	2
0	3
1	4,5
2	6,75
3	10,1
4	15,2
5	22,8

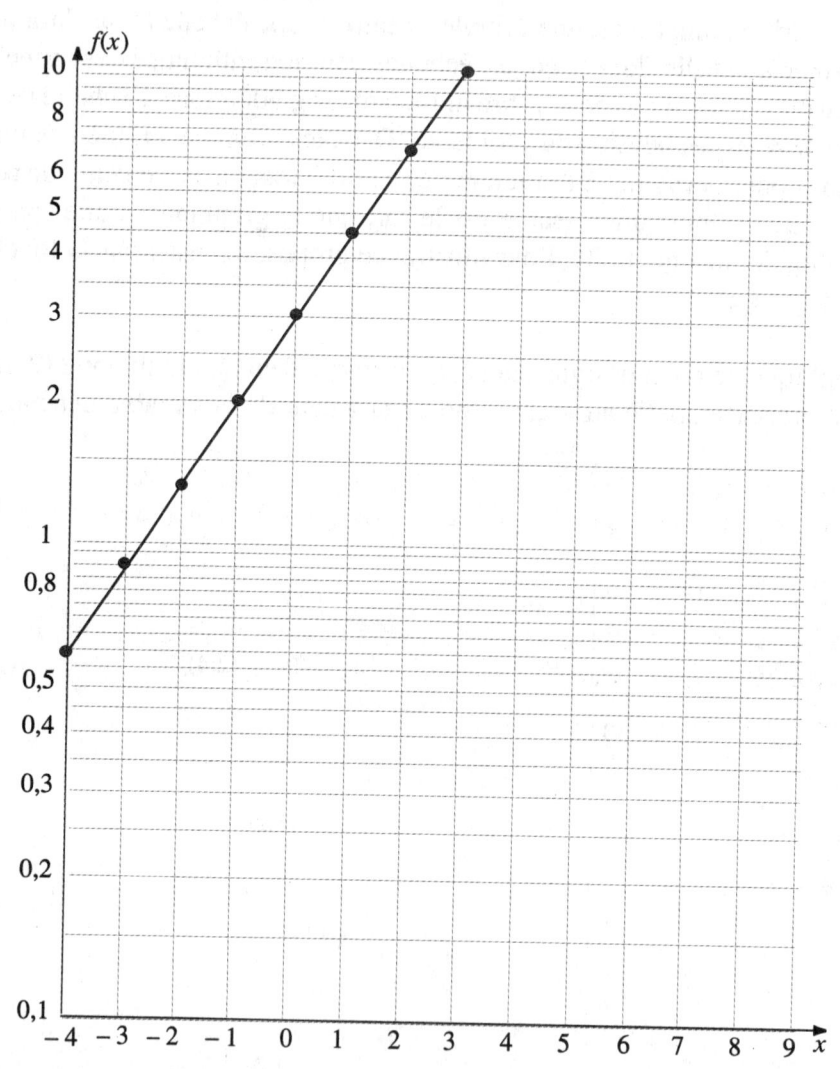

REMARQUE

On remarque que la base de la fonction exponentielle peut être différente de 10. La représentation graphique donnera quand même une droite. La raison en est fort simple. Considérons une fonction exponentielle de la forme

$$y = Ab^x$$

En prenant le logarithme des deux membres de l'égalité, on obtient

$$\log y = \log(Ab^x)$$
$$\log y = \log A + \log b^x$$
$$\log y = \log A + x \log b$$
$$\log y = x \log b + \log A$$

Puisque $\log b$ et $\log A$ sont des constantes, on a donc une relation affine entre x et $\log y$ et c'est pourquoi la représentation graphique sur papier semi-log donne une droite.

ÉCHELLE LOGARITHMIQUE ET MODÉLISATION

Les caractéristiques des échelles logarithmiques nous indiquent comment utiliser le papier semi-log pour déceler un lien exponentiel entre des variables et comment trouver la règle de correspondance décrivant ce lien. L'exemple suivant illustre cette procédure.

EXEMPLE 8.5.2

Au cours d'une expérience de laboratoire, on a obtenu les grandeurs physiques suivantes:

x	1	2	3	4	5	6
y	1,40	1,96	2,74	3,84	5,38	7,53

a) Confirmer l'existence d'un lien exponentiel entre ces variables.
b) Déterminer la règle de correspondance décrivant le lien entre les variables.

Solution

a) Représentons ces données dans un système d'axes semi-logarithmique. Puisque les valeurs de la variable dépendante s'échelonnent de 1,40 à 7,53, un seul cycle suffit à la représentation des données. On a alors

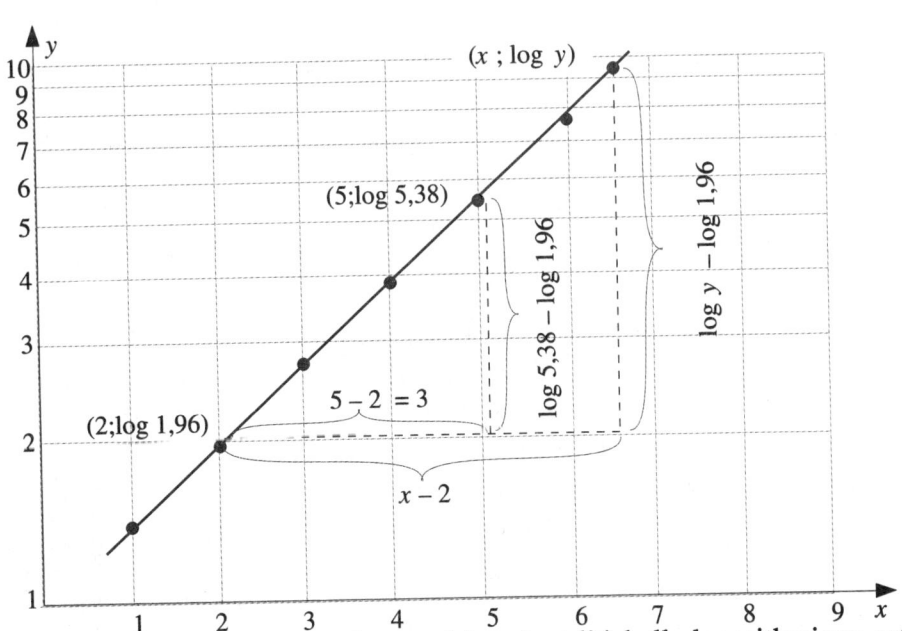

La représentation graphique sur papier semi-log dont l'échelle logarithmique est verticale donne une droite, ce qui permet de détecter l'existence d'un lien exponentiel entre les variables.

b) Pour trouver la description algébrique du lien entre les variables, nous allons procéder par la méthode des moindres carrés en ayant recours au logarithme des valeurs de la variable dépendante. Les calculs peuvent se faire dans l'une ou l'autre base et nous utiliserons la base e, ce qui donne le tableau suivant.

x	y	$\ln y$	$x \ln y$	x^2
1	1,40	0,3365	0,3365	1
2	1,96	0,6729	1,3459	4
3	2,74	1,0080	3,0239	9
4	3,84	1,3455	5,3819	16
5	5,38	1,6827	8,4134	25
6	7,53	2,0189	12,1134	36
Σ 21	22,85	7,0645	30,6150	91

Pour trouver les paramètres du modèle par la méthode des moindres carrés, on doit prendre les logarithmes des valeurs de la variable dépendante. En effectuant les calculs en base e, on a

$$m = \frac{n\sum x_i \ln y_i - (\sum x_i)(\sum \ln y_i)}{n\sum x_i^2 - (\sum x_i)^2} = \frac{6 \times 30{,}6150 - 21 \times 7{,}0645}{6 \times 91 - 21 \times 21} = 0{,}3365$$

et $\quad b = \dfrac{\sum \ln y_i - m(\sum x_i)}{n} = \dfrac{7{,}0645 - 0{,}3365 \times 21}{6} = -0{,}00043$

La valeur de b est négligeable dans le contexte, compte tenu de la précision des données de départ. Le lien entre les variables est alors de la forme $\ln y = mx + b$, soit

$$\ln y = 0{,}3365x$$

On trouve le lien exponentiel en exprimant cette équation sous forme exponentielle, ce qui donne

$$y = e^{0{,}3365x} = 1{,}4^x$$

Il est à noter que le logiciel Excel permet de trouver efficacement les paramètres, comme l'illustre le laboratoire en annexe.

EXEMPLE 8.5.3

On désire analyser les capacités d'absorption des rayons X d'un matériau. Pour ce faire, on bombarde des plaques de différentes épaisseurs de ce matériau et on mesure l'intensité $I(x)$ des radiations de l'autre côté de la plaque. En considérant que $I_0 = 1$ unité est l'intensité des radiations à l'entrée, on a obtenu les mesures suivantes pour différentes épaisseurs x en cm du matériau.

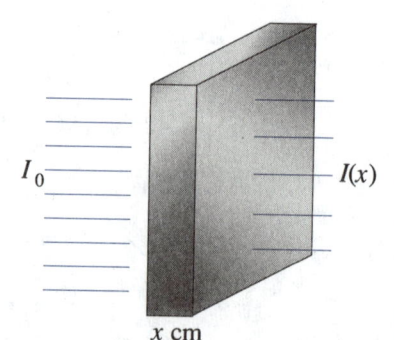

x	0	2	5	6,5	9	12	16	22
$I(x)$	1	0,84	0,65	0,57	0,46	0,35	0,25	0,15

a) Trouver le type de correspondance entre les variables.
b) Déterminer la règle de correspondance.

Solution

a) Représentons les données sur un papier à échelle linéaire, ce qui donne la représentation ci-contre.

La représentation graphique étant une courbe, on peut conclure qu'il ne s'agit pas d'une correspondance affine.

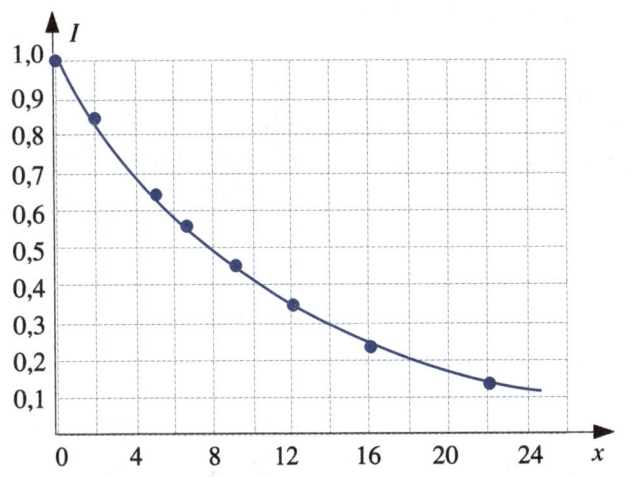

La représentation graphique sur papier semi-log dont l'échelle logarithmique est verticale donne une droite, ce qui confirme l'existence d'un lien exponentiel entre les variables.

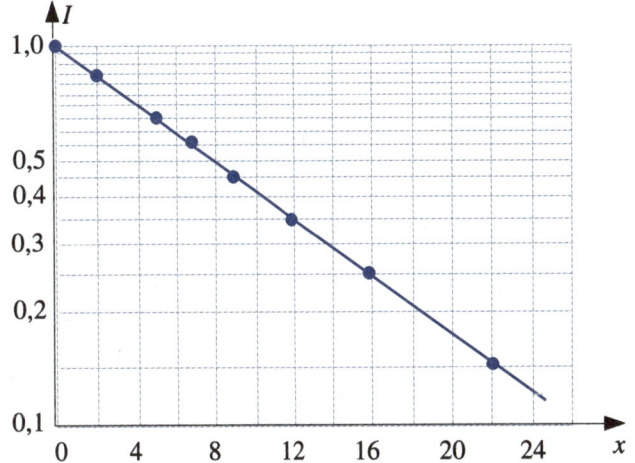

b) Pour trouver la description algébrique du lien exponentiel entre les variables, on calcule les logarithmes des valeurs de la variable dépendante, ce qui donne le tableau suivant:

$$m = \frac{n\sum x_i \ln y_i - (\sum x_i)(\sum \ln y_i)}{n\sum x_i^2 - (\sum x_i)^2}$$

$$= \frac{8 \times (-89,6604) - (72,50 \times -6,2770)}{8 \times 1036,25 - 72,50 \times 72,50}$$

$$= -0,086428$$

et $b = \dfrac{\sum \ln y_i - m(\sum x_i)}{n}$

$$= \frac{-6,2770 - (-0,086428 \times 72,50)}{8}$$

$$= -0,00138$$

x	I	$\ln I$	$x \ln I$	x^2
0,00	1,00	0,0000	0,0000	0,00
2,00	0,84	−0,1744	−0,3487	4,00
5,00	0,65	−0,4308	−2,1539	25,00
6,50	0,57	−0,5621	−3,6538	42,25
9,00	0,46	−0,7765	−6,9888	81,00
12,00	0,35	−1,0498	−12,5979	144,00
16,00	0,25	−1,3863	−22,1807	256,00
22,00	0,15	−1,8971	−41,7366	484,00
Σ 72,50	4,27	−6,2770	−89,6604	1 036,25

La valeur de b est négligeable, compte tenu de la précision des données et, de plus, elle doit être nulle puisqu'une épaisseur nulle n'absorbera pas de rayons X. La valeur initiale de la variable dépendante sera 1, ce qui donne $\ln I = -0,086428x$. Sous forme exponentielle, on a donc
$$I = e^{-0,086428x} = 0,917^x$$

Le modèle est donc $I(x) = 0,917^x$. Il est à remarquer que la plupart des calculatrices ont une procédure intégrée pour calculer les paramètres m et b.

REMARQUE

La représentation graphique sur échelle logarithmique permet également de déceler une fonction puissance ou une fonction logarithmique. Une fonction puissance est de la forme $y = Ax^m$. En prenant les logarithmes des deux membres de l'équation, on a

$$\ln y = \ln(Ax^m) = \ln A + \ln x^m = \ln A + m \ln x$$

Il y a donc correspondance affine entre $\ln x$ et $\ln y$, correspondance que l'on peut détecter visuellement en représentant les données sur un papier log-log. Les paramètres de la correspondance affine permettent alors de trouver le modèle.

Le modèle logarithmique est de la forme $y = m \ln x + b$ et on le détecte sur un papier semi-log en représentant la variable indépendante sur l'échelle logarithmique. Si le nuage de points forme une droite, le modèle est logarithmique.

EXEMPLE 8.5.4

On a obtenu les données suivantes en laboratoire.

x	3	4	5	6	7	8	9
$I(x)$	0,94	0,53	0,34	0,24	0,17	0,13	0,10

a) Trouver le type de correspondance entre les variables.
b) Déterminer la règle de correspondance.

Solution

a) La représentation graphique sur papier à échelle linéaire donne une courbe et il en est de même sur papier semi-log.

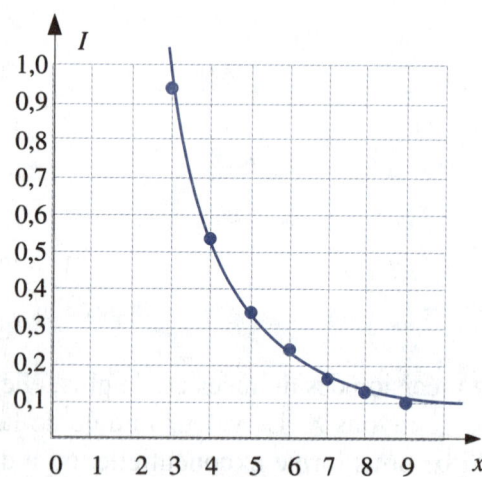
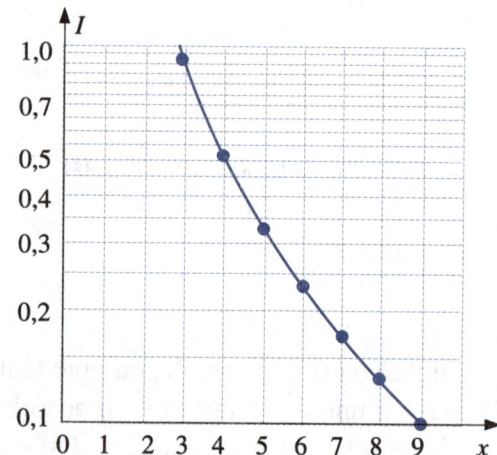

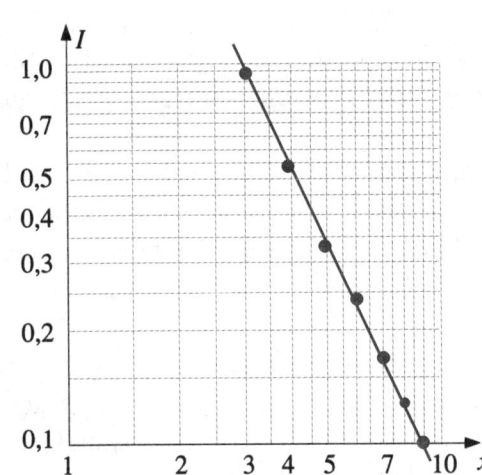

x	I	$\ln x$	$\ln I$	$\ln x \ln I$	$(\ln x)^2$
3,00	0,94	1,0986	−0,0619	−0,0680	1,2069
4,00	0,53	1,3863	−0,6349	−0,8801	1,9218
5,00	0,34	1,6094	−1,0788	−1,7363	2,5903
6,00	0,24	1,7918	−1,4271	−2,5570	3,2104
7,00	0,17	1,9459	−1,7720	−3,4481	3,7866
8,00	0,13	2,0794	−2,0402	−4,2425	4,3241
9,00	0,10	2,1972	−2,3026	−5,0593	4,8278
Σ 42,00	2,45	12,1086	−9,3175	−17,9913	21,8679

La représentation sur papier log-log permet d'envisager une fonction puissance pour décrire le lien entre les variables. On établira donc la relation affine entre $\ln x$ et $\ln I$.

$$m = \frac{n\sum \ln x_i \ln y_i - (\sum \ln x_i)(\sum \ln y_i)}{n\sum (\ln x_i)^2 - (\sum \ln x_i)^2} = \frac{7 \times (-17,9913) - (12,1086 \times -9,3175)}{7 \times 21,8679 - (12,1086)^2} = -2,0314$$

$$b = \frac{\sum \ln y_i - m(\sum \ln x_i)}{n} = \frac{-9,3175 - (-2,0314 \times 12,1086)}{7} = 2,1828$$

b) La relation affine est donc $\ln I = -2,0314 \ln x + 2,1828$
d'où
$$I = (e^{\ln x})^{-2,0314} e^{2,1828} = x^{-2,0314} e^{2,1828}$$
et
$$I = e^{2,1828} x^{-2,0314} = 8,8711 x^{-2,0314}$$

Compte tenu de la précision des données, le modèle est
$$I = \frac{8,87}{x^{2,03}}$$

REMARQUE

Les exemples qui précèdent illustrent une procédure pour modéliser une situation à partir de données expérimentales. Les phénomènes ne sont pas tous modélisables de cette façon. Si la représentation graphique des données dans les systèmes de coordonnées présentés ne donne pas une droite, alors aucun de ces modèles n'est utilisable.

Dans certaines situations, il faut utiliser d'autres outils mathématiques, comme les équations différentielles, qui permettent de modéliser les situations en prenant en considération l'évolution du taux de variation des variables en cause.

PROCÉDURE POUR MODÉLISER À PARTIR DE DONNÉES EXPÉRIMENTALES
1. Représenter les données sur un papier à échelle linéaire. Si la représentation graphique est une droite, déterminer le modèle affine selon la procédure connue. Si la représentation graphique n'est pas une droite, passer à l'étape suivante.
2. Représenter les données sur un papier semi-log. Si la représentation graphique est une droite, le modèle liant les variables est un modèle exponentiel. Pour trouver la règle de correspondance, déterminer d'abord la correspondance affine liant les variables x et log y (ou ln y), puis exprimer ce modèle sous forme exponentielle. Si la représentation graphique n'est pas une droite, passer à l'étape suivante.
3. Représenter les données sur un papier log-log. Si la représentation graphique est une droite, le modèle est celui d'une fonction puissance (les variations directement et inversement proportionnelles sont des exemples de fonctions puissances). Pour trouver la règle de correspondance, déterminer la correspondance affine entre les variables log x et log y, ou ln x et ln y, puis exprimer ce modèle de telle sorte que la variable indépendante soit en exposant. Si la représentation graphique n'est pas une droite, passer à l'étape suivante.
4. Représenter les données sur un papier semi-log en plaçant les valeurs de la variable indépendante sur l'échelle logarithmique. Si la représentation est une droite, le modèle est logarithmique. Si le graphique n'est pas une droite, on doit chercher un autre type de modèle.

LOGARITHMES

D'après NAPIER, l'idée de logarithme a pris naissance à partir de deux considérations. L'une de ces considérations est le fait que, dans une progression géométrique, les termes de la progression peuvent s'exprimer par rapport à la raison et que les exposants forment alors une progression arithmétique. Ainsi, la progression géométrique suivante:

$$1 \quad 2 \quad 4 \quad 8 \quad 16 \quad 32 \quad 64 \quad 128 \quad 256 \quad 512 \quad 1\,024 \quad 2\,048 \quad 4\,096$$

peut s'exprimer par rapport à la raison 2 de la progression. On a alors

$$2^0 \quad 2^1 \quad 2^2 \quad 2^3 \quad 2^4 \quad 2^5 \quad 2^6 \quad 2^7 \quad 2^8 \quad 2^9 \quad 2^{10} \quad 2^{11} \quad 2^{12}$$

On peut alors effectuer des multiplications, des divisions ou élever en puissance en effectuant des opérations sur les exposants. Ainsi,

$$16 \times 64 = 2^4 \times 2^6 = 2^{10} = 1\,024$$

Le produit de 16 par 64 donne le nombre dont l'exposant ou le logarithme en base 2 est 10, la table de conversion donne alors 1 024 comme résultat du produit. Cette caractéristique se décrit verbalement par: *le logarithme d'un produit est la somme des logarithmes*. De la même façon, on a

$$\frac{2\,048}{128} = \frac{2^{11}}{2^7} = 2^4 = 16$$

On décrit cette propriété en disant que: *le logarithme d'un quotient est la différence des logarithmes*. On a également

$$16^3 = (2^4)^3 = 2^{12} = 4\,096$$

que l'on décrit en disant que *le logarithme de la puissance d'un nombre est le produit du logarithme de ce nombre par la puissance*. Pour effectuer des calculs par logarithmes, il faut connaître le logarithme de tous les nombres dans une base donnée. Dans l'exemple présenté ici, la base (ou raison) est le nombre 2. En pratique, les bases utilisées dans les calculs sont 10 et le nombre $e = 2{,}71828...$ Par contre, les ordinateurs non-analogiques fonctionnent dans la base 2.

8.6 EXERCICES

1. Représenter la fonction $f(x) = 1{,}8^x$ sur papier semi-log.

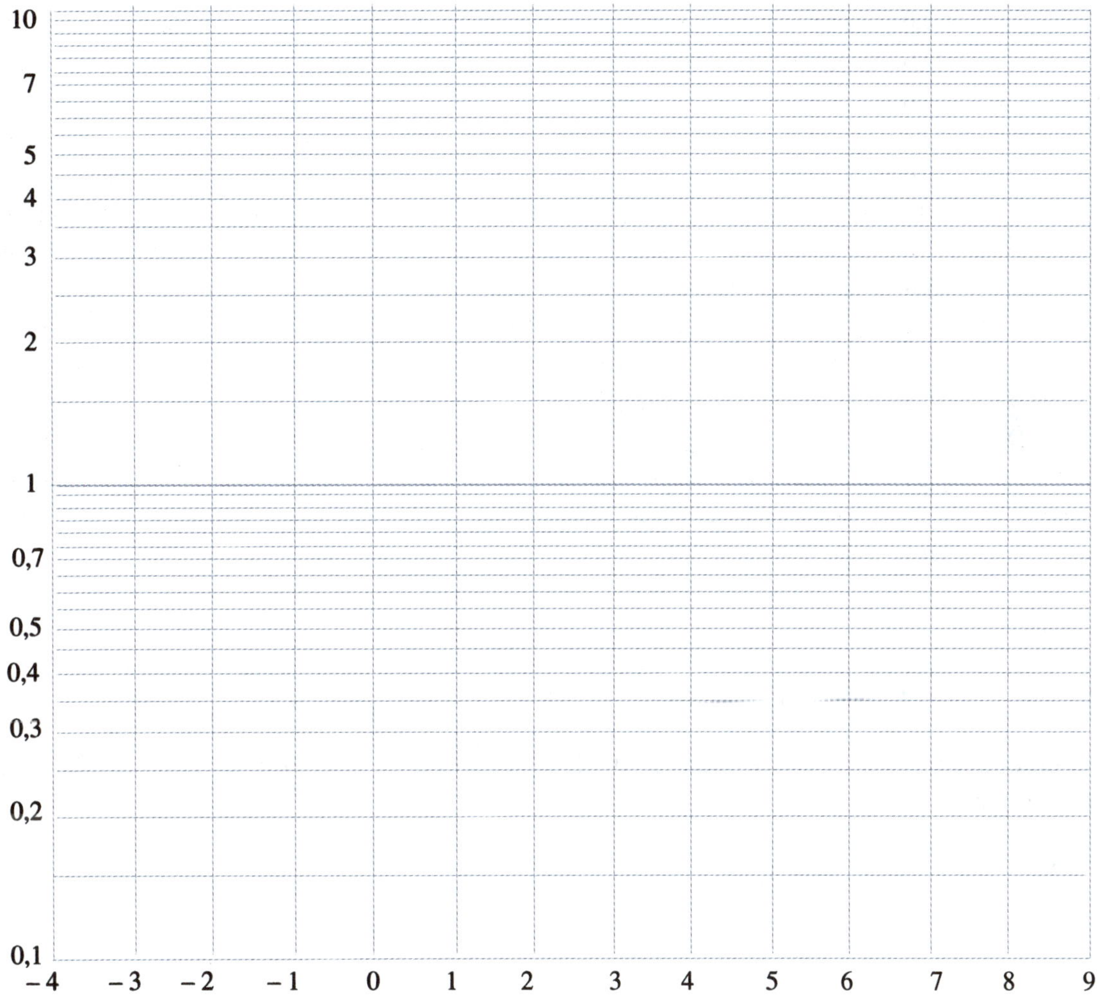

2. Représenter la fonction $f(x) = 1/x$ sur le papier log-log ci-contre.

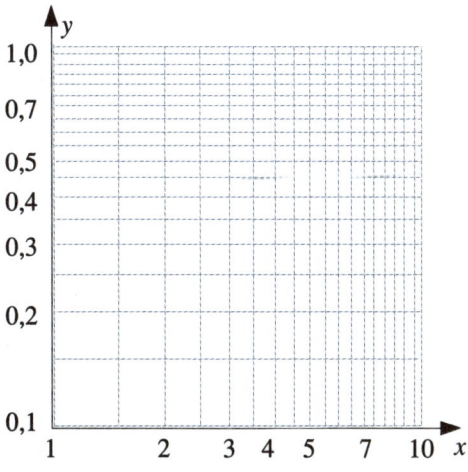

3. Représenter la fonction $f(x) = 3x^2$ sur le papier log-log suivant.

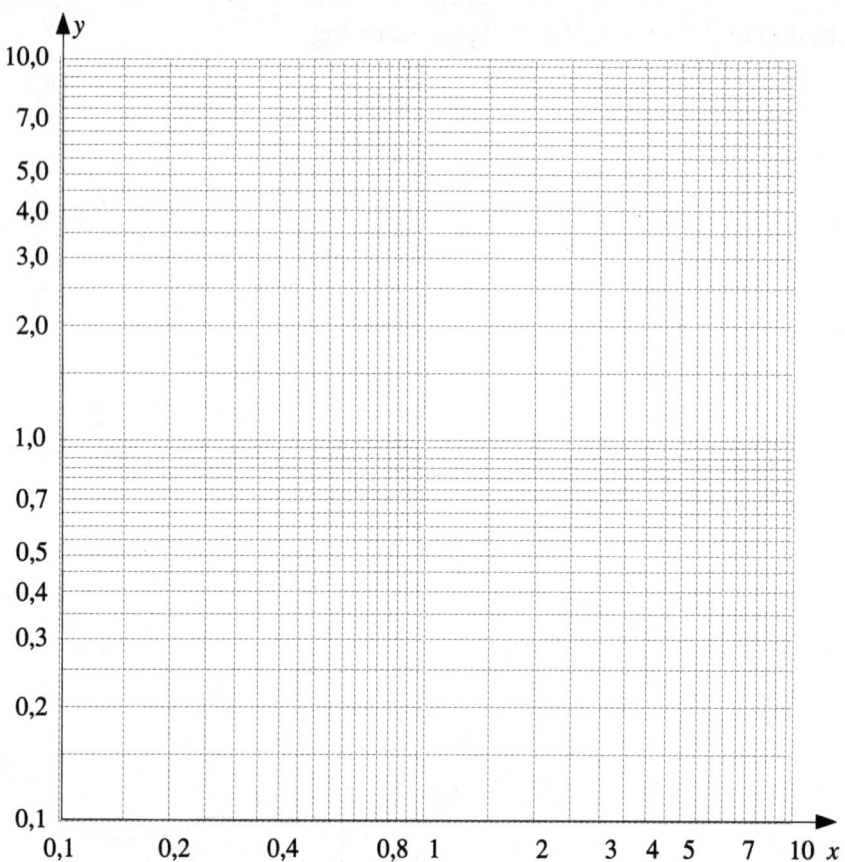

4. Représenter la fonction $f(x) = \ln x$ dans le système suivant dont l'échelle horizontale a une graduation logarithmique.

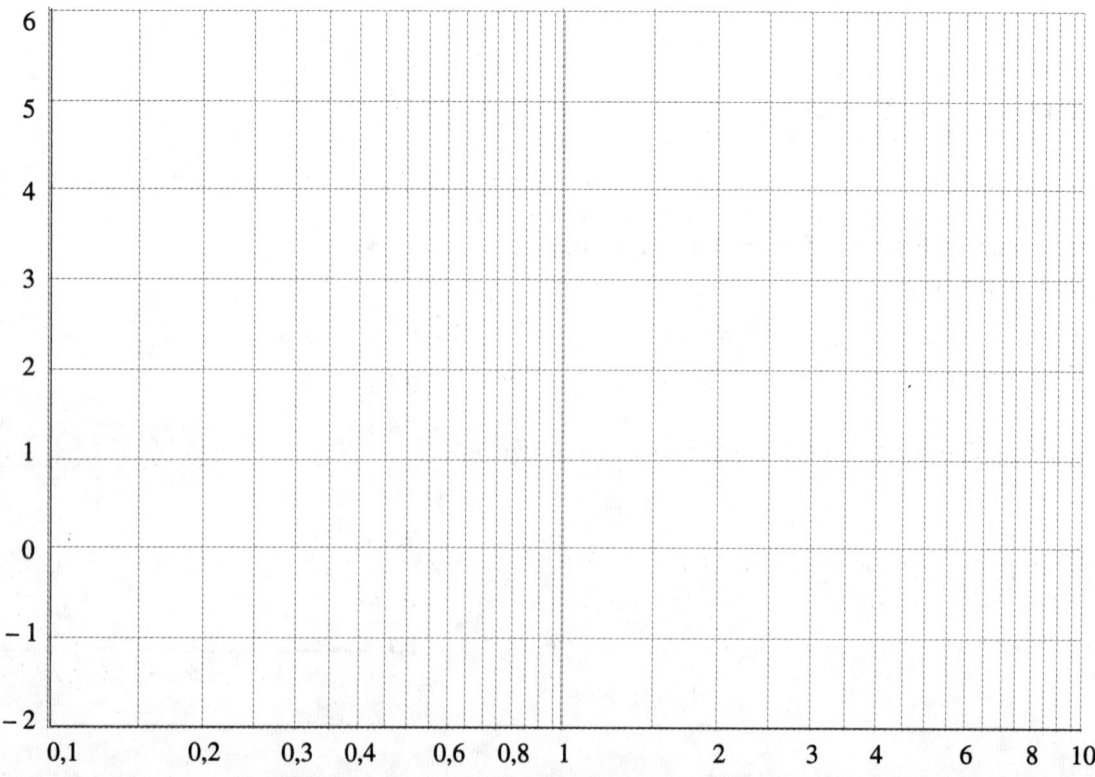

5. Représenter la fonction $f(x) = 2 \log 2x$ dans le système suivant dont l'échelle horizontale a une graduation logarithmique.

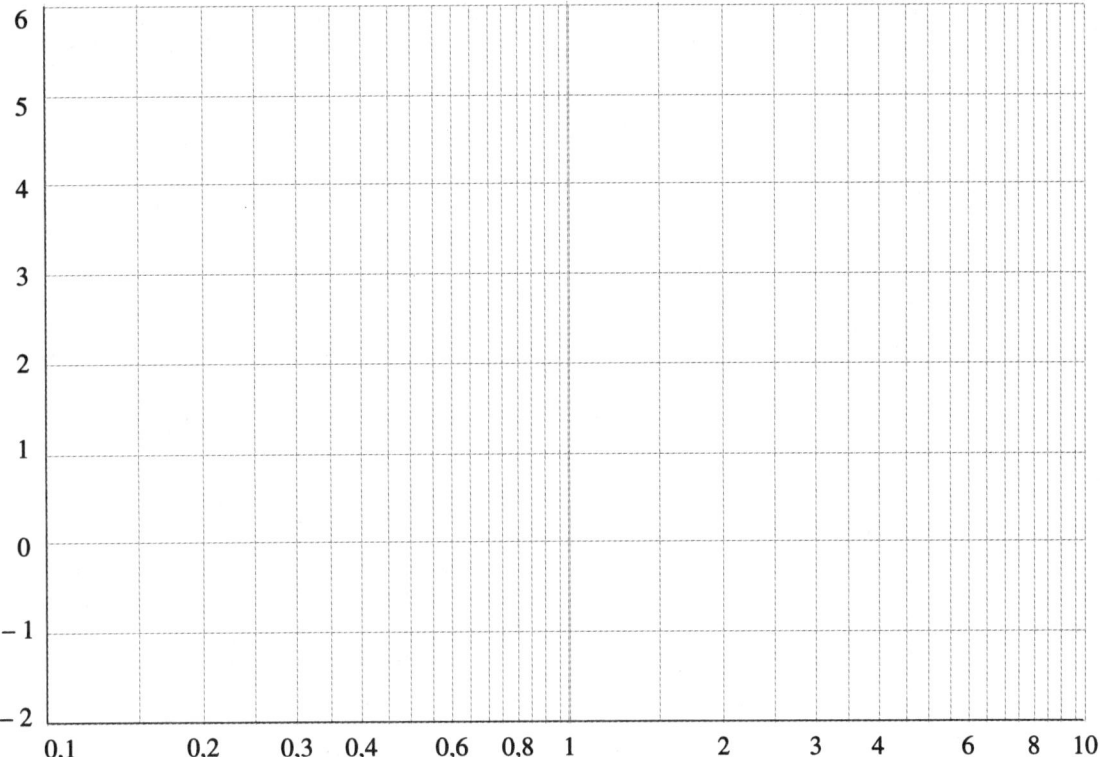

6. La vitesse de rotation N (en tours/minutes) d'une roue d'entraînement a été mesurée à différents moments t (en minutes) après que le courant ait été coupé.

t	0	0,5	1,0	1,5	2,0	2,5	3,0
N	40	22,63	12,80	7,24	4,10	2,32	1,31

a) Trouver le type de correspondance entre les variables.
b) Déterminer la règle de correspondance entre les variables.

7. La pression barométrique p (en kilopascals) dépend de l'altitude h (en kilomètres) au-dessus du niveau de la mer. Les mesures suivantes ont été prises.

h (km)	0	0,5	1,0	1,5	2,0	2,5	3,0	3,5	4,0
p (kPa)	101,32	95,15	89,36	83,93	78,82	74,02	69,52	65,29	61,32

a) Trouver le type de correspondance entre les variables.
b) Déterminer la règle de correspondance entre les variables.

8. Les données suivantes ont été obtenues en laboratoire.

E	2,00	10,00	20,00	30,00	40,00	50,00	60,00
I	36,73	97,73	148,95	190,59	227,02	260,01	290,49

a) Trouver le type de correspondance entre les variables.
b) Déterminer la règle de correspondance entre les variables.

MODÈLE DE QUADRILLAGE SEMI-LOG

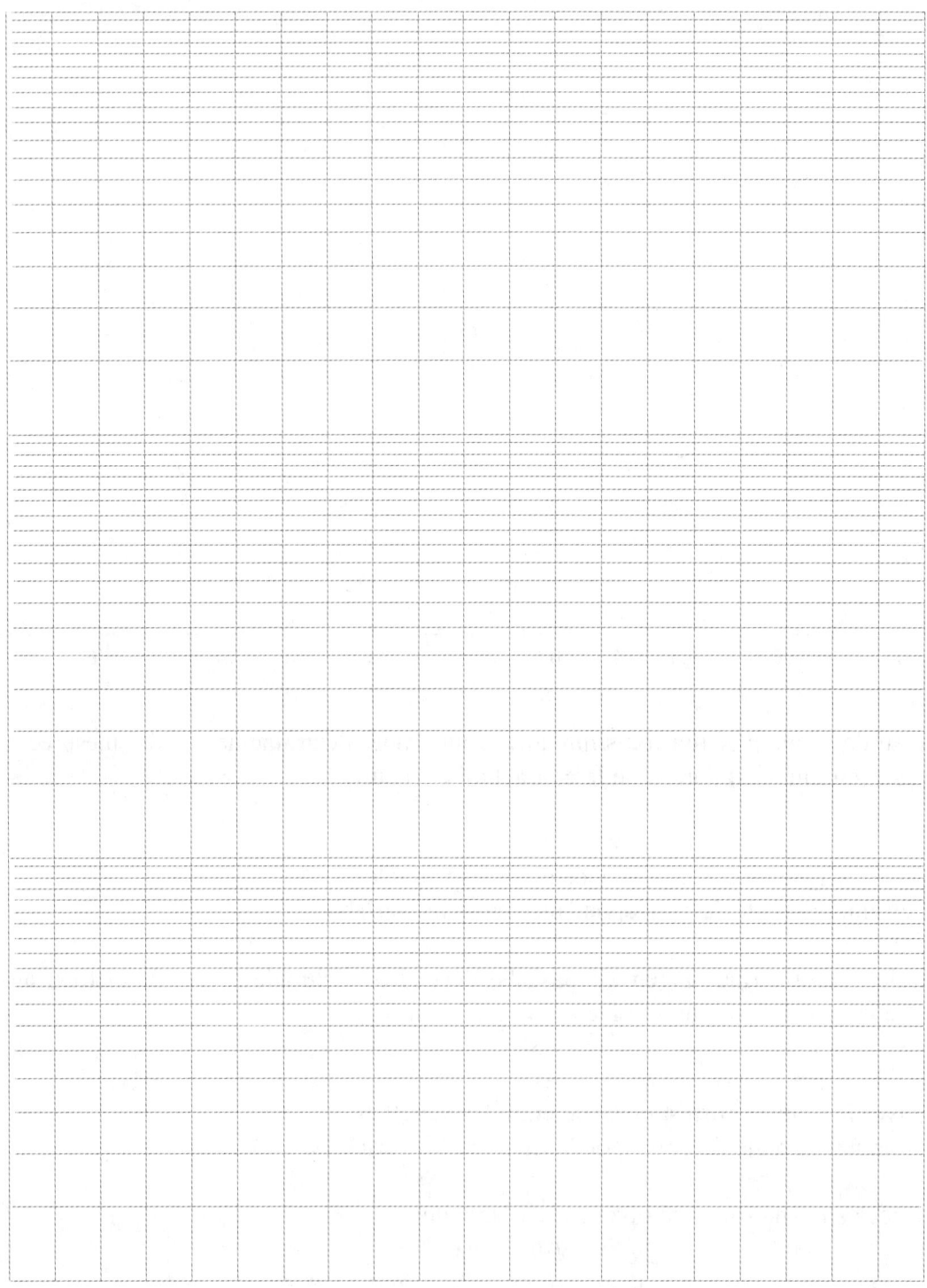

MODÈLE DE QUADRILLAGE LOG-LOG

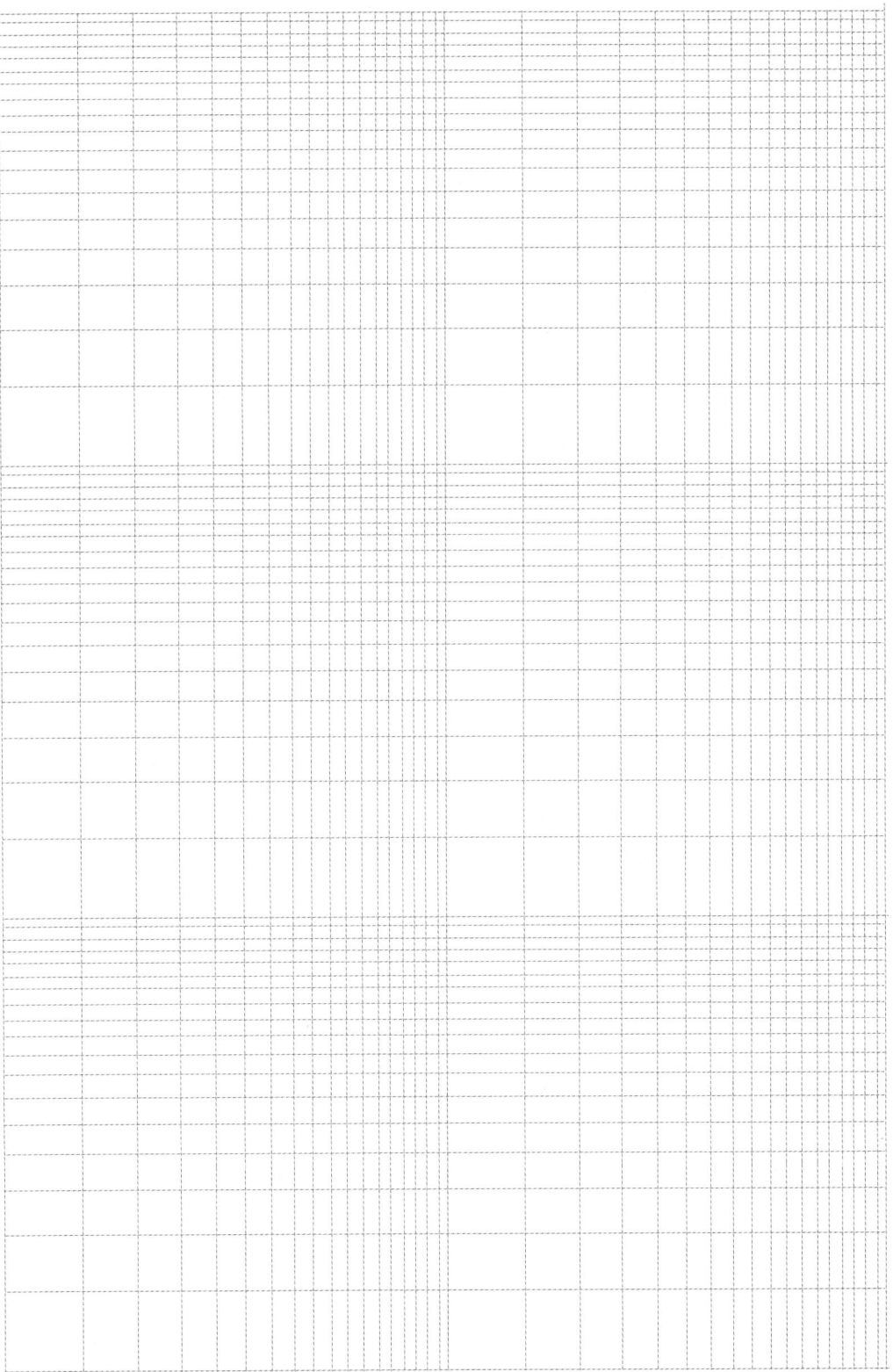

PRÉPARATION À L'ÉVALUATION

Pour préparer votre examen, assurez-vous d'avoir atteint les objectifs suivants.

Consignez à la page suivante des indications pour vous remémorer plus facilement les notions et concepts qui vous posent le plus de difficultés.

Si vous avez atteint l'objectif, cochez.

☆ **ORGANISER ET TRAITER DE L'INFORMATION.**

⟁ **Établissement de relations justes entre des ensembles.**

○ EXPLOITER LES LIENS EXPONENTIELS OU LOGARITHMIQUES ENTRE DEUX VARIABLES DANS L'ANALYSE DE SITUATIONS DIVERSES.

◇ Modéliser une situation de croissance ou de décroissance exponentielle.
- ❏ Identifier les données du problème et la forme du modèle approprié;
  croissance: $f(x) = B(1 + r)^x$ ou décroissance: $f(x) = B(1 - r)^x$, où $r > 0$.
- ❏ Calculer l'image d'une valeur donnée de la variable indépendante et interpréter le résultat du calcul dans le contexte.
- ❏ Utiliser les logarithmes pour calculer la préimage d'une valeur donnée de la variable dépendante et interpréter le résultat du calcul dans le contexte.
- ❏ Représenter graphiquement la fonction en choisissant judicieusement l'échelle pour bien illustrer le comportement et interpréter.

○ RÉSOUDRE DES ÉQUATIONS EXPONENTIELLES À L'AIDE DES PROPRIÉTÉS DES EXPOSANTS ET DES LOGARITHMES.

◇ Résoudre une équation exponentielle.
- ❏ Établir l'équation et effectuer les transformations algébriques pour isoler le terme contenant l'inconnue en exposant.
- ❏ Utiliser la définition de logarithme pour isoler la variable.
- ❏ Utiliser la formule de changement de base pour effectuer les calculs.
- ❏ Interpréter le résultat, s'il y a lieu.

○ UTILISER LES PAPIERS SEMI-LOG ET LOG-LOG POUR TROUVER LE LIEN ENTRE DEUX VARIABLES
- ❏ Représenter les données sur un papier à échelle linéaire.
  Interpréter le graphique, tirer les conclusions qui s'imposent.
  Calculer les paramètres du modèle si le modèle affine est pertinent.
- ❏ Représenter les données sur un papier semi-log en plaçant les valeurs de la variable dépendante sur l'échelle logarithmique.
  Interpréter le graphique, tirer les conclusions qui s'imposent.
  Calculer les paramètres du modèle si le modèle exponentiel est pertinent.
- ❏ Représenter les données sur un papier log-log.
  Interpréter le graphique, tirer les conclusions qui s'imposent.
  Calculer les paramètres du modèle si le modèle puissance est pertinent.
- ❏ Représenter les données sur un papier semi-log en plaçant les valeurs de la variable indépendante sur l'échelle logarithmique.
  Interpréter le graphique, tirer les conclusions qui s'imposent.
  Calculer les paramètres du modèle si le modèle logarithmique est pertinent.

Signification des symboles: ☆ Élément de compétence ⟁ Composantes particulières de la compétence ○ Objectif de section ◇ Procédure ou démarche ❏ Étape d'une procédure

Notes personnelles

VOCABULAIRE UTILISÉ DANS LE CHAPITRE

CHANGEMENT DE BASE
C'est une procédure permettant de calculer le logarithme d'un nombre dans une base quelconque en ayant recours aux logarithmes dans les bases de calcul usuelles, soit 10 et e. On procède comme suit:
$$\log_a N = \frac{\log N}{\log a} = \frac{\ln N}{\ln a}$$

DÉPRÉCIATION
La *dépréciation* est la perte de valeur d'un équipement. Elle peut s'exprimer en pourcentage de la valeur d'achat ou par un montant fixe par période. Lorsqu'elle est exprimée en pourcentage, on peut décrire la valeur de l'équipement par un modèle exponentiel. Lorsque la dépréciation est un montant fixe par période, la valeur de l'équipement se décrit par un modèle affine.

ÉCHELLE LINÉAIRE ET ÉCHELLE LOGARITHMIQUE
Une *échelle linéaire* est une échelle sur laquelle chaque nombre est représenté de telle sorte que sa distance à un point fixe est proportionnelle à la grandeur du nombre.

Une *échelle logarithmique* est une échelle sur laquelle chaque nombre est représenté de telle sorte que sa distance à un point fixe est proportionnelle au logarithme de la grandeur du nombre.

ÉQUATION EXPONENTIELLE
C'est une équation dont l'inconnue est à l'exposant:
$$N = b^x, \text{ où } b > 0 \text{ et } b \neq 1$$
La *base b* d'une équation exponentielle est le nombre affecté d'un exposant dont la valeur est inconnue.

FONCTION EXPONENTIELLE
C'est une fonction dont la variable indépendante est à l'exposant:
$$f(x) = b^x, \text{ où } b > 0 \text{ et } b \neq 1$$
Dans la pratique, les fonctions utilisées en modélisation sont plus souvent de la forme
$$f(x) = ab^x, \text{ où } b > 0, b \neq 1 \text{ et } a \text{ est la valeur initiale.}$$
Dans les cas de croissance à un taux constant r, la fonction est de la forme
$$f(x) = a(1 + r)^x, \text{ où } r > 0 \text{ est le taux de croissance.}$$
Dans les cas de décroissance à un taux constant r, la fonction est de la forme
$$f(x) = a(1 - r)^x, \text{ où } r > 0 \text{ est le taux de décroissance.}$$

FONCTION LOGARITHMIQUE
C'est une fonction de la forme $f(x) = \log_b x$, où $b > 0$ et $b \neq 1$.

LOGARITHME D'UN NOMBRE
Le *logarithme d'un nombre* s'exprime toujours par rapport à une base donnée. C'est l'exposant x qu'il faut donner à cette base b pour obtenir le nombre N.
$$N = b^x \text{ est équivalent à } x = \log_b N$$
On dit alors que x est le logarithme en base b du nombre N.

MATRICES ET SYSTÈMES D'ÉQUATIONS LINÉAIRES

9.0 PRÉAMBULE

Nous allons maintenant aborder un domaine des mathématiques qui a des applications très importantes dans plusieurs champs de connaissance. C'est le domaine de l'algèbre linéaire et de la programmation linéaire. Nous verrons comment utiliser les matrices pour traiter de l'information et pour résoudre des systèmes d'équations et d'inéquations linéaires.

L'avènement de l'ordinateur a permis de traiter rapidement beaucoup d'informations, mais le traitement se fait en regroupant les données ayant à subir un traitement analogue sous forme de matrices. Les variables ainsi traitées sont parfois appelées *variables structurées*. On les appelle ainsi car elles sont traitées globalement et subissent en même temps les mêmes transformations; elles doivent donc conserver la position qui leur est assignée pour le traitement. La première section sera consacrée aux définitions des opérations que l'on peut effectuer sur ces variables structurées, ce qu'on appelle les *matrices*.

Les activités d'apprentissage de ce chapitre contribuent à développer l'élément de compétence suivant:

RÉSOUDRE DES PROBLÈMES D'ALGÈBRE LINÉAIRE.

Les composantes particulières de l'élément de compétence visées par ce chapitre sont:

Exécution correcte des opérations sur les matrices.
Représentation d'une situation sous forme d'un système d'équations linéaires approprié.
Représentation juste d'un système d'équations linéaires sous forme matricielle.
Application correcte de méthodes de résolution d'un système d'équations linéaires.

9.1 MATRICES

Lorsqu'on doit traiter de l'information comportant plusieurs variables, il est parfois très efficace de représenter les valeurs de ces différentes variables par des tableaux de nombres qu'on appelle *matrices*. Dans de tels tableaux de nombres, une position précise est assignée à chaque variable. Nous allons présenter les opérations sur les matrices et voir comment elles peuvent être utilisées pour traiter de l'information.

OBJECTIF: Utiliser la représentation matricielle dans le traitement de situations diverses.

MISE EN SITUATION
Les tableaux suivants indiquent, pour une semaine, le nombre de litres d'essence vendus par un distributeur dans ses deux postes de service, un à Rimouski et l'autre à Lévis.

VENTES À LÉVIS

Jours	Essence (litres)		
	Super	Ordinaire	Diesel
Dimanche	4 200	3 900	2 200
Lundi	3 600	4 300	5 700
Mardi	3 900	4 800	4 900
Mercredi	3 800	4 300	4 600
Jeudi	4 100	4 400	4 800
Vendredi	4 200	5 200	5 600
Samedi	3 900	4 800	5 200

VENTES À RIMOUSKI

Jours	Essence (litres)		
	Super	Ordinaire	Diesel
Dimanche	3 900	3 500	1 800
Lundi	4 000	4 200	5 100
Mardi	3 800	3 600	4 500
Mercredi	3 700	3 700	4 200
Jeudi	3 800	3 700	4 300
Vendredi	4 100	3 900	4 900
Samedi	4 200	4 000	4 400

Les prix, qui diffèrent d'une région à l'autre, sont donnés dans le tableau suivant:

Prix ($/litre)	Localité	
	Lévis	Rimouski
Super	0,68	0,64
Ordinaire	0,59	0,51
Diesel	0,41	0,38

On peut structurer de différentes façons les informations contenues dans ces tableaux, selon le traitement désiré. Les en-têtes ne sont pas indispensables au traitement des données. On notera plutôt simplement:

$$L = \begin{pmatrix} 4\,200 & 3\,900 & 2\,200 \\ 3\,600 & 4\,300 & 5\,700 \\ 3\,900 & 4\,800 & 4\,900 \\ 3\,800 & 4\,300 & 4\,600 \\ 4\,100 & 4\,400 & 4\,800 \\ 4\,200 & 5\,200 & 5\,600 \\ 3\,900 & 4\,800 & 5\,200 \end{pmatrix} \qquad R = \begin{pmatrix} 3\,900 & 3\,500 & 1\,800 \\ 4\,000 & 4\,200 & 5\,100 \\ 3\,800 & 3\,600 & 4\,500 \\ 3\,700 & 3\,700 & 4\,200 \\ 3\,800 & 3\,700 & 4\,300 \\ 4\,100 & 3\,900 & 4\,900 \\ 4\,200 & 4\,000 & 4\,400 \end{pmatrix}$$

De tels tableaux de nombres sont appelés des *matrices*. On utilise souvent une lettre majuscule pour désigner une matrice particulière. Ainsi, la matrice de gauche est désignée par la lettre L et celle de droite par R.

> **MATRICE**
> On appelle *matrice* tout tableau rectangulaire de la forme ci-contre, où les a_{ij} sont les éléments de la matrice; l'indice i indique la ligne de l'élément et l'indice j indique sa colonne. Ces indices donnent l'*adresse* de chacun des éléments. Une matrice de cette forme est dite de *dimension* $m \times n$ (qui se lit « m par n ») et cela signifie que la matrice est formée de m lignes et n colonnes.
>
> $$\begin{pmatrix} a_{11} & a_{12} & \cdots & a_{1n} \\ a_{21} & a_{22} & \cdots & a_{2n} \\ \vdots & & a_{ij} & \vdots \\ a_{m1} & a_{m2} & \cdots & a_{mn} \end{pmatrix}$$

Ainsi, la matrice ci-contre est une matrice de dimension 3×4 (qui se lit « 3 par 4 ») puisqu'elle est formée de trois lignes et de quatre colonnes. Dans cette matrice, l'élément a_{23} est -2; c'est l'élément de la deuxième ligne et de la troisième colonne. On dit que l'élément a_{23} est l'élément d'*adresse* 23, qui se lit « deux trois » et non pas « vingt-trois ».

$$\begin{pmatrix} 3 & 2 & 1 & 5 \\ 0 & 7 & -2 & -3 \\ 4 & 2 & -3 & 1 \end{pmatrix}$$

NOTATIONS

On peut représenter une matrice par des lettres majuscules A, B, C etc. Pour des matrices dont les éléments sont inconnus, on utilisera les majuscules X, Y et Z.

On peut également représenter par (a_{ij}) ou $(a_{ij})_{m \times n}$ une matrice de dimension m par n dont les éléments sont les a_{ij}. On ne doit pas confondre a_{ij}, qui représente un élément, avec (a_{ij}), qui représente une matrice dont les éléments sont les a_{ij}.

> **ÉGALITÉ DE MATRICES**
> Deux matrices A et B sont *égales* si et seulement si:
> • les matrices ont même dimension;
> • les éléments de même adresse sont égaux.
> On utilisera le signe d'égalité usuel pour l'égalité des matrices.

EXEMPLE 9.1.1

Trouver les éléments a_{ij} pour que les matrices A et B soient égales, sachant que

$$A = \begin{pmatrix} a_{11} & a_{12} \\ a_{21} & a_{22} \end{pmatrix} \text{ et } B = \begin{pmatrix} 5 & -2 \\ 3 & 4 \end{pmatrix}$$

Solution
Pour que l'on ait l'égalité $A = B$, il faut que $a_{11} = 5$, $a_{12} = -2$, $a_{21} = 3$ et $a_{22} = 4$.

Les matrices L et R de la page précédente ne sont pas égales puisque les éléments de même adresse ne sont pas tous égaux entre eux.

On peut utiliser directement les matrices pour effectuer des opérations permettant d'en tirer différentes informations. Par exemple, si on veut connaître, pour chaque journée et pour chaque type d'essence, le total des ventes dans les deux postes de service, on doit faire la somme des éléments de même adresse. On a alors

$$L + R = \begin{pmatrix} 4\,200 & 3\,900 & 2\,200 \\ 3\,600 & 4\,300 & 5\,700 \\ 3\,900 & 4\,800 & 4\,900 \\ 3\,800 & 4\,300 & 4\,600 \\ 4\,100 & 4\,400 & 4\,800 \\ 4\,200 & 5\,200 & 5\,600 \\ 3\,900 & 4\,800 & 5\,200 \end{pmatrix} + \begin{pmatrix} 3\,900 & 3\,500 & 1\,800 \\ 4\,000 & 4\,200 & 5\,100 \\ 3\,800 & 3\,600 & 4\,500 \\ 3\,700 & 3\,700 & 4\,200 \\ 3\,800 & 3\,700 & 4\,300 \\ 4\,100 & 3\,900 & 4\,900 \\ 4\,200 & 4\,000 & 4\,400 \end{pmatrix} = \begin{pmatrix} 8\,100 & 7\,400 & 4\,000 \\ 7\,600 & 8\,500 & 10\,800 \\ 7\,700 & 8\,400 & 9\,400 \\ 7\,500 & 8\,000 & 8\,800 \\ 7\,900 & 8\,100 & 9\,100 \\ 8\,300 & 9\,100 & 10\,500 \\ 8\,100 & 8\,800 & 9\,600 \end{pmatrix}$$

OPÉRATIONS SUR LES MATRICES

SOMME

Soit $A = (a_{ij})$ et $B = (b_{ij})$ deux matrices. La *somme* de ces deux matrices est définie si et seulement si elles ont même dimension. Cette somme sera notée $A + B$ et définie par
$$A + B = (a_{ij}) + (b_{ij}) = (a_{ij} + b_{ij})$$

La matrice somme est donc obtenue en effectuant la somme des éléments de même adresse.

EXEMPLE 9.1.2

Effectuer la somme des matrices A et B, sachant que

$$A = \begin{pmatrix} 3 & 4 & -5 \\ 2 & -7 & 3 \end{pmatrix} \text{ et } B = \begin{pmatrix} 4 & -2 & 3 \\ 5 & 3 & -2 \end{pmatrix}$$

Solution

$$A + B = \begin{pmatrix} 3 & 4 & -5 \\ 2 & -7 & 3 \end{pmatrix} + \begin{pmatrix} 4 & -2 & 3 \\ 5 & 3 & -2 \end{pmatrix} = \begin{pmatrix} 7 & 2 & -2 \\ 7 & -4 & 1 \end{pmatrix}$$

Le tableau des prix de la page 264 permet d'écrire différentes matrices: on peut écrire une matrice 3×1 pour les prix à Lévis, une matrice 3×1 pour les prix à Rimouski, ou simplement une matrice 3×2 pour les prix à chaque endroit.

$$P_L = \begin{pmatrix} 0{,}68 \\ 0{,}59 \\ 0{,}41 \end{pmatrix} \qquad P_R = \begin{pmatrix} 0{,}64 \\ 0{,}51 \\ 0{,}38 \end{pmatrix} \qquad P = \begin{pmatrix} 0{,}68 & 0{,}64 \\ 0{,}59 & 0{,}51 \\ 0{,}41 & 0{,}38 \end{pmatrix}$$

Supposons qu'une guerre des prix s'amorce et que la pétrolière demande à ses concessionnaires de diminuer de 10 % le prix à la pompe. On peut déterminer le prix de chaque type d'essence pour chacun des points de vente par une opération sur la matrice; il suffit de multiplier chaque élément de la matrice des prix par 0,9, ce qui donne

$$0{,}9\,P = \begin{pmatrix} 0{,}9 \times 0{,}68 & 0{,}9 \times 0{,}64 \\ 0{,}9 \times 0{,}59 & 0{,}9 \times 0{,}51 \\ 0{,}9 \times 0{,}41 & 0{,}9 \times 0{,}38 \end{pmatrix} = \begin{pmatrix} 0{,}612 & 0{,}576 \\ 0{,}531 & 0{,}459 \\ 0{,}369 & 0{,}342 \end{pmatrix}$$

Cette opération sur la matrice des prix nous a permis de calculer une nouvelle matrice des prix tenant compte du rabais accordé par la pétrolière. L'opération consistant à multiplier chaque élément d'une matrice par un scalaire s'appelle la *multiplication par un scalaire*. Elle fait l'objet de la définition suivante.

MULTIPLICATION D'UNE MATRICE PAR UN SCALAIRE

Soit $A = (a_{ij})$ une matrice $m \times n$ et k un scalaire (nombre réel). La *multiplication* de la matrice A par le scalaire k donne une matrice notée kA et définie par l'égalité

$$kA = k(a_{ij}) = (ka_{ij}),$$

qui signifie que chaque élément de la matrice est multiplié par le scalaire k.

EXEMPLE 9.1.3

Multiplier la matrice A par le scalaire 3 et par le scalaire k, sachant que

$$A = \begin{pmatrix} -2 & 3 & 1 \\ 4 & -2 & 5 \end{pmatrix}$$

Solution
En multipliant par 3, on obtient

$$3A = \begin{pmatrix} -6 & 9 & 3 \\ 12 & -6 & 15 \end{pmatrix}$$

et en multipliant par k, on obtient

$$kA = \begin{pmatrix} -2k & 3k & k \\ 4k & -2k & 5k \end{pmatrix}$$

Nous accepterons sans démonstration les propriétés suivantes:

PROPRIÉTÉS DES OPÉRATIONS D'ADDITION DES MATRICES ET DE MULTIPLICATION PAR UN SCALAIRE SUR LES MATRICES

Pour toute matrice A, B et C et pour tout scalaire p et q, les opérations d'addition et de multiplication par un scalaire satisfont aux propriétés suivantes:

Commutativité de l'addition:
$$A + B = B + A$$

Associativité de l'addition:
$$A + (B + C) = (A + B) + C$$

Élément neutre pour l'addition:
$$A + 0 = 0 + A = A$$
où 0 est la matrice de même dimension que A et dont tous les éléments sont nuls.

Élément symétrique:
$$A + (-A) = (-A) + A = 0$$

Associativité de la multiplication par un scalaire:
$$(pq)A = p(qA)$$

Distributivité sur l'addition des scalaires:
$$(p + q)A = pA + qA$$

Distributivité sur l'addition des matrices:
$$p(A + B) = pA + pB$$

Élément neutre pour la multiplication par un scalaire:
$$1\,A = A$$

PRODUIT DE MATRICES

Considérons à nouveau l'exemple de la mise en situation en début de chapitre et supposons que le propriétaire des postes d'essence demande de calculer le revenu pour la journée du dimanche à Lévis. Il faut faire la somme des produits du nombre de litres de chaque type d'essence par le prix de vente correspondant. En notant L_D la matrice 1×3 représentant les ventes à Lévis pour la journée de dimanche et P_L la matrice 3×1 représentant le prix de chaque sorte d'essence à Lévis, on obtient:

$$L_D \bullet P_L = \begin{pmatrix} 4\,200 & 3\,900 & 2\,200 \end{pmatrix}_{1\times 3} \bullet \begin{pmatrix} 0{,}68 \\ 0{,}59 \\ 0{,}41 \end{pmatrix}_{3\times 1}$$

$$= \begin{pmatrix} 4\,200 \times 0{,}68 + 3\,900 \times 0{,}59 + 2\,200 \times 0{,}41 \end{pmatrix}_{1\times 1} = \begin{pmatrix} 6\,059 \end{pmatrix}_{1\times 1}$$

On remarque que le produit porte sur une matrice 1×3 et une matrice 3×1 et que le résultat est une matrice 1×1. Cette matrice ne contient qu'un seul nombre réel qui est le revenu réalisé à Lévis pour la journée du dimanche, soit 6 059 $. En effectuant cette opération pour chacune des lignes de la matrice L, on peut calculer le revenu pour chacune des journées de la semaine. Ce qui donne:

$$L \bullet P_L = \begin{pmatrix} 4\,200 & 3\,900 & 2\,200 \\ 3\,600 & 4\,300 & 5\,700 \\ 3\,900 & 4\,800 & 4\,900 \\ 3\,800 & 4\,300 & 4\,600 \\ 4\,100 & 4\,400 & 4\,800 \\ 4\,200 & 5\,200 & 5\,600 \\ 3\,900 & 4\,800 & 5\,200 \end{pmatrix}_{7\times 3} \bullet \begin{pmatrix} 0{,}68 \\ 0{,}59 \\ 0{,}41 \end{pmatrix}_{3\times 1} = \begin{pmatrix} 6\,059 \\ 7\,322 \\ 7\,493 \\ 7\,007 \\ 7\,352 \\ 8\,220 \\ 7\,616 \end{pmatrix}_{7\times 1} \begin{matrix} \text{Dimanche} \\ \text{Lundi} \\ \text{Mardi} \\ \text{Mercredi} \\ \text{Jeudi} \\ \text{Vendredi} \\ \text{Samedi} \end{matrix}$$

L'opération que l'on vient d'effectuer s'appelle un *produit matriciel*. Ce produit est effectué entre une matrice 7×3 et une matrice 3×1 et le résultat est une matrice 7×1. Cette matrice nous donne le revenu à Lévis pour chacun des jours de la semaine.

PRODUIT MATRICIEL

Soit $A = (a_{ik})_{m \times p}$ et $B = (b_{kj})_{p \times n}$ deux matrices. Le *produit matriciel* de ces matrices, noté $A \bullet B$ (ou simplement AB), donne une matrice $C = (c_{ij})_{m \times n}$ dont les éléments c_{ij} sont définis par

$$c_{ij} = a_{i1}b_{1j} + a_{i2}b_{2j} + a_{i3}b_{3j} + \ldots + a_{ip}b_{pj} = \sum_{k=1}^{p} a_{ik}b_{kj}$$

Cette égalité signifie que l'élément c_{ij} est obtenu en faisant la somme des produits des éléments de la ligne i de la matrice A et des éléments de la colonne j de la matrice B. Ainsi, l'élément de la première ligne deuxième colonne, soit c_{12}, est obtenu en effectuant le produit de la première ligne de la matrice à gauche du symbole d'opération et de la deuxième colonne de la matrice à droite du symbole d'opération. De la même façon, l'élément c_{31} est obtenu en effectuant le produit de la troisième ligne de la matrice à gauche du symbole d'opération et de la première colonne de la matrice à droite du symbole d'opération.

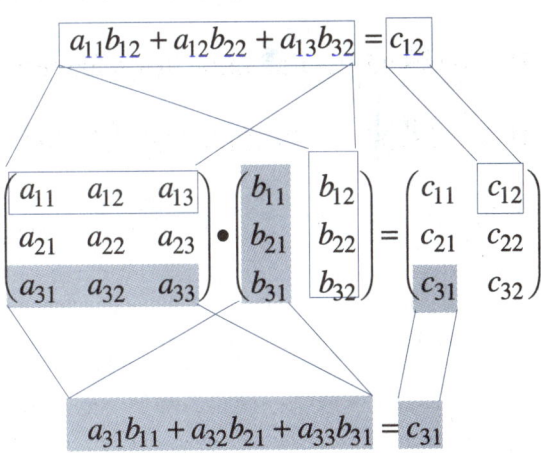

REMARQUE

Le produit matriciel est défini seulement si le nombre de colonnes de la matrice à gauche du symbole d'opération est égal au nombre de lignes de la matrice à droite du symbole d'opération.

EXEMPLE 9.1.4

Effectuer le produit matriciel suivant:

$$\begin{pmatrix} 3 & -2 & 5 \\ -2 & 1 & 4 \end{pmatrix}_{2\times 3} \bullet \begin{pmatrix} 7 & 4 \\ 5 & 8 \\ 1 & 2 \end{pmatrix}_{3\times 2}$$

Solution

$$\begin{pmatrix} 3 & -2 & 5 \\ -2 & 1 & 4 \end{pmatrix}_{2\times 3} \bullet \begin{pmatrix} 7 & 4 \\ 5 & 8 \\ 1 & 2 \end{pmatrix}_{3\times 2} = \begin{pmatrix} 16 & 6 \\ -5 & 8 \end{pmatrix}_{2\times 2}$$

Nous accepterons sans démonstration les propriétés suivantes:

PROPRIÉTÉS DU PRODUIT MATRICIEL

Pour toute matrice A, B et C de dimensions appropriées et pour tout scalaire p et q, l'opération de produit matriciel satisfait aux propriétés suivantes:

Associativité du produit matriciel:
$$A \bullet (B \bullet C) = (A \bullet B) \bullet C$$

Distributivité à gauche sur l'addition matricielle:
$$A \bullet (B + C) = (A \bullet B) + (A \bullet C)$$

Distributivité à droite sur l'addition matricielle:
$$(A + B) \bullet C = (A \bullet C) + (B \bullet C)$$

Associativité pour la multiplication par un scalaire:
$$pA \bullet qB = pq(A \bullet B)$$

REMARQUE

Le produit matriciel est associatif mais il n'est pas commutatif, c'est-à-dire $A \bullet B \neq B \bullet A$.

Arthur CAYLEY

Arthur CAYLEY (1821-1895), mathématicien anglais, débuta ses études au Trinity College de Cambridge en 1838 et obtint son diplôme en 1842. Il enseigna d'abord à Cambridge, mais pour subvenir à ses besoins, il s'initia au droit et fut admis au barreau en 1849. Durant ses études de droit, il assista à des conférences de HAMILTON sur les quaternions. Il y a fait la connaissance de SALMON et de SYLVESTER, qui pratiquaient également le droit. CAYLEY exerça le métier d'avocat pendant 14 ans, sans jamais négliger ses recherches en mathématiques, publiant environ 250 mémoires. Il effectua un retour à Cambridge en 1863 en acceptant un poste d'enseignant en mathématiques pures qu'il occupa jusqu'en 1895. Ce poste signifiait une importante diminution de rémunération, mais CAYLEY était heureux d'avoir la chance de se consacrer entièrement aux mathématiques. Durant cette période, il publia plus de 900 articles sur la plupart des sujets mathématiques. Ses principales contributions portaient sur l'algèbre des matrices, la géométrie non euclidienne et les géométries à n dimensions. En 1854, il écrivit deux articles donnant un aperçu intéressant de la théorie des groupes. Le sujet était nouveau et les seuls groupes connus étaient des groupes de permutations. CAYLEY définit les groupes abstraits et donna une table de multiplication de ces groupes. Il constata que les quaternions et les matrices formaient des groupes. C'est dans un mémoire publié en français en 1855, *Remarques sur la notation des fonctions algébriques,* qu'il introduisit les notions de base de l'algèbre des matrices. Cependant, c'est dans un article publié en 1858, *Mémoir on the theory of matrices,* qu'il définit la somme des matrices, la multiplication d'une matrice par un scalaire et le produit de deux matrices. Il énonça également les propriétés de ces opérations.

TRANSPOSITION

Soit A une matrice de dimension $m \times n$. On appelle *matrice transposée* de A, notée A^t, la matrice de dimension $n \times m$ dont la $i$ème colonne est la $i$ème ligne de la matrice A pour $i = 1, 2, \ldots, m$.

Les matrices suivantes sont transposées l'une de l'autre:

$$A = \begin{pmatrix} 2 & 1 & 4 \\ 3 & -5 & 1 \end{pmatrix} \text{ et } A^t = \begin{pmatrix} 2 & 3 \\ 1 & -5 \\ 4 & 1 \end{pmatrix}$$

PROPRIÉTÉ DE LA TRANSPOSITION ET DU PRODUIT MATRICIEL

Pour toute matrice A et B de dimensions appropriées, les opérations de produit matriciel et de transposition satisfont à la propriété

$$(A \cdot B)^t = B^t \cdot A^t$$

Considérons à nouveau l'exemple de la mise en situation (postes d'essence) et effectuons le produit des matrices transposées.

$$P_L^t \cdot L^t = \begin{pmatrix} 0{,}68 & 0{,}59 & 0{,}41 \end{pmatrix}_{1 \times 3} \cdot \begin{pmatrix} 4\,200 & 3\,600 & 3\,900 & 3\,800 & 4\,100 & 4\,200 & 3\,900 \\ 3\,900 & 4\,300 & 4\,800 & 4\,300 & 4\,400 & 5\,200 & 4\,800 \\ 2\,200 & 5\,700 & 4\,900 & 4\,600 & 4\,800 & 5\,600 & 5\,200 \end{pmatrix}_{3 \times 7}$$

$$= \begin{pmatrix} 6\,059 & 7\,322 & 7\,493 & 7\,007 & 7\,352 & 8\,220 & 7\,616 \end{pmatrix}_{1 \times 7}$$

On constate que la matrice 1×7 obtenue donne le revenu pour chacun des jours de la semaine. C'est bien la transposée de la matrice vue précédemment donnant la même information sous forme de colonne.

EXEMPLE 9.1.5

Vous avez besoin de quelques matériaux de construction pour isoler votre sous-sol. Il vous faut 18 montants de bois, 8 panneaux de gypse et 2 ballots de laine isolante. Vous décidez de téléphoner aux quatre quincailleries de la ville pour savoir laquelle offre les meilleurs prix. À votre grande surprise, les prix varient beaucoup d'une quincaillerie à l'autre. Les données recueillies sont regroupées dans le tableau ci-contre.

Matériaux	Quincailleries			
	Q_1	Q_2	Q_3	Q_4
Montant de bois	1,10 $	0,99 $	0,94 $	0,82 $
Panneau de gypse	5,95 $	5,70 $	5,99 $	6,25 $
Ballot d'isolant	27,95 $	28,09 $	27,95 $	27,99 $

Déterminer le coût total des matériaux requis, pour chacune des quincailleries et indiquer laquelle il faudrait choisir si tous les matériaux devaient être achetés au même endroit.

Solution

On peut déterminer le coût pour chacune des quincailleries en effectuant le produit matriciel de la matrice des quantités de matériaux nécessaires, soit $A = (18 \ 8 \ 2)$, et de la matrice des coûts. Ce qui donne

$$(18 \ 8 \ 2) \bullet \begin{pmatrix} 1{,}10 & 0{,}99 & 0{,}94 & 0{,}82 \\ 5{,}95 & 5{,}70 & 5{,}99 & 6{,}25 \\ 27{,}95 & 28{,}09 & 27{,}95 & 27{,}99 \end{pmatrix} = (123{,}30 \ \ 119{,}60 \ \ 120{,}74 \ \ 120{,}74)$$

Puisqu'on doit tout acheter au même endroit, c'est la deuxième quincaillerie qui permet d'acquérir ces matériaux à moindre coût.

9.2 EXERCICES

1. Vous venez d'ouvrir un comptoir de restauration d'aliments naturels dans un centre d'achats. Votre menu est constitué de trois sortes de salade: salade du jardin, salade au tofu et salade du chef. Lorsque vous préparez la facture d'un client, le système de facturation électronique enregistre automatiquement la sorte de salade vendue. Le système donne le rapport hebdomadaire des ventes sous forme d'une matrice dont les lignes représentent les six jours d'ouverture de la semaine. La première colonne de ces matrices représente les ventes de salade du jardin, la deuxième les ventes de salade au tofu et la troisième les ventes de salade du chef. Pour les deux premières semaines d'opération, les matrices sont les suivantes:

    Semaine 1 et 2:

    Lundi, Mardi, Mercredi, Jeudi, Vendredi, Samedi

    $$\begin{pmatrix} 124 & 128 & 114 \\ 148 & 112 & 152 \\ 160 & 98 & 156 \\ 223 & 87 & 211 \\ 238 & 75 & 227 \\ 256 & 67 & 245 \end{pmatrix} \quad \begin{pmatrix} 140 & 153 & 128 \\ 165 & 134 & 170 \\ 179 & 118 & 175 \\ 250 & 105 & 236 \\ 268 & 90 & 255 \\ 287 & 80 & 274 \end{pmatrix}$$

    a) Déterminer une matrice donnant les ventes totales de chaque produit pour chaque jour de la semaine depuis l'ouverture du comptoir.

    b) Votre comptable, en regardant rapidement ces données, déclare qu'il y a une augmentation de 12 % des ventes entre la première et la deuxième semaine. Quelle aurait été la répartition des ventes de la deuxième semaine s'il y avait réellement eu une hausse de 12 % (multiplication par un scalaire)?

2. Le tableau suivant représente les échelles de salaire des employés d'une entreprise selon le diplôme obtenu et le nombre d'années de service.

	Nombre d'années de service			
Diplôme	0 à 5	5 à 10	10 à 15	Plus de 15
Sans DES	15 500	16 800	18 200	19 300
DES	18 300	19 700	22 600	24 500
DEC	24 000	26 500	29 400	31 200
Universitaire	35 000	39 500	43 200	46 800

a) Représenter les échelles salariales par une matrice.

b) Des négociations sont en cours pour le renouvellement de la convention collective et le syndicat demande des augmentations de salaire de 4,5 % la première année, 4 % la deuxième année et 3,5 % la troisième année. Déterminer la matrice donnant les échelles salariales de la troisième année de la convention si les demandes du syndicat étaient acceptées.

c) La partie patronale propose plutôt des augmentations forfaitaires intégrées aux échelles salariales de 850 $ pour la première année, 700 $ pour la deuxième année et 600 $ pour la troisième année. Déterminer la matrice donnant les échelles salariales de la troisième année de la convention si cette offre était acceptée.

3. Une pizzeria affiche les prix suivants:

Pizzeria Riazzipe
Breuvage gratuit

	Mini	Petite	Moyenne	Grande
Fromage	5,50	6,75	8,20	10,25
Garnie	6,50	7,85	8,60	10,75
Fruits de mer	7,90	9,10	10,25	11,60
Napolitaine	8,20	9,40	11,65	12,45

a) Le propriétaire de la pizzeria vous demande de modifier sa liste de prix pour tenir compte d'une augmentation de 10 % des produits alimentaires. Quelle sera la nouvelle liste de prix?

b) Constatant que certains prix sont loufoques dans la nouvelle liste de prix obtenue en *a*, le propriétaire vous demande d'arrondir au multiple de 5 ¢ le plus près. Quelle sera la nouvelle matrice de prix?

c) Pour aider la caissière à préparer les factures, vous devez établir une matrice de prix incluant la TPS (7 %) et la TVQ (7,5%), à partir de la matrice obtenue en *b*. Quelle est cette nouvelle matrice?

4. Vous êtes responsable de la gestion des stocks dans une entreprise de production d'articles de vaisselle en plastique de différents formats. Le nombre de caisses en entrepôt est donné dans le tableau suivant:

Articles	Format		
	petit	moyen	grand
Verres	8	5	12
Assiettes	10	4	8
Tasses	2	3	1
Bols	1	4	5

Le département de production vous achemine la production de la journée dont les quantités sont données dans la matrice R (Réception). De plus, au cours de la journée, vous avez procédé à l'expédition de plusieurs caisses et ces envois sont consignés dans la matrice E (Expédition).

$$R = \begin{pmatrix} 12 & 4 & 5 \\ 8 & 2 & 1 \\ 0 & 4 & 3 \\ 5 & 3 & 4 \end{pmatrix}, E = \begin{pmatrix} 9 & 2 & 6 \\ 3 & 4 & 2 \\ 1 & 2 & 4 \\ 5 & 5 & 6 \end{pmatrix}$$

a) Calculer les quantités en entrepôt à la fin de la journée.

b) La matrice C représente les commandes que vous devriez expédier dans la journée de demain. Identifier les articles qu'il est urgent de produire pour répondre à la demande.

$$C = \begin{pmatrix} 4 & 6 & 5 \\ 3 & 5 & 2 \\ 4 & 0 & 3 \\ 3 & 4 & 5 \end{pmatrix}$$

5. Effectuer si possible les opérations suivantes:

a) $\begin{pmatrix} 3 & 2 \\ 1 & 4 \end{pmatrix} + \begin{pmatrix} -2 & -5 \\ 2 & 3 \end{pmatrix}$

b) $3 \begin{pmatrix} 1 & 2 \\ -3 & 4 \end{pmatrix} - 4 \begin{pmatrix} 0 & 2 \\ -2 & -1 \end{pmatrix}$

c) $\begin{pmatrix} 3 & -2 & 1 \\ -4 & 3 & -5 \end{pmatrix} + \begin{pmatrix} -6 & 4 & 3 \\ 2 & -5 & 9 \end{pmatrix}$

d) $\begin{pmatrix} 3 & 4 \\ 2 & 3 \end{pmatrix} \bullet \begin{pmatrix} 3 & -4 \\ -2 & 3 \end{pmatrix}$

e) $\begin{pmatrix} 3 & 4 \\ 2 & 3 \end{pmatrix} \bullet \begin{pmatrix} 5 & -3 \\ -2 & 1 \end{pmatrix}$

f) $\begin{pmatrix} 2 & -1 & 3 \\ 4 & 3 & -2 \end{pmatrix} \bullet \begin{pmatrix} 2 & 1 \\ 3 & 2 \\ -1 & 5 \end{pmatrix}$

g) $\begin{pmatrix} 3 & -2 & 5 \\ -3 & 4 & 7 \end{pmatrix} \bullet \begin{pmatrix} 2 \\ 1 \\ -3 \end{pmatrix}$

h) $\begin{pmatrix} 3 & 2 & 4 \\ 5 & -3 & 2 \\ 1 & 4 & 3 \end{pmatrix} \bullet \begin{pmatrix} 5 & 2 \\ -5 & 1 \\ 2 & -2 \end{pmatrix}$

i) $\begin{pmatrix} 7 & 3 & -2 \\ -14 & -6 & 4 \end{pmatrix} \bullet \begin{pmatrix} 2 & 1 \\ -4 & -1 \\ 1 & 2 \end{pmatrix}$

j) $\begin{pmatrix} 1 & 3 & 2 \\ 2 & 1 & 8 \\ 3 & 5 & 9 \end{pmatrix} \bullet \begin{pmatrix} -31 & -17 & 22 \\ 6 & 3 & -4 \\ 7 & 4 & -5 \end{pmatrix}$

k) $\begin{pmatrix} 2 & 1 & -2 \\ 3 & 2 & 2 \\ 5 & 4 & 3 \end{pmatrix} \bullet \begin{pmatrix} 2 & 11 & -6 \\ -1 & -16 & 10 \\ -2 & 3 & -1 \end{pmatrix}$

l) $\begin{pmatrix} 2 & 3 & 1 \\ -4 & 1 & 2 \\ 3 & 2 & 2 \end{pmatrix} \bullet \begin{pmatrix} 4 & 3 & 2 \\ 1 & -3 & 5 \\ -6 & 7 & 3 \end{pmatrix}$

6. Soit $A = \begin{pmatrix} 2 & 1 \\ 3 & 4 \end{pmatrix}$ et $B = \begin{pmatrix} 3 & -5 \\ 2 & 3 \end{pmatrix}$. Est-ce que $A \bullet B = B \bullet A$?

7. Une usine de meubles non peints fabrique des bureaux, des chaises et des tables. Les temps, en heures, nécessaires dans chaque atelier pour fabriquer ces meubles sont donnés dans le tableau ci-contre.

a) La compagnie a reçu des commandes pour 25 bureaux, 32 chaises et 16 tables. Déterminer le temps nécessaire dans chaque atelier pour produire les meubles en commande.

b) Sachant que le salaire des travailleurs à l'atelier de sciage est de 9,75 \$/h, alors que les assembleurs gagnent 6,53 \$/h et les sableurs 7,25 \$/h, déterminer le coût de production en salaires des meubles en commande.

	Bureau	Chaise	Table
Sciage	3	2	3
Assemblage	2	1	2
Sablage	2	1	1

c) Déterminer la part en salaires du coût de production pour un exemplaire de chacun de ces meubles.

8. Une usine de meubles fabrique trois modèles de bureaux, M_1, M_2 et M_3. La fabrication de chacun de ces modèles de bureaux nécessite des quantités différentes de bois, de contreplaqué et de panneaux particules. Ces quantités apparaissent dans le tableau ci-contre. La mesure du bois est en unités de longueur alors que la mesure pour le contreplaqué et le panneau particule est en unités de superficie.

	M_1	M_2	M_3
Bois	9	12	11
Contreplaqué	1,2	2	1,6
Panneau particule	1,2	0,8	1,4

a) La compagnie a des commandes pour 50 bureaux du modèle M_1, 65 bureaux du modèle M_2 et 52 bureaux du modèle M_3. Quelles quantités de matériaux doit-elle acheter pour remplir ces commandes?

b) Les temps de réalisation de ces bureaux en minutes de travail par employé sont donnés dans le tableau ci-contre. Déterminer le temps nécessaire dans chaque atelier pour honorer les commandes.

	M_1	M_2	M_3
Sciage	60	70	65
Assemblage	35	40	45
Sablage	40	55	70

9. Vous venez d'ouvrir un comptoir de restauration d'aliments naturels dans un centre d'achats. Votre menu est constitué de trois sortes de salade: salade du jardin, salade au tofu et salade du chef. Lorsque vous préparez la facture d'un client, le système de facturation électronique enregistre automatiquement la sorte de salade vendue. Le système donne le rapport hebdomadaire des ventes sous forme d'une matrice dont les lignes représentent les six jours d'ouverture de la semaine. La première colonne de ces matrices représente les ventes de salade du jardin, la deuxième les ventes de salade au tofu et la troisième les ventes de salade du chef. Pour les deux premières semaines d'opération, les matrices sont les suivantes:

$$\begin{array}{c} \text{Semaine} \\ \begin{array}{l} \text{Lundi} \\ \text{Mardi} \\ \text{Mercredi} \\ \text{Jeudi} \\ \text{Vendredi} \\ \text{Samedi} \end{array} \end{array} \quad \begin{array}{c} 1 \\ \begin{pmatrix} 254 & 128 & 302 \\ 435 & 134 & 287 \\ 367 & 127 & 345 \\ 289 & 98 & 439 \\ 378 & 67 & 397 \\ 456 & 46 & 542 \end{pmatrix} \end{array} \quad \begin{array}{c} 2 \\ \begin{pmatrix} 276 & 112 & 343 \\ 397 & 86 & 376 \\ 417 & 69 & 326 \\ 347 & 76 & 418 \\ 356 & 58 & 403 \\ 412 & 32 & 564 \end{pmatrix} \end{array}$$

a) Déterminer une matrice donnant les ventes totales de chaque sorte de salade pour chaque jour de la semaine depuis l'ouverture.

b) La salade du jardin est vendue à 5,65 $, celle au tofu à 4,95 $ et celle du chef à 6,25 $. Calculer le revenu par jour pour chacune des deux semaines.

c) Calculer le revenu moyen pour chaque jour de la semaine depuis l'ouverture. Quelle journée de la semaine génère le meilleur revenu moyen?

d) Les coûts de préparation sont de 2,25 $ pour la salade du jardin, 1,75 $ pour la salade au tofu et 3,15 $ pour la salade du chef. À l'aide du produit matriciel, déterminer, pour chacune des semaines écoulées, la matrice des coûts de préparation par jour.

e) Les frais d'opération sont de 350 $ par jour les lundis, mardis, mercredis et samedis. Ces frais incluent la location de l'emplacement, les frais d'électricité et de chauffage, le salaire du serveur et le salaire du chef. Les jeudis et vendredis, le comptoir est ouvert quatre heures de plus et les frais sont de 450 $ par jour. Déterminer, pour chacune des semaines écoulées, une matrice donnant le coût total d'opération pour chaque jour de la semaine.

f) Donner, sous forme de matrice, le coût d'opération moyen pour chaque jour de la semaine depuis l'ouverture.

g) Donner, sous forme de matrice, le profit moyen pour chaque jour de la semaine depuis l'ouverture.

10. Soit $A = \begin{pmatrix} 3 & -2 \\ -4 & 5 \end{pmatrix}$, $B = \begin{pmatrix} 2 & -1 & 3 \\ 3 & 5 & -2 \end{pmatrix}$ et $C = \begin{pmatrix} 2 & 3 \\ -3 & 1 \\ 4 & 5 \end{pmatrix}$

Dire quelles sont les opérations définies parmi les suivantes et effectuer celles qui le sont.

a) $2A$
b) $3C$
c) $3C^t$
d) $A - B$
e) $A \bullet B$
f) $A^t \bullet B$
g) $B \bullet C$
h) $A \bullet C$
i) $A^t \bullet C^t$
j) $C \bullet B$
k) $C \bullet A$
l) $C^t \bullet A^t$
m) $B \bullet A$
n) $A \bullet B \bullet C$
o) $A^t \bullet B^t \bullet C^t$
p) $2A \bullet 3B$
q) $3B \bullet (-2C)$
r) $C^t \bullet B^t \bullet A^t$

11. Soit la matrice $A = \begin{pmatrix} 2 & 1 \\ 4 & 2 \end{pmatrix}$. Construire une matrice $B = \begin{pmatrix} a & b \\ c & d \end{pmatrix}$ telle que

$$\begin{pmatrix} 2 & 1 \\ 4 & 2 \end{pmatrix} \bullet \begin{pmatrix} a & b \\ c & d \end{pmatrix} = \begin{pmatrix} 0 & 0 \\ 0 & 0 \end{pmatrix}$$

Dans ce cas, a-t-on $A \bullet B = B \bullet A = 0$?

12. Soit $A = \begin{pmatrix} 2 & -3 & 4 \\ 4 & 7 & 5 \end{pmatrix}$ et $B = \begin{pmatrix} 1 & 4 \\ -2 & 5 \\ 3 & 6 \end{pmatrix}$. Illustrer à l'aide de ces matrices que le produit matriciel n'est pas commutatif.

13. Soit $A = \begin{pmatrix} -1 & 3 \\ 2 & -6 \end{pmatrix}$ et $B = \begin{pmatrix} 2 & 1 \\ 3 & 1 \end{pmatrix}$. Illustrer à l'aide de ces matrices que le produit matriciel n'est pas commutatif.

14. Soit $A = \begin{pmatrix} 1 & 4 & 3 \\ -2 & 5 & 2 \\ 3 & 6 & 5 \end{pmatrix}$ et $B = \begin{pmatrix} 2 & 1 & -3 \\ 4 & 7 & -2 \\ 5 & 1 & 3 \end{pmatrix}$. Illustrer à l'aide de ces matrices que le produit matriciel n'est pas commutatif.

15. Est-il impossible de trouver des matrices A et B telles que $A \cdot B = B \cdot A$? Justifier.

16. Soit $A = \begin{pmatrix} 2 & -3 \\ 4 & 7 \end{pmatrix}$ et $B = \begin{pmatrix} 4 & 5 \\ 3 & -2 \end{pmatrix}$. Vérifier que ces matrices satisfont à la propriété de la transposition d'un produit de matrices, $(A \cdot B)^t = B^t \cdot A^t$.

17. Soit $A = \begin{pmatrix} 2 & -3 & 4 \\ 4 & 7 & 5 \end{pmatrix}$ et $B = \begin{pmatrix} 1 & 4 \\ -2 & 5 \\ 3 & 6 \end{pmatrix}$. Vérifier que ces matrices satisfont à la propriété de la transposition d'un produit de matrices, $(A \cdot B)^t = B^t \cdot A^t$.

18. Soit $A = \begin{pmatrix} 1 & 4 & 3 \\ -2 & 5 & 2 \\ 3 & 6 & 5 \end{pmatrix}$ et $B = \begin{pmatrix} 2 & 1 & -3 \\ 4 & 7 & -2 \\ 5 & 1 & 3 \end{pmatrix}$. Vérifier que ces matrices satisfont à la propriété de la transposition d'un produit de matrices, $(A \cdot B)^t = B^t \cdot A^t$.

19. Existe-t-il une matrice $B = \begin{pmatrix} a & b \\ c & d \end{pmatrix}$ telle que $\begin{pmatrix} -1 & 3 \\ 2 & -6 \end{pmatrix} \cdot \begin{pmatrix} a & b \\ c & d \end{pmatrix} = \begin{pmatrix} 1 & 0 \\ 0 & 1 \end{pmatrix}$?

20. Existe-t-il une matrice $B = \begin{pmatrix} a & b \\ c & d \end{pmatrix}$ telle que $\begin{pmatrix} 2 & 1 \\ 3 & -1 \end{pmatrix} \cdot \begin{pmatrix} a & b \\ c & d \end{pmatrix} = \begin{pmatrix} 1 & 0 \\ 0 & 1 \end{pmatrix}$?

21. Existe-t-il une matrice $B = \begin{pmatrix} a & b \\ c & d \end{pmatrix}$ telle que $\begin{pmatrix} 3 & -2 \\ 5 & 4 \end{pmatrix} \cdot \begin{pmatrix} a & b \\ c & d \end{pmatrix} = \begin{pmatrix} 1 & 0 \\ 0 & 1 \end{pmatrix}$?

22. On appelle matrice identité d'ordre 2 la matrice $\begin{pmatrix} 1 & 0 \\ 0 & 1 \end{pmatrix}$. Pour chacune des matrices suivantes, trouver si possible une matrice B telle que le produit de A par B égale la matrice identité d'ordre 2.

   a) $\begin{pmatrix} 2 & -3 \\ 3 & -5 \end{pmatrix}$ \hspace{2cm} b) $\begin{pmatrix} 1 & 2 \\ -2 & -4 \end{pmatrix}$

   c) $\begin{pmatrix} 3 & 4 \\ 2 & 3 \end{pmatrix}$ \hspace{2cm} d) $\begin{pmatrix} 1 & 5 \\ 2 & 4 \end{pmatrix}$

9.3 SYSTÈMES D'ÉQUATIONS LINÉAIRES

Dans cette section, nous allons voir comment utiliser les matrices pour résoudre un système d'équations linéaires.

OBJECTIF : Résoudre des problèmes divers nécessitant l'utilisation des matrices et des systèmes d'équations linéaires.

MISE EN SITUATION

Considérons les deux équations
$$x - 2y = -8$$
$$3x + 5y = 9$$

Chacune de ces équations décrit une droite de $\mathbf{R}^2$. Si les droites sont concourantes, elles vont se rencontrer en un point dont les coordonnées constituent une solution de chacune des équations. Ces deux équations constituent un *système d'équations linéaires à deux inconnues*.

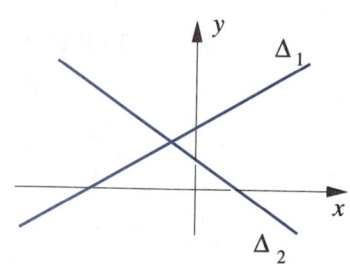

Pour résoudre ce système d'équations, on doit chercher l'équation d'une droite passant par le point de rencontre des droites Δ_1 et Δ_2 mais parallèle à un des axes. On trouve l'équation de cette droite en éliminant une inconnue dans une des équations. Ainsi, à partir du système
$$x - 2y = -8$$
$$3x + 5y = 9$$
on peut éliminer la variable x de la deuxième équation en procédant de la façon suivante. Multiplions la première équation par -3 et additionnons le résultat à la deuxième équation. On obtient

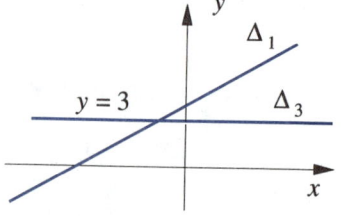

$$-3(x - 2y = -8) \rightarrow \begin{array}{r} -3x + 6y = 24 \\ +\ 3x + 5y = \ 9 \\ \hline 11y = 33 \end{array}$$

On obtient un nouveau système d'équations, soit
$$x - 2y = -8$$
$$11y = 33$$

Ce système est équivalent au premier, c'est-à-dire qu'il a les mêmes solutions. En effet, ce système décrit toujours deux droites dont le point de rencontre est le même que dans le système initial.

Dans ce nouveau système, la deuxième équation donne $y = 3$ et, en substituant dans la première équation, on trouve
$$x - 6 = -8$$
$$x = -2$$

La solution est donc $(-2;3)$.

Nous allons adapter cette méthode de résolution en ne conservant que les coefficients et les constantes du système d'équations, ce qui donne la matrice

$$\begin{pmatrix} 1 & -2 & \vdots & -8 \\ 3 & 5 & \vdots & 9 \end{pmatrix}$$

Dans cette matrice, la partie à gauche des traits pointillés représente les coefficients du système d'équations et la partie à droite représente les constantes. On l'appelle la *matrice augmentée* du système d'équations. Pour résoudre, on transforme la matrice en effectuant des opérations sur les lignes de façon à annuler les coefficients sous la diagonale de la partie gauche. Cela permet de construire une matrice équivalente (représentant un système d'équations équivalent, ayant donc les mêmes solutions), ce qui donne

$$L_2 \to L_2 - 3L_1$$

$$\begin{pmatrix} 1 & -2 & \vdots & -8 \\ 3 & 5 & \vdots & 9 \end{pmatrix} \approx \begin{pmatrix} 1 & -2 & \vdots & -8 \\ 0 & 11 & \vdots & 33 \end{pmatrix}$$

On a remplacé chacun des éléments de la deuxième ligne par la valeur des coefficients et de la constante de la deuxième ligne moins trois fois la valeur des coefficients et de la constante de la première ligne. Cela a eu pour effet d'annuler le coefficient sous la diagonale dans la deuxième ligne. C'est ce qui est représenté par $L_2 \to L_2 - 3L_1$. On poursuit en effectuant dans la nouvelle matrice l'opération $L_2 \to L_2/11$ qui signifie que l'on divise chaque élément de la deuxième ligne par 11, ce qui donne

$$L_2 \to L_2/11$$

$$\begin{pmatrix} 1 & -2 & \vdots & -8 \\ 0 & 11 & \vdots & 33 \end{pmatrix} \approx \begin{pmatrix} 1 & -2 & \vdots & -8 \\ 0 & 1 & \vdots & 3 \end{pmatrix}$$

Cette dernière matrice représente le système d'équations

$$x - 2y = -8$$
$$y = 3$$

En substituant 3 à y dans la première équation et en isolant x, on trouve $x = -2$. Le point de rencontre des deux droites est donc $(-2;3)$. Lorsqu'on fait les opérations visant à annuler les coefficients sous la diagonale d'une matrice, on dit que l'on *échelonne* la matrice.

EXEMPLE 9.3.1

Trouver, à l'aide d'une matrice augmentée, l'intersection des droites d'équations

$$2x - 5y = -4$$
$$3x + 4y = 17$$

Représenter graphiquement la situation.

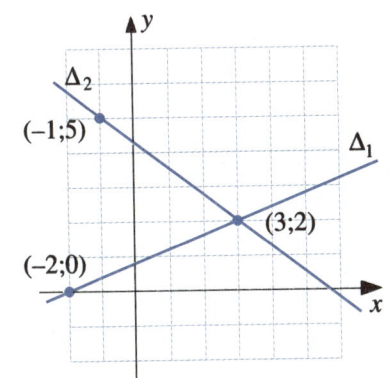

Solution

La matrice augmentée relative au système d'équations est

$$\begin{pmatrix} 2 & -5 & \vdots & -4 \\ 3 & 4 & \vdots & 17 \end{pmatrix}$$

En échelonnant la matrice, on trouve

$$L_2 \to 2L_2 - 3L_1 \qquad L_2 \to L_2/23$$

$$\begin{pmatrix} 2 & -5 & \vdots & -4 \\ 3 & 4 & \vdots & 17 \end{pmatrix} \approx \begin{pmatrix} 2 & -5 & \vdots & -4 \\ 0 & 23 & \vdots & 46 \end{pmatrix} \approx \begin{pmatrix} 2 & -5 & \vdots & -4 \\ 0 & 1 & \vdots & 2 \end{pmatrix}$$

La dernière matrice représente le système d'équations

$$2x - 5y = -4$$
$$y = 2$$

En substituant 2 à y dans la première équation et en isolant x, on trouve $x = 3$. Le point de rencontre des deux droites est donc (3;2). On peut représenter graphiquement le système d'équations en déterminant un autre point de chacune des droites. Par exemple (−2;0) sur la première droite et (−1;5) sur la deuxième. Il suffit alors de tracer les deux droites.

EXEMPLE 9.3.2

Trouver, à l'aide d'une matrice augmentée, l'intersection des droites d'équations
$$x - 3y = 2$$
$$3x - 9y = 6$$
Représenter graphiquement la situation.

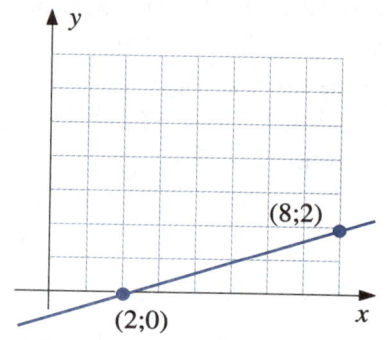

Solution
La matrice augmentée relative au système d'équations est
$$\begin{pmatrix} 1 & -3 & \vdots & 2 \\ 3 & -9 & \vdots & 6 \end{pmatrix}$$
En échelonnant la matrice, on trouve
$$L_2 \to L_2 - 3L_1$$
$$\begin{pmatrix} 1 & -3 & \vdots & 2 \\ 3 & -9 & \vdots & 6 \end{pmatrix} \approx \begin{pmatrix} 1 & -3 & \vdots & 2 \\ 0 & 0 & \vdots & 0 \end{pmatrix}$$
La dernière matrice représente le système
$$x - 3y = 2$$
$$0 = 0$$
Tous les points de la droite $x - 3y = 2$ sont solution de ce système d'équations.

REMARQUE

Dans l'exemple précédent, on constate qu'après avoir échelonné, il reste moins d'équations que d'inconnues et il n'y a pas d'impossibilité (comme $0 = k$). Dans ce cas, le système a une infinité de solutions que nous décrirons à l'aide d'un paramètre. La procédure est la suivante: on considère comme *variables liées* toutes les variables apparaissant dans le premier terme non nul d'une des lignes du système d'équations échelonné (ou de la matrice échelonnée). Toutes les autres variables sont des *variables libres*. Dans l'exemple 9.3.2, il y a donc une variable liée x et une variable libre y. L'usage est d'utiliser un paramètre t pour la variable libre, ce qui donne dans le cas présent $y = t$. En substituant t à y dans la première équation et en isolant x, on a $x = 2 + 3t$. L'ensemble des solutions est alors
$$\{(x;y) \mid x = 2 + 3t; y = t\}$$
On appelle cette représentation symbolique la *description paramétrique* de l'ensemble-solution. Dans l'exemple 9.3.2, cet ensemble-solution est une droite et, à l'aide de cette description, on peut, pour chaque valeur du paramètre t, trouver les coordonnées d'un point de la droite. Ainsi, en posant $t = 0$, on a le point (2;0) et en posant $t = 2$, on obtient le point (8;2).

SYSTÈMES D'ÉQUATIONS LINÉAIRES ET MATRICES

Nous représenterons les systèmes d'équations à l'aide des matrices et nous résolverons matriciellement en suivant le même déroulement que celui présenté dans la mise en situation. En écriture matricielle, on peut représenter un système d'équations de la forme

$$a_{11}x_1 + a_{12}x_2 + a_{13}x_3 + \ldots + a_{1n}x_n = b_1$$
$$a_{21}x_1 + a_{22}x_2 + a_{23}x_3 + \ldots + a_{2n}x_n = b_2$$
$$a_{31}x_1 + a_{32}x_2 + a_{33}x_3 + \ldots + a_{3n}x_n = b_3$$
$$\vdots \qquad \qquad \vdots$$
$$a_{m1}x_1 + a_{m2}x_2 + a_{m3}x_3 + \ldots + a_{mn}x_n = b_m$$

par le produit suivant

$$\begin{pmatrix} a_{11} & a_{12} & a_{13} & \cdots & a_{1n} \\ a_{21} & a_{22} & a_{23} & \cdots & a_{2n} \\ \vdots & & & a_{ij} & \vdots \\ a_{m1} & a_{m2} & a_{m3} & \cdots & a_{mn} \end{pmatrix} \bullet \begin{pmatrix} x_1 \\ x_2 \\ x_3 \\ \vdots \\ x_n \end{pmatrix} = \begin{pmatrix} b_1 \\ b_2 \\ \vdots \\ b_m \end{pmatrix}$$

On peut écrire ce produit $AX = B$, où $A = (a_{ij})$ est la matrice des coefficients du système d'équations, qu'on appelle *matrice associée* au système d'équations; $B = (b_i)$ est la *matrice des termes constants* et $X = (x_j)$ est la *matrice des inconnues* du système. Un *système homogène* se représente sous la forme $AX = 0$, où 0 est la matrice $m \times 1$ dont tous les éléments sont nuls.

La matrice $n \times 1$ $\begin{pmatrix} x_1 \\ x_2 \\ \vdots \\ x_n \end{pmatrix}$ représente le n-tuplet $(x_1; x_2; \ldots; x_n)$. La matrice

$$\begin{pmatrix} a_{11} & a_{12} & \cdots & a_{1n} & \vdots & b_1 \\ a_{21} & a_{22} & \cdots & a_{2n} & \vdots & b_2 \\ \vdots & & a_{ij} & \vdots & \vdots & \vdots \\ a_{m1} & a_{m2} & \cdots & a_{mn} & \vdots & b_m \end{pmatrix}$$

est appelée *matrice augmentée* du système d'équations.

MÉTHODE DE GAUSS

Pour résoudre un système d'équations linéaires, nous allons éliminer les coefficients de x_1 à partir de la deuxième ligne en descendant, puis ceux de x_2 à partir de la troisième ligne en descendant, et ainsi de suite. Le système ainsi obtenu est appelé système *échelonné*. On complétera alors la résolution par substitution. Cette méthode de résolution consiste donc à construire une suite de systèmes équivalents jusqu'à ce qu'on obtienne le système échelonné; c'est la *méthode de GAUSS*.

OPÉRATIONS ÉLÉMENTAIRES SUR LES LIGNES

Soit A une matrice. On appelle *opérations élémentaires sur les lignes* de A les opérations suivantes:
1. Interchanger la ligne i et la ligne j. Cette opération est notée par
$$L_i \leftrightarrow L_j$$
2. Multiplier la ligne i par un scalaire non nul. Cette opération est notée par
$$L_i \to aL_i, \text{ où } a \in \mathbb{R}\setminus\{0\}$$
3. Substituer à la ligne i la somme d'un multiple non nul de la ligne i et d'un multiple de la ligne j. Cette opération est notée par
$$L_i \to aL_i + bL_j, \text{ où } a \in \mathbb{R}\setminus\{0\} \text{ et } b \in \mathbb{R}$$

REMARQUE

On peut également exprimer cette troisième opération de la façon suivante:
$$L_i \to L_i + \frac{b}{a} L_j, \text{ où } a \in \mathbb{R}\setminus\{0\} \text{ et } b \in \mathbb{R}.$$

MATRICES ÉQUIVALENTES-LIGNES

On dit que deux matrices sont *équivalentes-lignes* si on peut les obtenir l'une de l'autre par une série d'opérations élémentaires sur les lignes. Pour noter l'équivalence de matrices, on utilise le symbole ≈ comme nous l'avons fait dans les deux exemples précédents.

Voyons le déroulement de ces opérations en résolvant le système d'équations linéaires suivant:

$$\begin{aligned} 5x + 2y - 3z &= 5 \\ 2x + y - 3z &= 6 \\ 3x - 2y + 4z &= 8 \end{aligned}$$

La matrice augmentée associée au système est alors

$$\begin{pmatrix} 5 & 2 & -3 & \vdots & 5 \\ 2 & 1 & -3 & \vdots & 6 \\ 3 & -2 & 4 & \vdots & 8 \end{pmatrix}$$

Considérons d'abord la première colonne. Le coefficient de la première ligne est 5 et celui de la deuxième ligne est 2. Par conséquent, si on multiplie la deuxième ligne par 5 et qu'on lui soustrait deux fois la première ligne, le coefficient de la deuxième ligne deviendra nul et les autres éléments de la même ligne seront changés en conséquence. On représente cette transformation par

$$L_2 \to 5L_2 - 2L_1$$

qui signifie que l'on a remplacé l'équation de la ligne 2 par l'équation obtenue en prenant cinq fois la ligne 2 moins deux fois la ligne 1. Ensuite, pour éliminer le coefficient de la troisième ligne, il faut effectuer la transformation

$$L_3 \to 5L_3 - 3L_1$$

Ces transformations nous donnent toujours un système équivalent et, en poursuivant le processus pour les autres colonnes, on trouve le système équivalent sous forme échelonnée:

$$L_2 \to 5L_2 - 2L_1$$
$$L_3 \to 5L_3 - 3L_1$$

$$\begin{pmatrix} 5 & 2 & -3 & \vdots & 5 \\ 2 & 1 & -3 & \vdots & 6 \\ 3 & -2 & 4 & \vdots & 8 \end{pmatrix} \approx \begin{pmatrix} 5 & 2 & -3 & \vdots & 5 \\ 0 & 1 & -9 & \vdots & 20 \\ 0 & -16 & 29 & \vdots & 25 \end{pmatrix}$$

$$L_3 \to L_3 + 16L_2 \qquad L_3 \to L_3 / -115$$

$$\begin{pmatrix} 5 & 2 & -3 & \vdots & 5 \\ 0 & 1 & -9 & \vdots & 20 \\ 0 & 0 & -115 & \vdots & 345 \end{pmatrix} \approx \begin{pmatrix} 5 & 2 & -3 & \vdots & 5 \\ 0 & 1 & -9 & \vdots & 20 \\ 0 & 0 & 1 & \vdots & -3 \end{pmatrix}$$

La dernière matrice représente le système d'équations
$$5x + 2y - 3z = 5$$
$$y - 9z = 20$$
$$z = -3$$

La troisième équation donne $z = -3$ et, en substituant cette valeur dans la deuxième équation puis en isolant y, on trouve $y = -7$. En substituant -7 à y et -3 à z dans la première équation et en isolant x, on trouve $x = 2$. Le système a donc une solution unique qui est $(2;-7;-3)$. C'est le seul triplet qui satisfait simultanément aux trois équations.

REMARQUE

À l'aide du produit matriciel, on peut vérifier que l'on a la bonne solution. En effet, matriciellement, un système d'équations linéaires s'écrit

$$\begin{pmatrix} a_{11} & a_{12} & a_{13} & \cdots & a_{1n} \\ a_{21} & a_{22} & a_{23} & \cdots & a_{2n} \\ \vdots & & & a_{ij} & \vdots \\ a_{m1} & a_{m2} & a_{m3} & \cdots & a_{mn} \end{pmatrix} \bullet \begin{pmatrix} x_1 \\ x_2 \\ x_3 \\ \vdots \\ x_n \end{pmatrix} = \begin{pmatrix} b_1 \\ b_2 \\ \vdots \\ b_m \end{pmatrix}$$

Dans la situation qui précède, on a le produit

$$\begin{pmatrix} 5 & 2 & -3 \\ 2 & 1 & -3 \\ 3 & -2 & 4 \end{pmatrix} \bullet \begin{pmatrix} 2 \\ -7 \\ -3 \end{pmatrix} = \begin{pmatrix} 5 \\ 6 \\ 8 \end{pmatrix}$$

PROCÉDURE POUR RÉSOUDRE UN SYSTÈME D'ÉQUATIONS LINÉAIRES

Pour résoudre un système d'équations linéaires à l'aide d'une matrice, on doit:
1. Construire la matrice augmentée associée au système d'équations.
2. Construire la matrice échelonnée à l'aide d'opérations élémentaires sur les lignes.
3. Trouver la (ou les) solution(s) par substitution à partir des équations de la matrice échelonnée.
4. Vérifier le résultat par le produit matriciel.

EXEMPLE 9.3.3

Dans une usine de meubles non peints, le travail a été décomposé en trois étapes: sciage, assemblage et sablage. On a régulièrement constaté, dans chacun de ces services, que des employés n'avaient pas de travail à effectuer et qu'il se perdait, mensuellement, l'équivalent de 109 heures à l'atelier de sciage, 164 heures à l'atelier d'assemblage et 273 heures à l'atelier de sablage. Pour éliminer ces pertes de temps, la Direction a décidé de fabriquer trois nouveaux modèles de chaises. La Direction a fait déterminer le temps en heures nécessaire à la réalisation de ces modèles et les données obtenues sont celles du tableau suivant:

Modèles \ Ateliers	M_1	M_2	M_3	Temps libres dans chaque atelier
Sciage	1	2	2	109
Assemblage	2	2	3	164
Sablage	3	4	5	273

a) Déterminer combien il faut produire de chaises de chaque modèle pour éliminer les temps morts.
b) La chaise de type M_3 étant la plus chère à cause de son temps de réalisation, la demande pour ce modèle est assez faible et on prévoit ne pouvoir en vendre plus de 10 par mois. Pour les autres modèles, on prévoit ne pas pouvoir suffire à la demande. En tenant compte de ces contraintes de marché, déterminer les solutions réalisables du problème et les représenter sous forme de tableau.

Solution

a) Posons x le nombre de chaises du premier modèle M_1,
y le nombre de chaises du deuxième modèle M_2,
et z le nombre de chaises du troisième modèle M_3.

Pour éliminer complètement les pertes de temps, il faut que
$$x + 2y + 2z = 109$$
$$2x + 2y + 3z = 164$$
$$3x + 4y + 5z = 273$$

On doit trouver les valeurs de x, y et z qui vérifient ces équations. Nous allons résoudre en utilisant la représentation matricielle du système d'équations. La matrice augmentée est

$$\begin{pmatrix} 1 & 2 & 2 & \vdots & 109 \\ 2 & 2 & 3 & \vdots & 164 \\ 3 & 4 & 5 & \vdots & 273 \end{pmatrix}$$

En résolvant à l'aide d'opérations élémentaires sur les lignes de cette matrice, on a

$$L_2 \to L_2 - 2L_1$$
$$L_3 \to L_3 - 3L_1 \qquad L_3 \to L_3 - L_2$$

$$\begin{pmatrix} 1 & 2 & 2 & \vdots & 109 \\ 2 & 2 & 3 & \vdots & 164 \\ 3 & 4 & 5 & \vdots & 273 \end{pmatrix} \approx \begin{pmatrix} 1 & 2 & 2 & \vdots & 109 \\ 0 & -2 & -1 & \vdots & -54 \\ 0 & -2 & -1 & \vdots & -54 \end{pmatrix} \approx \begin{pmatrix} 1 & 2 & 2 & \vdots & 109 \\ 0 & -2 & -1 & \vdots & -54 \\ 0 & 0 & 0 & \vdots & 0 \end{pmatrix}$$

La dernière matrice représente le système d'équations
$$x + 2y + 2z = 109$$
$$-2y - z = -54$$
$$0 = 0$$

Il y a une variable libre et deux variables liées, puisqu'une fois échelonnée, la matrice a seulement deux équations pour trois inconnues. Les variables liées sont x et y car elles apparaissent dans le premier terme non nul d'une des lignes du système d'équations échelonné. La variable libre est z car elle est la seule à ne pas apparaître dans le premier terme non nul d'une équation du système échelonné. En posant $z = t$ et en substituant dans les deux équations restantes, on trouve comme solution générale

$$\{(x;y;z) \mid x = 55 - t;\ y = 27 - t/2;\ z = t\}$$

On peut vérifier la solution par le produit matriciel, ce qui donne

$$\begin{pmatrix} 1 & 2 & 2 \\ 2 & 2 & 3 \\ 3 & 4 & 5 \end{pmatrix} \cdot \begin{pmatrix} 55 - t \\ 27 - t/2 \\ t \end{pmatrix} = \begin{pmatrix} 109 \\ 164 \\ 273 \end{pmatrix}$$

Les solutions décrites ne sont pas toutes réalisables. En effet, les solutions doivent être positives. Le paramètre t doit donc être plus grand ou égal à 0 ($t \geq 0$). De plus, il faut que $27 - t/2 \geq 0$, d'où $t \leq 54$.

b) Cette contrainte impose $0 \leq t \leq 10$. De plus, pour que le nombre de meubles M_2 soit entier, il faut que t soit un nombre pair. La Direction a donc le choix entre plusieurs solutions donnant un nombre entier de chaises par mois. On obtient les solutions compilées dans le tableau ci-contre.

t	M_1	M_2	M_3
0	55	27	0
2	53	26	2
4	51	25	4
6	49	24	6
8	47	23	8
10	45	22	10

Carl Friedrich Gauss

Carl Friedrich Gauss (1777-1855) était un astronome, un mathématicien et un physicien allemand. Il fut un des grands savants de l'Histoire. La diversité de ses intérêts était phénoménale. Il avait imaginé une méthode pour le calcul de l'orbite d'une planète avant l'âge de 16 ans. Il a apporté des contributions originales en théorie des nombres, en astronomie, en géodésie, en cartographie et à toutes les branches des mathématiques. Il s'est beaucoup intéressé aux géométries euclidiennes et non euclidiennes et a développé la méthode d'approximation par les moindres carrés. Par cette méthode, il a résolu de façon brillante un problème de son époque. En effet, Cérès, le plus gros astéroïde entre Mars et Jupiter, venait d'être découvert par l'Italien Piazzi, qui n'avait pu observer qu'une petite partie de son orbite, soit 9 degrés, avant que l'astéroïde ne disparaisse derrière le Soleil. Plusieurs savants tentèrent de décrire la trajectoire de Cérès à partir de ces données pour déterminer à quel endroit réapparaîtrait l'astéroïde. La prédiction la plus précise fut celle de Gauss grâce à sa méthode des moindres carrés.

MÉTHODE DE GAUSS-JORDAN ET INVERSION DE MATRICES

La méthode de résolution appelée *méthode de Gauss*, consiste à échelonner la matrice puis à substituer les valeurs dans les équations. Cependant, la dernière étape, la substitution, peut s'effectuer sous forme matricielle et cette étape est alors simple à programmer. Pour procéder à la substitution sous forme matricielle, on transforme la matrice des coefficients par des opérations sur les lignes pour avoir des 1 sur la diagonale de la matrice des coefficients et des 0 ailleurs. La solution, lorsqu'elle est unique, est alors donnée par la matrice des termes constants. Cette procédure est celle utilisée pour trouver la *matrice inverse*. Pour définir ce qu'est une matrice inverse, il faut introduire d'abord la notion de *matrice identité*.

> *MATRICE IDENTITÉ*
> Une *matrice identité* est une matrice carrée, c'est-à-dire une matrice dont le nombre de lignes est égal au nombre de colonnes, dont les éléments de la diagonale sont égaux à 1 et dont les éléments hors diagonale sont nuls.

Voici deux matrices identité, l'une d'ordre 2 et l'autre d'ordre 3.

$$\begin{pmatrix} 1 & 0 \\ 0 & 1 \end{pmatrix} \text{ et } \begin{pmatrix} 1 & 0 & 0 \\ 0 & 1 & 0 \\ 0 & 0 & 1 \end{pmatrix}$$

> *MATRICE INVERSE*
> Soit A une matrice carrée d'ordre n. On appelle *matrice inverse* de A, si elle existe, la matrice A^{-1} telle que
> $$A \cdot A^{-1} = A^{-1} \cdot A = I$$
> où I est la matrice identité d'ordre n.

Voyons à l'aide d'un exemple comment trouver la matrice inverse d'une matrice A. Considérons la matrice

$$A = \begin{pmatrix} 2 & 1 & -2 \\ 3 & 2 & 2 \\ 5 & 4 & 3 \end{pmatrix}$$

Trouver la matrice inverse de A revient à trouver la matrice, notée A^{-1}, telle que $A \cdot A^{-1} = I$, c'est-à-dire trouver une matrice

$$A^{-1} = \begin{pmatrix} a & d & g \\ b & e & h \\ c & f & i \end{pmatrix} \text{ telle que } \begin{pmatrix} 2 & 1 & -2 \\ 3 & 2 & 2 \\ 5 & 4 & 3 \end{pmatrix} \cdot \begin{pmatrix} a & d & g \\ b & e & h \\ c & f & i \end{pmatrix} = \begin{pmatrix} 1 & 0 & 0 \\ 0 & 1 & 0 \\ 0 & 0 & 1 \end{pmatrix}$$

d'où

$$\begin{pmatrix} 2a+b-2c & 2d+e-2f & 2g+h-2i \\ 3a+2b+2c & 3d+2e+2f & 3g+2h+2i \\ 5a+4b+3c & 5d+4e+3f & 5g+4h+3i \end{pmatrix} = \begin{pmatrix} 1 & 0 & 0 \\ 0 & 1 & 0 \\ 0 & 0 & 1 \end{pmatrix}$$

Pour trouver les éléments de la première colonne, il faut résoudre le système d'équations

$$\begin{array}{c} 2a+b-2c=1 \\ 3a+2b+2c=0 \\ 5a+4b+3c=0 \end{array} \text{ ou } \begin{pmatrix} 2 & 1 & -2 & \vdots & 1 \\ 3 & 2 & 2 & \vdots & 0 \\ 5 & 4 & 3 & \vdots & 0 \end{pmatrix}$$

Pour trouver les éléments de la deuxième colonne, il faut résoudre le système d'équations

$$\begin{array}{c} 2d+e-2f=0 \\ 3d+2e+2f=1 \\ 5d+4e+3f=0 \end{array} \text{ ou } \begin{pmatrix} 2 & 1 & -2 & \vdots & 0 \\ 3 & 2 & 2 & \vdots & 1 \\ 5 & 4 & 3 & \vdots & 0 \end{pmatrix}$$

Pour trouver les éléments de la troisième colonne, il faut résoudre le système d'équations

$$\begin{array}{c} 2g+h-2i=0 \\ 3g+2h+2i=0 \\ 5g+4h+3i=1 \end{array} \text{ ou } \begin{pmatrix} 2 & 1 & -2 & \vdots & 0 \\ 3 & 2 & 2 & \vdots & 0 \\ 5 & 4 & 3 & \vdots & 1 \end{pmatrix}$$

On remarque que ces trois matrices augmentées ne diffèrent que par la matrice des constantes. On peut donc résoudre simultanément les trois équations à l'aide de la matrice

$$\begin{pmatrix} 2 & 1 & -2 & \vdots & 1 & 0 & 0 \\ 3 & 2 & 2 & \vdots & 0 & 1 & 0 \\ 5 & 4 & 3 & \vdots & 0 & 0 & 1 \end{pmatrix}$$

En transformant cette matrice de façon à ce que la partie à gauche des pointillés soit la matrice identité, la partie à droite des pointillés donnera la solution des trois systèmes d'équations, soit les trois colonnes de la matrice inverse. Effectuons ces transformations

$$\begin{array}{cc} L_2 \to 2L_2 - 3L_1 & L_1 \to L_1 - L_2 \\ L_3 \to 2L_3 - 5L_1 & L_3 \to L_3 - 3L_2 \end{array}$$

$$\begin{pmatrix} 2 & 1 & -2 & \vdots & 1 & 0 & 0 \\ 3 & 2 & 2 & \vdots & 0 & 1 & 0 \\ 5 & 4 & 3 & \vdots & 0 & 0 & 1 \end{pmatrix} \approx \begin{pmatrix} 2 & 1 & -2 & \vdots & 1 & 0 & 0 \\ 0 & 1 & 10 & \vdots & -3 & 2 & 0 \\ 0 & 3 & 16 & \vdots & -5 & 0 & 2 \end{pmatrix} \approx \begin{pmatrix} 2 & 0 & -12 & \vdots & 4 & -2 & 0 \\ 0 & 1 & 10 & \vdots & -3 & 2 & 0 \\ 0 & 0 & -14 & \vdots & 4 & -6 & 2 \end{pmatrix}$$

$$\begin{array}{cc} L_1 \to L_1/2 & L_1 \to L_1 + 6L_3 \\ L_3 \to L_3/-14 & L_2 \to L_2 - 10L_3 \end{array}$$

$$\approx \begin{pmatrix} 1 & 0 & -6 & \vdots & 2 & -1 & 0 \\ 0 & 1 & 10 & \vdots & -3 & 2 & 0 \\ 0 & 0 & 1 & \vdots & -2/7 & 3/7 & -1/7 \end{pmatrix} \approx \begin{pmatrix} 1 & 0 & 0 & \vdots & 2/7 & 11/7 & -6/7 \\ 0 & 1 & 0 & \vdots & -1/7 & -16/7 & 10/7 \\ 0 & 0 & 1 & \vdots & -2/7 & 3/7 & -1/7 \end{pmatrix}$$

La matrice inverse est donc

$$A^{-1} = \begin{pmatrix} 2/7 & 11/7 & -6/7 \\ -1/7 & -16/7 & 10/7 \\ -2/7 & 3/7 & -1/7 \end{pmatrix}$$

On peut le vérifier en effectuant le produit $A \cdot A^{-1}$, on trouve

$$\begin{pmatrix} 2 & 1 & -2 \\ 3 & 2 & 2 \\ 5 & 4 & 3 \end{pmatrix} \bullet \begin{pmatrix} 2/7 & 11/7 & -6/7 \\ -1/7 & -16/7 & 10/7 \\ -2/7 & 3/7 & -1/7 \end{pmatrix} = \begin{pmatrix} 1 & 0 & 0 \\ 0 & 1 & 0 \\ 0 & 0 & 1 \end{pmatrix}$$

Par la matrice inverse, on peut également résoudre un système d'équations linéaires. Si un système d'équations linéaires est représenté par $A \bullet X = B$, où A est une matrice carrée d'ordre n inversible, on peut alors multiplier des deux côtés de l'égalité par A^{-1}. On a

$$A^{-1} \bullet A \bullet X = A^{-1} \bullet B$$

d'où
$$I \bullet X = A^{-1} \bullet B, \text{ puisque } A^{-1} \bullet A = I$$
et
$$X = A^{-1} \bullet B, \text{ car } I \bullet X = X.$$

Par conséquent, en multipliant le vecteur des constantes par la matrice inverse, on obtient le vecteur X qui est la solution du système.

EXEMPLE 9.3.4

Utiliser la matrice inverse pour résoudre les systèmes d'équations suivants:

$$\begin{aligned} 2x_1 + x_2 - 2x_3 &= 10 \\ 3x_1 + 2x_2 + 2x_3 &= 7 \\ 5x_1 + 4x_2 + 3x_3 &= 15 \end{aligned} \qquad \begin{aligned} 2x_1 + x_2 - 2x_3 &= -9 \\ 3x_1 + 2x_2 + 2x_3 &= 10 \\ 5x_1 + 4x_2 + 3x_3 &= 13 \end{aligned}$$

Solution

Nous avons déjà trouvé la matrice inverse, soit:

$$A^{-1} = \begin{pmatrix} 2/7 & 11/7 & -6/7 \\ -1/7 & -16/7 & 10/7 \\ -2/7 & 3/7 & -1/7 \end{pmatrix}$$

La solution du premier système d'équations est donnée par

$$\begin{pmatrix} x_1 \\ x_2 \\ x_3 \end{pmatrix} = \begin{pmatrix} 2/7 & 11/7 & -6/7 \\ -1/7 & -16/7 & 10/7 \\ -2/7 & 3/7 & -1/7 \end{pmatrix} \bullet \begin{pmatrix} 10 \\ 7 \\ 15 \end{pmatrix} = \begin{pmatrix} 1 \\ 4 \\ -2 \end{pmatrix}$$

La solution du deuxième système d'équations est donnée par

$$\begin{pmatrix} x_1 \\ x_2 \\ x_3 \end{pmatrix} = \begin{pmatrix} 2/7 & 11/7 & -6/7 \\ -1/7 & -16/7 & 10/7 \\ -2/7 & 3/7 & -1/7 \end{pmatrix} \bullet \begin{pmatrix} -9 \\ 10 \\ 13 \end{pmatrix} = \begin{pmatrix} 2 \\ -3 \\ 5 \end{pmatrix}$$

REMARQUE

Les matrices carrées ne sont pas toutes inversibles. Si une des lignes de la matrice s'annule complètement lorsqu'on désire rendre la matrice de gauche égale à l'identité, cela signifie que la matrice n'est pas inversible.

EXEMPLE 9.3.5

Trouver la matrice inverse de A si elle existe.

$$A = \begin{pmatrix} 2 & 1 & 3 \\ -1 & 5 & -2 \\ 5 & 8 & 7 \end{pmatrix}$$

Solution

En augmentant la matrice A de la matrice identité et en transformant, on trouve

$$L_2 \to 2L_2 + L_1$$
$$L_3 \to 2L_3 - 5L_1 \qquad L_3 \to L_3 - L_2$$

$$\begin{pmatrix} 2 & 1 & 3 & \vdots & 1 & 0 & 0 \\ -1 & 5 & -2 & \vdots & 0 & 1 & 0 \\ 5 & 8 & 7 & \vdots & 0 & 0 & 1 \end{pmatrix} \approx \begin{pmatrix} 2 & 1 & 3 & \vdots & 1 & 0 & 0 \\ 0 & 11 & -1 & \vdots & 1 & 2 & 0 \\ 0 & 11 & -1 & \vdots & -5 & 0 & 2 \end{pmatrix} \approx \begin{pmatrix} 2 & 1 & 3 & \vdots & 1 & 0 & 0 \\ 0 & 11 & -1 & \vdots & 1 & 2 & 0 \\ 0 & 0 & 0 & \vdots & -6 & -2 & 2 \end{pmatrix}$$

Cette matrice n'est pas inversible car la troisième ligne de la matrice de gauche s'est annulée complètement lors des transformations.

MATRICES ET PRISE DE DÉCISION

Dans une entreprise, il y a souvent des décisions à prendre qui nécessitent le recours à des outils mathématiques particuliers. Dans la présente section, nous allons voir des situations simples nécessitant l'utilisation des matrices. Les situations présentées comportent peu de variables comparativement aux situations que l'on rencontre dans la réalité. Le lecteur pourra quand même, à partir de ces quelques exemples, apprécier la simplification du travail d'analyse et de prise de décision que permet l'utilisation des matrices.

MISE EN SITUATION

Un épicier veut préparer des mélanges de café maison: velouté, régulier et corsé. Ceux-ci seront offerts en sachets de 1 kg et, pour fabriquer ces mélanges, l'épicier compte utiliser trois sortes de grains: brésilien, africain et colombien. Les quantités nécessaires en kilogrammes pour produire un kilogramme de chaque mélange sont données dans le tableau suivant:

Sortes de grains \ Sortes de mélange	Velouté	Régulier	Corsé
Brésilien	0,2 kg	0,2 kg	0,4 kg
Africain	0,3 kg	0,4 kg	0,3 kg
Colombien	0,5 kg	0,4 kg	0,3 kg

1. Quantité de matières premières

L'épicier pense pouvoir vendre 100 kg de chaque mélange par semaine. Combien de kilogrammes de chaque sorte de grains doit-il commander hebdomadairement chez le grossiste?

Pour trouver la quantité de grain brésilien, il faut tenir compte du fait qu'il y a 0,2 kg de brésilien par kilogramme de café velouté, 0,2 kg de brésilien par kilogramme de café régulier et 0,4 kg de brésilien par kilogramme de café corsé. La quantité de brésilien à commander est alors

$$\underset{(0,2 \text{ kg/kg} \times 100 \text{ kg})}{\text{Velouté}} + \underset{(0,2 \text{ kg/kg} \times 100 \text{ kg})}{\text{Régulier}} + \underset{(0,4 \text{ kg/kg} \times 100 \text{ kg})}{\text{Corsé}} = \underset{80 \text{ kg}}{\text{Total}}$$

En pratique, on effectuera toutes les opérations simultanément par un produit matriciel, ce qui donne

$$\begin{pmatrix} 0,2 & 0,2 & 0,4 \\ 0,3 & 0,4 & 0,3 \\ 0,5 & 0,4 & 0,3 \end{pmatrix} \bullet \begin{pmatrix} 100 \\ 100 \\ 100 \end{pmatrix} = \begin{pmatrix} 80 \\ 100 \\ 120 \end{pmatrix}$$

L'épicier doit donc commander au grossiste 80 kg de brésilien, 100 kg d'africain et 120 kg de colombien.

2. Coût en matières premières par mélange
Le grossiste vend le café brésilien 7,20 $ le kilogramme, le café africain 5,80 $ le kilogramme et le café colombien 4,60 $ le kilogramme. Déterminer le coût en matières premières de chaque mélange.

Pour calculer le coût en matières premières du mélange velouté, il faut effectuer la somme des produits du nombre de kilogrammes de chaque composante et du coût au kilogramme de cette composante. Ainsi, pour calculer le coût d'un kilogramme du mélange velouté qui contient 0,2 kg de brésilien, 0,3 kg d'africain et 0,5 kg de colombien, on effectue

$$7{,}20 \text{ \$/kg} \times 0{,}2 \text{ kg} + 5{,}80 \text{ \$/kg} \times 0{,}3 \text{ kg} + 4{,}60 \text{ \$/kg} \times 0{,}5 \text{ kg} = 5{,}48 \text{ \$}$$

En pratique, pour calculer le coût en matières premières de chaque mélange, il faut effectuer le produit matriciel suivant:

$$(7{,}20 \quad 5{,}80 \quad 4{,}60) \bullet \begin{pmatrix} 0,2 & 0,2 & 0,4 \\ 0,3 & 0,4 & 0,3 \\ 0,5 & 0,4 & 0,3 \end{pmatrix} = (5{,}48 \quad 5{,}60 \quad 6{,}00)$$

La matrice des coûts de matières premières est donc
$$(5{,}48 \quad 5{,}60 \quad 6{,}00),$$
c'est-à-dire 5,48 $ le kilogramme de velouté, 5,60 $ le kilogramme de régulier et 6,00 $ le kilogramme de corsé.

3. Coût en main-d'œuvre par mélange
La préparation, le mélange et l'ensachage de 100 kg d'un mélange nécessite 4 heures de travail et le commis chargé de ce travail est rémunéré 6 $/h. Établir le coût en main-d'œuvre par sachet.

Pour préparer les 100 sachets d'un mélange, il en coûte 6 $/h × 4 h = 24 $. Le coût en main-d'œuvre par sachet est donc de 0,24 $. La matrice des coûts de main-d'œuvre est
$$(0{,}24 \quad 0{,}24 \quad 0{,}24)$$

4. Prix de vente par mélange
L'épicier souhaite réaliser un profit égal à 120 % du coût de production. Déterminer le prix de vente de chacun des mélanges.

La matrice donnant le coût total de production pour chaque mélange est donnée par la somme des matrices de coût, soit:

$$\begin{array}{ccc} \text{Matières premières} & \text{Main-d'œuvre} & \text{Matrice des coûts} \\ (5{,}48 \quad 5{,}60 \quad 6{,}00) + & (0{,}24 \quad 0{,}24 \quad 0{,}24) = & (5{,}72 \quad 5{,}84 \quad 6{,}24) \end{array}$$

Pour réaliser un profit de 120 %, l'épicier doit afficher un prix qui est 220 % du coût de production. La matrice des prix de vente est alors obtenue par la multiplication par un scalaire de la matrice des coûts, soit

$$2{,}2 \, (5{,}72 \quad 5{,}84 \quad 6{,}24) = (12{,}584 \quad 12{,}848 \quad 13{,}728)$$

L'épicier devra donc afficher les prix de 12,58 $/kg pour le mélange velouté, 12,85 $/kg pour le mélange régulier et 13,73 $/kg pour le mélange corsé.

5. Respect des contraintes

Le grossiste avise l'épicier qu'il ne peut pas lui fournir 100 kg de chaque sorte de café à chaque semaine. Tout ce qu'il peut lui fournir, c'est 22 kg de brésilien, 30 kg d'africain et 38 kg de colombien. Quelle quantité de chaque mélange l'épicier pourra-t-il produire en tenant compte de ces contraintes et en utilisant tous les grains disponibles?

Soit x, le nombre de kilogrammes de mélange velouté que l'épicier pourra produire,
 y, le nombre de kilogrammes de mélange régulier que l'épicier pourra produire et
 z, le nombre de kilogrammes de mélange corsé que l'épicier pourra produire.

Puisque l'épicier ne recevra que 22 kg de brésilien, il faut donc que
$$0{,}2x + 0{,}2y + 0{,}4z = 22$$
de telle sorte que la quantité totale de brésilien qu'il utilisera soit égale à la quantité fournie par le grossiste. De la même façon, pour les autres mélanges, les équations sont
$$0{,}3x + 0{,}4y + 0{,}3z = 30$$
$$0{,}5x + 0{,}4y + 0{,}3z = 38$$

et la matrice augmentée est

$$\begin{pmatrix} 0{,}2 & 0{,}2 & 0{,}4 & \vdots & 22 \\ 0{,}3 & 0{,}4 & 0{,}3 & \vdots & 30 \\ 0{,}5 & 0{,}4 & 0{,}3 & \vdots & 38 \end{pmatrix}$$

En utilisant la méthode de Gauss-Jordan, on a

$$\begin{array}{cc} L_1 \to 5L_1 & \\ L_2 \to 10L_2 & L_2 \to L_2 - 3L_1 \\ L_3 \to 10L_3 & L_3 \to L_3 - 5L_1 \end{array}$$

$$\begin{pmatrix} 0{,}2 & 0{,}2 & 0{,}4 & \vdots & 22 \\ 0{,}3 & 0{,}4 & 0{,}3 & \vdots & 30 \\ 0{,}5 & 0{,}4 & 0{,}3 & \vdots & 38 \end{pmatrix} \approx \begin{pmatrix} 1 & 1 & 2 & \vdots & 110 \\ 3 & 4 & 3 & \vdots & 300 \\ 5 & 4 & 3 & \vdots & 380 \end{pmatrix} \approx \begin{pmatrix} 1 & 1 & 2 & \vdots & 110 \\ 0 & 1 & -3 & \vdots & -30 \\ 0 & -1 & -7 & \vdots & -170 \end{pmatrix}$$

$$L_1 \to L_1 - L_2 \qquad\qquad\qquad L_1 \to L_1 - 5L_3$$
$$L_3 \to L_3 + L_2 \qquad L_3 \to L_3 /{-10} \qquad L_2 \to L_2 + 3L_3$$

$$\approx \begin{pmatrix} 1 & 0 & 5 & : & 140 \\ 0 & 1 & -3 & : & -30 \\ 0 & 0 & -10 & : & -200 \end{pmatrix} \approx \begin{pmatrix} 1 & 0 & 5 & : & 140 \\ 0 & 1 & -3 & : & -30 \\ 0 & 0 & 1 & : & 20 \end{pmatrix} \approx \begin{pmatrix} 1 & 0 & 0 & : & 40 \\ 0 & 1 & 0 & : & 30 \\ 0 & 0 & 1 & : & 20 \end{pmatrix}$$

L'épicier pourra donc produire 40 kg de mélange velouté, 30 kg de mélange régulier et 20 kg de mélange corsé.

REMARQUE

Dans cet exemple, nous avons utilisé la *méthode de Gauss-Jordan* qui consiste à transformer la matrice pour obtenir des « 1 » sur la diagonale de la matrice des coefficients et des « 0 » ailleurs. Cela permet de lire directement la solution. En effet, les lignes de la dernière matrice représentent les équations
$$x = 40, \; y = 30 \text{ et } z = 20.$$

9.4 EXERCICES

1. Résoudre, à l'aide de la méthode de Gauss, les systèmes d'équations linéaires suivants:

   a) $x - 2y + z = 13$
       $2x + 5y - 3z = -17$
       $3x + 4y + 2z = 14$

   b) $2x - 3y + z = -14$
       $10x - 15y + 58z = 142$
       $3x + 7y - 5z = -1$

   c) $x + 2y - z = 4$
       $2x + 5y + z = 9$
       $4x + 9y - z = 17$

   d) $2x + y - 3z = 18$
       $3x - 5y + 7z = 27$
       $4x - 11y + 17z = 36$

   e) $x - 3y + 2z = 7$
       $2x - 5y - z = 16$
       $4x - 11y + 3z = 30$
       $3x - 8y + z = 23$

   f) $x + 3y + 28 = 5z$
       $2x + 5y + 35 = 6z$
       $3x + 7z = 69 + 4y$
       $2x + y + 3z = 21$

   g) $x - 3y + 2z = 7$
       $2x - 5y + 2z = 16$

   h) $x - 5y + 6z - 2u = 31$
       $x + 2y + 4z + 3u = 27$
       $2x + 3y + 2z + u = 8$
       $x + 3y + 2z + u = 6$

   i) $4x + 5y + 5z = 328$
       $x - 3y + 2z = -46$
       $2x + 3y - 4z = 38$
       $3x - 5y + 2z = -90$

   j) $2x + 3y + 2z - 4u = -13$
       $x - 2y + 5z + 6u = 71$
       $4x - 3y + 2z + u = 41$
       $3x - 2y + 9z + 3u = 91$

2. Une entreprise fabrique deux types de lames de rasoir de qualités différentes. Pour fabriquer 100 lames de première qualité, il faut 5 unités d'acier ordinaire et 7 unités d'acier spécial. Pour fabriquer 100 lames de deuxième qualité, il faut 9 unités d'acier ordinaire et 3 unités d'acier spécial.
   a) Sachant que l'entreprise a en réserve 195 unités d'acier ordinaire et 129 unités d'acier spécial, déterminer le nombre de paquets de 100 lames de chaque qualité qui peuvent être produits.
   b) Combien de paquets de lames pourront être produits si l'entreprise reçoit une livraison d'acier portant ses réserves à 833 unités d'acier ordinaire et 523 unités d'acier spécial?

3. Une usine de meubles non peints fabrique des bureaux, des chaises et des tables. La Direction a constaté qu'il y a des heures perdues dans les ateliers d'assemblage et de sablage, parce que l'atelier de sciage ne fournit pas suffisamment de travail aux autres ateliers. Le temps nécessaire pour fabriquer ces meubles et les heures perdues sont données dans le tableau suivant:

Atelier	Temps de production des meubles (h)			Temps disponible mensuellement (en heures)
	Bureau	Chaise	Table	
Sciage	5	2	3	0
Assemblage	3	1	2	75
Sablage	3	1	3	85

Étant donné que l'usine ne produit pas suffisamment pour répondre à la demande et qu'il y a des heures perdues dans les ateliers d'assemblage et de sablage, la Direction envisage l'achat d'une scie supplémentaire. L'achat de cette scie permettrait de créer une disponibilité de 140 heures par mois à l'atelier de sciage, soit 35 heures par semaine.
   a) Avant de procéder à l'achat, la Direction veut connaître le nombre de meubles supplémentaires de chaque sorte que l'usine pourrait fabriquer mensuellement en achetant cette scie.
   b) L'achat de cette scie permettrait-il d'éliminer complètement les temps morts?

4. Une compagnie désire livrer trois types de pièces d'équipement. Pour ce faire, elle doit louer des camions. Après avoir pris des renseignements auprès des compagnies de location, elle constate qu'il y a trois types de camions disponibles, C_1, C_2 et C_3. Cependant, il y a des contraintes d'espace et de poids pour chacun de ces camions, qui déterminent le nombre de pièces d'équipement E_1, E_2 et E_3 que chaque camion peut transporter. Les données portant sur le nombre de pièces de chaque sorte que les camions peuvent transporter sont consignées dans le tableau suivant:

Nombre de pièces	Type de camions		
	C_1	C_2	C_3
E_1	5	3	4
E_2	3	4	2
E_3	2	4	3

a) Déterminer combien de camions de chaque type doivent être loués sachant qu'il faut livrer 43 pièces de E_1, 29 pièces de E_2 et 27 pièces de E_3.

b) La compagnie reçoit une autre commande pour 58 pièces de E_1, 50 pièces de E_2 et 54 pièces de E_3. Combien devra-t-elle louer de camions de chaque type dans ce cas?

5. Une usine de meubles fabrique trois modèles de bureaux, M_1, M_2 et M_3. La fabrication de chacun de ces modèles de bureaux nécessite des quantités différentes de bois, de contreplaqué et de panneaux particules. Ces quantités apparaissent dans le tableau suivant:

Matériaux	Modèles		
	M_1	M_2	M_3
Bois	12	16	14
Contreplaqué	1,5	2	1,8
Panneau particule	0,8	0,6	1,2

La mesure du bois est en unités de longueur alors que la mesure pour le contreplaqué et le panneau particule est en unités de superficie.

a) La compagnie a en réserve les quantités suivantes: 530 unités de bois, 66,9 unités de contreplaqué et 31,8 unités de panneau particule. Combien de bureaux de chaque modèle peut-elle fabriquer en utilisant les matériaux en réserve?

b) La compagnie a des commandes pour 29 bureaux du modèle M_1, 55 bureaux du modèle M_2 et 43 bureaux du modèle M_3. Quelles quantités supplémentaires de chaque matériau doit-elle commander pour remplir ces commandes?

c) Les temps de fabrication de ces bureaux en minutes de travail par une personne ainsi que le temps actuellement disponible par semaine dans les différents ateliers sont donnés dans le tableau suivant:

Ateliers	Modèles			Temps disponible
	M_1	M_2	M_3	
Sciage	75	90	85	5 010
Assemblage	45	50	65	3 170
Sablage	50	65	90	4 050

Selon les contraintes de temps, combien la compagnie peut-elle fabriquer de bureaux de chaque modèle par semaine?

6. Une usine fabrique des chaises en plastique moulé avec armatures de métal. Les armatures sont taillées puis soudées à l'atelier de soudure et les parties moulées sont produites à l'atelier de moulage. Les différentes composantes sont ensuite acheminées à l'atelier d'assemblage. La direction a fait le relevé mensuel des temps morts dans chacun de ces ateliers et, pour les éliminer, elle a décidé d'ajouter trois nouveaux modèles de chaises M_1, M_2 et M_3 à sa production. D'après l'étude de marché, la demande pour ces modèles devrait être supérieure à 10 unités par mois. Les temps requis pour produire ces chaises, le temps disponible dans chaque atelier (en minutes de travail) ainsi que les profits unitaires sont donnés dans le tableau suivant:

Ateliers	Modèles			Temps disponible
	M_1	M_2	M_3	
Soudure	20	24	30	930
Moulage	20	15	30	840
Assemblage	30	27	45	1 305
Profit unitaire	32 $	28 $	40 $	

a) En tenant compte de ces contraintes, combien de chaises de chaque modèle la compagnie doit-elle produire mensuellement pour que son profit additionnel soit maximal?

b) On a constaté une demande importante pour ces nouveaux modèles de chaises. La compagnie décide de suspendre la production de deux anciens modèles, libérant ainsi du temps dans les trois ateliers. Les temps libres qui s'ajoutent sont 1 190 minutes à l'atelier de soudure, 1 055 minutes à l'atelier de moulage et 1 650 minutes à l'atelier d'assemblage. Dans ces conditions, combien de chaises de chaque modèle la compagnie doit-elle produire mensuellement pour que son profit additionnel soit maximal?

c) Le Directeur des ventes vous avise que la demande pour le modèle M_1 est moins forte que l'offre et il ne peut en écouler plus de 40 par mois. Combien de chaises de chaque modèle la compagnie doit-elle produire mensuellement pour que son profit additionnel soit maximal?

7. Dans la mise en situation de la page 289, le grossiste avise l'épicier qu'il devra majorer ses prix de 0,60 $/kg pour le grain brésilien, de 0,40 $/kg pour l'africain et de 0,90 $/kg pour le colombien.

a) Calculer, dans ces conditions, le coût de production de chaque mélange en matières premières et le prix de vente, en tenant compte de l'exigence de réaliser un profit de 120 %.

b) Le grossiste avise l'épicier qu'il pourrait dorénavant lui fournir 66 kg de grain brésilien, 80 kg d'africain et 94 kg de colombien. Calculer la quantité de chaque mélange que l'épicier pourra produire s'il achetait et utilisait tout ce que le grossiste peut lui fournir.

c) L'épicier décide de se procurer les quantités de grains nécessaires pour produire 60 kg de mélange. Calculer ces quantités.

8. Un marchand d'aliments naturels souhaite préparer trois types de mélanges à grignoter en sachets de 60 grammes. Les ingrédients utilisés pour ces mélanges seront les arachides, les raisins et les noix d'acajou. La composition des trois types de mélanges est donnée dans le tableau suivant:

Ingrédients	Mélanges		
	Cric	Crac	Croc
Arachides	20 g	15 g	10 g
Raisins	10 g	15 g	20 g
Acajou	30 g	30 g	30 g

a) Le marchand estime qu'il devrait pouvoir vendre hebdomadairement 200 sachets de chacun des mélanges. En supposant que ses prévisions sont exactes, déterminer les quantités d'arachides, de raisins et de noix d'acajou à commander chaque semaine.

b) Les coûts pour 10 grammes de chaque ingrédient sont donnés par la matrice suivante:
$$(0,10 \quad 0,04 \quad 0,16)$$
Trouver la matrice du coût des matières premières de chaque type de mélange.

c) Le marchand estime que le coût en main-d'œuvre devrait être de 0,18 $ le sachet. Trouver la matrice du coût total de production de chaque type de mélange.

d) Sachant que le marchand souhaite prendre un profit équivalant à 80 % du coût de production, quel doit être le prix de vente de chaque type de sachets?

e) Le grossiste avise le marchand qu'il ne pourra lui fournir plus de 6 kg d'arachides, 6 kg de raisins et 12 kg de noix d'acajou. Calculer dans ces conditions le nombre de sachets que le marchand pourra produire par semaine.

f) Le grossiste avise le marchand que le prix des noix d'acajou a subi une hausse importante. Le coût sera désormais de 0,26 $ pour 10 grammes. Le marchand décide de modifier ses mélanges pour diminuer la quantité de noix d'acajou et augmenter celles des autres composantes. Son choix est représenté dans le tableau suivant:

Ingrédients	Mélanges		
	Bric	Brac	Broc
Arachides	40 g	25 g	20 g
Raisins	10 g	20 g	20 g
Acajou	10 g	15 g	20 g

En tenant compte de ces modifications, calculer la matrice des coûts et la matrice des prix pour
g) le marchand conserve sa marge de profit.

Le marchand décide de ne produire hebdomadairement que 100 sachets de chacun de ces mélanges. Quelle quantité de chaque ingrédient doit-il commander à chaque semaine?

9. Une usine de meubles étudie la possibilité de fabriquer trois modèles de bureaux: Colonial, Espagnol et Canadien. La fabrication de chacun de ces modèles de bureaux nécessitera des quantités différentes de bois, de contreplaqué et de panneaux particules. Ces quantités apparaissent dans le tableau suivant:

Matériaux	Modèles		
	Colonial	Espagnol	Canadien
Bois	12	16	14
Contreplaqué	1,5	2,5	1,5
Panneau	1,8	1,6	2,2

Les quantités de bois sont en mètres linéaires et les quantités de contreplaqué et de panneau particule sont en mètres carrés.

a) La compagnie envisage la possibilité de produire mensuellement 12 bureaux de style colonial, 14 de style espagnol et 20 de style canadien. Quelles quantités de bois doit-elle commander mensuellement pour atteindre son objectif de production?

b) Le coût des matériaux est de 4,50 $ le mètre linéaire pour le bois, 32,50 $/m^2 pour le contreplaqué et 22,50 $/m^2 pour le panneau particule. Déterminer la matrice des coûts de fabrication en matières premières.

c) Pour fabriquer un bureau de style colonial, il faut 6 heures de travail. La fabrication d'un bureau de style espagnol en demande 5 et la fabrication d'un bureau de style canadien nécessite 4 heures de travail. Sachant que le salaire horaire est de 8,50 $, déterminer la matrice des coûts de main-d'œuvre.

d) Déterminer la matrice des coûts de production de ces bureaux.

e) Le manufacturier veut réaliser un profit équivalant à 50 % des coûts de production sur ces bureaux. Calculer la matrice des prix du manufacturier.

f) Les meubles sont vendus dans des magasins qui prennent un profit de 40 %. Calculer la matrice des prix en magasin.

g) Le gérant de la compagnie de bois avise le manufacturier qu'il ne peut pas honorer sa commande car il a déjà des contrats avec d'autres clients. Il propose alors de livrer à chaque mois les quantités disponibles. La livraison du premier mois est constituée de 332 mètres linéaires de bois, 44 mètres carrés de contreplaqué et 44 mètres carrés de panneau particule. Combien de bureaux de chaque modèle est-il possible de produire avec ces matériaux?

h) La livraison du deuxième mois est constituée de 612 mètres de bois, 76 mètres carrés de contreplaqué et 86 mètres carrés de panneau particule. Combien de bureaux de chaque modèle est-il possible de produire avec ces matériaux?

10. Résoudre par la méthode de Gauss-Jordan les systèmes d'équations suivants:

a) $x_1 - 2x_2 = 2$
$2x_1 + 3x_2 = 32$

b) $2x_1 + x_2 = 4$
$5x_1 - 4x_2 = 43$

c) $x_1 + 2x_2 - x_3 = 12$
$2x_1 + x_2 + 3x_3 = -7$
$4x_1 + 3x_2 + x_3 = 9$

d) $2x_1 + 3x_2 - 5x_3 = -15$
$3x_1 + 4x_2 + 7x_3 = 51$
$-5x_1 + 7x_2 + 8x_3 = -14$

e) $x_1 + 3x_2 - 5x_3 = -22$
$2x_1 + 5x_2 + 2x_3 = 36$
$4x_1 + 11x_2 - 8x_3 = -8$

f) $2x_1 - 3x_2 - 10x_3 = 0$
$2x_1 - x_2 - 16x_3 = 8$
$2x_1 + 5x_2 - 7x_3 = -4$

11. Résoudre simultanément les systèmes d'équations suivants en utilisant la méthode de Gauss-Jordan:

a) $2x_1 + 5x_2 = 42$
$3x_1 - 4x_2 = -19$

b) $2x_1 + 5x_2 = 26$
$3x_1 - 4x_2 = 16$

c) $x_1 + 2x_2 - 3x_3 = -13$
$2x_1 - 5x_2 + 4x_3 = 32$
$3x_1 + 4x_2 - 7x_3 = -27$

d) $x_1 + 2x_2 - 3x_3 = -21$
$2x_1 - 5x_2 + 4x_3 = 10$
$3x_1 + 4x_2 - 7x_3 = -53$

12. Trouver la matrice inverse de chaque matrice donnée si elle existe.

a) $\begin{pmatrix} 2 & -3 \\ 3 & -5 \end{pmatrix}$

b) $\begin{pmatrix} 1 & 2 \\ 2 & 4 \end{pmatrix}$

c) $\begin{pmatrix} 3 & 4 \\ 2 & 3 \end{pmatrix}$

d) $\begin{pmatrix} 1 & 5 \\ 2 & 4 \end{pmatrix}$

e) $\begin{pmatrix} 2 & 5 & 3 \\ 2 & 6 & 7 \\ 2 & 5 & 4 \end{pmatrix}$

f) $\begin{pmatrix} 1 & 3 & 2 \\ 2 & 1 & 8 \\ 3 & 5 & 9 \end{pmatrix}$

g) $\begin{pmatrix} 2 & -1 & 3 \\ 4 & -1 & 2 \\ 2 & -1 & 2 \end{pmatrix}$

h) $\begin{pmatrix} 3 & 4 & 5 \\ 3 & 2 & 8 \\ 3 & 2 & 9 \end{pmatrix}$

i) $\begin{pmatrix} 1 & 3 & -3 \\ 2 & 5 & -8 \\ 2 & 11 & 3 \end{pmatrix}$

j) $\begin{pmatrix} 2 & 1 & 3 \\ 3 & -2 & 4 \\ 1 & 4 & 2 \end{pmatrix}$

k) $\begin{pmatrix} 2 & 5 & -3 \\ 2 & -1 & 1 \\ 4 & 1 & -8 \end{pmatrix}$

l) $\begin{pmatrix} 3 & -1 & 2 \\ 3 & 2 & -9 \\ -6 & 4 & -11 \end{pmatrix}$

$$m) \begin{pmatrix} 1 & 2 & 3 \\ 2 & 4 & 1 \\ 4 & 3 & -8 \end{pmatrix} \qquad n) \begin{pmatrix} 2 & -1 & 4 \\ 4 & -2 & 7 \\ 3 & -2 & 5 \end{pmatrix}$$

13. Résoudre les systèmes suivants par la matrice inverse.

   a) $2x_1 + x_2 - 2x_3 = -3$
   $2x_1 - 2x_2 + x_3 = 6$
   $4x_1 + x_2 - 2x_3 = 1$

   b) $x_1 + x_2 - x_3 = 6$
   $x_1 - x_2 + x_3 = -4$
   $-x_1 + x_2 + x_3 = 8$

9.5 DÉFIS

1. La représentation graphique d'une correspondance de la forme $y = ax^2 + bx + c$ est une parabole. Trouver l'équation de la parabole passant par les points (2;2), (4;4) et (6;7).

2. Dans les systèmes d'équations linéaires suivants, dire pour quelles valeurs de a le système d'équations aura:
   i) une solution unique;
   ii) aucune solution;
   iii) une infinité de solutions.

   a) $x + ay - z = 2$
   $2x - y + 3z = 3$
   $3x + y + az = 5$

   b) $x + 2y + z = 4$
   $2x - y + az = 3$
   $3x + ay + 2z = 17$

   c) $x + y - 2z = 3$
   $2x + y + az = 5$
   $2x + ay + z = 7$

   d) $x + 2y + z = 4$
   $2x + 3y + az = -2$
   $3x + ay + 6z = 2$

   e) $x + 2y - 3z = 3$
   $2x + 3y + az = 5$
   $2x + ay + 10z = -2$

   f) $x - 2y + z = 2$
   $x - 3y + az = 5$
   $2x + ay - 4z = 7$

3. À quelles conditions doivent satisfaire les constantes a, b et c pour que les système d'équations linéaires suivants admettent au moins une solution?

   a) $x + 2y - 3z = a$
   $2x + 6y - 11z = b$
   $x - 2y + 7z = c$

   b) $x + 2y - 3z = a$
   $3x - y + 2z = b$
   $x - 5y + 8z = c$

   c) $x - 2y + 4z = a$
   $2x + 3y - z = b$
   $3x + y + 2z = c$

PRÉPARATION À L'ÉVALUATION
Pour préparer votre examen, assurez-vous d'avoir atteint les objectifs suivants.

Consignez à la page suivante des indications pour vous remémorer plus facilement les notions et concepts qui vous posent le plus de difficultés.

Si vous avez atteint l'objectif, cochez.

☆ **RÉSOUDRE DES PROBLÈMES D'ALGÈBRE LINÉAIRE.**

△ **Exécution correcte des opérations sur les matrices.**

△ **Représentation d'une situation sous forme d'un système d'équations linéaires approprié.**

△ **Représentation juste d'un système d'équations linéaires sous forme matricielle.**

△ **Application correcte de méthodes de résolution d'un système d'équations linéaires.**

○ UTILISER LA REPRÉSENTATION MATRICIELLE DANS LE TRAITEMENT DE SITUATIONS DIVERSES.

◇ Utiliser les matrices pour représenter les données et contraintes d'une situation.
- ❏ Choisir et effectuer les opérations pertinentes pour obtenir l'information cherchée.

○ RÉSOUDRE DES PROBLÈMES DIVERS NÉCESSITANT L'UTILISATION DES MATRICES ET DES SYSTÈMES D'ÉQUATIONS LINÉAIRES.

◇ Appliquer la méthode de Gauss.
- ❏ Construire la matrice augmentée du système d'équations.
- ❏ Échelonner la matrice par la méthode de Gauss.
- ❏ Trouver la ou les solutions du système à partir de la matrice échelonnée.
- ❏ Analyser et critiquer les résultats dans le contexte.

◇ Utiliser les matrices pour résoudre des problèmes.
- ❏ Représenter les données du problème à l'aide de matrices.
- ❏ Effectuer les opérations matricielles pertinentes.
- ❏ Construire les systèmes d'équations pertinents.
- ❏ Résoudre les systèmes d'équations.
- ❏ Identifier les solutions réalisables.
- ❏ Interpréter les résultats dans le contexte et tirer des conclusions.

Signification des symboles: ☆ Élément de compétence △ Composantes particulières de la compétence ○ Objectif de section ◇ Procédure ou démarche ❏ Étape d'une procédure

Notes personnelles

VOCABULAIRE UTILISÉ DANS LE CHAPITRE

ÉGALITÉ DE MATRICES
Deux matrices A et B sont *égales* si et seulement si:
- les matrices ont même dimension;
- les éléments de même adresse sont égaux.

ÉQUATION LINÉAIRE
C'est une équation dont toutes les inconnues sont de degré 1.

MATRICE
On appelle *matrice* tout tableau rectangulaire dont les éléments sont notés a_{ij}, où l'indice i indique la ligne de l'élément et l'indice j indique sa colonne. Ces indices donnent l'*adresse* de chacun des éléments. Une matrice est dite de *dimension* $m \times n$ (qui se lit « m par n ») lorsqu'elle est formée de m lignes et n colonnes.

MATRICES D'UN SYSTÈME D'ÉQUATIONS LINÉAIRES

Matrice des coefficients
C'est la matrice dont les éléments sont les coefficients des inconnues d'un système d'équations linéaires. Le nombre de lignes de la matrice est le nombre d'équations du système et le nombre de colonnes est le nombre d'inconnues du système.

Matrice des constantes
C'est la matrice formée des constantes d'un système d'équations. Son nombre de lignes est le nombre d'équations du système.

Matrice augmentée
On augmente la matrice des coefficients d'un système d'équations en ajoutant à sa droite la colonne des constantes. Cette matrice est utilisée pour résoudre le système d'équations correspondant, en construisant une matrice échelonnée équivalente (méthode de Gauss).

Lorsque le système a une solution unique, on peut construire une matrice équivalente dont les éléments de la diagonale de la matrice des coefficients sont tous égaux à 1 et les éléments hors de la diagonale sont nuls. C'est la méthode de Gauss-Jordan. La solution du système d'équations est donnée dans la colonne des constantes de cette matrice.

Matrice échelonnée
C'est une matrice dont les éléments sous la diagonale sont nuls. Elle représente le système d'équations échelonné et la dernière ligne non nulle donne la valeur de la dernière variable liée ou permet d'exprimer la dernière variable liée en fonction de la (ou des) variable(s) libre(s). On exprime alors les autres variables liées en fonction de la dernière par substitution dans les équations représentées par les autres lignes, en remontant ligne par ligne.

Matrices équivalentes-lignes
Deux matrices sont *équivalentes-lignes* si on peut les obtenir l'une de l'autre à l'aide d'opérations élémentaires sur les lignes.

MULTIPLICATION D'UNE MATRICE PAR UN SCALAIRE

Soit $A = (a_{ij})$ une matrice $m \times n$ et k un scalaire (nombre réel). La *multiplication* de la matrice A par le scalaire k donne une matrice notée kA et définie par l'égalité

$$kA = k(a_{ij}) = (ka_{ij}),$$

qui signifie que chaque élément de la matrice est multiplié par le scalaire k.

OPÉRATIONS ÉLÉMENTAIRES SUR LES LIGNES

Ce sont les opérations portant sur les lignes d'une matrice et qui permettent de transformer une matrice en une matrice équivalente. Les opérations élémentaires sur les lignes sont:

1. Interchanger la ligne i et la ligne j;
$$L_i \leftrightarrow L_j$$
2. Multiplier la ligne i par un scalaire non nul;
$$L_i \to aL_i, \text{ où } a \in \mathbf{R}\setminus\{0\}$$
3. Substituer à la ligne i la somme d'un multiple non nul de la ligne i et d'un multiple de la ligne j;
$$L_i \to aL_i + bL_j, \text{ où } a \in \mathbf{R}\setminus\{0\} \text{ et } b \in \mathbf{R}$$

PRODUIT MATRICIEL

Soit $A = (a_{ik})_{m \times p}$ et $B = (b_{kj})_{p \times n}$ deux matrices. Le *produit matriciel* de ces matrices, noté $A \cdot B$, donne une matrice $C = (c_{ij})_{m \times n}$ dont les éléments c_{ij} sont définis par

$$c_{ij} = a_{i1}b_{1j} + a_{i2}b_{2j} + a_{i3}b_{3j} + \ldots + a_{ip}b_{pj} = \sum_{k=1}^{p} a_{ik}b_{kj}$$

SOMME DE MATRICES

Soit $A = (a_{ij})$ et $B = (b_{ij})$ deux matrices. La *somme* de ces deux matrices est définie si et seulement si elles ont même dimension $m \times n$. Cette somme est notée $A + B$ et définie par

$$A + B = (a_{ij}) + (b_{ij}) = (a_{ij} + b_{ij})$$

SYSTÈME D'ÉQUATIONS LINÉAIRES

C'est un système comportant plusieurs équations linéaires portant sur les mêmes inconnues.

TRANSPOSITION

Soit A une matrice de dimension $m \times n$. On appelle *matrice transposée* de A, notée A^t, la matrice de dimension $n \times m$ dont la $i$ème colonne est la $i$ème ligne de la matrice A pour $i = 1, 2, \ldots, m$.

VARIABLE LIBRE

C'est une variable qui n'apparaît pas dans le premier terme non nul d'une des lignes de la matrice échelonnée. En pratique, on identifie d'abord les variables liées et toutes celles qui ne sont pas liées sont libres.

VARIABLE LIÉE

C'est une variable qui apparaît dans le premier terme non nul d'une des lignes de la matrice échelonnée. La valeur d'une variable liée peut dépendre des variables libres, ou être une constante.

PROGRAMMATION LINÉAIRE

10.0 PRÉAMBULE

Dans la prise de décisions en gestion, on a souvent à tenir compte de contraintes qui se traduisent mathématiquement par des inéquations. Il faudra trouver l'ensemble des solutions réalisables respectant les contraintes et trouver, parmi celles-ci, la meilleure solution. Selon le contexte, on a donc, par exemple, à trouver la solution maximisant le profit ou minimisant les coûts de production ou les frais de transport.

Dans la première section, nous verrons comment traduire algébriquement les contraintes d'un problème d'optimisation et comment résoudre le problème posé. L'objectif est de comprendre les fondements de la démarche et de les appliquer dans des situations simples. En effet, les situations proposées ne comportent que deux variables alors que dans les situations réelles, les contraintes sont normalement beaucoup plus nombreuses. Cependant, dans les situations réelles, le traitement de l'information se fait par ordinateur. Les étapes du processus qui sont les plus délicates et que l'ordinateur ne peut réaliser, sont la description algébrique des contraintes et l'analyse des résultats des calculs dans le contexte du problème.

Les activités d'apprentissage de ce chapitre contribuent à développer l'élément de compétence suivant:

RÉSOUDRE DES PROBLÈMES DE PROGRAMMATION LINÉAIRE.

La composante particulière de l'élément de compétence visée par ce chapitre est:

Application correcte de méthodes de résolution d'un problème de programmation linéaire.

10.1 ÉLÉMENTS DE PROGRAMMATION LINÉAIRE

Lorsqu'on veut manufacturer des produits, on doit tenir compte de plusieurs contraintes: disponibilité des ressources, coût de production, intérêt des consommateurs, coût du transport des marchandises, etc. Ces contraintes peuvent souvent se décrire mathématiquement par des inéquations linéaires. L'ensemble des contraintes forme alors un système d'inéquations linéaires dont la représentation graphique est un polygone convexe appelé *polygone des contraintes*. Les points de ce polygone sont les solutions acceptables du problème et la solution optimale est un des points de la frontière du polygone. Les problèmes de cette nature relèvent de la programmation linéaire.

OBJECTIF: Résoudre des problèmes simples de la programmation linéaire.

MISE EN SITUATION

Considérons à nouveau la mise en situation de la section 9.3. L'épicier prépare des mélanges de café maison: velouté, régulier et corsé. Ceux-ci seront offerts en sachets de 1 kg et ils sont fabriqués en utilisant trois sortes de grains de café: brésilien, africain et colombien. Les quantités nécessaires, en kilogrammes, pour produire un kilogramme de chaque mélange sont données dans le tableau suivant:

Grains	Mélanges		
	Velouté	Régulier	Corsé
Brésilien	0,2	0,2	0,4
Africain	0,3	0,4	0,3
Colombien	0,5	0,4	0,3

À chaque semaine, l'épicier reçoit du grossiste 48 kg de café brésilien, 60 kg de café africain et 72 kg de café colombien. Supposons que l'épicier constate que la demande est plus forte que l'offre pour le café velouté et le café régulier, mais que peu de consommateurs achètent le café corsé. Il souhaite arrêter la production de ce mélange et déterminer quelle quantité des deux autres mélanges il pourra produire avec les quantités que lui fournit le grossiste, s'il veut maximiser son profit.

L'épicier ne peut fixer arbitrairement le nombre de sachets de chaque mélange. Il doit tenir compte des quantités disponibles. Ainsi, la quantité de grains de café brésilien qu'il utilisera pour préparer ses mélanges doit être plus petite ou égale à la quantité disponible, qui est de 48 kg. La quantité de grains de café africain utilisée doit être plus petite ou égale à 60 kg et la quantité de grains de café colombien utilisée doit être plus petite ou égale à 72 kg. Ces contraintes s'expriment mathématiquement. Posons

x, le nombre de sachets de mélange velouté produits

et y, le nombre de sachets de mélange régulier produits

On doit alors trouver x et y tels que

$$0,2x + 0,2y \leq 48$$
$$0,3x + 0,4y \leq 60$$
$$0,5x + 0,4y \leq 72$$

De plus, dans le contexte, $x \geq 0$ et $y \geq 0$ et les contraintes du problème s'écrivent à l'aide d'inéquations. Pour traiter efficacement ces situations, il faut revoir certaines notions sur les inégalités et inéquations.

INÉGALITÉS ET INÉQUATIONS

PROPRIÉTÉS DES INÉGALITÉS

1. Pour tout a et $b \in \mathbf{R}$, si $a \leq b$, alors il existe un nombre réel $c \geq 0$ tel que $a + c = b$.

2. Le sens d'une inégalité reste inchangé si on additionne (ou soustrait) une même valeur aux deux membres de l'inégalité.
   Pour tout a, b et $c \in \mathbf{R}$, si $a \leq b$, alors $a + c \leq b + c$.
   Pour tout a, b et $c \in \mathbf{R}$, si $a \leq b$, alors $a - c \leq b - c$.

3. Le sens d'une inégalité reste inchangé si on multiplie (ou divise) les deux membres de l'inégalité par un même nombre positif.
   Pour tout a, b et $c \in \mathbf{R}$, si $a \leq b$ et $c > 0$, alors $ac \leq bc$.
   Pour tout a, b et $c \in \mathbf{R}$, si $a \leq b$ et $c > 0$, alors $\dfrac{a}{c} \leq \dfrac{b}{c}$.

4. Le sens d'une inégalité est inversé si on multiplie (ou divise) les deux membres de l'inégalité par un même nombre négatif.
   Pour tout a, b et $c \in \mathbf{R}$, si $a \leq b$ et $c < 0$, alors $ac \geq bc$.
   Pour tout a, b et $c \in \mathbf{R}$, si $a \leq b$ et $c < 0$, alors $\dfrac{a}{c} \geq \dfrac{b}{c}$.

INÉQUATIONS LINÉAIRES

L'étude que nous allons faire portera d'abord sur les inéquations linéaires à deux variables. Notre premier objectif est de trouver l'ensemble-solution d'une inéquation linéaire qui est formé des couples qui satisfont à l'inéquation. L'expression
$$2x + 3y \leq 9$$
est une inéquation linéaire à deux variables. Nous allons illustrer comment trouver rapidement l'ensemble des solutions d'une inéquation linéaire. L'inéquation est
$$2x + 3y \leq 9$$
mais, dans un premier temps, nous allons tracer la droite représentée par l'équation
$$2x + 3y = 9$$
On détermine les points d'intersection avec les axes. En posant $x = 0$ dans l'équation, on a
$$3y = 9$$
d'où $y = 3$. La droite coupe donc l'axe vertical au point (0;3). En posant maintenant $y = 0$, on a
$$2x = 9$$
qui donne $x = 9/2$. La droite coupe donc l'axe horizontal au point (9/2;0). On trace alors la droite passant par ces deux points. Cette droite est appelée la *frontière* de l'ensemble-solution de l'inéquation; elle divise le plan en deux demi-plans.

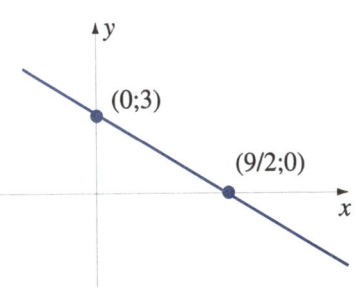

Les points situés d'un des côtés de la droite sont également des solutions de l'inéquation. Pour déterminer de quel côté se situent les solutions, il suffit de considérer un point d'un côté de la droite frontière et de vérifier par substitution s'il fait partie de l'ensemble-solution. Généralement, on considère le point (0;0) car les calculs sont rapides. Ainsi, en substituant les coordonnées de l'origine dans l'inéquation

$$2x + 3y \leq 9$$

on trouve

$$0 \leq 9$$

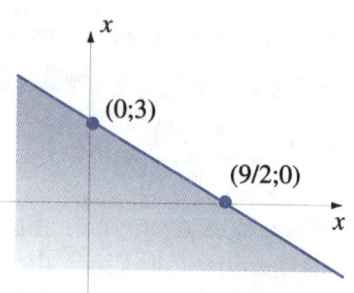

ce qui est une inégalité vraie. Le point (0;0) fait donc partie de l'ensemble-solution et tous les points du même côté de la droite frontière que l'origine font également partie de l'ensemble-solution représenté ci-contre en ombré.

> **PROCÉDURE POUR DÉTERMINER L'ENSEMBLE-SOLUTION D'UNE INÉQUATION LINÉAIRE À DEUX VARIABLES**
> 1. Tracer la droite-frontière représentant l'équation linéaire associée à l'inéquation.
> 2. Déterminer, à l'aide d'un couple (généralement l'origine) faisant clairement partie d'un des demi-plans formés, de quel côté de la frontière sont les couples qui satisfont à l'inéquation.

Lorsque l'inéquation ne comporte qu'une inégalité stricte, < ou >, la frontière ne fait pas partie de l'ensemble-solution de l'inéquation. La droite frontière est alors représentée par une ligne pointillée pour signifier que les points de la droite ne sont pas des solutions. La partie ombrée du graphique ci-contre est la représentation de l'ensemble-solution de l'inéquation

$$3x + 4y > -12$$

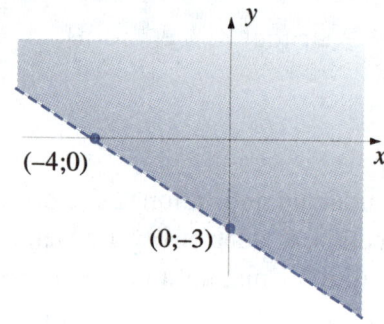

> **DEMI-PLAN FERMÉ ET DEMI-PLAN OUVERT**
> L'ensemble-solution d'une inéquation linéaire à deux variables de la forme
> $$ax + by \leq c$$
> est appelé *demi-plan fermé*. Si l'inéquation est définie par une inégalité stricte (< ou >), le demi-plan est dit *ouvert*.

EXEMPLE 10.1.1

Représenter graphiquement l'ensemble-solution du système d'inéquations linéaires suivant:
$$x + 3y \leq 9$$
$$2x + y \leq 8$$

Solution
La frontière de l'ensemble-solution de l'inéquation
$$x + 3y \leq 9$$
est la droite
$$\Delta_1: x + 3y = 9$$

qui coupe les axes aux points (9;0) et (0;3). Puisque le couple (0;0) satisfait à l'inéquation, tous les couples qui sont du même côté de la frontière que (0;0) font partie de l'ensemble-solution.

La frontière de l'ensemble-solution de l'inéquation
$$2x + y \leq 8$$
est la droite $\Delta_2: 2x + y = 8$
qui coupe les axes aux points (4;0) et (0;8). Puisque le couple (0;0) satisfait à l'inéquation, tous les couples qui sont du même côté de la frontière que le point (0;0) font partie de l'ensemble-solution. L'ensemble-solution du système d'inéquations est l'ensemble des points faisant partie de l'ensemble-solution de chacune des inéquations, soit l'intersection des deux ensembles. On obtient le point de rencontre des deux droites frontières en résolvant le système d'équations linéaires
$$\Delta_1: x + 3y = 9$$
$$\Delta_2: 2x + y = 8$$
ce qui donne le couple (3;2).

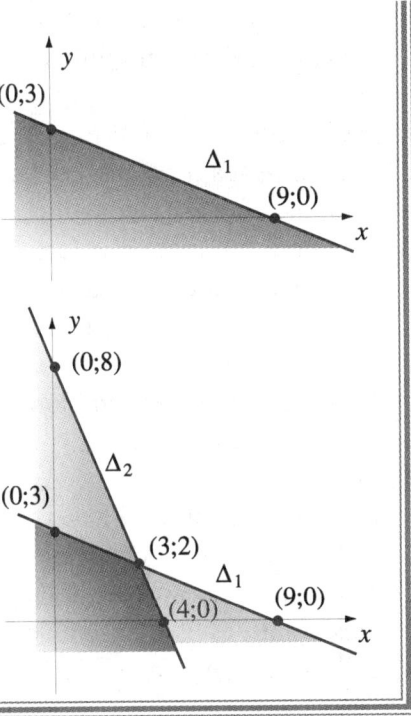

Lorsqu'il y a plusieurs contraintes, il faut représenter minutieusement les droites pour bien identifier le polygone des contraintes et ne pas retenir une solution non réalisable.

 **EXEMPLE** 10.1.2

Représenter graphiquement l'ensemble-solution du système d'inéquations linéaires ci-contre.

$$x + y \leq 9$$
$$2x + 3y \leq 24$$
$$3x + 2y \leq 24$$
$$x \geq 0$$
$$y \geq -3$$

Solution
La frontière de l'ensemble-solution de l'inéquation
$$x + y \leq 9$$
est la droite $\Delta_1: x + y = 9$
qui coupe les axes aux points (9;0) et (0;9). Puisque le couple (0;0) satisfait à l'inéquation, tous les couples qui sont du même côté de la frontière que le point (0;0) font partie de l'ensemble-solution.

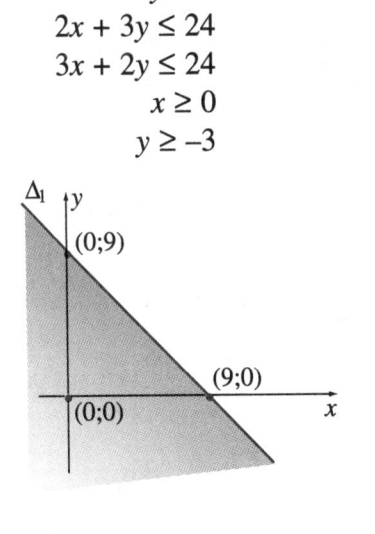

La frontière de l'ensemble-solution de l'inéquation
$$2x + 3y \leq 24$$
est la droite $\Delta_2: 2x + 3y = 24$
qui coupe les axes aux points (12;0) et (0;8). Puisque le couple (0;0) satisfait à l'inéquation, tous les couples qui sont du même côté de la frontière que le point (0;0) font partie de l'ensemble-solution de la deuxième contrainte. L'intersection des deux ensembles-solutions est l'ensemble des couples satisfaisant aux deux premières contraintes.

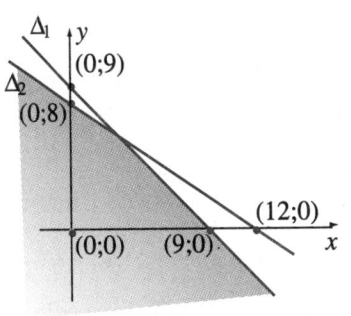

La frontière de l'ensemble-solution de l'inéquation
$$3x + 2y \leq 24$$
est la droite Δ_3: $3x + 2y = 24$
qui coupe les axes aux points (8;0) et (0;12). Puisque le couple (0;0) satisfait à l'inéquation, tous les couples qui sont du même côté de la frontière que le point (0;0) font partie de l'ensemble-solution. L'intersection des trois ensembles-solutions est l'ensemble des couples satisfaisant aux trois premières contraintes.

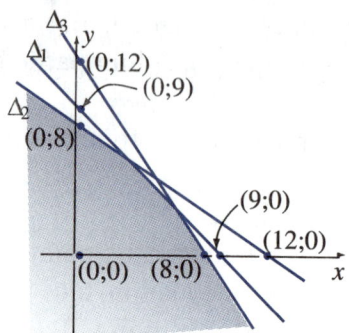

La frontière de l'ensemble-solution de l'inéquation
$$x \geq 0$$
est la droite Δ_4: $x = 0$
C'est l'équation de l'axe vertical et les couples qui satisfont à cette contrainte sont tous les couples à droite de l'axe vertical ainsi que les points sur l'axe. L'intersection des quatre ensembles-solutions est l'ensemble des couples satisfaisant aux quatre premières contraintes.

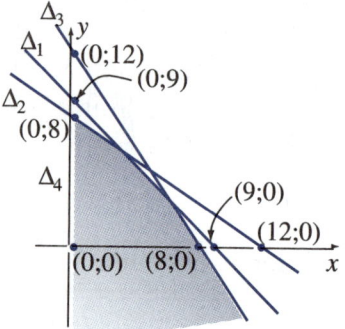

La frontière de l'ensemble-solution de l'inéquation
$$y \geq -3$$
est la droite Δ_5: $y = -3$
C'est l'équation de la droite horizontale coupant l'axe des y au point (0;–3). Les couples qui satisfont à cette contrainte sont tous les couples sur et en haut de la droite. L'intersection des cinq ensembles-solutions est l'ensemble des couples satisfaisant aux cinq contraintes.

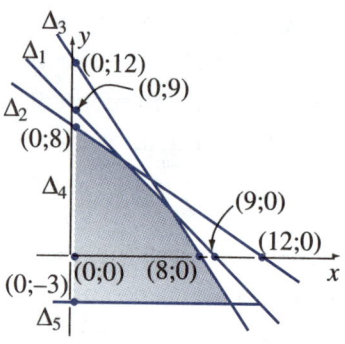

Traçons les droites frontières et déterminons les points d'intersection de ces frontières.

Δ_1: $x + y = 9$
Δ_2: $2x + 3y = 24$ } l'intersection est (3;6);

Δ_1: $x + y = 9$
Δ_3: $3x + 2y = 24$ } l'intersection est (6;3);

Δ_2: $2x + 3y = 24$
Δ_4: $x = 0$ } l'intersection est (0;8);

Δ_3: $3x + 2y = 24$
Δ_5: $y = -3$ } l'intersection est (10;–3);

Δ_4: $x = 0$
Δ_5: $y = -3$ } l'intersection est (0;–3).

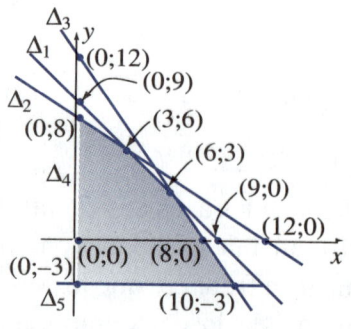

ENSEMBLE CONVEXE
On dit qu'un ensemble de points est *convexe* si, pour toute paire de points P et Q de l'ensemble, le segment de droite joignant P et Q est entièrement contenu dans l'ensemble.

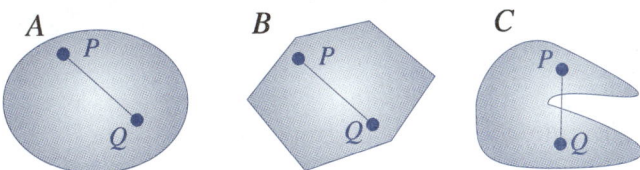

Les ensembles A et C ci-dessus sont des ensembles convexes, mais l'ensemble B n'est pas convexe car on peut trouver deux points P et Q dans l'ensemble tels que la droite joignant ces deux points n'est pas entièrement contenue dans l'ensemble.

REMARQUE

L'ensemble-solution d'une inéquation linéaire est un ensemble convexe. En d'autres mots, un demi-plan est toujours un ensemble convexe. L'intersection de deux ou de plusieurs ensembles convexes est un ensemble convexe. L'intersection d'un nombre fini de demi-plans est un ensemble convexe.

POLYGONE CONVEXE
L'intersection d'un nombre fini de demi-plans de $\mathbf{R}^2$ est appelée *polygone convexe*. (L'intersection d'un nombre fini de demi-espaces de $\mathbf{R}^n$ est appelé *polyèdre convexe*.)

Dans $\mathbf{R}^2$, l'ensemble-solution d'un système d'inéquations linéaires à deux variables forme toujours un polygone convexe. Ainsi, les ensembles-solutions des deux exemples précédents sont des polygones convexes.

POINT SOMMET
On dit qu'un point P est un *point sommet* d'un polygone convexe si:
- P appartient au polygone convexe;
- P est l'intersection de deux ou plusieurs frontières du polygone convexe.

EXEMPLE 10.1.3

Représenter graphiquement le polygone convexe défini par le système d'inéquations linéaires ci-contre.

$$\begin{aligned} 2x + y &\geq 8 \\ x + y &\geq 7 \\ x + 2y &\geq 10 \\ x &\geq 0 \\ y &\geq 0 \end{aligned}$$

Solution
Pour faciliter la lecture du graphique, représentons les droites frontières comme ci-contre. La droite Δ_1: $2x + y = 8$ coupe l'axe vertical au point (0;8). La droite Δ_3: $x + 2y = 10$ coupe l'axe horizontal au point (10;0). Les autres sommets du polygone sont les points d'intersection des droites entre elles.

Δ_1: $2x + y = 8$
Δ_2: $x + y = 7$
Δ_3: $x + 2y = 10$
Δ_4: $x = 0$
Δ_5: $y = 0$

(1;6) est l'intersection de $\begin{cases} \Delta_1: & 2x+y=8 \\ \Delta_2: & x+y=7 \end{cases}$

(4;3) est l'intersection de $\begin{cases} \Delta_2: & x+y=7 \\ \Delta_3: & x+2y=10 \end{cases}$

Le polygone convexe est la zone colorée sur le graphique.

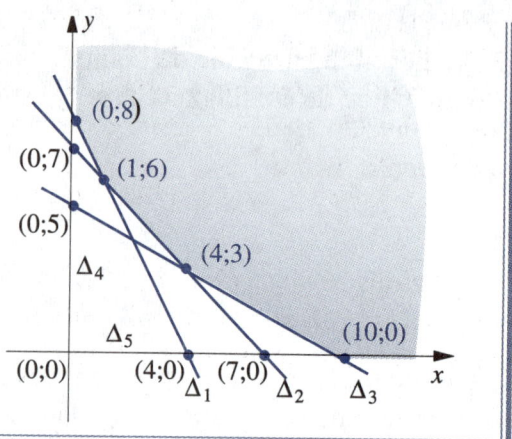

PROBLÈME DE PROGRAMMATION LINÉAIRE

La Direction d'une usine de meubles a constaté qu'il y a des temps libres dans chacun des départements de l'usine. Pour remédier à cette situation, elle décide d'utiliser ces temps morts pour fabriquer deux nouveaux modèles de bureaux, M_1 et M_2. Les temps de fabrication, pour chacun de ces modèles, dans les ateliers de sciage, d'assemblage et de sablage ainsi que les temps libres dans chacun de ces ateliers sont donnés dans le tableau ci-contre.

Ateliers	Modèles		Temps libres
	M_1	M_2	
Sciage	1	2	20
Assemblage	2	1	22
Sablage	1	1	12

Ces temps représentent le nombre d'heures nécessaires à une personne pour effectuer le travail. Les profits que la compagnie peut réaliser pour chaque unité de ces modèles sont de 300 $ pour M_1 et de 200 $ pour M_2. La Direction désire déterminer combien de bureaux de chaque modèle elle doit fabriquer pour maximiser son profit.

RÉSOLUTION GÉOMÉTRIQUE

Posons x, le nombre de bureaux du modèle M_1 et y, le nombre de bureaux du modèle M_2. Les temps libres de chaque département imposent des contraintes qu'il faut respecter. La contrainte imposée par les temps libres à l'atelier de sciage est
$$x + 2y \leq 20$$
et les deux autres contraintes de temps donnent $2x + y \leq 22$
$$x + y \leq 12$$
À ces contraintes, il s'ajoute des contraintes de non-négativité puisque le nombre de bureaux ne peut être négatif; on a donc également
$$x \geq 0 \text{ et } y \geq 0$$
Graphiquement, les *solutions réalisables* sont les points du polygone convexe de la figure ci-contre. Δ_1, Δ_2 et Δ_3 réfèrent aux droites associées respectivement aux trois premières inéquations.

D'autre part, la Direction veut maximiser son profit, c'est-à-dire maximiser la fonction
$$z = f(x;y) = 300x + 200y$$
appelée *fonction économique*.

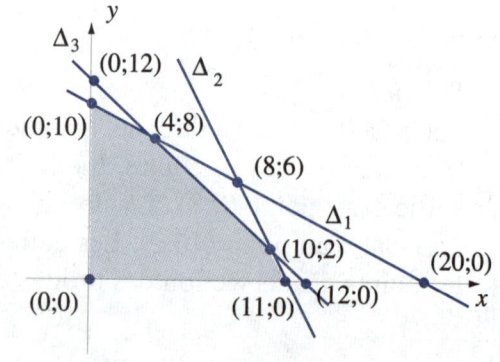

Pour chacune de ces solutions, c'est-à-dire pour chacun des points du polygone convexe, la compagnie fera un profit positif. Par exemple, si la compagnie fabriquait trois exemplaires du modèle M_1 et deux exemplaires du modèle M_2, le profit serait
$$z = f(3;2) = (300 \times 3) + (200 \times 2) = 1\ 300\ \$$$

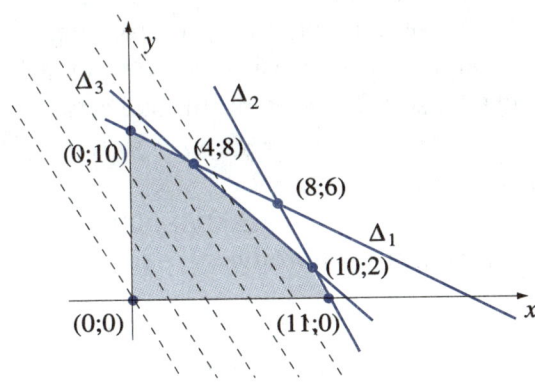

Il ne saurait être question de calculer le profit réalisable pour chacun des points du polygone convexe. Pour avoir une vision plus globale du problème, représentons le profit réalisé par le paramètre a. On a alors
$$300x + 200y = a$$
qui représente une famille de droites parallèles. En isolant y, on obtient
$$y = -\frac{300x}{200} + \frac{a}{200} \quad \text{ou} \quad y = -\frac{3}{2}x + \frac{a}{200}$$

Pour tracer une première droite-profit, posons $a = 0$. On a alors la droite de pente $-3/2$ passant par le point $(0;0)$. Les autres droites-profit lui sont parallèles. C'est donc une famille de droites de pente $-3/2$ et dont l'ordonnée à l'origine est $a/200$. Parmi les droites de cette famille, seules celles qui ont des points communs avec le polygone convexe nous intéressent. La fonction de profit atteindra sa valeur maximale lorsque l'ordonnée à l'origine de la droite
$$y = -\frac{3}{2}x + \frac{a}{200}$$
atteindra sa valeur maximale tout en passant par au moins un des points du polygone convexe. Graphiquement, on constate que la droite respectant ces conditions est la droite de la famille passant par le point sommet $(10;2)$. Le profit est alors
$$f(10;2) = (300 \times 10) + (200 \times 2) = 3\ 400\ \$$$

DISCUSSION DES SOLUTIONS
La solution du problème dépend des contraintes (le polygone des solutions réalisables), mais également de la fonction décrivant le profit. Si le profit était de 200 \$ pour le modèle M_1 et de 300 \$ pour le modèle M_2, le profit total serait
$$z = f(x;y) = 200x + 300y$$

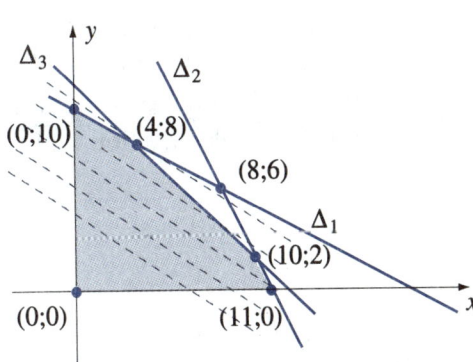

Dans ce cas, en posant
$$200x + 300y = a$$
et en isolant y, on trouve
$$y = -\frac{200}{300}x + \frac{a}{300} = -\frac{2}{3}x + \frac{a}{300}$$

On a donc une famille de droites dont la pente est $-2/3$. La droite de cette famille qui passe par au moins un des points du polygone convexe et pour laquelle la valeur de a est maximale est la droite passant par le point sommet $(4;8)$. Cette solution donne un profit de
$$f(4;8) = (200 \times 4) + (300 \times 8) = 3\ 200\ \$$$

La solution d'un problème de programmation linéaire n'est pas toujours unique. Ainsi, si le profit était le même pour chaque modèle, soit 300 $, le profit total serait
$$z = f(x;y) = 300x + 300y$$
Dans ce cas, en posant
$$300x + 300y = a$$
et en isolant y, on trouve
$$y = -x + \frac{a}{300}$$

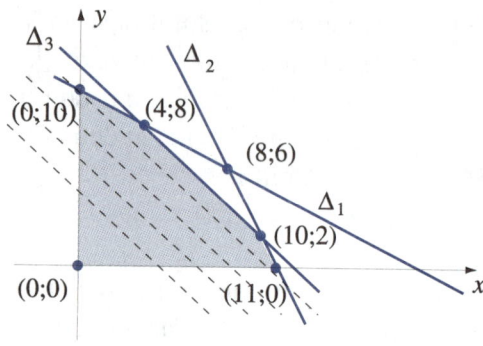

On constate que les droites de cette famille sont parallèles à une des frontières du polygone convexe, soit la droite
$$\Delta_3: x + y = 12$$
Les points de cette droite faisant partie du polygone convexe sont les points du segment de droite joignant les points (4;8) et (10;2). Tous les points de ce segment ayant des coordonnées entières sont des solutions générant le profit maximal. Si on prend le point (4;8), le profit maximum sera donc
$$f(4;8) = (300 \times 4) + (300 \times 8) = 3\,600 \text{ \$}$$

THÉORÈME DE LA PROGRAMMATION LINÉAIRE

Soit f une fonction linéaire définie sur un polygone convexe. Si f a une ou des valeurs optimales, ces valeurs optimales sont atteintes en au moins un des sommets du polygone convexe.

Ce théorème, qui sera laissé sans démonstration, nous indique une procédure pour résoudre un problème de programmation linéaire.

PROCÉDURE DE RÉSOLUTION D'UN PROBLÈME DE PROGRAMMATION LINÉAIRE

1. Représenter graphiquement les droites frontières et identifier le polygone des solutions réalisables.
2. Trouver les points sommets du polygone convexe en résolvant les systèmes d'équations linéaires formés par les équations des droites frontières prises deux à deux.
3. Évaluer la fonction économique en chacun des points sommets pour trouver la solution optimale.
4. Interpréter la solution ou les solutions et tirer la conclusion.

EXEMPLE 10.1.4

Maximiser la fonction $z = 6x + 9y$ sujette aux contraintes suivantes:
$$x + 2y \leq 18,$$
$$2x + y \leq 20,$$
$$x + y \leq 12,$$
où $x \geq 0$ et $y \geq 0$.

Solution

REPRÉSENTATION GRAPHIQUE DES DROITES FRONTIÈRES
Les droites frontières sont
$x + 2y = 18$ qui coupe les axes aux points (0;9) et (18;0);
$2x + y = 20$ qui coupe les axes aux points (0;20) et (10;0);
$x + y = 12$ qui coupe les axes aux points (0;12) et (12;0).
Les inégalités permettent d'identifier le polygone convexe des solutions réalisables (figure ci-après).

RECHERCHE DES POINTS SOMMETS
Sachant que la fonction linéaire atteint son maximum en un des points sommets, déterminons ces points sommets. Nous avons trouvé trois de ces points en représentant graphiquement le polygone convexe: (0;0); (0;9) et (10;0). Les autres points sommets sont

(6;6), intersection de $\begin{cases} x + 2y = 18 \\ x + y = 12 \end{cases}$

(8;4), intersection de $\begin{cases} 2x + y = 20 \\ x + y = 12 \end{cases}$

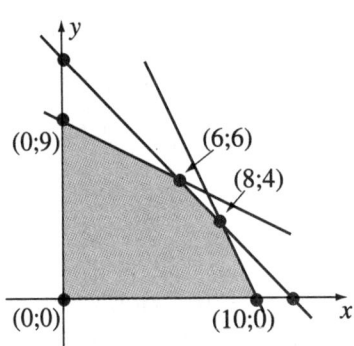

ÉVALUATION DE LA FONCTION ÉCONOMIQUE
Évaluons la fonction économique $z = 6x + 9y$ en chacun de ces sommets, ce qui donne

$(x;y)$	(0;0)	(0;9)	(10;0)	(6;6)	(8;4)
z	0	81	60	90	84

CONCLUSION
Le maximum est donc atteint à (6;6) où la fonction linéaire prend la valeur 90.

Pour résoudre un problème de minimisation, nous allons également déterminer les points sommets et évaluer la fonction économique en chacun de ces points pour trouver la valeur minimale. Dans ce cas cependant, on cherche, parmi la famille de droites parallèles à la fonction économique, la droite la plus rapprochée de l'origine.

 *EXEMPLE* 10.1.5

Résoudre le problème linéaire suivant:
Minimiser $w = 6x + 9y$ sujette aux contraintes
$$3x + 2y \geq 18$$
$$x + 3y \geq 12$$
$$x + y \geq 8$$
où $x \geq 0$ et $y \geq 0$.

Solution

REPRÉSENTATION GRAPHIQUE DES DROITES FRONTIÈRES

Les droites frontières sont

$3x + 2y = 18$ qui coupe les axes aux points $(0;9)$ et $(6;0)$;

$x + 3y = 12$ qui coupe les axes aux points $(0;4)$ et $(12;0)$;

$x + y = 8$ qui coupe les axes aux points $(0;8)$ et $(8;0)$.

Les inégalités permettent d'identifier le polygone convexe des solutions réalisables (figure ci-après).

RECHERCHE DES POINTS SOMMETS

Sachant que la fonction linéaire atteint son minimum en un des points sommets, déterminons ces points sommets. Nous avons trouvé deux de ces points en représentant graphiquement le polygone convexe: $(0;9)$ et $(12;0)$. Les autres points sommets sont

$(2;6)$, intersection de $\begin{cases} 3x + 2y = 18 \\ x + y = 8 \end{cases}$

$(6;2)$, intersection de $\begin{cases} x + 3y = 12 \\ x + y = 8 \end{cases}$

ÉVALUATION DE LA FONCTION ÉCONOMIQUE

Évaluons la fonction économique $w = 6x + 9y$ en chacun de ces sommets, ce qui donne

$(x;y)$	$(12;0)$	$(0;9)$	$(2;6)$	$(6;2)$
w	72	81	66	54

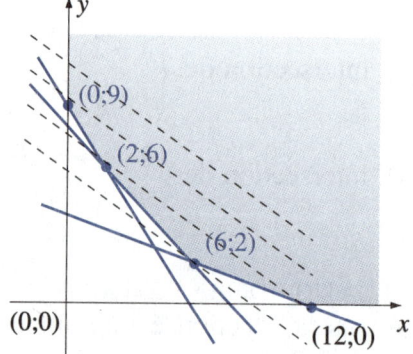

CONCLUSION

La valeur minimale est 54 et elle est atteinte à $(6;2)$.

AFFECTATION DES RESSOURCES

La programmation linéaire est une méthode mathématique de prise de décision, particulièrement lorsqu'il faut affecter des ressources en tenant compte de plusieurs contraintes. Nous avons vu, dans les pages précédentes, comment résoudre un problème de programmation linéaire à deux variables. Nous allons maintenant voir comment décrire les contraintes à l'aide d'inéquations linéaires afin de poser le problème de programmation linéaire.

PROCÉDURE DE RÉSOLUTION D'UN PROBLÈME D'AFFECTATION DES RESSOURCES

1. Représenter les données dans un tableau de contraintes.
2. Écrire les inéquations du problème.
3. Représenter graphiquement les contraintes et le polygone convexe.
4. Calculer les coordonnées des points sommets.
5. Évaluer la fonction économique en chacun des points sommets.
6. Analyser et critiquer les résultats dans le contexte.

EXEMPLE 10.1.6

Une entreprise fabrique deux modèles d'étagères, le modèle Élégance pour les bibelots fins et le modèle Robustesse pour les livres. Le temps de production du modèle Élégance est de 20 minutes et celui du modèle Robustesse est de 40 minutes. Ce temps comprend toutes les opérations de la fabrication; l'entreprise fonctionne quarante heures par semaine. Les étagères sont faites de bois d'œuvre de qualité dont seulement 2 100 mètres linéaires sont disponibles à chaque semaine. La fabrication du modèle Élégance nécessite 22 mètres linéaires de bois et celle du modèle Robustesse 32 mètres linéaires. De plus, le profit réalisé sur la production d'un exemplaire du modèle Élégance est de 24 \$ et, sur le modèle Robustesse, il est de 36 \$. Combien d'exemplaires de chaque modèle faut-il fabriquer pour maximiser le profit?

Solution

REPRÉSENTATION GRAPHIQUE DES DONNÉES
Pour représenter les données dans un tableau de contraintes, il faut d'abord identifier les contraintes. Ce sont généralement les disponibilités en temps et en matériaux. Dans la situation présente, nous avons une contrainte sur la main-d'œuvre; elle est de 40 heures ou 2 400 minutes par semaine. Nous avons également une contrainte sur la matière première: les fournisseurs ne peuvent nous livrer plus de 2 100 mètres linéaires de bois de qualité par semaine. Notre tableau devra comporter une ligne pour chacune des contraintes, une colonne pour chaque produit et une colonne pour indiquer les disponibilités en temps et en matériel.

	Produit		Disponibilité
	Élégance	Robustesse	
Temps	20	40	2 400 minutes
Bois	22	32	2 100 mètres linéaires

DESCRIPTION MATHÉMATIQUE DU PROBLÈME
Lorsque le tableau des contraintes est correctement construit, il est assez simple de décrire mathématiquement le problème. Chaque ligne du tableau peut alors être traduite par une inéquation linéaire qui décrit mathématiquement la contrainte de cette ligne. Puisque l'on doit déterminer combien d'exemplaires de chaque modèle il faut produire, les inconnues sont le nombre d'exemplaires de chaque modèle. En posant
E, le nombre d'exemplaires du modèle Élégance fabriqués en une semaine et
R, le nombre d'exemplaires du modèle Robustesse fabriqués en une semaine, on a
$20E + 40R \leq 2\,400$ qui représente la contrainte sur la disponibilité de la main-d'œuvre et
$22E + 32R \leq 2\,100$ qui représente la contrainte sur la disponibilité des matériaux.
Il faut, de plus, que $E \geq 0$ et $R \geq 0$.
La fonction à optimiser est la fonction profit
$z = 24E + 36R$.

REPRÉSENTATION GRAPHIQUE DES CONTRAINTES ET DU POLYGONE CONVEXE
Pour représenter graphiquement, on utilise un axe par variable. Il y aura donc un axe pour le modèle Élégance et un axe pour le modèle Robustesse. Les contraintes sont décrites par des inéquations et

l'ensemble-solution de chacune des contraintes est un demi-plan dont la frontière est une droite. On calcule l'abscisse à l'origine et l'ordonnée à l'origine de ces droites, que l'on peut tracer à l'aide de ces points.

Les intersections de la frontière de la première contrainte avec les axes sont (120;0) et (0;60). Les intersections de la frontière de la deuxième contrainte avec les axes sont (95,45;0) et (0;65,63). Le graphique permet de voir que, si on augmente la production d'étagères d'un modèle, il faut diminuer la production d'étagères de l'autre modèle pour respecter les contraintes.

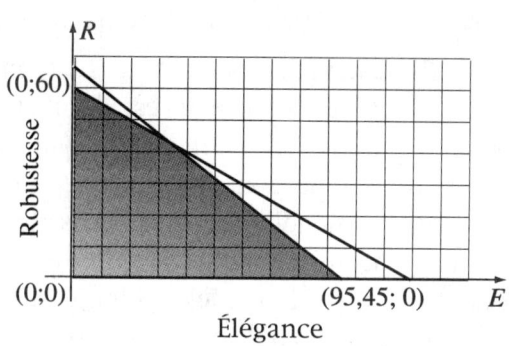

CALCUL DES COORDONNÉES DES POINTS SOMMETS

La représentation graphique nous a permis de trouver les coordonnées des points sommets sur les axes. Dans la situation présente, il y a seulement deux contraintes; il suffit de trouver le point de rencontre des droites frontières de ces deux contraintes pour connaître le dernier point sommet. On trouve alors

$$\begin{pmatrix} 20 & 40 & \vdots & 2\,400 \\ 22 & 32 & \vdots & 2\,100 \end{pmatrix} \underset{L_2 \to L_2/2}{\overset{L_1 \to L_1/20}{\approx}} \begin{pmatrix} 1 & 2 & \vdots & 120 \\ 11 & 16 & \vdots & 1\,050 \end{pmatrix} \overset{L_2 \to L_2 - 11L_1}{\approx} \begin{pmatrix} 1 & 2 & \vdots & 120 \\ 0 & -6 & \vdots & -270 \end{pmatrix}$$

$$\overset{L_2 \to L_2/-6}{\approx} \begin{pmatrix} 1 & 2 & \vdots & 120 \\ 0 & 1 & \vdots & 45 \end{pmatrix} \overset{L_1 \to L_1 - 2L_2}{\approx} \begin{pmatrix} 1 & 0 & \vdots & 30 \\ 0 & 1 & \vdots & 45 \end{pmatrix}$$

Le point de rencontre des deux droites des contraintes est donc (30;45). Ce point signifie que, pour respecter les contraintes, si on produit 30 exemplaires du modèle Élégance, on peut produire au maximum 45 exemplaires du modèle Robustesse.

ÉVALUATION DE LA FONCTION ÉCONOMIQUE EN CHACUN DES POINTS SOMMETS

La fonction économique est $z = 24E + 36R$. En évaluant cette fonction en chacun des points sommets du polygone convexe, on a

Solutions	(0;0)	(0;60)	(30;45)	(95,45;0)
Profit	0	2 160 $	2 340 $	2 290,80 $

ANALYSE DES RÉSULTATS ET PRISE DE DÉCISION

L'analyse du tableau nous porte à conclure que le plan de production devrait être de 30 exemplaires du modèle Élégance et 45 exemplaires du modèle Robustesse par semaine. On conçoit facilement qu'il s'agit d'une production idéale, d'un objectif de production. Il est fort possible que différents contretemps comme l'entretien des machines ou le retard dans la livraison des matériaux affectent la production. Il faut donc prévoir que l'objectif ne sera pas atteint à chaque semaine.

EXEMPLE 10.1.7

Un industriel désire ajouter deux nouveaux produits, des bibliothèques et des tables de nuit, à sa gamme de production pour affecter les surplus hebdomadaires de ressources. Ces meubles seront en contreplaqué et en acrylique. La fabrication du modèle de table de nuit nécessite 1 heure de travail, un panneau de contreplaqué de 1 m^2 et trois panneaux d'acrylique de 1 m^2. La fabrication d'une bibliothèque nécessite 1 heure de travail, 4 m^2 de contreplaqué et 1 m^2 d'acrylique. Les ressources excédentaires par semaine sont 24 m^2 de contreplaqué, 21 m^2 d'acrylique et 9 heures de temps de travail. On prévoit un profit de 24 $ la table de nuit et de 60 $ la bibliothèque. Trouver le nombre d'articles à produire par semaine pour maximiser le profit.

Solution

Dans ce problème, il y a trois contraintes: une pour le contreplaqué, une pour l'acrylique et une pour le temps de réalisation. Le tableau des contraintes est donc le suivant:

	Table de nuit	Bibliothèque	Disponibilité
Contreplaqué (m^2)	1	4	24
Acrylique (m^2)	3	1	21
Temps (h)	1	1	9
Profit ($)	24	60	

Posons T, le nombre de tables de nuit produites et B le nombre de bibliothèques produites. Le problème s'énonce comme suit:
Maximiser la fonction $z = 24T + 60B$ sujette aux contraintes
$$T + 4B \leq 24$$
$$3T + B \leq 21$$
$$T + B \leq 9$$
où $T \geq 0$ et $B \geq 0$.

Sachant que la fonction économique atteint son maximum en un des points sommets, déterminons ces points sommets. On trouve trois de ces points en représentant graphiquement le polygone convexe: (0;0), (0;6) et (7;0). Les autres points sommets sont

(4;5), intersection de $\begin{cases} T + 4B = 24 \\ T + B = 9 \end{cases}$

(6;3), intersection de $\begin{cases} 3T + B = 21 \\ T + B = 9 \end{cases}$

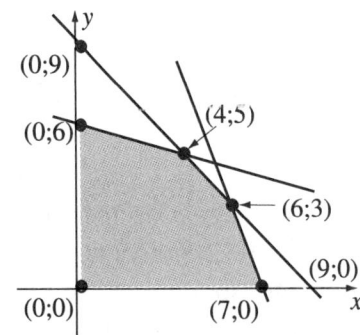

Évaluons la fonction économique en chacun de ces sommets.

$(T;B)$	(0;0)	(0;6)	(7;0)	(4;5)	(6;3)
z	0	360	168	396	324

Le maximum est donc atteint à (4;5) et il faudrait produire 4 tables de nuit et 5 bibliothèques par semaine pour maximiser le profit, qui serait alors de 396 $.

10.2 EXERCICES

Résoudre les problèmes suivants en évaluant la fonction économique en chacun des points sommets du polygone convexe.

1. Maximiser $z = 3x + 3y$
   sujette aux contraintes
   $x + 4y \leq 12$
   $2x + y \leq 10$
   où $x \geq 0$ et $y \geq 0$.

2. Maximiser $z = 5x + 8y$
   sujette aux contraintes
   $x + y \leq 13$
   $5x + 2y \leq 50$
   $4x + 5y \leq 60$
   où $x \geq 0$ et $y \geq 0$.

3. Maximiser $z = 4x + 4y$
   sujette aux contraintes
   $x + y \leq 13$
   $5x + 2y \leq 50$
   $4x + 5y \leq 60$
   où $x \geq 0$ et $y \geq 0$.

4. Maximiser $z = 9x + 8y$
   sujette aux contraintes
   $x + y \leq 13$
   $5x + 2y \leq 50$
   $4x + 5y \leq 60$
   où $x \geq 0$ et $y \geq 0$.

5. Maximiser $z = 3x + 4y$
   sujette aux contraintes
   $x + 2y \leq 18$
   $x + y \leq 10$
   $3x + y \leq 20$
   $4x + y \leq 26$
   où $x \geq 0$ et $y \geq 0$.

6. Minimiser $w = 5x + 7y$
   sujette aux contraintes
   $x + 2y \geq 8$
   $2x + y \geq 8$
   $x + y \geq 6$
   où $x \geq 0$ et $y \geq 0$.

7. Maximiser $z_1 = 3x + 3y$; $z_2 = 6x + 5y$; $z_3 = 8x + 3y$ sujettes aux contraintes du numéro 5.

8. Minimiser $w_1 = 3x + 3y$; $w_2 = x + 2y$ sujettes aux contraintes du numéro 6.

9. Minimiser $w = 6x + 9y$
   sujette aux contraintes
   $x + 3y \geq 12$
   $3x + y \geq 12$
   $x + y \geq 8$
   où $x \geq 0$ et $y \geq 0$.

10. Minimiser $w = 2x + 3y$
    sujette aux contraintes
    $x + 3y \geq 12$
    $5x + y \geq 12$
    $3x + 4y \geq 31$
    où $x \geq 0$ et $y \geq 0$.

11. Une compagnie de meubles de plastique moulé à armature de métal désire ajouter à sa gamme de produits deux nouveaux modèles de chaises de façon à diminuer les temps libres dans ses ateliers de moulage, soudure et assemblage. Étant donné la rapidité d'exécution des différentes opérations par les machines, les temps de réalisation sont donnés en unités de deux minutes chacune. La fabrication du premier modèle nécessite 1 unité de temps au moulage, 2 unités à la soudure et 4 unités à l'assemblage. La fabrication du deuxième modèle nécessite 3 unités de temps au moulage, 3 unités à la soudure et 3 unités à l'assemblage. Le relevé des temps morts a révélé qu'il y a 105 unités de

temps disponibles à l'atelier de moulage, 120 à l'atelier de soudure et 180 à l'atelier d'assemblage. Par ailleurs, il n'y a pas de contraintes sur les matières premières, la compagnie pouvant se procurer facilement ce qu'il faut pour répondre à ses besoins. Sachant que le profit de la compagnie est de 60 $ pour chaque modèle de chaise, déterminer combien de chaises de chaque modèle il faut produire par semaine pour maximiser les profits.

12. Une compagnie doit fabriquer deux modèles d'armoires de cuisine (Antique et Traditionnel) pour une firme de construction. Dans leur version standard, les deux modèles ont les mêmes dimensions et peuvent s'intégrer aux différents modèles de maisons que la firme construit. Le procédé de fabrication de ces armoires comporte trois étapes distinctes qui sont réalisées dans les ateliers de sciage, d'assemblage et de finition. La durée de chacune des opérations a été exprimée en unités de 15 minutes chacune. Le temps de sciage d'un exemplaire du modèle Antique est de 2 unités de temps, son assemblage prend 1 unité de temps et son temps de finition est de 3 unités. Le temps de sciage d'un exemplaire du modèle Traditionnel est de 3 unités, son assemblage nécessite 1 unité de temps et son temps de finition est de 2 unités. Le relevé des disponibilités mensuelles de ces ateliers a permis de constater qu'il y a 60 unités de temps disponibles à l'atelier de sciage, 25 à l'atelier d'assemblage et 60 à l'atelier de finition. Sachant que le profit sur ces armoires est de 225 $ pour le modèle Antique et de 200 $ pour le modèle Traditionnel, déterminer combien d'armoires de chaque modèle il faut produire pour maximiser les profits mensuels en supposant que la compagnie est assurée d'écouler toute sa production.

13. Une entreprise projette la fabrication de deux nouveaux modèles de meubles pour remiser les disques afin d'occuper les temps morts de ses ateliers. La fabrication du premier modèle nécessite 2 unités de temps à l'atelier de sciage, 3 unités à l'atelier d'assemblage et 3 unités à l'atelier de sablage. La fabrication du deuxième modèle nécessite 3 unités de temps à l'atelier de sciage, 2 unités à l'atelier d'assemblage et 1 unité à l'atelier de sablage. Le relevé des temps morts a révélé qu'il y a 240 unités de temps disponibles à l'atelier de sciage, 210 à l'atelier d'assemblage et 180 à l'atelier de sablage. Par ailleurs, il n'y a pas de contraintes sur les matières premières, la compagnie pouvant se procurer facilement ce qu'il faut pour répondre à ses besoins.
    a) Sachant que le profit est de 80 $ pour le premier modèle et de 60 $ pour le deuxième modèle, déterminer combien de meubles de chaque modèle il faut produire pour maximiser le profit.
    b) Quelle serait la solution si le profit était de 90 $ pour le premier modèle et de 60 $ pour le deuxième modèle?

14. Le Directeur d'une compagnie de meubles désire ajouter à sa production mensuelle deux modèles d'étagères en utilisant les surplus de matériaux qui s'accumulent mensuellement et les temps libres de ses ateliers. Les matériaux nécessaires pour réaliser ces étagères sont des montants dont les surplus mensuels sont de 250 mètres linéaires et des feuilles de contreplaqué dont les surplus sont de 100 feuilles mensuellement. Par ailleurs, la compagnie a constaté qu'il y a actuellement 60 heures de travail perdues dans ses ateliers et qui pourraient être utilisées pour fabriquer ces étagères. La fabrication du premier modèle nécessite 1 heure de travail, 3 mètres linéaires de montants et 2 feuilles de contreplaqué. La fabrication du deuxième modèle nécessite 1 heure de travail, 5 mètres linéaires de montants et 1 feuille de contreplaqué.
    a) Sachant que les profits escomptés pour ces étagères sont de 40 $ pour le premier modèle et de 50 $ pour le deuxième modèle, déterminer combien il faut produire d'étagères de chaque modèle pour maximiser les profits de la compagnie.
    b) Quels sont les surplus mensuels pour les montants et les feuilles de contreplaqué si le plan de production obtenu en a est appliqué?

15. Un marchand offre à sa clientèle deux mélanges de café maison qu'il prépare en mélangeant trois types de café: brésilien, colombien et africain. Ces mélanges sont vendus en sachets de 500 grammes. Pour préparer un sachet du mélange Corsé, il utilise 100 g de brésilien, 300 g de colombien et 100 g d'africain. Pour préparer un sachet du mélange Velouté, il utilise 100 g de brésilien, 100 g de colombien et 300 g d'africain. Par ailleurs, pour profiter d'un rabais sur ses achats, il doit commander à chaque semaine au moins 6 kg de brésilien, au moins 10 kg de colombien et au moins 10 kg d'africain.
    a) Les sachets des deux mélanges de café sont vendus au même prix. Cependant, le café africain est plus cher que les autres et les deux mélanges n'ont pas le même coût de production. Le coût de production d'un sachet de Corsé est de 3 $ et celui d'un sachet de Velouté est de 4 $. Le marchand veut continuer à offrir ces deux mélanges à sa clientèle tout en minimisant ses coûts. Combien de sachets de chaque mélange devrait-il produire hebdomadairement?
    b) Quelle quantité de chaque type de grains doit-il alors acheter par semaine?

16. Une compagnie reçoit une commande pour deux de ses produits dont les réserves sont épuisées. La fabrication de ces deux produits, P_1 et P_2, nécessite l'utilisation de trois machines M_1, M_2 et M_3 qui ne sont utilisées que pour ces deux produits. Cependant, un temps d'utilisation trop court peut entraîner des dommages à ces machines. Les temps minimum d'utilisation spécifiés par le fabricant sont de 380 minutes pour M_1, 120 minutes pour M_2 et 150 minutes pour M_3. La fabrication du produit P_1 nécessite 4 minutes sur la machine M_1, 3 minutes sur la machine M_2 et 1 minute sur la machine M_3. La fabrication du produit P_2 nécessite 5 minutes sur la machine M_1, 1 minute sur la machine M_2 et 4 minutes sur la machine M_3.
    a) Sachant que la compagnie a reçu une commande pour 10 exemplaires de P_1 et 10 exemplaires de P_2 et que le coût de fabrication est de 5 $ pour chaque exemplaire de l'un ou de l'autre de ces produits, déterminer le nombre d'exemplaires de chaque produit qu'il faut fabriquer pour minimiser le coût de production.
    b) Quel sera alors le temps d'utilisation de chaque machine?

17. Une compagnie fabrique des compléments alimentaires pour le bétail. Ces compléments alimentaires doivent respecter certaines contraintes quant à leur contenu en vitamines A, B et C. Un kilo de la variété SuperA doit contenir 400 g de vitamine A, 300 g de vitamine B et 300 g de vitamine C. Un kilo de la variété ExtraC doit contenir 200 g de vitamine A, 300 g de vitamine B et 500 g de vitamine C. Les fournisseurs de la compagnie peuvent garantir 38 kg de vitamine A, 30 kg de vitamine B et 45 kg de vitamine C par semaine.
    a) Sachant que la compagnie est assurée d'écouler toute sa production et que le profit escompté est de 3 $/kg sur la variété SuperA et de 2 $/kg sur la variété ExtraC, quel doit être le plan de production de la compagnie pour une semaine?
    b) Quelle quantité de chaque vitamine la compagnie doit-elle commander par semaine pour ne pas accumuler de surplus?

18. Une compagnie de jouets désire ajouter à sa gamme de production une table pour enfants et une maison de poupée. Ces articles seront fabriqués en bois. Pour fabriquer une table, il faut 6 minutes à l'atelier de sciage, 8 minutes à l'atelier d'assemblage et 8 minutes à l'atelier de peinture. Pour fabriquer une maison, il faut 4 minutes à l'atelier de sciage, 12 minutes à l'atelier d'assemblage et 8 minutes à l'atelier de peinture. Les temps libres par semaine dans ces ateliers sont actuellement de 72 minutes à l'atelier de sciage, 144 minutes à l'atelier d'assemblage et 112 minutes à l'atelier de peinture.

a) Sachant que la compagnie fera un profit de 50 $ la table et de 60 $ la maison, trouver combien d'exemplaires de chaque article il faut produire pour maximiser le profit de la compagnie.

b) Quels seront les temps libres dans chaque atelier si le plan de production trouvé en *a* est appliqué?

19. Le responsable des ventes d'une compagnie de meubles signale que les réserves des chaises Grand-mère et Grand-père sont épuisées. Comme la politique de la compagnie est d'avoir toujours au moins un exemplaire de chacun des meubles qu'elle produit pour sa salle de montre, il faut produire des exemplaires de ces deux modèles de chaises. Pour ce faire, il faut rappeler du personnel au travail car les autres productions monopolisent complètement le personnel présentement à l'emploi de la compagnie. La convention collective des travailleurs de cette usine prévoit que la compagnie doit payer un minimum de 4 heures à un ouvrier rappelé au travail, sauf pour les tourneurs dont le minimum est de 6 heures. La fabrication du modèle Grand-mère nécessite 20 minutes à l'atelier de sciage, 60 minutes à l'atelier de tournage et 24 minutes à l'atelier d'assemblage et finition. La fabrication du modèle Grand-père nécessite 40 minutes à l'atelier de sciage, 30 minutes à l'atelier de tournage et 24 minutes à l'atelier d'assemblage et finition.
Les travailleurs de l'atelier de sciage sont payés 12,00 $ l'heure, les tourneurs 14,00 $ l'heure et les assembleurs 8,00 $ l'heure.

a) Trouver le coût en main-d'œuvre pour chaque modèle de chaise.

b) Déterminer le nombre de chaises de chaque modèle qu'il faut produire pour minimiser les coûts de main-d'œuvre.

c) Quelle sera alors la durée du rappel pour chaque classe de travailleurs?

20. Une entreprise de produits chimiques fabrique deux nettoyants pour les carrosseries d'automobile: Brillenet et Clairnet. Les ingrédients de base sont les mêmes, mais ils sont utilisés dans des proportions différentes. Pour ne pas divulguer des secrets industriels, les ingrédients seront identifiés par I_1, I_2 et I_3. Ces nettoyants sont commercialisés dans des contenants de 1 litre. Pour fabriquer un litre de Brillenet, il faut 0,4 litre de l'ingrédient I_1, 0,3 litre de l'ingrédient I_2 et 0,3 litre de l'ingrédient I_3. Pour fabriquer un litre de Clairnet, il faut 0,5 litre de I_1, 0,2 litre de I_2 et 0,3 litre de I_3. Les fournisseurs de l'entreprise peuvent garantir, à chaque semaine, 94 litres de I_1, 51 litres de I_2, et 60 litres de I_3. Le profit réalisé est de 1,50 $/L pour le produit Brillenet et de 1,20 $/L pour le produit Clairnet.

a) Combien de litres de chaque produit la compagnie doit-elle fabriquer à chaque semaine pour maximiser son profit?

b) Quelle quantité des trois ingrédients la compagnie doit-elle commander par semaine pour ne pas accumuler de surplus?

c) Le service de distribution avise le gérant de production qu'il lui est impossible d'écouler toute la production du produit Brillenet. Les relevés des derniers mois indiquent que les distributeurs ne peuvent écouler que 70 litres de ce produit par semaine. En tenant compte de cette information, quel doit être le plan de production?

d) La modification du plan de production implique-t-elle une modification des acquisitions hebdomadaires? Quelles quantités de chaque ingrédient la compagnie doit-elle commander par semaine?

10.3 MÉTHODE DU SIMPLEXE

OBJECTIF: Utiliser la méthode du simplexe pour résoudre des problèmes simples de programmation linéaire.

VARIABLE D'ÉCART

Dans le rappel sur les propriétés des inégalités, nous avons vu que si $a \leq b$, il existe un nombre $c \geq 0$ tel que $a + c = b$. Dans le cas d'une inéquation linéaire, cette propriété peut être utilisée pour transformer l'inéquation linéaire en équation linéaire par l'ajout d'une variable, appelée *variable d'écart*. Ainsi l'inéquation

$$a_{i1}x_1 + a_{i2}x_2 + a_{i3}x_3 + \ldots a_{in}x_n \leq b_i$$

peut s'écrire

$$a_{i1}x_1 + a_{i2}x_2 + a_{i3}x_3 + \ldots a_{in}x_n + x_{n+i} = b_i, \text{ où } x_{n+i} \geq 0.$$

Par exemple, l'ajout d'une variable d'écart x_3 dans l'inéquation

$$2x_1 + x_2 \leq 6, \text{ où } x_i \geq 0 \text{ pour } i = 1; 2$$

donne

$$2x_1 + x_2 + x_3 = 6, \text{ où } x_i \geq 0 \text{ pour } i = 1; 2; 3.$$

Graphiquement, cette équation, avec les contraintes de non-négativité, est une portion du plan coupant les axes aux points (3;0;0), (0;6;0) et (0;0;6). La projection de cette portion de plan dans le plan x_1x_2 donne le polygone convexe représentant les solutions non négatives de l'inéquation

$$2x_1 + x_2 \leq 6.$$

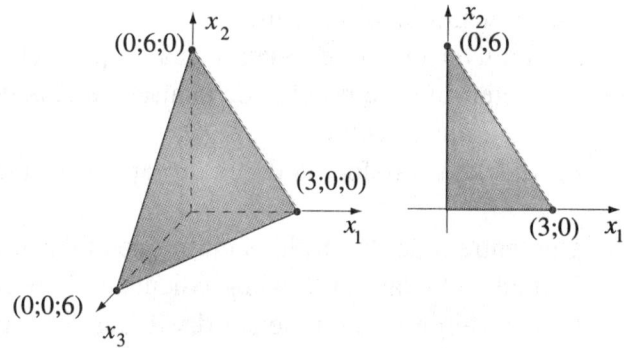

REMARQUE

Lorsque l'inéquation comporte l'inégalité $\geq$, l'égalité s'obtient en soustrayant une variable d'écart non négative. Ainsi, l'inéquation

$$3x_1 + 2x_2 \geq 6, \text{ où } x_i \geq 0 \text{ pour } i = 1; 2$$

s'écrira à l'aide d'une variable d'écart

$$3x_1 + 2x_2 - x_3 = 6, \text{ où } x_i \geq 0 \text{ pour } i = 1; 2; 3.$$

Un système d'inéquations linéaires représentant les contraintes d'un problème de programmation linéaire pourra alors s'écrire sous forme d'un système d'équations linéaires par l'ajout de m variables d'écart, où m est le nombre de contraintes du problème. Pour différencier ces deux formulations d'un problème linéaire, l'une sera appelée *forme canonique* et l'autre *forme standard*.

Considérons à nouveau le problème de la section précédente, page 312, qui, en utilisant $x = x_1$ et $y = x_2$, s'énonce comme suit:
Maximiser la fonction $z = f(x_1; x_2) = 300x_1 + 200x_2$
sujette aux contraintes

$$\begin{aligned} x_1 + 2x_2 &\leq 20 \\ 2x_1 + x_2 &\leq 22 \\ x_1 + x_2 &\leq 12 \end{aligned}$$

où $x_i \geq 0$ pour $i = 1; 2$.

Cette formulation du problème est appelée *forme canonique*. Par l'ajout des variables d'écart, on exprime le problème sous *forme standard*, soit:

Maximiser la fonction $z = f(x_1;x_2;x_3;x_4;x_5) = 300x_1 + 200x_2 + 0x_3 + 0x_4 + 0x_5$
sujette aux contraintes

$$2x_1 + x_2 + x_3 = 22$$
$$x_1 + 2x_2 + x_4 = 20$$
$$x_1 + x_2 + x_5 = 12$$

où $x_i \geq 0$ pour $i = 1, 2, 3, 4, 5$.

Nous avons maintenant un système de trois équations à cinq inconnues.

> *SOLUTION DE BASE*
>
> On appelle *solution de base* d'un système de m équations à n inconnues, où $m < n$, toutes les solutions contenant $n - m$ variables nulles.

Dans une solution de base, les variables non nulles sont appelées *variables de base* et les variables nulles sont appelées *variables secondaires*. Pour résoudre notre problème, nous déterminerons une première solution de base réalisable en posant $n - m = 5 - 3 = 2$ variables nulles. Nous poserons alors $x_1 = 0$ et $x_2 = 0$; les variables x_3, x_4 et x_5 seront les variables de base. Puis, nous verrons s'il est possible d'accroître la valeur de z par une transformation appelée le *pivotage* qui consiste à déterminer une autre solution de base réalisable en interchangeant une variable de base et une variable secondaire. On poursuit le processus jusqu'à ce qu'il ne soit plus possible d'accroître la valeur de la fonction économique.

RÉSOLUTION ALGÉBRIQUE
ÉTAPE 1
La première solution de base réalisable est obtenue en posant $x_1 = 0$ et $x_2 = 0$; on a alors le quintuplet (0; 0; 22; 20; 12). Pour cette première solution de base, la fonction économique sera
$$z = (300 \times 0) + (200 \times 0) + (0 \times 22) + (0 \times 20) + (0 \times 12) = 0$$
Si on isole les variables de base dans la forme standard, on obtient

$$x_3 = 22 - 2x_1 - x_2$$
$$x_4 = 20 - x_1 - 2x_2$$
$$x_5 = 12 - x_1 - x_2$$
$$z = 300x_1 + 200x_2$$

La meilleure façon d'accroître la valeur de la fonction économique est de donner une valeur positive à x_1 puisque son coefficient dans la fonction économique est plus élevé que celui de x_2. Cependant, on ne peut donner n'importe quelle valeur à x_1 car il faut respecter les contraintes économiques. Puisque la valeur de x_2 restera nulle et que l'on veut donner à x_1 une valeur positive α, la valeur de α doit respecter les contraintes suivantes:

$$x_1 = \alpha \geq 0$$
$$x_2 = 0$$
$$x_3 = 22 - 2\alpha \geq 0, \text{ d'où } \alpha \leq 11$$
$$x_4 = 20 - \alpha \geq 0, \text{ d'où } \alpha \leq 20$$
$$x_5 = 12 - \alpha \geq 0, \text{ d'où } \alpha \leq 12$$

Pour que chacun des x_i demeure positif, la plus grande valeur que l'on puisse donner à α est 11. Nous poserons donc $\alpha = 11$, ce qui donne comme nouvelle solution de base réalisable

$$(x_1; x_2; x_3; x_4; x_5) = (11; 0; 0; 9; 1)$$

La variable x_1 est maintenant une variable de base et x_3 est une variable secondaire. La fonction économique est alors $z = 300 \times 11 + 200 \times 0 = 3\,300$.

ÉTAPE 2
Pour savoir si on peut encore accroître la valeur de z, exprimons les variables de base en fonction des variables secondaires. Pour ce faire, isolons x_1 dans
$$2x_1 + x_2 + x_3 = 22$$
d'où
$$x_1 = 11 - \frac{x_2}{2} - \frac{x_3}{2}$$

Substituons maintenant x_1 dans les autres équations de la forme standard, en isolant x_4 et x_5, ainsi que dans la fonction économique

$$x_1 = 11 - \frac{x_2}{2} - \frac{x_3}{2}$$
$$x_4 = 9 - \frac{3x_2}{2} + \frac{x_3}{2}$$
$$x_5 = 1 - \frac{x_2}{2} + \frac{x_3}{2}$$
$$z = 3\ 300 + 50x_2 - 150x_3$$

Cette reformulation de la fonction économique nous permet de voir qu'en attribuant une valeur positive à x_2, on peut encore accroître la valeur de z puisque le coefficient de x_2 est positif. Par contre, le coefficient de x_3 est négatif et si on lui attribuait une valeur positive la valeur de z diminuerait. Nous allons donc attribuer à x_2 une valeur positive tout en gardant $x_3 = 0$. On aura alors

$$x_2 = \beta \geq 0$$
$$x_3 = 0$$
$$x_1 = 11 - \frac{\beta}{2} \geq 0, \text{ d'où } \beta \leq 22$$
$$x_4 = 9 - \frac{3\beta}{2} \geq 0, \text{ d'où } \beta \leq 6$$
$$x_5 = 1 - \frac{\beta}{2} \geq 0, \text{ d'où } \beta \leq 2$$

Pour que toutes les contraintes de non-négativité soient respectées, il faut poser $x_2 = 2$ et nous aurons alors comme nouvelle solution de base réalisable
$$(x_1;\ x_2;\ x_3;\ x_4;\ x_5) = (10;\ 2;\ 0;\ 6;\ 0)$$
La variable x_2 est maintenant une variable de base et x_5 est une variable secondaire. La fonction économique est alors
$$z = 3\ 300\ + 50 \times 2\ = 3\ 400$$

ÉTAPE 3
Pour savoir si on peut encore accroître la valeur de z, exprimons les variables de base en fonction des variables secondaires. Pour ce faire, isolons x_2 dans
$$x_5 = 1 - \frac{x_2}{2} + \frac{x_3}{2},$$
ce qui donne
$$x_2 = 2 + x_3 - 2x_5$$
En substituant dans les autres égalités de l'étape 2, on obtient

$$x_1 = 10 - x_3 + x_5$$
$$x_2 = 2 + x_3 - 2x_5$$
$$x_4 = 6 - x_3 + 3x_5$$
$$z = 3\,400 - 100x_3 - 100x_5$$

On constate que les variables apparaissant dans la fonction économique ont toutes des coefficients négatifs; dès lors il n'est plus possible d'accroître la valeur de z. La solution donnant le profit maximum est donc le quintuplet $(10; 2; 0; 6; 0)$ qui correspond au point sommet $(10; 2)$ du polygone convexe des solutions réalisables.

Nous avons résolu notre problème sans avoir à déterminer préalablement les points sommets du polygone convexe, ce qui simplifie beaucoup la recherche d'une solution. Cependant, cette présentation de la démarche algébrique avait pour but de permettre au lecteur de comprendre un déroulement qui, en pratique, se fait toujours matriciellement. Les solutions de base réalisables que nous avons considérées dans notre démarche sont

$$(0; 0; 22; 20; 12)\ ;\ (11; 0; 0; 9; 1)\ \text{et}\ (10; 2; 0; 6; 0)$$

qui correspondent aux sommets $(0; 0)$, $(11; 0)$ et $(10; 2)$ du polygone convexe des solutions réalisables. On est donc passé d'un point sommet à un autre, le trajet suivi étant déterminé de façon à ce que la valeur de la fonction économique s'accroisse le plus rapidement possible.

RÉSOLUTION MATRICIELLE

Nous allons maintenant résoudre le même problème matriciellement, ce qui permettra au lecteur de voir que la démarche est la même que lorsque nous l'avons résolu algébriquement, mais que le traitement est plus rapide et qu'en plus il est programmable. Un problème de programmation linéaire se représente par une matrice décomposable en blocs de la forme

$$\begin{pmatrix} A & | & I_m & | & B \\ - & - & - & - & - \\ C^t & | & 0 & | & -z \end{pmatrix}$$

où A est la matrice des coefficients des inéquations linéaires, I_m est la matrice des coefficients des variables d'écart, B est la matrice des constantes, C est la matrice des coefficients des variables dans la fonction économique, C^t est sa transposée, 0 est la matrice nulle et z est la valeur de la fonction économique.

Dans notre exemple

$$A = \begin{pmatrix} 2 & 1 \\ 1 & 2 \\ 1 & 1 \end{pmatrix} ;\ I_m = \begin{pmatrix} 1 & 0 & 0 \\ 0 & 1 & 0 \\ 0 & 0 & 1 \end{pmatrix} ;\ B = \begin{pmatrix} 22 \\ 20 \\ 12 \end{pmatrix}\ \text{et}\ C = \begin{pmatrix} 300 \\ 200 \end{pmatrix}\ \text{d'où}\ C^t = \begin{pmatrix} 300 & 200 \end{pmatrix}$$

La représentation matricielle du problème est donc

$$\begin{pmatrix} 2 & 1 & | & 1 & 0 & 0 & | & 22 \\ 1 & 2 & | & 0 & 1 & 0 & | & 20 \\ 1 & 1 & | & 0 & 0 & 1 & | & 12 \\ - & - & - & - & - & - & - & - \\ 300 & 200 & | & 0 & 0 & 0 & | & 0 \end{pmatrix}$$

Pour accroître le plus rapidement possible la valeur de la fonction économique, il faut donner une valeur positive à x_1 puisque c'est x_1 qui a le plus grand coefficient positif sur la dernière ligne de la matrice. Quelle est la plus grande valeur que l'on peut attribuer à x_1? Pour le déterminer, on prend les rapports des éléments de la colonne des termes constants sur les éléments de la colonne des x_1. On trouve alors

$$\frac{b_1}{a_{11}} = \frac{22}{2} = 11; \quad \frac{b_2}{a_{21}} = \frac{20}{1} = 20; \quad \frac{b_3}{a_{31}} = \frac{12}{1} = 12$$

Le plus petit de ces rapports est 11 et c'est la plus grande valeur qu'on peut attribuer à x_1; nous utiliserons donc l'élément de la première ligne première colonne, soit a_{11}, comme pivot puisque x_1 est dans la première colonne et que le plus petit rapport est sur la première ligne. Identifions le pivot en l'encadrant.

$$\begin{pmatrix} \boxed{2} & 1 & | & 1 & 0 & 0 & | & 22 \\ 1 & 2 & | & 0 & 1 & 0 & | & 20 \\ 1 & 1 & | & 0 & 0 & 1 & | & 12 \\ - & - & & - & - & - & & - \\ 300 & 200 & | & 0 & 0 & 0 & | & 0 \end{pmatrix}$$

Nous devons maintenant annuler les autres éléments de la première colonne et rendre le pivot unitaire. Pour ce faire, nous effectuerons des opérations élémentaires sur les lignes

$$\begin{array}{l} L_1 \to L_1/2 \\ L_2 \to L_2 - L_1/2 \\ L_3 \to L_3 - L_1/2 \\ \\ L_4 \to L_4 - 150 L_1 \end{array} \begin{pmatrix} \boxed{1} & 1/2 & | & 1/2 & 0 & 0 & | & 11 \\ 0 & 3/2 & | & -1/2 & 1 & 0 & | & 9 \\ 0 & 1/2 & | & -1/2 & 0 & 1 & | & 1 \\ - & - & & - & - & - & & - \\ 0 & 50 & | & -150 & 0 & 0 & | & -3\,300 \end{pmatrix}$$

La matrice représente alors le système d'équations que nous avions obtenu après la première étape de la résolution algébrique. On constate qu'il y a encore un coefficient positif sur la dernière ligne et il est donc possible d'accroître la valeur de z à nouveau. Ce coefficient positif étant dans la deuxième colonne, nous ferons le rapport des éléments de la colonne des termes constants sur les éléments de la deuxième colonne pour déterminer le pivot. On obtient

$$\frac{b_1}{a_{12}} = \frac{11}{1/2} = 22; \quad \frac{b_2}{a_{22}} = \frac{9}{3/2} = 6; \quad \frac{b_3}{a_{32}} = \frac{1}{1/2} = 2$$

Le plus petit rapport étant sur la troisième ligne, notre pivot sera l'élément de la troisième ligne, deuxième colonne:

$$\begin{array}{l} L_1 \to L_1 - L_3 \\ L_2 \to L_2 - 3L_3 \\ L_3 \to 2L_3 \\ \\ L_4 \to L_4 - 100 L_3 \end{array} \begin{pmatrix} 1 & 0 & | & 1 & 0 & -1 & | & 10 \\ 0 & 0 & | & 1 & 1 & -3 & | & 6 \\ 0 & \boxed{1} & | & -1 & 0 & 2 & | & 2 \\ - & - & & - & - & - & & - \\ 0 & 0 & | & -100 & 0 & -100 & | & -3\,400 \end{pmatrix}$$

Il n'y a plus de coefficients positifs sur la dernière ligne de la matrice et il n'est donc plus possible d'accroître la valeur de z. Les colonnes qui ne contiennent qu'un seul élément non nul sont alors les colonnes associées aux variables de base; par conséquent, $x_3 = 0$ et $x_5 = 0$ et la valeur des variables de base est donnée par les éléments de la dernière colonne, soit $x_1 = 10$, $x_2 = 2$ et $x_4 = 6$. La solution optimale est donc le quintuplet:

$$(x_1; x_2; x_3; x_4; x_5) = (10; 2; 0; 6; 0)$$

qui correspond, en éliminant les variables d'écart, au couple (10; 2). La valeur de z est alors obtenue en changeant le signe de l'élément de la dernière ligne dernière colonne et on a donc $z = 3\,400$.

> **PROCÉDURE POUR RÉSOUDRE UN PROBLÈME DE PROGRAMMATION LINÉAIRE À L'AIDE D'UNE MATRICE**
>
> 1. Déterminer la colonne (sauf la dernière) dont l'élément de la dernière ligne a la plus grande valeur positive. C'est la colonne du pivot, on la note par s.
> 2. Déterminer la ligne du pivot en faisant le rapport des éléments de la dernière colonne sur les éléments correspondants de la colonne du pivot, soit $u_{is} = b_i/a_{is}$. La ligne du pivot est généralement celle donnant le plus petit rapport non négatif.
> 3. Rendre le pivot unitaire par la transformation $L_r \to L_r/a_{rs}$, où a_{rs} est le pivot, r est la ligne du pivot et s la colonne du pivot.
> 4. Annuler tous les termes de la colonne du pivot de façon à ce que la variable représentée par cette colonne devienne une variable de base; les opérations sont de la forme
> $$L_i \to L_i - a_{is}L_r \text{ pour } i \neq r$$
> 5. Répéter les quatre premières étapes jusqu'à ce que tous les éléments de la dernière ligne soient non positifs.
> 6. Les colonnes ne contenant qu'un seul élément non nul sont celles correspondant aux variables de base; la valeur de ces variables est donnée dans la dernière colonne, les variables secondaires étant nulles.
> 7. La valeur maximale de la fonction économique est l'opposée de la valeur apparaissant dans la dernière ligne, dernière colonne.

REMARQUE

Il faut s'assurer que tous les éléments de la dernière ligne sont non positifs. Pour y parvenir, on peut avoir, à l'étape 2, à choisir un rapport nul ou un rapport négatif pour identifier le pivot. Lorsque le rapport est nul, l'introduction de la variable correspondante n'améliore pas la valeur de la fonction et lorsque le rapport est négatif, la valeur de la fonction économique va diminuer mais le déplacement se fera vers un autre point sommet à partir duquel il sera possible de parvenir à la solution optimale. Lors de la résolution matricielle, nous avons interchangé les variables de base et les variables secondaires. Au départ, chaque variable de la matrice est représentée par une colonne et chacune des lignes donne la valeur d'une variable de base. Les variables de base sont celles dont la colonne ne contient qu'une seule valeur non nulle. Ainsi dans la première matrice,

$$\begin{array}{c} \begin{array}{cccccc} x_1 & x_2 & x_3 & x_4 & x_5 & \end{array} \\ \begin{array}{c} x_3 \\ x_4 \\ x_5 \\ \\ \end{array} \left(\begin{array}{ccccc|c} 2 & 1 & 1 & 0 & 0 & 22 \\ 1 & 2 & 0 & 1 & 0 & 20 \\ 1 & 1 & 0 & 0 & 1 & 12 \\ \hline 300 & 200 & 0 & 0 & 0 & 0 \end{array} \right), \end{array}$$

les variables secondaires sont x_1 et x_2 alors que les variables de base sont x_3, x_4 et x_5. Dans la colonne des x_3, l'élément non nul est sur la première ligne; cet élément est 1, ce qui signifie que $x_3 = 22$. De la même façon, $x_4 = 20$ et $x_5 = 12$. Les variables secondaires, c'est-à-dire celles égales à zéro, sont les variables dont la colonne contient plus d'un élément non nul; dans ce cas, $x_1 = 0$ et $x_2 = 0$. À la deuxième étape, on a obtenu la matrice suivante:

$$\begin{array}{c} \\ x_1 \\ x_4 \\ x_5 \\ \\ \\ \end{array} \begin{pmatrix} x_1 & x_2 & | & x_3 & x_4 & x_5 & | & \\ 1 & 1/2 & | & 1/2 & 0 & 0 & | & 11 \\ 0 & 3/2 & | & -1/2 & 1 & 0 & | & 9 \\ 0 & 1/2 & | & -1/2 & 0 & 1 & | & 1 \\ - & - & - & - & - & - & - & - \\ 0 & 50 & | & -150 & 0 & 0 & | & -3\,300 \end{pmatrix}$$

On constate que x_1 est devenue une variable de base alors que x_3 est devenue une variable secondaire. La première ligne de la matrice se lit

$$x_1 + \frac{x_2}{2} + \frac{x_3}{2} = 11$$

ou encore
$$x_1 = 11 - \frac{x_2}{2} - \frac{x_3}{2}$$

La deuxième ligne donne
$$x_4 = 9 - \frac{3x_2}{2} + \frac{x_3}{2}$$

La troisième ligne donne
$$x_5 = 1 - \frac{x_2}{2} + \frac{x_3}{2}$$

La dernière ligne donne $\quad 50x_2 - 150x_3 = z - 3\,300$
ou $\quad z = 3\,300 + 50x_2 - 150x_3$

Et, en posant $x_2 = 0$ et $x_3 = 0$, on a la solution réalisable (11; 0; 0; 9; 1). À l'étape 3, la matrice devient

$$\begin{array}{c} \\ x_1 \\ x_4 \\ x_2 \\ \\ \\ \end{array} \begin{pmatrix} x_1 & x_2 & | & x_3 & x_4 & x_5 & | & \\ 1 & 0 & | & 1 & 0 & -1 & | & 10 \\ 0 & 0 & | & 1 & 1 & -3 & | & 6 \\ 0 & 1 & | & -1 & 0 & 2 & | & 2 \\ - & - & - & - & - & - & - & - \\ 0 & 0 & | & -100 & 0 & -100 & | & -3\,400 \end{pmatrix}$$

Les variables de base sont alors x_1, x_4 et x_2 et les variables secondaires sont x_3 et x_5, ce qui donne la solution réalisable (10; 2; 0; 6; 0). Cette solution est également la solution maximale puisque tous les coefficients de la dernière ligne sont négatifs ou nuls.

 *10.3.1*

Résoudre matriciellement le problème de programmation linéaire suivant:
Maximiser la fonction $z = 24x_1 + 60x_2$ sujette aux contraintes
$$\begin{aligned} x_1 + 4x_2 &\le 24 \\ 3x_1 + x_2 &\le 21 \\ x_1 + x_2 &\le 9 \end{aligned}$$
où $x_i \ge 0$ pour $i = 1; 2$.

Solution
La matrice de ce problème est

$$\begin{pmatrix} 1 & 4 & | & 1 & 0 & 0 & | & 24 \\ 3 & 1 & | & 0 & 1 & 0 & | & 21 \\ 1 & 1 & | & 0 & 0 & 1 & | & 9 \\ - & - & - & - & - & - & - & - \\ 24 & 60 & | & 0 & 0 & 0 & | & 0 \end{pmatrix}$$

La deuxième colonne est celle du pivot puisque le plus grand élément positif de la dernière ligne est dans cette colonne. En faisant les rapports $u_{i2} = b_i/a_{i2}$, on trouve que la première ligne est celle du pivot puisque les rapports sont

$$u_{12} = \frac{b_1}{a_{12}} = 6; \quad u_{22} = \frac{b_2}{a_{22}} = 21; \quad u_{32} = \frac{b_3}{a_{32}} = 9$$

D'où

$$\begin{array}{l} L_1 \to L_1/4 \\ L_2 \to L_2 - L_1/4 \\ L_3 \to L_3 - L_1/4 \\ \\ L_4 \to L_4 - 15L_1 \end{array} \begin{pmatrix} 1/4 & \boxed{1} & | & 1/4 & 0 & 0 & | & 6 \\ 11/4 & 0 & | & -1/4 & 1 & 0 & | & 15 \\ 3/4 & 0 & | & -1/4 & 0 & 1 & | & 3 \\ - & - & - & - & - & - & - & - \\ 9 & 0 & | & -15 & 0 & 0 & | & -360 \end{pmatrix}$$

La valeur maximum n'est pas atteinte puisqu'il y a un coefficient positif sur la dernière ligne, première colonne. Les rapports

$$u_{11} = \frac{b_1}{a_{11}} = \frac{6}{1/4} = 24; \quad u_{21} = \frac{b_2}{a_{21}} = \frac{15}{11/4} = \frac{60}{11}; \quad u_{31} = \frac{b_3}{a_{31}} = \frac{3}{3/4} = 4,$$

indiquent que le pivot est sur la troisième ligne, première colonne. Rendons le pivot unitaire et effectuons les transformations

$$\begin{array}{l} L_1 \to L_1 - L_3/3 \\ L_2 \to L_2 - 11L_3/3 \\ L_3 \to 4L_3/3 \\ \\ L_4 \to L_4 - 12L_3 \end{array} \begin{pmatrix} 0 & 1 & | & 1/3 & 0 & -1/3 & | & 5 \\ 0 & 0 & | & 2/3 & 1 & -11/3 & | & 4 \\ \boxed{1} & 0 & | & -1/3 & 0 & 4/3 & | & 4 \\ - & - & - & - & - & - & - & - \\ 0 & 0 & | & -12 & 0 & -12 & | & -396 \end{pmatrix}$$

Tous les éléments de la dernière ligne sont non positifs et la valeur maximum est atteinte. Cette valeur est 396, les variables de base sont x_1, x_2 et x_4, les variables secondaires sont x_3 et x_5.

La solution est donc (4; 5; 0; 4; 0) qui correspond, en éliminant les variables d'écart, à $x_1 = 4$ et $x_2 = 5$.

EXEMPLE 10.3.2

Un marchand d'aliments naturels prépare des mélanges à grignoter en sachets dont les ingrédients de base sont les arachides, les raisins secs et les noix d'acajou. Pour préparer ces mélanges, il reçoit hebdomadairement 2 400 grammes d'arachides, 1 200 grammes de raisins secs et 1 200 grammes de noix d'acajou. Les quantités utilisées pour chaque mélange et le profit réalisé sont donnés dans le tableau suivant:

	Mélanges			Disponibilités
	M_1	M_2	M_3	
Arachides	30	30	20	2 400
Raisins	10	10	20	1 200
Noix d'acajou	30	10	10	1 200
Profits	2,00 $	1,50 $	1,00 $	

Sachant que le commerçant écoule tous les mélanges qu'il peut préparer à chaque semaine, trouver combien il doit en préparer de chaque sorte pour que son profit soit maximum.

Solution

Posons x_i le nombre de sachets du mélange M_i. Le problème s'énonce comme suit:
Maximiser la fonction
$$z = 2x_1 + 1,5x_2 + x_3$$
sujette aux contraintes
$$30x_1 + 30x_2 + 20x_3 \leq 2\,400$$
$$10x_1 + 10x_2 + 20x_3 \leq 1\,200$$
$$30x_1 + 10x_2 + 10x_3 \leq 1\,200$$
où $x_i \geq 0$ pour $i = 1, 2, 3$.

On peut simplifier les équations de contraintes en divisant par 10 les deux membres de chacune des équations et la matrice du problème est alors

$$\begin{pmatrix} 3 & 3 & 2 & | & 1 & 0 & 0 & | & 240 \\ 1 & 1 & 2 & | & 0 & 1 & 0 & | & 120 \\ ③ & 1 & 1 & | & 0 & 0 & 1 & | & 120 \\ - & - & - & - & - & - & - & - & - \\ 2 & 1,5 & 1 & | & 0 & 0 & 0 & | & 0 \end{pmatrix}$$

Le premier pivot est dans la première colonne et les rapports $u_{i1} = b_i/a_{i1}$ sont
$$u_{11} = b_1/a_{11} = 80; \quad u_{21} = b_2/a_{21} = 120; \quad u_{31} = b_3/a_{31} = 40,$$
le pivot est donc sur la troisième ligne, première colonne

$$
\begin{array}{c}
L_1 \to L_1 - L_3 \\
L_2 \to L_2 - L_3/3 \\
L_3 \to L_3/3 \\
\\
L_4 \to L_4 - 2L_3/3
\end{array}
\left(\begin{array}{cccccc|c}
0 & 2 & 1 & 1 & 0 & -1 & 120 \\
0 & 2/3 & 5/3 & 0 & 1 & -1/3 & 80 \\
\boxed{1} & 1/3 & 1/3 & 0 & 0 & 1/3 & 40 \\
\hline
0 & 5/6 & 1/3 & 0 & 0 & -2/3 & -80
\end{array}\right)
$$

Le plus grand coefficient de la dernière ligne est maintenant celui de la deuxième colonne et les rapports $u_{i2} = b_i/a_{i2}$ sont
$$u_{12} = b_1/a_{12} = 60;\quad u_{22} = b_2/a_{22} = 120;\quad u_{32} = b_3/a_{32} = 120,$$
le pivot est donc l'élément de la première ligne et de la deuxième colonne.

$$
\begin{array}{c}
L_1 \to L_1/2 \\
L_2 \to L_2 - L_1/3 \\
L_3 \to L_3 - L_1/6 \\
\\
L_4 \to L_4 - 5L_1/12
\end{array}
\left(\begin{array}{cccccc|c}
0 & \boxed{1} & 1/2 & 1/2 & 0 & -1/2 & 60 \\
0 & 0 & 4/3 & -1/3 & 1 & 0 & 40 \\
1 & 0 & 1/6 & -1/6 & 0 & 1/2 & 20 \\
\hline
0 & 0 & -1/12 & -5/12 & 0 & -1/4 & -130
\end{array}\right)
$$

Puisqu'il n'y a plus de termes positifs sur la dernière ligne de la matrice, la valeur maximum est atteinte à $x_1 = 20$, $x_2 = 60$ et $x_3 = 0$. Le profit hebdomadaire est alors de 130 $.

REMARQUE

Le polyèdre convexe formé des solutions du problème de programmation de l'exemple 10.3.2 est représenté ci-contre. La méthode du simplexe consiste à améliorer la solution en partant de l'origine. Toutes les variables sont alors égales à 0 et on améliore la solution en se déplaçant sur une arête vers un point sommet adjacent en choisissant la direction qui donne le meilleur accroissement de la fonction économique. Ainsi, à partir de l'origine, il y a trois directions possibles. C'est en passant du point P_0 (0;0;0) au point P_1(40;0;0) que l'on améliore le mieux la fonction économique. À partir de ce point, il est encore possible d'améliorer la valeur de la fonction économique en suivant l'arête du polyèdre convexe qui va au point P_2 (20;60;0). La fonction économique atteint sa valeur maximale en ce point.

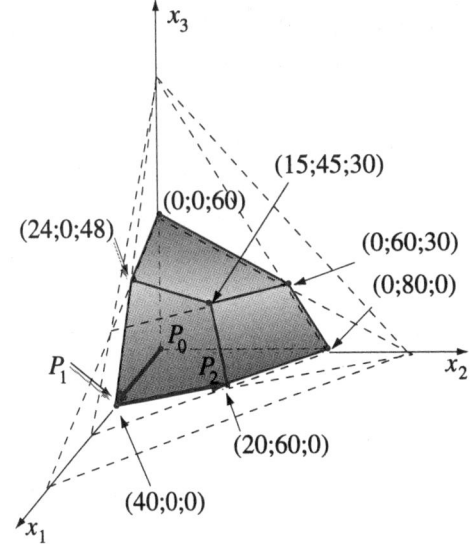

On remarque que le trajet $P_0P_1P_2$ n'est pas le seul chemin menant au point sommet P_2 en suivant les arêtes du polyèdre convexe. Ce trajet a été choisi parce que la méthode consiste à suivre, à partir d'un point sommet, l'arête qui permet de parvenir au sommet adjacent améliorant le mieux la valeur de la fonction économique. Dans certaines situations, à partir d'un point sommet, deux directions peuvent donner un même accroissement de la valeur de la fonction économique même si le nombre d'étapes subséquentes pour parvenir au point sommet donnant la solution optimale peut différer.

PROBLÈME DUAL

Jusqu'à maintenant, nous n'avons présenté, matriciellement, que des problèmes de maximisation. Nous allons résoudre les problèmes de minimisation par le dual; nous verrons donc comment trouver le problème dual d'un problème de programmation linéaire et comment le résoudre en le représentant par une matrice.

Considérons le problème de programmation linéaire suivant:
Maximiser la fonction $z = c_1x_1 + c_2x_2 + ... + c_nx_n$ sujette aux contraintes

$$a_{11}x_1 + a_{12}x_2 + ... + a_{1n}x_n \leq b_1$$
$$a_{21}x_1 + a_{22}x_2 + ... + a_{2n}x_n \leq b_2$$
$$\cdots\cdots\cdots\cdots\cdots\cdots\cdots\cdots\cdots$$
$$a_{m1}x_1 + a_{m2}x_2 + ... + a_{mn}x_n \leq b_m$$

où $x_i \geq 0$ pour $i = 1, 2, 3, ..., n$.

Ce problème s'écrit matriciellement comme suit:
Maximiser la fonction $z = C^tX$ sujette aux contraintes $AX \leq B$, où $X \geq 0$,

$$C^t = \begin{pmatrix} c_1 & c_2 & \cdots & c_n \end{pmatrix}; \quad X = \begin{pmatrix} x_1 \\ x_2 \\ \vdots \\ x_n \end{pmatrix}; \quad A = \begin{pmatrix} a_{11} & a_{12} & \cdots & a_{1n} \\ a_{21} & a_{22} & \cdots & a_{2n} \\ \vdots & \vdots & a_{ij} & \vdots \\ a_{m1} & a_{m2} & \cdots & a_{mn} \end{pmatrix} \quad \text{et} \quad B = \begin{pmatrix} b_1 \\ b_2 \\ \vdots \\ b_m \end{pmatrix}$$

Le problème dual est alors le problème:
Minimiser la fonction $w = b_1y_1 + b_2y_2 + ... + b_my_m$ sujette aux contraintes

$$a_{11}y_1 + a_{21}y_2 + ... + a_{m1}y_m \geq c_1$$
$$a_{12}y_1 + a_{22}y_2 + ... + a_{m2}y_m \geq c_2$$
$$\cdots\cdots\cdots\cdots\cdots\cdots\cdots\cdots\cdots$$
$$a_{1n}y_1 + a_{2n}y_2 + ... + a_{mn}y_m \geq c_n$$

où $y_i \geq 0$ pour $i = 1, 2, 3, ..., m$.

Ce problème s'écrit matriciellement comme suit:

Minimiser $w = B^tY$ sujette aux contraintes $A^tY \geq C$, où $Y \geq 0$ et $Y = \begin{pmatrix} y_1 \\ y_2 \\ \vdots \\ y_m \end{pmatrix}$. De plus, A^t est la transposée de A, B^t est la transposée de B et C, est la transposée de C^t.

REMARQUE

Pour différencier les deux problèmes, l'un est appelé le *primal* et l'autre le *dual*. Le dual du dual est le problème primal. Si le primal est un problème de maximisation, le dual est un problème de minimisation. Si le primal est un problème de minimisation, le dual est un problème de maximisation. Le nombre de variables du dual est le nombre de contraintes du primal. Les termes constants des contraintes du primal sont les coefficients de la fonction économique du dual.

Nous utiliserons sans démonstration le théorème suivant que nous allons plutôt illustrer à l'aide d'un exemple.

> **THÉORÈME**
> La fonction économique g d'un problème de minimisation admet une solution minimale si et seulement si la fonction économique f du problème dual admet une solution maximale. De plus, la valeur minimale de g est égale à la valeur maximale de f et si P et Q sont des solutions réalisables de leur problème respectif, telles que $g(P) = f(Q)$, alors P et Q sont des solutions optimales de leur problème respectif.

Illustrons ce théorème en résolvant géométriquement un problème de minimisation et son dual.

Considérons le problème de minimisation suivant:
Minimiser la fonction $w = 300x_1 + 200x_2$ sujette aux contraintes
$$2x_1 + x_2 \geq 8$$
$$x_1 + x_2 \geq 6$$
$$x_1 + 2x_2 \geq 9$$
où $x_i \geq 0$ pour $i = 1, 2$.

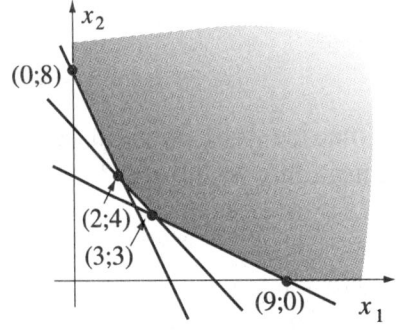

Le polygone des solutions réalisables du problème de minimisation est donné ci-contre. Les points sommets et la valeur de la fonction économique en ces points sont donnés dans le tableau suivant

$(x_1;x_2)$	(9;0)	(0;8)	(2;4)	(3;3)
w	2 700	1 600	1 400	1 500

La valeur minimale de la fonction économique est atteinte à (2;4) et cette valeur est égale à 1 400.

Le problème dual s'énonce alors:
Maximiser la fonction $z = 8y_1 + 6y_2 + 9y_3$ sujette aux contraintes
$$2y_1 + y_2 + y_3 \leq 300$$
$$y_1 + y_2 + 2y_3 \leq 200$$
où $y_i \geq 0$ pour $i = 1, 2, 3$.

Le polyèdre des solutions réalisables du problème de maximisation est donné ci-contre.

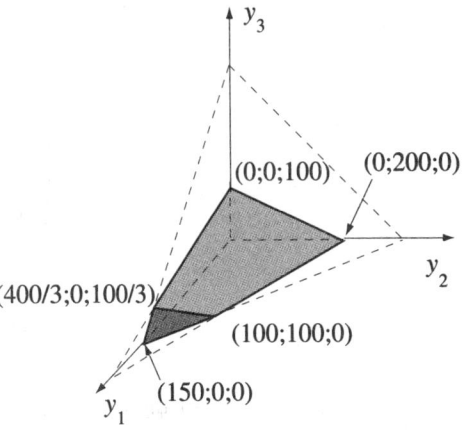

Les points sommets et la valeur de la fonction économique en ces points permettent de constater que la valeur maximale de la fonction économique du problème de maximisation est atteinte à (100;100;0) et cette valeur est égale à 1 400.

Résolvons maintenant le problème de maximisation par la méthode matricielle et comparons les résultats. La forme matricielle du problème est

$$\begin{pmatrix} 2 & 1 & 1 & | & 1 & 0 & | & 300 \\ 1 & 1 & \boxed{2} & | & 0 & 1 & | & 200 \\ - & - & - & - & - & - & - & - \\ 8 & 6 & 9 & | & 0 & 0 & | & 0 \end{pmatrix}$$

$$\begin{array}{c} L_1 \to L_1 - L_2/2 \\ L_2 \to L_2/2 \\ \\ L_3 \to L_3 - 9L_2/2 \end{array} \begin{pmatrix} 3/2 & 1/2 & 0 & | & 1 & -1/2 & | & 200 \\ 1/2 & 1/2 & \boxed{1} & | & 0 & 1/2 & | & 100 \\ - & - & - & & - & - & & - - \\ 7/2 & 3/2 & 0 & | & 0 & -9/2 & | & -900 \end{pmatrix}$$

$$\begin{array}{c} L_1 \to 2L_1/3 \\ L_2 \to L_2 - L_1/3 \\ \\ L_3 \to L_3 - 7L_1/3 \end{array} \begin{pmatrix} \boxed{1} & 1/3 & 0 & | & 2/3 & -1/3 & | & 400/3 \\ 0 & 1/3 & 1 & | & -1/3 & 2/3 & | & 100/3 \\ - & - & - & & - & - & & - - \\ 0 & 1/3 & 0 & | & -7/3 & -10/3 & | & -4\,100/3 \end{pmatrix}$$

$$\begin{array}{c} L_1 \to L_1 - L_2 \\ L_2 \to 3L_2 \\ \\ L_3 \to L_3 - L_2 \end{array} \begin{pmatrix} 1 & 0 & -1 & | & 1 & -1 & | & 100 \\ 0 & \boxed{1} & 3 & | & -1 & 2 & | & 100 \\ - & - & - & & - & - & & - - \\ 0 & 0 & -1 & | & -2 & -4 & | & -1\,400 \end{pmatrix}$$

Cette matrice nous donne à la fois la solution du problème de maximisation et celle du problème de minimisation.

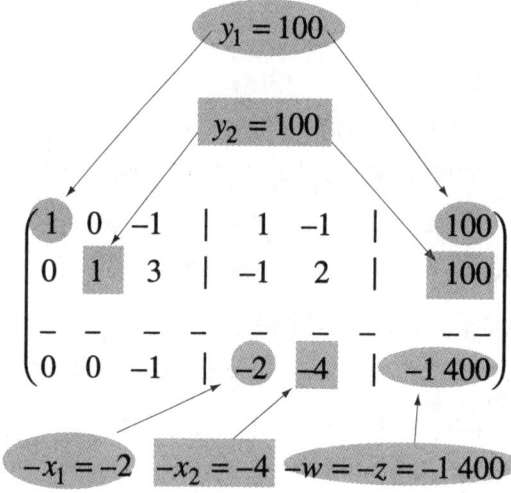

et $y_3 = 0$ comme variable secondaire. Noter que les x_i sont en ordre d'indice car on n'a effectué que des opérations de lignes sur la matrice. On n'a pas effectué d'opérations de colonnes.

REMARQUE

La matrice du problème primal est de la forme

$$\begin{pmatrix} A & | & I_m & | & B \\ - & - & - & - & - \\ C^t & | & 0 & | & -z \end{pmatrix}$$

et la matrice du problème dual est de la forme

$$\begin{pmatrix} A^t & | & I_n & | & C \\ - & - & - & - & - \\ B^t & | & 0 & | & -w \end{pmatrix}$$

EXEMPLE 10.3.3

Résoudre matriciellement le problème suivant:
Minimiser la fonction $w = 6x_1 + 9x_2$ sujette aux contraintes
$$3x_1 + 2x_2 \geq 18$$
$$x_1 + 3x_2 \geq 12$$
$$x_1 + x_2 \geq 8$$
où $x_i \geq 0$ pour $i = 1; 2$.

Solution

Le problème dual s'énonce:
Maximiser la fonction $z = 18y_1 + 12y_2 + 8y_3$ sujette aux contraintes
$$3y_1 + y_2 + y_3 \leq 6$$
$$2y_1 + 3y_2 + y_3 \leq 9$$
où $y_i \geq 0$ pour $i = 1; 2; 3$.

qui s'écrit matriciellement

$$\begin{pmatrix} 3 & 1 & 1 & | & 1 & 0 & | & 6 \\ 2 & 3 & 1 & | & 0 & 1 & | & 9 \\ - & - & - & - & - & - & - & - \\ 18 & 12 & 8 & | & 0 & 0 & | & 0 \end{pmatrix}$$

Le premier pivot est dans la première colonne et les rapports $u_{i1} = b_i/a_{i1}$ donnent $u_{11} = 2$ et $u_{21} = 4{,}5$; le pivot est donc sur la première ligne et dans la première colonne:

$$\begin{array}{l} L_1 \to L_1/3 \\ L_2 \to L_2 - 2L_1/3 \\ \\ L_3 \to L_3 - 6L_1 \end{array} \begin{pmatrix} 1 & 1/3 & 1/3 & | & 1/3 & 0 & | & 2 \\ 0 & 7/3 & 1/3 & | & -2/3 & 1 & | & 5 \\ - & - & - & - & - & - & - & - \\ 0 & 6 & 2 & | & -6 & 0 & | & -36 \end{pmatrix}$$

Le deuxième pivot est sur la deuxième ligne, deuxième colonne:

$$\begin{array}{l} L_1 \to L_1 - L_2/7 \\ L_2 \to 3L_2/7 \\ \\ L_3 \to L_3 - 18L_2/7 \end{array} \begin{pmatrix} 1 & 0 & 2/7 & | & 3/7 & -1/7 & | & 9/7 \\ 0 & 1 & 1/7 & | & -2/7 & 3/7 & | & 15/7 \\ - & - & - & - & - & - & - & - \\ 0 & 0 & 8/7 & | & -30/7 & -18/7 & | & -342/7 \end{pmatrix}$$

Le troisième pivot est sur la première ligne, troisième colonne:

$$\begin{array}{l} L_1 \to 7L_1/2 \\ L_2 \to L_2 - L_1/2 \\ \\ L_3 \to L_3 - 4L_1 \end{array} \left(\begin{array}{ccc|cc|c} 7/2 & 0 & \boxed{1} & 3/2 & -1/2 & 9/2 \\ -1/2 & 1 & 0 & -1/2 & 1/2 & 3/2 \\ \hline -4 & 0 & 0 & -6 & -2 & -54 \end{array} \right)$$

Il n'y a plus de coefficients positifs dans la dernière ligne de la matrice; la solution optimale est atteinte. La solution est (6; 2) et la valeur minimale est 54.

 EXEMPLE 10.3.4

Résoudre matriciellement le problème de programmation linéaire suivant:
Minimiser la fonction $w = x_1 + 2x_2 + x_3$ sujette aux contraintes
$$x_1 + x_2 + 2x_3 \geq 8$$
$$x_1 + x_2 + x_3 \geq 6$$
où $x_i \geq 0$ pour $i = 1, 2, 3$.

Solution

Le problème dual est:
Maximiser la fonction $z = 8y_1 + 6y_2$ sujette aux contraintes
$$y_1 + y_2 \leq 1$$
$$y_1 + y_2 \leq 2$$
$$2y_1 + y_2 \leq 1$$
où $y_i \geq 0$ pour $i = 1, 2$.

Il s'écrit matriciellement

$$\left(\begin{array}{cc|ccc|c} 1 & 1 & 1 & 0 & 0 & 1 \\ 1 & 1 & 0 & 1 & 0 & 2 \\ 2 & 1 & 0 & 0 & 1 & 1 \\ \hline 8 & 6 & 0 & 0 & 0 & 0 \end{array} \right)$$

$$\begin{array}{l} L_1 \to L_1 - L_3/2 \\ L_2 \to L_2 - L_3/2 \\ L_3 \to L_3/2 \\ \\ L_4 \to L_4 - 4L_3 \end{array} \left(\begin{array}{cc|ccc|c} 0 & 1/2 & 1 & 0 & -1/2 & 1/2 \\ 0 & 1/2 & 0 & 1 & -1/2 & 3/2 \\ \boxed{1} & 1/2 & 0 & 0 & 1/2 & 1/2 \\ \hline 0 & 2 & 0 & 0 & -4 & -4 \end{array} \right)$$

Le deuxième pivot est dans la deuxième colonne et on a le choix entre la première ligne et la troisième ligne. Choisissons la première ligne, on a alors

$$\begin{array}{c} L_1 \to 2L_1 \\ L_2 \to L_2 - L_1 \\ L_3 \to L_3 - L_1 \\ \\ L_4 \to L_4 - 4L_1 \end{array} \left(\begin{array}{ccccccc} 0 & 1 & | & 2 & 0 & -1 & | & 1 \\ 0 & 0 & | & -1 & 1 & 0 & | & 1 \\ 1 & 0 & | & -1 & 0 & 1 & | & 0 \\ - & - & & - & - & - & & - \\ 0 & 0 & | & -4 & 0 & -2 & | & -6 \end{array} \right)$$

La solution du problème dual de maximisation est donc $y_1 = 0$ et $y_2 = 1$ obtenue à partir du quintuplet $(0;1;0;1;0)$ et la solution du problème primal de minimisation est $(4;0;2)$, alors que la valeur optimale est 6.

REMARQUE

La solution du problème de minimisation précédent n'est pas unique, car le triplet $(0;0;6)$ est également une solution du problème de minimisation. Cependant, la solution que nous obtenons matriciellement est celle pour laquelle la fonction économique des deux problèmes prend la même valeur et on obtient dès lors la solution des deux problèmes.

Dès qu'une solution d'un problème d'optimisation est obtenue, il est bon de vérifier si les contraintes sont respectées et de déterminer le niveau atteint par les expressions linéaires contenues dans ces contraintes lors du remplacement des x_j (pour $j = 1, 2, ...$). Cette vérification permettra de retenir, s'il y a plusieurs solutions optimisant la fonction économique, celle fournie par les x_j qui est la plus profitable selon le contexte. Pour effectuer cette vérification, il suffit d'effectuer le produit matriciel de la matrice A des coefficients des contraintes par la matrice solution S des x_j pour lesquels l'optimum est atteint.

Ainsi, dans l'exemple 10.3.3, ce produit donne

$$\begin{pmatrix} 3 & 2 \\ 1 & 3 \\ 1 & 1 \end{pmatrix} \bullet \begin{pmatrix} 6 \\ 2 \end{pmatrix} = \begin{pmatrix} 22 \\ 12 \\ 8 \end{pmatrix}$$

En comparant la matrice colonne obtenue aux containtes du problème, soit:
$$3x_1 + 2x_2 \geq 18$$
$$x_1 + 3x_2 \geq 12$$
$$x_1 + x_2 \geq 8,$$

on constate que la solution satisfait aux contraintes. La matrice colonne résultant du produit doit toujours donner des valeurs respectant les contraintes, ce qui ne signifie pas que les éléments doivent tous être égaux aux constantes du système d'inéquations.

Georges Bernard DANTZIG

Georges Bernard DANTZIG est un mathématicien américain, né à Portland (Orégon) en 1914. Il a d'abord travaillé comme statisticien et reçut son doctorat de l'université Berkeley en 1946. Il est alors devenu conseiller mathématique pour l'aviation militaire (USAF). Il s'intéressa aux problèmes d'allocation optimale des ressources et développa la méthode du simplexe permettant de résoudre ce type de problème. Cette découverte, faite en 1947, coïncidait avec l'avènement d'ordinateurs dont l'utilisation est nécessaire à la résolution de problèmes comportant un grand nombre de variables. À l'origine, sa méthode était surtout utilisée pour planifier des sessions d'entraînement, pour organiser la distribution de l'équipement et pour déployer les militaires. En moins de vingt-cinq ans, sa méthode est devenue un instrument indispensable pour la gestion industrielle, l'étude de systèmes économiques et l'affectation de personnel et de ressources.

10.4 EXERCICES

1. Résoudre matriciellement les problèmes linéaires suivants:

    a) Maximiser $z = 3x_1 + 3x_2$
    sujette aux contraintes
    $x_1 + 4x_2 \leq 12$
    $2x_1 + 4x_2 \leq 10$
    où $x_i \geq 0$ pour $i = 1; 2$.

    b) Maximiser $z = 5x_1 + 8x_2$
    sujette aux contraintes
    $x_1 + x_2 \leq 13$
    $5x_1 + 2x_2 \leq 50$
    $4x_1 + 5x_2 \leq 60$
    où $x_i \geq 0$ pour $i = 1; 2$.

    c) Maximiser $z = 4x_1 + 4x_2$
    sujette aux contraintes
    $x_1 + x_2 \leq 13$
    $5x_1 + 2x_2 \leq 50$
    $4x_1 + 5x_2 \leq 60$
    où $x_i \geq 0$ pour $i = 1; 2$.

    d) Maximiser $z = 8x_1 + 12x_2 + 9x_3$
    sujette aux contraintes
    $4x_1 + 4x_2 + x_3 \leq 24$
    $4x_1 + 12x_2 + 9x_3 \leq 72$
    $4x_1 + 3x_3 \leq 24$
    où $x_i \geq 0$ pour $i = 1; 2; 3$.

    e) Minimiser $w = x_1 + x_2 + x_3$
    sujette aux contraintes
    $x_1 + x_2 + 2x_3 \geq 8$
    $x_1 + x_2 + x_3 \geq 6$
    où $x_i \geq 0$ pour $i = 1; 2; 3$.

    f) Minimiser $w = x_1 + 3x_2 + x_3$
    sujette aux contraintes
    $x_1 + x_2 + x_3 \geq 2$
    $x_1 + 3x_2 \geq 3$
    $x_1 + 9x_2 + 3x_3 \geq 9$
    où $x_i \geq 0$ pour $i = 1; 2; 3$.

    g) Minimiser $w = 5x_1 + 7x_2$
    sujette aux contraintes
    $x_1 + 2x_2 \geq 8$
    $2x_1 + x_2 \geq 8$
    $x_1 + x_2 \geq 6$
    où $x_i \geq 0$ pour $i = 1; 2$.

    h) Minimiser $w = 6x_1 + 9x_2$
    sujette aux contraintes
    $x_1 + 3x_2 \geq 12$
    $3x_1 + x_2 \geq 12$
    $x_1 + x_2 \geq 8$
    où $x_i \geq 0$ pour $i = 1; 2$.

2. Une compagnie veut fabriquer deux modèles d'armoires de cuisine dont les temps de réalisation sont donnés dans le tableau suivant:

Ateliers	Modèles		Temps libres
	M_1	M_2	
Sciage (min)	2	3	60
Assemblage (min)	3	2	60
Sablage (min)	1	1	25

Sachant que les profits sur ces armoires sont de 225 $ pour le modèle M_1 et de 200 $ pour le modèle M_2, déterminer combien d'armoires de chaque modèle il faut produire pour maximiser les profits en supposant que la compagnie est assurée d'écouler toute sa production.

3. Une compagnie de jouets désire ajouter à sa gamme de produits une table pour enfants et une maison de poupée. Ces articles seront fabriqués en bois et les temps de réalisation dans les différents ateliers ainsi que les temps libres apparaissent dans le tableau suivant. Les temps libres sont en minutes par semaine.

Ateliers	Table	Maison	Temps libres (min)
Sciage (min)	6	4	72
Assemblage (min)	8	12	144
Peinture (min)	8	8	112

   a) Sachant que la compagnie fera un profit de 50 $ par table et 60 $ par maison, trouver combien d'exemplaires de chaque article il faut produire pour maximiser le profit de la compagnie.
   b) Quels seront alors les temps libres dans les différents ateliers?

4. Votre compagnie achète trois nouvelles machines M_1, M_2 et M_3, qui permettent de produire les produits P_1, P_2 et P_3. Les temps de réalisation sur les différentes machines sont donnés en minutes dans le tableau suivant:

	P_1	P_2	P_3	Temps disponibles par jour
M_1	2	1	1	480
M_2	1	2	2	480
M_3	1	1	3	480

Le profit réalisé à la vente de ces articles est de 10 $ par article. Déterminer combien d'articles de chaque produit il faudra fabriquer à chaque jour pour maximiser le profit journalier.

5. Un marchand offre à sa clientèle deux mélanges de café maison qu'il prépare en mélangeant trois types de grain brésilien, colombien et africain. Ces mélanges sont vendus en sachets de 500 grammes et les quantités requises pour préparer ces sachets ainsi que les quantités minimales qu'il doit commander par semaine pour avoir un rabais sur ses achats apparaissent dans le tableau suivant:

	M_1	M_2	Quantités minimales
Brésilien	100 g	100 g	6 kg
Colombien	300 g	100 g	10 kg
Africain	100 g	300 g	10 kg

a) Les sachets des deux mélanges de café sont vendus au même prix; cependant le grain africain étant plus dispendieux que les autres, le coût de production d'un sachet de M_1 est de 3$ et celui d'un sachet de M_2 est de 4$. Le marchand veut continuer à offrir ces deux mélanges à sa clientèle tout en minimisant ses coûts. Combien de sachets de chaque mélange devrait-il produire ?

b) Quelle quantité de chaque type de café doit-il acheter par semaine si le plan obtenu en *a* est appliqué?

6. Une compagnie reçoit une commande pour deux de ses produits dont les réserves sont épuisées. La fabrication de ces deux produits, P_1 et P_2, nécessite l'utilisation de trois machines M_1, M_2 et M_3 qui ne sont utilisées que pour ces deux produits. Cependant, un temps d'utilisation trop court peut entraîner des dommages à ces machines. Le temps minimum d'utilisation spécifié par le fabricant est de 380 minutes pour M_1, 120 minutes pour M_2 et 150 minutes pour M_3. Le temps d'utilisation en minutes, sur chaque machine, pour fabriquer les deux produits est donné dans le tableau suivant:

	P_1	P_2	Temps minimum
M_1	4	5	380
M_2	3	1	120
M_3	1	4	150

a) Sachant que la compagnie a reçu une commande pour 10 exemplaires de P_1 et 10 exemplaires de P_2 et que le coût de fabrication est de 5 $ pour chaque exemplaire de l'un ou l'autre de ces produits, déterminer le nombre d'exemplaires de chaque produit qu'il faut fabriquer pour minimiser le coût de production.

b) Quel sera le temps d'utilisation de chaque machine?

7. Votre compagnie envisage l'achat de deux nouvelles machines qui permettraient de fabriquer trois nouveaux produits. Cependant, ces machines doivent être en opération au moins quatre heures de suite lorsqu'elles sont mises en marche, un temps d'utilisation plus court pouvant causer des dommages à la machine. Les temps de production en minutes pour les trois produits, P_1, P_2 et P_3, sont donnés dans le tableau suivant:

	P_1	P_2	P_3	Disponibilités (min)
M_1	1	1	2	240
M_2	1	1	3	240

Le coût des matériaux utilisés est de 3 $ pour P_1, 4 $ pour P_2 et 5 $ pour P_3. Combien d'exemplaires de chaque produit faut-il fabriquer, lorsque les machines sont mises en marche, pour minimiser le coût des matériaux utilisés?

8. Le responsable des ventes d'une compagnie de meubles signale que les réserves de deux modèles de chaises sont épuisées. Comme la politique de la compagnie est d'avoir toujours au moins un exemplaire de chacun des meubles qu'elle produit pour sa salle de montre, il faut produire des exemplaires de ces deux modèles de chaises. Pour ce faire, il faut rappeler du personnel au travail car les autres productions monopolisent complètement le personnel présentement à l'emploi de la compagnie. La convention collective des travailleurs de cette usine prévoit que la compagnie doit payer un minimum de 4 heures à un ouvrier rappelé au travail, sauf pour les tourneurs dont le minimum est de 6 heures. Les temps requis en minutes pour la fabrication d'un exemplaire de chaque modèle sont donnés dans le tableau suivant:

	M_1	M_2
Sciage	20	40
Tournage	60	30
Assemblage	24	24

Les travailleurs de l'atelier de sciage sont payés 12,00 $ l'heure, les tourneurs 14,00 $ l'heure et les assembleurs 8,00 $ l'heure.
 a) Trouver le coût en main-d'œuvre de chaque modèle de chaise.
 b) Déterminer le nombre de chaises de chaque modèle qu'il faut produire pour minimiser les coûts de main-d'œuvre.
 c) Quelle sera la durée du rappel pour chaque classe de travailleurs?

10.5 PROBLÈMES DE TRANSPORT

La résolution d'un problème de transport se fait par une approche algorithmique, ce qui signifie qu'à chaque étape du processus de résolution, il faut analyser la situation pour choisir l'étape suivante dans un éventail de possibilités. De plus, même si la valeur optimale est unique, il peut exister différentes solutions donnant cette valeur.

OBJECTIFS:
- Trouver une solution initiale à un problème de transport.
- Déterminer une solution optimale à un problème de transport.

MISE EN SITUATION

Supposons trois usines (O_1, O_2 et O_3) disposant respectivement de 80, 90 et 100 tonnes de marchandises qui doivent être livrées à quatre centres de distribution (D_1, D_2, D_3 et D_4) devant recevoir respectivement 50, 60, 70 et 90 tonnes de ces marchandises.

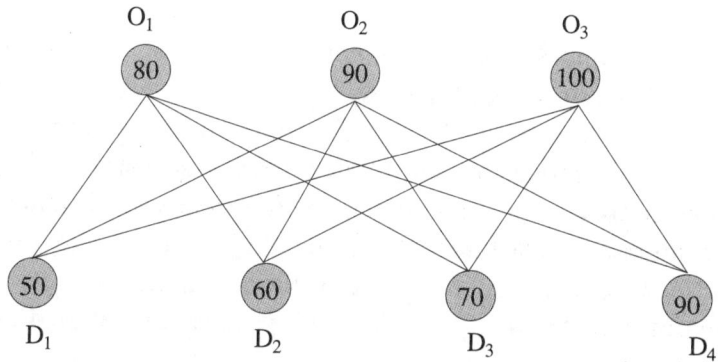

Représentons par x_{ij} la quantité de marchandise devant être expédiée de l'origine O_i à la destination D_j. De la même façon, nous représenterons par c_{ij} le coût du transport d'une unité de marchandise de l'origine O_i à la destination D_j. On se propose de déterminer un plan de transport de telle sorte que le coût total soit minimal. Pour rendre l'exemple plus concret, supposons que les valeurs des c_{ij}, en centaines de dollars, sont les suivantes:

$$c_{11} = 4, c_{12} = 1, c_{13} = 2, c_{14} = 6$$
$$c_{21} = 6, c_{22} = 4, c_{23} = 3, c_{24} = 5$$
$$c_{31} = 5, c_{32} = 2, c_{33} = 6, c_{34} = 4$$

Représentons ces données sous forme de tableau.

Origines	Destinations				Production
	D_1	D_2	D_3	D_4	
O_1	x_{11} 4	x_{12} 1	x_{13} 2	x_{14} 6	80
O_2	x_{21} 6	x_{22} 4	x_{23} 3	x_{24} 5	90
O_3	x_{31} 5	x_{32} 2	x_{33} 6	x_{34} 4	100
Demandes	50	60	70	90	

Ce tableau définit complètement le problème à résoudre; les coûts de transport c_{ij} sont représentés dans des cases au coin supérieur droit des cellules des variables x_{ij}. De plus, les colonnes représentent les contraintes de la demande et les rangées représentent les contraintes de la production ou de l'offre. Ce tableau résume le problème de programmation linéaire suivant:

Minimiser la fonction
$$w = 4x_{11} + x_{12} + 2x_{13} + 6x_{14} + 6x_{21} + 4x_{22} + 3x_{23} + 5x_{24} + 5x_{31} + 2x_{32} + 6x_{33} + 4x_{34}$$
sujette aux contraintes

$$\left. \begin{array}{l} x_{11} + x_{12} + x_{13} + x_{14} = 80 \\ x_{21} + x_{22} + x_{23} + x_{24} = 90 \\ x_{31} + x_{32} + x_{33} + x_{34} = 100 \end{array} \right\} \text{contraintes de production ou d'offre}$$

$$\left. \begin{array}{l} x_{11} + x_{21} + x_{31} = 50 \\ x_{12} + x_{22} + x_{32} = 60 \\ x_{13} + x_{23} + x_{33} = 70 \\ x_{14} + x_{24} + x_{34} = 90 \end{array} \right\} \text{contraintes de la demande}$$

où $x_{ij} \geq 0$ pour $i = 1, 2, 3$ et $j = 1, 2, 3, 4$.

Pour résoudre un problème de transport, nous aurons deux étapes principales. Chacune de ces étapes peut se faire de plusieurs façons et nous en présenterons quelques-unes. Cette présentation se fera à l'aide de l'exemple de l'introduction selon le déroulement suivant:

Détermination d'une solution initiale:
- méthode du coin nord-ouest;
- méthode du coût minimal.

Détermination d'une solution optimale:
- algorithme des pierres de gué ou « stepping-stone ».

DÉTERMINATION D'UNE SOLUTION INITIALE

MÉTHODE DU COIN NORD-OUEST

La méthode du coin nord-ouest consiste à attribuer des valeurs aux variables x_{ij} en commençant par le coin supérieur gauche et en s'assurant, étape par étape, que les contraintes sont satisfaites. On attribue donc à x_{11} la plus petite des valeurs entre O_1 et D_1. À cette première étape, une seule des contraintes impliquant cette variable est satisfaite. Il faut alors assigner une valeur dans une des cases adjacentes, sur la même rangée ou dans la même colonne, de façon à satisfaire à la contrainte qui n'est pas encore satisfaite; on continue ainsi jusqu'à atteindre la case x_{mn}.

Appliquons cette méthode dans le cas de l'exemple d'introduction.

Origines	Destinations				Production
	D_1	D_2	D_3	D_4	
O_1	50 [4]	30 [1]	[2]	[6]	80
O_2	[6]	30 [4]	60 [3]	[5]	90
O_3	[5]	[2]	10 [6]	90 [4]	100
Demandes	50	60	70	90	

On remarque qu'il y a six variables non nulles dans la solution de base, soit $m + n - 1$ variables non nulles. La solution décrite dans ce tableau est

$$x_{11} = 50, \; x_{12} = 30, \; x_{13} = 0, \; x_{14} = 0,$$
$$x_{21} = 0, \; x_{22} = 30, \; x_{23} = 60, \; x_{24} = 0,$$
$$x_{31} = 0, \; x_{32} = 0, \; x_{33} = 10, \; x_{34} = 90.$$

On peut alors évaluer le coût de cette solution en multipliant les valeurs des variables non nulles par les coûts de transport correspondants, ce qui donne

$w = 400\ \$ \times 50 + 100\ \$ \times 30 + 400\ \$ \times 30 + 300\ \$ \times 60 + 600\ \$ \times 10 + 400\ \$ \times 90 = 95\ 000\ \$$

> **PROCÉDURE DE L'ALGORITHME DU COIN NORD-OUEST**
> 1. Assigner à la variable x_{11} la plus grande valeur possible en tenant compte des contraintes d'offre et de demande.
> 2. Identifier la contrainte à laquelle la variable ne satisfait pas (rangée ou colonne) et assigner à la cellule adjacente (x_{12} ou x_{21}) la plus grande valeur possible en tenant compte des contraintes d'offre et de demande.
> 3. Continuer le processus jusqu'à la cellule de la dernière rangée et dernière colonne.

REMARQUE

Le coût de la solution initiale est rarement le coût minimal.

MÉTHODE DU COÛT MINIMAL

Cette méthode consiste à déterminer la case ayant le plus petit coût de transport et à attribuer à la variable correspondante la valeur la plus petite entre l'offre et la demande. Si l'offre ou la demande n'est pas satisfaite, on la satisfait en assignant une valeur à la cellule de la rangée ou de la colonne à saturer ayant le plus petit coût. Dans notre exemple, le coût minimal est 1 dans la cellule x_{12}. On attribuera donc à cette variable la plus petite valeur entre l'offre et la demande. Puisque $O_1 = 80$ et $D_2 = 60$, on pose $x_{12} = 60$. La demande est satisfaite, mais l'offre ne l'est pas, on devra donc donner une valeur non nulle à une autre variable de la même rangée. Le plus petit coût de cette rangée est dans la cellule de la variable x_{13}; on posera donc $x_{13} = 20$ pour satisfaire à la contrainte de l'offre. En continuant ainsi, on aura

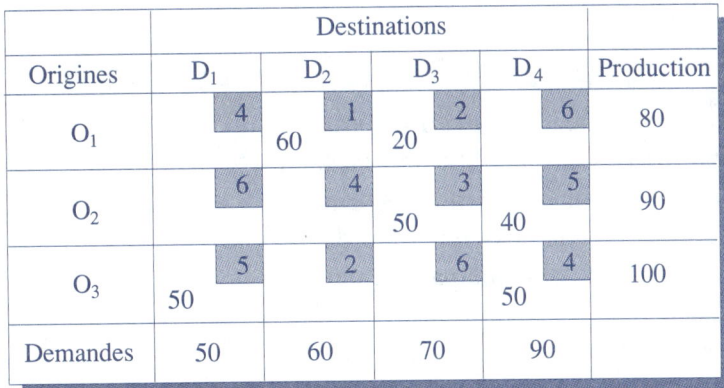

Si on évalue la fonction coût, on trouve
$$w = 100\,\$ \times 60 + 200\,\$ \times 20 + 300\,\$ \times 50 + 500\,\$ \times 40 + 500\,\$ \times 50 + 400\,\$ \times 50 = 90\,000\,\$$$

> **REMARQUE**

La solution obtenue par la méthode du coût minimal est en général plus proche de la solution optimale que celle obtenue par la méthode du coin nord-ouest.

PROCÉDURE DE L'ALGORITHME DU COÛT MINIMAL

1. Repérer, parmi les cellules du tableau, celle ayant le plus petit coût de transport. Si plusieurs cellules ont le même coût, on doit choisir l'une ou l'autre; le déroulement n'est pas unique.
2. Assigner à la cellule choisie la plus grande valeur possible en tenant compte des contraintes d'offre et de demande.
3. Identifier la contrainte qui n'est pas satisfaite (offre ou demande).
4. Repérer dans la rangée ou dans la colonne de cette contrainte la cellule ayant le plus petit coût de transport (effectuer un choix au besoin).
5. Assigner à la cellule choisie la plus grande valeur possible en tenant compte des contraintes d'offre et de demande.
6. Continuer jusqu'à ce que toutes les contraintes soient satisfaites.

La solution de ce type de problème s'obtient par un algorithme, ce qui signifie qu'il faut prendre des décisions et faire des choix en cours de route. Ces décisions peuvent être arbitraires, par exemple, lorsque plusieurs cellules ont le même coût de transport. Il faut dès lors s'attendre à ce que le déroulement diffère d'une personne à l'autre. Les assignations également peuvent différer, c'est-à-dire que deux solutions différentes peuvent donner le même coût. Il faut donc être en mesure d'analyser et de critiquer ses choix. On peut même avoir à analyser différentes solutions engendrant le même coût pour pouvoir faire un choix en tenant compte d'autres critères. Cela se produit, par exemple, lorsque l'étude des coûts de transport vise à déterminer à quel emplacement on doit construire une nouvelle usine. Le coût de transport des matériaux nécessaires à la production n'est alors pas le seul facteur à considérer.

DÉTERMINATION D'UNE SOLUTION OPTIMALE

ALGORITHME DES PIERRES DE GUÉ (OU « STEPPING-STONE »)

Pour améliorer la solution de base, il faut voir comment variera le coût total si on affecte une unité à une variable nulle (ou dans une cellule vide). Pour comprendre le principe de cet algorithme, considérons un cas possédant peu de variables dont la solution initiale a été obtenue par la méthode du coin nord-ouest et dont le coût est

$$w = 4\,900\,\$$$

Origines	D_1	D_2	Production
O_1	4 700	1 100	800
O_2	3	4 500	500
Demandes	700	600	

La variable x_{21} est nulle. Si on assigne la valeur 1 à cette variable, il faudra, pour continuer à respecter les contraintes, soustraire 1 de x_{22}, ajouter 1 à x_{12} et soustraire 1 de x_{11}. Nous aurons alors un transfert dont nous devons évaluer le coût. Dans l'évaluation du coût de transfert, on considère le transfert d'une unité pour faciliter les calculs. Le coût du transfert est alors donné par

$$w = c_{21} - c_{11} + c_{12} - c_{22}$$
$$= 3 - 4 + 1 - 4 = -4$$

Origines	D_1	D_2	Production
O_1	4 -1	1 $+1$	800
O_2	3 $+1$	4 -1	500
Demandes	700	600	

Le coût du transfert est négatif, ce qui signifie qu'en donnant une valeur non nulle à x_{21}, on va diminuer le coût total. Chaque unité transférée diminuera donc le coût de 4 $.

Assignons donc à x_{21} la plus grande valeur possible. Puisque le transfert signifie une soustraction aux affectations des cellules $x_{11} = 700$ et $x_{22} = 500$, la plus grande valeur que l'on peut transférer est 500 unités et le coût total de ce transfert sera $-4\,\$ \times 500 = -2\,000\,\$$.

Origines	D_1	D_2	Production
O_1	4 200	1 600	800
O_2	3 500	4	500
Demandes	700	600	

Le coût de cette solution est

$$w = 2\,900\,\$$$

Pour savoir si cette solution est optimale, il faut refaire le test sur la cellule vide en assignant la valeur 1 à la variable x_{22} et en ajustant les autres variables en conséquence. Le coût de ce transfert est alors

$$w = c_{22} - c_{21} + c_{11} - c_{12}$$
$$= 4 - 3 + 4 - 1 = 4$$

Origines	D_1	D_2	Production
O_1	4 $+1$	1 -1	800
O_2	3 -1	4 $+1$	500
Demandes	700	600	

Le coût de ce transfert étant positif, il ferait augmenter le coût du transport. La solution optimale est donc atteinte.

> *PROCÉDURE DE L'ALGORITHME DES PIERRES DE GUÉ (OU « STEPPING-STONE »)*
> 1. Évaluer, pour chaque cellule vide, le coût du transfert d'une unité d'une cellule non vide à cette cellule vide en construisant une boucle de façon à respecter les contraintes du problème. Si on ajoute une unité dans une cellule, il faut soustraire une unité à une cellule de la même rangée et à une cellule de la même colonne pour que les contraintes soient toujours respectées. Le coût de transfert est alors obtenu en additionnant le coût de transfert des cellules de la boucle auxquelles on a ajouté une unité et en soustrayant de ce nombre le coût de transfert des cellules auxquelles on a retranché une unité.
> 2. Repérer la boucle donnant le coût de transfert négatif le plus important dans l'ensemble du tableau.
> 3. Repérer dans cette boucle et parmi les cellules auxquelles on doit retrancher des unités, celle qui contient la plus petite valeur.
> 4. Assigner cette valeur à la cellule vide de la boucle et faire les ajustements dans les autres cellules de la boucle.
> 5. Évaluer à nouveau, pour chaque cellule vide, le coût de transfert d'une unité d'une cellule non vide à cette cellule vide et continuer le processus jusqu'à ce que les coûts de transfert d'une unité aux cellules vides soient tous positifs. La solution optimale est alors atteinte.

Appliquons cet algorithme à la mise en situation que nous avons présentée en introduction. Considérons comme solution initiale celle obtenue par la méthode du coût minimal, soit

Origines	D_1	D_2	D_3	D_4	Production
O_1	4	1 60	2 20	6	80
O_2	6	4	3 50	5 40	90
O_3	5 50	2	6	4 50	100
Demandes	50	60	70	90	

Pour vérifier s'il est possible de trouver une solution plus économique, il faut évaluer les coûts des transferts dans les cellules vides. On peut affecter une valeur à la cellule x_{11}, mais il faudra diminuer la valeur affectée dans les cellules de la même rangée et de la même colonne pour respecter les contraintes. Il faut de plus que les cellules impliquées dans le transfert forment une boucle fermée. En effet, si on ajoute une unité dans une cellule, il faut pouvoir la retrancher dans une cellule non vide de la même rangée et dans une cellule de la même colonne pour respecter les contraintes. On considère une cellule vide à la fois et, pour simplifier les calculs, on évalue le transfert d'une unité dans cette cellule. Pour affecter une unité à la cellule x_{11}, il faut diminuer d'une unité la valeur affectée à la cellule x_{31} puisque la demande totale dans la colonne 1 est de 50 unités. Pour respecter la contrainte de la rangée 3, il faut maintenant augmenter d'une unité la valeur dans la cellule x_{34}. Puis, il faut diminuer d'une unité la valeur dans la cellule x_{24}, augmenter d'une unité la valeur dans la cellule x_{23} et diminuer d'une unité la valeur dans la cellule x_{13}, ce qui complète la boucle.

Origines	D_1	D_2	D_3	D_4	Production
O_1	4 +1	60 1	20 2 −1	6	80
O_2	6	4	50 3 +1	40 5 −1	90
O_3	50 5 −1	2	6	50 4 +1	100
Demandes	50	60	70	90	

On peut évaluer le coût d'un tel transfert et les calculs à effectuer sont simples parce que le transfert ne porte que sur une unité. Le transfert illustré dans le tableau précédent donne le coût

$$c_{11} - c_{31} + c_{34} - c_{24} + c_{23} - c_{13} = +4 - 5 + 4 - 5 + 3 - 2 = -1$$

Le transfert dans cette boucle donne un coût négatif, c'est donc dire que ce transfert diminue le coût global.

Évidemment, il y a plusieurs boucles possibles dans le tableau. En pratique, on évalue le coût du transfert d'une unité dans chacune des cellules vides du tableau. Le tableau suivant représente le coût des transferts pour chaque cellule.

Cellule	Boucle	Coût
x_{11}	$c_{11} - c_{31} + c_{34} - c_{24} + c_{23} - c_{13}$	−1
x_{14}	$c_{14} - c_{13} + c_{23} - c_{24}$	2
x_{21}	$c_{21} - c_{31} + c_{34} - c_{24}$	0
x_{22}	$c_{22} - c_{12} + c_{13} - c_{23}$	2
x_{32}	$c_{32} - c_{12} + c_{13} - c_{23} + c_{24} - c_{34}$	1
x_{33}	$c_{33} - c_{23} + c_{24} - c_{34}$	4

On se rend compte que la seule valeur négative obtenue est celle de la boucle associée à la variable x_{11}. On diminuera donc la valeur du coût en donnant une valeur positive à cette variable. Nous devons cependant déterminer la plus grande valeur que l'on peut attribuer à x_{11} tout en respectant les contraintes. Pour ce faire, considérons la boucle associée à la variable x_{11}.

Origines	D_1	D_2	D_3	D_4	Production
O_1	4 +20	60 1	20 2 −20	6	80
O_2	6	4	50 3 +20	40 5 −20	90
O_3	50 5 −20	2	6	50 4 +20	100
Demandes	50	60	70	90	

Parmi les cellules de cette boucle auxquelles on doit soustraire des unités pour en ajouter à x_{11}, celle qui contient la plus petite valeur est la cellule de la variable x_{13}, cette valeur est 20. Nous allons donc soustraire cette valeur dans les cellules affectées d'un signe moins et l'additionner dans les cellules affectées d'un signe plus. En effectuant ce transfert, on respecte les contraintes et on obtient la solution suivante:

Origines	D$_1$		D$_2$		D$_3$		D$_4$		Production
O$_1$	20	4	60	1		2		6	80
O$_2$		6		4	70	3	20	5	90
O$_3$	30	5		2		6	70	4	100
Demandes	50		60		70		90		

Le coût de cette solution est
$w = 400\,\$ \times 20 + 100\,\$ \times 60 + 300\,\$ \times 70 + 500\,\$ \times 20 + 500\,\$ \times 30 + 400\,\$ \times 70 = 88\,000\,\$$
Le processus a été long, mais notre première solution avait un coût de 90 000 $. Nous venons d'économiser 2 000 $ de frais de transport. Ce n'est pas négligeable.

REMARQUE

La plus petite valeur peut apparaître dans plus d'une cellule de la boucle, mais cela n'a pas d'importance, il faut choisir la plus petite valeur apparaissant dans une cellule à laquelle on doit **soustraire** des unités pour effectuer le transfert.

Pour savoir si la solution est optimale, il faut refaire le test pour chaque cellule vide de cette solution. Le coût des transferts est donné dans le tableau suivant:

Cellule	Boucle	Coût
x_{13}	$c_{13} - c_{23} + c_{24} - c_{34} + c_{31} - c_{11}$	1
x_{14}	$c_{14} - c_{34} + c_{31} - c_{11}$	3
x_{21}	$c_{21} - c_{31} + c_{34} - c_{24}$	0
x_{22}	$c_{22} - c_{12} + c_{11} - c_{31} + c_{34} - c_{24}$	1
x_{32}	$c_{32} - c_{31} + c_{11} - c_{12}$	0
x_{33}	$c_{33} - c_{34} + c_{24} - c_{23}$	4

Les coûts des transferts étant tous positifs, la solution optimale est atteinte. En effet, tout changement aurait pour effet d'accroître le coût du transport.

REMARQUE

Lorsque le coût de transfert dans une boucle est nul, cela signifie que tout changement à l'intérieur de cette boucle laisse le coût inchangé; la solution optimale n'est donc pas unique.

Il serait bien sûr plus rassurant s'il existait un déroulement unique et inexorable menant tout droit à une réponse unique, mais ce n'est pas le cas. Il faut souligner que, dans plusieurs situations, il faut adopter une approche algorithmique pour analyser et prendre des décisions. Il n'est pas toujours facile en gestion de se convaincre que la solution retenue est la meilleure ni même si une telle solution existe dans la pratique. Il faut prendre la décision la plus éclairée en tenant compte de l'information disponible. Les démarches algorithmiques exigent une bonne capacité d'analyse, ce qui permet une meilleure compréhension du problème. La prise de décision est facilitée, mais jamais imposée.

10.6 EXERCICES

1. Optimiser la répartition de wagons de marchandises sur un réseau de chemin de fer. Le problème consiste à déplacer les wagons des endroits où ils sont déchargés (offres) vers ceux où ils seront chargés (demandes) tout en minimisant le coût de ces déplacements qui sont donnés en dizaines de dollars.

Origines	D_1	D_2	D_3	D_4	Wagons en surplus
O_1	7	5	6	3	42
O_2	9	4	5	7	56
O_3	5	4	6	3	65
Demandes	38	26	52	47	

   a) Combien y a-t-il de variables dans ce problème?
   b) Combien y a-t-il de contraintes dans ce problème?
   c) Trouver une solution de base initiale par la méthode du coin nord-ouest et le coût correspondant à cette solution.
   d) À l'aide de l'algorithme des pierres de gué, trouver la solution optimale à partir de la solution initiale obtenue par la méthode du coin nord-ouest.
   e) Trouver une solution de base initiale par la méthode du coût minimal et le coût correspondant à cette solution.
   f) À l'aide de l'algorithme des pierres de gué, trouver la solution optimale à partir de la solution initiale obtenue par la méthode du coût minimal.

2. Un organisme qui recueille des paniers de fruits pour les prisonniers a 3 dépôts à partir desquels il approvisionne cinq centres de détention. L'offre représente le nombre de paniers recueillis à chaque semaine dans les trois centres de collecte. Les paniers sont répartis au prorata de la population dans chacun des centres de détention. Les données du problème de transport sont consignées dans le tableau suivant, où les coûts de transport sont en dollars.

Origines	D_1	D_2	D_3	D_4	D_5	Disponibilités
O_1	6	3	5	2	2	14
O_2	2	4	3	1	1	17
O_3	1	2	3	4	4	28
Demandes	13	12	12	10	12	

a) Combien y a-t-il de variables dans ce problème?
b) Combien y a-t-il de contraintes dans ce problème?
c) Trouver une solution de base initiale par la méthode du coin nord-ouest et le coût correspondant à cette solution.
d) Trouver une solution de base initiale par la méthode du coût minimal et le coût correspondant à cette solution.
e) À l'aide de l'algorithme des pierres de gué, trouver une solution optimale.

3. Le ministère de la Justice a décidé de fermer un centre de détention de l'exercice 2 et de regrouper les détenus dans deux des autres centres. Les paniers devant toujours être distribués au prorata de la population, les exigences de la demande ont été révisées dans le tableau suivant où les coûts de transport sont en dollars.

Origines	D_1	D_2	D_3	D_4	Disponibilités
O_1	6	3	5	2	14
O_2	2	4	3	1	17
O_3	1	2	3	4	28
Demandes	13	12	18	16	

a) Combien y a-t-il de variables dans ce problème?
b) Combien y a-t-il de contraintes dans ce problème?
c) Trouver une solution de base initiale par la méthode du coin nord-ouest et le coût correspondant à cette solution.
d) Trouver une solution de base initiale par la méthode du coût minimal et le coût correspondant à cette solution.
e) À l'aide de l'algorithme des pierres de gué, trouver une solution optimale.

4. Une compagnie qui fabrique des chaises motorisées pour handicapés a trois centres de production et doit desservir cinq centres hospitaliers. Le tableau suivant donne les caractéristiques de ce problème de transport où les coûts sont en dizaines de dollars.

Origines	D_1	D_2	D_3	D_4	D_5	Disponibilités
O_1	4	3	5	2	6	57
O_2	7	2	5	3	4	78
O_3	5	6	7	6	8	85
Demandes	27	42	24	44	31	

a) Combien y a-t-il de variables dans ce problème?
b) Combien y a-t-il de contraintes dans ce problème?
c) Trouver une solution de base initiale par la méthode du coin nord-ouest et le coût correspondant à cette solution.
d) Trouver une solution de base initiale par la méthode du coût minimal et le coût correspondant à cette solution.
e) À l'aide de l'algorithme des pierres de gué, trouver une solution optimale.

5. Vous avez une compagnie qui gère des machines distributrices de fruits, de légumes et de sandwichs. Vous disposez de quatre modèles de machines qui diffèrent quant à leur mécanisme et leur fiabilité. Vous constatez que les frais d'entretien pour ces machines dépendent de leur qualité et de leur emplacement. Le nombre de machines disponibles, les quantités demandées et les frais mensuels d'utilisation en dollars sont donnés dans le tableau suivant:

Emplacements	M_1	M_2	M_3	M_4	Demandes
Restaurants	8	6	7	5	12
Usines	4	5	7	6	10
Collèges	5	6	4	6	8
Garages	7	5	6	8	14
Disponibilités	6	11	9	18	

a) Combien y a-t-il de variables dans ce problème?
b) Combien y a-t-il de contraintes dans ce problème?
c) Trouver une solution de base initiale par la méthode du coin nord-ouest et le coût correspondant à cette solution.

d) Trouver une solution de base initiale par la méthode du coût minimal et le coût correspondant à cette solution.

e) À l'aide de l'algorithme des pierres de gué, trouver une solution optimale.

6. Une société possède trois usines pour manufacturer son produit. Ces usines ont été construites à proximité des ressources en matières premières, en eau et en énergie, mais elles sont éloignées des marchés. Pour faciliter la distribution, la compagnie a implanté cinq centres de distribution pour approvisionner les marchés. On a dressé le tableau suivant donnant les coûts de transport en centaines de dollars, les capacités mensuelles de production et les exigences mensuelles d'approvisionnement des marchés.

Usines	D_1	D_2	D_3	D_4	D_5	Capacités
U_1	2	1	3	3	2	160
U_2	4	2	3	2	4	200
U_3	1	3	4	4	2	120
Exigences	80	75	125	140	60	

a) Combien y a-t-il de variables dans ce problème?

b) Combien y a-t-il de contraintes dans ce problème?

c) Trouver une solution de base initiale par la méthode du coin nord-ouest et le coût correspondant à cette solution.

d) Trouver une solution de base initiale par la méthode du coût minimal et le coût correspondant à cette solution.

e) À l'aide de l'algorithme des pierres de gué, trouver une solution optimale.

PRÉPARATION À L'ÉVALUATION

Pour préparer votre examen, assurez-vous d'avoir atteint les objectifs suivants.

Consignez à la page suivante des indications pour vous remémorer plus facilement les notions et concepts qui vous posent le plus de difficultés.

Si vous avez atteint l'objectif, cochez.

☆ **RÉSOUDRE DES PROBLÈMES DE PROGRAMMATION LINÉAIRE.**

△ **Application correcte de méthodes de résolution d'un problème de programmation linéaire.**

○ RÉSOUDRE DES PROBLÈMES SIMPLES DE LA PROGRAMMATION LINÉAIRE.

◇ Utiliser la représentation matricielle pour résoudre un système d'inéquations.

◇ Trouver la (ou les) solution(s) optimale(s) d'un problème de programmation linéaire.

◇ Résoudre un problème d'affectation des ressources.

○ UTILISER LA MÉTHODE DU SIMPLEXE POUR RÉSOUDRE DES PROBLÈMES SIMPLES DE PROGRAMMATION LINÉAIRE.

◇ Utiliser la représentation matricielle pour résoudre un problème d'optimisation en programmation linéaire.

◇ Utiliser la représentation matricielle pour résoudre le dual d'un problème d'optimisation en programmation linéaire.

○ TROUVER UNE SOLUTION INITIALE À UN PROBLÈME DE TRANSPORT.

◇ Appliquer l'algorithme du coin nord-ouest.

◇ Appliquer l'algorithme du coût minimal.

○ DÉTERMINER UNE SOLUTION OPTIMALE À UN PROBLÈME DE TRANSPORT.

◇ Appliquer l'algorithme des pierres de gué (« stepping-stone »).

Signification des symboles: ☆ Élément de compétence   △ Composantes particulières de la compétence
○ Objectif de section   ◇ Procédure ou démarche   ❏ Étape d'une procédure

Notes personnelles

VOCABULAIRE UTILISÉ DANS LE CHAPITRE

ALGORITHME DU COIN NORD-OUEST
C'est une méthode d'affectation qui consiste, dans un tableau de contraintes, à affecter d'abord des ressources à la variable occupant la cellule du coin supérieur gauche du tableau, puis d'affecter des ressources à une cellule adjacente pour respecter la contrainte qui n'est pas satisfaite par la première assignation. En procédant ainsi jusqu'au coin inférieur droit, on s'assure que toutes les contraintes sont respectées.

ALGORITHME DU COÛT MINIMAL
C'est une méthode d'affectation qui consiste, dans un tableau de contraintes, à affecter d'abord des ressources à la variable occupant la cellule à laquelle est associé le plus petit coût. On repère alors la contrainte qui n'est pas satisfaite par cette affectation et, sur la ligne ou sur la colonne de cette contrainte, la cellule vide ayant le plus petit coût. On affecte alors des ressources à cette cellule pour respecter la contrainte qui n'a pas été satisfaite par l'assignation précédente. En poursuivant le processus, on s'assure que toutes les contraintes sont respectées.

ALGORITHME DES PIERRES DE GUÉ (« STEPPING-STONE »)
C'est un algorithme qui vise à améliorer la solution initiale d'un problème de transport. Elle consiste à évaluer le coût d'un transfert dans les cellules vides pour déterminer s'il existe des transferts qui permettent de diminuer le coût. Si tel est le cas, on effectue le transfert et on applique à nouveau l'algorithme. Lorsque tous les transferts à des cellules vides entraînent un coût positif ou nul, cela signifie que la solution optimale est atteinte.

DEMI-PLAN
C'est la représentation graphique de l'ensemble-solution d'une inéquation linéaire à deux inconnues. Le demi-plan est *ouvert* lorsque le symbole d'inégalité est < ou > et il est *fermé* lorsque le symbole d'inégalité est ≤ ou ≥.

ENSEMBLE-SOLUTION
L'*ensemble-solution* d'un système d'inéquations est l'ensemble des couples qui satisfont aux inéquations du système.

ENSEMBLE CONVEXE
C'est un ensemble dont toutes les droites joignant deux points quelconques de l'ensemble sont entièrement comprises dans l'ensemble. Cette caractéristique décrit la forme de l'ensemble. Le *polygone convexe* est un ensemble convexe dont les frontières sont des portions de droites. Le polygone convexe est l'intersection d'un nombre fini de demi-plans.

INÉQUATION LINÉAIRE
C'est une inéquation dont toutes les inconnues sont au premier degré.

MÉTHODE DU SMIPLEXE
La *méthode du simplexe* est une méthode pour trouver la valeur optimale d'une fonction linéaire sur un polyèdre convexe. Elle consiste à améliorer la valeur de la fonction à optimiser en se déplaçant de point sommet en point sommet en suivant les arêtes du polyèdre. En chaque point sommet, il faut choisir la direction qui permet l'accroissement le plus rapide de la fonction.

PIVOTAGE
Le *pivotage* est une méthode de transformation d'une matrice qui consiste, en se servant d'un élément de celle-ci, appelé pivot, à annuler tous les éléments de la même colonne par des opérations élémentaires sur les lignes.

POINT SOMMET D'UN POLYGNE CONVEXE
C'est un point du polygone convexe qui est l'intersection de deux de ses droites frontières.

SYSTÈME D'INÉQUATIONS LINÉAIRES
   C'est un système formé de plusieurs inéquations linéaires. Son ensemble-solution est l'intersection des ensembles-solutions de chacune des inéquations. Cette intersection forme un polygone convexe.

SOLUTION DE BASE
   Une *solution de base* d'un système de m équations linéaires à n inconnues, où $m < n$, est une solution contenant $n - m$ variables nulles.

SOLUTION INITIALE
   C'est une première solution d'un problème de transport obtenue par l'algorithme du coin nord-ouest ou par l'algorithme du coût minimal.

SOLUTION OPTIMALE
   C'est une solution pour laquelle le coût est minimal. Ce n'est pas nécessairement une solution unique. On la trouve à l'aide de l'algorithme des pierres de gué (« stepping-stone »).

VARIABLE DE BASE
   Une *variable de base* est une variable non nulle d'une solution de base d'un système de m équations linéaires à n inconnues, où $m < n$.

VARIABLE D'ÉCART
   Une *variable d'écart* est une variable que l'on ajoute à une inéquation linéaire pour la transformer en une équation linéaire.

VARIABLE SECONDAIRE
   Une *variable secondaire* est une variable nulle d'une solution de base d'un système de m équations linéaires à n inconnues, où $m < n$.

DÉNOMBREMENT

11.0 PRÉAMBULE

L'analyse combinatoire est l'étude des techniques de dénombrement. C'est donc dire que les questions auxquelles nous allons répondre débutent par le mot « combien ». Le dénombrement est indispensable au calcul des probabilités. En effet, pour calculer la probabilité théorique d'un événement, il faut déterminer le nombre d'éventualités possibles afin de connaître les « chances » qu'une de ces éventualités se produise.

La première partie du chapitre sera consacrée aux arrangements dont les permutations constituent un cas particulier. Les techniques de dénombrement seront présentées à l'aide d'exemples. Dans un premier temps nous allons résoudre les problèmes proposés par énumération. Cette énumération se fera à l'aide d'un graphe qui mettra en évidence la structure interne du problème, nous permettant ainsi de développer une méthode plus directe de dénombrement.

Les activités d'apprentissage de ce chapitre contribuent à développer l'élément de compétence suivant:

RÉSOUDRE DES PROBLÈMES DE DÉNOMBREMENT.

Les composantes particulières de l'élément de compétence visées par ce chapitre sont
  Calcul exact du nombre de permutations dans un contexte donné.
  Calcul exact du nombre d'arrangements dans un contexte donné.
  Calcul exact du nombre de combinaisons dans un contexte donné.

11.1 ARRANGEMENTS

Un *arrangement* est une disposition ordonnée d'objets ou d'éléments, et toute modification de l'ordre donne un arrangement différent. Cependant, un arrangement d'objets n'implique pas que l'on utilise tous les objets à notre disposition; le fleuriste qui prépare un arrangement floral n'utilise pas toutes les fleurs de son magasin. Dans la présentation qui suit, nous allons distinguer deux types d'arrangements: les arrangements au sens strict et les permutations. Dans les arrangements au sens strict, on utilise seulement une partie des objets disponibles et, dans les permutations, on utilise tous les objets disponibles. Par exemple, si on veut déterminer toutes les façons de changer l'ordre des lettres dans un mot, à chaque fois qu'on écrit une solution, on utilise tous les éléments à sa disposition (c'est-à-dire les lettres du mot); c'est ce qu'on appelle une *permutation* des lettres du mot et nous allons voir comment dénombrer ces permutations.

OBJECTIF: Résoudre des problèmes de dénombrement dans des situations pour lesquelles l'ordre des éléments d'une solution est important.

PERMUTATIONS D'OBJETS DISTINCTS

Permuter signifie *changer l'ordre*, et nous allons voir comment déterminer le nombre de façons de modifier l'ordre de n objets. Pour déterminer la meilleure façon de calculer le nombre de permutations de n objets, nous présenterons un exemple que nous allons résoudre par énumération et, à partir de cet exemple, nous dégagerons une méthode générale de solution. Dans l'étude qui suit, nous appellerons « mot » toute disposition ordonnée de lettres, sans égard à la signification de cette disposition de lettres.

EXEMPLE 11.1.1

Combien de mots distincts de quatre lettres peut-on former en changeant l'ordre des lettres du mot « loin »?

Solution

Pour résoudre, énumérons les différents mots à l'aide d'un graphe. On remarque que, pour la première lettre, on a le choix parmi quatre lettres, ce qui est représenté par le fait que notre graphe a quatre points de départ (voir page suivante pour la suite du graphe). Une fois la première lettre choisie, on doit choisir une lettre parmi trois pour la deuxième lettre du mot. Cela est représenté graphiquement par le fait qu'il y a trois embranchements en chaque point de départ de notre graphe. On a donc en tout douze possibilités pour choisir les deux premières lettres. Il nous reste alors deux façons de choisir la troisième lettre et, pour la dernière lettre, il ne reste plus qu'un choix possible.

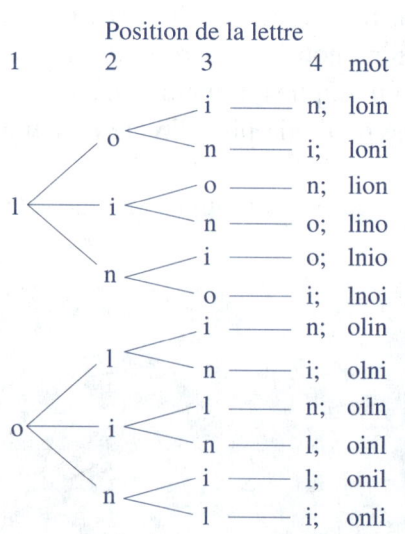

On trouve donc 24 mots distincts. Cependant, on aimerait pouvoir dénombrer sans énumérer; cela est réalisable en considérant simplement le nombre de choix possibles pour chaque position. Les mots que l'on veut dénombrer sont formés de quatre lettres. Symbolisons ce fait par les quatre cases de la figure suivante:

Chacune des cases représente une des positions que peut occuper une lettre dans un mot de quatre lettres. On peut déterminer le nombre de choix possibles pour chacune de ces positions et l'indiquer dans la case correspondante; on a alors

$$\boxed{4\ |\ 3\ |\ 2\ |\ 1}$$

Ce diagramme est une façon de résumer le graphe. Le chiffre 4 de la première case indique qu'il y a quatre choix possibles pour la première lettre, ou encore que le graphe aura quatre points de départ ou quatre racines. De chacune de ces racines partent trois embranchements qui se subdivisent en deux autres embranchements, et ainsi de suite. Le nombre de mots possibles est le nombre de branches du graphe, soit le produit du nombre de racines par le nombre d'embranchements en chaque point. Ce qui donne

$$4 \times 3 \times 2 \times 1 = 24 \text{ mots distincts.}$$

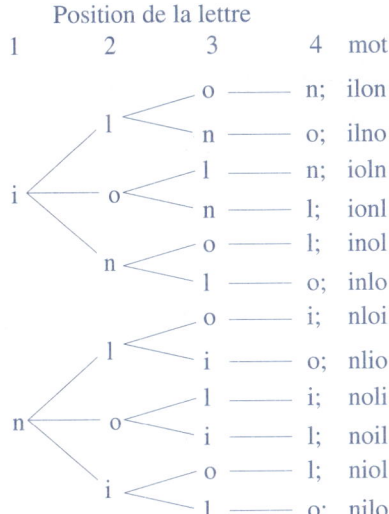

EXEMPLE 11.1.2

Combien de mots distincts de six lettres peut-on former avec les lettres a, b, c, d, e et f, si chaque lettre n'est utilisée qu'une seule fois par mot?

Solution

Dénombrons les mots sans les énumérer en déterminant le nombre de choix possibles pour chacune des lettres du mot. Il y a six possibilités pour choisir la première lettre; celle-ci ne pouvant être répétée, il reste cinq possibilités pour la deuxième et ainsi de suite. Le graphe aurait donc six racines qui se subdivisent en cinq embranchements, et ainsi de suite. La figure suivante représente le nombre de choix pour chaque lettre du mot.

$$\boxed{6\ |\ 5\ |\ 4\ |\ 3\ |\ 2\ |\ 1}$$

Le nombre de mots est le produit du nombre de racines par le nombre d'embranchements en chaque point. Ce qui donne;

$$6 \times 5 \times 4 \times 3 \times 2 \times 1 = 720 \text{ mots distincts.}$$

PERMUTATION

On appelle p*ermutation de* n *objets distincts* toute disposition ordonnée de ces *n* objets. Lorsque les objets sont disposés en cercle, les permutations sont appelés *permutations circulaires*.

Deux permutations sont distinctes si l'ordre des éléments est différent. Ainsi, les mots « loin » et « lion » sont deux permutations distinctes des lettres l, i, o et n.

ARRANGEMENTS SANS RÉPÉTITION

EXEMPLE 11.1.3

Combien de mots distincts de trois lettres peut-on écrire avec les lettres du mot « après » si chaque lettre ne peut être utilisée qu'une seule fois par mot?

Solution

Pour la première lettre du mot, on a le choix parmi cinq lettres; cette lettre ne pouvant être répétée, il reste à choisir une lettre parmi quatre, puis une lettre parmi trois. Ce qui donne le graphique suivant:

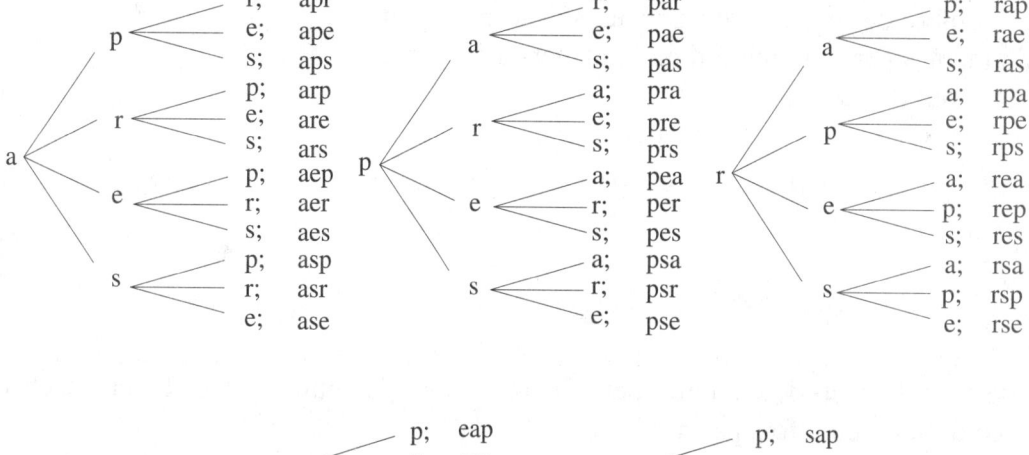

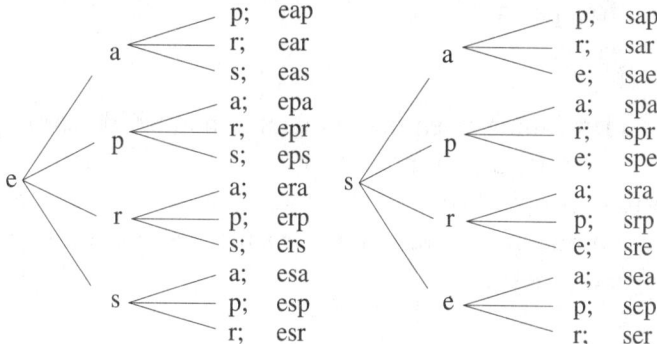

On obtient en tout soixante mots formés de trois lettres distinctes. Le graphe permet de visualiser la structure multiplicative du problème. En effet, on a cinq choix possibles pour la première lettre, ce qui est représenté par les cinq racines du graphe. La lettre choisie ne pouvant être réutilisée dans le même mot, il reste quatre choix possibles pour la deuxième lettre, ce qui est représenté par le fait que chaque racine se subdivise en quatre embranchements. Ceci donne 20 façons de choisir les deux premières lettres. Pour la dernière lettre, il y a trois choix possibles, chacune des vingt branches se subdivisant en trois autres embranchements. En faisant le produit des nombres de choix, on trouve le nombre de mots distincts. On pourrait résumer cette discussion en représentant le mot à former par une boîte comprenant trois cases. Chacune des cases représente la position d'une des lettres du mot.

Pour la première lettre, nous avons cinq choix possibles. Indiquons ce nombre de choix dans la première case.

5		

La lettre ne pouvant être réutilisée, il reste quatre possibilités pour la deuxième lettre, et ainsi de suite.

| 5 | 4 | 3 |

Cette représentation signifie que si on faisait le graphe, il y aurait cinq racines se subdivisant en quatre embranchements pour donner vingt branches, et que chacune de ces vingt branches se subdiviserait en trois pour donner un total de soixante branches ou 5×4×3 = 60 mots distincts.

ARRANGEMENT SANS RÉPÉTITION

On appelle *arrangement sans répétition de* p *objets choisis parmi* n *objets distincts* toute disposition ordonnée de *p* objets distincts choisis parmi un ensemble de *n* objets distincts.

REMARQUE

Deux permutations diffèrent par l'ordre de leurs éléments, mais deux arrangements peuvent différer par
- l'ordre des éléments
- le choix des éléments.

On représente par A_n^p le nombre d'arrangements de *p* objets choisis parmi *n* objets. Dans l'exemple précédent, on devait choisir trois lettres parmi cinq lettres pour former des mots. Nous avions donc des arrangements de trois lettres choisies parmi cinq lettres. Le nombre d'arrangements ou de mots possibles est alors

$$A_5^3 = 5 \times 4 \times 3 = 60$$

NOTATION FACTORIELLE

La notation factorielle que nous allons présenter maintenant nous permettra d'alléger l'écriture lors de la résolution d'un problème de dénombrement.

FACTORIELLE

L'expression *n*! qui se lit *n factorielle* est définie, pour un entier positif *n*, par l'égalité
$$n! = n(n-1)(n-2) \times \ldots \times 3 \times 2 \times 1$$

Ainsi, $\qquad 6! = 6 \times 5 \times 4 \times 3 \times 2 \times 1 = 720$

REMARQUE

n! est donc une façon condensée de représenter le produit d'entiers consécutifs et signifie *n multiplié par tous les entiers positifs qui le précèdent*. Le nombre de permutations de *n* objets, qui est noté P_n, est égal à *n*!, soit $P_n = n!$. Le nombre de permutations circulaires de *n* objets, noté P_{cn}, est donné par $P_{cn} = (n-1)!$.

Il faut bien interpréter le symbole de factorielle lorsqu'on doit effectuer des simplifications. Ainsi,

$$\frac{5!}{3!} = \frac{5 \times 4 \times 3 \times 2 \times 1}{3 \times 2 \times 1} = 5 \times 4 = 20$$

De plus, le produit

$$5! \times 3! = (5 \times 4 \times 3 \times 2 \times 1)(3 \times 2 \times 1) = 120 \times 6 = 720$$

est différent du produit $(5 \times 3)! = 15!$, comme votre calculatrice vous le confirmera.

Il est souvent très utile de pouvoir représenter le nombre d'arrangements à l'aide des factorielles. Ainsi,

$$A_7^4 = 7 \times 6 \times 5 \times 4 = 7 \times 6 \times 5 \times 4 \times \frac{3 \times 2 \times 1}{3 \times 2 \times 1} = \frac{7!}{3!}$$

NOTATION FACTORIELLE DU NOMBRE D'ARRANGEMENTS SANS RÉPÉTITION

Le nombre d'arrangements sans répétition de p objets choisis parmi n objets est donné par

$$A_n^p = \frac{n!}{(n-p)!}$$

Démonstration

Si on voulait dénombrer les mots de p lettres choisies parmi n lettres sans répétition, on aurait à former des mots de p cases. Dans la première case, le nombre de possibilités est n. Dans la deuxième, il est de $n-1$ et ainsi de suite. Il s'ensuit que le nombre de possibilités dans la $p$ième case est $n-p+1$.

| n | $n-1$ | $n-2$ | ... | $n-p+1$ |

On a donc
$$A_n^p = n(n-1)(n-2) \ldots (n-p+1)$$
$$= \frac{n(n-1)(n-2) \ldots (n-p+1)(n-p)(n-p-1) \times \ldots \times 3 \times 2 \times 1}{(n-p)(n-p-1) \times \ldots \times 3 \times 2 \times 1}$$
$$= \frac{n!}{(n-p)!}$$

Ce qui donne
$$A_n^p = \frac{n!}{(n-p)!}$$

PERMUTATIONS AVEC OBJETS INDISCERNABLES

Le dénombrement des permutations de n objets devient un peu plus délicat lorsque certains objets sont identiques. Nous allons présenter à l'aide de quelques exemples comment on peut déterminer le nombre de permutations de n objets dont certains sont indiscernables.

EXEMPLE 11.1.4

Combien de mots distincts de quatre lettres peut-on former en permutant les lettres du mot « allo »?

Solution
La difficulté de ce problème réside dans le fait que deux des lettres sont identiques. Si elles étaient distinctes, il suffirait de calculer le nombre de permutations de *n* objets. Cependant, on sait que le fait de permuter les deux « l » entre eux ne change pas le mot. Pour voir comment résoudre le problème à l'aide des connaissances acquises, différencions artificiellement les deux lettres identiques en leur attribuant un indice. Nous avons alors les lettres ou symboles a, o, l_1 et l_2. En permutant ces quatre symboles, on obtient $P_4 = 4! = 24$ mots distincts. Cependant, en faisant abstraction des permutations des lettres l_1 et l_2, on peut regrouper ces mots par deux comme l'illustre le tableau suivant:

al_1l_2o al_2l_1o	allo	l_1aol_2 l_2aol_1	laol	oal_1l_2 oal_2l_1	oall
al_1ol_2 al_2ol_1	alol	l_1l_2ao l_2l_1ao	llao	l_1ol_2a l_2ol_1a	lola
aol_1l_2 aol_2l_1	aoll	ol_1l_2a ol_2l_1a	olla	l_1oal_2 l_2oal_1	loal
l_1al_2o l_2al_1o	lalo	ol_1al_2 ol_2al_1	olal	l_1l_2oa l_2l_1oa	lloa

Ces 24 permutations forment douze groupes qui correspondent aux douze permutations distinctes ou aux douze mots distincts que l'on peut former. Ce tableau nous indique comment résoudre ce genre de problème sans avoir recours à l'énumération.

En différenciant les deux « l », on a $4! = 24$ mots. Cependant, les permutations des lettres identiques laissent le mot inchangé. De plus, en divisant par le nombre de permutations des lettres identiques, ce qui revient à les grouper deux par deux, on obtient le nombre de mots distincts. On note $P_{4;2}$ le nombre de permutations de 4 objets dont 2 sont indiscernables. On a alors

$$P_{4;2} = \frac{4!}{2!} = \frac{4 \times 3 \times 2 \times 1}{2 \times 1} = 4 \times 3 = 12$$

En pratique, on détermine le nombre de permutations de *n* objets divisé par le nombre de permutations des objets indiscernables entre eux. Vérifions notre conclusion à l'aide d'un autre exemple.

EXEMPLE 11.1.5

Combien de mots distincts de quatre lettres peut-on former en permutant les lettres du mot « toto »?

Solution
Différencions les lettres identiques par des indices; on trouve alors $P_4 = 4! = 24$ mots distincts. Cependant, en faisant abstraction des permutations de t_1 et t_2, c'est-à-dire en divisant par 2!, on trouve 12 mots puis, en faisant abstraction des permutations de o_1 et o_2, c'est-à-dire en divisant de nouveau par 2!, on trouve six mots distincts. Le graphique suivant illustre le processus:

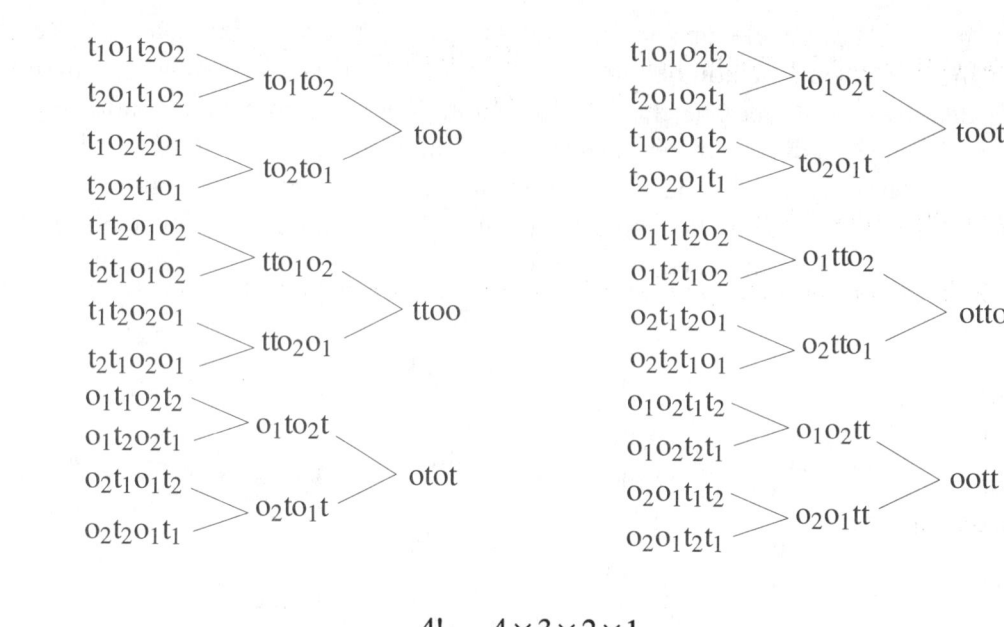

On a donc
$$P_{4;2,2} = \frac{4!}{2!2!} = \frac{4 \times 3 \times 2 \times 1}{2 \times 1 \times 2 \times 1} = 2 \times 3 = 6$$

ARRANGEMENTS AVEC RÉPÉTITIONS

Comme le nom l'indique, dans les arrangements avec répétitions, on peut réutiliser un objet déjà utilisé dans un même arrangement. La structure multiplicative demeure la même; c'est le nombre de choix possibles qui est modifié.

ARRANGEMENT AVEC RÉPÉTITIONS

On appelle *arrangement avec répétitions de p objets choisis parmi n objets distincts* toute disposition ordonnée de p objets choisis parmi un ensemble de n objets et telle qu'un objet peut apparaître plus d'une fois dans une même disposition.

EXEMPLE 11.1.6

Combien de mots distincts de cinq lettres peut-on écrire avec les lettres du mot « combien » si les lettres peuvent être répétées dans un même mot?

Solution

On veut former des mots de cinq lettres; on a donc cinq cases à remplir. À la première case, on a le choix parmi sept lettres. À la deuxième case, on a encore le choix parmi sept lettres, puisque l'on peut répéter la lettre choisie à la première case; ce qui donne

| 7 | 7 | 7 | 7 | 7 |

On peut donc former $7^5 = 16\,807$ mots. On note R_n^p le nombre d'arrangements avec répétitions de n objets pris p à la fois. Dans le présent exemple, on a donc

$$R_7^5 = 7^5 = 16\,807 \text{ mots possibles.}$$

PROPRIÉTÉ DE $n!$
La définition de la notation factorielle nous permet d'écrire que
$$n! = n(n-1)!$$

De la même façon, on peut écrire
$$n! = n(n-1)(n-2)!$$

Cette propriété de la factorielle nous permet de simplifier le processus d'évaluation de certaines expressions.

EXEMPLE 11.1.7

Évaluer l'expression
$$\frac{8!}{5!}$$

Solution

En développant le numérateur à l'aide de la propriété de la factorielle, on trouve
$$\frac{8!}{5!} = \frac{8 \times 7 \times 6 \times 5!}{5!} = 8 \times 7 \times 6 = 336$$

UN CAS PARTICULIER INTÉRESSANT, $0!$

Le nombre d'arrangements de n objets choisis parmi n est égal au nombre de permutations de n objets, et on a donc
$$A_n^n = P_n$$
$$\frac{n!}{(n-n)!} = n!$$
$$\frac{n!}{0!} = n!$$

Cette égalité indique qu'il y a une seule valeur possible pour $0!$, soit $0! = 1$.

EXEMPLE 11.1.8

Trouver n tel que $\dfrac{n!}{(n-2)!} = 30$.

Solution

En développant, on a
$$\frac{n!}{(n-2)!} = \frac{n(n-1)(n-2)!}{(n-2)!} = 30$$

$$n(n-1) = 30$$
$$n^2 - n = 30$$
$$n^2 - n - 30 = 0$$

En décomposant en facteurs, on obtient
$$(n-6)(n+5) = 0$$
d'où, $n = 6$ ou $n = -5$. D'après notre définition de factorielle, il faut rejeter la valeur -5; on a donc $n = 6$.

EXEMPLE 11.1.9

Combien de mots distincts de six lettres peut-on former en permutant les lettres du mot « ananas »?

Solution

On doit déterminer le nombre de permutations de six lettres comprenant un groupe de trois lettres identiques et un groupe de deux lettres identiques. Ce nombre est
$$P_{6;3,2} = \frac{6!}{3!\,2!} = 60 \text{ mots.}$$
où $P_{6;3,2}$ représente le nombre de permutations de 6 objets comportant un groupe de 3 objets identiques et un groupe de 2 objets identiques.

EXEMPLE 11.1.10

Un jeu consiste à lancer une pièce de monnaie six fois de suite. À ce jeu, combien de résultats contiennent exactement trois piles et trois faces?

Solution

Pour écrire les résultats de ce jeu, il nous faut écrire des mots de six lettres ne comportant que des P et des F. Ainsi, le mot PFPPFF indique que le résultat a été pile au premier tour, face au deuxième tour, et ainsi de suite. Pour savoir combien de résultats contiennent exactement trois piles et trois faces, il faut donc déterminer combien de mots distincts on peut former en permutant les lettres du mot PFPPFF. Il y a six lettres comprenant deux groupes de trois lettres indiscernables; le nombre de mots est donc

$$P_{6;3,3} = \frac{6!}{3!\,3!} = 20 \text{ mots.}$$

Il y a donc 20 résultats comprenant exactement trois piles et trois faces.

PROCÉDURE POUR DÉNOMBRER LES PERMUTATIONS D'UNE COLLECTION D'OBJETS

1. S'assurer qu'il s'agit bien de permutations. (Chaque solution doit comprendre tous les objets, et tout changement de l'ordre des objets dans une solution donne une solution différente.)
2. Si les objets sont tous discernables, le nombre de permutations est $P_n = n!$ où n est le nombre d'objets à permuter.
3. Si la collection de n objets à permuter comporte des objets indiscernables, le nombre de permutations est $P_{n;r_1,r_2,...,r_k} = \dfrac{n!}{r_1!\,r_2!\,...\,r_k!}$ où $r_1, r_2, ..., r_k$ sont les quantités d'objets indiscernables.
4. S'il s'agit de permutations circulaires de n objets, le nombre de permutations est $P_{c,n} = (n-1)!$.

PROCÉDURE POUR DÉNOMBRER LES ARRANGEMENTS D'UNE COLLECTION D'OBJETS

1. S'assurer qu'il s'agit bien d'arrangements. (Une solution ne comporte pas tous les objets, et tout changement de l'ordre des objets dans une solution donne une solution différente.)
2. Si les arrangements sont sans répétition, le nombre d'arrangements est $A_n^p = \dfrac{n!}{(n-p)!}$ où n est le nombre d'objets disponibles et p est le nombre d'objets que doit contenir chaque arrangement.
3. Si les arrangements sont avec répétitions, le nombre d'arrangements est $R_n^p = n^p$ où n est le nombre d'objets disponibles et p est le nombre d'objets que doit contenir chaque arrangement. (Dans le cas d'arrangements avec répétitions, on peut avoir $p > n$.)

Pierre DE FERMAT

Pierre de FERMAT, mathématicien français, est né à Beaumont de Lomagne près de Montauban. Il étudia le droit à Toulouse et, à partir de 1631, il devint conseiller au Parlement. FERMAT eut une carrière paisible et meubla ses moments de loisir par des occupations littéraires et mathématiques. Même si les mathématiques n'étaient pour lui qu'un passe-temps, il a été un précurseur dans plusieurs domaines: calcul différentiel, géométrie analytique, théorie des nombres et calcul des probabilités. Il a été l'un des correspondants de Marin MERSENNE, ce qui le mit en contact avec les travaux de GALILÉE, TORRICELLI, DESCARTES, PASCAL, et ROBERVAL. FERMAT, qui faisait des mathématiques en amateur, est cependant considéré comme le plus grand mathématicien du XVIIe siècle. Créateur de la théorie des nombres, il a développé la géométrie analytique indépendamment de DESCARTES et il partage avec PASCAL la création de la théorie des probabilités. Il a conçu et appliqué l'idée maîtresse du calcul différentiel et intégral treize ans avant la naissance de NEWTON et dix-sept ans avant celle de LEIBNIZ. Il n'a cependant pas présenté sa méthode en un ensemble de règles pratiques et facilement applicables comme LEIBNIZ l'a fait. Une bonne partie de ses recherches ont été perdues car il ne publiait jamais ses découvertes; il se contentait de les noter dans la marge de traités écrits par d'autres. Les principaux résultats de FERMAT ont été publiés en 1679 par son fils aîné Samuel sous le titre *Varia Opera Mathematica*. C'est à lui que l'on doit le résultat suivant:

$$C_n^p = \dfrac{n!}{(n-p)!\,p!}$$

11.2 EXERCICES

1. Combien de mots distincts de sept lettres peut-on former en permutant les lettres du mot « aligner » ?

2. Combien de mots distincts de cinq lettres peut-on former en permutant les lettres du mot « matin » ?

3. Combien de nombres distincts de cinq chiffres peut-on former en permutant les chiffres du nombre 54 372 ?

4. Évaluer les expressions suivantes :
   a) 5!
   b) 7! − 4!
   c) 6!
   d) 3! 4!
   e) $\dfrac{12!}{4!\,8!}$
   f) $\dfrac{24!}{18!\,6!}$
   g) 6! + 4!
   h) $\dfrac{8! + 4!}{4!}$

5. Combien de mots distincts peut-on former en permutant les lettres des mots suivants ?
   a) Canada
   b) bonjour
   c) permutation
   d) exactement

6. Un jeu consiste à lancer une pièce de monnaie six fois de suite.
   a) Combien y a-t-il de résultats possibles comprenant exactement
      i) deux piles et quatre faces ?
      ii) deux faces et quatre piles ?
      iii) une face et cinq piles ?
      iv) cinq faces et une pile ?
      v) aucune face et six piles ?
   b) Combien y a-t-il de résultats possibles à ce jeu ?

7. On veut former des codes de six symboles différents en utilisant les symboles A, B, C, 1, 2 et 3.
   a) Combien de codes distincts peut-on avoir si les lettres et les chiffres peuvent être mélangés ?
   b) Combien de codes distincts peut-on avoir si ceux-ci doivent être formés de trois lettres suivies de trois chiffres ?

8. Une boîte contient huit boules numérotées de 1 à 8. On pige toutes les boules une par une et sans les remettre dans la boîte. Après chaque pige, on note le numéro de la boule. Combien y a-t-il de résultats possibles à ce jeu ? (Un résultat est le nombre formé des huit numéros dans l'ordre suivant lequel ils ont été pigés.)

9. On désire former des mots en permutant les lettres du mot « confrontation ».
   a) Combien de mots peut-on former de cette façon ?
   b) Combien de ces mots commencent et finissent par un t ?

10. Combien de nombres de cinq chiffres peut-on former avec les chiffres 1, 2, 3, 4, 5, 6, 7, 8 et 9 si chaque chiffre ne peut être utilisé qu'une fois par nombre ?

11. Combien de mots de cinq lettres peut-on former avec les lettres du mot « conseil » si chaque lettre ne peut être utilisée qu'une fois par mot ?

12. Combien de mots de six lettres distinctes peut-on former avec les lettres de l'alphabet?

13. Trouver n sachant que

    a) $A_n^5 = 12A_n^3$

    b) $A_{2n}^3 = 100A_n^2$

14. Trouver n si

    a) $A_n^2 = 30$

    b) $A_n^2 = 56$

    c) $6A_n^5 = 8A_{n-1}^5$

    d) $A_n^{12} = 4A_{n-1}^{12}$

    e) $A_n^2 = 20A_n^0$

    f) $A_n^3 = 72A_{n-2}^1$

15. Trouver p si

    a) $A_7^p = 21A_6^{p-2}$

    b) $10A_9^p = 7A_{10}^p$

    c) $2A_6^p = 15A_4^{p-1}$

    d) $A_{15}^p = 3A_{15}^{p-1}$

16. Combien de mots de cinq lettres sans répétition, commençant par une consonne et se terminant par une voyelle peut-on former avec les lettres du mot « triangle »?

17. La compagnie qui vous emploie différencie ses produits à l'aide d'un code de cinq symboles dont les deux premiers sont des lettres et les trois autres sont des chiffres.
    a) Combien de codes différents peut-on former si les symboles peuvent être répétés?
    b) Combien de codes différents peut-on former si les symboles ne peuvent être répétés?

18. Un code postal est formé de trois lettres et de trois chiffres. Combien de codes postaux distincts peut-on écrire si les lettres et les chiffres alternent et le premier symbole est une lettre?

19. Combien de codes de quatre chiffres peut-on former en n'utilisant que des 0 et des 1?

20. Un jeu consiste à lancer une pièce de monnaie douze fois de suite; combien y a-t-il de résultats possibles à ce jeu?

21. Combien peut-on former de nombres compris entre 3 000 et 4 000 en utilisant les seuls chiffres 3, 4, 6 et 9 sans répétition?

22. On veut former des mots de 6 lettres avec les lettres du mot « volume ».
    a) Combien de mots peut-on former si les lettres ne peuvent être répétées, et si les consonnes doivent occuper les positions paires et les voyelles les positions impaires?
    b) Combien de mots peut-on former si les lettres peuvent être répétées, et si les consonnes doivent occuper les positions paires et les voyelles les positions impaires?

23. Combien de signaux différents peuvent être faits en hissant un ou plusieurs de six drapeaux de couleurs différentes à un mât?

24. On lance une pièce de monnaie huit fois de suite. Combien de résultats distincts peut-on obtenir?

25. Les organisateurs d'une conférence doivent identifier les places des 12 participants. Sachant que la table de conférence est ronde, déterminer le nombre de façons de disposer les participants. (Attention! les objets sont disposés de façon circulaire.)

26. Un enfant veut fabriquer un collier en enfilant 15 perles de couleurs différentes sur un fil. De combien de façons peut-il le faire? (Attention! les objets sont disposés de façon circulaire et le collier n'a ni envers ni endroit.)

27. Le numéro gagnant de la mini-loto est déterminé à l'aide de six bouliers dont le premier contient neuf boules numérotées de 1 à 9 et les cinq autres contiennent chacun dix boules numérotées de 0 à 9. Combien y a-t-il de résultats possibles à un tirage de la mini-loto?

28. Dans combien de permutations des chiffres 1, 2, 3, 4, 5, 6 et 7, les chiffres pairs demeurent-ils en ordre croissant?

29. On désire former des mots de cinq lettres avec les lettres du mot « confrontation ».
    a) Combien de mots sont possibles si les lettres peuvent être répétées?
    b) Combien des mots trouvés en *a* commencent et finissent par un t?

30. On lance un dé à six faces trois fois de suite. Combien y a-t-il de résultats à ce jeu?

31. Combien de mots de quatre lettres peut-on former avec les lettres de l'alphabet pour qu'il y ait répétition d'au moins une lettre?

32. En utilisant les chiffres de 0 à 9 inclusivement sans répétition,
    a) combien de nombres de cinq chiffres peut-on former?
    b) combien de nombres de cinq chiffres commencent par 3 et se terminent par 5?
    c) combien de nombres de cinq chiffres sont des multiples de 5?
    d) combien de nombres de cinq chiffres sont pairs?

33. On lance un tétraèdre régulier dont les faces sont numérotées 1, 2, 3 et 4. On prend note de la valeur de la face cachée et si celle-ci est la face 1, le jeu s'arrête. Sinon, on lance à nouveau le tétraèdre jusqu'à ce que l'on obtienne le 1 ou que le tétraèdre ait été lancé cinq fois. Trouver le nombre de résultats possibles.

34. Dans le code Morse, on utilise deux symboles, le point et le tiret.
    a) Combien de messages distincts peut-on former avec une suite de cinq symboles?
    b) Combien de messages distincts peut-on former avec une suite d'au plus cinq symboles?

35. Une boîte contient 36 boules numérotées de 1 à 36. Le jeu consiste à piger une boule et à noter son numéro. Si le nombre obtenu divise 36 sans reste, le jeu s'arrête. Sinon, vous replacez la boule dans l'urne et vous pigez de nouveau. Si, à la troisième pige, vous n'avez pas trouvé un diviseur de 36, le jeu s'arrête.
    a) Combien y a-t-il de résultats à ce jeu?
    b) Combien y a-t-il de résultats si le jeu s'arrête automatiquement au cinquième tour?

11.3 COMBINAISONS

En analyse combinatoire comme dans le calcul des probabilités, on est souvent intéressé à déterminer le nombre de façons de choisir des objets sans tenir compte de l'ordre suivant lequel ces objets seront choisis. C'est le cas notamment au jeu du 6/49, où le résultat est formé de six numéros sans égard à l'ordre suivant lequel ces numéros sont sortis, alors qu'au jeu de la mini-loto, l'ordre est important et déterminé par le fait que le tirage se fait à l'aide de six bouliers différents. Un changement dans l'ordre des éléments ne change pas une combinaison, mais ce changement donne un nouvel arrangement. Ainsi, lorsqu'on forme des nombres de quatre chiffres, les nombres 3 512 et 2 153 sont des *arrangements* différents puisque l'ordre des éléments a été modifié. Cependant, les chiffres 1, 2, 3 et 5 forment toujours le même sous-ensemble quel que soit l'ordre suivant lequel on les énumère. On appellera *combinaison* un sous-ensemble de p éléments choisis parmi n éléments. Nous allons, à l'aide d'un exemple, illustrer la relation arithmétique entre le nombre d'arrangements et le nombre de combinaisons.

OBJECTIF : Résoudre des problèmes de dénombrement pour lesquels l'ordre des éléments d'une sélection est important.

COMBINAISONS

On appelle *combinaison* de p objets choisis parmi n objets distincts tout groupement non ordonné de p objets choisis parmi n objets distincts.

Le nombre de combinaisons de p objets choisis parmi n objets distincts sera noté C_n^p.

EXEMPLE 11.3.1

Combien de sous-ensembles de trois lettres distinctes peut-on former en choisissant parmi les lettres de l'ensemble {A;B;C;D;E}?

Solution

Dans ce problème, l'ordre suivant lequel on choisit les éléments n'a pas d'importance. On veut former des groupements non ordonnés de trois lettres. Ainsi, le sous-ensemble {A;B;C} est le même que {B;A;C} car ils ont les mêmes éléments. Ils représentent donc une même solution, ce qui n'était pas le cas dans les arrangements, puisque les mots ABC et BAC sont différents, l'ordre de leurs éléments étant différent.

On peut trouver le nombre de sous-ensembles en les énumérant. On trouve alors
{A;B;C}, {A;B;D}, {A;B;E}, {A;C;D}, {A;C;E}, {A;D;E}, {B;C;D}, {B;C;E}, {B;D;E}, {C;D;E}.
Il y a donc dix sous-ensembles possibles.

Dans l'exemple précédent, l'énumération nous a donné dix sous-ensembles. Il est à remarquer qu'en permutant les trois lettres de chacun de ces dix sous-ensembles, on obtient les soixante arrangements de trois lettres choisies parmi cinq, comme l'illustre le tableau suivant:

Arrangements						Combinaisons
ABC	ACB	BCA	BAC	CAB	CBA	{A;B;C}
ABD	ADB	BDA	BAD	DAB	DBA	{A;B;D}
ABE	AEB	BEA	BAE	EAB	EBA	{A;B;E}
ACD	ADC	CDA	CAD	DAC	DCA	{A;C;D}
ACE	AEC	CEA	CAE	EAC	ECA	{A;C;E}
ADE	AED	DEA	DAE	EAD	EDA	{A;D;E}
BCD	BDC	CDB	CBD	DBC	DCB	{B;C;D}
BCE	BEC	CEB	CBE	EBC	ECB	{B;C;E}
BDE	BED	DEB	DBE	EBD	EDB	{B;D;E}
CDE	CED	DEC	DCE	ECD	EDC	{C;D;E}

$$A_5^3 = \frac{5!}{(5-3)!} = 60 \qquad C_5^3$$

Ce tableau nous permet d'établir la relation entre le nombre de combinaisons et le nombre d'arrangements. En effet, on constate qu'en permutant les éléments de chacune des combinaisons, on obtient tous les arrangements. Par conséquent, en multipliant le nombre de combinaisons par le nombre de permutations des éléments de chacune des combinaisons, on obtient le nombre d'arrangements, c'est-à-dire

$$3! \, C_5^3 = A_5^3$$

d'où l'on tire

$$C_5^3 = \frac{A_5^3}{3!} = \frac{5!}{(5-3)! \, 3!} = \frac{5 \times 4 \times 3!}{2! \, 3!} = 10$$

DÉFINITION DES NOMBRES C_n^p

En permutant les p objets de chacune des combinaisons de p objets choisis parmi n objets distincts, on obtient tous les arrangements de p objets choisis parmi n objets distincts. Par conséquent, en multipliant le nombre de combinaisons par le nombre de permutations des p objets, on obtient le nombre d'arrangements, c'est-à-dire

$$p! \, C_n^p = A_n^p$$

ou encore

$$C_n^p = \frac{A_n^p}{p!} = \frac{n!}{(n-p)! \, p!}$$

EXEMPLE 11.3.2

De combien de façons peut-on former un comité de cinq personnes en choisissant parmi neuf personnes?

Solution
On doit déterminer le nombre de groupements non ordonnés ou le nombre de sous-ensembles de cinq personnes choisies parmi neuf personnes. L'ordre suivant lequel on les choisit n'a aucune importance; ce sont donc des combinaisons et le nombre de comités possibles est

$$C_9^5 = \frac{9!}{(9-5)!\,5!} = \frac{9 \times 8 \times 7 \times 6 \times 5!}{4 \times 3 \times 2 \times 1 \times 5!} = 126 \text{ comités différents.}$$

EXEMPLE 11.3.3

On pige simultanément quatre billes d'un sac contenant douze billes distinctes. Combien de piges différentes peut-on faire?

Solution
On veut déterminer le nombre de sous-ensembles de quatre objets choisis parmi douze. Les billes étant pigées simultanément, l'ordre n'a pas d'importance. Le nombre est alors

$$C_{12}^4 = \frac{12!}{8!\,4!} = \frac{12 \times 11 \times 10 \times 9 \times 8!}{4 \times 3 \times 2 \times 1 \times 8!} = 495 \text{ piges différentes.}$$

Les deux principes sont très importants pour la suite de notre étude:

PRINCIPE MULTIPLICATIF
Soit deux opérations dont l'une peut être effectuée de m façons différentes et l'autre de n façons différentes. Il y a alors mn façons d'effectuer les deux opérations.

PRINCIPE ADDITIF
Soit deux opérations dont l'une peut être effectuée de m façons différentes et l'autre de n façons différentes. Il y a alors $m + n$ façons d'effectuer l'une *ou* l'autre des deux opérations.

Le principe multiplicatif a déjà été mis en application pour déterminer le nombre de mots que l'on peut former en choisissant avec ou sans répétition des lettres dans un ensemble donné.

Dans les exemples qui suivent, les opérations à effectuer consisteront à choisir des éléments dans des ensembles. Ainsi, si on désire prélever un élément dans un ensemble qui en contient n, il y a n façons d'effectuer l'opération. Par ailleurs, si on veut prélever p éléments de cet ensemble, il y a C_n^p façons d'effectuer l'opération.

EXEMPLE 11.3.4

Une étudiante doit faire ses choix de cours pour l'hiver. Parmi les cours offerts, il y a quatre cours de mathématiques et trois cours de physique.
a) De combien de façons peut-elle compléter sa fiche de choix de cours si elle doit prendre un cours de mathématiques et un cours de physique?
b) De combien de façons peut-elle compléter sa fiche de choix de cours si elle doit prendre un cours de mathématiques ou un cours de physique?

Solution
a) Le nombre de façons de compléter sa fiche est le produit des cours offerts dans chaque discipline. Soit $4 \times 3 = 12$ façons.
b) Le nombre de façons de compléter sa fiche est la somme des cours offerts dans chaque discipline. Soit $4 + 3 = 7$ façons.

Les mêmes principes s'appliquent même si on doit préalablement dénombrer les éléments de chacun des ensembles ou si on doit choisir plus d'un élément dans chacun des ensembles.

EXEMPLE 11.3.5

Une boîte contient quatre boules numérotées 1, 2, 3 et 4. Une deuxième boîte contient quatre boules identifiées par les lettres a, b, c et d. Le jeu consiste à prélever simultanément deux boules dans la première boîte *ou* trois boules dans la deuxième. Combien y a-t-il de résultats possibles à ce jeu?

Solution

Il y a C_4^2 façons de prélever deux boules dans la première boîte et C_4^3 façons de prélever trois boules dans la deuxième boîte. Le nombre de résultats possibles est donc
$$C_4^2 + C_4^3 = 6 + 4 = 10$$
puisqu'on prélève dans une boîte *ou* dans l'autre.

EXEMPLE 11.3.6

Une boîte contient quatre boules numérotées 1, 2, 3 et 4. Une deuxième boîte contient quatre boules différenciées par les lettres a, b, c et d. Le jeu consiste à prélever simultanément deux boules dans la première boîte *et* trois boules dans la deuxième. Combien y a-t-il de résultats possibles à ce jeu?

Solution
Dans ce cas, un résultat est formé de deux chiffres et de trois lettres. Le graphe suivant présente les différents résultats:

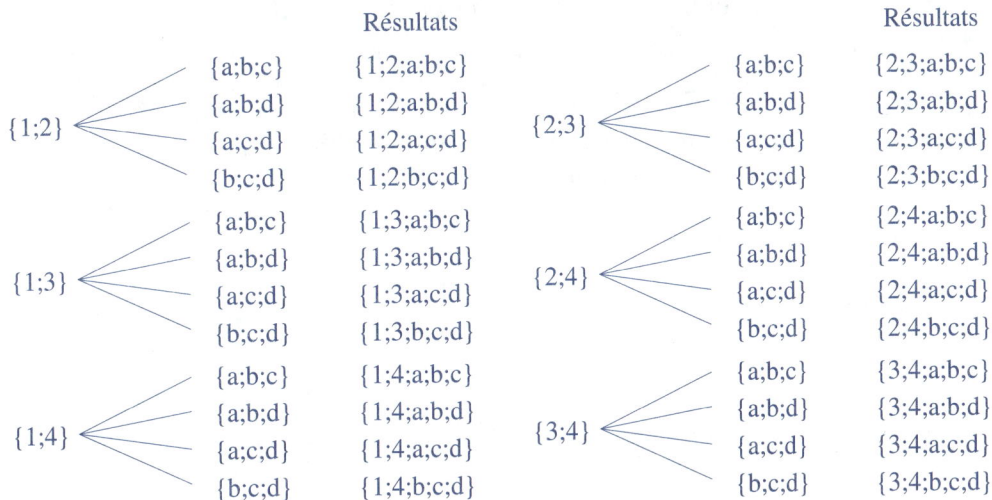

Ce graphique nous permet de constater que, pour chacune des C_4^2 façons de prélever deux boules de la première boîte, il y a C_4^3 façons de prélever trois boules de la deuxième boîte. Le nombre de résultats est donc

$$C_4^2 \times C_4^3 = 6 \times 4 = 24$$

**EXEMPLE** 11.3.7

Vous devez acheter un lot de trente micro-ordinateurs pour la compagnie qui vous emploie. Afin de vous assurer de la qualité des micro-ordinateurs, vous faites prélever au hasard un échantillon de trois appareils du lot et vous les faites vérifier.
a) Combien y a-t-il d'échantillons possibles de trois appareils?
b) En supposant que deux des trente appareils soient défectueux, quel est le nombre de combinaisons qui contiendront exactement un appareil défectueux? qui contiendront exactement deux appareils défectueux?

Solution
a) On veut déterminer le nombre de sous-ensembles non ordonnés de trois appareils choisis parmi trente appareils, soit des combinaisons de trois objets choisis parmi trente objets. Ce qui donne

$$C_{30}^3 = \frac{30!}{27!\,3!} = 4\,060 \text{ échantillons possibles.}$$

b) On peut, sans perte de généralité, considérer que le lot de trente appareils est formé de deux lots. Le premier lot contient les vingt-huit appareils en bon état et le deuxième lot contient les deux appareils défectueux. Pour déterminer combien d'échantillons de trois appareils contiennent un appareil défectueux, il suffit de déterminer le nombre de façons de choisir deux appareils parmi les vingt-huit en bon état et un appareil parmi les deux qui sont défectueux. Le principe multiplicatif s'applique alors. Le diagramme suivant illustre le raisonnement:

Le nombre d'échantillons contenant exactement un appareil défectueux est donc

$$C_2^1 \times C_{28}^2 = 756$$

En procédant de la même façon, on trouve que le nombre d'échantillons contenant deux appareils défectueux est

$$C_2^2 \times C_{28}^1 = 28$$

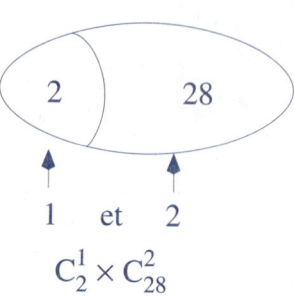

EXEMPLE 11.3.8

Une « main » de poker est un sous-ensemble de cinq cartes choisies parmi cinquante-deux cartes.
a) Combien y a-t-il de mains de poker distinctes?
b) Combien y a-t-il de mains de poker ne contenant que des cartes de pique?
c) Combien y a-t-il de mains de poker contenant au moins quatre cartes de pique?

Solution
a) Le nombre de mains de poker est

$$C_{52}^5 = \frac{52!}{47!\,5!} = 2\,598\,960$$

b) On désire déterminer le nombre de mains de cinq cartes que l'on peut former en choisissant les cinq cartes parmi les treize cartes de pique. On peut donc considérer que l'ensemble des cinquante-deux cartes est scindé en deux groupes, l'un formé des treize cartes de pique et l'autre formé des trente-neuf autres cartes. On trouve donc

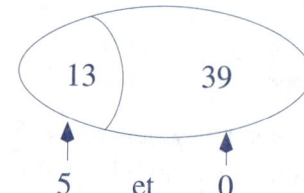

$$C_{13}^5 \times C_{39}^0 = \frac{13!}{8!\,5!} \times \frac{39!}{39!\,0!} = 1\,287$$

c) Le diagramme suivant indique que l'on veut déterminer le nombre de mains comprenant quatre piques et une autre carte ou comprenant cinq piques.

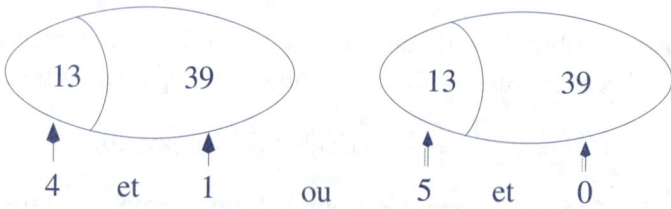

d'où $\quad C_{13}^4 \times C_{39}^1 + C_{13}^5 \times C_{39}^0 = \dfrac{13!}{9!\,4!} \times \dfrac{39!}{38!\,1!} + \dfrac{13!}{8!\,5!} \times \dfrac{39!}{39!\,0!}$

$$= 715 \times 39 + 1\,287 \times 1 = 29\,172$$

REMARQUE

Quelle que soit la valeur de n, on a toujours $C_n^0 = 1$ puisque

$$C_n^0 = \frac{n!}{(n-0)!\, 0!} = \frac{n!}{n! \times 1} = 1$$

On peut donc en faire abstraction dans un produit de facteurs.

EXEMPLE 11.3.9

On désire scinder un groupe de douze personnes en deux groupes, l'un de sept personnes et l'autre de cinq personnes. De combien de façons peut-on le faire?

Solution
Si on choisit sept personnes pour former le premier groupe, les cinq personnes qui n'ont pas été choisies formeront automatiquement le deuxième groupe. Il est donc suffisant de déterminer le nombre de façons de choisir sept personnes parmi douze, sans tenir compte de l'ordre, pour répondre à la question. On ne tient pas compte de l'ordre car les mêmes personnes choisies dans un ordre différent constituent le même groupe. On trouve donc

$$C_{12}^7 = \frac{12!}{5!\, 7!} = 792 \text{ façons.}$$

REMARQUE

On peut résoudre ce problème en déterminant le nombre de groupes de cinq personnes, les personnes non choisies formant alors le groupe de sept personnes. Ce qui donne

$$C_{12}^5 = \frac{12!}{7!\, 5!} = 792 \text{ façons.}$$

EXEMPLE 11.3.10

Un jeu consiste à lancer une pièce de monnaie huit fois de suite.
a) Combien y a-t-il de résultats possibles à ce jeu?
b) Parmi ces résultats, combien y en a-t-il comprenant exactement cinq faces?
c) Parmi ces résultats, combien y en a-t-il comprenant au moins cinq faces?

Solution
a) Pour écrire tous les résultats possibles, il faut écrire tous les mots de huit lettres ne contenant que des P et des F. On peut donc dénombrer ces résultats par des arrangements avec répétitions et l'on trouve
$$2^8 = 256 \text{ résultats possibles.}$$

b) On a déjà vu que l'on pouvait dénombrer ces résultats par les permutations avec objets indiscernables, ce qui donne

$$P_{8;5,3} = \frac{8!}{5! \ 3!} = 56 \ \text{résultats}.$$

Cependant on peut les dénombrer avec les combinaisons et c'est ce qui nous intéresse plus particulièrement en présentant cet exemple.

Abordons le problème de la façon suivante: on désire décomposer les huit lancers en deux groupes, l'un étant formé de cinq lancers pour lesquels on obtient face et l'autre de trois lancers pour lesquels on obtient pile. Le nombre de résultats est donc

$$C_8^5 = \frac{8!}{5! \ 3!} = 56 \ \text{résultats}.$$

On pourrait également comparer cela au problème consistant à choisir cinq cases parmi huit et, pour marquer notre choix, on place un F dans la case choisie. De plus, on écrit P dans les cases qui ne sont pas choisies. On n'a pas à tenir compte de l'ordre puisque les F sont indiscernables. On dénombre donc par les combinaisons et l'on trouve

$$C_8^5 = \frac{8!}{5! \ 3!} = 56 \ \text{résultats}.$$

Cette approche analogique nous permet de constater que, pour trouver le nombre de résultats comprenant exactement cinq faces, on peut faire comme si on avait le choix des lancers qui donneront face. Ce choix étant non ordonné, on dénombre à l'aide des combinaisons.

c) Les résultats comprenant au moins cinq faces sont ceux comprenant cinq faces, six faces, sept faces ou huit faces. On trouve donc

$$C_8^5 + C_8^6 + C_8^7 + C_8^8 = \frac{8!}{3! \ 5!} + \frac{8!}{2! \ 6!} + \frac{8!}{1! \ 7!} + \frac{8!}{0! \ 8!}$$
$$= 56 + 28 + 8 + 1 = 93 \ \text{résultats}.$$

Énonçons maintenant certaines propriétés des nombres C_n^p. Ces propriétés permettent de représenter ces nombres dans un tableau appelé « triangle de PASCAL ». Ce triangle est utile pour éviter des calculs fastidieux.

PROPRIÉTÉS DES NOMBRES C_n^p

Pour tout $n \in \mathbf{N}$, $C_n^0 = C_n^n = 1$

Pour tout $n \in \mathbf{N}$ tel que $n \geq 1$, $C_n^1 = C_n^{n-1} = n$

Pour tout $n \in \mathbf{N}$ et $p \in \mathbf{N}$ tel que $p \leq n$, $C_n^{n-p} = C_n^p$

Pour tout $n \in \mathbf{N}$ et $p \in \mathbf{N}$ tel que $p < n$, $C_{n-1}^{p-1} + C_{n-1}^p = C_n^p$

TRIANGLE DE PASCAL

Le triangle de PASCAL est un tableau donnant les valeurs des nombres C_n^p. Chaque ligne du triangle correspond à une valeur de n. On a alors la configuration ci-contre.

Les propriétés $C_n^0 = C_n^n = 1$ et $C_n^1 = C_n^{n-1} = n$ nous permettent de remplacer les premiers et derniers termes de chaque ligne par leur valeur.

La quatrième propriété nous permet, sans effectuer de calculs fastidieux, de trouver la valeur des autres éléments du triangle. En effet, cette propriété signifie que chaque terme du triangle est la somme des deux termes contigus placés sur la ligne au-dessus de lui dans le triangle. Ainsi

$$C_4^2 = C_3^1 + C_3^2 = 3 + 3 = 6$$
$$C_5^2 = C_4^1 + C_4^2 = 4 + 6 = 10$$

On peut ajouter autant de lignes qu'on veut à ce triangle pour éviter de recalculer les valeurs à chaque exercice.

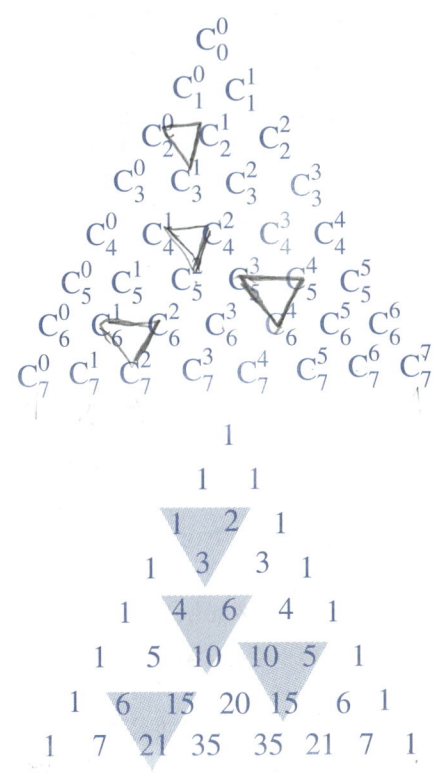

PROCÉDURE POUR DÉNOMBRER LES COMBINAISONS D'UNE COLLECTION D'OBJETS

1. S'assurer qu'il s'agit bien de combinaisons. (Un changement de l'ordre des objets dans une solution ne donne pas une solution différente).
2. Le nombre de combinaisons est $C_n^p = \dfrac{n!}{(n-p)!\,p!}$ où n est le nombre d'objets de la collection et p est le nombre d'objets de chaque sous-ensemble (combinaison).

Blaise PASCAL

Blaise PASCAL (1623-1662) était un savant français qui s'initia aux mathématiques à l'âge de douze ans contre la volonté de son père qui craignait que cette étude ne lui fasse négliger l'étude du latin. À l'âge de dix-neuf ans, il mit au point une machine à calculer. PASCAL s'intéressa aux probabilités à partir d'un problème qui lui avait été posé par le chevalier de MÉRÉ sur la façon de répartir l'argent des mises lorsqu'une partie devait être interrompue avant la fin. Le « Triangle de PASCAL » était connu avant lui, mais il a montré le lien existant entre ce triangle et les combinaisons et a élaboré en même temps la méthode de démonstration connue sous le nom « d'induction mathématique ».

Triangle DE PASCAL

Le triangle appelé « Triangle DE PASCAL » avait été publié par le mathématicien chinois CHOU CHI-KIÉ (1280-1303) dans un volume intitulé « Miroirs précieux des quatre éléments ». L'auteur donne le triangle jusqu'à $n = 8$ et signale que ce tableau provient d'une vieille méthode pour calculer les puissances de huit en descendant.

Ce triangle se retrouve également dans les travaux du mathématicien arabe AL-KASI au quinzième siècle et dans ceux du mathématicien Michael STIFEL (1487-1567). Il apparaît également en page couverture d'un volume d'arithmétique commerciale publié par le mathématicien allemand Peter APIAN (1495-1552).

11.4 EXERCICES

1. Combien de sous-ensembles de quatre lettres peut-on former en choisissant parmi les lettres de l'ensemble {A;B;C;D;E;F;G}?

2. De combien de façons peut-on former un comité de six personnes en choisissant parmi onze personnes?

3. On pige simultanément trois billes d'un sac contenant quinze billes distinctes. Combien de piges différentes peut-on faire?

4. Une boîte contient cinq boules numérotées 1, 2, 3, 4 et 5. Une deuxième boîte contient quatre boules différenciées par les lettres a, b, c et d. Le jeu consiste à prélever simultanément deux boules dans la première ou trois boules dans la deuxième. Combien y a-t-il de résultats possibles à ce jeu?

5. Vous devez acheter un lot de trente radios-réveils pour la compagnie qui vous emploie. Afin de vous assurer de la qualité des radios-réveils, vous faites prélever au hasard un échantillon de quatre appareils dans le lot et vous les faites vérifier.
   a) Combien y a-t-il d'échantillons possibles de quatre appareils?
   b) En supposant que trois des trente appareils sont défectueux, quel est le nombre d'échantillons qui contiendront exactement un appareil défectueux? qui contiendront exactement deux appareils défectueux?

6. Une usine fabrique des ampoules électriques qui sont emballées par caisses de cinquante ampoules. Pour s'assurer de la qualité, un inspecteur vérifie quatre ampoules par caisse, celles-ci étant prélevées au hasard.
   a) Combien y a-t-il de prélèvements possibles de quatre ampoules provenant d'une caisse de cinquante ampoules?
   b) Si une caisse contient six ampoules défectueuses, combien de ces prélèvements contiennent une ampoule défectueuse? deux ampoules défectueuses? trois ampoules défectueuses ? quatre ampoules défectueuses?

7. Une « main » de poker est un sous-ensemble de cinq cartes choisies parmi cinquante-deux cartes.
   a) Combien y a-t-il de mains de poker contenant exactement trois cartes de cœur?
   b) Combien y a-t-il de mains de poker ne contenant qu'une seule carte de cœur?
   c) Combien y a-t-il de mains de poker contenant trois cartes de cœur et deux cartes de pique?

8. On désire scinder un groupe de quinze personnes en deux groupes, l'un de neuf personnes et l'autre de six personnes. De combien de façons peut-on le faire?

9. Un jeu consiste à lancer une pièce de monnaie douze fois de suite.
   a) Combien y a-t-il de résultats possibles à ce jeu?
   b) Parmi ces résultats, combien y en a-t-il comprenant exactement six faces?
   c) Parmi ces résultats, combien y en a-t-il comprenant au moins six faces?

10. Lors d'un examen, vous recevez un questionnaire dont les questions sont divisées en deux groupes. Le groupe A contient quatre questions et le groupe B contient six questions.
    a) Si vous devez répondre à quatre questions dont deux du groupe A et deux du groupe B, de combien de façons pouvez-vous faire votre choix?
    b) Si vous devez répondre à six questions dont deux du groupe A et quatre du groupe B, de combien de façons pouvez-vous faire votre choix?
    c) Si vous devez répondre à deux questions que vous pouvez choisir soit dans le groupe A, soit dans le groupe B, de combien de façons pouvez-vous faire votre choix?
    d) Si vous devez répondre à six questions en choisissant au moins deux questions du groupe A, de combien de façons pouvez-vous faire votre choix?
    e) Si vous devez répondre à six questions en choisissant au plus deux questions du groupe A, de combien de façons pouvez-vous faire votre choix?

11. On vous demande de former un comité de quatre personnes en choisissant parmi dix personnes.
    a) De combien de façons pouvez-vous le faire?
    b) S'il y a, parmi les dix personnes, cinq hommes et cinq femmes, et que votre comité doit être formé de deux hommes et de deux femmes, de combien de façons pouvez-vous le former?

12. On vous demande de former un comité de trois personnes en choisissant parmi huit personnes.
    a) De combien de façons pouvez-vous le faire?
    b) Si le comité doit avoir un président, un vice-président et un secrétaire, de combien de façons pouvez-vous le faire?

13. On vous demande de former deux groupes de travail, l'un de cinq personnes et l'autre de quatre personnes, en choisissant parmi quinze personnes.
    a) De combien de façons pouvez-vous le faire?
    b) Si deux de ces personnes ne peuvent s'entendre et ne doivent pas faire partie du même groupe, de combien de façons pouvez-vous le faire?

14. Trouver n si $C_n^2 + C_{n-3}^2 = 171$.

15. Combien de triangles peut-on former en choisissant trois sommets d'un décagone?

16. Combien y a-t-il de diagonales dans un décagone?

17. Soit les nombres 2, 3, 5, 7 et 11, premiers entre eux.
    a) Combien de produits différents contenant deux facteurs distincts peut-on former avec ces nombres?
    b) Combien de produits différents contenant au moins deux facteurs distincts peut-on former avec ces nombres?

18. On détermine douze points sur la circonférence d'un cercle.
    a) Combien peut-on former de quadrilatères dont les sommets sont choisis parmi ces douze points?
    b) Combien peut-on former d'hexagones dont les sommets sont choisis parmi ces douze points?

19. Pour jouer à la 6/36, il faut choisir six nombres de 1 à 36 sans tenir compte de l'ordre. Combien y a-t-il de choix possibles à ce jeu?

20. Pour jouer à la 6/49, il faut choisir six nombres de 1 à 49 sans tenir compte de l'ordre. Combien y a-t-il de choix possibles à ce jeu?

21. Une boîte contient douze billes distinctes.
    a) De combien de façons peut-on piger trois billes simultanément quatre fois de suite, sans replacer les billes dans l'urne?
    b) De combien de façons peut-on piger trois billes simultanément quatre fois de suite, en replaçant les billes dans l'urne après chaque pige?

22. On prélève simultanément trois billes d'une urne qui contient huit billes dont quatre sont rouges et quatre sont jaunes.
    a) Combien y a-t-il de résultats possibles?
    b) Combien de ces résultats comprennent exactement deux billes rouges?
    c) Combien de ces résultats comprennent au moins deux billes rouges?

23. Une nouvelle compagnie, « Québec en ligne, Inc. », veut offrir le service de lien internet et donner à ses clients des noms d'usagers constitués de 8 lettres.
    a) Combien de noms distincts peuvent être formés si les lettres d'un nom d'usager doivent être distinctes?
    b) Combien de noms distincts peuvent être formés si un nom d'usager peut comporter des lettres identiques?
    c) Compte tenu du très grand nombre de noms qu'il est possible de former, la compagnie décide que les noms d'usagers débuteront par les lettres « ql » pour identifier la compagnie. Dans ces conditions, combien de noms d'usagers peuvent être formés si les lettres du nom doivent être distinctes? si les lettres peuvent être répétées?
    d) La compagnie décide que, pour un abonnement individuel, les noms devront débuter par les lettres « ql » et se terminer par la lettre « i ». Dans ces conditions, quel est le nombre maximal d'abonnés individuels que la compagnie pourra avoir si les lettres du nom doivent être distinctes? si les lettres peuvent être répétées?
    e) La compagnie décide que, pour un abonnement commercial, les noms devront débuter par les lettres « ql » et se terminer par les lettres « co ». Dans ces conditions, quel est le nombre maximal d'abonnés commerciaux que la compagnie pourra avoir si les lettres du nom doivent être distinctes? si les lettres peuvent être répétées?

24. Une compagnie de logiciels donne à ses produits des numéros de série qui sont une suite de douze caractères dont les trois premiers sont des lettres identifiant le produit et les deux derniers sont des chiffres indiquant l'année de la mise à jour. Par exemple, la compagnie a mis sur le marché, en 1998, un produit de compression des données dont le numéro de série est de la forme cod-LLL-CCCC-98, où L représente une lettre quelconque et C un chiffre quelconque.
    a) Combien de numéros de série différents peuvent être obtenus si les lettres et les chiffres doivent être distincts?
    b) Combien de numéros de série différents peuvent être obtenus si les lettres et les chiffres peuvent être répétés?
    c) Combien de numéros de série différents peuvent être obtenus si les lettres peuvent être répétées, mais les chiffres doivent être distincts?
    d) Combien de numéros de série différents peuvent être obtenus si les lettres doivent être distinctes, mais les chiffres peuvent être répétés?

La compagnie a mis sur le marché, en 1999, un produit de décompression des données dont le numéro de série est de la forme dod-CCC-LLLL-99, où L représente une lettre quelconque et C un chiffre quelconque.

- *e)* Combien de numéros de série différents peuvent être obtenus si les lettres et les chiffres doivent être distincts?
- *f)* Combien de numéros de série différents peuvent être obtenus si les lettres et les chiffres peuvent être répétés?
- *g)* Combien de numéros de série différents peuvent être obtenus si les lettres peuvent être répétées, mais les chiffres doivent être distincts?
- *h)* Combien de numéros de série différents peuvent être obtenus si les lettres doivent être distinctes, mais les chiffres peuvent être répétés?

La compagnie a mis sur le marché, en 1999, un produit de décompression des données dont le numéro de série est de la forme dod-CLCLC-99 où L représente une lettre quelconque et C un chiffre quelconque.

- *i)* Combien de numéros de série différents peuvent être obtenus si les lettres et les chiffres doivent être distincts?
- *j)* Combien de numéros de série différents peuvent être obtenus si les lettres et les chiffres peuvent être répétés?
- *k)* Combien de numéros de série différents peuvent être obtenus si les lettres peuvent être répétées mais les chiffres doivent être distincts?
- *l)* Combien de numéros de série différents peuvent être obtenus si les lettres doivent être distinctes mais les chiffres peuvent être répétés?

25. Une banque demande à chacun de ses clients de se choisir un numéro d'identification personnelle distinct pouvant compter de 5 à 8 chiffres.
    - *a)* Combien y a-t-il de numéros d'identification de cinq chiffres possibles si les cinq chiffres doivent être distincts?
    - *b)* Combien y a-t-il de numéros d'identification de cinq chiffres possibles si les chiffres peuvent être répétés?
    - *c)* Au total, combien y a-t-il de numéros d'identification possibles si les chiffres doivent être distincts?
    - *d)* Au total, combien y a-t-il de numéros d'identification possibles si les chiffres peuvent être répétés?

26. Démontrer les propriétés suivantes:
    - *a)* Pour tout $n \in \mathbf{N}$, $C_n^0 = C_n^n = 1$.
    - *b)* Pour tout $n \in \mathbf{N}$ tel que $n \geq 1$, $C_n^1 = C_n^{n-1} = n$.
    - *c)* Pour tout $n \in \mathbf{N}$ et $p \in \mathbf{N}$ tel que $p \leq n$, $C_n^{n-p} = C_n^p$.
    - *d)* Pour tout $n \in \mathbf{N}$ et $p \in \mathbf{N}$ tel que $p < n$, $C_{n-1}^{p-1} + C_{n-1}^p = C_n^p$.

PRÉPARATION À L'ÉVALUATION

Pour préparer votre examen, assurez-vous d'avoir atteint les objectifs suivants.

Consignez à la page suivante des indications pour vous remémorer plus facilement les notions et concepts qui vous posent le plus de difficultés.

Si vous avez atteint l'objectif, cochez.

☆ **RÉSOUDRE DES PROBLÈMES DE DÉNOMBREMENT.**

△ **Calcul exact du nombre de permutations dans un contexte donné.**

△ **Calcul exact du nombre d'arrangements dans un contexte donné.**

△ **Calcul exact du nombre de combinaisons dans un contexte donné.**

○ RÉSOUDRE DES PROBLÈMES DE DÉNOMBREMENT DANS DES SITUATIONS POUR LESQUELLES L'ORDRE DES ÉLÉMENTS D'UNE SÉLECTION EST IMPORTANT.

◇ Dénombrer des permutations d'objets discernables.

◇ Dénombrer des permutations d'objets dont certains sont indiscernables.

◇ Dénombrer des arrangements d'objets sans répétition.

◇ Dénombrer des arrangements d'objets avec répétitions.

○ RÉSOUDRE DES PROBLÈMES DE DÉNOMBREMENT DANS DES SITUATIONS POUR LESQUELLES L'ORDRE DES ÉLÉMENTS D'UNE SÉLECTION N'EST PAS IMPORTANT.

◇ Dénombrer les combinaisons de collections d'objets.

◇ Dénombrer des combinaisons dans des situations nécessitant l'utilisation du principe multiplicatif.

◇ Dénombrer des combinaisons dans des situations nécessitant l'utilisation du principe additif.

Signification des symboles: ☆ Élément de compétence   △ Composantes particulières de la compétence
○ Objectif de section   ◇ Procédure ou démarche   ☐ Étape d'une procédure

Notes personnelles

VOCABULAIRE UTILISÉ DANS LE CHAPITRE

ARRANGEMENT AVEC RÉPÉTITIONS
On appelle *arrangement avec répétitions de* p *objets choisis parmi* n *objets distincts* toute disposition ordonnée de p objets choisis parmi un ensemble de n objets et telle qu'un objet peut apparaître plus d'une fois dans une même disposition.

ARRANGEMENT SANS RÉPÉTITION
On appelle *arrangement sans répétition de* p *objets choisis parmi* n *objets distincts* toute disposition ordonnée de p objets distincts choisis parmi un ensemble de n objets distincts.

COMBINAISON
On appelle *combinaison de* p *objets choisis parmi* n *objets distincts* tout groupement non ordonné de p objets choisis parmi n objets distincts.

FACTORIELLE
L'expression $n!$ (qui se lit *n factorielle*) est définie par l'égalité
$$n! = n(n-1)(n-2) \times \ldots \times 3 \times 2 \times 1$$

PERMUTATION
On appelle p*ermutation de* n *objets distincts* toute disposition ordonnée de ces n objets.

PRINCIPE ADDITIF
Soit deux opérations dont l'une peut être effectuée de m façons différentes et l'autre de n façons différentes. Il y a alors $m + n$ façons d'effectuer l'une *ou* l'autre des deux opérations.

PRINCIPE MULTIPLICATIF
Soit deux opérations dont l'une peut être effectuée de m façons différentes et l'autre de n façons différentes. Il y a alors mn façons d'effectuer les deux opérations.

12
INITIATION AU CALCUL DES PROBABILITÉS

12.0 PRÉAMBULE

Nous avons tous intuitivement une compréhension assez juste de la notion de probabilité. Ainsi, lorsqu'on demande à quelqu'un la probabilité d'obtenir un 6 en lançant un dé, la réponse obtenue est invariablement une chance sur six. C'est dire qu'intuitivement on considère que les faces du dé ont autant de chances les unes que les autres d'apparaître, c'est-à-dire que la probabilité est la même pour chacune des faces. On évalue donc la probabilité de l'événement « obtenir un 6 » en divisant le nombre de résultats pour lesquels l'événement est réalisé par le nombre de résultats possibles. Cette constatation est l'amorce de notre démarche; nous allons calculer des probabilités en divisant le nombre de résultats pour lesquels l'événement est réalisé par le nombre de résultats possibles. Cela signifie que nous aurons systématiquement recours aux techniques de dénombrement du chapitre 11 pour évaluer des probabilités.

Les activités d'apprentissage de ce chapitre contribuent à développer l'élément de compétence suivant:

RÉSOUDRE DES PROBLÈMES DE PROBABILITÉ.

Les composantes particulières de l'élément de compétence visées par ce chapitre sont:

Calcul exact de la probabilité d'événements simples et composés.
Calcul exact d'une probabilité conditionnelle.
Calcul exact de la probabilité d'événements dépendants et d'événements indépendants.

12.1 NOTION DE PROBABILITÉ

Nous allons étudier dans ce chapitre des modèles théoriques, soit des modèles dont la probabilité peut être évaluée sans que l'on ait à effectuer l'expérience à laquelle on se réfère. On peut également évaluer une probabilité par les fréquences relatives; il faut alors répéter l'expérience un grand nombre de fois, ce qui n'est pas tellement souple comme procédé. Cependant, dans certains cas, c'est le seul recours pour pouvoir trouver un modèle décrivant les phénomènes en cause.

OBJECTIF: Utiliser les techniques de dénombrement pour calculer des probabilités simples.

> *EXPÉRIENCE ALÉATOIRE*
> On appelle *expérience aléatoire* toute expérience que l'on peut répéter à volonté dans les mêmes conditions et possédant les caractéristiques suivantes:
> 1. On peut décrire (ou dénombrer) tous les résultats possibles.
> 2. On ne peut prédire avec certitude le résultat de l'expérience.

Ainsi, le jeu consistant à lancer une pièce de monnaie est une expérience aléatoire puisqu'on peut répéter l'expérience à volonté. Les résultats possibles sont soit pile, soit face, mais on ne peut prédire avec certitude le résultat de l'expérience, c'est-à-dire le résultat d'un lancer.

> *ESPACE ÉCHANTILLONNAL*
> On appelle *espace échantillonnal* (ou ensemble fondamental) associé à une expérience aléatoire l'ensemble de tous les résultats possibles de cette expérience.

> *ÉVÉNEMENT*
> Tout sous-ensemble de l'espace échantillonnal d'une expérience aléatoire est appelé *événement* de cette expérience aléatoire.

L'espace échantillonnal d'une expérience aléatoire sera représenté par la lettre S. On utilisera surtout les lettres E et F pour représenter les événements. Ainsi, au jeu consistant à lancer un dé, l'espace échantillonnal est
$$S = \{1; 2; 3; 4; 5; 6\}$$
Le sous-ensemble $$E = \{5; 6\}$$
est un événement de cette expérience aléatoire. Cet événement peut être décrit verbalement; c'est l'événement « le nombre obtenu est plus grand que 4 ».

En pratique, nous devrons dénombrer les résultats à partir de leur description textuelle. Les résultats faisant partie d'un événement sont appelés *résultats favorables à la réalisation de l'événement* ou simplement *résultats favorables*.

REMARQUE

Dans le jeu consistant à lancer un dé, l'ensemble fondamental est formé d'événements simples dont la probabilité est égale, c'est-à-dire que la probabilité d'obtenir un 3 est égale à la probabilité d'obtenir un 6, et ainsi de suite. C'est pour cette raison que les événements sont dits *équiprobables*, ce qui signifie qu'ils ont tous la même probabilité.

CARDINALITÉ D'UN ENSEMBLE

On appelle *cardinalité d'un ensemble*, le nombre d'éléments de cet ensemble. On note #(E) la cardinalité d'un ensemble E.

PROBABILITÉ D'UN ÉVÉNEMENT

Soit E un événement associé à une expérience aléatoire d'espace échantillonnal S fini dont tous les événements simples sont équiprobables. La *probabilité de l'événement E*, notée P(E), est définie par
$$P(E) = \frac{\#(E)}{\#(S)}.$$

La probabilité d'un événement E est donc le rapport du nombre de résultats pour lesquels l'événement sera réalisé (ou résultats favorables) sur le nombre de résultats possibles de l'expérience aléatoire. On constate l'importance de pouvoir dénombrer les cas favorables et les cas possibles.

PROCÉDURE POUR CALCULER LA PROBABILITÉ D'UN ÉVÉNEMENT

1. Désigner l'événement par une lettre.
2. Dénombrer les résultats possibles de l'expérience aléatoire.
3. Dénombrer les cas favorables à la réalisation de l'événement.
4. Calculer le rapport du nombre des cas favorables sur le nombre de cas possibles.
5. Exprimer le résultat en pourcentage et interpréter dans le contexte s'il y a lieu.

EXEMPLE 12.1.1

On lance une pièce de monnaie trois fois de suite.
a) Trouver #(S).
b) Quel est le sous-ensemble associé à l'événement « exactement deux des lancers ont donné face »?
c) Quelle est la probabilité que l'événement « exactement deux des lancers ont donné face » se réalise?

Solution

a) Pour écrire tous les résultats possibles, il faudrait écrire tous les mots de trois lettres ne comprenant que les deux lettres P et F. On a donc des arrangements avec répétitions, et on a
$$\#(S) = 2^3 = 8.$$
Ces huit résultats forment l'ensemble fondamental
$$S = \{PPP; PPF; PFP; FPP; PFF; FPF; FFP; FFF\}.$$

b) Le sous-ensemble E est {PFF; FPF; FFP}. Il y a donc trois cas favorables à la réalisation de l'événement E.

c) La probabilité de l'événement E est alors $P(E) = \dfrac{\#(E)}{\#(S)} = \dfrac{3}{8} = 0{,}375$. En exprimant ce résultat en pourcentage, on a 37,5 %, ce qui signifie qu'il y a 37,5 % des chances d'obtenir « face » exactement deux fois en lançant la pièce de monnaie trois fois de suite.

EXEMPLE 12.1.2

On prélève *simultanément* trois billes d'une urne qui contient huit billes dont quatre sont rouges et quatre sont jaunes.
a) Combien y a-t-il de résultats dans l'espace échantillonnal de cette expérience aléatoire?
b) Combien de ces résultats comprennent exactement deux billes rouges?
c) Quelle est la probabilité d'obtenir exactement deux billes rouges lorsqu'on prélève trois billes simultanément?

Solution
a) Le nombre de résultats de l'espace échantillonnal est le nombre de sous-ensembles de trois billes que l'on peut former en choisissant parmi huit billes. Les billes étant pigées simultanément, il n'y a pas d'ordre et on dénombre par les combinaisons, ce qui donne

$$\#(S) = C_8^3 = 56.$$

b) On veut dénombrer les résultats contenant deux billes rouges et une bille jaune, c'est-à-dire le nombre de sous-ensembles que l'on peut former en choisissant deux billes parmi les quatre rouges et une bille parmi les quatre jaunes, soit

$$\#(E) = C_4^2 \times C_4^1 = 6 \times 4 = 24.$$

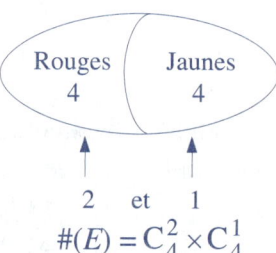

c) La probabilité est

$$P(E) = \frac{\#(E)}{\#(S)} = \frac{C_4^2 \times C_4^1}{C_8^3} = \frac{24}{56} = 0{,}42857\ldots$$

Ce qui signifie qu'il y a 42,9 % des chances d'obtenir exactement deux billes rouges si on prélève simultanément trois billes de l'urne.

REMARQUE

Calculer une probabilité revient à résoudre deux problèmes de dénombrement. Il faut dénombrer les résultats favorables et les résultats possibles.

EXEMPLE 12.1.3

Supposons qu'une boîte de cinquante montres à affichage numérique contienne deux montres défectueuses. Pour vérifier la qualité de ce lot, on prélève un échantillon que l'on soumet à des tests.
a) Quelle est la probabilité de prélever une montre défectueuse si l'échantillon ne contient qu'une seule montre?
b) Quelle est la probabilité qu'une des montres de l'échantillon soit défectueuse si on prélève un échantillon de quatre montres?
c) Quelle est la probabilité qu'au moins une des montres de l'échantillon soit défectueuse si on prélève un échantillon de quatre montres?

Solution

a) Soit E l'événement « la montre prélevée est défectueuse ». Puisqu'on ne prélève qu'une montre, E est l'ensemble des deux montres défectueuses et S est l'ensemble des cinquante montres, d'où

$$P(E) = \frac{\#(E)}{\#(S)} = \frac{2}{50} = 0{,}04$$

Il y a donc 4 % des chances de piger une montre défectueuse si on en choisit une au hasard dans le lot de 50 montres.

b) Soit F l'événement « une des quatre montres de l'échantillon est défectueuse ». Pour trouver $\#(F)$, il faut dénombrer les sous-ensembles de quatre montres dont l'une provient du sous-ensemble formé des deux montres défectueuses, ce qui donne

$$\#(F) = C_2^1 \times C_{48}^3 = 2 \times 17\,296 = 34\,592.$$

Le nombre d'échantillons possibles est

$$\#(S) = C_{50}^4 = 230\,300.$$

d'où

$$P(F) = \frac{\#(F)}{\#(S)} = \frac{C_2^1 \times C_{48}^3}{C_{50}^4} = \frac{34\,592}{230\,300} = 0{,}1502\ldots$$

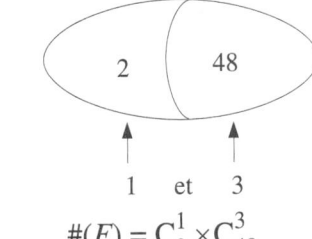

Ceci signifie qu'en vérifiant quatre montres du lot, il y a 15 % des chances qu'une montre soit défectueuse.

c) Soit G l'événement « au moins une des montres est défectueuse ». On a alors

$$\#(G) = C_2^1 \times C_{48}^3 + C_2^2 \times C_{48}^2 = 34\,592 + 1\,128 = 35\,720.$$

La probabilité est alors

$$P(G) = \frac{\#(G)}{\#(S)} = \frac{C_2^1 \times C_{48}^3 + C_2^2 \times C_{48}^2}{C_{50}^4} = \frac{35\,720}{230\,300} = 0{,}1551\ldots$$

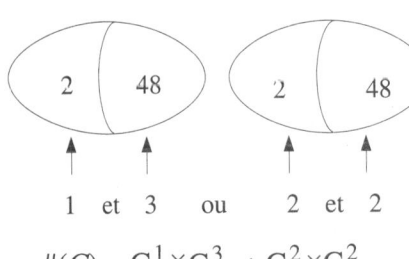

Ceci signifie qu'en vérifiant quatre montres du lot, il y a 15,5 % des chances qu'au moins une des montres soit défectueuse.

REMARQUE

Les résultats obtenus en *a* et *b* dans l'exemple nous permettent de voir que plus l'échantillon est grand, plus grandes sont les chances de prélever une montre défectueuse.

ÉVÉNEMENT CERTAIN ET ÉVÉNEMENT IMPOSSIBLE

Un événement dont la probabilité est 0 est appelé *événement impossible*. Le sous-ensemble associé à un tel événement est l'ensemble vide, noté Ø.

Un événement dont la probabilité est 1 est appelé *événement certain*. Le sous-ensemble associé à un tel événement est l'espace échantillonnal lui-même.

La probabilité d'un événement est toujours un nombre compris entre 0 et 1 inclusivement.

PROBABILITÉS ET OPÉRATIONS SUR LES ENSEMBLES

En calcul des probabilités, on doit souvent trouver la probabilité d'un événement qui est composé de deux événements et qui peut se représenter graphiquement par la réunion ou par l'intersection de deux ensembles. Nous allons rappeler maintenant les principes fondamentaux régissant ce genre de situations.

Considérons deux événements E et F distincts associés à une expérience aléatoire d'espace échantillonnal S. Les sous-ensembles E et F peuvent être disjoints ou non disjoints.

E et F disjoints

Si E et F sont disjoints, leur intersection est l'ensemble vide ($E \cap F = \emptyset$) et $P(E \cap F) = 0$. Ceci signifie qu'il est impossible que les événements E et F se réalisent simultanément puisqu'il n'y a aucun résultat qui est à la fois dans E et dans F.

De plus, $P(E \cup F)$, qui représente la probabilité que l'un ou l'autre de ces événements se réalise, est donnée par

$$P(E \cup F) = P(E) + P(F)$$

En effet, $\qquad P(E \cup F) = \dfrac{\#(E \cup F)}{\#(S)}$

or, $\qquad \#(E \cup F) = \#(E) + \#(F)$

d'où, $\qquad P(E \cup F) = \dfrac{\#(E \cup F)}{n(S)} = \dfrac{\#(E) + \#(F)}{\#(S)}$

$$= \dfrac{\#(E)}{\#(S)} + \dfrac{\#(F)}{\#(S)}$$

Dans ce cas, $\qquad P(E \cup F) = P(E) + P(F)$

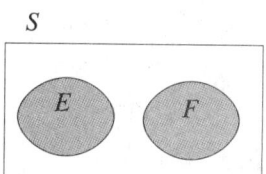

ÉVÉNEMENTS INCOMPATIBLES

Deux événements E et F associés à un espace échantillonnal S sont dits *événements incompatibles* si $E \cap F = \emptyset$.

Lorsque E et F sont incompatibles, on a $P(E \cup F) = P(E) + P(F)$. Dans la partie c de l'exemple 12.1.3, nous avons considéré que l'événement G était l'union d'événements incompatibles, soit les événements « exactement une des montres est défectueuse » et « exactement deux des montres sont défectueuses ». La réunion de ces deux événements donne bien, dans le contexte de l'exemple, « au moins une des montres est défectueuse ».

EXEMPLE 12.1.4

Soit le jeu consistant à lancer une pièce de monnaie trois fois de suite. Quelle est la probabilité d'obtenir au moins deux faces?

Solution

L'événement qui nous intéresse est la réunion de deux événements incompatibles:

E: « obtenir exactement deux faces »;

F: « obtenir exactement trois faces ».

Par conséquent $P(E \cup F) = P(E) + P(F) = \frac{3}{8} + \frac{1}{8} = \frac{4}{8} = 0,5$. Ce qui signifie qu'en lançant une pièce de monnaie trois fois de suite, il y a 50 % des chances d'obtenir au moins deux fois « face ».

On constate, à l'exemple précédent, qu'il y a également 50 % des chances d'obtenir au moins deux fois « pile ». Cela nous amène à un cas fort important d'événements disjoints: le cas des ensembles complémentaires.

ÉVÉNEMENT COMPLÉMENTAIRE

Soit E un événement associé à un espace échantillonnal S. On appelle *événement complémentaire de E* (ou *complément* de E) l'événement qui contient tous les résultats de S qui ne sont pas dans E. On note $\overline{E}$ (ou E') l'événement complémentaire de E.

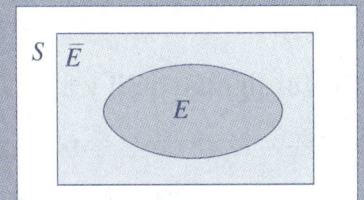

RÈGLE DU COMPLÉMENT

Soit E et $\overline{E}$ deux événements complémentaires. On a alors
$$P(E) = 1 - P(\overline{E})$$

Démonstration

Deux événements complémentaires l'un de l'autre satisfont à la condition suivante:
$$E \cap \overline{E} = \emptyset, \text{ d'où } P(E \cap \overline{E}) = 0.$$

En conséquence, $P(E \cup \overline{E}) = P(E) + P(\overline{E}) = P(S) = 1$, comme événements disjoints. On a donc
$$P(E) + P(\overline{E}) = 1$$

On utilise souvent cette caractéristique sous la forme $P(E) = 1 - P(\overline{E})$. Elle porte le nom de *règle du complément* et permet, dans certains cas, de simplifier la démarche pour calculer la probabilité d'un événement.

PROCÉDURE POUR CALCULER LA PROBABILITÉ D'UN ÉVÉNEMENT PAR LA RÈGLE DU COMPLÉMENT

1. Dénombrer les résultats possibles de l'expérience aléatoire.
2. Désigner l'événement par une lettre, ainsi que son complément.
3. Interpréter dans le contexte la signification de l'événement complémentaire et dénombrer les cas favorables à sa réalisation.
4. Calculer la probabilité de l'événement complémentaire.
5. Calculer la probabilité de l'événement en utilisant la règle du complément.
6. Exprimer le résultat en pourcentage et interpréter dans le contexte, s'il y a lieu.

EXEMPLE 12.1.5

On lance une pièce de monnaie cinq fois de suite. Quelle est la probabilité d'obtenir au moins une fois « face » sur les cinq lancers?

Solution

Quand on lance une pièce de monnaie cinq fois, on a $\#(S) = 2^5 = 32$ résultats possibles. Pour résoudre ce problème, il faudrait considérer les cas comprenant exactement une face, deux faces, trois faces, quatre faces et cinq faces. Il est beaucoup plus simple d'utiliser la règle du complément. Représentons les événements par des lettres: E l'événement « obtenir au moins une face » et $\overline{E}$ l'événement « n'obtenir aucune face ». S'il n'y a aucune face, on obtient pile à tout coup et il y a un seul résultat réalisant cet événement. On a donc

$$P(E) = 1 - P(\overline{E}) = 1 - \frac{1}{2^5} = 1 - \frac{1}{32} = \frac{31}{32} = 0{,}96875.$$

Ce qui signifie qu'il y a 96,9 % des chances d'avoir au moins une fois « face » sur les cinq lancers.

E et F non disjoints

Si E et F sont non disjoints, la cardinalité de $E \cup F$ est donnée par
$$\#(E \cup F) = \#(E) + \#(F) - \#(E \cap F)$$

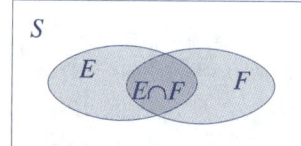

$$P(E \cup F) = \frac{\#(E \cup F)}{\#(S)}$$
$$= \frac{\#(E) + \#(F) - \#(E \cap F)}{\#(S)}$$

d'où
$$= \frac{\#(E)}{\#(S)} + \frac{\#(F)}{\#(S)} - \frac{\#(E \cap F)}{\#(S)}$$

Dans ce cas, $\qquad P(E \cup F) = P(E) + P(F) - P(E \cap F)$

PROCÉDURE POUR CALCULER LA PROBABILITÉ DE L'UNION D'ÉVÉNEMENTS NON DISJOINTS

1. Désigner chaque événement par une lettre.
2. Dénombrer les résultats possibles de l'expérience aléatoire.
3. Dénombrer les cas favorables à la réalisation de chacun des événements.
4. Interpréter dans le contexte la signification de l'intersection des événements et dénombrer les cas favorables à sa réalisation.
5. Calculer la probabilité de chacun des événements et de leur intersection.
6. Calculer la probabilité de l'événement en utilisant la règle $P(E \cup F) = P(E) + P(F) - P(E \cap F)$.
7. Exprimer le résultat en pourcentage et interpréter dans le contexte, s'il y a lieu.

EXEMPLE 12.1.6

On veut former un comité non hiérarchisé en choisissant au hasard 4 personnes dans un groupe de 12 candidats. Parmi ces 12 personnes, il y a deux frères: Armand et Bertrand. Quelle est la probabilité qu'au moins l'un des deux fasse partie du comité?

Solution
Posons A: « Armand fait partie du comité »,
et B: « Bertrand fait partie du comité ».
par conséquent
$A \cup B$ signifie « Armand fait partie du comité *ou* Bertrand fait partie du comité » et
$A \cap B$ signifie « Armand *et* Bertrand font partie du comité ».

Puisqu'il n'y a pas de postes distincts, le nombre de comités possibles est obtenu par le nombre de combinaisons de 4 objets parmi 12, soit

$$C_{12}^4 = \frac{12!}{8!4!} = 495 \text{ comités possibles.}$$

Pour dénombrer les comités dont Armand fait partie, on peut considérer qu'il est déjà choisi et il reste à calculer le nombre de façons de choisir 3 personnes parmi les 11 autres candidats. On obtient alors

$$C_1^1 C_{11}^3 = \frac{11!}{8!3!} = 165 \text{ comités.}$$

La probabilité qu'Armand fasse partie du comité est donc P(A) = 165/495.
La probabilité que Bertrand fasse partie du comité est la même, soit P(B) = 165/495. Pour trouver la probabilité qu'au moins l'un des deux fasse partie du comité, on ne peut simplement additionner ces probabilités car on compterait deux fois les comités dont les deux frères font partie. Il faut calculer la probalité en utilisant la relation
$$P(A \cup B) = P(A) + P(B) - P(A \cap B)$$
Il reste donc à calculer la probabilité de l'événement $A \cap B$. Le nombre de comités dont les deux font partie est alors

$$C_2^2 C_{10}^2 = \frac{10!}{8!2!} = 45 \text{ comités.}$$

On trouve donc $\quad P(A \cup B) = P(A) + P(B) - P(A \cap B) = \frac{165}{495} + \frac{165}{495} - \frac{45}{495} = \frac{285}{495} = 0,\overline{57}.$

La probabilité est donc de 57,6%.

Lois de DE MORGAN
Lorsqu'on utilise la règle du complément dans le cas d'une réunion ou d'une intersection d'ensembles, on peut utiliser les lois de DE MORGAN selon lesquelles
$$\overline{E \cup F} = \overline{E} \cap \overline{F} \text{ et } \overline{E \cap F} = \overline{E} \cup \overline{F}$$
On a alors $\quad P(E \cup F) = 1 - P(\overline{E \cup F}) = 1 - P(\overline{E} \cap \overline{F})$

$$\begin{aligned}P(E \cap F) &= 1 - P(\overline{E \cap F}) \\ &= 1 - P(\overline{E} \cup \overline{F}) \\ \text{et} \quad &= 1 - [P(\overline{E}) + P(\overline{F}) - P(\overline{E} \cap \overline{F})] \\ &= 1 - P(\overline{E}) - P(\overline{F}) + P(\overline{E} \cap \overline{F})\end{aligned}$$

12.2 EXERCICES

1. Dire quelles sont les expériences aléatoires parmi les expériences suivantes:
   a) Lancer une pièce de monnaie une fois.
   b) Lancer une pièce de monnaie deux fois de suite.
   c) Lancer un dé.
   d) Avoir un enfant.
   e) Subir un examen de mathématiques.

2. Énumérer les éléments de l'espace échantillonnal des expériences aléatoires suivantes:
   a) Lancer une pièce de monnaie trois fois de suite.
   b) Lancer un dé deux fois de suite.
   c) Faire tourner la flèche de la figure ci-contre trois fois de suite, un résultat étant le mot formé par les lettres identifiant les cases où la flèche s'arrête.

   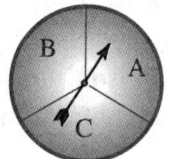

   d) On lance un tétraèdre régulier dont les quatre faces sont numérotées 1, 2, 3 et 4. On considère que le résultat d'un lancer est le nombre identifiant la face cachée du tétraèdre. Énumérer les éléments de l'espace échantillonnal si on lance le tétraèdre deux fois de suite.

   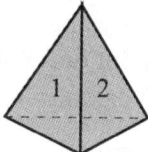

3. Trouver la cardinalité de l'espace échantillonnal des expériences aléatoires suivantes:
   a) Lancer une pièce de monnaie cinq fois de suite.
   b) Lancer un dé quatre fois de suite.
   c) Choisir cinq personnes dans un groupe de douze personnes.
   d) Faire tourner la flèche de la figure ci-contre quatre fois de suite.

   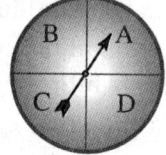

4. À partir de l'espace échantillonnal du problème 2c, trouver la probabilité des événements suivants:
   a) Le mot formé contient exactement deux A.
   b) Le mot formé contient au moins une fois la lettre A.
   c) Le mot formé contient au moins deux lettres identiques.
   d) Le mot formé contient trois lettres distinctes.

5. À partir de l'espace échantillonnal du problème 2a, trouver la probabilité des événements suivants:
   a) Obtenir deux faces sur les trois lancers.
   b) Obtenir au moins une face sur les trois lancers.
   c) Obtenir le même résultat sur les trois lancers.

6. Vous devez former une équipe de travail en choisissant cinq personnes au hasard dans un groupe de dix personnes. Parmi ces dix personnes, il y a deux amies que nous appellerons Arianne et Béatrice.
   a) Quelle est la probabilité qu'Arianne et Béatrice fassent partie de l'équipe de travail?
   b) Quelle est la probabilité qu'aucune des deux ne fasse partie de l'équipe de travail?
   c) Quelle est la probabilité qu'une seule des deux fasse partie de l'équipe de travail?

7. On a organisé une loterie offrant la possibilité de gagner trois lots identiques. On a produit cent billets et vous en avez acheté quarante. On procède au tirage en pigeant d'une boîte trois talons de billets parmi les cent talons.
   a) Quelle est la probabilité que vous gagniez un et un seul lot?
   b) Quelle est la probabilité que vous ne gagniez aucun lot?
   c) Quelle est la probabilité que vous gagniez au moins un lot?

8. Au jeu de la roulette, on peut obtenir le rouge ou le noir équiprobablement.
   a) Quelle est la probabilité d'obtenir « rouge » exactement huit fois en dix parties consécutives?
   b) Quelle est la probabilité d'obtenir « rouge » au moins une fois en dix parties consécutives?

9. Une boîte contient vingt boules distinctes dont huit sont rouges, trois sont jaunes et neuf sont bleues. On pige trois boules simultanément.
   a) Quelle est la probabilité qu'elles soient toutes rouges?
   b) Quelle est la probabilité qu'elles soient toutes bleues?
   c) Quelle est la probabilité d'obtenir au moins une jaune?
   d) Quelle est la probabilité d'obtenir deux rouges et une jaune?
   e) Quelle est la probabilité d'obtenir une boule de chaque couleur?

10. Vous achetez un billet de loto 6/36. Quelle est la probabilité que vous ayez les six bons numéros?

11. On désire vérifier un envoi de quarante calculatrices. Comme il est impensable de toutes les vérifier, on en prend cinq au hasard que l'on soumet à des tests.
    a) Si on pigeait seulement une calculatrice, quelle serait la probabilité que la calculatrice soit défectueuse en supposant que le lot contient deux calculatrices défectueuses? Cinq calculatrices défectueuses? Dix calculatrices défectueuses?
    b) Quelle est la probabilité que l'échantillon contienne au moins une calculatrice défectueuse s'il y en a deux dans le lot de quarante calculatrices?
    c) Même question qu'en b, si le lot contient cinq calculatrices défectueuses?
    d) Même question qu'en b, si le lot contient dix calculatrices défectueuses?

12. Cinq personnes sont réunies.
    a) Quelle est la probabilité qu'elles soient nées à des dates différentes?
    b) Quelle est la probabilité qu'au moins deux de ces cinq personnes aient la même date de naissance?

13. Quelle est la probabilité qu'au moins deux personnes aient la même date de naissance dans un groupe
    a) de dix personnes?   b) de vingt personnes?
    c) de trente personnes?   d) de quarante personnes?

12.3 PROBABILITÉS CONDITIONNELLES

Lorsqu'on calcule une probabilité, on cherche un nombre qui indique les chances que l'événement se réalise. Souvent, on a de l'information qui rend certains résultats de l'espace échantillonnal impossibles. Cette information permet alors de restreindre l'ensemble des résultats possibles et de modifier le calcul des probabilités. Lorsque cela se produit, on dit que l'on a des probabilités conditionnelles.

OBJECTIF : Calculer des probabilités d'événements dépendants ou indépendants à l'aide du modèle approprié.

PROCESSUS STOCHASTIQUES

Souvent, une expérience aléatoire consiste en une suite d'épreuves qui s'effectuent en succession, et chacune des épreuves peut avoir plusieurs résultats. Une telle expérience s'appelle un *processus stochastique*. Un processus stochastique peut se représenter par un diagramme en arbre. C'est ce que montre le premier exemple. D'ailleurs, ce premier exemple porte sur des événements que l'on dira « dépendants ». Les exemples suivants porteront sur des événements dits « indépendants ».

EXEMPLE 12.3.1

Soit le processus stochastique consistant à lancer une pièce de monnaie trois fois de suite. Représenter graphiquement les différentes éventualités et leur probabilité.

Solution
Le processus est constitué de trois lancers et les événements sont

Premier lancer	Deuxième lancer	Troisième lancer	Événements	Probabilités
		P	PPP	1/8
	P	F	PPF	1/8
P		P	PFP	1/8
	F	F	PFF	1/8
		P	FPP	1/8
	P	F	FPF	1/8
F		P	FFP	1/8
	F	F	FFF	1/8
				8/8

Toutes les probabilités sur les branches sont $P(P) = 1/2$ et $P(F) = 1/2$, avec départ à gauche.

REMARQUE

Le graphique nous permet de calculer la probabilité de différents événements simples et composés. Ainsi, la probabilité d'obtenir exactement deux faces sur les trois lancers est donnée par

$$P(FFP) + P(FPF) + P(PFF) = \frac{1}{8} + \frac{1}{8} + \frac{1}{8} = \frac{3}{8}$$

Considérons une expérience aléatoire d'espace échantillonnal S ainsi que E et F, deux événements associés à cette expérience aléatoire. Lorsqu'on désire trouver la probabilité que E se réalise, on calcule

$$P(E) = \frac{\#(E)}{\#(S)}$$

Cependant, cette approche doit être modifiée si on sait, par exemple, que l'événement F est réalisé. En effet, si F est réalisé, l'espace échantillonnal devient alors l'ensemble F et l'ensemble des cas favorables est $E \cap F$. Nous noterons $P(E|F)$ la probabilité que « E se réalise sachant que F est réalisé ». Les résultats favorables à la réalisation de E sont alors les éléments de $E \cap F$ et les résultats possibles sont les éléments de F. On a donc

$$P(E \mid F) = \frac{\#(E \cap F)}{\#(F)}$$

EXEMPLE 12.3.2

Deux cents personnes ont fait parvenir leur curriculum pour un emploi dans votre compagnie. Parmi celles-ci, il y a 95 hommes et 105 femmes. De plus, parmi les hommes, 70 sont détenteurs d'un diplôme d'études collégiales et, parmi les femmes, il y en a 90.

a) Si on choisit un curriculum au hasard, quelle est la probabilité que la personne qui a fait parvenir ce curriculum soit détentrice d'un diplôme d'études collégiales?

b) Si on choisit un curriculum au hasard et que la personne qui a fait parvenir ce curriculum est de sexe féminin, quelle est la probabilité que cette personne soit détentrice d'un diplôme d'études collégiales?

c) Si on choisit un curriculum au hasard et que la personne qui a fait parvenir ce curriculum est détentrice d'un diplôme d'études collégiales, quelle est la probabilité que cette personne soit de sexe féminin?

d) Si on choisit un curriculum au hasard et que la personne qui a fait parvenir ce curriculum est détentrice d'un diplôme d'études collégiales, quelle est la probabilité que cette personne soit de sexe masculin?

Solution

Soit D l'événement « la personne est détentrice d'un DEC »,
F l'événement « la personne choisie est de sexe féminin »,
et H l'événement « la personne choisie est de sexe masculin ».
En disposant les données en tableau, on a

Personnes	Hommes (H)		Femmes (F)		Total	
détentrice d'un DEC (D)	$\#(H \cap D)$	70	$\#(F \cap D)$	90	$\#(D)$	160
non-détentrice d'un DEC ($\bar{D}$)	$\#(H \cap \bar{D})$	25	$\#(F \cap \bar{D})$	15	$\#(\bar{D})$	40
Total	$\#(H)$	95	$\#(F)$	105	$\#(S)$	200

a) La probabilité que la personne qui a fait parvenir ce curriculum soit détentrice d'un diplôme d'études collégiales est donnée par

$$P(D) = \frac{\#(D)}{\#(S)} = \frac{160}{200} = 0{,}8$$

Ceci signifie qu'il y a 80 % des chances qu'un curriculum choisi au hasard soit celui d'une personne détentrice d'un DEC.

b) La personne étant de sexe féminin, la probabilité qu'elle soit détentrice d'un diplôme d'études collégiales est donnée par le nombre d'éléments dans l'intersection de D et de F divisé par le nombre d'éléments dans F, soit

$$P(D \mid F) = \frac{\#(D \cap F)}{\#(F)} = \frac{90}{105} = 0{,}86$$

Ceci signifie que 86 % des femmes ayant fait parvenir leur curriculum sont détentrices d'un DEC.

c) La personne étant détentrice d'un diplôme d'études collégiales, la probabilité qu'elle soit de sexe féminin est donnée par le nombre d'éléments dans l'intersection de D et de F divisé par le nombre d'éléments dans D, soit

$$P(F \mid D) = \frac{\#(D \cap F)}{\#(D)} = \frac{90}{160} = 0{,}56$$

Ceci signifie que 56 % des personnes détentrices d'un DEC, parmi les personnes qui ont fait parvenir leur curriculum, sont des femmes.

d) On peut utiliser la règle du complément et on a alors

$$P(H \mid D) = 1 - P(F \mid D) = 1 - \frac{90}{160} = \frac{70}{160} = 0{,}44$$

Ceci signifie que 44 % des détenteurs d'un DEC, parmi les personnes qui ont fait parvenir leur curriculum, sont des hommes.

REMARQUE

Dans la pratique, on peut avoir à exprimer $P(E \mid F)$ et $P(F \mid E)$ à l'aide des probabilités des événements E et F. Voyons comment on parvient à le faire. Puisque:

Initiation au calcul des probabilités 405

$$P(E \mid F) = \frac{\#(E \cap F)}{\#(F)},$$

on peut diviser le numérateur et le dénominateur de cette expression par #(S) et on obtient

$$P(E \mid F) = \frac{\#(E \cap F)}{\#(F)} = \frac{\#(E \cap F)/\#(S)}{\#(F)/\#(S)} = \frac{P(E \cap F)}{P(F)}.$$

De la même façon, on obtient

$$P(F \mid E) = \frac{\#(E \cap F)}{\#(E)} = \frac{\#(E \cap F)/\#(S)}{\#(E)/\#(S)} = \frac{P(E \cap F)}{P(E)}.$$

On a donc les résultats suivants:

$$P(E \mid F) = \frac{P(E \cap F)}{P(F)} \quad \text{et} \quad P(F \mid E) = \frac{P(E \cap F)}{P(E)}$$

Ceci permet de voir que la probabilité conditionnelle de deux événements est donnée par la probabilité de l'intersection divisée par la probabilité de la condition. On peut, à partir de ces deux résultats, obtenir deux expressions donnant la probabilité de l'intersection. Ce sont

$$P(E \cap F) = P(E \mid F) \times P(F) = P(F \mid E) \times P(E)$$

On obtient la même expression que dans le graphique de l'exemple 12.3.3.

EXEMPLE 12.3.3

Un jeu consiste à faire tourner la flèche de la roulette ci-contre. Le chiffre de la case où s'arrête la flèche indique dans quelle boîte on pige une bille.
a) Représenter graphiquement le processus stochastique.
b) Quelle est la probabilité que la bille pigée soit rouge?
c) Quelle est la probabilité que la bille provienne de la boîte 1, sachant qu'elle est rouge?

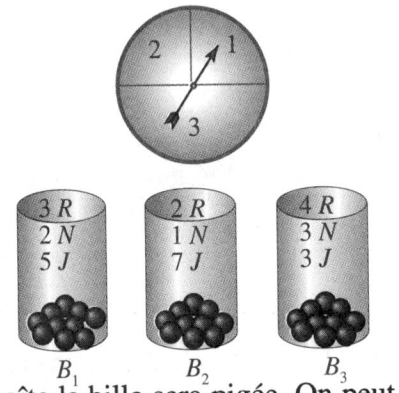

Solution

a) La première étape du processus est de déterminer dans quelle boîte la bille sera pigée. On peut déterminer la probabilité de chacun des résultats de cette première étape. La deuxième étape est de piger une bille dans la boîte choisie. On peut, pour chacune des boîtes, déterminer la probabilité des différents résultats, puisqu'on connaît le contenu de chaque boîte.

En notant
$P(R \mid B_1)$ la probabilité que la bille soit rouge, sachant qu'elle est pigée dans la première boîte,
et $P(R \cap B_1)$ la probabilité que la bille soit rouge et qu'elle provienne de la première boîte, la représentation graphique donne

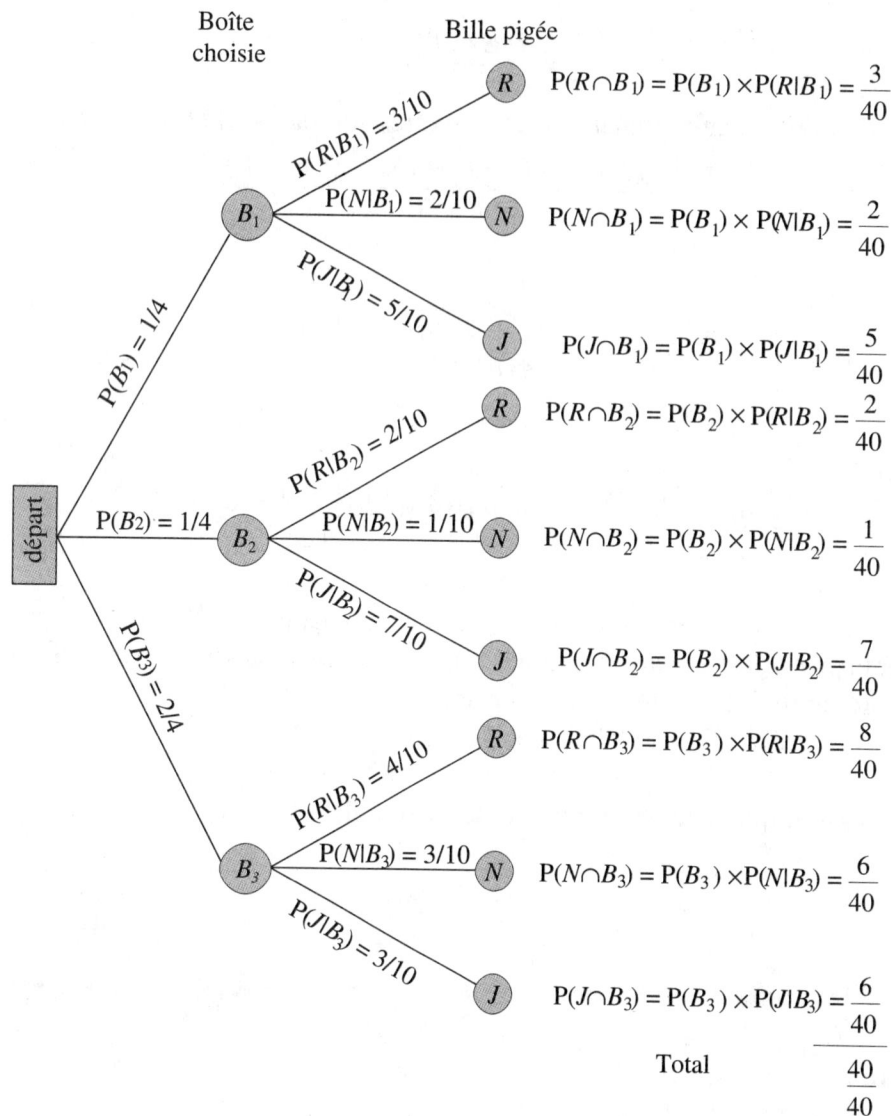

b) Puisqu'il y a des billes rouges dans chaque boîte, il faut en tenir compte pour trouver la probabilité que la bille pigée soit rouge. On a alors

$$P(R) = P(R \cap B_1) + P(R \cap B_2) + P(R \cap B_3)$$
$$= \frac{3}{40} + \frac{2}{40} + \frac{8}{40} = \frac{13}{40}.$$

c) On veut calculer la probabilité que la bille provienne de la première boîte sachant qu'elle est rouge, soit $P(B_1|R)$. Cependant, la probabilité conditionnelle des deux événements est donnée par la probabilité de l'intersection divisée par la probabilité de la condition. On a donc

$$P(B_1 | R) = \frac{P(R \cap B_1)}{P(R)} = \frac{3/40}{13/40} = \frac{3}{13}.$$

REMARQUE

On peut également calculer la probabilité que la bille provienne des autres boîtes sachant qu'elle est rouge, ce qui donne

$$P(B_2|R) = 2/13 \text{ et } P(B_3|R) = 8/13.$$

On a donc

$$P(B_1|R) + P(B_2|R) + P(B_3|R) = 13/13 = 1.$$

La probabilité d'un chemin est le produit des probabilités des branches constituant ce chemin. La somme des probabilités des branches partant d'un même point est égale à 1. La probabilité de l'intersection est exprimée comme un produit

$$P(R \cap B_1) = P(B_1) \times P(R|B_1)$$

PROCÉDURE POUR CALCULER UNE PROBABILITÉ CONDITIONNELLE

1. Identifer l'événement principal et la condition, et désigner chaque événement par une lettre.
2. Lorsque les cardinalités sont connues, calculer le rapport de la cardinalité de l'intersection des deux événements sur la cardinalité de la condition.
3. Lorsque les probabilités des événements sont connues, calculer le rapport de la probabilité de l'intersection des deux événements sur la probabilité de la condition.
4. Exprimer le résultat en pourcentage et interpréter dans le contexte s'il y a lieu.

EXEMPLE 12.3.4

Une enquête a été menée auprès du personnel d'une usine, parmi lequel on distingue le personnel administratif et le personnel des ateliers, afin de déterminer les proportions de fumeurs. Les résultats de cette étude sont compilés dans le tableau ci-contre.

Tableau des probabilités

	Administration	Ateliers
Fumeurs	0,12	0,23
Non fumeurs	0,18	0,47

a) Quelle est la probabilité qu'une personne choisie au hasard parmi le personnel fasse usage du tabac?

b) Quelle est la probabilité qu'une personne choisie au hasard fume, sachant qu'elle fait partie du personnel administratif?

c) Quelle est la probabilité qu'une personne choisie au hasard ne fume pas si cette personne travaille dans un des ateliers?

Solution

a) Soit A « la personne fait partie du personnel administratif » et F « la personne fume ».
En faisant la somme des probabilités apparaissant dans les lignes et les colonnes du tableau, on obtient, pour la première ligne,

$$P(F) = P(F \cap A) + P(F \cap \overline{A}) = 0{,}12 + 0{,}23 = 0{,}35$$

Ceci signifie que 35 % du personnel fait usage du tabac. Le tableau ci-contre compile ces données. On peut y lire directement la probabilité de F et de son complément, ainsi que la probabilité de A et de son complément.

Tableau des probabilités

	A	$\overline{A}$	Total
F	0,12	0,23	0,35
$\overline{F}$	0,18	0,47	0,65
Total	0,30	0,70	1,00

b) La probabilité cherchée est $P(F|A) = \dfrac{P(F \cap A)}{P(\overline{A})} = \dfrac{0,12}{0,30} = 0,40$, ce qui signifie qu'il y a 40 % du personnel administratif qui fait usage du tabac.

c) La probabilité cherchée est $P(\overline{F}|\overline{A}) = \dfrac{P(\overline{F} \cap \overline{A})}{P(\overline{A})} = \dfrac{0,47}{0,70} = 0,6714...$, ce qui signifie que 67,1 % du personnel des ateliers ne fait pas usage du tabac.

Dans les exemples 12.3.2, 12.3.3 et 12.3.4, nous avions des événements *dépendants*. Ainsi, dans l'exemple 12.3.2, il y a, par exemple, dépendance entre les événements « la personne est détentrice d'un DEC » et « la personne est de sexe féminin ». Dans l'exemple 12.3.3, il y a dépendance entre les événements « la bille pigée est rouge » et « la bille pigée provient de la première boîte ». Dans l'exemple 12.3.4, il y a dépendance entre les événements « la personne fume » et « la personne fait partie du personnel administratif ». Des événements sont dépendants lorsque la probabilité de l'un dépend du fait que l'autre soit réalisé ou non. Nous allons maintenant donner, dans une définition, une caractéristique des événements *indépendants*.

ÉVÉNEMENTS INDÉPENDANTS

Soit E et F deux événements relatifs à une expérience aléatoire d'espace échantillonnal S. On dira que E et F sont des *événements indépendants* si $P(E|F) = P(E)$. On a alors également $P(F|E) = P(F)$.

Comme conséquence de cette définition, on peut écrire que si E et F sont indépendants,
$$P(E \cap F) = P(E) \times P(F)$$
En effet, on a $\qquad\qquad P(E \cap F) = P(E|F) \times P(F)$
Cependant, si $P(E|F) = P(E)$, cette égalité devient
$$P(E \cap F) = P(E) \times P(F)$$

REMARQUE

Il ne faut pas confondre événements incompatibles et événements indépendants.
- Deux événements sont incompatibles si $P(E \cap F) = 0$.
- Deux événements sont indépendants si $P(E \cap F) = P(E) \times P(F)$.

EXEMPLE 12.3.5

On lance une pièce de monnaie deux fois de suite. Quelle est la probabilité d'avoir deux fois « face »?

Solution

On s'intéresse à l'événement « obtenir deux fois face » en lançant une pièce de monnaie deux fois de suite. On peut décomposer cet événement en deux événements clairement indépendants:

E « obtenir face au premier lancer » et
F « obtenir face au deuxième lancer ».

On a alors
$$P(E \cap F) = P(E) \times P(F) = \frac{1}{2} \times \frac{1}{2} = \frac{1}{4}$$

Il y a donc 25 % des chances d'avoir deux fois « face » en lançant la pièce de monnaie deux fois.

REMARQUE

On obtient le même résultat qu'en dénombrant les cas possibles et les cas favorables. En effet, l'ensemble fondamental est
$$S = \{FF, FP, PF, PP\}$$
Il y donc quatre résultats possibles et l'événement « obtenir deux fois face » est réalisé dans un seul de ces cas. La probabilité est donc 1/4. Dans cet exemple, les deux méthodes de calcul de la probabilité sont équivalentes.

EXEMPLE 12.3.6

On lance un dé trois fois de suite.
a) Quelle est la probabilité d'avoir trois fois le 1?
b) Quelle est la probabilité de ne pas avoir trois fois le 1?

Solution

a) On s'intéresse à l'événement E: « avoir trois fois le 1 ». On peut décomposer cet événement en trois événements clairement indépendants:
   E_1 « obtenir 1 au premier lancer »,
   E_2 « obtenir 1 au deuxième lancer » et
   E_3 « obtenir 1 au troisième lancer ».
   La probabilité de l'intersection de ces événements est alors
   $$P(E) = P(E_1 \cap E_2 \cap E_3)$$
   $$= P(E_1) \times P(E_2) \times P(E_3)$$
   $$= \frac{1}{6} \times \frac{1}{6} \times \frac{1}{6} = \frac{1}{216} = 0{,}0046\ldots$$
   Ce qui signifie que les chances d'obtenir trois fois le 1 sont de 0,46 %.

b) On cherche la probabilité du complément de E, ce qui donne
   $$P(\overline{E}) = 1 - P(E) = 1 - \frac{1}{216} = \frac{215}{216} = 0{,}99537\ldots$$
   Ce qui signifie que les chances de ne pas obtenir trois fois le 1 sont de 99,54 %.

COÏNCIDENCE DE DATES

Les coïncidences de dates, même si elles semblent extraordinaires, se vérifient assez facilement. Elles ne se produisent pas seulement pour les naissances, mais également pour les décès. Ainsi, parmi les anciens présidents des États-Unis, John ADAMS, James MONROE et Thomas JEFFERSON sont décédés un 4 juillet. Quant à Millard FILLMORE et William HOWARD TAFT, ils sont décédés un 8 mars. Les anciens présidents James POLK et Warren HARDING sont nés un 2 novembre.

Dans un groupe de trente personnes, la probabilité qu'au moins deux personnes aient la même date de naissance est de 0,706, ce qui signifie que dans un groupe de 30 personnes, il y a 70,6 % des chances qu'au moins deux personnes aient la même date de naissance (pas nécessairement la même année, mais le même jour du même mois). Dans un groupe de quarante personnes, la probabilité qu'au moins deux personnes aient la même date de naissance est de 0,891 et dans un groupe de cinquante personnes, cette probabilité monte à 0,970.

12.4 EXERCICES

1. Soit A et B deux événements tels que $P(A) = 0{,}3$, $P(B) = 0{,}4$ et $P(A \cup B) = 0{,}5$. Trouver
   a) $P(A \cap B)$
   b) $P(A|B)$
   c) $P(B|A)$
   d) $P(\overline{A}|\overline{B})$

2. Dans le graphique suivant qui représente l'espace échantillonnal d'une expérience aléatoire S, les résultats équiprobables sont représentés par des points. Trouver les probabilités suivantes:
   a) $P(E)$
   b) $P(F)$
   c) $P(\overline{E})$
   d) $P(\overline{F})$
   e) $P(E \cap F)$
   f) $P(E|F)$
   g) $P(F|E)$
   h) $P(E|\overline{F})$
   i) $P(\overline{E}|F)$
   j) $P(F|\overline{E})$
   k) $P(\overline{F}|E)$
   l) $P(\overline{E}|\overline{F})$
   m) $P(\overline{F}|\overline{E})$
   n) $P[(E|(E \cup F)]$
   o) $P[F|(E \cup F)]$
   p) $P(E|\overline{E})$

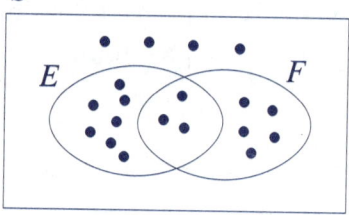

3. Soit A et B deux événements indépendants tels que $P(A) \neq 0$ et $P(B) \neq 0$. Montrer que A et B sont nécessairement compatibles.

4. Soit A un événement et $\overline{A}$ son complément tels que $P(A) \neq 0$ et $P(\overline{A}) \neq 0$. Montrer que
$$P(A|\overline{A}) = P(\overline{A}|A) = 0$$

5. Soit E et F deux événements tels que $P(E \cup F) \neq 0$. Montrer que $P[E|(E \cup F)] = \dfrac{P(E)}{P(E \cup F)}$.

6. On forme un comité de trois membres comprenant une personne à la présidence, une personne à la vice-présidence et une personne au secrétariat en choisissant au hasard trois personnes dans un groupe de treize candidats parmi lesquels il y a deux personnes particulières que nous appellerons A et B.
   a) Quelle est la probabilité que A soit dans le comité?

b) Quelle est la probabilité que *B* soit dans le comité?
c) Quelle est la probabilité que *A* et *B* soient dans le comité?
d) Quelle est la probabilité que *A* ou *B* soient dans le comité?
e) Quelle est la probabilité que *A* soit dans le comité sachant que *B* en fait partie?
f) Quelle est la probabilité que *A* soit dans le comité sachant que *B* est à la présidence?
g) Quelle est la probabilité que *A* soit dans le comité sachant que *B* n'en fait pas partie?
h) Quelle est la probabilité que *A* soit dans le comité sachant que *A* ou *B* en fait partie?
i) Quelle est la probabilité que *A* soit dans le comité sachant que *A* et *B* en font partie?

7. Une étude a été effectuée auprès du personnel d'une usine pour déterminer la proportion de ceux qui présentent des symptômes de stress. Le personnel a été divisé en deux groupes: le personnel administratif et le personnel rémunéré à taux horaire. La compilation des résultats apparaît au tableau ci-contre.

	Personnel à taux horaire	Administration
Stressé	0,48	0,18
Non stressé	0,26	0,08

a) Quelle est la probabilité qu'un membre du personnel, choisi au hasard, soit stressé? non stressé?
b) Quelle est la probabilité qu'un membre du personnel, choisi au hasard, soit rémunéré à taux horaire sachant qu'il est stressé? sachant qu'il est non stressé?
c) Quelle est la probabilité qu'un membre du personnel, choisi au hasard, soit stressé sachant qu'il est rémunéré à taux horaire? sachant qu'il fait partie du personnel administratif?
d) Quelle est la probabilité qu'un membre du personnel, choisi au hasard, ne soit pas stressé sachant qu'il est rémunéré à taux horaire? sachant qu'il fait partie du personnel administratif?

8. Une enquête a été menée auprès du personnel d'une compagnie. Parmi les deux mille quatre cents employés, il y a quatre cent quatre-vingts personnes dans l'administration, les autres étant des employés à taux horaire. Parmi le personnel administratif, il y a trois cent trente-six personnes qui fument et parmi le personnel à taux horaire, il y a sept cent soixante-huit fumeurs.
a) Regrouper ces données en tableau.
b) Quelle est la probabilité qu'une personne choisie au hasard parmi le personnel fasse partie des fumeurs?
c) Quelle est la probabilité qu'une personne choisie au hasard fume, sachant qu'elle fait partie du personnel administratif? sachant qu'elle est rémunérée à taux horaire?
d) Quelle est la probabilité qu'une personne choisie au hasard soit rémunérée à taux horaire sachant qu'elle fume? sachant qu'elle ne fume pas?

9. Un acheteur acceptera un lot de quinze radios si un échantillon de trois radios choisis au hasard ne contient pas d'appareils défectueux.
a) Quelle est la probabilité qu'il accepte le lot, s'il y a quatre appareils défectueux dans le lot?
b) Quelle est la probabilité qu'il n'accepte pas le lot, s'il y a quatre appareils défectueux dans le lot?

10. Un jeu consiste à lancer un dé trois fois de suite. Le but du jeu est d'obtenir le 6. En représentant les événements par *S* « obtenir un 6 » et *N* « ne pas obtenir un 6 »,
a) représenter graphiquement les différentes éventualités;
b) trouver la probabilité d'obtenir au moins deux fois le 6;
c) trouver la probabilité d'obtenir exactement deux fois le six si le résultat du premier lancer n'était pas un 6.

11. Un jeu consiste à lancer un dé pour déterminer dans quelle boîte piger une bille. Si le dé donne 1, on pige dans la première boîte. Si le dé donne 2 ou 3, on pige dans la deuxième et si le dé donne 4, 5 ou 6, on pige dans la troisième.

    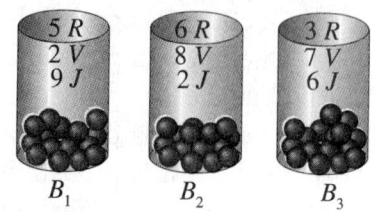

    a) Représenter graphiquement les différentes éventualités ainsi que leur probabilité.
    b) À partir du graphique, trouver la probabilité que la bille tirée soit rouge (R).
    c) À partir du graphique, trouver la probabilité que la bille tirée soit verte (V).
    d) À partir du graphique, trouver la probabilité que la bille tirée soit jaune (J).
    e) En supposant que la bille pigée est rouge, déterminer la probabilité qu'elle provienne de la deuxième boîte.
    f) En supposant que la bille pigée est verte, déterminer la probabilité qu'elle provienne de la deuxième boîte.
    g) En supposant que la bille pigée est jaune, déterminer la probabilité qu'elle provienne de la deuxième boîte.

12. Un jeu consiste à faire tourner la roulette ci-contre, le chiffre indiqué par la flèche déterminant de quelle boîte on doit piger une bille.

    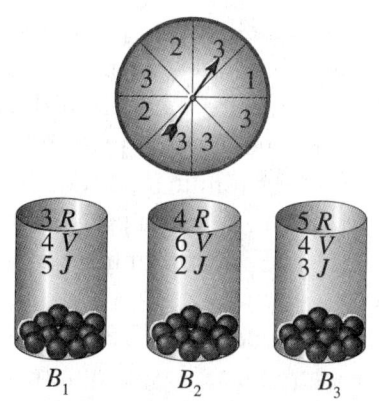

    a) Représenter graphiquement les différentes éventualités ainsi que leur probabilité.
    b) À partir du graphique, trouver la probabilité que la bille tirée soit rouge (R).
    c) À partir du graphique, trouver la probabilité que la bille tirée soit verte (V).
    d) À partir du graphique, trouver la probabilité que la bille tirée soit jaune (J).

13. On pige successivement et sans remise deux cartes d'un jeu de 52 cartes. On s'intéresse aux événements
    A « la première carte pigée est un as » et son complément A' et
    B « la deuxième carte pigée est un as » et son complément B'.
    a) Représenter par un arbre les différentes éventualités $A \cap B$, $A' \cap B$, $A \cap B'$ et $A' \cap B'$.
    b) À partir de cet arbre, trouver $P(A \cap B)$, $P(A' \cap B)$, $P(A \cap B')$ et $P(A' \cap B')$.
    c) Trouver $P(A)$ et $P(A')$.
    d) Trouver $P(B|A)$, $P(B'|A)$, $P(B|A')$, $P(B'|A')$.

14. On pige successivement et avec remise deux cartes d'un jeu de 52 cartes. On s'intéresse aux événements
    A « la première carte pigée est un as » et son complément A' et
    B « la deuxième carte pigée est un as » et son complément B'.
    a) Représenter par un arbre les différentes éventualités $A \cap B$, $A' \cap B$, $A \cap B'$ et $A' \cap B'$.
    b) À partir de cet arbre, trouver $P(A \cap B)$, $P(A' \cap B)$, $P(A \cap B')$ et $P(A' \cap B')$.
    c) Trouver $P(A)$ et $P(A')$.
    d) Trouver $P(B|A)$, $P(B'|A)$, $P(B|A')$, $P(B'|A')$.

15. *a)* Indiquer la probabilité de chacune des branches du diagramme suivant, où A et B représentent des résultats d'une situation analogue à celle du problème 12.

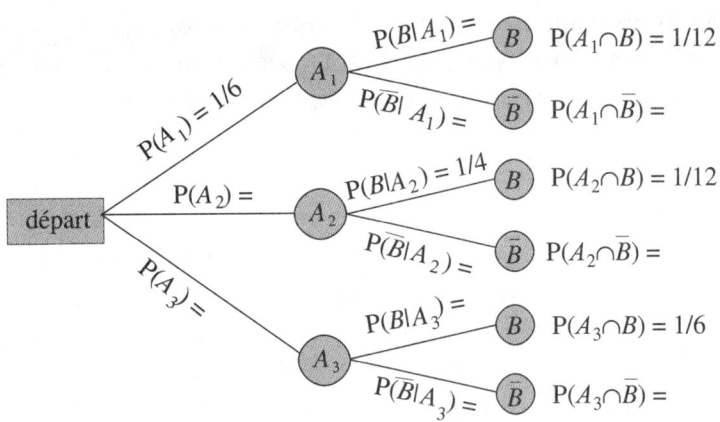

b) Trouver $P(B)$ et $P(\overline{B})$.
c) Trouver $P(A_1|B)$, $P(A_2|B)$ et $P(A_3|B)$.
d) Trouver $P(A_1|\overline{B})$, $P(A_2|\overline{B})$ et $P(A_3|\overline{B})$.

16. À l'aide des données de l'exercice précédent, compléter le tableau suivant en indiquant les probabilités de chaque éventualité.

	B	$\overline{B}$	Total
A_1			
A_2			
A_3			
Total			

17. À l'aide des données du tableau de l'exercice 16, compléter le graphique suivant en indiquant les probabilités de chaque éventualité.

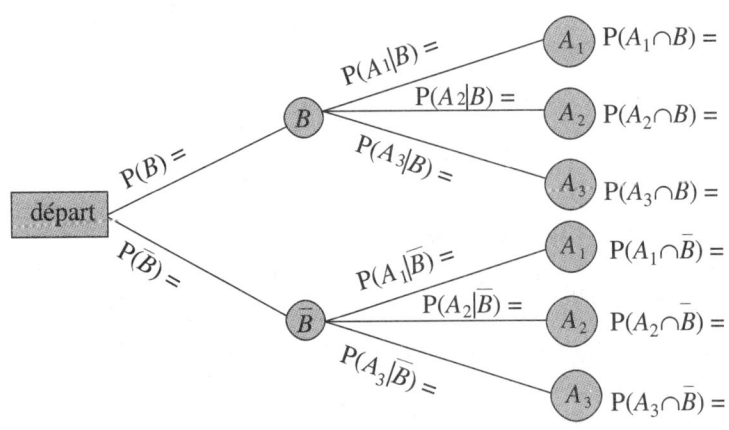

18. On lance un dé trois fois de suite et on s'intéresse à l'événement « obtenir un 6 », événement que l'on représente par la lettre « s » (pour succès). La lettre « e » représente l'événement complémentaire. (Les expériences aléatoires comportant deux événements indépendants, « succès » et « échec » sont appelées *expériences binomiales*). À ce jeu, le mot « see » représente un résultat de trois lancers dont le premier a donné un 6 et les deux autres n'ont pas donné un 6.

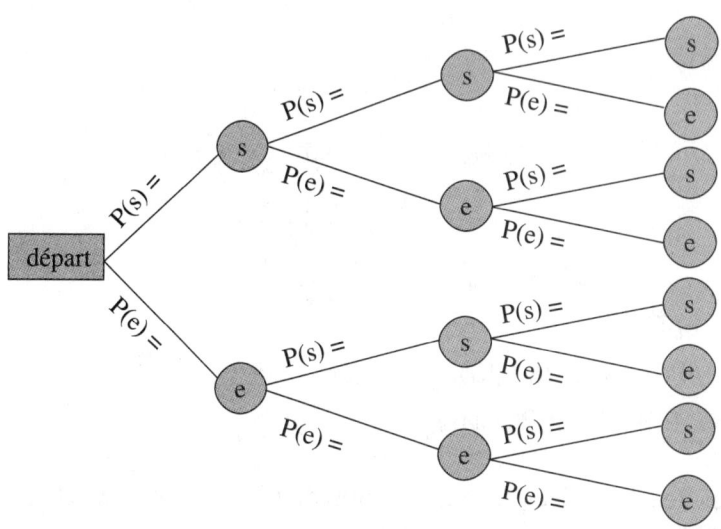

a) Combien y a-t-il de résultats possibles à ce jeu?
b) À l'aide des combinaisons, déterminer dans combien de ces résultats on a exactement deux succès.
c) À l'aide du diagramme précédent (que vous aurez d'abord complété), déterminer la probabilité d'avoir exactement deux succès en trois lancers.
d) Déterminer la probabilité d'avoir trois échecs en trois lancers.
e) Calculer la probabilité d'avoir au moins un succès en trois lancers.

19. On lance un dé trois fois de suite et on s'intéresse à l'événement « obtenir un nombre plus grand que 4 », événement que l'on représente par la lettre « s » pour succès. La lettre « e » représente l'événement complémentaire. Ainsi, « ses » représente un résultat de ce jeu.

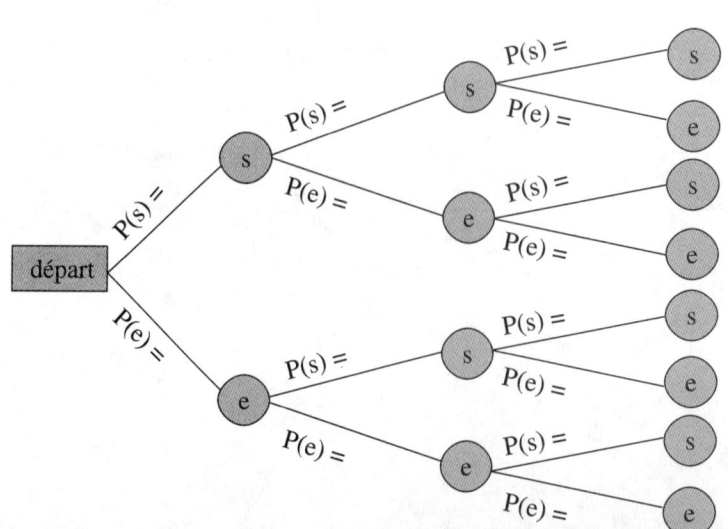

a) Combien y a-t-il de résultats possibles à ce jeu?
b) À l'aide des combinaisons, déterminer dans combien de ces résultats on a exactement deux succès.
c) Après avoir complété le diagramme ci-dessus, déterminer la probabilité d'avoir exactement deux succès en trois lancers.
d) Déterminer la probabilité d'avoir trois succès en trois lancers.
e) Calculer la probabilité d'avoir au moins un succès en trois lancers.

20. On fait tourner la flèche quatre fois de suite et on s'intéresse à l'événement « obtenir un A », événement que l'on représente par la lettre « s » (pour succès). La lettre « e » représente l'événement complémentaire. Ainsi, « sees » est un mot représentant un résultat.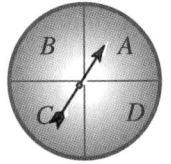
   a) Combien y a-t-il de résultats possibles à ce jeu?
   b) À l'aide des combinaisons, déterminer dans combien de ces résultats on a exactement deux succès.
   c) Après avoir complété le diagramme ci-dessous, déterminer la probabilité d'avoir exactement deux succès en quatre essais.
   d) Déterminer la probabilité d'avoir exactement trois succès en quatre essais.
   e) Calculer la probabilité d'avoir au moins un succès en quatre essais.

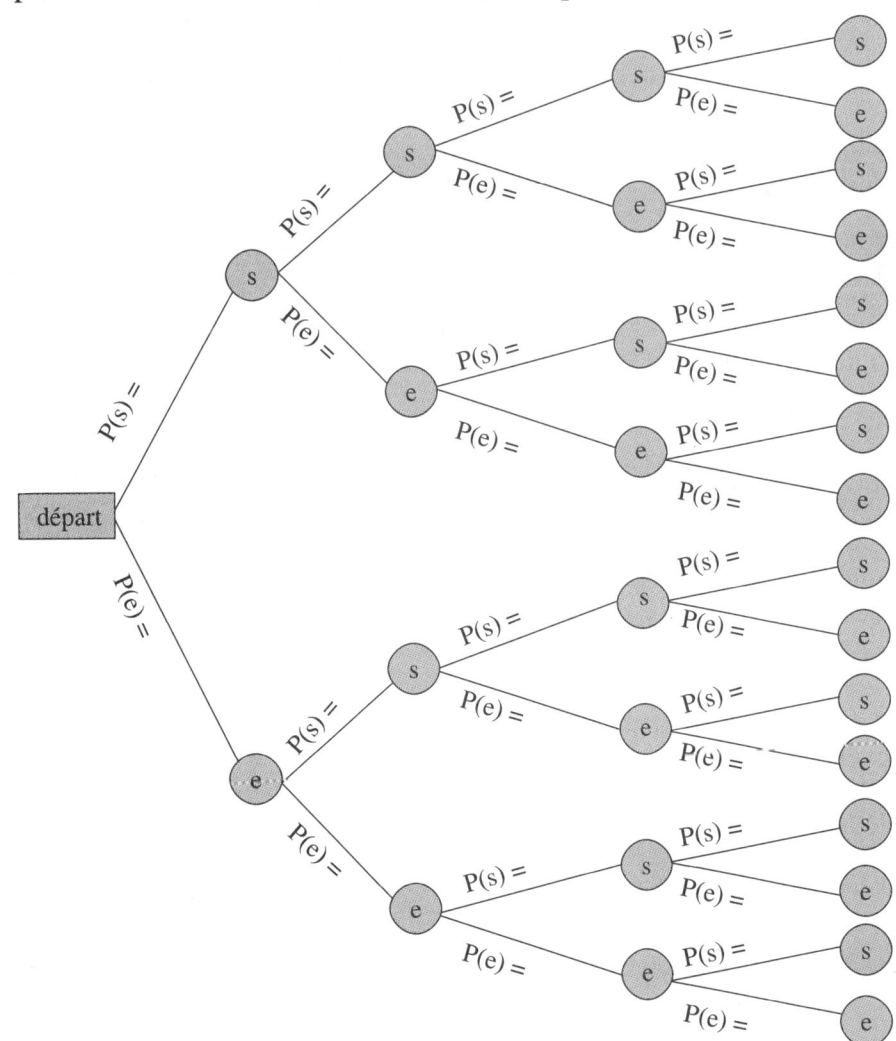

PRÉPARATION À L'ÉVALUATION

Pour préparer votre examen, assurez-vous d'avoir atteint les objectifs suivants.

Consignez à la page suivante des indications pour vous remémorer plus facilement les notions et concepts qui vous posent le plus de difficultés.

Si vous avez atteint l'objectif, cochez.

☆ **RÉSOUDRE DES PROBLÈMES DE PROBABILITÉ.**

△ **Calcul exact de la probabilité d'événements simples et composés.**

△ **Calcul exact d'une probabilité conditionnelle.**

△ **Calcul exact de la probabilité d'événements dépendants et d'événements indépendants.**

○ UTILISER LES TECHNIQUES DE DÉNOMBREMENT POUR CALCULER DES PROBABILITÉS SIMPLES.

◇ Calculer la probabilité d'un événement.

◇ Calculer la probabilité d'un événement par la règle du complément.

◇ Calculer la probabilité de l'union d'événements disjoints ou non disjoints.

○ CALCULER DES PROBABILITÉS D'ÉVÉNEMENTS DÉPENDANTS OU INDÉPENDANTS À L'AIDE DU MODÈLE APPROPRIÉ.

◇ Calculer la probabilité de différents événements d'un processus stochastique.
　❑ Construire le diagramme donnant les différents résultats du processus.

◇ Calculer une probabilité conditionnelle.
　❑ Calculer une probabilité conditionnelle par dénombrement.
　❑ Calculer une probabilité conditionnelle à l'aide des probabilités des événements en cause.

◇ Calculer la probabilité d'un événement d'un processus stochastique en le décomposant en une suite d'événements indépendants.

Signification des symboles:　☆ Élément de compétence　△ Composantes particulières de la compétence
　　　　　　　　　　　　　○ Objectif de section　◇ Procédure ou démarche　❑ Étape d'une procédure

Notes personnelles

VOCABULAIRE UTILISÉ DANS LE CHAPITRE

CARDINALITÉ D'UN ENSEMBLE
On appelle *cardinalité* d'un ensemble E, notée $\#(E)$, le nombre d'éléments de cet ensemble.

ESPACE ÉCHANTILLONNAL
On appelle *espace échantillonnal* (ou ensemble fondamental) associé à une expérience aléatoire l'ensemble de tous les résultats possibles de cette expérience.

ÉVÉNEMENT
Tout sous-ensemble de l'espace échantillonnal d'une expérience aléatoire est appelé *événement* de cette expérience.

ÉVÉNEMENT CERTAIN
Un *événement certain* est un événement dont la probabilité est égale à 1.

ÉVÉNEMENT COMPLÉMENTAIRE
Soit E un événement associé à un espace échantillonnal S. On appelle *événement complémentaire de* E (ou *complément de* E), noté $\overline{E}$ (ou E'), l'événement qui contient tous les résultats de S qui ne sont pas dans E.

ÉVÉNEMENTS ÉQUIPROBABLES
Des *événements équiprobables* sont des événements qui ont la même probabilité.

ÉVÉNEMENTS INCOMPATIBLES
Des *événements incompatibles* sont des événements dont l'intersection est nulle, ce qui signifie que la probabilité que les deux événements se réalisent simultanément est égale à 0.

ÉVÉNEMENTS INDÉPENDANTS
Soit E et F deux événements relatifs à une expérience aléatoire. On dit que E et F sont des *événements indépendants* si $P(E|F) = P(E)$. On a alors également $P(F|E) = P(F)$. En pratique, des événements sont indépendants lorsque la probabilité de l'un des événements est indépendant du fait que l'autre événement soit réalisé ou non.

ÉVÉNEMENT IMPOSSIBLE
Un *événement impossible* est un événement dont la probabilité est égale à 0.

EXPÉRIENCE ALÉATOIRE
On appelle *expérience aléatoire* toute expérience que l'on peut répéter à volonté, dans les mêmes conditions, et possédant les caractéristiques suivantes:
1. On peut décrire (ou dénombrer) tous les résultats possibles;
2. On ne peut prédire avec certitude le résultat de l'expérience.

PROBABILITÉ D'UN ÉVÉNEMENT
Soit E un événement associé à une expérience aléatoire d'espace échantillonnal S dont tous les événements simples sont équiprobables. La *probabilité de l'événement* E, notée $P(E)$, est définie par
$$P(E) = \frac{\#(E)}{\#(S)}.$$

PROCESSUS STOCHASTIQUE
Un *processus stochastique* est une expérience aléatoire qui consiste en une suite d'épreuves qui s'effectuent en succession et pour laquelle chacune des épreuves peut avoir plusieurs résultats.

RÈGLE DU COMPLÉMENT
La *règle du complément* est une propriété de tout événement complémentaire $\overline{E}$ qui s'exprime par la relation
$$P(\overline{E}) = 1 - P(E).$$

EXERCICES DE SYNTHÈSE

13

PRÉAMBULE

Ce treizième chapitre est consacré à l'intégration des connaissances acquises dans le cours. Il n'y a pas de théorie nouvelle dans ce chapitre, seulement des situations nécessitant le recours aux notions étudiées précédemment. Les problèmes présentés peuvent nécessiter un temps de travail assez long et les questions posées sont rarement présentées dans un ordre suggérant une démarche à suivre. L'étudiant doit analyser la situation présentée et les questions posées, imaginer un scénario de résolution et réaliser ce scénario. L'étudiant doit démontrer sa capacité à mener à terme une procédure comportant plusieurs étapes d'analyse et d'interprétation des résultats.

Les activités d'apprentissage de ce volume visaient à développer la compétence suivante:

RÉSOUDRE DES PROBLÈMES MATHÉMATIQUES EN INFORMATIQUE.

SITUATION 13.1

Compléter le tableau en exprimant les nombres dans les bases indiquées. Les nombres se trouvant sur une même ligne sont équivalents.

Bases

10	2	8	16	dcb
7				
		15		
	11101			
14,75				
			47	
				1000 0101 0110
	101,101			
		427		
			CD	
27				
		653		
			B,B	

SITUATION 13.2

Effectuer les opérations dans la base indiquée.
1. $(1101\ 0111)_2 + (100\ 1011)_2$
2. $(1101\ 0111)_2 - (101\ 1111)_2$
3. $(1101\ 0111)_2 \times (11\ 1101)_2$
4. $(1100\ 0110)_2 \div (1011)_2$
5. $(262)_8 + (547)_8$
6. $(755)_8 - (572)_8$
7. $(A6C)_{16} + (5B7)_{16}$
8. $(BC4)_{16} - (77C)_{16}$

SITUATION 13.3

Exprimer les nombres suivants en binaire normalisé à huit bits.
1. 24
2. −35
3. 37
4. −47

SITUATION 13.4

Effectuer les opérations en binaire normalisé à huit bits.
1. 24 + 17
2. −35 + 7
3. 37 − 25
4. 47 + 72

SITUATION 13.5
Exprimer les nombres suivants en binaire normalisé à 32 bits, mode réel.
1. 45,25
2. 75,45
3. 142,15
4. 310,4

SITUATION 13.6
Le coût annuel d'utilisation d'une automobile, noté C, incluant les frais d'enregistrement, les assurances, l'essence et l'entretien, dépend de la distance D parcourue annuellement. Une association d'automobilistes a demandé à ses membres de lui communiquer la distance qu'ils avaient parcourue et le coût d'utilisation pour la dernière année. L'association a dressé un tableau de ces données pour la voiture la plus populaire auprès de ses membres.

D (km)	5 000	10 000	15 000	20 000	25 000	30 000
C ($)	2 250	3 120	4 050	4 850	5 840	6 740

a) Trouver un modèle mathématique décrivant la correspondance entre les variables.
b) Donner une mesure de la précision du modèle par une méthode présentée dans le cours.
c) Calculer le coût d'utilisation pour une distance annuelle de 35 000 km.
d) À l'aide des données, établir la correspondance entre le coût d'utilisation du kilomètre et la distance parcourue annuellement. Construire un modèle mathématique décrivant cette situation.

SITUATION 13.7
Le constructeur d'habitations pour lequel vous travaillez a décidé d'évaluer le coût de chauffage des maisons qu'il construit afin de se servir de ce renseignement dans sa publicité. Il a fait relever la consommation moyenne d'huile à chauffage Q (en litres) et la la température T (en celsius) à l'extérieur. Les relevés ont été faits pour des périodes de 24 heures en fonction de la température moyenne durant ces 24 heures. Les données obtenues ont été compilées dans le tableau suivant:

T (°C)	–12	–7	–2	2	5	11
Q (L)	49,0	43,0	34,0	29,0	21,0	13,0

a) À l'aide de ces données, trouver le modèle affine décrivant la relation entre la température et la quantité d'huile à chauffage consommée.
b) Faire le calcul des résidus et déterminer le coefficient de corrélation.
c) Déterminer la quantité d'huile consommée en une journée lorsque la température extérieure moyenne est de –9°C.
d) Si la moyenne des températures en janvier est de –12°C, estimer la consommation mensuelle.
e) Déterminer la quantité d'huile consommée en une journée lorsque la température extérieure moyenne est de –20°C.

SITUATION 13.8
Un concessionnaire gère, dans des centres commerciaux, l'un à Rimouski et l'autre à Lévis, deux emplacements qui ne servent que des breuvages, des patates frites et des hambourgeois. Le nombre d'unités vendues dans chacun de ces emplacements pour la semaine écoulée est donné dans les tableaux suivants:

VENTES À LÉVIS

Jours	Articles		
	Breuvages	Frites	Hambourgeois
Dimanche	1 675	1 357	1 175
Lundi	978	875	786
Mardi	1 115	927	912
Mercredi	1 534	1 219	1 057
Jeudi	1 614	1 315	1 206
Vendredi	2 327	2 116	2 068
Samedi	2 612	2 317	2 215

VENTES À RIMOUSKI

Jours	Articles		
	Breuvages	Frites	Hambourgeois
Dimanche	1 856	1 252	975
Lundi	1 263	1 127	996
Mardi	1 351	978	863
Mercredi	1 267	1 069	1 003
Jeudi	1 523	1 217	1 017
Vendredi	2 135	1 856	1 759
Samedi	2 417	2 175	2 324

Le prix unitaire de chacun de ces articles est donné dans le tableau suivant:

Articles	Localités	
	Lévis	Rimouski
Breuvages	1,10 $	1,15 $
Patates frites	0,95 $	1,05 $
Hambourgeois	1,95 $	2,15 $

a) Décrire cette situation à l'aide de matrices.
b) Par la somme des matrices, déterminer le nombre total de chaque article vendu pour chaque jour de la semaine.
c) Par un produit matriciel, déterminer le revenu à Lévis pour chaque jour de la semaine.
d) Par un produit matriciel, déterminer le revenu à Rimouski pour chaque jour de la semaine.
e) Déterminer le revenu total du concessionnaire pour chaque jour de la semaine.

SITUATION 13.9
Une compagnie de meubles désire ajouter à sa production mensuelle deux modèles d'étagères en utilisant les surplus de matériaux qui s'accumulent mensuellement et les temps libres de ses ateliers. Les matériaux nécessaires pour réaliser ces étagères sont des montants dont les surplus mensuels sont de 300 mètres de longueur et des feuilles de contreplaqué dont les surplus sont de 280 feuilles mensuellement. Par ailleurs, la compagnie a constaté qu'il y a actuellement 96 heures de travail perdues dans ses ateliers à chaque mois. Les quantités de matériaux et les temps nécessaires pour la réalisation de ces deux modèles d'étagères sont donnés dans le tableau suivant:

	M_1	M_2	Disponibilités
Montants (m)	2	6	300
Contreplaqué (feuilles)	4	3	280
Temps de réalisation (h)	1,2	1,5	96

a) Sachant que les profits escomptés pour ces étagères sont de 40 $ pour le modèle M_1 et de 50 $ pour le modèle M_2, déterminer combien il faut produire d'étagères de chaque modèle en un mois pour maximiser les profits de la compagnie.

b) Quels sont les surplus mensuels pour les matériaux utilisés lorsque le plan établi en *a* est appliqué?

SITUATION 13.10

Vous désirez renouveler votre équipement informatique et vous devez analyser les offres de différents distributeurs pour déterminer la plus avantageuse, compte tenu que le taux d'intérêt annuel pour les emprunts personnels est actuellement de 11,2 %. Les offres sont compilées dans le tableau suivant:

Distributeurs		Conditions de paiement		
	Coût	Comptant	Dans un an	Dans deux ans
INFO-COM	7 400 $	100 %	0 %	0 %
INFO-MOD	7 600 $	50 %	50 %	0 %
INFO-NET	8 200 $	25 %	25 %	50 %
INFO-NEUF	8 600 $	10 %	40 %	50 %

a) Déterminer lequel de ces distributeurs présente l'offre la plus avantageuse pour vous.

b) Vous envisagez faire un emprunt à la caisse pour financer votre achat et vous demandez à ces distributeurs le rabais qu'ils consentiraient sur le coût de l'équipement en échange d'un paiement comptant. Le premier ne fait pas de rabais, le deuxième fait un rabais de 6 %, le troisième de 7 % et le quatrième de 12 %. Dans ces conditions, quel distributeur allez-vous choisir?

SITUATION 13.11

Le Gouvernement a mis sur pied le programme « Innove » pour permettre aux petites et moyennes entreprises de se doter d'équipements informatiques modernes. Les entreprises admissibles peuvent bénéficier d'un prêt sans intérêt de trois ans jusqu'à concurrence de 35 000 $. Elles ne commencent à rembourser qu'après ces trois années. Calculer le montant d'intérêts payés par le Gouvernement pour une entreprise qui fait l'emprunt maximum, sachant que le taux d'intérêt est de 8,4 % capitalisé mensuellement.

SITUATION 13.12

Une compagnie de meubles de plastique moulé à armature de métal désire ajouter à sa gamme de production deux nouveaux modèles de chaises de façon à diminuer les temps libres dans ses ateliers de moulage, de soudure et d'assemblage. Étant donné la rapidité d'exécution des différentes opérations par les machines, les temps de réalisation sont donnés en unités de deux minutes chacune. Le nombre d'unités nécessaires pour la réalisation de ces deux nouveaux modèles de chaises est donné dans le tableau suivant, qui indique également les temps de disponibilité des machines hebdomadairement.

	M_1	M_2	Temps libres
Moulage (unités)	2	3	180
Soudure (unités)	1	3	165
Assemblage (unités)	4	3	300

a) Sachant que le profit de la compagnie est de 60 $ pour chaque modèle de chaise, déterminer combien de chaises de chaque modèle il faut produire par semaine pour maximiser les profits.
b) Déterminer le temps de travail pour chaque opération nécessaire pour produire ces modèles.

SITUATION 13.13

À partir du tableau suivant donnant le taux horaire des employés de l'entreprise et le nombre d'heures travaillées au cours du dernier mois, on vous demande de déterminer la masse salariale hebdomadaire et les versements à effectuer aux différents gouvernements (retenues sur les salaires et cotisations de l'employeur) pour chaque semaine du mois écoulé.

		Mois de mars				
			Heures travaillées			
Employés	Taux horaire	Semaine	1	2	3	4
Jean	7,35 $		35 h	38 h	35 h	32 h
Pierre	10,35 $		30 h	35 h	40 h	40 h
Alain	12,75 $		34 h	35 h	35 h	38 h
André	15,85 $		37 h	35 h	37 h	40 h
Bertrand	24,55 $		36 h	34 h	38 h	39 h

Au fédéral, les retenues sont: l'impôt fédéral (26 % du salaire brut) et la cotisation à l'Assurance-emploi (2,9 % du salaire brut). Au provincial, les retenues sont : l'impôt provincial (24 %) et la cotisation à la Régie des Rentes (2,7 % du salaire brut). De plus, au fédéral, la cotisation de l'employeur à l'Assurance-emploi est 1,4 fois la contribution de l'employé. Au provincial, la cotisation de l'employeur à la Régie des Rentes est égale à la contribution de l'employé et il doit contribuer au Fond des Services de Santé (FSS), sa contribution étant de 4,26 % du total des salaires versés. Il doit également verser 0,08 % de sa masse salariale pour la Commission des Normes du Travail (CNT). Effectuer les calculs matriciellement.

SITUATION 13.14

Vous venez de trouver un emploi au salaire annuel de 24 000 $. La convention collective prévoit des augmentations de salaire de 4,5 % par année au cours des trois prochaines années.
a) Calculer votre salaire annuel dans trois ans.
b) Calculer votre salaire annuel dans huit ans si la prochaine convention collective comportait une augmentation de salaire annuel au même taux pour les cinq années suivantes.
c) La convention collective prévoit malheureusement qu'à l'échéance, l'entente sera renouvelée pour une durée de cinq ans et que l'augmentation salariale annuelle sera alors l'accroissement moyen du coût de la vie au cours des trois années de la présente convention. Les économistes prévoient que l'accroissement moyen du coût de la vie pour les trois prochaines années sera de 3,2 %. En supposant que les prévisions des économistes se réalisent, quel sera votre salaire annuel dans huit ans?

SITUATION 13.15
Votre compagnie envisage l'achat de deux nouvelles machines qui permettraient de fabriquer trois nouveaux produits. Cependant, ces machines doivent être en opération au moins quatre heures de suite lorsqu'elles sont mises en marche, un temps d'utilisation plus court pouvant causer des dommages à la machine. Les temps de production en minutes pour les trois produits sont donnés dans le tableau suivant:

Produits / Machines	P_1	P_2	P_3	Disponibilités minimales
M_1 (minutes)	1	2	2	240
M_2 (minutes)	2	1	3	240

Le coût des matériaux utilisés est de 12 \$ pour P_1, 16 \$ pour P_2 et 20 \$ pour P_3. Combien d'exemplaires de chaque produit faut-il fabriquer lorsque les machines M_1 et M_2 sont mises en marche, si l'on veut minimiser le coût des matériaux utilisés?

SITUATION 13.16
On a procédé à une étude de marché pour vérifier l'impact du prix d'un article sur l'intérêt des consommateurs. On a constaté que l'intérêt des consommateurs diminue lorsqu'on augmente le prix de l'article. Le tableau suivant indique le volume de ventes mensuel prévisible en fonction du prix de l'article.

P	3,75	4,25	4,75	5,25	5,75	6,25	6,75	7,25	7,75
V	1 050	995	928	873	815	752	684	625	575

a) Décrire mathématiquement le lien entre les variables.
b) Compte tenu des coûts de production, la compagnie doit vendre au moins 500 articles par mois. Déterminer le prix maximum que la compagnie peut fixer pour cet article.
c) Sachant qu'avec les équipements actuels, la compagnie ne peut produire plus de 1 200 exemplaires par mois, quel est le prix minimum que la compagnie peut fixer pour cet article?
d) Le Responsable des ventes a constaté qu'il s'est accumulé des surplus de production de 1 500 unités au cours des dernières années. Il pense qu'un prix trop élevé peut en être la cause et il décide de procéder à une promotion impliquant une baisse temporaire du prix de ce produit. Le prix actuel est de 5,75 \$ et il envisage de baisser le prix à 3,75 \$ pour les trois prochains mois. Sachant que la production mensuelle est actuellement de 950 unités, déterminer le nombre d'unités en réserve après cette promotion de trois mois.
e) Saisi du projet du responsable des ventes, le Comité de direction de la compagnie a décidé de garder le prix à 3,75 \$ pour un an afin de développer une plus grande fidélité de la clientèle et d'augmenter le prix de vente de 0,75 \$ dans un an. Le Comité pense que durant la première année, il faudra augmenter la production en engageant du personnel supplémentaire lorsque les surplus seront écoulés. Cette prévision est-elle réaliste?
f) En supposant que le comportement de la clientèle n'a pas changé dans un an, quelles seront alors les ventes mensuelles et les surplus accumulés au cours de la deuxième année?

SITUATION 13.17
Avant de lancer un nouveau produit, on a procédé à une étude de marché. Le sondage a porté sur un échantillon de cinq cents personnes réparties en quatre groupes d'âge.

A_1 : « le groupe des 18 à 30 ans »
A_2 : « le groupe des 30 à 40 ans »
A_3 : « le groupe des 40 à 50 ans »
A_4 : « le groupe des 50 ans et plus ».

Ces répondants ont aussi été répartis en deux autres groupes: ceux intéressés par le produit (E) et ceux qui ne sont pas intéressés. Les résultats de cette étude ont été compilés dans le tableau suivant:

Groupes d'âge	Intéressés	Pas intéressés	Total
A_1	90	60	150
A_2	80	120	200
A_3	65	60	125
A_4	10	15	25
Total	245	255	500

a) En supposant que ces résultats sont valides pour l'ensemble de la population, quelle est la probabilité qu'une personne majeure choisie au hasard dans la population soit intéressée par ce produit?
b) En fonction de quels groupes d'âges devrait-on axer les campagnes de publicité pour ce produit?
c) Quelle est la probabilité qu'une personne soit intéressée par le produit si elle est du groupe A_1?
d) Quelle est la probabilité qu'une personne soit intéressée par le produit si elle est du groupe A_2?

SITUATION 13.18
En visitant la foire agricole de votre patelin, vous vous approchez d'un stand dont le préposé vous propose de lancer un dé. « Si vous obtenez un 6, je vous donne 12 $, sinon vous ne gagnez rien ».

a) Avant de décider de jouer, vous devez évaluer votre espérance de gain. Sachant que l'espérance de gain dans un jeu est le produit du gain et de la probabilité du gain, quelle est votre espérance à ce jeu?
b) Vous vous doutez qu'il faudra débourser un certain montant pour jouer à ce jeu. Quel montant devrait être exigé pour que le jeu soit équitable, c'est-à-dire pour que votre espérance de gain soit la même que celle du préposé?
c) Sous ses dehors bonasses, le préposé est un ardent mathématicien qui doit subvenir aux besoins d'une famille nombreuse. Il vous demande 3 $ pour jouer à ce jeu. Quelle est alors votre espérance de gain?
d) À partir de cette situation, décrire en vos propres mots ce que représente l'espérance de gain.
e) Vous retournez à la foire le lendemain et vous vous approchez de nouveau du même stand. Le préposé vous offre maintenant un nouveau jeu qui consiste à lancer deux dés. Si la somme des faces donne 12, vous gagnez 12 $, si la somme des faces donne 11, vous gagnez 6 $ et si la somme des faces donne 10 ou moins, vous payez 1 $. Quelle est votre espérance de gain à ce jeu?

SITUATION 13.19
Supposons qu'un lot de cinquante articles en contient cinq défectueux et que, lors de la réception de la marchandise, un échantillon de trois articles est vérifié.
a) Quelle est la probabilité que les trois articles vérifiés soient défectueux?
b) Quelle est la probabilité qu'aucun des trois articles vérifiés ne soit défectueux?
c) Quelle est la probabilité qu'au moins un des trois articles vérifiés soit défectueux?
d) Quelle est la probabilité qu'exactement deux des trois articles vérifiés soient défectueux?
e) Quelle est la probabilité qu'un seul des trois articles vérifiés soit défectueux?
f) Si la politique de la compagnie est de retourner le lot au fournisseur lorsqu'il y a au moins un article défectueux dans l'échantillon de trois articles vérifiés, quelle est la probabilité qu'un lot de cinquante articles dont cinq sont défectueux soit rejeté? Même question si le lot contient 10 articles défectueux.

SITUATION 13.20
Vous êtes appelé à dépanner un professeur qui a compilé les notes de chacune de ses évaluations dans Excel. Toutes les évaluations ont été notées sur cent, mais elles n'ont pas toutes une importance égale. Les notes des trois examens (évaluations du cheminement) servent à déterminer si l'étudiant a réalisé un apprentissage suffisamment soutenu pour avoir accès à l'épreuve de synthèse, alors que les notes pour les travaux de laboratoire constituent 20 % de la note finale des étudiants ayant eu accès à l'épreuve de synthèse. De plus, les évaluations du cheminement n'ont pas tous le même poids relatif; l'examen E1 compte pour 20 % de l'évaluation du cheminement, l'examen E2 pour 35 % et l'examen E3 pour 45 %. Le travail T1 compte pour 25 % de la note en laboratoire, le travail T2 pour 35 % et le travail T3 pour 40 %. Le professeur souhaite que le logiciel affiche le résultat des pondérations sur deux colonnes: une colonne pour l'évaluation du cheminement et une colonne indiquant la note finale des travaux.
a) Indiquer comment le produit matriciel peut aider ce professeur dans son travail.
b) Faire effectuer ce travail dans Excel.
c) Le professeur vous demande s'il est possible par un test logique de ne pas faire afficher le résultat des travaux pour l'étudiant qui n'a pas accès à l'épreuve de synthèse. Indiquer comment y parvenir.

SITUATION 13.21
On a réalisé des essais pour déterminer la relation entre la vitesse d'une automobile et la distance d'arrêt. Lors des essais, on a compilé les données du tableau suivant:

Vitesse (km/h)	40	45	50	55	60	65
Distance d'arrêt (m)	48	61	75	91	108	127

Décrire algébriquement la relation entre la vitesse et la distance d'arrêt. Trouver la distance d'arrêt d'une automobile qui roule à des vitesses de 70 km/h, 80 km/h et 120 km/h.

ACTIVITÉS DE LABORATOIRE AVEC EXCEL

ANNEXE

PRÉAMBULE

Cette partie de l'ouvrage comporte des feuilles de route pour réaliser des activités de laboratoire avec le logiciel Excel. Ces feuilles sont conçues selon une approche de résolution de problème. Elles comportent une mise en situation et la mise en forme de la démarche de résolution. Les parties « Action » expliquent comment programmer la feuille de calcul pour résoudre le problème proposé dans la mise en situation. Des commentaires et des conseils techniques vous guideront dans votre démarche. Ces activités vous permettront de voir comment tirer profit du logiciel pour résoudre les problèmes qui vous sont proposés.

Lorsque l'activité comporte une initiation à des fonctionnalités particulières, la liste de celles-ci est donnée dans les objectifs du laboratoire. Nous aurons peu recours aux raccourcis-clavier; le lecteur les découvrira par lui-même en observant les menus. Nous supposerons cependant que l'utilisateur a déjà eu une initiation de base lui permettant d'utiliser la souris, d'ouvrir le logiciel, d'imprimer et de sauvegarder sur une disquette. Pour simplifier l'écriture d'utilisation des menus, nous utiliserons le symbole « < » pour indiquer le sous-menu ou l'option à sélectionner dans un menu. Ainsi, nous écrirons « choisir **Format < Ligne < Hauteur** » au lieu d'écrire « choisir l'option **Hauteur** dans le sous-menu **Ligne** du menu **Format** ».

Les activités 1, 2, 3 et 8 comportent une initiation aux fonctionnalités les plus courantes de cette série de laboratoires. À la fin de chaque activité, il y a des exercices qui permettent de réutiliser la feuille programmée durant la première partie du laboratoire. Ces laboratoires ont été développés en utilisant la version 8,0 pour Macintosh du logiciel Excel. Toutefois, les utilisateurs de versions antérieures ou de la plate-forme Windows pourront réaliser tous les laboratoires.

Pour obtenir des informations plus détaillées sur les différentes fonctionnalités d'Excel utilisées dans les laboratoires, référez-vous à la page indiquée dans la liste suivante. Vous y trouverez une description détaillée des procédures et des commentaires pratiques sur l'utilisation de la fonctionnalité. À ceux qui ne sont pas familiers avec Excel, nous suggérons de commencer par le laboratoire 1 qui présente les notions de base utiles à l'ensemble des laboratoires subséquents.

Insertion d'un pavé de texte (432)
Entrée des données, validation et sélection d'une plage de cellules (432)
Construction d'un tableau et entrée des données (433, 439)
Copie incrémentée d'une opération ou d'une fonction (434)
Sélection de plages non contiguës (435)
Représentation graphique d'un tableau de données (435)
Utilisation du bouton de sommation (436)
Impression du travail (437)
Utilisation de la banque de fonctions (440)
Définition d'un paramètre ou d'une variable (443)
Utilisation d'un test logique (446)
Entrée d'une matrice (462)
Validation comme opération matricielle (458 à 460, 463, 464, 468, 469, 472)

LA FEUILLE D'EXCEL

OUVERTURE DU LOGICIEL

Double-cliquer sur l'icône de l'application Excel et attendre. Une fois ouvert, le logiciel affiche une « feuille de calcul » dont l'aspect est le suivant.

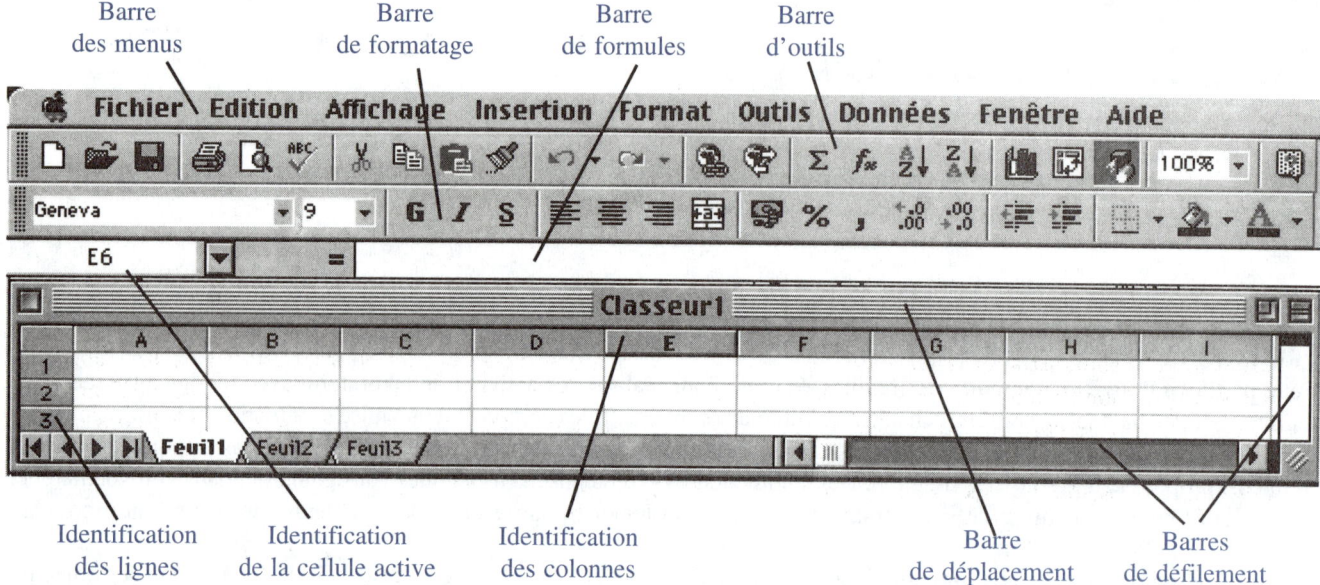

Excel affiche une barre de menus, une barre d'outils, une barre de formatage et une barre de formules. De plus, la feuille de calcul est constituée de « cellules » disposées en lignes et en colonnes. Les lignes sont identifiées par des nombres et les colonnes par des lettres. Si les colonnes ne sont pas identifiées par des lettres, referez-vous à l'encadré « Commentaire » ci-contre avant d'aller plus loin. L'identification d'une cellule est alors donnée par une lettre et un chiffre. Ainsi, la cellule A1 est la première cellule de la colonne A alors que la cellule B4 est la quatrième cellule de la colonne B.

COMMENTAIRE

Il est possible que les colonnes de votre feuille de calcul ne soient pas désignées par des lettres, mais par des chiffres. Pour remédier à cette situation et pouvoir suivre les instructions, choisir : « **Outils < Préférences** » (c'est **Outils < Options** sur PC). Une fenêtre qui ressemble à une pile de chemises renfermant des dossiers apparaît. Chaque chemise portant le titre de son contenu, cliquer sur le titre de la chemise « Général » pour l'amener sur le dessus de la pile. Dans le rectangle portant la mention « Référence », il y a deux options. S'assurer que l'option L1C1 est désactivée puis cliquer sur **OK** à sa gauche.

Nous n'utiliserons pas tous les boutons des barres d'outils et de mise en forme. Ceux dont nous nous servirons sont les suivants:

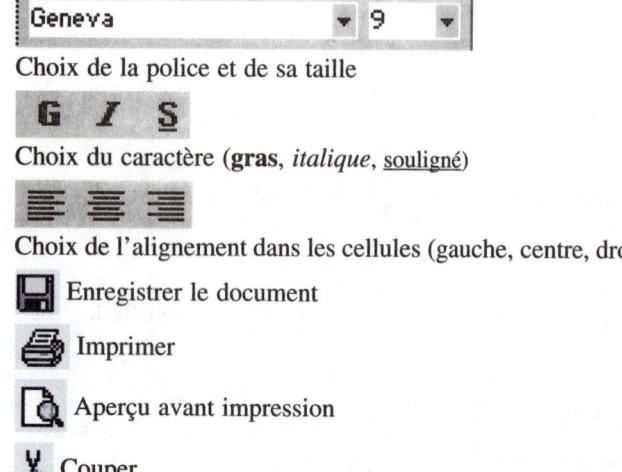

LABORATOIRE 1: VARIATIONS DIRECTES ET INVERSES

OBJECTIFS:
- Utiliser le logiciel Excel pour faire calculer des valeurs correspondantes par une fonction et les représenter graphiquement;
- Présenter les fonctionnalités suivantes:
  - Insertion d'un pavé de texte.
  - Validation de l'écriture dans une cellule.
  - Entrée des données dans un tableau.
  - Copie incrémentée d'une fonction.
  - Sélection d'une plage de cellules contiguës et non contiguës.
  - Représentation graphique d'un tableau de valeurs.
  - Impression du travail.

MISE EN SITUATION

Le Conseil d'administration d'une entreprise a reçu un rapport montrant que la durée et le coût des pannes sont plus importants lorsque la fréquence de l'entretien préventif diminue. Le rapport contient des données sur le coût de l'entretien préventif et sur le coût des pannes en fonction de la fréquence annuelle de cet entretien pour l'ensemble des usines administrées par l'entreprise. Dans certaines usines, il n'y a qu'une vérification annuelle alors que dans d'autres usines, les vérifications sont mensuelles. Les données recueillies sont consignées dans le tableau suivant.

Fréquence (Nombre de vérifications annuelles)	Coût annuel de l'entretien (milliers de $)	Coût annuel des pannes (milliers de $)
1	2,6	50,0
2	5,1	26,0
3	7,7	17,0
4	11,1	12,0
5	13,2	10,0
6	14,9	8,3
7	18,0	7,1
8	21,1	6,3
9	23,0	5,6
10	26,0	5,0
11	28,0	4,6
12	30,0	4,0

Les membres du Conseil d'administration pensent que le coût annuel d'entretien est directement proportionnel à la fréquence des vérifications et que le coût annuel des pannes est inversement proportionnel à cette fréquence.

On vous demande de vérifier si:
- la correspondance entre la fréquence de l'entretien préventif et son coût est une variation directement proportionnelle.
- la correspondance entre la fréquence de l'entretien préventif et le coût des pannes est une variation inversement proportionnelle.

Vous devrez également recommander au Conseil d'administration la fréquence des vérifications pour laquelle le coût total (entretien et réparations) sera minimal.

Vous trouverez un bref rappel sur les variations directes et inverses en page 438.

INSERTION D'UN PAVÉ DE TEXTE

Dans tous les exercices de laboratoire, vous aurez à présenter votre feuille de calcul en indiquant l'objet du laboratoire, votre nom et la date du jour de création du fichier. On peut utiliser un pavé de texte pour faire la présentation de la feuille de calcul, pour écrire les directives utiles lors d'utilisations ultérieures, pour écrire des conclusions, des remarques, etc.

ACTION

1. Ouvrir l'application Excel et faire afficher la fenêtre de dessin en cliquant sur le bouton ![]. Dans la fenêtre de dessin, sélectionner, en cliquant dessus, le pavé de texte ![]. Le curseur se transforme alors en point d'insertion de pavé de texte (+ ou ↓). Amener le curseur sur la cellule A1, enfoncer le bouton de la souris et, en le maintenant enfoncé, déplacer la souris jusqu'à la cellule E8. En relâchant le bouton, apparaît un rectangle et une barre d'insertion clignote à l'intérieur.

2. Utiliser le clavier pour écrire le texte apparaissant dans le rectangle suivant:

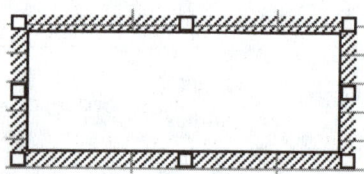

   Après avoir écrit le texte, il faut cliquer n'importe où hors du pavé pour le désactiver.

3. Sauvegarder sous le nom « 1Vadiri01.xls ».

COMMENTAIRE

On peut déplacer ce pavé sur la feuille de la façon suivante:
- amener le curseur sur le cadre gris;
- enfoncer le bouton;
- en le maintenant enfoncé, déplacer la souris. Le cadre se déplace dans le même sens.

On peut redimensionner le pavé de la façon suivante:
- utiliser la souris pour amener le curseur sur l'un des carrés blancs du cadre;
- enfoncer le bouton;
- en le maintenant enfoncé, déplacer la souris. Le pavé s'agrandit ou se rapetisse selon le carré choisi et selon le sens du déplacement de la souris.

Avec les boutons, vous pouvez mettre un texte sélectionné en caractères gras, en italique ou en caractères soulignés.

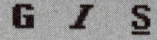

REMARQUE

Toutes les activités de laboratoire débuteront par l'instruction:
Ouvrir l'application Excel. Personnaliser une feuille de calcul en insérant un pavé de texte et sauvegarder le nouveau document sous le nom « 00abcdef.xls » ou tout autre nom accepté par le système d'exploitation. Il faudra alors refaire les étapes ci-contre.

ENTRÉE DES DONNÉES, VALIDATION ET SÉLECTION D'UNE PLAGE DE CELLULES

Dans la préparation d'une feuille de calcul, nous aurons à écrire dans les cellules pour y entrer une valeur numérique ou textuelle, pour y définir une opération ou pour y coller une fonction prédéfinie. Nous allons voir comment procéder en construisant un tableau pour représenter les données de l'étude.

ACTION

1. Sélectionner la cellule A10, écrire « Fréquence ». Le texte écrit apparaît maintenant à la fois dans la cellule et dans la barre de formules en haut de la feuille de calcul. À gauche de la barre de formules sont également apparus les boutons ✗ et ✓. En cliquant sur le ✗, on annule l'opération effectuée dans la cellule; en cliquant sur le crochet, on la valide. Cliquer sur ✓.

2. Sélectionner la cellule A11, écrire « 1 » et presser la touche « Retour » (ou Entrée selon la plate-forme).

3. Excel a validé l'expression écrite en A11 et a sélectionné la cellule A12. Écrire « 2 » et presser à nouveau la touche « Retour ». Continuer ainsi pour entrer les valeurs des fréquences jusqu'à « 12 ».

4. Amener la souris sur la cellule B10, enfoncer le bouton de gauche de la souris et, en le maintenant enfoncé, déplacer la souris jusqu'à ce que le curseur soit sur la cellule B22 et relâcher le bouton.

   La plage B10:B22 est maintenant sélectionnée, on le constate parce que les cellules de cette plage sont contrastées. De plus, la cellule B10 est activée. On le constate visuellement. De plus, son nom est écrit dans la zone d'identification de la cellule active.

5. Écrire « Coût d'entretien ($) », puis presser la touche « Tab » (ou Tabulateur). Excel valide l'expression et sélectionne la cellule suivante de la plage, soit B11.

6. Écrire « 2600 » et presser la touche « Tab ». L'expression est validée et B12 est activée. Continuer ainsi jusqu'en B22 en écrivant les coûts d'entretien.

7. Sélectionner la plage de cellules D10:D22. La cellule D10 étant active, écrire « Coût des pannes ($) » et valider en pressant la touche « Tab ».

8. D11 étant sélectionnée, écrire « 50000 » et valider de la même façon. Continuer l'entrée des données jusqu'en D22. Sauvegarder ce travail.

> **COMMENTAIRE**
>
> Lorsque la validation est faite, l'assignation est complétée. On peut avoir à assigner des valeurs dans plusieurs cellules avant de procéder à un traitement mathématique de ces valeurs.
>
> Vous pouvez modifier le caractère d'imprimerie d'un texte en le sélectionnant et en ayant recours au bouton:
>
>
>
> Les pointes de flèche signalent la présence de menus déroulants. Il est possible de choisir le caractère et la dimension des caractères d'imprimerie dans ces menus.
>
> À l'étape 4, nous avons sélectionné une plage de cellules contiguës. Dans la suite du texte, lorsqu'il faudra sélectionner une plage de cellules contiguës, nous indiquerons simplement la plage à sélectionner. Ainsi, dans ce cas, l'instruction aurait été « sélectionner la plage B10:B22 ».
>
> À l'étape 5, nous utilisons une procédure de validation qui est intéressante pour entrer des données dans une plage.

10	Fréquence	Coût d'entretien ($)
11	1	2 600,00 $
12	2	5 100,00 $
13	3	7 700,00 $
14	4	11 100,00 $
15	5	13 200,00 $
16	6	14 900,00 $
17	7	18 000,00 $
18	8	21 100,00 $
19	9	23 000,00 $
20	10	26 000,00 $
21	11	28 000,00 $
22	12	30 000,00 $

Pour faire indiquer que les valeurs sont des montants en $, il suffit de sélectionner la plage des valeurs en glissant la souris, bouton de gauche tenu enfoncé. Après avoir relâché le bouton de la souris, cliquer sur le bouton de style monétaire 💲. Choisir « **Format < Style** » et modifier le style monétaire défini s'il ne s'agit pas de celui utilisé au Canada français.

> **REMARQUE**
>
> L'en-tête d'un tableau doit indiquer, pour chaque colonne, le nom de la variable dont les valeurs sont données dans la colonne et les unités de mesure de cette variable. Dans les exercices de laboratoire, les titres de colonnes et leurs unités seront précisés et il suffira d'écrire ces titres dans la plage indiquée.

COPIE INCRÉMENTÉE D'UNE OPÉRATION OU D'UNE FONCTION

Lorsqu'on doit définir une même opération, ou fonction, dans plusieurs cellules d'une même colonne ou d'une même ligne, on définit l'opération une fois et on fait une copie incrémentée. Dans la mise en situation, il faut vérifier si l'hypothèse des membres du Conseil d'administration est plausible. Si le coût annuel d'entretien est directement proportionnel au nombre de vérifications annuelles, le coût divisé par le nombre de vérifications devrait donner un rapport constant. Nous allons faire calculer ces valeurs dans les cellules de la plage C11:C22. Si le coût annuel des pannes est inversement proportionnel au nombre de vérifications, le produit du coût des pannes et du nombre de vérifications devrait être constant. Nous allons faire calculer ces valeurs dans les cellules de la plage E11:E22.

ACTION

1. Dans la cellule C10, écrire « Quotients » sans laisser d'espace et valider.

2. Dans la cellule C11, écrire « =B11/A11 », sans laisser d'espace, et valider. Excel affiche alors « 2600 » dans la cellule.

3. Pour faire une copie incrémentée dans la plage C12:C22, amener le pointeur de la souris sur la cellule C11, dans laquelle est définie la fonction à incrémenter, enfoncer le bouton et, en le maintenant enfoncé, déplacer la souris jusqu'à la cellule C22. Relâcher le bouton de la souris.

4. La plage C11:C22 est maintenant sélectionnée et la cellule C11 est activée. Choisir l'option : « **Édition < Recopier < Vers le bas** » pour faire une copie incrémentée. Excel affiche alors les valeurs des quotients dans les cellules de la plage.

5. Dans la cellule E10, écrire « Produits » et valider.

6. Dans la cellule E11, écrire « =A11*D11 » et valider.

7. Sélectionner à nouveau la cellule E11. On remarque un petit carré dans le coin inférieur droit de la cellule. À l'aide de la souris, amener le curseur sur ce carré, la croix du curseur change alors de coloration. Enfoncer le bouton de la souris et, en le maintenant enfoncé, déplacer la souris jusqu'à la cellule E22. En relâchant le bouton de la souris, Excel incrémente automatiquement.

8. Sélectionner la cellule F10, écrire « Coût total ($) » et valider.

9. Dans la cellule F11, définir l'opération « =B11+D11 » et valider.

10. Faire une copie incrémentée de la fonction définie en F11 dans la plage de cellules F12:F22. Sauvegarder ce travail.

COMMENTAIRE

Pour bien comprendre ce qui s'est passé à l'étape 4, cliquer dans la cellule C11. Dans la barre de formules apparaît la définition de la fonction « =B11/A11 ». Presser la touche « Retour » et la cellule C12 devient active à son tour. Dans la barre de formules, on peut lire « =B12/A12 ». Presser à nouveau la touche « Retour », la cellule C13 devient active et l'on peut maintenant lire « =B13/A13 ». Excel a compris qu'il devait redéfinir la même opération sur chaque ligne en modifiant l'indice de la ligne.

On peut faire une copie incrémentée sur une ligne ou sur une colonne.

L'étape 7 présente une autre procédure d'incrémentation consistant à:
- sélectionner la cellule dans laquelle est définie la fonction à incrémenter;
- amener le curseur sur le carré du coin inférieur droit de la cellule. La croix du curseur change alors de coloration;
- enfoncer le bouton de la souris et, en le maintenant enfoncé, glisser la souris vers le bas pour sélectionner toutes les cellules de la colonne dans lesquelles cette fonction doit être incrémentée.

Quotients	Coût des pannes ($)	Produits
2 600,00 $	50 000,00 $	50 000,00 $
2 550,00 $	26 000,00 $	
2 566,67 $	17 000,00 $	
2 775,00 $	12 000,00 $	

Pour incrémenter sur la ligne, on glisse la souris vers la droite.

REMARQUE

Dans la suite des activités, lorsqu'il faudra incrémenter, on indiquera simplement la cellule dans laquelle est définie la fonction à incrémenter et la plage dans laquelle elle doit être incrémentée. Ainsi, l'étape 7 aurait pu s'écrire: « faire une copie incrémentée de l'opération de la cellule D11 dans la plage D12:D22 ».

Variations directes et inverses   435

SÉLECTION DE PLAGES NON CONTIGUËS

Les valeurs calculées dans les colonnes C et E sont relativement constantes, ce qui semble confirmer l'hypothèse des membres du Conseil d'administration. Nous allons maintenant représenter graphiquement les données du tableau, ce qui nous amènera à sélectionner des plages de cellules non contiguës du tableau.

ACTION

1. Sélectionner la plage de cellules B10:B22 en glissant la souris, bouton enfoncé.

2. Enfoncer la touche « Control » (ou Ctrl, ou Commande sur Mac) et, en la maintenant enfoncée, sélectionner la plage D10:D22.

3. Maintenir la touche « Control » enfoncée et sélectionner la plage F10:F22. Relâcher la touche et le bouton de la souris. Les trois plages sont maintenant sélectionnées.

REMARQUE

La procédure décrite ci-contre est celle qu'il faudra suivre à chaque fois que l'instruction sera « sélectionner les plages de cellules non contiguës ... ».

REPRÉSENTATION GRAPHIQUE D'UN TABLEAU DE DONNÉES

ACTION

1. Les plages à représenter graphiquement étant sélectionnées, cliquer sur le bouton [icône] pour indiquer au logiciel que vous voulez représenter graphiquement ces plages. Une fenêtre de dialogue intitulée « Assistant graphique-Étape 1 sur 4 » apparaît à l'écran.

2. À cette première étape, il faut choisir le type de graphique que l'on souhaite tracer. Dans la liste « Types standards », choisir le type « Courbes » et, dans la liste « Sous-type », choisir le premier sous-type. Cliquer sur le bouton « Suivant » pour passer à l'étape 2. Vous pouvez revenir sur vos pas en cliquant sur le bouton « Précédent ».

3. À cette deuxième étape, cliquer sur l'onglet « Série ». Il faut alors indiquer au logiciel la plage contenant les valeurs à utiliser en abscisse. Cliquer dans la case intitulée « Étiquette des abscisses ». La façon la plus simple d'indiquer ces valeurs au logiciel est de sélectionner la plage de cellules A11:A22 en déplaçant la souris, bouton enfoncé. On peut également écrire au clavier
« =Feuil1!$A11:$A$22 ».
Lorsque cette indication est donnée, cliquer sur le bouton « Suivant ».

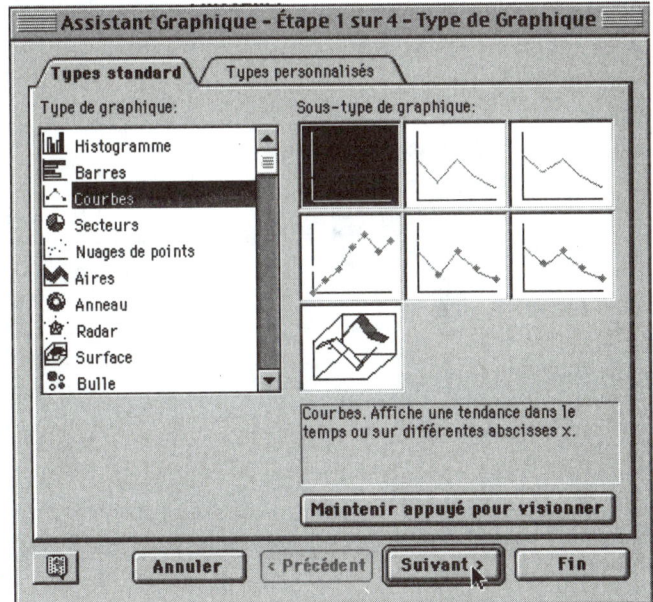

REMARQUE

Pour une représentation graphique du type « Courbes », on ne sélectionne que les variables dépendantes (ordonnées). On indique par la suite les valeurs de la variable indépendante (abscisses) selon la procédure ci-contre.

4. À cette troisième étape, vous devez indiquer le titre du graphique et identifier les axes en indiquant les unités de mesure dans les cases appropriées.

Cliquer sur l'onglet « Titres » et entrer les titres dans les cases appropriées.

Cliquer sur l'onglet « Quadrillage », pour accéder aux options permettant de choisir si un quadrillage doit accompagner la représentation graphique. Choisir vos options. Cliquer sur chacun des onglets pour connaître les différentes possibilités. Cliquer sur le bouton « Suivant » pour passer à la prochaine étape.

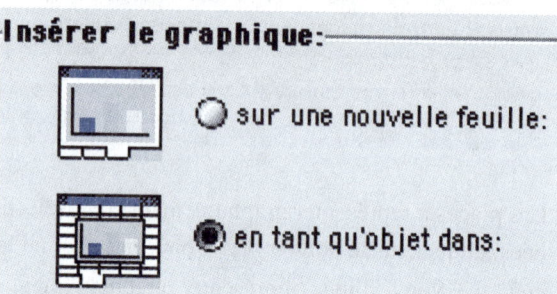

5. La quatrième étape permet de choisir à quel endroit sera placé le graphique. L'option « en tant qu'objet dans: Feuil1 » est normalement sélectionnée par défaut, sinon sélectionner cette option. Puis cliquer sur le bouton « Fin » ou « Terminer ».

Excel affiche alors le graphique.

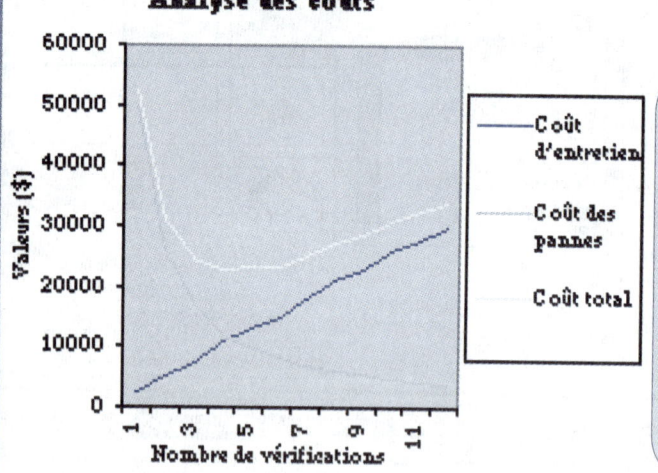

COMMENTAIRE

Vous pouvez en tout temps déplacer ou modifier les dimensions du pavé graphique. Il suffit de cliquer sur son cadre. On le déplace en amenant le pointeur sur le cadre et en glissant la souris, bouton enfoncé. On modifie les dimensions en amenant le pointeur sur un des carrés de la bordure du pavé et en glissant la souris, bouton enfoncé. La fenêtre de dialogue donne également accès à différentes options qui permettent de personnaliser votre graphique. On peut aussi modifier ces paramètres en double-cliquant sur le graphique existant à l'endroit souhaité. Vous pourrez explorer ces options par vous-même.

Sauvegarder ce travail.

UTILISATION DU BOUTON DE SOMMATION

Notre traitement de l'information contenue dans le tableau confirme que le coût annuel de l'entretien préventif peut être modélisé par une variation directement proportionnelle à la fréquence des vérifications et le coût des pannes par une variation inversement proportionnelle à cette fréquence. Le Conseil d'administration voulait savoir comment faire pour que le total des coûts soit minimal. En observant les graphiques, on constate qu'il y a possibilité de minimiser ce coût. Il suffit de trouver l'abscisse du point de rencontre de la fonction décrivant le coût annuel de l'entretien préventif et de la fonction décrivant le coût annuel des pannes. Nous allons donc construire les modèles mathématiques, ce qui signifie calculer une valeur pour les constantes de proportionnalité. Pour la constante de proportionnalité directe, nous allons opter pour la valeur moyenne des quotients calculés dans la colonne C. Pour la constante de proportionnalité inverse, nous allons prendre la valeur moyenne des produits calculés dans la colonne E.

ACTION

1. Sélectionner la cellule C23 et cliquer sur le bouton de sommation Σ. Excel affiche dans la cellule C23 et dans la barre de formule l'opération
   « =SOMME(C11:C22) »
   Valider.

2. Sélectionner la cellule C25 et définir l'opération « =C23/12 », pour faire calculer la valeur moyenne des quotients. Valider; Excel affiche « 2 585,41 $ ».

3. Sélectionner la cellule E23 et cliquer sur le bouton de sommation Σ. Excel affice l'opération
   « =SOMME(E11:E22) »
   Valider.

4. Sélectionner la cellule E25 et définir l'opération « =E23/12 », pour faire calculer la valeur moyenne des produits. Valider. Excel affiche « 49 991,67 $ ».

COMMENTAIRE

Il serait illusoire de prétendre que 2 585,41 $ est une valeur acceptable pour la constante de proportionnalité. On retiendra plutôt 2 600 $. Le modèle décrivant la relation entre le nombre de vérifications annuelles des équipements et le coût annuel d'entretien est alors:

$$C_e(n) = 2\ 600n$$

On retiendra 50 000 $ comme constante de proportionnalité inverse entre le coût annuel des pannes et le nombre de vérifications annuelles des équipements. Le modèle est alors:

$$C_p(n) = \frac{50\ 000}{n}$$

CONCLUSIONS DE L'ÉTUDE

C'est l'abscisse du point de rencontre des deux fonctions qui donne la condition pour que le coût total soit minimal. On doit donc chercher n tel que

$$2\ 600n = \frac{50\ 000}{n}$$

Ce qui donne $\qquad n^2 = \dfrac{50\ 000}{2\ 600}$ et $n = \sqrt{\dfrac{50\ 000}{2\ 600}} = 4,39$

Le coût annuel total sera minimal lorsque le nombre de vérifications annuelles sera de 4,39. Le Conseil d'administration devra faire un choix entre 4 et 5 vérifications annuelles, en calculant C_e et C_p pour ces valeurs de n.

Vous devrez préparer un rapport pour le Conseil d'administration. Insérez un pavé de texte pour consigner vos observations et faire ces suggestions. Sauvegarder ce travail.

IMPRESSION DU TRAVAIL

ACTION

1. Cliquer sur le bouton d'aperçu avant impression. Une fenêtre apparaît à l'écran qui permet de visualiser la disposition des objets sur la feuille. Il est possible que le graphique chevauche deux pages. Dans ce cas, cliquer sur le bouton « Fermer » en haut de la fenêtre.

2. Excel affiche à nouveau la feuille de calcul et des lignes pointillées sont apparues indiquant la limite des pages. Déplacer les objets sur la feuille pour vous assurer que le résultat de l'impression sera celui souhaité. Vérifier à nouveau en retournant dans l'aperçu avant impression. Lorsque la disposition est satisfaisante, cliquer sur « Imprimer ».

COMMENTAIRE

Il se peut que vous ayez à ajuster la largeur des colonnes pour que les titres de colonnes s'affichent correctement. Pour ce faire, il faut sélectionner la colonne à modifier puis choisir le menu « **Format < Colonne < Largeur** ... ». Dans le tableau qui apparaît à l'écran, vous pouvez définir la largeur des colonnes. Il y a une option d'ajustement automatique.

La fenêtre d'aperçu avant impression comporte d'autres boutons sur lesquels vous pouvez cliquer pour explorer les possibilités offertes. Dans toutes les activités, vous pourrez avoir à imprimer votre travail. En demandant un aperçu avant impression avant de lancer celle-ci, vous économiserez du temps d'attente inutile, du papier et de la frustration.

EXERCICES

1. Une expérience de laboratoire a été réalisée pour déterminer le lien entre deux variables, soit le courant I et la résistance R dans un circuit électrique. Les mesures effectuées ont été consignées dans le tableau suivant:

I (A)	1,2	2,3	3,4	4,6	5,2	6,3	7,5	8,2	8,9	10,1	10,9
R (Ω)	13,3	6,96	4,70	3,56	3,08	2,54	2,13	1,95	1,80	1,58	1,47

Utiliser la procédure du laboratoire pour analyser les résultats de ces mesures. Votre analyse de ces résultats indique-t-elle qu'ils sont conformes à la loi d'Ohm? Expliquer (On trouvera $I = 16,034/R$).

2. Un réservoir cylindrique fermé par un piston est rempli d'huile et relié à un manomètre. Lorsqu'on applique une force sur le piston, la pression du fluide augmente et cette hausse est indiquée par l'aiguille du manomètre. On a relevé les correspondances dans le tableau suivant:

Force: F (N)	50	100	150	200	250	300	350	400	450	500
Pression: p (kPa)	1,59	3,18	4,80	6,35	7,94	9,50	11,15	12,70	14,32	15,90

Déterminer s'il existe un lien de proportionnalité entre les variables et décrire ce lien, le cas échéant (On trouvera $p = 0,032F$).

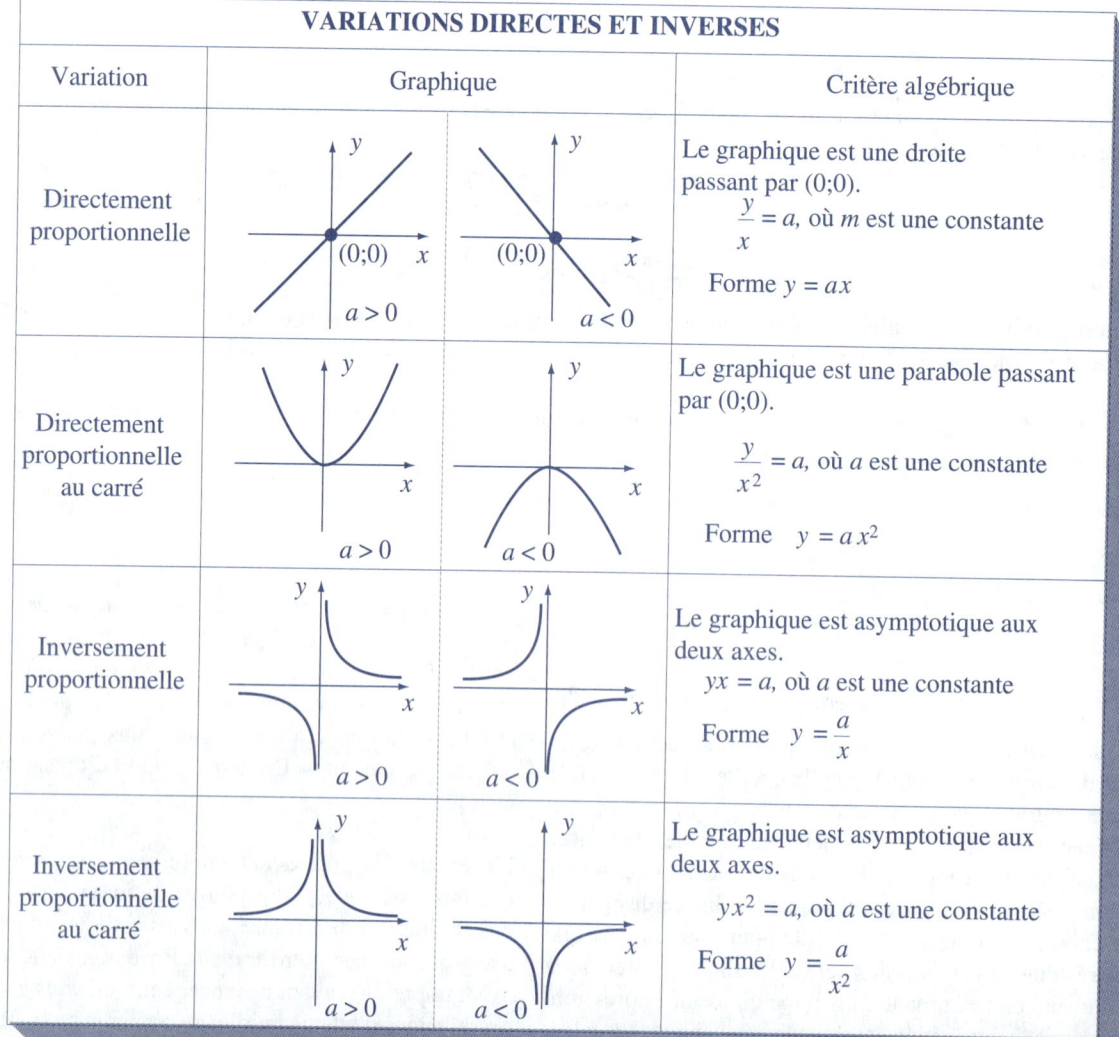

LABORATOIRE 2: MODÉLISATION AFFINE

OBJECTIFS:
- Utiliser le logiciel Excel pour calculer les paramètres d'un modèle affine.
- Présenter la fonctionnalité suivante:
  - Banque de fonctions du logiciel.

MISE EN SITUATION

La résistance R d'un conducteur a été mesurée à différentes températures et les données ont été compilées dans le tableau suivant:

Température (°C) t	– 6	– 2	4	6	8	10	15	18
Résistance (Ω) R	47,2	48,0	49,2	49,6	50,0	50,4	51,4	52,0

Trouver le modèle affine décrivant la relation entre la température et la résistance du conducteur.

MISE EN FORME DE LA SOLUTION

Pour résoudre ce problème, il faut:
1. construire un tableau et entrer les données en colonnes;
2. représenter graphiquement les données;
3. faire calculer les paramètres $m = \dfrac{n\sum x_i y_i - \left(\sum x_i\right)\left(\sum y_i\right)}{n\sum x_i^2 - \left(\sum x_i\right)^2}$ et $b = \dfrac{\left(\sum y_i\right) - m\left(\sum x_i\right)}{n}$ en ayant recours à la banque de fonctions statistiques d'Excel;
4. faire calculer le coefficient de corrélation;
5. analyser et critiquer le résultat et la démarche de résolution.

CONSTRUCTION DU TABLEAU ET ENTRÉE DES DONNÉES

ACTION

1. Ouvrir l'application Excel. Personnaliser une feuille de calcul en insérant un pavé de texte et sauvegarder le nouveau document sous le nom « 2Affin01.xls » ou tout autre nom accepté par le système d'exploitation.

2. Dans la plage de cellules A10:B10, écrire l'en-tête de tableau. Les identifications de colonnes sont: « Température (°C) » et « Résistance (Ω) ».

3. Sélectionner la plage A11:A18 et entrer les valeurs de la variable indépendante du tableau des correspondances.

4. Sélectionner la plage B11:B18 et entrer les valeurs de la variable dépendante du tableau des correspondances.

COMMENTAIRE

La préparation et l'entrée en tableau de données est une procédure qui se répète souvent, il est suggéré de développer votre habileté dans cette procédure.

REPRÉSENTATION GRAPHIQUE

ACTION

Représenter graphiquement la résistance en fonction de la température extérieure en choisissant l'option graphique « Nuage de points » et le premier sous-type. Sélectionner les plages A11:A30 et B11:B30 pour pouvoir réutiliser la feuille pour résoudre d'autres problèmes comportant plus de données.

COMMENTAIRES

La représentation graphique est importante afin d'évaluer la pertinence du modèle affine pour décrire la situation. Si les points sont trop dispersés pour donner l'impression d'une droite, le modèle n'est pas pertinent.
Si le nuage de points forme une droite, le phénomène est descriptible par un modèle affine et nous pouvons en calculer les paramètres.

UTILISATION DE LA BANQUE DE FONCTIONS

Il faut maintenant faire calculer la valeur des paramètres m et b par la méthode des moindres carrés. Dans sa catégorie « Statistiques », la banque de fonctions du logiciel comporte déjà des fonctions appelées « PENTE » et « ORDONNÉE.ORIGINE » qui calculent les expressions:

$$m = \frac{n\sum x_i y_i - \left(\sum x_i\right)\left(\sum y_i\right)}{n\sum x_i^2 - \left(\sum x_i\right)^2}$$

$$\text{et } b = \frac{\left(\sum y_i\right) - m\left(\sum x_i\right)}{n}$$

Nous allons utiliser ces fonctions, en tenant compte du fait que nous souhaitons conserver la feuille de calcul pour l'utiliser dans l'ensemble des exercices sans avoir à redonner les indications à chaque fois.

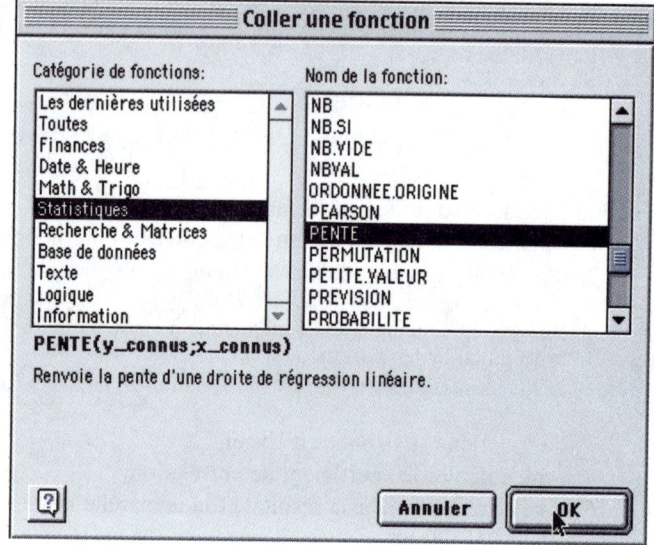

ACTION

1. Sélectionner la cellule A33 et écrire « m= », puis valider.
2. Sélectionner la cellule B33 et cliquer sur le bouton f_x dans la barre d'outils. Excel affiche la fenêtre de sa banque de fonctions.
3. Cliquer sur la catégorie « Statistiques ». Excel affiche alors, dans la colonne de droite, les fonctions de cette catégorie par ordre alphabétique. Sélectionner la fonction « PENTE », puis cliquer sur « OK » pour confirmer votre choix.
4. Une nouvelle fenêtre apparaît dans laquelle vous devez indiquer les plages de cellules sur lesquelles devront porter les calculs pour trouver la pente. Sur la ligne réservée aux valeurs de la variable dépendante (y), écrire « B11:B30 ». Presser la touche **Tabulateur**.

COMMENTAIRES

Les fonctions sont classées par catégorie. Les noms des catégories sont donnés dans la colonne de gauche de la fenêtre.

À l'étape 4, nous indiquons la plage B11:B30 comme valeurs de la variable dépendante, même si les cellules B19 à B30 sont vides. Cela va nous permettre de réutiliser la feuille pour résoudre d'autres problèmes comportant plus de données que celui de la mise en situation.

Y_connus	B11:B30
X_connus	A11:A30

5. La barre d'insertion de texte se déplace sur la ligne suivante qui permet d'indiquer la plage de cellules de la variable indépendante (x). Écrire « A11:A30 » puis cliquer sur « OK ».

6. La fenêtre se ferme. Valider la fonction et la valeur « 0,2 » apparaît dans la cellule B33.

7. Sélectionner la cellule A34, écrire « b = » et valider.

8. Sélectionner la cellule B34, appeler la banque de fonctions et, dans la catégorie « Statistiques », sélectionner la fonction « ORDONNÉE.ORIGINE ». Écrire les mêmes arguments qu'aux étapes 4 et 5. Cliquer sur « OK » pour retourner à la feuille de calcul. Valider la fonction; la valeur « 48,4 » devrait apparaître dans la cellule B34.

9. Sélectionner la cellule A35, écrire « r = » et valider.

10. Retourner dans la banque de fonctions, sélectionner la fonction « COEFFICIENT.CORRÉLATION » dans la catégorie « Statistiques ». Indiquer les mêmes plages pour les valeurs des variables à considérer, soit « B11:B30 » pour les y connus et « A11:A30 » pour les x connus. Cliquer sur « OK » pour retourner à la feuille de calcul. Valider la fonction; la valeur qui apparaît dans la cellule B35 dépend du nombre de décimales affichées. À quatre décimales, la valeur est « –0,9964 ». Sauvegarder ce travail.

> **REMARQUE**
>
> Après l'étape 8, le calcul des paramètres est terminé. On a trouvé
> $$m = 0{,}2 \text{ et } b = 48{,}4$$
> Le modèle est donc
> $$y = 0{,}2x + 48{,}4$$
>
> En utilisant le modèle pour calculer des valeurs particulières, il ne faut pas oublier d'arrondir en tenant compte du nombre de chiffres significatifs des données expérimentales.
>
> L'étape 10 donne le coefficient de corrélation linéaire, qui mesure la concentration des points dans le voisinage de la droite trouvée en calculant le coefficient de corrélation linéaire r ($-1 \leq r \leq 1$). Plus r s'approche de 1 ou de –1, plus cette concentration est forte.

> **CALCUL DES VALEURS PAR LE MODÈLE**
>
> Vous pouvez utiliser le modèle obtenu pour faire calculer des valeurs intermédiaires. Il suffit d'entrer dans une colonne les valeurs que vous voulez faire calculer et d'indiquer dans la colonne adjacente les opérations à effectuer en faisant une copie incrémentée.

CONSEILS D'UTILISATION

La feuille de calcul que vous venez de programmer peut être utilisée toutes les fois que vous avez un tableau de valeurs correspondantes. La représentation graphique permet de voir si le nuage de points suggère une droite. Si c'est le cas, la correspondance peut être décrite par un modèle affine et le logiciel calcule les paramètres. Pour utiliser le programme avec un autre ensemble de correspondances, il suffit d'entrer les valeurs de la variable indépendante dans la colonne A à partir de la cellule A11 et suivantes et d'entrer les valeurs de la variable dépendante dans la colonne B. Le programme ne tiendra compte que des cellules non vides pour calculer les paramètres.

Si vous avez plus de 20 correspondances, vous pouvez ajouter des lignes au tableau. Pour ce faire, sélectionner la ligne 30 en cliquant sur la cellule contenant ce chiffre. Choisir l'option: « **Édition < Copier** », puis l'option: « **Insertion < Cellule copiée** ». Une ligne s'ajoute au tableau dont les cellules contiennent les même valeurs que la ligne 30. Les formules sont déplacées et modifiées en conséquence.

EXERCICES

1. Utiliser le programme pour déterminer si le lien entre les variables données dans les tableaux suivants est descriptible par un modèle affine.

a)

x	y
2,0	20,61
2,6	21,62
3,1	22,48
4,0	24,02
4,7	25,19
5,0	25,69
5,5	26,54
6,0	27,41
6,8	28,75
7,5	29,93
8,2	31,16
9,4	33,19
9,9	34,05
10,2	34,52
11,0	35,91
11,7	37,11
12,3	38,13
12,9	39,11
13,4	39,95
14,0	40,98

b)

x	y
8,1	36,81
9,9	53,01
11,4	68,98
14,1	103,41
16,2	135,22
17,1	150,21
18,6	176,98
20,1	206,01
22,5	257,12
24,6	306,58
26,7	360,45
30,3	463,05
31,8	509,62
32,7	538,65
35,1	620,01
37,2	695,92
39,0	764,51
40,8	836,32
42,3	898,65
44,1	976,41
47,7	1 141,65
49,8	1 244,02

c)

x	y
2,7	− 17,4
3,9	− 16,2
4,9	− 15,2
6,7	− 13,4
8,1	− 12,1
8,7	− 11,4
9,7	− 10,4
10,7	− 9,4
12,3	− 7,8
13,7	− 6,4
15,1	− 5,2
17,5	− 2,6
18,5	− 1,6
19,1	− 1,1
20,7	0,6
22,1	1,9
23,3	3,2
24,5	4,4
25,5	5,4
26,7	6,6
29,1	9,1

(On trouvera $y = 1{,}70x + 17{,}21$)   (On trouvera $y = 28{,}53x - 324{,}99$)   (On trouvera $y = 1{,}00x - 20{,}13$)

2. On a réalisé une expérience qui consistait à plonger un manomètre dans un récipient rempli de liquide pour mesurer la pression à différentes profondeurs. Les données suivantes indiquant la pression absolue en fonction de la profondeur ont été recueillies.

Profondeur : h (m)	2	3	4	5	6	7	8	9	10	11
Pression : p (kPa)	121,51	131,61	141,70	151,80	161,89	171,98	182,08	192,17	202,26	212,36

a) Décrire mathématiquement le lien entre ces variables (on trouvera $p = 10{,}09h + 101{,}33$).

b) Montrer que ces données permettent de vérifier la loi fondamentale de l'hydrostatique qui s'énonce ainsi :

La différence de pression entre deux niveaux d'un liquide est égale au poids d'une colonne de liquide ayant pour section l'unité de surface et pour hauteur la différence des niveaux.

3. On a mesuré la longueur d'une tige d'acier à différentes températures pour étudier son élongation. On a obtenu les données suivante :

Température : T (°C)	10	20	30	40	50	60
Longueur : L (m)	25,64806	25,65102	25,65394	25,65688	25,65982	25,66276

a) Décrire mathématiquement la relation entre les variables (on trouvera $L = 0{,}0003T + 25{,}645$).

b) Montrer que l'élongation de la tige est directement proportionnelle à la variation de température.

LABORATOIRE 3: APPLICATIONS DU MODÈLE AFFINE

OBJECTIFS:
- Utiliser le logiciel Excel pour faire calculer des valeurs correspondantes par une fonction et les représenter graphiquement.
- Présenter les fonctionnalités suivantes:
  - Définition d'un nom de paramètre ou de variable.
  - Construction d'un tableau de valeurs.
  - Utilisation d'un test logique.

MISE EN SITUATION

L'entreprise qui vous emploie envisage la location d'une automobile pour le représentant des ventes qui parcourt parfois jusqu'à 1 200 kilomètres par semaine. On vous demande de préparer, pour le Conseil d'administration, un dossier permettant d'analyser le coût d'une telle location pour l'entreprise. Après avoir effectué des négociations avec une compagnie de location, vous avez obtenu les coûts suivants:

100 $ par semaine plus 0,18 $ du kilomètre parcouru.

a) Définir un modèle mathématique décrivant le lien entre les variables en cause.
b) Représenter graphiquement le lien entre les variables en cause.
c) Pour tenir compte de la dépréciation, des réparations et des coûts de l'essence, la politique de l'entreprise est de rembourser 0,38 $ du kilomètre lorsqu'un employé utilise sa voiture personnelle pour le travail. Déterminer s'il est plus avantageux pour la compagnie de louer une automobile pour son représentant des ventes ou de rembourser les frais d'utilisation de sa voiture personnelle.

PRÉPARATION DE LA FEUILLE DE CALCUL

1. Ouvrir l'application Excel. Personnaliser une feuille de calcul en insérant un pavé de texte et sauvegarder le nouveau document sous le nom « 3Conso01.xls » ou tout autre nom accepté par le système d'exploitation.

2. Dans la plage A10:C10, écrire l'en-tête du tableau. Les identifications sont: « Distance (km) », « Remboursement ($) » et « Location ($) ».

COMMENTAIRE

Puisque nous voulons comparer le coût selon que la compagnie loue une automobile ou rembourse les frais de la voiture personnelle, nous avons besoin d'un tableau comportant trois colonnes, une pour la distance parcourue, une pour le coût de la location et l'autre pour le coût d'utilisation de la voiture personnelle.

DÉFINITION D'UN PARAMÈTRE OU D'UNE VARIABLE

ACTION

1. Sélectionner la cellule A7, écrire « Inf = » au clavier et valider en pressant la touche « Tabulateur ».

COMMENTAIRE

En pressant la touche « Tabulateur » ou « Tab » ou « → », Excel valide l'expression écrite et sélectionne automatiquement la cellule à droite. En suivant ce protocole de validation, le logiciel va suggérer lui-même le nom à donner à la cellule à l'étape suivante.

2. La cellule B7 étant sélectionnée choisir dans le menu l'option « **Insertion < Nom < Définir** ». Une fenêtre apparaît à l'écran et, dans celle-ci, Excel suggère le nom « Inf »: cliquer sur **« OK »**. La fenêtre se referme et la cellule B7 est toujours active. Écrire « 0 » et valider l'entrée.

Avant de passer à l'étape 3, lire le commentaire ci-contre.

3. Dans la plage de cellules A8:B8, définir le paramètre « Pas », donner la valeur « 50 » au paramètre et valider.

4. Dans la plage de cellules C7:D7, définir le paramètre « F.fixes = », pour les frais fixes et donner la valeur « 100 » au paramètre, soit les frais fixes hebdomadaires.

5. Dans la plage de cellules E7:F7, définir le paramètre « F.varia », pour les frais variables et donner la valeur « 0,18 » au paramètre, soit le coût par kilomètre parcouru.

6. Dans la plage de cellules C8:D8, définir le paramètre « Remb », pour les frais de remboursement du kilomètre et donner la valeur « 0,38 » au paramètre.

COMMENTAIRE

On donne un nom à une cellule lorsqu'on veut que le logiciel lise la valeur consignée dans cette cellule pour l'utiliser dans un calcul. Si la valeur inscrite dans la cellule à laquelle on a donné un nom est modifiée, le logiciel refait le calcul et affiche le résultat dans la case que nous avons choisie à cet effet.

Il faut tenir compte que, lors des utilisations subséquentes, nous devrons repérer rapidement la cellule contenant la valeur qui doit être modifiée, surtout lorsque la feuille de calcul comporte plusieurs cellules auxquelles on a donné un nom. Lors de l'affectation d'un nom à une cellule, nous utiliserons donc toujours deux cellules adjacentes. Celle de gauche pour écrire le nom de la variable et celle de droite pour indiquer la valeur affectée à cette variable.

REMARQUE

Dans les instructions pour préparer les feuilles de calcul lors des laboratoires, s'il faut affecter un nom à une cellule, nous indiquerons simplement la plage de cellules et le nom à donner. Par exemple: définir le paramètre « Inf » dans la plage de cellules A7:B7. Le lecteur devra conclure que cela signifie suivre la procédure décrite en 1 et 2.

CONSTRUCTION D'UN TABLEAU DE VALEURS

L'en-tête d'un tableau doit indiquer, pour chaque colonne, le nom de la variable dont les valeurs sont données dans la colonne et les unités de mesure de cette variable. Dans les exercices de laboratoire, les titres de colonnes et leurs unités seront précisées et il suffira d'écrire ces titres dans la plage indiquée. Ainsi, dans cet exercice on inscrira dans la plage de cellules A10:C10 l'en-tête suivant: « Distance (km) », « Remboursement ($) » et « Location ($) ».

ACTION

1. Dans la cellule A11, écrire « =Inf » sans laisser d'espace et valider. Excel affiche alors la valeur « 0 » dans la cellule car il a lu la valeur inscrite sous le nom « Inf » dans la cellule B7 et a affiché cette valeur.

2. Dans la cellule A12, écrire « =A11+Pas » et valider. Excel affiche alors « 50 » dans la cellule.

3. Faire une copie incrémentée de la fonction définie en A12 dans la plage A13:A35. Excel affiche alors les valeurs de 0 à 1 200 par intervalles de 50 dans les cellules de la plage A11:A35.

COMMENTAIRE

Il est intéressant, lorsqu'on veut représenter une fonction, de pouvoir contrôler l'intervalle qui sera représenté. Ainsi, en changeant la valeur de « Inf » dans la cellule B7 ou la valeur de « Pas » dans la cellule B8, on peut modifier l'intervalle qui sera représenté.

On pourrait également définir la borne inférieure « Inf » et la borne supérieure « Sup » de l'intervalle et faire calculer le pas en définissant, dans la cellule nommée « Pas », l'opération « =(Sup–Inf)/n », où n est le nombre de cellules que nous aurons réservé pour les valeurs de la variable indépendante.

4. Sélectionner la cellule B11, définir la fonction « =A11*Remb » dans la cellule B11.
5. Sélectionner la cellule C11, définir la fonction « =A11*F.varia+F.fixes » et valider. Excel affiche alors « 100 ».
6. Faire une copie incrémentée des fonctions de la plage B11:C11, « =A11*F.varia+F.fixes » et « =A11*Remb », dans la plage de cellules B12:C35. Les premières lignes de votre tableau devraient avoir l'aspect suivant:

	Distance (km)	Remboursement($)	Location ($)
10			
11	0	0	100
12	50	19	109
13	100	38	118
14	150	57	127
15	200	76	136
16	250	95	145
17	300	114	154
18	350	133	163
19	400	152	172
20	450	171	181
21	500	190	190

REMARQUE

Dans la définition d'une opération, on a parfois à utiliser une valeur consignée dans une cellule dont l'adresse doit demeurer constante lors de l'incrémentation. Dans l'adresse, il y a l'indice de la ligne et celui de la colonne. Si on veut que l'un des indices demeure constant, on le fait précéder du signe « $ ». Ainsi, à l'étape 5, on aurait pu écrire la valeur « 0,18 » dans la cellule A6 et définir l'opération de la façon suivante: « =A$6*A11+100 » pour indiquer au logiciel qu'il devait effectuer le produit du nombre de la cellule A6 et de celui de la cellule A11. En incrémentant une telle opération, Excel ne modifie pas le « 6 » de l'adresse de la cellule.

À l'étape 6, l'incrémentation peut se faire comme suit:
• sélectionner la plage B11:C11;

	Distance (km)	Remboursement($)	Location ($)
10			
11	0	0	100
12	50		

• amener le curseur sur le carré au bas de la cellule C11;
• enfoncer le bouton;
• glisser la souris avec le bouton enfoncé jusqu'en C35 et relâcher le bouton.

REPRÉSENTATION GRAPHIQUE ET CONCLUSION

Représenter graphiquement les fonctions du tableau en utilisant le type « Courbes ».

Vous devez préparer un rapport pour le Conseil d'administration. Insérer un pavé de texte pour consigner vos observations. Est-il plus avantageux de louer une automobile ou de rembourser les dépenses de l'automobile personnelle du représentant ? Quelles sont vos suggestions au Conseil d'administration ?

Insérer un pavé de texte donnant les conclusions de votre travail et vos recommandations au Conseil d'administration.

Imprimer votre travail après avoir fait un aperçu avant impression.

MISE EN SITUATION (SUITE)

Après avoir pris connaissance de votre rapport, le conseil d'administration a négocié une entente avec le représentant des ventes. Celui-ci doit maintenant planifier à l'avance ses déplacements et il est libre de prendre son automobile personnelle ou d'en louer une. Cependant, ses frais de déplacement seront remboursés de la façon suivante:
– si la distance à parcourir durant la semaine est inférieure ou égale à 500 km, il recevra le montant du remboursement des frais d'utilisation de son automobile personnelle;
– si la distance à parcourir durant la semaine est supérieure à 500 km mais inférieure à 1 000 km, il recevra le montant de la location d'une automobile;
– si la distance à parcourir durant la semaine est supérieure ou égale à 1 000 km, ses frais ne seront remboursés que pour 1 000 km au taux de la location.

On vous demande d'ajouter à votre feuille Excel une fonction qui calculera les frais à rembourser selon la distance parcourue.

UTILISATION D'UN TEST LOGIQUE

On utilise un test logique lorsqu'on veut donner des instructions particulières au logiciel afin qu'il fasse lui-même un choix. Dans ce cas, il faut définir un test logique qui permettra au logiciel de déterminer quelle fonction il doit utiliser pour calculer le remboursement à effectuer. Dans la mise en situation, la fonction est:

$$C(x) = \begin{cases} 0{,}38x & \text{si } x \leq 500 \\ 0{,}18x + 100 & \text{si } 500 < x < 1\,000 \\ 280 & \text{si } x \geq 1\,000 \end{cases}$$

On trouve les tests dans la banque de fonctions, catégorie « Logique ». Les tests permettent d'indiquer au logiciel ce qu'il doit faire si la condition particulière est satisfaite (valeur_si_vrai) et ce qu'il doit faire si cette condition n'est pas satisfaite (valeur_si_faux). Pour utiliser un test, on peut l'écrire au clavier ou le faire insérer par la banque de fonctions.

Ainsi, si on veut donner des instructions différentes selon qu'une variable appelée « Dis » et représentant la distance parcourue est plus petite que 500, on écrira:

=SI(Dis<500;valeur_si_vrai;valeur_si_faux)

L'expression « valeur_si_vrai » est alors remplacée par l'instruction que l'on donne au logiciel lorsque le paramètre est plus petit que 500 et l'expression « valeur_si_faux » est remplacée par l'instruction que l'on donne au logiciel dans le cas contraire. L'instruction peut être une valeur numérique que le logiciel va écrire, une opération à effectuer, une valeur à calculer par une fonction ou un texte.

Dans la situation présente, le logiciel devra vérifier si la distance est plus petite ou égale à 500, il faudra donc avoir recours à un test imbriqué, ce qui signifie un test à l'intérieur d'un autre test. Il faudra alors écrire:

« =SI(OU(Dis<500;DIS=500);Remb*Dis;" ") »

Les guillemets « "..." » indiquent au logiciel qu'il doit écrire l'expression contenue entre les guillemets. En ne mettant rien entre les guillemets, ou une espace, Excel n'écrira rien ou une espace.

On remarque que, dans le langage courant, on dit « si la distance est plus petite *ou* égale à 500 » alors que dans le langage du logiciel, on annonce le test logique d'abord et les deux propositions à vérifier sont énoncées entre parenthèses. Il en est de même pour le test ET(). Dans le langage courant, on dit « si la distance est plus grande que 500 *et* plus petite que 1 000 », ce qui se traduit dans le langage du logiciel par « ET(Dis>500;Dis<1000) ».

ACTION

1. Sélectionnez la cellule B37, écrire « Distance » et valider en pressant la touche « Tabulateur ».

2. La cellule C37 est maintenant activée, suivre la procédure pour donner un nom. Excel suggère « Distance », ce qui est un peu long à utiliser dans une formule. Donner plutôt le nom « Dis » et cliquer sur « OK ».

3. Sélectionner la cellule B40, écrire « Remboursement » et valider.

4. Sélectionner la cellule C39 et écrire au clavier le test « =SI(OU(Dis<500;Dis=500);Remb*Dis;" ") » et valider. Ne pas laisser d'espace dans l'écriture du test, sauf entre les guillemets.

> **COMMENTAIRE**
>
> Par le test de l'étape 4, Excel vérifie si la distance est plus petite ou égale à 500 km. Il y a deux réponses possibles, vrai ou faux. S'il est vrai que la valeur est plus petite ou égale à 500 km, Excel affichera le résultat du produit « Remb*Dis » dans la cellule C39. Ce produit est la « valeur_si_vrai » et « Dis » est la valeur affichée dans la cellule C37 réservée à la variable distance. Si la distance n'est pas plus petite ou égale à 500, Excel n'affichera rien dans la cellule C39, soit la « valeur_si_faux ». En effet, les guillemets « " " » indiquent au logiciel d'écrire le texte compris entre les guillemets. Dans ce cas, nous avons simplement laissé une espace entre les guillemets et rien ne sera affiché dans la cellule C39.

5. Sélectionner la cellule C40 et définir le test:
« =SI(ET(Dis>500;Dis<1000);F.varia*Dis+F.fixes;" ") »
et valider.

6. Sélectionner la cellule C41 et écrire le test:
« =SI(OU(Dis >1000;Dis=1000);280;" ") »
et valider.

Pour vérifier que le programme fonctionne comme prévu, procéder de la façon suivante:
- sélectionner la cellule C37, écrire « 300 » et valider. Excel devrait alors afficher « 114 » comme remboursement à effectuer. En effet
$$0{,}38 \times 300 = 114$$
- écrire « 500 » dans la cellule C37 et valider. Excel devrait alors afficher « 190 » comme remboursement à effectuer. En effet:
$$0{,}38 \times 500 = 190$$
- compléter la vérification en entrant différentes valeurs en C37. Sauvegarder ce travail.

> **COMMENTAIRE**
>
> On peut utiliser les guillemets pour faire écrire des phrases complètes par le logiciel. On doit faire précéder l'expression du signe « = » lorsqu'elle ne fait pas partie d'un test logique. Cependant, si on veut que la phrase soit suivie du résultat d'une opération, il faut faire suivre les guillemets du symbole « & » avant de donner la formule ou la cellule dans laquelle il doit lire le résultat du calcul à écrire. On aura ainsi:
>
> « ="Le résultat de l'opération est "&A11*B11 »

EXERCICES

1. Analyser la démarche suivie pour résoudre le problème et identifier les améliorations possibles.

2. Est-il possible d'imbriquer tous les tests logiques pour en faire un seul plutôt que trois dans les cellules C39:C41?

3. Est-il possible, en utilisant le fruit de vos réflexions à la question 2, de faire représenter graphiquement le montant à rembourser en fonction de la distance parcourue, dans l'intervalle [0;1 200]?

4. Une entreprise gère un restaurant du centre-ville. Ce restaurant offre sur l'heure du dîner un bar à salade très prisé par le personnel de bureau. Les clients se servent eux-mêmes au bar à salade et peuvent consommer à volonté pour un coût de 6,50 $. Cependant, l'expérience démontre que le coût moyen des denrées consommées est de 3,25 $ par personne. De plus, l'entreprise doit assumer des frais fixes de 158 $ pour la préparation.

   En faisant une copie de la feuille de calcul préparée durant l'activité 3, vous devez utiliser le logiciel Excel pour procéder à une étude de rentabilité de cette entreprise en analysant son coût de production, son revenu et son profit en fonction du nombre de clients par jour. (S'assurer d'avoir sauvegardé le fichier « 3Conso01.xls », l'ouvrir puis choisir l'option « **Fichier < Enregister sous** » et donner le nom « 3Restau.xls »). Vous aurez alors une nouvelle copie de votre feuille avec laquelle il est possible de résoudre ce problème sans altérer la version originale.

5. Avant de procéder à la production d'un nouvel article, le Conseil d'administration de l'entreprise qui vous emploie vous demande d'en faire l'étude de rentabilité. Pour produire cet article, il faudrait procéder à l'achat d'appareils dont le paiement serait effectué par des mensualités de 2 500 $. De plus, il faut prévoir un coût de 45 $ l'unité et le prix de vente envisagé est de 150 $. En faisant une copie de la feuille de calcul préparée durant l'activité 3, vous devez utiliser le logiciel Excel pour procéder à cette étude de rentabilité (Donner le nom « 3Produc.xls »).

6. La compagnie qui vous emploie produit un article dont le coût de production comporte des frais fixes de 1 600 $ par mois et des frais variables de 24 $ l'unité. On vous propose d'investir pour implanter un nouveau procédé de fabrication qui porterait les frais fixes à 2 200 $ par mois et les frais variables à 12 $ l'unité. En faisant une copie de la feuille de calcul préparée durant l'activité 3, vous devez procéder à la comparaison de ces deux procédés de fabrication et déterminer leur niveau d'indifférence (Donner le nom « 3Indiff.xls »).

Activités de laboratoire

LABORATOIRE 4: ZÉROS D'UNE FONCTION QUADRATIQUE

OBJECTIF: Utiliser le logiciel Excel pour faire calculer les zéros réels d'une fonction quadratique.

MISE EN SITUATION

Programmer une feuille Excel qui calculera les zéros réels d'une fonction quadratique (racines de l'équation quadratique) dont les coefficients sont connus et qui représentera graphiquement cette fonction dans un intervalle incluant le point sommet.

MISE EN FORME DE LA SOLUTION

Rappelons tout d'abord que les zéros d'une fonction de la forme
$$f(x) = ax^2 + bx + c$$
sont les valeurs de x pour lesquelles
$$ax^2 + bx + c = 0$$

Ils sont donnés par
$$x = \frac{-b \pm \sqrt{b^2 - 4ac}}{2a}$$

De plus, pour que les zéros soient des nombres réels, il faut que l'expression sous le radical soit plus grande ou égale à zéro.

Pour résoudre ce problème, il faut:
a) préparer la feuille de calcul et définir les paramètres;
b) faire effectuer les calculs et afficher les résultats;
c) représenter graphiquement la fonction dans un intervalle incluant le point sommet et les zéros, le cas échéant.

PRÉPARATION DE LA FEUILLE DE CALCUL ET DÉFINITION DES PARAMÈTRES

ACTION

1. Ouvrir l'application Excel. Personnaliser une feuille de calcul en insérant un pavé de texte et sauvegarder le nouveau document sous le nom « 4Zéqua01.xls » ou tout autre nom accepté par le système d'exploitation.

2. Dans la plage de cellules A7:B7, définir le paramètre « a » et donner la valeur « 1 » à ce paramètre.

3. Dans la plage de cellules A8:B8, définir le paramètre « b » et donner la valeur « –4 » à ce paramètre.

4. Dans la plage de cellules A9:B9, définir le paramètre « co » et donner la valeur « 3 » à ce paramètre.

COMMENTAIRE

Il est à noter que le logiciel refusera d'utiliser « c » comme nom de paramètre car il le réserve à d'autres fins. Nous avons donc donné le nom « co » au paramètre représentant la constante de la fonction. Pour tester notre feuille durant la programmation, nous allons utiliser les paramètres de la fonction définie par
$$f(x) = x^2 - 4x + 3$$
On peut facilement calculer le discriminant qui donne
$$b^2 - 4ac = 4$$
et les zéros de cette fonction qui sont:
$$x_1 = 1 \text{ et } x_2 = 3$$
Ces valeurs étant connues, nous pourrons vérifier que notre feuille est bien programmée lorsqu'Excel affichera ces valeurs.

DESCRIPTION DES VERDICTS

ACTION

1. Dans la plage de cellules A10:B10, définir le paramètre « Dis » et donner la valeur « =b*b–4*a*co » à ce paramètre. Valider la fonction, Excel devrait afficher « 4 » dans la cellule B10.

COMMENTAIRE

Lorsqu'on cherche les zéros d'une fonction quadratique, on peut rencontrer trois situations, selon que l'expression sous radical ($b^2 - 4ac$), appelée *discriminant*, est plus grande que 0, égale à 0 ou plus petite que 0. Dans chacun de ces cas, la conclusion de la recherche des zéros sera différente. Les verdicts ou conclusions auxquelles on peut parvenir sont:

2. Dans la cellule A11, écrire « Verdict » et valider. Dans le cellule C11, écrire « ="L'équation de l'axe de symétrie est "&-b/(2*a) » et valider.

3. Dans la cellule A12, écrire le test logique « =SI(Dis<0;"La fonction n'a pas de zéros réels";"") » et valider.

4. Dans la cellule A13, écrire le test logique: « =SI(Dis=0;"La fonction a un zéro double à "&-b/(2*a);"") » et valider.

5. Dans la cellule A14, écrire le test: « =SI(Dis>0;"La fonction a deux zéros réels à "&(-b–RACINE(Dis))/(2*a)&" et "&(-b+RACINE(Dis))/(2*a);""). et valider. Sauvegarder ce travail.

– Si le discriminant est plus grand que 0, on peut extraire la racine et il y a deux zéros réels. Ces zéros sont
$$x_1 = \frac{-b - \sqrt{b^2 - 4ac}}{2a} \text{ et } x_2 = \frac{-b + \sqrt{b^2 - 4ac}}{2a}$$

– Si le discriminant est égal à 0, il y a un zéro double. Soit
$$x = -b/(2a)$$

– Si le discriminant est plus petit que 0, on ne peut extraire le radical et il n'y a pas de zéros réels.

Notre programme devra afficher ces verdicts selon le résultat des calculs qu'il effectuera pour trouver la valeur de $b^2 - 4ac$.

Aux étapes 2, 3, 4 et 5, les guillemets « "..." » indiquent à Excel d'écrire le texte compris entre guillemets. Le symbole & indique d'afficher le résultat du calcul.

REPRÉSENTATION GRAPHIQUE

ACTION

1. Dans la plage C7:D7, définir le paramètre « Inf » et, pour ce paramètre, faire calculer la valeur « =SI((co/a)>0;-b/(2*a)-(ABS(b/(2*a)));-b/(2*a)-(ABS(b/(2*a))+RACINE(ABS(co/a)))) ».

2. Dans la plage C8:D8, définir le paramètre « Sup » et, pour ce paramètre, faire calculer la valeur «=SI((co/a)>0;-b/(2*a)+(ABS(b/(2*a)));-b/(2*a)+(ABS(b/(2*a))+RACINE(ABS(co/a)))) ».

3. Dans la plage C9:D9, définir le paramètre « Pas » et faire calculer la valeur « = (Sup–Inf)/21 ».

4. En A16:B16, définir l'en-tête de tableau « x », « f(x) ».

5. En A17, écrire « =Inf » et valider. En A18, écrire «=A17+Pas ». Incrémenter jusqu'en A38.

6. En B17 écrire« =a*x*x+b*x+co », valider et incrémenter jusqu'en B38. Représenter graphiquement.

COMMENTAIRE

Pour représenter graphiquement la fonction, il faut choisir un intervalle approprié autour de l'axe de symétrie pour que cet intervalle contienne les zéros. Puisque les zéros sont donnés par

$$x = \frac{-b \pm \sqrt{b^2 - 4ac}}{2a} = \frac{-b}{2a} \pm \sqrt{\frac{b^2 - 4ac}{4a^2}}$$
$$= \frac{-b}{2a} \pm \sqrt{\left(\frac{b}{2a}\right)^2 - \frac{c}{a}}$$

On peut considérer deux cas:

- si $c/a > 0$, on a $\sqrt{\left(\frac{b}{2a}\right)^2 - \frac{c}{a}} < \left|\frac{b}{2a}\right|$ et on représentera la fonction dans l'intervalle $\left[\frac{-b}{2a} - \left|\frac{b}{2a}\right|; \frac{-b}{2a} + \left|\frac{b}{2a}\right|\right]$.

- si $c/a < 0$, on a $\sqrt{\left(\frac{b}{2a}\right)^2 - \frac{c}{a}} < \left|\frac{b}{2a}\right| + \sqrt{\left|\frac{c}{a}\right|}$ et on représentera la fonction dans l'intervalle
$$\left[\frac{-b}{2a} - \left(\left|\frac{b}{2a}\right| + \sqrt{\left|\frac{c}{a}\right|}\right); \frac{-b}{2a} + \left(\left|\frac{b}{2a}\right| + \sqrt{\left|\frac{c}{a}\right|}\right)\right].$$

EXERCICES

1. Votre programme fonctionne-t-il? Vérifier avec votre programme que:
   a) la fonction $f(x) = x^2 - 6x + 9$ a un zéro double, soit $x = 3$;
   b) la fonction $f(x) = x^2 - 7x + 12$ a deux zéros réels distincts, $x_1 = 3$ et $x_2 = 4$;
   c) la fonction $f(x) = 8x^2 - 24x + 34$ n'a pas de zéros réels.

2. Utiliser votre programme pour trouver les zéros et représenter graphiquement la fonction $f(x) = 5x^2 + 28x - 12$.

3. Utiliser votre programme pour trouver les zéros et représenter graphiquement les fonctions:
   a) $f(x) = 2x^2 + 3x - 5$;
   b) $f(x) = 4x^2 - 2x + 3$.

LABORATOIRE 5 : MODÉLISATION EXPONENTIELLE, DONNÉES À PAS CONSTANT

OBJECTIF : – Utiliser le logiciel Excel pour calculer les paramètres d'un modèle exponentiel.

MISE EN SITUATION

Dans les registres de la municipalité qui vous emploie, on trouve des statistiques sur la population. Ces données ont été obtenues lors de recensements à tous les 4 ans.

Année	1962	1966	1970	1974	1978	1982	1986
Population (milliers)	22 000	23 800	26 000	28 000	30 600	33 200	36 000

Trouver le type de lien entre les variables et décrire algébriquement ce lien.

MISE EN FORME DE LA SOLUTION

En posant $t = 0$ et en considérant l'intervalle de quatre ans comme pas unitaire, on a:

Année	1962	1966	1970	1974	1978	1982	1986
t	0	1	2	3	4	5	6
P	22 000	23 800	26 000	28 000	30 600	33 200	36 000

Pour résoudre ce problème, soit trouver la relation entre la population P et le nombre n de périodes de quatre ans, il faut:
1. préparer le tableau et entrer les données en colonnes;
2. faire calculer le nombre n de correspondances;
3. faire calculer le quotient des valeurs correspondantes consécutives (la valeur des quotients doit être relativement constante pour que le modèle soit pertinent);
4. faire calculer les paramètres lorsque le modèle est pertinent.

PRÉPARATION DU TABLEAU ET ENTRÉE DES DONNÉES

ACTION

1. Ouvrir l'application Excel. Personnaliser une feuille de calcul en insérant un pavé de texte et sauvegarder le nouveau document sous le nom « 5Conso01.xls » ou tout autre nom accepté par le système d'exploitation.

2. Dans la plage A10:B10, écrire l'en-tête du tableau; les identifications sont: « Temps » et « Population ».

3. Dans la plage de cellules A11:A17, entrer les valeurs de la variable indépendante (les temps de 0 à 6) du tableau de correspondances.

4. Dans la plage B11:B17, entrer les valeurs de la variable dépendante du tableau des correspondances.

COMMENTAIRE

La procédure d'entrée des données est la même que celle utilisée au cours des laboratoires précédents. Nous allons cependant faire calculer le nombre de correspondances. Cette valeur servira à trouver la valeur moyenne des quotients lorsque ceux-ci sont relativement constants.

Modélisation exponentielle **451**

CALCUL DU NOMBRE DE CORRESPONDANCES

ACTION

1. Dans la cellule C10, écrire « Nombre » pour indiquer la colonne donnant le nombre de correspondances et valider.

2. Dans la cellule C11, écrire, sans laisser d'espace, le test logique « =SI(ESTVIDE(A11);0;1) » et valider.

3. Faire une copie incrémentée du test dans la plage de cellules C12:C30.

4. Pour obtenir le nombre de correspondances, faire effectuer la somme des entrées de la colonne C dans la cellule C31 en utilisant le bouton de sommation.

COMMENTAIRE

La mise en situation comporte sept correspondances, mais ce nombre de correspondances peut varier d'un problème à l'autre. Nous allons donc définir notre programme pour qu'il soit utilisable avec jusqu'à vingt données en utilisant les lignes 11 à 30 pour définir les fonctions du programme. Il nous faut cependant indiquer au logiciel ce qu'il doit faire lorsque certaines cellules de la plage A11:A30 sont vides. Nous définissons donc un test logique SI() en utilisant la fonction d'information ESTVIDE().

Le test logique défini à l'étape 2 indique au logiciel de vérifier si la cellule A11 est vide. Si oui, il doit afficher la valeur « 0 », sinon il doit afficher la valeur « 1 ».

CALCUL DES QUOTIENTS

ACTION

1. Dans la cellule D10, écrire « Quotients » pour indiquer que les quotients seront calculés dans cette colonne et valider.

2. Dans la cellule D12, définir le test
    « =SI(ESTVIDE(B12);0;B12/B11) »
   et valider: la valeur 1,081818... devrait apparaître dans la cellule.

3. Faire une copie incrémentée de ce test assorti d'une opération dans la plage de cellules D13:D30.

4. Faire effectuer la somme de la colonne D dans la cellule D31.

COMMENTAIRE

Puisque les valeurs de la variable indépendante ont été prises à intervalles réguliers, si les quotients sont relativement constants, alors le modèle exponentiel est approprié pour décrire cette situation.

CALCUL DES PARAMÈTRES

ACTION

1. Sélectionner la cellule A33 et taper « Valeur(0) = », valider en pressant la touche **Tabulateur**.

2. Après avoir validé, Excel ayant sélectionné la cellule B33, définir la fonction « =SI(A11=0;B11;" ") » et valider. La valeur « 22 000 » apparaît dans la cellule.

3. Sélectionner la cellule A34, écrire « Base = » et valider.

COMMENTAIRE

Les paramètres du modèle exponentiel sont la valeur initiale et la base. Si la première valeur de la variable indépendante est 0, la première valeur de la variable dépendante est la valeur initiale et il suffit de la faire lire. Pour la valeur de la base, nous allons faire calculer le quotient moyen.

Si la première valeur de la variable indépendante est 0, la valeur correspondante de la variable dépendante va apparaître dans la cellule B33. S'il n'apparaît rien dans cette cellule B33, cela indique qu'il faut procéder autrement pour trouver la valeur initiale.

4. Sélectionner la cellule B34: définir la fonction
« =D31/(C31-1) » et valider.
Excel affiche « 1,08555... » dans la cellule. Cette valeur est le quotient moyen. Le modèle est donc
$$P(t) = 22\,000 \times 1{,}0856^t$$
Sauvegarder ce travail.

COMMENTAIRE

Il faut se méfier des automatismes; ce n'est pas parce que l'ordinateur fait des calculs que les résultats ont du sens. Vous devez analyser les quotients calculés pour vous assurer que ceux-ci sont relativement semblables afin de savoir si le modèle exponentiel s'applique.

CONSEILS D'UTILISATION

Vous avez maintenant une feuille Excel qui permet de déterminer un modèle exponentiel lorsque les valeurs de la variable indépendante sont données à intervalles réguliers. Cette feuille de calcul, comme les précédentes, peut être utilisée en entrant directement les données dans les cellules des colonnes A et B. Pour une meilleure description de la situation, une représentation graphique est indiquée.

EXERCICE

L'ancien comptable d'une compagnie d'investissements avait effectué un placement de 50 000 $ au nom de la compagnie en 1980. L'échéance du placement est en 2005. Vous trouvez dans vos dossiers les relevés annuels de ce placement.

Année	1980	1981	1982	1983	1984	1985	1986	1987	1988	1989
Durée	0	1	2	3	4	5	6	7	8	9
Valeur	50 000	53 600	56 816	60 100	64 900	67 800	71 500	74 600	77 600	81 500

Le taux d'intérêts a fluctué au cours de ces années, mais vous devez estimer la valeur du capital à l'échéance. Il vous faut donc trouver un modèle exponentiel dont la base est le taux d'intérêt moyen au cours des années précédentes.

a) Trouver le modèle mathématique décrivant la valeur du placement en fonction du nombre d'années.
b) À l'aide de ce modèle, estimer la valeur du placement en 2005.

LABORATOIRE 6-A : MATHÉMATIQUES FINANCIÈRES : ÉVOLUTION D'UN CAPITAL

OBJECTIF : Utiliser le logiciel Excel pour analyser l'évolution d'un capital constitué par des versements périodiques.

MISE EN SITUATION

Un de vos clients veut constituer un capital par des versements mensuels de 100 $. Le taux d'intérêt est actuellement de 6 % capitalisé mensuellement et il veut avoir un tableau donnant l'évolution de son capital si la durée est de trois ans.

PRÉPARATION DE LA FEUILLE DE CALCUL

ACTION

1. Ouvrir l'application Excel. Personnaliser une feuille de calcul en insérant un pavé de texte et sauvegarder le nouveau document sous le nom « 6Matfi01.xls ».

2. Dans la plage de cellules A8:B8 définir le paramètre « Taux » et donner la valeur « 0,005 » à ce paramètre. Il s'agit du taux applicable à chaque période de versement.

3. Dans la plage de cellules C8:D8 définir le paramètre « Versement » et donner la valeur « 100 » à ce paramètre.

4. Dans la plage A10:F10, écrire l'en-tête du tableau, les identifications sont : « Période », « Valeur, début de période », « Versement », « Capital », « Intérêts » et « Valeur, fin de période ».

COMMENTAIRE

La feuille de calcul est préparée pour pouvoir être utilisée sans avoir recours à la banque de fonctions à chaque exercice. Nous avons donc prévu des cellules pour indiquer les valeurs des paramètres. Pour utiliser la feuille dans un autre problème, il suffira de modifier la valeur de ces paramètres pour que le logiciel effectue les calculs.

Ne pas oublier d'ajuster la largeur des colonnes pour que le titre des colonnes s'affiche correctement.

DÉFINITION DES OPÉRATIONS

ACTION

1. Dans la cellule A11, écrire « 1 », et valider.

2. Dans la cellule B11, écrire « 0 », et valider.

3. Dans la cellule C11, écrire « =Verscment » et valider.

4. Dans la cellule D11, écrire « =B11+C11 » et valider.

5. Dans la cellule E11, écrire « =D11*Taux » et valider.

6. Dans la cellule F11, écrire « =D11+E11 » et valider.

COMMENTAIRE

Il faut définir des opérations sur des valeurs apparaissant sur la même ligne. C'est le cas pour le calcul du montant d'intérêts à recevoir qui est un pourcentage de la valeur apparaissant dans la cellule de la colonne « Capital » de la même ligne. Nous devons également, à partir de la deuxième ligne du tableau, faire afficher dans la colonne « Valeur début de période » la valeur de la colonne « Valeur, fin de période » de la ligne précédente. Nous avons donc défini les opérations de la première ligne et les opérations des deux premières colonnes de la deuxième ligne avant de procéder à la copie incrémentée. Comme la durée est de trois ans, nous avons incrémenté jusqu'à la ligne 46 puisque la première ligne du tableau est la ligne 11.

7. Dans la cellule A12, écrire « =A11+1 » et valider.

8. Dans la cellule B12, écrire « =F11 » et valider.

9. Faire une copie incrémentée des cellules C11:F11 dans les cellules C12:F12.

10. Faire une copie incrémentée des cellules A12:F12 dans la plage de cellules A13:F46.

11. Mettre les nombres des cellules B11:F46 en dollars en utilisant l'icone « Style monétaire ». Sauvegarder ce travail.

> **COMMENTAIRE**
> La feuille programmée est utilisable pour analyser l'évolution du capital dans différentes situations. Il suffit de modifier la valeur des paramètres « Taux » et « Versement » dans les cellules B8 et D8. Le tableau de cette feuille comporte 36 périodes qui peuvent être des mois, des trimestres, des semestres ou des années. Il suffit d'indiquer la valeur du taux périodique dans la cellule B8. Pour suivre l'évolution du capital sur un plus grand nombre de périodes, il suffit de faire une copie incrémentée sur un plus grand nombre de lignes. On peut utiliser le bouton de sommation pour faire calculer la somme des versements et celle des intérêts. La différence entre la valeur de la cellule F46 et la somme des versements représente aussi le gain en intérêts. Elle devrait égaler la somme des intérêts de la colonne E.

EXERCICES

1. Vous versez 350 $ par mois pour constituer un capital. Le taux est de 6 % capitalisé mensuellement. Combien aurez-vous accumulé dans trois ans? Quel est le gain en intérêts? (13 836,47 $, 1 236,47 $).

2. Vous versez 150 $ par mois pour constituer un capital. Le taux est de 9 % capitalisé mensuellement. Combien aurez-vous accumulé dans cinq ans? Quel est le gain en intérêts? (11 398,47 $, 2 398,47 $).

3. Vous placez 300 $ par mois à un taux de 7,8 % capitalisé mensuellement. Combien aurez-vous accumulé dans cinq ans? Quel est le gain en intérêts? (22 071,06 $, 4 071,06 $).

4. Vous placez 1 200 $ par trimestre à un taux de 7,8 % capitalisé mensuellement. Combien aurez-vous accumulé dans dix ans? Quel est le gain en intérêts? (73 310,38 $, 25 310,38 $).

5. Un de vos clients envisage, pour les 35 prochaines années, de placer 5 000 $ par année dans un REER. Les prévisions sont à l'effet que le taux de rendement annuel pour ce genre de placement devrait fluctuer entre 4,8 % et 7,2 %. Votre client désire connaître l'évolution de son capital selon que, durant cette période, le taux se maintient à 4,8 %, à 7,2 % ou à la valeur moyenne de 6 %. Faire effectuer les calculs et imprimer chacun des tableaux.
(à 4,8 %, 454 127,10 $, gain de 279 127,10 $; à 7,2 %, 774 051,52 $, gain de 599 051,52 $; à 6 %, 590 604,33 $, gain de 415 604,33 $)

LABORATOIRE 6-B: MATHÉMATIQUES FINANCIÈRES: AMORTISSEMENT D'UN EMPRUNT

OBJECTIF: Utiliser le logiciel Excel pour analyser l'évolution du remboursement d'un emprunt par des versements périodiques.

MISE EN SITUATION

Un de vos clients vient d'effectuer un emprunt de 5 000 $ à un taux nominal de 12 % capitalisé mensuellement. Il devra rembourser par des paiements mensuels de 166,07 $ pendant trois ans et il vous demande de lui donner un tableau d'amortissement de cet emprunt.

PRÉPARATION DE LA FEUILLE DE CALCUL

ACTION

1. Ouvrir l'application Excel. Personnaliser une feuille de calcul en insérant un pavé de texte et sauvegarder le nouveau document sous le nom « 6Matfi02.xls ».

2. Dans la plage de cellules A8:B8 définir le paramètre « Emprunt » et donner la valeur « 5 000 » à ce paramètre.

3. Dans la plage de cellules C8:D8 définir le paramètre « Taux » et donner la valeur « 0,01 » à ce paramètre, c'est le taux périodique.

4. Dans la plage de cellules E8:F8 définir le paramètre « Versement » et donner la valeur « 166,07 » à ce paramètre.

5. Dans la plage A10:F10, écrire l'en-tête du tableau, les identifications sont: « Période », « Dette, début de période », « Intérêts », « Versement », « Amortissement » et « Dette, fin de période ».

COMMENTAIRE

La feuille de calcul est préparée pour pouvoir être utilisée sans avoir recours à la banque de fonctions à chaque exercice. Nous avons donc prévu des cellules pour indiquer les valeurs des paramètres. Pour utiliser la feuille dans un autre problème, il suffira de modifier la valeur de ces paramètres pour que le logiciel effectue les calculs.

Ne pas oublier d'ajuster la largeur des colonnes pour que le titre des colonnes s'affiche correctement.

DÉFINITION DES OPÉRATIONS

ACTION

1. Dans la cellule A11, écrire « 1 » et valider.

2. Dans la cellule B11, écrire « =Emprunt » et valider.

3. Dans la cellule C11, écrire « =B11*Taux » et valider.

4. Dans la cellule D11, écrire « =Versement » et valider.

5. Dans la cellule E11, écrire « =D11–C11 » et valider.

6. Dans la cellule F11, écrire « =B11–E11» et valider.

COMMENTAIRE

Il faut définir des opérations impliquant des valeurs apparaissant sur la même ligne. C'est le cas pour le calcul du montant d'intérêts à payer, qui est un pourcentage de la valeur apparaissant dans la cellule de la colonne « Dette, début de période » de la même ligne. Nous devons également, à partir de la deuxième ligne du tableau, faire afficher dans la colonne « Dette, début de période » la valeur de la colonne « Dette, fin de période » de la ligne précédente. Nous avons donc défini les opérations de la première ligne et les opérations des deux premières colonnes de la deuxième ligne avant de procéder à la copie incrémentée. Comme la durée est de trois ans, nous avons incrémenté jusqu'à la ligne 46 puisque la première ligne du tableau est la ligne 11.

7. Dans la cellule A12, écrire « =A11+1 » et valider.

8. Dans la cellule B12, écrire « =F11 » et valider.

9. Faire une copie incrémentée des cellules C11:F11 dans les cellules C12:F12.

10. Faire une copie incrémentée des cellules A12:F12 dans les cellules de la plage A13:F46.

11. Mettre les nombres des cellules B11:F46 en dollars en utilisant l'icône « Style monétaire ». Sauvegarder ce travail.

> **COMMENTAIRE**
>
> La feuille programmée est utilisable pour analyser l'amortissement d'un emprunt dans différentes situations. Il suffit de modifier la valeur des paramètres « Emprunt », « Taux » et « Versement » dans les cellules B8, D8 et F8. Le tableau de cette feuille comporte 36 périodes qui peuvent être des mois, des trimestres, des semestres ou des années. Il suffit d'indiquer la valeur du taux périodique dans la cellule D8. Si la durée de l'emprunt comporte plus de 36 périodes, il est possible de faire une copie incrémentée sur un plus grand nombre de lignes. On peut utiliser la fonction somme pour faire calculer la somme des versements. La différence entre le montant emprunté et cette somme est le coût en intérêts.
>
> La cellule F46 indique un montant de 0,07 $ parce que le versement de 166,07 $ est légèrement insuffisant pour payer toute la dette en 36 versements. La banque fera ajuster le dernier paiement à 166,14 $.

EXERCICES

1. Vous empruntez 12 000 $ pour vous acheter une automobile. L'emprunt doit être remboursé en cinq ans par des versements mensuels et le taux d'intérêt est de 11 % capitalisé mensuellement. Quelles seront les mensualités? Quel sera le coût en intérêts? Faire un tableau d'amortissement. (260,91 $, 3 654,60 $)

2. Vous empruntez 8 000 $ et l'emprunt doit être remboursé en trois ans par des versements mensuels. Le taux d'intérêt est de 12 % capitalisé mensuellement. Quelles seront les mensualités? Quel sera le coût en intérêts? Faire un tableau d'amortissement. (265,71 $, 1 565,72 $)

3. Un de vos clients, fraîchement diplômé du Cégep, a accumulé 8 000 $ de dettes durant ses études. Il doit maintenant rembourser. Le taux est de 9 % capitalisé mensuellement et il désire effectuer des versements mensuels. Il hésite entre un remboursement sur trois ans, quatre ans et cinq ans. Pour l'aider dans sa prise de décison, il vous demande de lui fournir un tableau donnant l'amortissement dans chaque cas ainsi que le coût en intérêts. (En 3 ans, 254,40 $, 1 158,40 $; en 4 ans, 199,08 $, coût de 1 555,84 $; en 5 ans, 166,07 $, coût de 1 964,20 $.)

LABORATOIRE 7 : MODÉLISATION EXPONENTIELLE PAR LES MOINDRES CARRÉS

OBJECTIF: Programmer une feuille pour détecter le lien entre deux variables à partir de données expérimentales.

MISE EN SITUATION

On a relevé, à l'aide d'un tachymètre, la vitesse de la roue d'inertie d'un appareil à différents moments après la mise hors tension du moteur de l'appareil. Les données recueillies ont été compilées dans le tableau suivant.

t (min)	0,00	0,50	0,75	1,00	1,50	1,70	2,50	3,00	4,00	5,00
$N(t)$ (t/min)	2 400	1 750	1 520	1 320	960	840	530	380	200	120

Déterminer le modèle mathématique décrivant le lien entre les variables.

DÉTECTION D'UN LIEN AFFINE

ACTION

1. Ouvrir l'application Excel. Personnaliser une feuille de calcul en insérant un pavé de texte et sauvegarder le nouveau document sous le nom « 7Model01.xls ».

2. Sélectionner la cellule A8, écrire « Détection d'un lien affine » et valider.

3. Dans la plage A10:B10, écrire l'en-tête de tableau en utilisant les identificateurs « x » et « y ».

4. Dans la plage A11:A20, entrer les valeurs de la variable indépendante de la mise en situation.

5. Dans la plage B11:B20, entrer les valeurs de la variable dépendante de la mise en situation.

6. Représenter graphiquement les données par un nuage de points.

7. Dans la plage A28:B28, définir le paramètre « m » et faire calculer sa valeur par la fonction
« =PENTE(B11:B26;A11:A26) ».

8. Dans la plage A29:B29, définir le paramètre « b » et faire calculer sa valeur par la fonction
« =ORDONNEE.ORIGINE(B11:B26;A11:A26) ».

9. Dans la plage A30:B30, définir le paramètre « corr » et faire calculer sa valeur par la fonction suivante
«=COEFFICIENT.CORRELATION(B11:B26;A11:A26) ».

COMMENTAIRE

En écrivant « x » et « y » comme en-tête du tableau, celui-ci pourra représenter différentes situations. Lorsque vous devrez remettre un travail particulier, il vous sera possible de faire une copie de la feuille programmée et de modifier les en-têtes pour adapter la feuille à la situation.

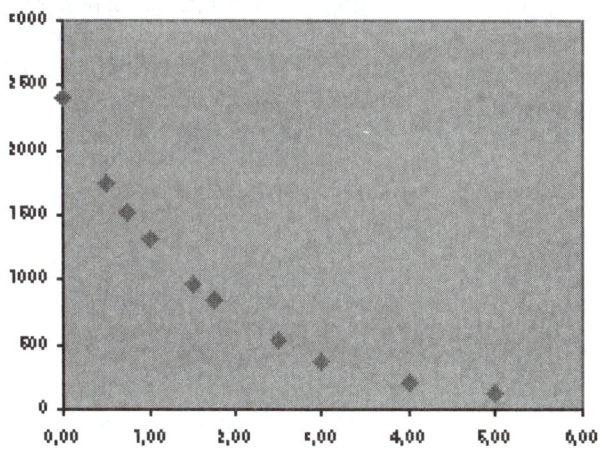

COMMENTAIRE

Le graphique permet de dire que le modèle affine n'est pas approprié. Le calcul des paramètres aux étapes 6, 7 et 8 permettra cependant d'utiliser la feuille pour analyser d'autres séries de données qui pourront respecter un lien affine.

DÉTECTION D'UN LIEN EXPONENTIEL

ACTION

1. Sélectionner la cellule A32 et écrire « Détection d'un lien exponentiel ».

2. Dans la plage A34:C34, écrire l'en-tête dont les identificateurs sont « x », « y » et « ln y ».

3. Sélectionner la plage de cellules A35:B50. La cellule active de la plage sélectionnée est A35. Écrire « =A11:B26 ». Enfoncer les touches « Majuscule » et « Control (Ctrl) » et presser la touche « Entrée » pour valider comme opération matricielle. (Sur la plate-forme Macintosh, enfoncer la touche « Commande » et presser la touche « Retour »). Donner à la plage A35:A50 le format de nombres à deux décimales.

4. Dans la cellule C35, définir la fonction
   « =SI(B35>0;LN(B35);"nd") ».
   et valider. Donner à cette cellule un format de nombre à 4 décimales. La valeur « 7,7832 » apparaît dans la cellule.

5. Faire une copie incrémentée de la fonction définie en C35 dans la plage C36:C50.

6. Pour représenter graphiquement les correspondances (x;ln$y$), il faut sélectionner deux plages de cellules non contiguës. Voici comment procéder. Sélectionner la plage A35:A50. Enfoncer la touche « Control (Ctrl) » (ou « Commande »). La plage A35:A50 demeure sélectionnée. Amener le pointeur de la souris sur la cellule C35, enfoncer le bouton et, en le maintenant enfoncé, glisser la souris jusqu'en C50 puis relâcher.

7. Les plages A35:A50 et C35:C50 sont maintenant sélectionnées, représenter graphiquement les données (nuage de points) en conservant le graphique déjà affiché.

8. Dans la plage A52:B52, définir la paramètre « me » et faire calculer sa valeur par la fonction
   « =PENTE(C35:C50;A35:A50) ».

9. Dans la plage A53:B53, définir le paramètre « be » et faire calculer sa valeur par la fonction suivante:
   « =ORDONNEE.ORIGINE(C35:C50;A35:A50) ».

10. Dans la plage A54:B54, définir le paramètre « re » et faire calculer sa valeur par la fonction suivante:
    «=COEFFICIENT.CORRELATION(C35:C50;A35:A50) ».

11. Sélectionner la plage B52:B54 et appliquer un format numérique à 4 décimales. Cliquer deux fois sur les nombres graduant les axes dans la représentation graphique, Excel donne accès à des options qui permettent de choisir le nombre de décimales affichées sur le graphique. Enregistrer votre travail.

COMMENTAIRE

L'opération matricielle de l'étape 3 recopie les données dans la plage A35:B50. Il n'est plus possible de modifier directement la valeur d'une cellule de cette plage. Si vous tentez de la modifier, un message d'erreur apparaîtra et pour pouvoir poursuivre, il faudra annuler cette modification en cliquant sur le bouton ✗. Cependant, en modifiant la valeur d'une cellule dans la plage A11:B26, la valeur de la cellule correspondante dans la plage A35:B50 sera automatiquement modifiée.

À l'étape 4, lorsque le nombre apparaissant dans la colonne B est positif, le logarithme de ce nombre est affiché dans la colonne C, sinon Excel indique « nd » pour signifier que le logarithme n'est pas défini. C'est la commande qui lui est transmise par « "nd" ».

Le graphique qui apparaît devrait donner un nuage de points suggérant une droite, ce qui est normal lorsque les correspondances représentées sont les couples (x;ln$y$) et que le lien entre les variables est exponentiel. Si le nuage de points ne forme pas une droite, le modèle exponentiel n'est pas pertinent.

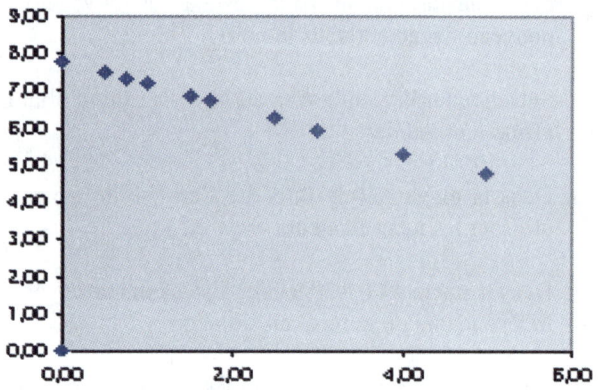

COMMENTAIRE

On remarque le point (0;0) dans la représentation graphique. On peut faire disparaître ce point pour ne représenter que les données réelles. Pour ce faire, cliquer sur le graphique, les plages représentées graphiquement sont alors encadrées et de petits carrés apparaissent au bas des cadres. Amener la souris sur l'un de ces carrés et déplacer la souris, bouton enfoncé, pour que seules les cellules comportant des valeurs non-nulles soient encadrées. Relâcher le bouton de la souris. Seules les valeurs encadrées sont représentées graphiquement.

Les valeurs calculées en 8 et 9 permettent de conclure que le modèle, sous sa forme logarithmique, est
$$\ln N = -0{,}6068t + 7{,}7767$$
qui, sous forme exponentielle, donne
$$N(t) = e^{-0,6068t + 7,7767}$$
$$= e^{-0,6068t} e^{7,7767} = 2\,384\, e^{-0,6068t}$$

DÉTECTION D'UN LIEN PUISSANCE

ACTION

1. Sélectionner la cellule A62 et écrire « Détection d'un lien puissance ».

2. Dans la plage A64:D64, écrire l'en-tête dont les identificateurs sont « x », « y », « ln x » et « ln y ».

3. Sélectionner la plage de cellules A65:B80. La cellule active de la plage sélectionnée est A65. Écrire « =A11:B26 ». Enfoncer les touches « Majuscule » et « Control (Ctrl) » et presser la touche « Entrée » pour valider comme opération matricielle. (Sur la plate-forme Macintosh, enfoncer la touche « Commande » et presser la touche « Retour »).

4. Dans la cellule C65, définir la fonction
 « =SI(A65>0;LN(A65);"nd") »
 et valider.

5. Dans la cellule D65, définir la fonction
 « =SI(B65>0;LN(B65);"nd") »
 et valider.

6. Faire une copie incrémentée des fonctions définies en C65:D65 dans la plage C66:D80. Appliquer le format numérique à 2 décimales à la plage A65:A80 et le format à 4 décimales pour la plage B65:D80.

7. Sélectionner la plage C65:D80 et représenter graphiquement par un nuage de points. À l'étape 2, cliquer sur l'onglet « Série » et indiquer que les valeurs de la variable indépendante doivent être lues dans la plage C65:C80 et celle de la variable dépendante, dans la plage D65:D80.

8. Dans la plage A82:B82, définir le paramètre « mp » et faire calculer sa valeur par la fonction suivante:
 « =PENTE(D65:D80;C65:C80) ».

9. Dans la plage A83:B83, définir le paramètre « bp » et faire calculer sa valeur par la fonction
 « =ORDONNEE.ORIGINE(D65:D80;C65:C80) ».

10. Dans la plage A83:B83, définir le paramètre « rp » et faire calculer sa valeur par la fonction suivante:
 « =COEFFICIENT.CORRELATION(D65:D80;C65:C80) ». Sauvegarder ce travail.

COMMENTAIRE

Pour rendre notre feuille plus polyvalente, nous allons ajouter les indications pour détecter un lien de puissance et un lien logarithmique. La relation puissance entre deux variables est une expression de la forme
$$y = A x^m$$
En prenant le logarithme des deux membres de l'équation, on obtient une relation affine entre le logarithme des valeurs des variables, soit
$$\ln y = \ln A + \ln x^m$$
$$\ln y = m \ln x + b, \text{ où } b = \ln A$$

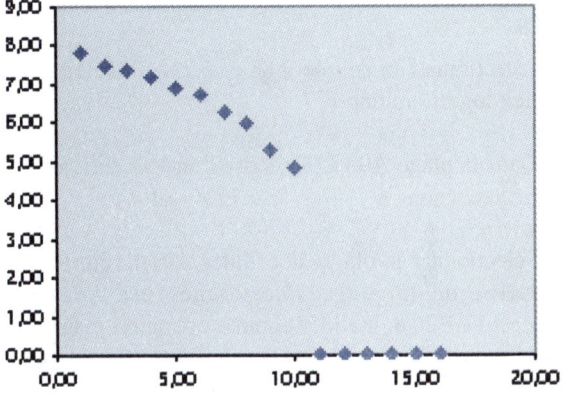

COMMENTAIRE

Le nuage de points du graphique ci-haut ne suggère pas une droite. On peut donc conclure que le modèle puissance n'est pas approprié pour modéliser cette situation. On peut indiquer au logiciel de ne représenter graphiquement que les correspondances définies. Pour ce faire, cliquer sur le graphique pour faire encadrer les données représentées. Sélectionner le cadre, enfoncer le bouton et déplacer la souris vers le bas de la feuille pour que les cellules de la ligne 65 ne soient plus dans le cadre, relâcher. Sélectionner maintenant le petit carré au bas de l'un des cadres et déplacer la souris, bouton enfoncé, pour que les cellules indiquant « nd » ne soient plus encadrées. En relâchant le bouton, le graphique sera modifié et ne comportera que les correspondances définies. Il devrait avoir l'aspect ci-dessous.

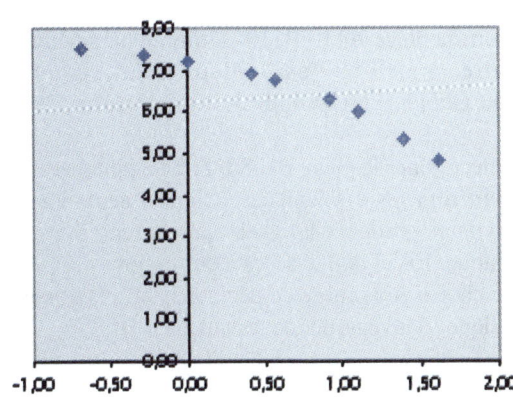

11. Sélectionner la plage B82:B84 et appliquer un format numérique à 4 décimales. Cliquer deux fois sur les nombres graduant les axes dans la représentation graphique, Excel donne accès à des options qui permettent de choisir le nombre de décimales affichées sur le graphique. Sauvegarder ce travail.

COMMENTAIRE
Lorsque la représentation graphique des correspondances $(\ln x; \ln y)$ donne une droite, cela signifie qu'il est pertinent d'utiliser un modèle puissance pour décrire le lien entre les variables. Dans ce cas, les paramètres seront donnés dans les cellules B82 et B83, il suffira d'écrire
$$\ln y = m \ln x + b$$
et d'exprimer sous forme exponentielle.

DÉTECTION D'UN LIEN LOGARITHMIQUE

ACTION

1. Sélectionner la cellule A88 et écrire « Détection d'un lien logarithmique ».

2. Dans la plage A90:C90, écrire l'en-tête dont les identificateurs sont « x », « y », « $\ln x$ » et « y ».

3. Sélectionner la plage de cellules A91:B106. La cellule active de la plage sélectionnée est A91. Écrire « =A11:B26 ». Valider comme opération matricielle.

4. Dans la cellule C91, définir la fonction
   « =SI(A91>0;LN(A91);"nd") »
   et valider. Faire une copie incrémentée de la fonction définie en C91 dans la plage C92:C106.

5. Sélectionner la plage de cellules D91:D106. La cellule active de la plage sélectionnée est D91. Écrire « =B91:B106 ». Valider comme opération matricielle.

6. Sélectionner la plage C91:D106 et représenter graphiquement par un nuage de points.

7. Dans la plage A108:B108, définir le paramètre « ml » et faire calculer sa valeur par la fonction
   « =PENTE(B91:B106;C91:C106) ».

8. Dans la plage A109:B109, définir le paramètre « bl » et faire calculer sa valeur par la fonction
   « =ORDONNEE.ORIGINE(D91:D106;C91:C106) ».

9. Dans la plage A110:B110, définir le paramètre « rl » et faire calculer sa valeur par la fonction
   « =COEFFICIENT.CORRELATION(D91:D106;C91:C106) ».

10. Sélectionner la plage B108:B110 et appliquer un format numérique à 4 décimales. Cliquer deux fois sur les nombres graduant les axes dans la représentation graphique, Excel donne accès à des options qui permettent de choisir le nombre de décimales affichées sur le graphique. Sauvegarder ce travail.

COMMENTAIRE
La relation logarithmique entre deux variables est une expression de la forme
$$y = \ln x^m + b \text{ ou } y = m \ln x + b$$
Il nous suffit donc, pour compléter notre outil de modélisation, d'ajouter ce cas.

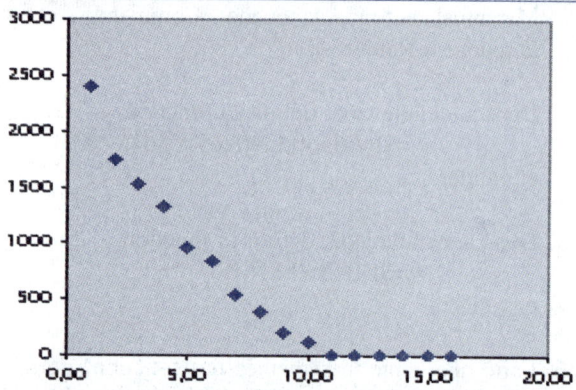

COMMENTAIRE
Le graphique ci-haut ne suggère manifestement pas une droite. On peut donc conclure que le modèle logarithmique n'est pas pertinent dans ce cas. Lorsque la représentation graphique des correspondances $(\ln x; y)$ donne une droite, cela signifie qu'il est pertinent d'utiliser un modèle logarithmique pour décrire le lien entre les variables. Dans ce cas, les paramètres seront donnés dans les cellules B108 et B109, il suffira d'écrire
$$y = m \ln x + b$$
et d'exprimer sous forme exponentielle. En indiquant de ne représenter que les correspondances définies on a le graphique ci-dessous.

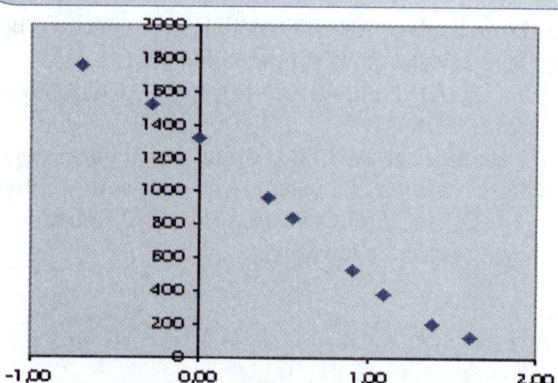

CONSEIL D'UTILISATION

Votre feuille comporte maintenant quatre graphiques que vous pouvez disposer pour pouvoir les consulter facilement. Ces graphiques permettent de détecter visuellement le modèle approprié pour décrire le lien entre les variables. Pour analyser des données expérimentales, il vous suffit d'entrer ces données dans les cellules de la plage A11:B26. Les graphiques seront automatiquement modifiés. Lorsqu'il y a plusieurs points sur les axes dans une représentation graphique, cela signifie que le modèle auquel correspond ce graphique n'est pas approprié. C'est donc un critère d'élimination de ce modèle.

Conserver cette feuille de calcul: elle sera utile pour analyser les données de tous les laboratoires que vous ferez durant votre formation.

EXERCICES

1. Après avoir mis hors tension un circuit comportant un condensateur, on a enregistré la tension v (volts, V) aux bornes du condensateur à différents moments durant la période transitoire qui suit la mise hors tension. Les données recueillies sont consignées dans le tableau suivant:

t (s)	0	0,5	1,0	1,5	2,0	2,5
v (V)	250	137	75	41	23	12

   Décrire le lien entre les variables et le représenter graphiquement.

2. Après avoir mis hors tension un circuit comportant un condensateur, on a enregistré le courant i (ampères, A) dans le circuit à différents moments durant la période transitoire qui suit la mise hors tension. Les données recueillies sont consignées dans le tableau suivant:

t (s)	0	0,5	1,0	1,5	2,0	2,5
i (A)	0,250	0,137	0,075	0,041	0,023	0,012

   Décrire le lien entre les variables et le représenter graphiquement.

3. À l'aide du mini programme que vous venez de définir, trouver les paramètres du modèle exponentiel décrivant le lien entre les variables x et y à partir des données du tableau suivant:

x	1,2	2,3	3,5	4,2	5,4	6,3	7,2	8,1	9,4	10,6	11,3
y	3,74	5,84	9,51	12,63	20,54	29,59	42,62	61,39	103,99	169,16	224,68

4. Trouver les paramètres du modèle décrivant le lien entre les variables x et y à partir des données du tableau suivant:

x	0,9	1,3	2,2	3,1	3,9	4,2	5,1	5,8	6,4	7,3	8,6
y	2,49	6,01	21,23	48,35	83,89	100,22	159,70	217,46	275,41	377,68	559,69

5. Trouver les paramètres du modèle décrivant le lien entre les variables x et y à partir des données du tableau suivant:

x	1,1	1,4	2,3	3,2	4,1	4,9	5,3	6,4	7,2	8,4	9,7
y	2,88	2,11	9,52	−0,54	−1,33	−1,90	−2,15	−2,76	−3,13	−3,63	−4,09

6. Déterminer la description algébrique du lien entre les variables x et y à partir des données du tableau suivant:

x	1,1	1,4	2,3	3,2	4,1	4,9	5,3	6,4	7,2	8,4	9,7
y	−2,77	−2,38	−1,21	−0,04	1,13	2,17	2,69	4,12	5,16	6,72	8,41

LABORATOIRE 8: OPÉRATIONS MATRICIELLES

OBJECTIF : Utiliser le logiciel Excel pour effectuer des opérations sur les matrices.

MISE EN SITUATION

Soient les matrices

$$A = \begin{pmatrix} 2 & 3 & 1 \\ -4 & 1 & 2 \\ 3 & 2 & 2 \end{pmatrix}, B = \begin{pmatrix} 3 & 4 & 2 \\ -1 & 3 & 5 \\ -2 & 2 & -2 \end{pmatrix} \text{ et } C = \begin{pmatrix} 5 & 7 \\ -3 & 2 \\ 6 & -8 \end{pmatrix}$$

Utiliser le logiciel Excel pour faire effectuer les opérations suivantes sur ces matrices : $A + B$, kA, $A \cdot C$, C^t.

MISE EN FORME DE LA SOLUTION

Pour réaliser cette tâche, il faut :
1. sélectionner des plages pour afficher les matrices ;
2. entrer les éléments des matrices ;
3. indiquer au logiciel les opérations à effectuer et les plages dans lesquelles il devra afficher les résultats de ces opérations.

ENTRÉE D'UNE MATRICE

ACTION

1. Ouvrir l'application Excel. Personnaliser une feuille de calcul en insérant un pavé de texte et sauvegarder le nouveau document sous le nom « 8Matric.xls ».

2. Sélectionner la cellule A11, écrire « A = » et valider.

3. Sélectionner la plage de cellules B10:D12. Écrire « 2 » puis presser la touche « Tabulateur », Excel valide l'expression écrite et la cellule C10 est maintenant activée : écrire « 3 » et presser la touche « Tabulateur ».

4. Continuer l'entrée des éléments de la matrice A selon la même procédure.

5. Sélectionner la cellule F11, écrire « B = » et valider.

6. Sélectionner maintenant les cellules G10:I12 et entrer les éléments de la matrice B en utilisant une autre procédure que celle utilisée pour entrer les éléments de la matrice A. (voir le commentaire)

7. Sélectionner la cellule K11, écrire « C = » et valider.

8. Sélectionner les cellules L10:M12 et entrer les éléments de la matrice C.

COMMENTAIRE

Pour entrer une matrice dans Excel, il faut sélectionner une plage de cellules comportant le nombre de lignes et de colonnes de la matrice que l'on veut entrer sur la feuille de calcul. Lorsqu'une plage de cellules est sélectionnée, il y a une seule cellule active à la fois et on peut se déplacer d'une cellule à l'autre de la plage en utilisant la touche « Tabulateur », la touche « Retour » ou la touche « Entrée » du bloc numérique.

Le déplacement dans la matrice peut, selon la touche utilisée, s'effectuer selon la ligne ou selon la colonne. Explorer les différentes façons et utiliser celle qui vous avec laquelle vous êtes le plus à l'aise.

Il peut s'avérer pertinent d'ajuster la largeur des colonnes pour ne pas avoir des matrices trop étirées.

Opérations matricielles

ADDITION DE MATRICES

ACTION

1. Sélectionner la cellule A15, écrire « A + B = » et valider.

2. Sélectionner la plage de cellules B14:D16. La cellule B14 étant activée, écrire « =B10:D12+G10:I12 ».

3. Valider comme opération matricielle selon l'un des protocoles suivants:
   – sur PC, enfoncer les touches **Control** et **Majuscule** puis enfoncer la touche **Entrée**;
   – sur Mac, enfoncer la touche **Commande** et presser la touche **Entrée (ou Retour)**.

   Excel place alors la définition de l'opération entre accolades pour préciser qu'il s'agit d'une opération matricielle. Il n'est plus possible de modifier une cellule de la matrice somme, mais on peut modifier les valeurs des deux autres.

COMMENTAIRE

Pour additionner des matrices, celles-ci doivent avoir la même dimension. Dans notre mise en situation, ce sont des 3×3 et la somme sera une matrice de même dimension. Il faut donc
- sélectionner une plage comportant le nombre de cellules requises;
- définir la somme des matrices;
- valider comme opération matricielle.

Après la validation, Excel devrait afficher la matrice suivante dans les cellules B14:D16.

$$A + B = \begin{pmatrix} 5 & 7 & 3 \\ -5 & 4 & 7 \\ 1 & 4 & 0 \end{pmatrix}$$

MULTIPLICATION PAR UN SCALAIRE

ACTION

1. Sélectionner la cellule F15, écrire « 2*A = » et valider.

2. Sélectionner la plage de cellules G14:I16, écrire « =2*B10:D12 ».

3. Valider en suivant le protocole de validation des opérations matricielles.

COMMENTAIRE

La multiplication $2A$ donne une matrice 3×3. Il faut donc
- sélectionner une plage comportant le nombre de cellules requises;
- définir la multiplication par un scalaire;
- valider comme opération matricielle.

Excel exécute le calcul et, dans les cellules G14:I16, devrait afficher la matrice

$$2 * A = \begin{pmatrix} 4 & 6 & 2 \\ -8 & 2 & 4 \\ 6 & 4 & 4 \end{pmatrix}$$

À l'étape 2, on peut procéder comme suit: écrire « =2* » puis, à l'aide de la souris, sélectionner la plage de cellules de la matrice A, soit les cellules B10:D12, en tenant le bouton enfoncé et valider.

PRODUIT MATRICIEL

ACTION

1. Sélectionner la cellule K15, écrire « A*C = » et valider.

2. Sélectionner la plage de cellules L14:M16 puis cliquer sur le bouton d'appel de la banque de fonctions f_*.

3. Dans la catégorie « Math & Trigo », sélectionner la fonction « PRODUITMAT » puis cliquer sur le bouton « OK » pour passer à l'étape suivante.

COMMENTAIRE

Pour afficher le résultat du produit matriciel, il faudra sélectionner une plage de cellules respectant les conditions de définition du produit. Le produit

$$A \bullet C = \begin{pmatrix} 2 & 3 & 1 \\ -4 & 1 & 2 \\ 3 & 2 & 2 \end{pmatrix} \bullet \begin{pmatrix} 5 & 7 \\ -3 & 2 \\ 6 & -8 \end{pmatrix}$$

donne une matrice de dimension 3×2. Il faut donc sélectionner une plage de cellules ayant cette dimension.

4. Une autre fenêtre apparaît à l'écran. Elle comporte deux lignes pour indiquer les plages de cellules des matrices dont on veut faire effectuer le produit.

```
Matrice1  B10:D12
Matrice2  L10:M12
```

Dans la case de la matrice 1, indiquer la plage de cellules de cette matrice « B10:D12 ». Dans la case de la matrice 2, indiquer la plage de cellules de cette matrice « L10:M12 ».

5. Cliquer sur le bouton « OK ». La fenêtre se ferme. Cliquer dans la barre de formules, puis enfoncer les touches **Control** et **Majuscule** et presser la touche **Entrée**. Excel effectue l'opération. Sur Macintosh, enfoncer les touches **Commande** et **Majuscule** et presser la touche **Entrée**.

COMMENTAIRE

À l'étape 4, on peut également sélectionner la plage de la matrice en gardant la fenêtre ouverte et en sélectionnant la plage B10:D12 en tenant le bouton de la souris enfoncé.

En déplaçant la souris, placer le point d'insertion de texte à droite de la définition de la fonction dans la barre de formules. Cliquer pour insérer le point et valider en suivant le protocole de validation des opérations matricielles propre à l'appareil que vous utilisez. La matrice suivante devrait apparaître.

$$A \bullet C = \begin{pmatrix} 7 & 12 \\ -11 & -42 \\ 21 & 9 \end{pmatrix}$$

On peut définir l'opération dans la barre de formules lorsqu'on connaît le nom de la fonction à utiliser. On écrit alors
« =PRODUITMAT(B10:D12;L10:M12) »
et on valide matriciellement. Toutes les fonctions peuvent être définies au clavier lorsqu'on connaît leur nom.

TRANSPOSITION DE MATRICES

ACTION

1. Sélectionner la cellule A19, écrire « trans(C) = » et valider.

2. Sélectionner la plage de cellules B19:D20 puis cliquer sur le bouton d'appel de la banque de fonctions f_x.

3. Dans la catégorie « Recherche & Matrices », sélectionner la fonction « TRANSPOSE » puis cliquer sur le bouton « OK ».

4. Une autre fenêtre apparaît à l'écran. Elle comporte une ligne pour indiquer la plage de cellules de la matrice que l'on veut transposer. Écrire « L10:M12 ».

5. Cliquer sur le bouton « OK ». La fenêtre se ferme. Cliquer dans la barre de formules, puis enfoncer les touches **Control** et **Majuscule** et presser la touche **Entrée**. Excel effectue l'opération. Sur Macintosh, enfoncer les touches **Commande** et **Majuscule** et presser la touche **Entrée**. Sauvegarder ce travail.

COMMENTAIRE

La matrice

$$C = \begin{pmatrix} 5 & 7 \\ -3 & 2 \\ 6 & -8 \end{pmatrix}$$

est de dimension 3×2. Sa transposée est une matrice de dimension 2×3. Il faut donc
- sélectionner une plage comportant le nombre de cellules requises;
- définir la transposition de la matrice;
- valider comme opération matricielle.

Pour définir l'opération au clavier, écrire
« =TRANSPOSE(L10:M12) »
et valider comme opération matricielle.

La transposée est

$$C^t = \begin{pmatrix} 5 & -3 & 6 \\ 7 & 2 & -8 \end{pmatrix}$$

CONSEILS D'UTILISATION

Pour vérifier la force de la feuille que vous venez de programmer, sélectionner une des cellules de la matrice *A* et changer la valeur assignée à cette cellule puis valider. Les résultats de toutes les opérations portant sur la matrice *A* sont modifiés. Vous pouvez donc conserver cette feuille et l'ouvrir à chaque fois que vous aurez à effectuer des opérations sur les matrices. Vous pouvez ajouter d'autres cas avec des matrices de dimensions différentes. En modifiant les valeurs des éléments, vous pourrez alors faire effectuer tous les exercices par le logiciel et vous consacrer à l'interprétation dans le contexte.

L'exercice suivant vous permettra d'utiliser le chiffrier électronique pour effectuer différents calculs définis sur des matrices.

EXERCICE

Vous venez d'ouvrir un comptoir de restauration naturelle dans un centre d'achats. Votre menu est constitué de trois sortes de salades: salade du jardin, salade au tofu et salade du chef. Lorsque vous préparez la facture d'un client, le système de facturation électronique enregistre automatiquement la sorte de salade vendue. Le système donne le rapport hebdomadaire des ventes sous forme d'une matrice dont les lignes représentent les six jours d'ouverture de la semaine. La première colonne représente les ventes de salade du jardin; la deuxième, les ventes de salade au tofu et la troisième, les ventes de salade du chef. Pour les quatre premières semaines d'opération, les matrices sont les suivantes:

Première semaine

$$\begin{array}{c}\text{Lundi}\\\text{Mardi}\\\text{Mercredi}\\\text{Jeudi}\\\text{Vendredi}\\\text{Samedi}\end{array}\begin{pmatrix}254 & 128 & 302\\435 & 134 & 287\\367 & 127 & 345\\289 & 98 & 439\\378 & 67 & 397\\456 & 46 & 542\end{pmatrix}$$

Deuxième semaine

$$\begin{pmatrix}276 & 112 & 343\\397 & 86 & 376\\417 & 69 & 326\\347 & 76 & 418\\356 & 58 & 403\\412 & 32 & 564\end{pmatrix}$$

Troisième semaine

$$\begin{pmatrix}284 & 97 & 322\\428 & 78 & 305\\389 & 65 & 338\\312 & 59 & 427\\387 & 47 & 388\\443 & 25 & 561\end{pmatrix}$$

Quatrième semaine

$$\begin{pmatrix}218 & 85 & 337\\457 & 74 & 306\\389 & 52 & 325\\319 & 41 & 426\\399 & 35 & 378\\427 & 14 & 573\end{pmatrix}$$

a) Déterminer une matrice donnant les ventes de chaque sorte de salade pour chaque jour de la semaine pour le mois écoulé.

b) La salade du jardin est à 5,65 $, celle au tofu à 4,95 $ et celle du chef à 6,25 $. Calculer le revenu par jour pour chacune des quatre semaines.

c) Calculer le revenu moyen pour chaque jour de la semaine durant le mois écoulé. Durant le mois écoulé, quelle journée de la semaine génère le meilleur revenu?

d) Les coûts de préparation sont de 2,25 $ pour la salade du jardin, 1,75 $ pour la salade au tofu et 3,15 $ pour la salade du chef. De plus, les frais d'opération sont de 350 $ par jour les lundis, mardis, mercredis et samedis. Ces frais incluent la location de l'emplacement, les frais d'électricité et de chauffage, le salaire du serveur et le salaire du chef. Les jeudis et vendredis, le comptoir est ouvert quatre heures de plus et les frais sont de 460 $ par jour. Déterminer une matrice donnant le coût d'opération pour chacun des jours de la première semaine d'opération. Faire de même pour les trois autres semaines.

e) Donner sous forme de matrice le coût d'opération moyen pour chaque jour de la semaine de ce premier mois d'opération.

f) Donner sous forme de matrice le profit moyen pour chaque jour de la semaine de ce premier mois d'opération.

466 Activités de laboratoire

LABORATOIRE 9: SYSTÈMES D'ÉQUATIONS LINÉAIRES

OBJECTIF: Programmer une feuille d'Excel pour résoudre un système de trois équations linéaires à trois inconnues.

MISE EN SITUATION

Résoudre le système d'équations suivant:

$$2x - 3y + 4z = 24$$
$$3x + 2y - 7z = 10$$
$$5x + 2y - 4z = 52$$

MISE EN FORME DE LA SOLUTION

Pour résoudre ce problème, nous allons programmer une feuille de calcul pour faire effectuer la réduction des lignes d'une matrice. Les étapes sont:
1. entrer les éléments de la matrice sur la feuille de calcul.
2. indiquer les transformations à effectuer sur la matrice. Ces transformations auront pour but d'obtenir des 0 dans les cellules hors diagonale, ce qui permettra de programmer une feuille qui nous donnera la solution, lorsqu'elle existe, sans qu'il soit nécessaire de faire des substitutions sur papier.
3. interpréter les résultats.

ENTRÉE DES ÉLÉMENTS DE LA MATRICE

ACTION

1. Ouvrir l'application Excel. Personnaliser une feuille de calcul en insérant un pavé de texte et sauvegarder sous le nom « 9Gausj01.xls ».

2. Sélectionner la plage A10:D12 (plage de trois lignes et quatre colonnes) en glissant la souris, bouton enfoncé. Lorsqu'on relâche la souris, la plage est sélectionnée et la cellule A10 est activée.

3. Entrer les éléments de la matrice en utilisant la procédure que vous préférez. (revoir ces procédures à la page 462)

COMMENTAIRE

La matrice du système d'équations est

$$\begin{pmatrix} 2 & -3 & 4 & 24 \\ 3 & 2 & -7 & 10 \\ 5 & 2 & -4 & 52 \end{pmatrix}$$

C'est une matrice 3×4. Il faut donc sélectionner une plage ayant les mêmes dimensions. On ne se préoccupe pas des lignes pointillées utilisées dans la théorie pour séparer la matrice des coefficients de celle des constantes. Cependant, il est possible d'insérer des éléments graphiques sur la feuille pour séparer ces matrices. Explorer les possibilités de la barre d'options de dessin.

MÉTHODE DE GAUSS-JORDAN

Pour résoudre matriciellement ce système d'équations à trois inconnues dans Excel, il faut indiquer les transformations à effectuer en utilisant les noms de cellules d'Excel. Le système à résoudre est:

$$2x - 3y + 4z = 24$$
$$3x + 2y - 7z = 10$$
$$5x + 2y - 4z = 52$$

et les coefficients sont donnés dans les cellules A10 à C12.

Nous allons faire écrire les matrices en faisant effectuer les calculs pour annuler tous les éléments hors diagonale.

Il nous faut d'abord comprendre comment indiquer les opérations à effectuer, en se rappelant que la première étape d'élimination vise à faire apparaître des 0 dans les cellules hors diagonale de la première colonne par des transformations de ligne sur la matrice. Nous allons choisir les lignes 17, 18 et 19 d'Excel pour écrire la matrice résultant de la première transformation.

À la première étape de la transformation matricielle, la première ligne demeure inchangée. Il suffit donc de la faire réécrire sur une autre ligne d'Excel pour constituer la matrice de la première transformation.

Nous allons faire réécrire la première ligne de notre matrice de départ (L10) sur la ligne 17 d'Excel (L17), ce qui est symbolisé par

$$L17 \rightarrow L10$$

La deuxième ligne de la matrice est sur la onzième ligne d'Excel (L11) et nous voulons faire écrire le résultat de la transformation sur la ligne 18 (L18), une fois les opérations effectuées, ce que l'on peut symboliser par

$$L18 \rightarrow A10*L11 - A11*L10$$

Les coefficients A10 et A11 sont les valeurs qu'Excel lira dans les cellules correspondantes, soit les éléments de la première matrice. De la même façon, la troisième ligne de la matrice est sur la douzième ligne d'Excel (L12) et le résultat des transformations sera consigné dans les cellules de la ligne 19 (L19), ce qui est symbolisé par

$$L19 \rightarrow A10*L12 - A12*L10$$

Les opérations à effectuer, en utilisant les noms de lignes et de cellules d'Excel, sont donc:

$$L17 \rightarrow L10$$
$$L18 \rightarrow A10*L11 - A11*L10$$
$$L19 \rightarrow A10*L12 - A12*L10$$

La matrice, une fois transformée, donnera dans les plages A17 à D19 les valeurs résultant des opérations en bas de page.

On constate que pour transformer la deuxième ligne, les coefficients A10 et A11 se répètent d'une cellule à l'autre alors que pour transformer la troisième ligne, les coefficients A10 et A12 se répètent d'une cellule à l'autre. Nous allons tirer profit de ces constatations en définissant des opérations matricielles sur les lignes pour faire effectuer les opérations.

$$\begin{pmatrix} A17 & B17 & C17 & D17 \\ A18 & B18 & C18 & D18 \\ A19 & B19 & C19 & D19 \end{pmatrix}$$
$$= \begin{pmatrix} A10 & B10 & C10 & D10 \\ A10*A11 - A11*A10 & A10*B11 - A11*B10 & A10*C11 - A11*C10 & A10*D11 - A11*D10 \\ A10*A12 - A12*A10 & A10*B12 - A12*B10 & A10*C12 - A12*C10 & A10*D12 - A12*D10 \end{pmatrix}$$

RÉDUCTION DE LA PREMIÈRE COLONNE

ACTION

1. Sélectionner la plage de cellules A17:D17, écrire « =A10:D10 » et valider comme opération matricielle.

2. Sélectionner la plage de cellules A18:D18, écrire « =A10*A11:D11-A11*A10:D10 » et valider comme opération matricielle.

3. Sélectionner la plage de cellules A19:D19, écrire « =A10*A12:D12-A12*A10:D10 » et valider comme opération matricielle.

COMMENTAIRE

Pour réduire la première colonne, on laisse la première ligne inchangée. Il suffit de faire réécrire les valeurs de cette ligne.

Excel effectue les calculs et devrait afficher la matrice suivante dans la plage A17:D19

$$\begin{pmatrix} 2 & -3 & 4 & 24 \\ 0 & 13 & -26 & -52 \\ 0 & 19 & -28 & -16 \end{pmatrix}$$

RÉDUCTION DE LA DEUXIÈME COLONNE

ACTION

1. Sélectionner la plage de cellules A22:D22, écrire « =B18*A17:D17-B17*A18:D18 » et valider comme opération matricielle.

2. Sélectionner la plage de cellules A23:D23, écrire « =A18:D18 » et valider comme opération matricielle.

3. Sélectionner la plage de cellules A24:D24, écrire « =B18*A19:D19-B19*A18:D18 » et valider comme opération matricielle.

COMMENTAIRE

Dans cette deuxième réduction, on veut que la deuxième ligne demeure inchangée et que les autres soient réduites pour obtenir une matrice diagonale. On souhaite donc transformer la matrice pour faire apparaître des 0 dans les cellules hors diagonale de la deuxième colonne. Les résultats de cette deuxième étape seront écrits dans les cellules A22:D24.

On peut faire une analyse semblable à celle de la première étape, on constate alors que les transformations à effectuer sont:

L22 → B18*L17 − B17*L18
L23 → L18
L24 → B18*L19 − B19*L18

Après cette deuxième étape, Excel devrait afficher la matrice suivante dans les cellules A22:D24.

$$\begin{pmatrix} 26 & 0 & -26 & 156 \\ 0 & 13 & -26 & -52 \\ 0 & 0 & 130 & 780 \end{pmatrix}$$

On remarque, en observant cette matrice, qu'il est possible de simplifier en divisant par 13 chacune des lignes, mais il faut résister à la tentation pour avoir une feuille qui permettra de résoudre n'importe quel système de trois équations à trois inconnues.

Systèmes d'équations linéaires   469

RÉDUCTION DE LA TROISIÈME COLONNE

ACTION

1. Sélectionner la plage de cellules A27:D27, écrire « =C24*A22:D22-C22*A24:D24 » et valider comme opération matricielle.

2. Sélectionner la plage de cellules A28:D28, écrire « =C24*A23:D23-C23*A24:D24 » et valider comme opération matricielle.

3. Sélectionner la plage de cellules A29:D29, écrire « =A24:D24 » et valider comme opération matricielle.

COMMENTAIRE

En réduisant la troisième colonne, la troisième ligne demeure inchangée et les autres sont réduites. Il faut donc faire apparaître des 0 dans les cellules hors diagonale de la troisième colonne. Nous allons faire afficher la matrice résultant de cette troisième étape dans les cellules des lignes 27, 28 et 29.

Les transformations à effectuer sont
$L27 \to C24*L22 - C22*L24$
$L28 \to C24*L23 - C23*L24$
$L29 \to L24$

Excel devrait afficher la matrice suivante dans la plage A27:D29.

$$\begin{pmatrix} 3380 & 0 & 0 & 40560 \\ 0 & 1690 & 0 & 13520 \\ 0 & 0 & 130 & 780 \end{pmatrix}$$

SOLUTION DU SYSTÈME

ACTION

1. Sélectionner la cellule F27, écrire « X = » et valider en pressant la touche **Tabulateur**. La cellule G27 est maintenant activée, écrire « = D27/A27 » puis valider; la valeur 12 devrait apparaître dans la cellule G27.

2. Sélectionner la cellule F28, écrire « Y = » et valider en pressant la touche **Tabulateur**. La cellule G28 est maintenant activée, écrire « = D28/B28 » puis valider; la valeur 8 devrait apparaître dans la cellule G28.

3. Sélectionner la cellule F29, écrire « Z = » et valider en pressant la touche **Tabulateur**. La cellule G29 est maintenant activée, écrire « = D29/C29 » puis valider; la valeur 6 devrait apparaître dans la cellule G29. Sauvegarder ce travail.

COMMENTAIRE

La première ligne de la matrice représente l'équation
$3\,380x = 40\,560$

Il faut donc faire calculer $x = 40\,560/3\,380$ tout en conservant la généralité de la démarche. Pour ce faire, on définit l'opération « =D27/A27 » dans la cellule G27. C'est la valeur de la première inconnue du système.

En procédant avec la même généralité, on aura les valeurs des autres inconnues dans les cellules G28 et G29.

On pourra dès lors changer les coefficients du système d'équations de départ, les calculs seront toujours effectués de la même façon.

Les valeurs des cellules de la plage G27:G29 indiquent que la solution du système d'équations est (12; 8; 6).

CONSEIL D'UTILISATION

Pour résoudre d'autres systèmes d'équations en utilisant cette feuille de calcul, il suffit de sélectionner la plage A10:D12 et d'entrer les valeurs des coefficients en validant entre chaque valeur selon le protocole que vous préférez. Dès que la dernière valeur sera entrée, Excel affichera les résultats de ses calculs. Lorsque la solution n'est pas unique ou s'il n'y a pas de solution, on doit interpréter le résultat des calculs selon le contexte.

EXERCICES

Utiliser le programme élaboré ci-dessus pour résoudre les systèmes d'équations suivants:

1. $2x + 3y - 4z = -41$
   $4x - 3y + 2z = -7$
   $3x + 2y - 6z = -74$ $(-4; 5; 12)$

2. $x + 4y - 7z = -60$
   $5x - 4y + 2z = 53$
   $9x + 3y - 2z = -4$ $(3; -7; 5)$

3. $2x + 3y - 3z = -15$
   $4x - 3y + 2z = 28$
   $2x - 6y + 5z = 43$
   $[x = (t + 13)/6, y = (8t - 58)/9, z = t]$

4. $x + 4y - 7z = -25$
   $5x - 4y + 2z = 34$
   $3x - 12y + 16z = 84$
   $[x = (5t + 9)/6; y = (37t - 159)/24; z = t]$

5. $2x + 4y - 5z = -1$
   $3x - 3y + 6z = 48$
   $x - 7y + 11z = 12$ (aucune solution)

6. $3x - 7y - 2z = -27$
   $8x + 4y + 5z = -35$
   $4x + 11y - 12z = 53$ $(-4; 3; -3)$

7. Le logiciel semble incapable de résoudre les systèmes des numéros 3, 4 et 5; dire pourquoi. Expliquer comment on peut résoudre à l'aide de l'information donnée sur la feuille de calcul.

Vérifier s'il est possible d'utiliser le même programme pour résoudre les systèmes d'équations suivants:

8. $2x + 4y = 8$
   $5x - 3y = 7$
   $4x - 7y = 1$ $(2; 1)$

9. $3x - 7y = 61$
   $4x - 3y = 37$ $(4; -7)$

10. $3x + 2y = 28$
    $4x - 3y = 26$
    $5x - 9y = 22$ $(8; 2)$

11. $2x - 5y = -27$
    $7x - 6y = 70$ $(512/23; 329/23)$

GÉNÉRALISATION

Les exercices 8 à 11 ont permis de constater que lorsqu'une ligne ou une colonne ne contient que des valeurs nulles, ces dernières restent inchangées par les transformations visant à réduire la matrice. On devrait donc pouvoir, après avoir enregistré sous un autre nom, ajouter, en incrémentant, des lignes et des colonnes aux matrices du programme pour résoudre des systèmes d'équations comportant plus d'inconnues et plus d'équations.

LABORATOIRE 10: PROGRAMMATION LINÉAIRE

OBJECTIF: Utiliser le logiciel Excel pour résoudre des problèmes de programmation linéaire à deux produits et trois contraintes.

MISE EN SITUATION

Afin d'affecter les surplus hebdomadaires de ressources, un industriel désire ajouter deux nouveaux produits à sa gamme de production: une bibliothèque et une table de nuit. Ces meubles seront en contreplaqué et acrylique. La fabrication du modèle de table de nuit nécessite une heure de travail, 1 m² de contreplaqué et 3 m² d'acrylique. La fabrication d'une bibliothèque nécessite 1 heure de travail, 3 m² de contreplaqué et 1 m² d'acrylique. Les ressources excédentaires par semaine sont: 38 m² de contreplaqué, 42 m² d'acrylique et 16 heures de temps de travail. On prévoit un profit de 32 $ par table de nuit et de 50 $ par bibliothèque. Trouver le nombre d'articles à produire par semaine pour maximiser le profit.

MISE EN FORME DE LA SOLUTION

Pour résoudre ce problème, il faut:
1. entrer le tableau de données;
2. trouver les points d'intersection des droites de contraintes;
3. représenter graphiquement le polygone de contraintes;
4. identifier les points sommets et calculer la valeur de la fonction profit en chacun des points sommets.

Le tableau des contraintes est le suivant:

	Tables de nuit	Bibliothèques	Disponibilités
Contreplaqué	1	3	38
Acrylique	3	1	42
Temps	1	1	16
Profits	32 $	50 $	

PRÉPARATION DU TABLEAU

ACTION

1. Ouvrir l'application Excel. Personnaliser une feuille de calcul en insérant un pavé de texte et sauvegarder le nouveau document sous le nom « 10Prol01.xls ».

2. Dans la plage B10:D10, écrire les en-têtes de colonnes, « P1 », « P2 », « D » et valider.

3. Dans les cellules A11:A14, écrire les en-têtes de lignes, « C1 », « C2 », « C3 », « Profits » et valider.

4. Sélectionner la plage de cellules B11:D14 et entrer les données numériques.

COMMENTAIRE

Les produits sont représentés par « P1 » et « P2 » alors que les contraintes sont représentées par « C1 », « C2 » et « C3 ». La feuille sera alors plus facilement réutilisable dans un autre contexte de programmation linéaire.

CALCUL DES POINTS D'INTERSECTION

ACTION

1. Dans la cellule A16, écrire « C1 » pour indiquer que cette ligne sera réservée à la première contrainte et, dans la cellule A17, écrire « C2 » pour la deuxième contrainte.

2. Sélectionner la plage B16:D16, écrire « = » et, avec la souris, sélectionner la plage B11:D11. Valider comme opération matricielle. Excel effectue la copie.

3. Sélectionner la plage B17:D17, écrire « = » et, avec la souris, sélectionner la plage B12:D12. Valider comme opération matricielle. Excel effectue la copie.

4. Sélectionner la plage F16:H16, écrire « = » et, avec la souris, sélectionner la plage B16:D16. Valider comme opération matricielle.

5. Sélectionner la plage F17:H17, écrire « =B16* » puis sélectionner la plage B17:D17 avec la souris. Écrire, à la suite de l'expression déjà consignée, « -B17* » et sélectionner la plage B16:D16 avec la souris. La barre de formule devrait afficher:
   « =B16*B17:D17-B17*B16:D16 »
   Valider comme opération matricielle.

6. Sélectionner la plage J16:L16, écrire « =G17* » puis sélectionner la plage F16:H16 avec la souris. Écrire, à la suite de l'expression déjà consignée, « -G16* » et sélectionner la plage F17:H17 avec la souris. La barre de formule devrait afficher:
   « =G17*F16:H16-G16*F17:H17 »
   Valider comme opération matricielle.

7. Sélectionner la plage J17:L17, écrire « = » et, avec la souris, sélectionner la plage F17:H17. Valider comme opération matricielle.

8. Sélectionner la plage N16:P16, écrire « = » puis sélectionner la plage J16:L16 avec la souris. Écrire, à la suite de l'expression déjà consignée, « /J16 ». Valider comme opération matricielle.

9. Sélectionner la plage N17:P17, écrire « = » puis sélectionner la plage J17:L17 avec la souris. Écrire à la suite de l'expression déjà consignée, « /K17 ». Valider comme opération matricielle.

10. Procéder de la même façon sur les lignes 20 et 21 pour trouver l'intersection des contraintes C1 et C3 (Voir le commentaire ci-contre).

11. Procéder de la même façon sur les lignes 24 et 25 pour trouver l'intersection des contraintes C2 et C3.

COMMENTAIRE

Le problème comporte trois équations de contraintes, il faut donc résoudre trois systèmes de deux équations à deux inconnues. On peut appliquer la méthode de résolution de Gauss-Jordan. Ce qui signifie: transformer la matrice augmentée pour que la matrice des coefficients soit la matrice identité. La colonne des constantes donnera alors directement la solution du système d'équations.

L'objet des étapes 2 et 3 est de former la matrice représentant le système d'équations des droites frontières des deux premières contraintes.

L'objet des étapes 4 et 5 est de réduire la première colonne de cette matrice et l'objet des étapes 6 et 7 est de réduire la deuxième colonne. Aux étapes 8 et 9, on obtient directement les coordonnées du point de rencontre.

La plage P16:P17 indique que le point de rencontre des deux droites frontières représentant les deux premières contraintes est (11;9), ce qui signifie qu'en tenant compte seulement des deux premières contraintes, il est possible de produire 11 tables de nuit et 9 bibliothèques.

Il n'est pas suffisant de trouver le point de rencontre de deux droites frontières, il faut s'assurer que ce point représente une solution réalisable. La représentation graphique est indispensable pour nous en assurer. Elle permet d'identifier le polygone de contraintes dont les sommets sont des solutions réalisables.

Pour les étapes 10 et 11, on peut procéder de la façon suivante:
- sélectionner la plage A16:P17, choisir « **Édition < Copier** »;
- sélectionner la cellule A20 et choisir « **Édition < Coller** », les opérations seront copiées mais les données de B20:D21 seront incorrectes;
- sélectionner B20:D20, écrire « = », puis sélectionner la plage B11:D11 avec la souris et valider comme opération matricielle;
- sélectionner la plage B21:D21, écrire « = », puis sélectionner la plage B13:D13 avec la souris et valider comme opération matricielle;
- ne pas oublier d'indiquer dans la plage A20:A21 que ces lignes représentent les contraintes C1 et C3.

Suivre le même cheminement pour les contraintes C2 et C3.

Programmation linéaire

REPRÉSENTATION GRAPHIQUE DES DROITES DE CONTRAINTE

ACTION

1. Dans la plage B32:C32, définir le paramètre « Pas » et donner la valeur « 4 » à ce paramètre.

2. Dans la plage B33:E33, définir l'en-tête du tableau, en utilisant les titres « x », « C1 », « C2 » et « C3 », puis valider.

3. Dans la cellule B34, écrire « 0 » et valider.

4. Dans la cellule B35, écrire « =B34+Pas » et valider. Faire une copie incrémentée de cette fonction dans la plage B36:B59.

5. Sélectionner la cellule C34, écrire la fonction
   « =(-$B34*B$11+D$11)/C$11 »
   et valider. Faire une copie incrémentée de cette fonction dans la plage C35:C59.

6. Suivre la même procédure pour les contraintes C2 et C3 dans les plages D34:E59 et représenter graphiquement les trois contraintes. Sauvegarder ce travail.

COMMENTAIRE

Pour représenter les droites de contraintes, il faut faire calculer des correspondances dans un tableau de valeurs tout en contrôlant le pas de variation pour pouvoir ajuster la représentation à différentes situations.

Pour voir comment définir les opérations à effectuer, considérons la première contrainte,
$$x + 3y = 38.$$
On doit assigner des valeurs à x et faire calculer les valeurs de y. La correspondance s'écrit alors
$$y = (-x + 38)/3$$
Pour que la feuille soit réutilisable, il est préférable de faire lire les valeurs des coefficients et de la constante plutôt que de les écrire à chaque fois. La contrainte est de la forme
$$ax + by = c,$$
d'où $y = (-ax + c)/b.$

Nous allons donc définir la correspondance par
= (-$B34*B$11+D$11)/C$11
puisque les coefficients et la constante de la première contrainte sont écrites dans la plage B11:D11. On procède de la même façon pour les autres contraintes.

CALCUL DU PROFIT EN CHACUN DES POINTS SOMMETS

Vous pouvez maintenant modifier la valeur du pas dans la cellule C32 pour voir l'impact de cette modification sur la représentation graphique. Vous pouvez également identifier les points sommets du polygone de contraintes sur le graphique et faire calculer le profit en chacun de ces points. Dans notre problème, le profit maximum est de 710 $, il est obtenu à (5;11). Votre feuille programmée est réutilisable pour des problèmes à deux variables et trois contraintes. Si le problème comporte plus de trois contraintes, vous pouvez adapter la feuille pour faire calculer les intersections des droites frontières représentant les contraintes additionnelles.

EXERCICES

Utiliser la feuille programmée pour analyser les situations suivantes:

1. Une compagnie fabrique des compléments alimentaires pour le bétail. Ces compléments alimentaires doivent respecter certaines contraintes quant à leur contenu en vitamines A, B et C. La variété SuperA doit contenir 400 g de vitamine A, 300 g de vitamine B et 300 g de vitamine C. La variété ExtraC doit contenir 200 g de vitamine A, 300 g de vitamine B et 500 g de vitamine C. Les fournisseurs de la compagnie peuvent garantir 38 kg de vitamine A, 30 kg de vitamine B et 45 kg de vitamine C par semaine. Sachant que la compagnie est assurée d'écouler toute sa production et que le profit escompté est de 3 $/kg sur la variété SuperA et de 2 $/kg sur la variété ExtraC, quel doit être le plan de production de la compagnie? Quelle quantité de chaque vitamine la compagnie doit-elle commander par semaine pour ne pas accumuler de surplus? [Sommets: (0; 90), (25; 75), (90; 10) et (95; 0). Profit de 290 $ à (90; 10)].

2. Une compagnie de jouets désire ajouter à sa gamme de production une table pour enfants et une maison de poupée. Ces articles seront fabriqués en bois. Pour fabriquer une table, il faut 6 minutes à l'atelier de sciage, 8 minutes à l'atelier d'assemblage et 8 minutes à l'atelier de peinture. Pour fabriquer une maison, il faut 4 minutes à l'atelier de sciage, 12 minutes à l'atelier d'assemblage et 8 minutes à l'atelier de peinture. Les temps libres par semaine dans ces ateliers sont actuellement de 72 minutes à l'atelier de sciage, 144 minutes à l'atelier d'assemblage et 112 minutes à l'atelier de peinture. La compagnie fera un profit de 50 $ par table et de 60 $ par maison. Trouver combien d'exemplaires de chaque article il faut produire pour maximiser le profit de la compagnie. Quels seront alors les temps libres dans chaque atelier? [Sommets: (0;12), (6;8), (8;6) et (12;0). Profit de 780 $ à (6;8)]. Il reste 4 minutes de temps libre à l'atelier de sciage.

RÉPONSES AUX EXERCICES

CHAPITRE 1

EXERCICES 1.2
1. a) $(77)_{10} = (1001101)_2$ b) $(97)_{10} = (1100001)_2$
   c) $(115)_{10} = (1110011)_2$ d) $(0,5)_{10} = (0,1)_2$
   e) $(0,75)_{10} = (0,11)_2$ f) $(0,125)_{10} = (0,001)_2$
2. a) 1001101   b) 10111011
   c) 100000001   d) 0,11
   e) 0,010100011110   f) $0,00\overline{1001}$
   g) 0,001   h) 0,010010100011
   i) $0,\overline{0110}$
3. a) 19   b) 27
   c) 13   d) 0,8125
   e) 0,15625   f) 0,90625
   g) 0,85693359   h) 0,19995117
   i) 0,83325195
4. a) 110011,011   b) $1000\ 0100,11\overline{0110}$
   c) 11111110,010001010001
   d) 101111,001011100001
   e) 11000,010111000110
   f) 10001,000111000010
5. a) 13,59375   b) 25,125
   c) 115,7856445...   d) 97,6069336...
   e) 101,125   f) 28,151611328...

EXERCICES 1.4
1. a) 361   b) 231
   c) 0,132071   d) 0,256457065
   e) 43,6   f) $177,3\overline{4631}$
   g) $1100,2\overline{1463}$ h) 526,1075341...
2. a) 18   b) 111
   c) 23,453125   d) 86,486328125
   e) $163,16070\overline{14857}$ f) 0,522504892...
3. a) F1   b) $0,6\overline{B851E}$
   c) $B0,\overline{7851EB}$ d) $97,\overline{0A3D7}$
4. a) 55   b) 548,325439453125
   c) 675   d) 79,1796875
   e) 1306,225341796875   f) 741,9375
   g) 3586,1058823529   h) 172,7421875

5. a) 33   b) 11,5
   c) 16,14   d) $30,6\overline{2}$
   e) 21,62   f) $2,6\overline{25}$
6. a) 011 101   b) 100 111,010
   c) 101 000,000 001 100   d) $001\ 100\ 011,101\ \overline{111}$
   e) $101\ 011\ 111,001\ \overline{100\ 001}$
   f) $010\ 001,\overline{001}$
7. a) 1B,4   b) 39,D
   c) $13,D\overline{5}$ d) $71,C\overline{924}$
   e) 13,C   f) $4,\overline{DB6}$
8. a) 1011 0101 1100
   b) 0011 0111 1001,1101
   c) $0100\ 1111\ 1011,0101\ \overline{0111}$
   d) $1000\ 0111,1110\ \overline{1100\ 1101}$
   e) $0001\ 0111\ 1010,0111\ \overline{1000}$
   f) $0100\ 0101\ 1011,0001\ 1101\ \overline{1110}$
9. a) 0101 0100   b) 0010 0100 0011
   c) 0110 0111 0000 0000   d) 0011 0101,0101 0001
   e) 0010 0100,1001 0111   f) 0101 0001 0000,0011 0111
10. a) 11100   b) 10000
    c) 10110
11.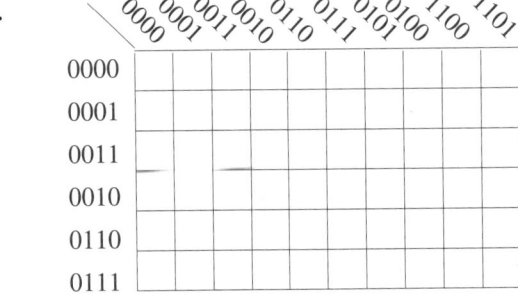

EXERCICES DIVERS 1.5
1. $(234,12)_5 = (69,28)_{10}$
2. $(453)_{10} = (3303)_5$
3. $(354,36)_7 = (186,55102)_{10}$
4. $(932)_{10} = (2501)_7$

5.

Base 10	Base 3
0	0
1	1
2	2
3	10
4	11
5	12
6	20
7	21
8	22
9	100

6.

Base 10	Base 3
0	0
1	1
2	2
3	3
4	4
5	10
6	11
7	12
8	13
9	14

7. Soit x, y et z les bases cherchées. Étant donné les chiffres apparaissant dans la description du nombre de chevaux, on a $x \geq 5$, $y \geq 3$ et $z \geq 3$. De plus, les représentations polynomiales donnent

$$4x^2 = y^2 + 2y + 1 = 2z^2 + 2$$

de $4x^2 = y^2 + 2y + 1$, on tire $4x^2 = (y + 1)^2$ et $x = \dfrac{y+1}{2}$.

Puisque x est un entier, y est un nombre impair et comme il est plus petit ou égal à 10, les valeurs envisageables sont: 3, 5, 7, 9. Cependant, si on pose $y = 3$, on trouve $x = 2$. Ce qui est impossible puisque $x \geq 5$. De la même façon, 5 est à rejeter car il donne $x = 3$ et 7 est à rejeter car il donne $x = 4$. On a donc $y = 9$ et $x = 5$. En substituant dans $4x^2 = 2z^2 + 2$, on trouve $100 = 2z^2 + 2$ d'où $z = \pm 7$. On acceptera donc $x = 7$. Les bases sont donc 5, 9 et 7 et chacun des voisins a reçu 100 chevaux.

$$(400)_5 = (121)_9 = (202)_7 = (100)_{10}$$

8.

Bases

10	2	8	16	dcb
5	101	5	5	0101
10	1010	12	A	0001 0000
27	11011	33	1B	0010 0111
12,25	1100,01	14,2	C,4	0001 0010, 0010 0101
35	100011	43	23	0011 0101
83	1010011	123	53	1000 0011
3,25	11,01	3,2	3,4	0011,0010 0101
31	11111	37	1F	0011 0001
171	10101011	253	AB	0001 0111 0001
32	100000	40	20	0011 0010
141	10001101	215	8D	0001 0100 0001
10,625	1010,101	12,5	A,A	0001 0000, 0110 0010 0101
7	111	7	7	0111
15	1111	17	F	0001 0101
8,7	1000,$\overline{1011}$0	10,$\overline{54631}$	8,$\overline{B3}$	1000,0111
32,25	100000,01	40,2	20,4	0011 0010,0010 0101
45	101101	55	2D	0100 0101
224,5	11100000,1	340,4	E0,8	0010 0010 0100,0101
523	1000001011	1013	20B	0101 0010 0011
315,625	100111011,101	473,5	13B,A	0011 0001 0101,0110 0010 0101
0,115	0,000111010111	0,072702436	0,$\overline{1D70A3}$	0,0001 0001 0101

Réponses aux exercices 477

9. a)

Statistiques de la confédération dans chacun des systèmes de numération						
	Confédéral	Tétraédral	Hexaédral	Octal	Dodécaédral	Icosaédral
Durée d'une journée	28 heures	130 h	44 h	34 h	24 h	18 h
Nombre de jours par an	391 jours	12 013 jours	1 451 jours	607 jours	287 jours	JB jours
Âge scolaire	4 ans	10 ans	4 ans	4 ans	4 ans	4 ans
Durée des études	18 ans	102 ans	30 ans	22 ans	16 ans	I ans
Âge de la majorité	21 ans	111 ans	33 ans	25 ans	19 ans	11 ans
Âge de la retraite	52 ans	310 ans	124 ans	64 ans	44 ans	2C ans
Espérance de vie	127 ans	1 333 ans	331 ans	177 ans	A7	67 ans
Revenu minimum garanti	56 728 $	31 312 120 $	1 114 344 $	156 630 $	28 9B4 $	7 1G8 $

b)

Statistiques de chaque planète (dans le système de numération de la planète)					
	Tétria	Hexalia	Octalia	Dodécaédria	Icosaédria
Nombre de femmes	23 203 132	2 543 421	6 245 673	3AB 973	IJ ABC
Nombre d'hommes	22 320 323	3 214 223	5 767 456	3BA A89	II CBA
Nombre total d'adultes	112 130 121	10 202 044	14 235 351	7AA 840	1HI 332
Nombre de mineurs	33 213 022	5 432 441	12 643 367	578 3AA	EFG HIJ
Population totale	212 003 203	20 034 525	27 100 740	1 167 02A	GDF 121
Nombre d'adultes occupant un emploi	20 322 213	3 554 342	7 765 726	557 978	J9 A8J
Nombre de chômeurs	31 201 302	2 203 302	4 24 423	252 A84	I8 CE3

CHAPITRE 2

EXERCICES 2.2

1. a) 1000011
   b) 100101
   c) 110100
   d) 1001000
   e) 110000,1
   f) 110,10
   g) 1011011
   h) 1011111111
   i) 1011101001111
   j) 1011,$\overline{01100}$
   k) 110,1
   l) 11,$\overline{1000010001101}$
   m) 10000,$\overline{0011}$
   n) 111,1001110110001...

2. a) On obtient dans les deux cas 1100 0011,01
   b) On obtient dans les deux cas 110 1111
   c) On obtient dans les deux cas 11010 0001,001

3. a) 10,0000 1110 1100   b) 1111 1011 1110,111

4. a) 00111
   b) 00110
   c) 00100
   d) 01,111
   e) 010000
   f) 0110,11

5. a) 1101
   b) 100111
   c) 100000
   d) 100,111
   e) 1100,1011
   f) 10,100

6. a) 001100 ou 1100
   b) 00001010 ou 1010
   c) 0101100 ou 101100
   d) 001,110 ou 1,11
   e) 0011,1000 ou 11,1
   f) 0110,10 ou 110,10

7. a) 1110
   b) 101 110
   c) 100010,101
   d) 1011,1111

8. *a)*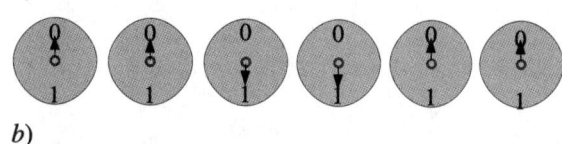
   b)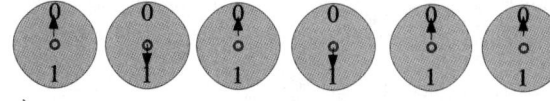
   c)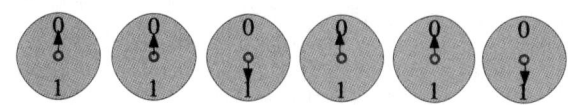

9.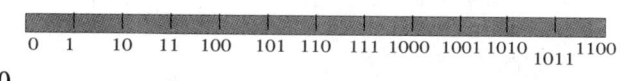

10.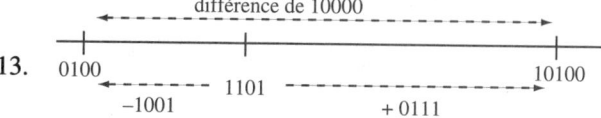

EXERCICES 2.4

1. *a)* 104 *b)* 455
   c) 1446 *d)* 10233
   e) 5621 *f)* 1014

2. *a)* 24 *b)* 431 *c)* 3026
   d) 3200 *e)* 3277 *f)* 62140

3. *a)* 24 *b)* 106 *c)* 530
   d) 7266 *e)* 31,22 *f)* 124,22
   g) 350,05 *h)* 4463

4. *a)* 577 *b)* 50F *c)* 9F0
   d) 11EE *e)* 196D *f)* E1,34
   g) 8B,7B *h)* 891,97

5. *a)* B9 *b)* ABD *c)* 3C3
   d) AE400 *e)* C58,4E *f)* B3C,02

6. *a)* 30C *b)* 3EE *c)* 84EF
   d) 694,AE *e)* 32,BA *f)* 42F4,25
   g) 4E85,12C *h)* 258C,89

7. *a)* 110 ; 111 ; 1000 ; 1001 ; 1010 ; 1011 ; 1100 ;
   b) 1110 ; 1111 ; 10000 ; 10001 ; 10010 ; 10011 ; 10100 ;

8. *a)* 26 ; 27 ; 30 ; 31 ; 32 ;
   b) 47 ; 50 ; 51 ; 52 ; 53 ; 54 ; 55 ; 56 ; 57 ; 60 ;

9. *a)* 60 ; 61 ; 62 ; 63 ; 64
   b) 77 ; 100 ; 101 ; 102 ; 103

10. *a)* 2A ; 2B ; 2C ; 2D ; 2E ; 2F ; 30 ; 31 ; 32 ;
    b) FD ; FE ; FF ; 100 ; 101 ;

11. *a)* 4 ; 10 ; 14 ; 20 ; 24 ; 30 ; 34 ; 40 ; 44 ;
    b) 3 ; 6 ; 11 ; 14 ; 17 ; 22 ; 25 ; 30 ; 33 ; 36 ; 41 ; 44 ; 47

    c) 6 ; 14 ; 22 ; 30 ; 36 ; 44

12. *a)* 0 ; C ; 18 ; 24 ; 30 ; 3C ; 48 ; 54 ; 60 ; 6C
    b) 0 ; 9 ; 12 ; 1B ; 24 ; 2D ; 36 ; 3F ; 48 ; 51

13.

```
         différence de 10000
    ←----------------------→
  0100            1101         10100
    ←-------1101---------→
      -1001        + 0111
```

14.

100	1001	10
11	101	111
1000	1	110

15. C'est la représentation du nombre en fonction des puissances de la base.

16. 1433

17. *a)*

+	0	1	2	3
0	0	1	2	3
1	1	2	3	10
2	2	3	10	11
3	3	10	11	12

×	0	1	2	3
0	0	0	0	0
1	0	1	2	3
2	0	2	0	12
3	0	3	12	21

b)

+	0	1	2	3	4	5
0	0	1	2	3	4	5
1	1	2	3	4	5	10
2	2	3	4	5	10	11
3	3	4	5	10	11	12
4	4	5	10	11	12	13
5	5	10	11	12	13	14

×	0	1	2	3	4	5
0	0	0	0	0	0	0
1	0	1	2	3	4	5
2	0	2	4	10	12	14
3	0	3	10	13	20	23
4	0	4	12	20	24	32
5	0	5	14	23	32	41

c)

+	0	1	2	3	4	5	6	7
0	0	1	2	3	4	5	6	7
1	1	2	3	4	5	6	7	10
2	2	3	4	5	6	7	10	11
3	3	4	5	6	7	10	11	12
4	4	5	6	7	10	11	12	13
5	5	6	7	10	11	12	13	14
6	6	7	10	11	12	13	14	15
7	7	10	11	12	13	14	15	20

d)

×	0	1	2	3	4	5	6	7
0	0	0	0	0	0	0	0	0
1	0	1	2	3	4	5	6	7
2	0	2	4	6	10	12	14	16
3	0	3	6	11	14	17	22	25
4	0	4	10	14	20	24	30	34
5	0	5	12	17	24	31	36	43
6	0	6	14	22	30	34	44	52
7	0	7	16	25	34	43	52	61

CHAPITRE 3

EXERCICES 3.2

1. a) 0 0100010 b) 0 1100001
   c) 1 1101000 d) 1 1111110
   e) 1 0111101 f) 1 1111000

2. a) 0 0100010 b) 0 1100001
   c) 1 0011000 d) 1 1111101
   e) 1 0111100 f) 1 1110111

3. a) 0 0100010 b) 0 1100001
   c) 1 0011000 d) 1 0000010
   e) 1 1000011 f) 1 0001000

4. a) 0 0100010 b) 1 1111011
   c) 0 1111011 d) 1 1111010

5. a) −19   b) −109
   c) 19   d) −108

6. a) 53   b) 53
   c) −75 d) 53

7. a) −76 b) −52
   c) 76   d) −51

8. a)   1 1 1 1
      0 0001111
   + 0 0011010
      0 0101001
   En décimal : 41.

   b)   1 1 1 1
      0 1011100
   + 0 0101100
      1 0001000
   Débordement

   c)   1 1 1
      0 1001101
   + 1 1101001
      0 0110110
   En décimal : 54.

   d)   1 1 1
      1 1000111
   + 1 0000011
      0 1001010
   Débordement

   e)   1
      1 1100100
   + 1 1010001
      1 0110101
   En décimal : −75.

   f)   1 1
      1 1001100
   + 0 0011000
      1 1100100

9. a)   1 1 1 1
      0 0001111
   + 0 0011010
      0 0101001
   En décimal : 41.

   b)   1 1 1 1
      0 1011100
   + 0 0101100
      1 0001000
   Débordement

   c)   1 1
      0 1001101
   + 1 1101000
      0 0110101
   Report + 1
      0 0110110
   En décimal : 54.

   d)   1 1
      1 1000110
   + 1 0000010
      0 1001000
   Débordement car il n'y a pas de report du bit de plus grande puissance.

   e)   1
      1 1100011
   + 1 1010000
      1 0110011
   Report du bit signe + 1
      1 0110100
   En décimal : −75.

   f)   1 1
      1 1001011
   + 0 0011000
      1 1100011
   En décimal : −28.

10. a)   1 1 1 1
       0 0001111
    + 0 0011010
       0 0101001
    En décimal : 41.

    b)   1 1 1 1
       0 1011100
    + 0 0101100
       1 0001000
    Débordement

    c)   1
       0 1001101
    + 1 1101000
       0 0110101
    Report + 1
       0 0110110
    En décimal : 54.

    d)   1 1 1 1
       1 0111001
    + 1 1111101
       0 0110110
    Débordement car il y a un report en provenance du bit de plus grande puissance

    e)   1 1 1
       1 0011100
    + 1 0101111
       1 1001011
    En décimal : −75.

    f)   1 1 1
       1 0110100
    + 0 1100111
       1 0011011
    Report +1.
       1 0011100
    En décimal : −28.

11. a) $2^3 = 8$
    b) $2^7 = 128$
    c) $2^{15} = 32\ 768$
    d) $2^{31} = 2\ 147\ 483\ 648$

12. a) [−7; 7]   b) [−127; 127]
    c) [−32 767; 32 767]
    d) [−2 147 483 647; 2 147 483 647]

13. a) 0 1001000 11110011000000000000000
    b) 0 1001101 10101001001000000000000
    c) 1 1000110 11101000110011001100110
    d) 1 1001000 10101111100101000111010

e) | 0 | 1000000 | 10010011001100110011 |

f) | 0 | 1001001 | 10100000000000010100011 |

14. *a)* L'addition donne 0,101101×2⁷, soit 1011010,0 qui, en décimal, donne 90.

| 0 | 1000110 | 1101001000000000000000 |
+ | 0 | 1000110 | 1001011000000000000000 |
―――――――――――――――――――――――――――――
| 0 | 1000111 | 1011010000000000000000 |

b) L'addition donne 0,1011001001×2⁷, soit 1011001,001 qui, en décimal, donne 89,125.

| 0 | 1000111 | 0001110011000000000000 |
+ | 0 | 1000111 | 1001010110000000000000 |
―――――――――――――――――――――――――――――
| 0 | 1000111 | 1011001001000000000000 |

c) L'addition donne 0,101100001×2⁷, soit 1011000,01 qui, en décimal, donne 88,25.

| 0 | 1000110 | 1111111100000000000000 |
+ | 0 | 1000110 | 0110001000000000000000 |
―――――――――――――――――――――――――――――
| 0 | 1000111 | 1011000010000000000000 |

d) Le produit donne 0,100010010001×2⁹, soit 100010010,001 qui, en décimal, donne 274,125.

| 0 | 1000100 | 1100110000000000000000 |
× | 0 | 1000101 | 1010110000000000000000 |
―――――――――――――――――――――――――――――
| 0 | 1001001 | 1000100010001000000000 |

e) Le produit donne 0,011110001111×2⁹, soit 11110001,111 qui, en décimal, donne 241,875.

| 0 | 1000011 | 1111000000000000000000 |
× | 0 | 1000110 | 1000000100000000000000 |
―――――――――――――――――――――――――――――
| 0 | 1001001 | 0111100011110000000000 |

EXERCICES 3.4

1.

	Nombre a	Valeur approchée a'			Erreurs	
		bits	binaire	décimal	absolue	relative
a)	0,27	4	0,0100	0,25	0,02	7,4 %
b)	0,27	8	0,01000101	0,26953125	0,00046875	0,17 %
c)	0,27	12	0,010001010001	0,269775391	0,000224609	0,083 %
d)	0,27	16	0,0100010100011110	0,269989014	0,000010986	0,004 %

2.

	Nombre a	Valeur approchée a'			Erreurs	
		bits	binaire	décimal	absolue	relative
a)	0,1	4	0,0001	0,0625	0,0375	37,5 %
b)	0,1	8	0,00011001	0,09765625	0,00234375	2,34 %
c)	0,1	12	0,000110011001	0,099853516	0,000146484	0,146 %
d)	0,1	16	0,0001100110011001	0,099990845	0,000009155	0,009 %

3. | 0 | 0 | 0 | 0 | 1 | 0 | 0 | 0 | dont la valeur est
$(1 \times 2^{-1}) \times 2^0 = 0,5$

et | 0 | 0 | 0 | 0 | 1 | 0 | 0 | 1 | dont la valeur est
$(1 \times 2^{-1} + 1 \times 2^{-4}) \times 2^0 = 0,5625$. Il n'y a aucun autre nombre réel représentable dans l'intervalle entre ces deux valeurs. La largeur de l'intervalle est de 0,0625.

Si on considère des nombres dont l'exposant est 3, en représentation par complémentation, on a

| 0 | 0 | 1 | 1 | 1 | 0 | 0 | 0 | dont la valeur est
$(1 \times 2^{-1}) \times 2^3 = 4$

et | 0 | 0 | 1 | 1 | 1 | 0 | 0 | 1 | dont la valeur est
$(1 \times 2^{-1} + 1 \times 2^{-4}) \times 2^3 = 4,5$. Il n'y a aucun autre nombre réel représentable dans l'intervalle entre ces deux valeurs. La largeur de l'intervalle est de 0,5.

4.

Exposant	Nombres en binaire (exposants complémentés)		Valeurs des nombres en décimal		Écart
3	0 011 1000	0 011 1001	4	4,5	0,5
2	0 010 1000	0 010 1001	2	2,25	0,25
1	0 001 1000	0 001 1001	1	1,125	0,125
0	0 000 1000	0 000 1001	0,5	0,5625	0,0625
−1	0 111 1000	0 111 1001	0,25	0,28125	0,03125
−2	0 110 1000	0 110 1001	0,125	0,140625	0,015625
−3	0 101 1000	0 101 1001	0,0625	0,0703125	0,0078125

5. Le nombre est $\boxed{0\,|\,100001\,|\,100000000}$ et sa valeur est $0{,}5\times 2^{-31} = 2{,}32831\times 10^{-10}$;

   le suivant est $\boxed{0\,|\,100001\,|\,100000001}$, sa valeur est $0{,}501\,953\times 2^{-31} = 2{,}3374\times 10^{-10}$, l'écart est $9{,}09\times 10^{-13}$.

6. Le nombre est $\boxed{0\,|\,011111\,|\,111111111}$ et sa valeur est $0{,}998\times 2^{31} = 2\,143\,289\,344$;

   le précédent est $\boxed{0\,|\,011111\,|\,111111110}$, sa valeur est $0{,}996\times 2^{31} = 2\,139\,095\,040$; l'écart est $4\,194\,304$.

7. a) $\boxed{0\,|\,0\,1\,1\,1\,0\,0\,0}$ b) $\boxed{0\,|\,1\,0\,1\,1\,0\,0\,0}$
   c) $\boxed{0\,|\,1\,1\,1\,1\,0\,0\,0}$

8. $2^{-23} = 0{,}000000119$ 9. $2^{-52} = 2{,}22\times 10^{-16}$

10. $\varepsilon = 2^{-n}$

11. a) $253{,}6 = 0{,}2536\times 10^3$ b) $54{,}38 = 0{,}5438\times 10^2$
    c) $353{,}7 = 0{,}3537\times 10^3$ d) $357{,}3 = 0{,}3573\times 10^3$
    e) $532{,}8 = 0{,}5328\times 10^3$ f) $42{,}72 = 0{,}4272\times 10^2$
    g) $37 = 0{,}37\times 10^2$ h) $0{,}00367 = 0{,}367\times 10^{-2}$
    i) $0{,}0003578 = 0{,}3578\times 10^{-3}$
    j) $3580 = 0{,}3580\times 10^4$
    k) $-543{,}8 = -0{,}5438\times 10^3$ l) $-14{,}54 = -0{,}1454\times 10^2$

12. a) $3579 = 0{,}3579\times 10^4$ b) $32{,}54 = 0{,}3254\times 10^2$
    c) $0{,}005678 = 0{,}5678\times 10^{-2}$
    d) $-5\,436 = -0{,}5436\times 10^4$
    e) $-27{,}56 = -0{,}2756\times 10^2$
    f) $-0{,}003476 = -0{,}3476\times 10^{-2}$

13. a) $0{,}7472\times 10^3$ b) $0{,}1573\times 10^5$
    c) $0{,}6086\times 10^3$ d) $0{,}9036\times 10^{-3}$
    e) $0{,}1699\times 10^{-3}$ f) $0{,}1442\times 10^{-4}$

14. a) $0{,}1999\times 10^3$ b) $0{,}3168\times 10^{-2}$
    c) $-0{,}6838\times 10^{-2}$ d) $0{,}6870\times 10^3$
    e) $-0{,}3685\times 10^{-2}$ f) $0{,}1600\times 10^{-7}$

15. a) $0{,}1800\times 10^8$ b) $0{,}3215\times 10^{10}$
    c) $0{,}5935\times 10^3$ d) $0{,}3841\times 10^{-1}$
    e) $0{,}2154\times 10^{-12}$ f) $0{,}2460\times 10^{-9}$

16. a) $0{,}2178\times 10^3$ b) $0{,}1561\times 10^1$
    c) $0{,}3239\times 10^{-4}$ d) $0{,}1207\times 10^{-1}$
    e) $0{,}2012\times 10^5$ f) $0{,}4435\times 10^0$

17. a) $(0{,}2153\times 10^3)\times [0{,}4487\times 10^3 + 0{,}6742\times 10^3]$
    $= (0{,}2153\times 10^3)\times [0{,}1122\times 10^4] = 0{,}2415\times 10^6$
    b) $[(0{,}2153\times 10^3)\times (0{,}4487\times 10^3)]$
    $+ [(0{,}2153\times 10^3)\times (0{,}6742\times 10^3)]$
    $= (0{,}9660\times 10^5) + (0{,}1451\times 10^6) = 0{,}2417\times 10^6$
    On constate que $0{,}2415\times 10^6 \ne 0{,}2417\times 10^6$

18. a) 0,03 et 1,2 %   b) 0,49 et 1,8 %
    c) 0,0004 et 0,7 %   d) 0,02 et 0,5 %
    e) 0,04 et 2,6 %   f) 0,00004 et 0,5 %

19. a) 0,05 et 0,018 %   b) 0,008 et 0,018 %
    c) 0,00045 et 0,007 %   d) 0,009 et 0,027 %
    e) 0,0000008 et 0,022 %   f) 0,00014 et 0,0047 %

20. a) $32{,}68\pm 0{,}55\times 10^{-1}$ b) $37{,}1\pm 0{,}1$
    c) $200{,}41\pm 0{,}53$ d) $122{,}5\pm 0{,}25$
    e) $308{,}7\pm 1{,}86$ f) $4{,}9\pm 0{,}1\times 10^{-1}$
    g) $360\,300\pm 2\,941$ h) $547{,}34\pm 1$

EXERCICES DIVERS 3.5

1. a) $(1110\ 0011{,}\overline{0011})_2$
   b) $(-111\ 0110{,}0001\ 1110\ 1011)_2$
   c) $(-1000\ 0110\ 0001{,}0101\ 0100\ 0111)_2$

2. a) $(564{,}2)_8$ b) $(-672{,}172702436560)_8$
   c) $(-6\,255{,}436560507534)_8$

3. a) $(1C4{,}2)_{16}$ b) $(-337{,}\overline{6})_{16}$
   c) $(-FAC{,}\overline{3})_{16}$

4. a) 0010 0010 0111,0010 0101
   b) 0001 0001 0100,0011 0101
   c) −0001 0001 1000,0001 0010
   d) −0010 0001 0100 0101,0011 0011

5. a) 151,328125 b) 118,63$\overline{8}$
   c) −95,65625 d) −1 125,421875
   e) 551,14453125 f) 204,453125
   g) −427,3203125 h) 347,72

6. a) $(361,62)_8$ b) $(163,61)_8$
   c) $(102,45)_{16}$ d) $(18F,8E)_{16}$
   e) $(103,55)_8$ f) $(326,26)_8$
   g) $(240)_{16}$ h) $(DDF,AC)_{16}$
   i) $(11001,1111)_2$ j) $(100010,1111)_2$
   k) $(11000,10101)_2$ l) $(101101)_2$
   m) $(10000101,0101)_2$ n) $(10011111,110001)_2$
   o) $(1100,011)_2$ p) $(110101,1)_2$

7. a) $(645,43)_8$ b) $(651,51)_8$
   c) $(A9,88)_{16}$ d) $(41,42)_{16}$
   e) $(001,1101)_2$ f) $(00,1111)_2$
   g) $(100,11)_3$ h) $(211,01)_5$

8. a) $(74,70)_8$ b) $(163,67)_8$
   c) $(55,55)_{16}$ d) $(12,12)_{16}$
   e) $(1101,1001)_2$ f) $(11100,1101)_2$
   g) $(21,12)_3$ h) $(203,12)_5$

9. a) +0524 / +0135 / +0659
   b) 1111 report; +7835 / +6465 / +4300 ; Débordement, il y a un report du bit de plus grande puissance
   c) −0324 / −0435 / −0759
   d) 11 report; −7842 / −6622 / −4464 ; Débordement, il y a un report du bit de plus grande puissance
   e) 11 report; −0823 / +9864 / −0687 ; Report 1 ; −0688
   f) 11 report; +7835 / −3534 / +1369 ; Report 1 ; +1370
   g) −0152 / +9271 / +9423 ; Complément à 1 du résultat +0 576 ou +576
   h) 1 report; +0943 / −7242 / −8185 ; Complément à 1 du résultat −1 814

CHAPITRE 4

EXERCICES 4.2

1. a) « 4 est pair » est un énoncé booléen vrai.
   b) « $5 \times 2 = 11$ » est un énoncé booléen faux.
   c) « $x \leq 3$ » est une forme booléenne à une variable.
   d) « $x > y$ » est une forme booléenne à deux variables.
   e) Énoncé booléen, faux.
   f) N'est pas un énoncé booléen.
   g) Énoncé booléen, vrai.
   h) Énoncé booléen, faux.

2. a) Il ne fait pas froid.
   b) Il fait froid et il pleut.
   c) Il fait froid ou il pleut.
   d) Il pleut ou il ne fait pas froid.
   e) Il ne fait pas froid ou il ne pleut pas.
   f) Il fait froid.

3. a) $\neg p \wedge \neg q$ b) $(p \wedge q) \rightarrow r$
   c) $\neg q \rightarrow \neg r$ d) $(p \vee q) \rightarrow r$
   e) $r \leftrightarrow (p \wedge q)$

4. a) Si P est un point de la bissectrice d'un angle, alors il est équidistant des côtés de cet angle. Vrai.
   Si un point P est équidistant des côtés d'un angle, alors il est sur la bissectrice de cet angle. Vrai.
   Si un point P n'est pas équidistant des côtés d'un angle, alors il n'est pas sur la bissectrice de cet angle. Vrai.

   b) Si un nombre est plus grand que 8, alors il est plus grand que 3. Vrai.
   Si un nombre est plus grand que 3, alors il est plus grand que 8. Faux.
   Si un nombre n'est pas plus grand que 3, alors il n'est pas plus grand que 8. Vrai.

   c) Si une droite est parallèle à l'axe des x, alors sa pente est égale à 0. Vrai.
   Si la pente d'une droite est égale à 0, alors cette droite est parallèle à l'axe des x. Vrai.
   Si la pente d'une droite n'est pas égale à 0, alors cette droite n'est pas parallèle à l'axe des x. Vrai.

   d) Si un triangle est rectangle, alors il n'a pas trois angles aigus. Vrai.
   Si un triangle n'a pas trois angles aigus, alors il est rectangle. Faux.
   Si un triangle a trois angles aigus, alors il n'est pas rectangle. Vrai.

   e) Si des angles sont opposés par le sommet, alors ils sont égaux. Vrai.
   Si des angles sont égaux, alors ils sont opposés par le sommet. Faux.
   Si des angles ne sont pas égaux, alors ils ne sont pas opposés par le sommet. Vrai.

f) Si des triangles sont semblables, alors leurs côtés homologues sont proportionnels. Vrai.
Si des triangles ont leurs côtés homologues proportionnels, alors ils sont semblables. Vrai.
Si des triangles n'ont pas leurs côtés homologues proportionnels, alors ils ne sont pas semblables. Vrai.

g) Si un triangle est inscriptible dans un demi-cercle, alors il est rectangle. Vrai.
Si un triangle est rectangle, alors il est inscriptible dans un demi-cercle. Vrai.
Si un triangle n'est pas rectangle, alors il n'est pas inscriptible dans un demi-cercle. Vrai.

h) Si un triangle est isocèle, alors la hauteur, la médiane, la médiatrice et la bissectrice coïncident. Vrai.
Si, dans un triangle, la hauteur, la médiane, la médiatrice et la bissectrice coïncident, alors ce triangle est isocèle. Vrai.
Si dans un triangle, la hauteur, la médiane, la médiatrice et la bissectrice ne coïncident pas, alors ce triangle n'est pas isocèle. Vrai.

i) Si P est un point de la médiatrice d'un segment de droite, alors il est équidistant des extrémités de ce segment. Vrai.
Si P est un point équidistant des extrémités d'un segment de droite, alors il est sur la médiatrice de ce segment. Vrai.
Si P n'est pas un point équidistant des extrémités d'un segment de droite, alors il n'est pas sur la médiatrice de ce segment. Vrai.

5. *a)*

p	q	$\neg p$	$\neg p \wedge q$
0	0	1	0
0	1	1	1
1	0	0	0
1	1	0	0

b)

p	q	$p \wedge q$	$\neg(p \wedge q)$
0	0	0	1
0	1	0	1
1	0	0	1
1	1	1	0

c)

p	q	$\neg q$	$p \vee \neg q$
0	0	1	1
0	1	0	0
1	0	1	1
1	1	0	1

d)

p	q	$\neg p$	$\neg q$	$\neg p \vee \neg q$
0	0	1	1	1
0	1	1	0	1
1	0	0	1	1
1	1	0	0	0

e)

p	q	$\neg p$	$\neg q$	$\neg p \vee \neg q$
0	0	1	1	1
0	1	1	0	1
1	0	0	1	1
1	1	0	0	0

f)

p	q	$\neg p$	$\neg q$	$\neg p \wedge \neg q$
0	0	1	1	1
0	1	1	0	0
1	0	0	1	0
1	1	0	0	0

On constate que l'énoncé de *b* est équivalent à celui de *e*. De même, l'énoncé de *d* est équivalent à celui de *f*.

6. *a)*

p	$\neg p$	$p \oplus \neg p$
0	1	1
1	0	1

b)

p	q	$\neg q$	$p \oplus \neg q$
0	0	1	1
0	1	0	0
1	0	1	0
1	1	0	1

c)

p	q	$\neg p$	$\neg p \oplus q$
0	0	1	1
0	1	1	0
1	0	0	0
1	1	0	1

d)

p	q	$\neg p$	$\neg q$	$\neg p \oplus \neg q$
0	0	1	1	0
0	1	1	0	1
1	0	0	1	1
1	1	0	0	0

e)

p	q	$p \wedge q$	$(p \wedge q) \oplus q$
0	0	0	0
0	1	0	1
1	0	0	0
1	1	1	0

f)

p	q	$\neg p$	$p \oplus q$	$(p \oplus q) \vee \neg p$
0	0	1	0	1
0	1	1	1	1
1	0	0	1	1
1	1	0	0	0

7. *a)*

p	$\neg p$	$p \vee \neg p$
0	1	1
1	0	1

b)

p	q	$p \wedge q$	$\neg(p \wedge q)$	$p \vee \neg(p \wedge q)$
0	0	0	1	1
0	1	0	1	1
1	0	0	1	1
1	1	1	0	1

c)

p	q	$p \to q$	$p \wedge (p \to q)$	$[p \wedge (p \to q)] \to q$
0	0	1	0	1
0	1	1	0	1
1	0	0	0	1
1	1	1	1	1

d)

p	q	$(p \to q) \wedge \neg q$	$[(p \to q) \wedge \neg q] \to \neg p$
0	0	1 1 1	1
0	1	1 0 0	1
1	0	0 0 1	1
1	1	1 0 0	1

Ordre: ① ③ ② ④

e)

p	q	$(p \vee q) \wedge \neg p$	$[(p \vee q) \wedge \neg p] \to q$
0	0	0 0 1	1
0	1	1 1 1	1
1	0	1 0 0	1
1	1	1 0 0	1

Ordre: ① ③ ② ④

f)

p	q	r	$[(p \to q) \wedge (q \to r)] \to (p \to r)$
0	0	0	1 1 1 **1** 1
0	0	1	1 1 1 **1** 1
0	1	0	1 0 0 **1** 1
0	1	1	1 1 1 **1** 1
1	0	0	0 0 1 **1** 0
1	0	1	0 0 1 **1** 1
1	1	0	1 0 0 **1** 0
1	1	1	1 1 1 **1** 1

Ordre: ① ③ ② ⑤ ④

8. a) En considérant le cas pour lequel $p = 0$ et $q = 1$, on a une implication fausse. L'énoncé n'est donc pas une tautologie.

b) En considérant le cas pour lequel $p = 0$ et $q = 1$, on a une implication fausse. L'énoncé n'est donc pas une tautologie.

c) En considérant le cas pour lequel $p = 0$ et $q = 0$, on a une implication fausse. L'énoncé n'est donc pas une tautologie.

d) En considérant le cas pour lequel $p = 1$, $q = 0$ et $r = 0$, on a une disjonction fausse. L'énoncé n'est donc pas une tautologie.

9. a)

p	$\neg p$	$p \wedge \neg p$
0	1	0
1	0	0

b)

p	q	$\neg p \wedge (p \wedge q)$	
0	0	1	0 0
0	1	1	0 0
1	0	0	0 0
1	1	0	0 1

Ordre: ① ③ ②

c)

p	q	$p \vee q$	$(p \wedge q) \wedge \neg (p \vee q)$
0	0	0	0 **0** 1
0	1	1	0 **0** 0
1	0	1	0 **0** 0
1	1	1	1 **0** 0

Ordre: ① ③ ②

10. a) L'implication est fausse dans le seul cas où l'antécédent est vrai et la conclusion fausse. Il suffit donc d'analyser la situation lorsque l'antécédent est vrai. S'il est impossible que la conclusion soit fausse lorsque l'antécédent est vrai, cela signifie que l'implication est une implication logique. Lorsque l'antécédent p est vrai, la conclusion est vraie également car c'est une disjonction dont une des propositions est p. Il est donc impossible que la conclusion soit fausse lorsque l'antécédent est vrai et nous avons une implication logique, soit une tautologie.

b) Ni une tautologie ni une contradiction.

c) Ni une tautologie ni une contradiction.

d) Tautologie car si l'antécédent p est vrai, la conséquence sera nécessairement vraie.

e) Tautologie car lorsque l'antécédent est vrai, p et q sont vraies. La conclusion $q \vee r$ est alors vraie.

f) Contradiction.

g) Ni une tautologie ni une contradiction.

h) Tautologie.

11. a) Une contradiction est une proposition toujours fausse, la conjonction de deux contradictions est donc également une contradiction car la conjonction est vraie seulement lorsque les deux propositions sont vraies.

b) Une tautologie est une proposition toujours vraie, la conjonction de deux tautologies est donc également une tautologie car la conjonction est vraie lorsque les deux propositions sont vraies.

c) Une tautologie est une proposition toujours vraie, la disjonction de deux tautologies est donc également une tautologie car la disjonction est vraie lorsque l'une des deux propositions est vraie.

d) Une contradiction est une proposition toujours fausse, la disjonction de deux contradictions est donc également une contradiction car la disjonction est fausse lorsque les deux propositions sont fausses.

12. a)

p	q	r	$p \vee (q \wedge r)$	$(p \vee q) \wedge (p \vee r)$
0	0	0	0 **0** 0	0 **0** 0
0	0	1	0 **0** 0	0 **0** 1
0	1	0	0 **0** 0	1 **0** 0
0	1	1	1 **1** 1	1 **1** 1
1	0	0	0 **1** 0	1 **1** 1
1	0	1	0 **1** 1	1 **1** 1
1	1	0	0 **1** 0	1 **1** 1
1	1	1	1 **1** 1	1 **1** 1

Ordre: ① ③ ② ④ ⑥ ⑤

Les valeurs de vérité des deux expressions étant identiques, on a une équivalence logique.

b)

p	q	r	$p \wedge (q \vee r)$			$(p \wedge q) \vee (p \wedge r)$		
0	0	0	0	0	0	0	0	0
0	0	1	0	0	1	0	0	0
0	1	0	0	0	1	0	0	0
0	1	1	0	0	1	0	0	0
1	0	0	1	0	0	0	0	0
1	0	1	1	1	1	0	1	1
1	1	0	1	1	1	1	1	0
1	1	1	1	1	1	1	1	1

Ordre: ① ③ ② ④ ⑥ ⑤

Les valeurs de vérité des deux expressions étant identiques, on a une équivalence logique.

c) Comparer les tables du numéro 5, *d* et *f*.
d) Comparer les tables du numéro 5, *b* et *e*.

e)

p	q	$p \wedge q$	$p \vee (p \wedge q)$
0	0	0	0
0	1	0	0
1	0	0	1
1	1	1	1

Les colonnes des valeurs de p et $p \vee (p \wedge q)$ étant identiques, les énoncés sont équivalents.

f)

p	q	$p \rightarrow q$	$p \wedge (p \rightarrow q)$
0	0	1	0
0	1	1	0
1	0	0	0
1	1	1	1

Les colonnes des valeurs de q et $p \wedge (p \rightarrow q)$ ne sont pas identiques, les énoncés ne sont pas équivalents.

13. a) oui b) non
    c) oui d) non
    e) non f) non
    g) oui h) oui

14. a) Lorsque l'antécédent est vrai, on a p vrai et $p \rightarrow q$ vrai. Il faut donc que q soit vrai. L'implication est alors vraie. Puisqu'elle est également vraie dans tous les cas où l'antécédent est faux, on a une implication logique.

b) Lorsque l'antécédent est vrai, on a $p \rightarrow q$ vrai et $\neg q$ vrai. Par conséquent, q est faux. Puisque $p \rightarrow q$ est vrai, on doit avoir p faux. On a alors $\neg p$ vrai. L'implication est alors vraie. Puisqu'elle est également vraie dans tous les cas où l'antécédent est faux, on a une implication logique.

c) Lorsque l'antécédent est vrai, on a $p \vee q$ vrai et $\neg p$ vrai. Par conséquent, p est faux. Puisque $p \vee q$ est vrai, on doit avoir q vrai. Donc, chaque fois que l'antécédent est vrai, la conclusion est vraie. L'implication est alors vraie. Puisqu'elle est également vraie dans tous les cas où l'antécédent est faux, on a une implication logique.

d) Lorsque l'antécédent est vrai, on a $p \rightarrow q$ vrai et $q \rightarrow r$ vrai. Lorsque les antécédents p et q sont vrais, on doit donc avoir q et r vrais. On a alors $p \rightarrow r$ vrai. L'implication est alors vraie. Puisqu'elle est également vraie dans tous les cas où l'antécédent est faux, on a une implication logique.

EXERCICES 4.4

1. a) $(p \vee q) \wedge (p \vee \neg q) \equiv p \vee (q \wedge \neg q)$ Distributivité
   $\equiv p \vee c$ Complémentarité
   $\equiv p$ Identité

b) $p \vee (p \wedge q) \equiv (p \wedge t) \vee (p \wedge q)$ Identité
   $\equiv p \wedge (t \vee q)$ Distributivité
   $\equiv p \wedge t$ Identité
   $\equiv p$ Identité

c) $p \wedge (p \vee q) \equiv (p \vee c) \wedge (p \vee q)$ Identité
   $\equiv p \vee (c \wedge q)$ Distributivité
   $\equiv p \vee c$ Identité
   $\equiv p$ Identité

d) $p \vee (\neg p \wedge q) \equiv (p \vee \neg p) \wedge (p \vee q)$ Distributivité
   $\equiv t \wedge (p \vee q)$ Complémentarité
   $\equiv p \vee q$ Identité

e) $p \wedge (\neg p \vee q) \equiv (p \wedge \neg p) \vee (p \wedge q)$ Distributivité
   $\equiv c \vee (p \wedge q)$ Complémentarité
   $\equiv p \wedge q$ Identité

2. a) $A' \cap (B' \cup C') \cap (A' \cup B')$
   b) $(\neg p \wedge \neg q) \vee (\neg q \wedge \neg r) \vee (\neg p \wedge \neg r)$
   c) $(\neg p \vee \neg q) \wedge (q \vee \neg r) \wedge (\neg r \vee p)$
   d) $A' \cup (B' \cap C') \cup (C \cap D)$

3. a) $(\neg p \vee q) \wedge (p \vee q) \equiv (\neg p \wedge p) \vee q$ Distributivité
   $\equiv c \vee q$ Complémentarité
   $\equiv q$ Identité

b) $p \vee (p \wedge q) \vee (\neg p \vee \neg q) \equiv p \vee (p \wedge q) \vee \neg (p \wedge q)$ De Morgan
   $\equiv p \vee t$ Complémentarité
   $\equiv t$ Identité

c) $(p \vee \neg q) \wedge (p \vee r) \equiv p \vee (\neg q \wedge r)$ Distributivité

d) $(p \wedge q) \vee (p \wedge \neg r) \equiv p \wedge (q \vee \neg r)$ Distributivité

e) $p \wedge (p \vee q) \wedge (p \vee \neg q) \equiv p \wedge [(p \vee q) \wedge (p \vee \neg q)]$ Associativité
   $\equiv p \wedge [p \vee (q \wedge \neg q)]$ Distributivité
   $\equiv p \wedge [p \vee c]$ Complémentarité
   $\equiv p \wedge [p]$ Identité
   $\equiv p$ Idempotence

f) $p \wedge [(p \wedge q) \wedge (\neg p \wedge \neg q)]$
   $\equiv p \wedge [p \wedge q \wedge \neg p \wedge \neg q]$ Associativité
   $\equiv p \wedge [(p \wedge \neg p) \wedge (q \wedge \neg q)]$ Commutativité
   $\equiv p \wedge [c \wedge c]$ Complémentarité
   $\equiv p \wedge [c]$ Idempotence
   $\equiv c$ Identité

g) $p \wedge [(p \vee q) \wedge (p \vee r)]$
　　$\equiv p \wedge [p \vee (q \wedge r)]$　　　　Distributivité
　　$\equiv (p \wedge p) \vee [p \wedge (q \wedge r)]$　Distributivité
　　$\equiv p \vee [p \wedge q \wedge r]$　　　Idempotence et associativité
　　$\equiv p$　　　　　　　　　　　Idempotence

h) $p \vee [(p \wedge q) \wedge (\neg p \wedge \neg r)]$
　　$\equiv p \vee [p \wedge q \wedge \neg p \wedge \neg r]$　　Associativité
　　$\equiv p \vee [p \wedge \neg p \wedge q \wedge \neg r]$　　Commutativité
　　$\equiv p \vee [(p \wedge \neg p) \wedge (q \wedge \neg r)]$　Associativité
　　$\equiv p \vee [c \wedge (q \wedge \neg r)]$　　Idempotence
　　$\equiv p \vee [c]$　　　　　　　Idempotence
　　$\equiv p$　　　　　　　　　　　Idempotence

i) $\neg p \wedge [(p \vee q) \wedge (p \vee r)]$
　　$\equiv \neg p \wedge [p \vee (q \wedge r)]$　　Distributivité
　　$\equiv (\neg p \wedge p) \vee [\neg p \wedge (q \wedge r)]$　Distributivité
　　$\equiv c \vee [\neg p \wedge (q \wedge r)]$　　Commutativité
　　$\equiv \neg p \wedge (q \wedge r)$　　　　Identité
　　$\equiv \neg p \wedge q \wedge r$　　　　　Associativité

j) $\neg p \vee [(p \wedge q) \wedge (p \wedge \neg r)]$
　　$\equiv \neg p \vee [p \wedge (q \wedge \neg r)]$　Associativité et idempotence
　　$\equiv (\neg p \vee p) \wedge [\neg p \vee (q \wedge \neg r)]$　Distributivité
　　$\equiv t \wedge [\neg p \vee (q \wedge \neg r)]$　Complémentarité
　　$\equiv \neg p \vee (q \wedge \neg r)$　　　Identité

4. a) $(A \cup B) \cap (A \cup B') = A \cup (B \cap B') = A \cup \emptyset = A$
　b) $A \cup (A \cap B) = (A \cap U) \cup (A \cap B)$
　　　　　　　　$= A \cap (U \cup B) = A \cap U = A$
　c) $A \cap (A \cup B) = (A \cup \emptyset) \cap (A \cup B)$
　　　　　　　　$= A \cup (\emptyset \cap B) = A \cup \emptyset = A$
　d) $A \cup (A' \cap B) = (A \cup A') \cap (A \cup B)$
　　　　　　　　$= U \cap (A \cup B) = A \cup B$
　e) $A \cap (A' \cup B) = (A \cap \emptyset) \cup (A \cap B)$
　　　　　　　　$= \emptyset \cup (A \cap B) = (A \cap B)$

5. a) $\exists x \in U, P(x)$. Il existe un étudiant de la classe qui étudie au moins trois heures par semaine en mathématiques.
   b) $\forall x \in U, P(x)$. Tous les étudiants de la classe étudient au moins trois heures par semaine en mathématiques.
   c) Il existe un étudiant de la classe qui n'étudie pas trois heures par semaine en mathématiques.
   d) Aucun étudiant de la classe n'étudie trois heures par semaine en mathématiques.

6. a) $\forall x \in I, P(x)$ où I est l'ensemble des étudiants en informatique et $P(x)$: « x a réussi le cours de mathématiques de secondaire 5 ».
   b) $\exists x \in C, P(x)$ où C est l'ensemble des étudiants de la classe et $P(x)$: « x porte des lunettes ».
   c) $\forall x \in C, P(x)$ où C est l'ensemble des étudiants de la classe et $P(x)$: « x possède un ordinateur ».

7. a) $\exists x \in U, P(x) \wedge R(x)$. Il existe un étudiant de la classe qui fait ses exercices et réussira le cours.
   b) $\forall x \in U, P(x) \wedge R(x)$. Tous les étudiants de la classe font leurs exercices et réussiront le cours.
   c) $\exists x \in U, P(x) \rightarrow R(x)$. Il existe un étudiant de la classe tel que s'il a fait ses exercices, il réussira le cours.
   $\exists x \in U, R(x) \rightarrow P(x)$. Il existe un étudiant de la classe tel que s'il a réussi le cours, c'est qu'il aura fait les exercices.
   $\exists x \in U, \neg R(x) \rightarrow \neg P(x)$. Il existe un étudiant de la classe tel que s'il ne réussit pas le cours, c'est qu'il n'a pas fait les exercices.
   d) $\exists x \in U, P(x) \leftrightarrow R(x)$. Il existe un étudiant de la classe tel qu'il réussira le cours si et seulement s'il fait les exercices.
   e) $\forall x \in U, P(x) \rightarrow R(x)$. Tous les étudiants qui font leurs exercices, réussiront le cours.
   $\forall x \in U, R(x) \rightarrow P(x)$. Tous les étudiants qui réussiront le cours auront fait leurs exercices.
   $\forall x \in U, \neg P(x) \rightarrow \neg R(x)$. Tous les étudiants qui ne réussiront pas le cours n'auront pas fait leurs exercices.
   f) $\forall x \in U, P(x) \leftrightarrow R(x)$. Tous les étudiants réussiront le cours si et seulement s'ils font les exercices.

8.
Énoncé	Cet énoncé est vrai lorsque ...	Cet énoncé est faux lorsque ...
$\forall x, P(x)$	$P(x)$ est vraie pour tout x.	Il existe un x pour lequel $P(x)$ est fausse.
$\exists x, P(x)$	Il existe un x pour lequel $P(x)$ est vraie.	$P(x)$ est fausse pour tout x.

9.
Énoncé	Cet énoncé est vrai lorsque…	Cet énoncé est faux lorsque…
$\forall x, \forall y, P(x,y)$ $\forall y, \forall x, P(x,y)$	$P(x,y)$ est vraie pour chaque paire x, y.	Il existe une paire x, y pour laquelle $P(x,y)$ est fausse.
$\forall x, \exists y, P(x,y)$	Pour chaque x, il existe un y pour lequel $P(x,y)$ est vraie.	Il existe un x tel que pour tous les y, $P(x,y)$ est fausse.
$\exists x, \forall y, P(x,y)$	Il existe un x tel que $P(x,y)$ est vraie pour chaque y.	Pour chaque x, il existe un y pour lequel $P(x,y)$ est fausse.
$\exists x, \exists y, P(x,y)$ $\exists y, \exists x, P(x,y)$	Il existe une paire x, y pour laquelle $P(x,y)$ est vraie.	$P(x,y)$ est fausse pour chaque paire x, y.

10. a) $2^2 + 2 = 6$, proposition vraie.
    b) $5^2 + 5 = 6$, proposition fausse.
    c) Il existe un élément de U qui est solution de l'équation $x^2 + x = 6$. Proposition vraie.
    d) Tous les éléments de U sont solutions de l'équation $x^2 + x = 6$. Proposition fausse.
    e) Aucun élément de U n'est solution de l'équation $x^2 + x = 6$. Proposition fausse.
    f) Il existe un élément de U qui n'est pas solution de l'équation $x^2 + x = 6$. Proposition vraie.
    g) $2^2 + 2 = 1$, proposition fausse.
    h) $1^2 + 1 = 1$, proposition fausse.
    i) Il existe un élément de U qui est solution de l'équation $x^2 + x = 1$. Proposition fausse.

j) Tous les éléments de U sont solutions de l'équation $x^2 + x = 1$. Proposition fausse.

k) Aucun élément de U n'est solution de l'équation $x^2 + x = 1$. Proposition vraie.

l) Il existe un élément de U qui n'est pas solution de l'équation $x^2 + x = 1$. Proposition vraie.

11. *a)* 3 est pair. Faux.
    b) 5 n'est pas pair. Vrai.
    c) 8 est pair et divisible par 4. Vrai.
    d) Tous les éléments de U sont pairs. Faux.
    e) Tous les éléments de U sont divisibles par 4. Faux.
    f) Il existe un élément de U qui est pair. Vrai.
    g) Il existe un élément de U qui n'est pas pair. Vrai.
    h) Tous les éléments de U divisibles par 4 sont alors pairs. Vrai.
    i) Il existe un élément de U qui est pair et divisible par 4. Vrai.
    j) Tous les éléments de U qui ne sont pas pairs sont alors divisibles par 4. Ou encore tous les éléments de U qui sont impairs sont alors non divisibles par 4. Vrai.
    k) Il existe un élément de U qui n'est pas pair ou qui est divisible par 4. Vrai.
    l) Il existe un élément de U qui est pair et qui n'est pas divisible par 4. Vrai.

12. *a)* $2 + 5 \in U$. Vrai.
    b) 6 est divisible par 3. Vrai.
    c) $8 + 9 \in U$. Faux.
    d) 7 est divisible par 2. Faux.
    e) Pour tout $x \in U$, $x + 0 \in U$. Vrai.
    f) Il existe un élément de U qui est divisible par 4. Vrai.
    g) Il existe $y \in U$ tel que $9 + y \in U$. Vrai.
    h) Il existe un élément de U qui est divisible par 5. Vrai.
    i) Aucun élément de U n'est divisible par 0. Vrai.
    j) Pour tout $x \in U$, $x + 5 \in U$. Faux.
    k) Pour tous les éléments x et y dans U, $x + y$ est un élément de U. Faux.
    l) Il existe des éléments x et y dans U, tels que $x + y$ est un élément de U. Vrai.
    m) Pour tout $x \in U$, il existe $y \in U$ tel que $x+y \in U$. Vrai.
    n) Il existe $x \in U$, tel que pour tout $y \in U$, $x + y \in U$. Vrai.

13. *a)* $2 + 7$ est pair. Faux.
    b) $4 + 2$ est pair. Vrai.
    c) Pour tout nombre entier x, $x + 0$ est pair. Faux.
    d) Il existe un entier x tel que $x + 5$ est pair. Vrai.
    e) Il existe un entier y tel que $9 + y$ est pair. Vrai.
    f) Pour tout entier x, $x + 0$ est impair. Faux.
    g) Pour tous entiers x et y, $x + y$ est pair. Faux.
    h) Il existe des entiers x et y tels que $x + y$ est pair. Vrai.
    i) Pour tout entier x, il existe un entier y tel que $x + y$ est pair. Vrai.
    j) Il existe un entier x tel que pour tout entier y, $x + y$ est pair. Faux.

14. *a)* 2 est divisible par 7. Faux.
    b) 4 est divisible par 2. Vrai.
    c) Tous les entiers sont divisibles par 0. Faux.
    d) Il existe un entier qui est divisible par 5. Vrai.
    e) Il existe un entier qui divise 9. Vrai.
    f) Aucun entier n'est divisible par 0. Vrai.
    g) Pour tous entiers x et y, x est divisible par y. Faux.
    h) Il existe des entiers x et y tels que x est divisible **par** y. Vrai.
    i) Pour tout entier x, il existe un entier y tel **que** x est divisible par y. Vrai.
    j) Il existe un entier x tel que pour tout **entier** y, x est divisible par y. Faux.

15. *a)* $C_1 \wedge C_2 := 0100\ 1000$
    b) $C_1 \vee C_2 := 1110\ 1011$
    c) $C_1 \oplus C_2 := 1010\ 0011$
    d) $(C_1 \vee C_2) \oplus C_2 := 1000\ 0011$
    e) $(C_1 \oplus C_2) \vee C_1 := 1110\ 1011$
    f) $(C_1 \wedge C_2) \oplus C_2 := 0010\ 0000$

16. *a)* $(\overline{x}+y)(x+\overline{y}) = \overline{x}(x+\overline{y}) + y(x+\overline{y})$
    $= \overline{x}x + \overline{x}\,\overline{y} + yx + y\overline{y}$
    $= 0 + \overline{x}\,\overline{y} + yx + 0 = \overline{x}\,\overline{y} + yx$

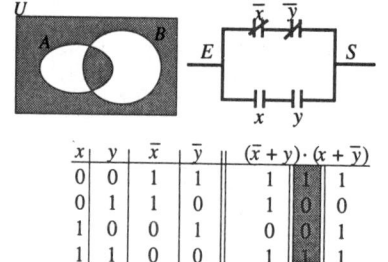

x	y	$\overline{x}$	$\overline{y}$	$(\overline{x}+y)\cdot(x+\overline{y})$		
0	0	1	1	1	1	1
0	1	1	0	1	0	0
1	0	0	1	0	0	1
1	1	0	0	1	1	1

b) $x(y\overline{z} + \overline{y} + yz) = xy\overline{z} + x\overline{y} + xyz = xy\overline{z} + xyz + x\overline{y}$
$= xy(\overline{z}+z) + x\overline{y} = xy(1) + x\overline{y} = xy + x\overline{y}$
$= x(y+\overline{y}) = x1 = x$

x	y	z	$\overline{y}$	$\overline{z}$	$\overline{z}y$	yz	$\overline{y}z + \overline{y} + yz$	$x(\overline{z}y + \overline{y} + yz)$
0	0	0	1	1	0	0	1	0
0	0	1	1	0	0	0	1	0
0	1	0	0	1	1	0	1	0
0	1	1	0	0	0	1	1	0
1	0	0	1	1	0	0	1	1
1	0	1	1	0	0	0	1	1
1	1	0	0	1	1	0	1	1
1	1	1	0	0	0	1	1	1

c) $y\overline{z} + x\overline{y} + yz = y\overline{z} + yz + x\overline{y} = y(\overline{z}+z) + x\overline{y}$
$= y1 + x\overline{y} = y + x\overline{y}$

x	y	z	$\overline{y}$	$\overline{z}$	$y\overline{z}$	$x\overline{y}$	xz	$x\overline{z}+x\overline{y}+yz$
0	0	0	1	1	0	0	0	0
0	0	1	1	0	0	0	0	0
0	1	0	0	1	1	0	0	1
0	1	1	0	0	0	0	1	1
1	0	0	1	1	0	1	0	1
1	0	1	1	0	0	1	0	1
1	1	0	0	1	1	0	0	1
1	1	1	0	0	0	0	1	1

d) $x\bar{y}\bar{z} + x\bar{y} + \bar{y}z = x\bar{y}(\bar{z}+1) + \bar{y}z$
$= x\bar{y}1 + \bar{y}z = \bar{y}(x+z)$

x	y	z	$\bar{y}$	$\bar{z}$	$x\bar{y}\bar{z}$	$x\bar{y}$	$\bar{y}z$	$x\bar{y}\bar{z}+x\bar{y}+\bar{y}z$
0	0	0	1	1	0	0	0	0
0	0	1	1	0	0	0	1	1
0	1	0	0	1	0	0	0	0
0	1	1	0	0	0	0	0	0
1	0	0	1	1	1	1	0	1
1	0	1	1	0	0	1	1	1
1	1	0	0	1	0	0	0	0
1	1	1	0	0	0	0	0	0

e) $x\bar{y}z + xy\bar{z} = x(\bar{y}z + y\bar{z})$

x	y	z	$\bar{y}$	$\bar{z}$	$x\bar{y}z$	$xy\bar{z}$	$x\bar{y}z+xy\bar{z}$
0	0	0	1	1	0	0	0
0	0	1	1	0	0	0	0
0	1	0	0	1	0	0	0
0	1	1	0	0	0	0	0
1	0	0	1	1	0	0	0
1	0	1	1	0	1	0	1
1	1	0	0	1	0	1	1
1	1	1	0	0	0	0	0

f) $x\bar{y} + yz + \bar{x}y + \bar{y}z = x\bar{y} + \bar{x}y + yz + \bar{y}z$
$= x\bar{y} + \bar{x}y + z(y + \bar{y})$
$= x\bar{y} + \bar{x}y + z1$
$= x\bar{y} + \bar{x}y + z$

x	y	z	$\bar{x}$	$\bar{y}$	$x\bar{y}$	yz	$\bar{x}y$	$\bar{y}z$	$x\bar{y}+yz+\bar{x}y+\bar{y}z$
0	0	0	1	1	0	0	0	0	0
0	0	1	1	1	0	0	0	1	1
0	1	0	1	0	0	0	1	0	1
0	1	1	1	0	0	1	1	0	1
1	0	0	0	1	1	0	0	0	1
1	0	1	0	1	1	0	0	1	1
1	1	0	0	0	0	0	0	0	0
1	1	1	0	0	0	1	0	0	1

EXERCICES DIVERS 4.5

1. Une forme booléenne contient une ou plusieurs variables et elle devient un énoncé booléen lorsqu'on assigne à chacune des variables une valeur faisant partie de l'ensemble de référence de cette variable.
2. Oui, lorsque plusieurs formes booléennes simples sont reliées par des opérateurs.
3. Oui, par exemple $x \le y$ est une forme booléenne à deux variables.
4. Une tautologie est un énoncé booléen composé qui est toujours vrai.
5. Une contradiction est un énoncé booléen composé qui est toujours faux.
6. C'est une contradiction.   7. C'est la proposition.
8. C'est la proposition.   9. C'est une tautologie.
10. C'est une tautologie.   11. C'est une tautologie.
12. C'est une tautologie.   13. C'est une contradiction.

CHAPITRE 5

EXERCICES 5.2

1. a) $S = \bar{x}\bar{y}$ b) $S = \bar{x}y + x$
   c) $S = \bar{x}y + (x+y)$ d) $S = \bar{x}y + xy$

2. a) 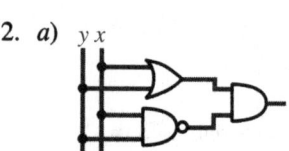   b)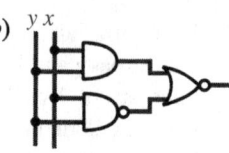

   c)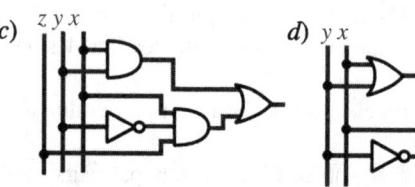

   d)

   e)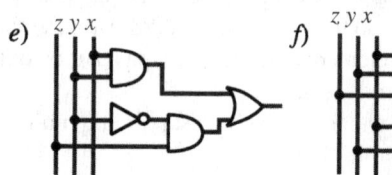

   f)

   g) 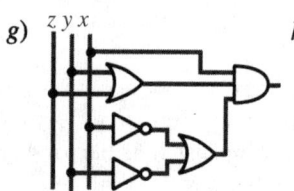   h)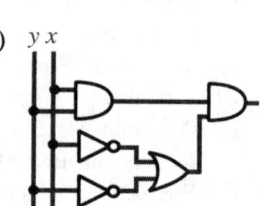

3. a) 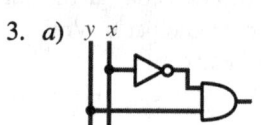   b)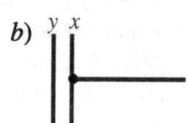

   c)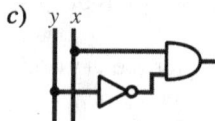

4. a) $\overline{\bar{x}y + x\bar{y}} = (\overline{\bar{x}y})(\overline{x\bar{y}}) = xy(\bar{x} + \bar{y})$

   b) $(x+y)\overline{xy} = (x+y)(\bar{x}+\bar{y})$
   $= x\bar{x} + x\bar{y} + \bar{x}y + y\bar{y} = x\bar{y} + \bar{x}y$

   c) $\overline{\bar{x}y + x\bar{y}} = (\overline{\bar{x}y})(\overline{x\bar{y}}) = (\bar{\bar{x}} + \bar{y})(\bar{x} + \bar{\bar{y}})$
   $= (x + \bar{y})(\bar{x} + y)$
   $= x\bar{x} + xy + \bar{x}\bar{y} + y\bar{y}$
   $= \bar{x}\bar{y} + yx$

5. a) $S = x(\bar{y} + z)$ b) $S = z + xy$
   c) $S = xy + \bar{x}z$

6.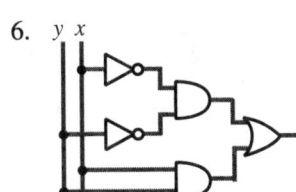

7. a) $(x+y)(x+\bar{y}) = x + y\bar{y} = x$
   b) $x + xy = x(1+y) = x \cdot 1 = x$
   c) $x(x+y) = xx + xy = x + xy = x(1+y) = x \cdot 1 = x$
   d) $x + \bar{x}y + xy = x + y(\bar{x}+x) = x + y \cdot 1 = x + y$
   e) Dualité avec d
   f) $xy + \bar{x}yz + \bar{x}\bar{y}z = xy + \bar{x}z(y+\bar{y})$
      $= xy + \bar{x}z \cdot 1 = xy + \bar{x}z$
   g) Dualité avec f
   h) $xy + x\bar{y}z + xyz = xy + xz(\bar{y}+y) = xy + xz = x(y+z)$
   i) Dualité avec h

8. a) $\bar{x}(\bar{y}+\bar{z})(\bar{x}+\bar{y}) = \bar{x}(\bar{y}+\bar{z})$, après simplification.
   b) $\bar{x}y + \bar{y}z + \bar{x}z$, après simplification.
   c) $\bar{x}(\bar{y}+\bar{z})(\bar{x}+\bar{y}+\bar{z}) = \bar{x}(\bar{y}+\bar{z}+\bar{y}z)$, après simplification.
   d) $\bar{x}(\bar{y}+\bar{z})+\bar{y}(\bar{x}+\bar{z}) = \bar{x}\bar{y}+\bar{x}\bar{z}+\bar{y}\bar{z}$, après simplification.

9.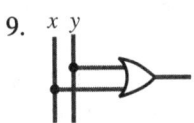

10. $S = xy\bar{z} + x\bar{y}z + \bar{x}yz$

11. a) $S = abc + ab\bar{c} + a\bar{b}c + \bar{a}bc$
    b) $S = abc + ab\bar{c} + a\bar{b}c$

12. a) $S = \bar{x}y + x\bar{y}$, $R = xy$

13. a) $D = \bar{x}y + x\bar{y}$, $E = \bar{x}y$

EXERCICES 5.4

1. a) $S = \bar{x}\bar{y} + x(y+z)$ b) $S = \bar{z} + \bar{x}\bar{y}$
   c) $S = \bar{x} + yz$ d) $S = x\bar{y} + \bar{y}z + \bar{x}y$
   e) $S = \bar{x}y + \bar{y}$ f) $S = x\bar{z} + z$

2. a) $S = y\bar{z}t + xyz + xzt + \bar{x}yz$
   b) $S = \bar{x}y + zt$ c) $S = \bar{y}t + t(\bar{x}y + yz)$
   d) $S = (\bar{y}t + yt)(\bar{x}z + xz)$
   e) $S = \bar{a}\bar{b}d + b\bar{d}$ f) $S = b + d$

3. a) $S = \bar{x}y + \bar{x}z = \bar{x}(y+z)$ b) $S = \bar{y}z + y\bar{z}$

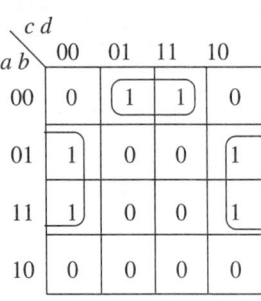

4. $S = ab + ac + bc$

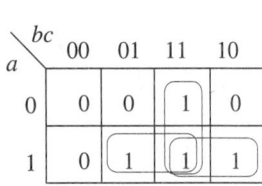
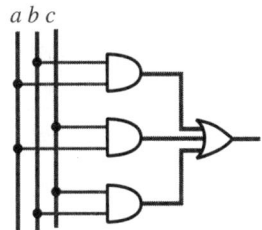

5. $S = (\bar{a}+a\bar{b})d + \bar{b}(\bar{a}\bar{c}+ac)$

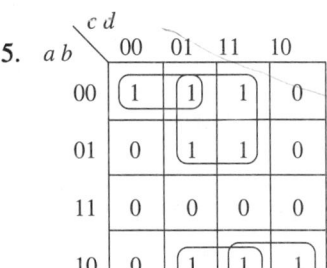

6. a) $S = \bar{x}\bar{y}z + \bar{x}y\bar{z} + x\bar{y}\bar{z} + xyz$
   b) $S = \bar{x}\bar{y}z + \bar{x}y\bar{z} + x\bar{y}z + xy\bar{z}$
   c) $S = x\bar{y} + xyz + \bar{x}y$ d) $S = x\bar{y}\bar{z} + \bar{y}\bar{x} + xy$
   e) $S = \bar{x}y + x\bar{y}\bar{z}$ f) $S = \bar{x}\bar{z} + xz$
   g) $S = xz + \bar{x}$ h) $S = \bar{y}z + \bar{x}y$

7. Soit a la première salle est occupée, b la deuxième salle est occupée et c la troisième salle est occupée.

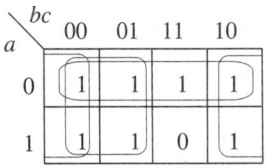

$S = \bar{a} + \bar{b} + \bar{c}$

8.

a	b	c	S
0	0	0	0
0	0	1	0
0	1	0	0
0	1	1	1
1	0	0	0
1	0	1	1
1	1	0	1
1	1	1	0

a \ bc	00	01	11	10
0	0	0	1	0
1	0	1	0	1

Pas simplifiable, $S = a\bar{b}c + \bar{a}bc + ab\bar{c}$

9. *a)* $S = abd + abc + acd + bcd$
   b) $S = abd + abc + acd$ (si le président est a)

a)

ab \ cd	00	01	11	10
00	0	0	0	0
01	0	0	1	0
11	0	1	1	1
10	0	0	1	0

b)

ab \ cd	00	01	11	10
00	0	0	0	0
01	0	0	0	0
11	0	1	1	1
10	0	0	1	0

CHAPITRE 6

EXERCICES 6.2

1. *a)* {2; –4; 8; –16; 32; –64}
   b) {5; 8; 14; 26; 50; 98}
   c) {2; 2; 4; 6; 10; 16}
   d) {2; 7; 62; 3 967; 15 745 022; 2,479×10^{14}}
   e) {2; 1; 1/2; 1/2; 1; 2}

2. 1 252,50 $

3. *a)* $n = 91$ *b)* $S_{91} = 500{,}50\$$
   c) Recette de 6 006 $ et bénéfice de 5 106 $.

4. 104 $

5. *a)* 2 921,62$ *b)* 25 versements.
   c) 198,98 $.

6. *a)* {8; 4; 2; 1; 1/2; 1/4} *b)* {1; 2; 4; 8; 16; 32}
   c) {42; 14; 14/3; 14/9; 14/27; 14/81}

7. *a)* 81 et 729 *b)* 2 et 1/8
   c) 0,000003 *d)* 0,00004

8. *a)* 20 *b)* 61
   c) 90 *d)* 256/15

9. *a)* $\sum_{i=1}^{n}(x_i + y_i) = (x_1 + y_1) + (x_2 + y_2) + \ldots + (x_n + y_n)$
   $= x_1 + x_2 + \ldots + x_n + y_1 + y_2 + \ldots + y_n$
   $= \sum_{i=1}^{n} x_i + \sum_{i=1}^{n} y_i$

10. *a)* 19 *b)* 18
    c) 27 *d)* 126

11. Il suffit de développer les sommes et de regrouper.

12. *a)* 255/16 *b)* 63
    c) 15 302/243

13. $S_{12} = \dfrac{a_1(r^n - 1)}{r - 1} = \dfrac{1(1{,}07^{12} - 1)}{1{,}07 - 1} = 17{,}88845$

14. VC_d = 16 461,36 $, VA_d = 8 426,29 $. C'est le montant qu'il faudrait placer actuellement à un taux de 8,4 % capitalisé mensuellement pour accumuler 16 461,36 $ en 8 ans.
    96 × 120 = 11 520 $, c'est le montant qui sera réellement déboursé.
    16 461,36 – 11 520 = 4 941,36 $, c'est le gain en intérêts.

15. Pour un emprunt de deux ans, les paiements seront de 94,15 $. Le paiement total sera de 2 259,60 $ et le coût de l'emprunt est de 259,60 $.
    Pour un emprunt de quatre ans, les paiements seront de 52,67 $. Le paiement total sera de 2 528,16 $ et le coût de l'emprunt est de 528,16 $.

16. Emprunt de trois ans, paiements de 206,23 $. Paiement total de 7 424,28 $, coût de 1 424,28 $.
    Emprunt de quatre ans, paiements de 165,17 $. Paiement total de 7 928,16 $, coût de 1 928,16 $.
    Emprunt de cinq ans, paiements de 140,86 $. Paiement total de 8 451,60 $, coût de 2 451,60 $.

17. i = 7,5 % /4 = 1,875 % et VC_d = 33 387,24 $.
    Puisque 300 × 60 = 18 000 $, le gain en intérêts est de 15 387,24 $.

18. i = 0,09308, VC_d = 33 706,39 $

19. $i = (1{,}012)^3 - 1 = 0{,}03643$, VA_f = 11 965,26 $
    Paiement total de 16 000 $ et le coût en intérêts sera de 4034,74 $.

20. *a)* Les remboursements sont de 180 $ par mois et l'intérêt forme une progression arithmétique dont le premier terme est $a_1 = 0{,}008 \times 2\,160 = 17{,}28\$$ et la raison est $d = -0{,}008 \times 180 = -1{,}44$

Les paiements seront
{197,28; 195,84; 194,40; 192,96; ... ; 181,44}

b) Le coût en intérêts est la somme des 12 termes de la progression dont le premier terme est 17,28 et le dernier terme est 1,44. En effet, lors du dernier paiement, il ne reste que 180 $ à rembourser sur le capital et l'intérêt sur ce montant est de 1,44 $, d'où

$$S_{12} = \frac{12(17,28 + 1,44)}{2} = 112,32 \text{ \$}$$

c) Les remboursements sont de 100 $ par mois, les paiements sont
{109,60; 108,80; 108,00; 107,20;...; 100,80}
Le coût en intérêts est de 62,40 $.

21. A = 222,44 $, paiement total de 13 346,40 $ et coût de 3 346,40 $.

22. A = 639,16 $, paiement total de 6 391,60 $ et gain en intérêts de 3 608,40 $.

23. A = 124,10 $, paiement total de 4 467,60 $ et gain en intérêts de 532,40 $.

24. VA_f = 3 974,11 $ et A = 1 102,46 $

25. a) 24 b) 2 187/2
    c) 2/3 d) 1
    e) 14/3

26. a) 8/9 b) 7/9
    c) 24/99 d) 145/999
    e) 1/3 f) 28/45

27. a) $0,0\overline{01} = 0,001\ 01\ 01\ 01\ ... = \frac{1}{8} + \frac{1}{32} + \frac{1}{128} + ...$

On a donc la somme infinie d'une progression géométrique dont $a = 1/8$ et $r = 1/4$, on trouve donc

$$S = \frac{a}{1-r} = \frac{1/8}{1-1/4} = \frac{1/8}{3/4} = \frac{1}{6}$$

b) $0,0\overline{10} = 0,01\ 01\ 01\ 01\ ... = \frac{1}{4} + \frac{1}{16} + \frac{1}{64} + ...$

On a donc la somme infinie d'une progression géométrique dont $a = 1/4$ et $r = 1/4$, on trouve donc

$$S = \frac{a}{1-r} = \frac{1/4}{1-1/4} = \frac{1/4}{3/4} = \frac{1}{3}$$

c) 6/7 d) 5/14

28. $r = 1/5$

29. a) À l'aide du triangle rectangle ABC et du théorème de Pythagore, on peut trouver la longueur x du deuxième côté, ce qui donne

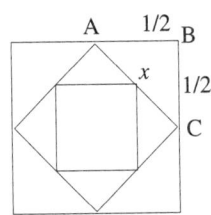

$$x^2 = \left(\frac{1}{2}\right)^2 + \left(\frac{1}{2}\right)^2 = \frac{2}{4} = \frac{1}{2} \text{ d'où } x = \frac{1}{\sqrt{2}}$$

En procédant de la même façon, on trouve que la longueur du côté du troisième carré est 1/2, et ainsi de suite. Les longueurs des côtés forment alors la progression géométrique

$$\left\{1; \frac{1}{\sqrt{2}}; \frac{1}{2}; \frac{1}{2\sqrt{2}}; \frac{1}{4}; \frac{1}{4\sqrt{2}}; \frac{1}{8}\right\}$$

Donc, la longueur du côté du sixième carré est 1/8 m.

b) Les aires forment alors la progression géométrique

$$\left\{1; \frac{1}{2}; \frac{1}{4}; \frac{1}{8}; \frac{1}{16}; \frac{1}{32}; \frac{1}{64}\right\}$$

Donc, l'aire du sixième carré est 1/64 m².

c) La somme infinie des aires donne

$$S = \frac{1}{1 - 1/2} = 2 \text{ m}^2$$

30. a) La progression des périmètres est $\left\{3; \frac{3}{2}; \frac{3}{4}; \frac{3}{8}; ...\right\}$.

Le périmètre du cinquième triangle est 3/16 m.

b) $S_\infty = 6$ m

31. a) Le nombre de côtés est multiplié par quatre à chaque étape, le nombre de côtés forme donc la progression
{ 3; 12; 48; ... 3×4^n; ... }

b) À chaque étape, la longueur des côtés est le tiers de la longueur des côtés à l'étape précédente; les périmètres forment donc la progression

$$\left\{3; \frac{12}{3}; \frac{48}{9}; ...\right\} = \left\{3; 3 \times \frac{4}{3}; 3 \times \left(\frac{4}{3}\right)^2; ...; 3 \times \left(\frac{4}{3}\right)^n; ...\right\}$$

Le périmètre est $\lim_{n \to \infty} \left(3 \times \left(\frac{4}{3}\right)^n\right) = \infty$. La longueur du périmètre croît exponentiellement.

c) Les aires qui s'ajoutent à chaque étape sont

$$\left\{\frac{\sqrt{3}}{4}; 3\frac{\sqrt{3}}{6^2}; 12\frac{\sqrt{3}}{18^2}; 48\frac{\sqrt{3}}{54^2}; ...\right\}$$

L'aire de la figure est alors la somme $\frac{2\sqrt{3}}{5}$.

EXERCICES 6.4

1. Vérifions que la propriété est vraie pour $n = 1$. Pour ce faire, on pose $n = 1$ dans l'énoncé de la conjecture à démontrer, ce qui donne

$$S_1 = 3^0 = \frac{3^1 - 1}{2} = 1$$

La propriété est donc vraie pour $n = 1$.
La deuxième étape consiste à montrer que si la propriété est vraie pour $n = k$, alors elle est vraie pour $n = k + 1$. Supposons donc que la proposition est vraie

pour $n = k$, c'est-à-dire que la somme des k premières puissances de 3 est donnée par

$$S_k = 3^0 + 3^1 + 3^2 + 3^3 + \ldots + 3^{k-1} = \frac{3^k - 1}{2}$$

La somme des $k + 1$ premières puissances de 3 est alors

$$S_{k+1} = 3^0 + 3^1 + 3^2 + 3^3 + \ldots + 3^{k-1} + 3^k$$
$$= \frac{3^k - 1}{2} + 3^k = \frac{3^k - 1 + 2 \times 3^k}{2}$$
$$= \frac{3 \times 3^k - 1}{2} = \frac{3^{k+1} - 1}{2}$$

On remarque que ce résultat est exactement celui que l'on aurait obtenu en posant $n = k + 1$ dans l'énoncé de la conjecture. Ce qui permet d'affirmer que si la propriété est vraie pour $n = k$, alors elle est vraie pour $n = k + 1$.

Les deux conditions étant satisfaites, l'axiome d'induction permet de conclure que la proposition est vraie pour tout $n \in \mathbf{N}^*$. Par conséquent, la somme des n premiers termes est donnée par

$$S_n = 3^0 + 3^1 + 3^2 + 3^3 + \ldots + 3^{n-1} = \frac{3^n - 1}{2}$$

Les numéros 2 et 3 se font de la même façon.

4. Vérifions que la propriété est vraie pour $n = 1$. Pour ce faire, on pose $n = 1$ dans l'énoncé de la conjecture à démontrer, ce qui donne

$$P_1 = \left(1 + \frac{1}{1}\right) = 1 + 1 = 2$$

La propriété est donc vraie pour $n = 1$.
La deuxième étape consiste à montrer que si la propriété est vraie pour $n = k$, alors elle est vraie pour $n = k + 1$. Supposons donc que la proposition est vraie pour $n = k$, c'est-à-dire que le produit des k premiers termes est donné par

$$P_k = \left(1 + \frac{1}{1}\right)\left(1 + \frac{1}{2}\right)\left(1 + \frac{1}{3}\right)\cdots\left(1 + \frac{1}{k}\right) = k + 1$$

Le produit des $k + 1$ premiers termes est alors

$$P_{k+1} = \left(1 + \frac{1}{1}\right)\left(1 + \frac{1}{2}\right)\left(1 + \frac{1}{3}\right)\cdots\left(1 + \frac{1}{k}\right)\left(1 + \frac{1}{k+1}\right)$$
$$= (k+1)\left(1 + \frac{1}{k+1}\right) = (k+1)\left(\frac{k+2}{k+1}\right) = k + 2$$

On remarque que ce résultat est exactement celui que l'on aurait obtenu en posant $n = k + 1$ dans l'énoncé de la conjecture. Ce qui permet d'affirmer que si la propriété est vraie pour $n = k$, alors elle est vraie pour $n = k + 1$.

Les deux conditions étant satisfaites, l'axiome d'induction permet de conclure que la proposition est vraie pour tout $n \in \mathbf{N}^*$. Par conséquent, le produit des n premiers termes est donné par

$$P_n = \left(1 + \frac{1}{1}\right)\left(1 + \frac{1}{2}\right)\left(1 + \frac{1}{3}\right)\cdots\left(1 + \frac{1}{n}\right) = n + 1$$

5. Vérifions que la propriété est vraie pour $n = 1$. Pour ce faire, on pose $n = 1$ dans l'énoncé de la conjecture à démontrer, ce qui donne

$$S_1 = 1 = 1(3 - 2) = 1$$

La propriété est donc vraie pour $n = 1$.
La deuxième étape consiste à montrer que si la propriété est vraie pour $n = k$, alors elle est vraie pour $n = k + 1$. Supposons donc que la proposition est vraie pour $n = k$, c'est-à-dire que la somme des k premiers termes est donnée par

$$S_k = 1 + 7 + 13 + \ldots + (6k - 5) = k(3k - 2)$$

La somme des $k + 1$ premiers termes est alors

$$S_{k+1} = 1 + 7 + 13 + \ldots + (6k - 5) + [6(k+1) - 5]$$
$$= 1 + 7 + 13 + \ldots + (6k - 5) + (6k + 1)$$
$$= k(3k - 2) + (6k + 1) = 3k^2 + 4k + 1$$
$$= (k + 1)(3k + 1)$$

On remarque que ce résultat est exactement celui que l'on aurait obtenu en posant $n = k + 1$ dans l'énoncé de la conjecture. Ce qui permet d'affirmer que si la propriété est vraie pour $n = k$, alors elle est vraie pour $n = k + 1$.

Les deux conditions étant satisfaites, l'axiome d'induction permet de conclure que la proposition est vraie pour tout $n \in \mathbf{N}^*$. Par conséquent, la somme des n premiers termes est donnée par

$$S_n = 1 + 7 + 13 + \ldots + (6n - 5) = n(3n - 2).$$

Les numéros 6 et 7 se font de la même façon.

8. On veut montrer que si la propriété est vraie pour $n = k$, alors elle est vraie pour $n = k + 1$. Supposons donc que la proposition est vraie pour $n = k$, c'est-à-dire que la somme des k premiers termes est donnée par

$$S_k = 1 + 2 + 3 + 4 + \ldots + k = \frac{1}{8}(2k + 1)^2$$

La somme des $k + 1$ premiers termes est alors

$$S_{k+1} = 1 + 2 + 3 + 4 + \ldots + k + (k + 1)$$
$$= \frac{1}{8}(2k + 1)^2 + (k + 1) = \frac{1}{8}(4k^2 + 4k + 1 + 8k + 8)$$
$$= \frac{1}{8}(4k^2 + 12k + 9) = \frac{1}{8}(2k + 3)^2$$

On remarque que ce résultat est exactement celui que l'on aurait obtenu en posant $n = k + 1$ dans l'énoncé de la conjecture. Ce qui permet d'affirmer que si la propriété est vraie pour $n = k$, alors elle est vraie pour $n = k + 1$.

Cependant, on ne peut conclure que la propriété est vraie pour tout n, puisqu'elle n'est pas vraie pour $n = 1$. En effet, en posant $n = 1$, on obtient

$$1 = \frac{9}{8}$$

9. Vérifions d'abord que $P(1)$ est vraie, c'est-à-dire que la proposition est vraie pour $n = 1$. En substituant, on obtient
$$1^2 + 1 = 2$$
et 2 est divisible par 2 puisqu'il existe un entier, 1, tel que $2 = 2 \times 1$.
Montrons que si $P(k)$ est vraie, alors $P(k+1)$ est vraie. On pose comme hypothèse que $P(k)$ est vraie, c'est-à-dire $k^2 + k$ est divisible par 2. Il existe donc un entier b tel que $k^2 + k = 2b$. En utilisant cette hypothèse, il faut montrer que $P(k+1)$ est vraie, c'est-à-dire montrer que $(k+1)^2 + (k+1)$ est divisible par 2. En développant, on obtient
$$(k+1)^2 + (k+1) = (k^2 + 2k + 1) + (k+1)$$
$$= k^2 + k + 2k + 2$$
$$= k^2 + k + 2(k+1)$$
$$= 2b + 2(k+1) \text{ par l'hypothèse}$$
$$= 2(b + (k+1))$$
Il existe donc un entier $c = b + (k+1)$ tel que $(k+1)^2 + (k+1) = 2c$
Par conséquent, si $k^2 + k$ est divisible par 2 alors $(k+1)^2 + (k+1)$ est divisible par 2.
Puisque les deux conditions de l'axiome d'induction sont satisfaites, on peut conclure que la propriété est vraie pour tout nombre naturel. C'est-à-dire que pour tout $n \in \mathbf{N}^*$, $n^2 + n$ est divisible par 2.
Les numéros 10, 11 et 12 se font de la même façon.

13. En effectuant les sommes, on trouve $\{3; 18; 53; 116\}$
   a) En calculant les premiers termes de la suite S_n, on trouve $S_1 = 3$, $S_2 = 18$, $S_3 = 53$, $S_4 = 116$. La conjecture est donc plausible.
   b) La démonstration se fait par récurrence.

14. En effectuant les sommes, on trouve
   $\{3; 11; 26; 50; 85; 133\}$
   a) En calculant les premiers termes de la suite S_n, on trouve $S_1 = 3$, $S_2 = 11$, $S_3 = 26$, $S_4 = 50$, $S_5 = 85$, $S_6 = 133$. La conjecture est donc plausible.
   b) La démonstration se fait par récurrence.

15. a) Les sommes partielles donnent $\{1; 5; 14; 30\}$.
    b) La démonstration se fait par récurrence.
    c) Le huitième nombre est $S_8 = 204$.

16. En effectuant les sommes, on trouve $\left\{\dfrac{1}{2}; \dfrac{2}{3}; \dfrac{3}{4}; \dfrac{4}{5}; ...\right\}$
Les résultats de ces calculs permettent de conjecturer que la somme des n premiers termes de cette forme est donnée par
$$\dfrac{1}{1\times 2} + \dfrac{2}{2\times 3} + \dfrac{3}{3\times 4} + \dfrac{4}{4\times 5} + ... + \dfrac{1}{n(n+1)} = \dfrac{n}{n+1}$$
C'est la propriété à démontrer.

17. En effectuant les sommes, on trouve $\{1^2; 2^2; 3^2; 4^2; 5^2\}$.
   a) $1 + 3 + 5 + 7 + 9 + ... + (2n-1) = n^2$
   b) $1 + 3 + 5 + 7 + 9 + 11 = 36 = 6^2$
      $1 + 3 + 5 + 7 + 9 + 11 + 13 = 49 = 7^2$
   c) Revoir le numéro 3.

18. En effectuant les sommes, on trouve $\{2; 8; 20; 40\}$.
   a) $S_n = \dfrac{n(n+1)(n+2)}{3}$
   b) $S_6 = 70 = (5\times 6\times 7)/3$, $S_7 = 112 = (6\times 7\times 8)/3$
   c) La démonstration se fait par récurrence.

19. a) On peut procéder par récurrence en déterminant le nombre de carrés dans des figures du même type, mais comportant moins de carrés sur une ligne.
   Si la figure comporte un seul carré sur une ligne, le nombre de carrés est 1.

   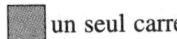 un seul carré

   Si la figure comporte deux carrés sur une ligne, le nombre de carrés est 5.

    cinq carrés

   Si la figure comporte trois carrés sur une ligne, le nombre de carrés est 14.

   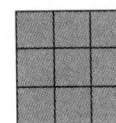 quatorze carrés

   Ce qui est déjà intéressant puisque les nombres obtenus constituent les sommes des carrés des premiers entiers; en effet: $1^2 = 1$, $1^2 + 2^2 = 5$ et $1^2 + 2^2 + 3^2 = 14$
   b) Ce qui suggère que le nombre de carrés d'une telle figure est donné par
   $$S_n = 1^2 + 2^2 + 3^2 + ... + n^2 = \dfrac{n(n+1)(2n+1)}{6}$$
   où n est le nombre de carrés sur une ligne.
   c) Dans le cas particulier où le nombre de carrés sur une ligne est 7, on a $S_7 = 140$.

CHAPITRE 7

EXERCICES 7.2

1. a) $y = \dfrac{-x}{5} + \dfrac{18}{5}$ b) $y = \dfrac{3x}{4} - \dfrac{17}{4}$
   c) $y = 4x - 13$

2. a) $y = \dfrac{-x}{10} + \dfrac{17}{10}$ b) $y = \dfrac{-8x}{7} + \dfrac{27}{7}$
   c) $y = \dfrac{-10x}{7} + \dfrac{9}{7}$

3. a) $C = \dfrac{5}{9}(F - 32)$ c) $-3,9°C$; $37,8°C$; $82,2°C$
   b) [graphique avec points $(0;32)$, $(32;0)$, $(-40;-40)$, axes °C et °F]
   d) $F = \dfrac{9}{5}C + 32$, permet de transformer les degrés Celsius en degrés Fahrenheit.

4. a) La variable indépendante est le nombre de demi-heures t et la variable dépendante est le coût pour la main-d'œuvre. Les frais fixes sont de 20 \$ et les frais variables, de 30 \$. Le modèle est
$$c(t) = 30t + 20$$
   b) $c(1) = 30 \times 1 + 20 = 50\ \$$

5. a) La variable indépendante est la longueur de la haie x et la variable dépendante est le coût C.
   b) Le coût comporte des frais fixes de 50 \$ et des frais variables de 36 \$ le mètre. Représentons par x la longueur de la haie et par C le coût, on a alors
$$C(x) = 36x + 50$$
   c) $C(32) = 1\ 202\ \$$; $C(64) = 2\ 354\ \$$; $C(20) = 770\ \$$; $C(84) = 3\ 074\ \$$
   d) $m = 28{,}50\ \$/m$

6. a) $C_1(x) = 10x$ et $C_2(x) = 6x + 180$
   b) $C_1(30) = 300\ \$$ et $C_2(30) = 360\ \$$; $C_1(90) = 900\ \$$ et $C_2(90) = 720\ \$$
   c) 45 jours. Choisir le fournisseur 1 si la durée prévue est inférieure à 45 jours.

7. a) $C_1(x) = 4x$ et $C_2(x) = 2x + 6$

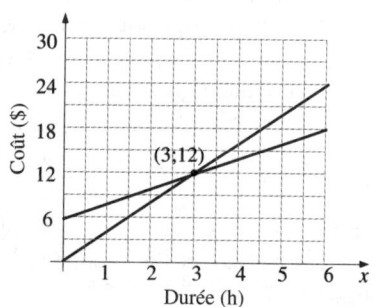

   b) $C_1(2) = 8\ \$$ et $C_2(2) = 10\ \$$, $C_1(4) = 16\ \$$ et $C_2(4) = 14\ \$$
   c) 3 h

8. a) Soit x la superficie à couvrir, C_1 le coût demandé par le premier entrepreneur et C_2 le coût demandé par le deuxième entrepreneur.
$$C_1(x) = 7{,}50x + 200$$
$$C_2(x) = 7{,}80x + 80$$
   b) $C_1(300) = 2\ 450\ \$$, $C_1(600) = 4\ 700\ \$$
      $C_2(300) = 2\ 420\ \$$, $C_2(600) = 4\ 760\ \$$
   c) $x = 400$. Il est plus avantageux de choisir le premier entrepreneur lorsque la superficie est supérieure à 400 m^2.

9. a) $C_1(x) = 0{,}5x + 60$
   b) $C_1(200) = 160\ \$$; $C_1(250) = 185\ \$$
   c) 230 m^2 d) à partir de 280 m^2

10. b) $C = 0{,}22x + 150$ c) $C(700) = 304\ \$$
    d) Représentons par C_p le coût d'utilisation de l'automobile personnelle. On a alors
$$C_p = 0{,}34x$$
    $C_p = C$ lorsque $0{,}34x = 0{,}22x + 150$,
    d'où $x = 1\ 250$ km. Il est plus avantageux d'utiliser la voiture personnelle du représentant lorsqu'il fait moins de 1250 km/sem.

11. a) $d_1(t) = 50t$
    b) $d_2(t) = 30t + 52{,}5$
    d) L'abscisse représente le temps écoulé entre le moment où la camionnette prend le départ et le moment où elle rattrape les cyclistes. L'ordonnée de ce point est la distance parcourue par la camionnette et les cyclistes au moment où la camionnette rejoint le groupe.
    e) $t = 2{,}625$, soit 2 heures 37 minutes et 30 secondes. $d_1(2{,}625) = d_2(2{,}625) = 131{,}25$ km

12. a) Dans ce problème, la position est équivalente à la distance parcourue. Représentons par t le temps en heures écoulé depuis le moment du départ, par d_A la distance d'André par rapport au point A et par d_B la distance de Bertrand par rapport au point A. On a alors
$$d_A(t) = 22t$$
$$d_B(t) = 300 - 26t$$

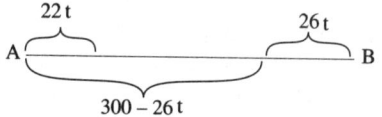

    b)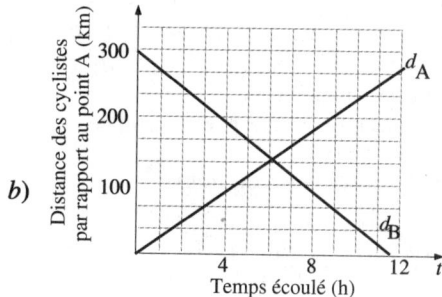

    c) L'abscisse du point de rencontre des droites représente le temps écoulé entre le départ des cyclistes et leur rencontre. L'ordonnée du point de rencontre des droites indique à quelle distance du point A les cyclistes vont se rencontrer.
    d) $t = 6{,}25$. Le temps écoulé est donc de 6 heures 15 minutes.
    e) $d_A(6{,}25) = 137{,}50$ km. Bertrand a parcouru $300 - 137{,}50 = 162{,}50$ km.

13. a) La variable indépendante est le nombre de pages x et la variable dépendante est le coût C.
    b) $C(x) = 0{,}07x + 1{,}25$
    d) 18,05 \$
    e) $x = 186$. Le document comporte donc 186 pages.

14. a) Le coût dépend de la superficie à couvrir.
    b) $C_1(x) = 1{,}8x + 120$ et $C_2(x) = 2{,}1x$
    c) $C_1(300) = 660\ \$$ et $C_2(300) = 630\ \$$. Le deuxième entrepreneur.

d) Cela devient plus avantageux au-delà de 400 m². Graphiquement c'est l'abscisse du point de rencontre des droites.

15. a) $f(x) = 2,2x$

b)
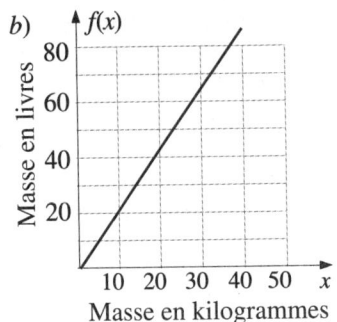

c) $f(80) = 176$; $f(100) = 220$

d) Environ 3,6 kg

16. a) $v(t) = 0,2\pi t$ m/min b) $t(v) = \dfrac{5}{\pi}v$

$t(50) = 79,57$, soit 80 rpm.
$t(100) = 159,15$, soit 159 rpm.

17. a) $C_i(x) = \begin{cases} 8 & \text{si } 0 < x \leq 10 \\ 6 & \text{si } 10 < x \leq 16 \\ 5 & \text{si } 16 < x \leq 25 \end{cases}$

b)
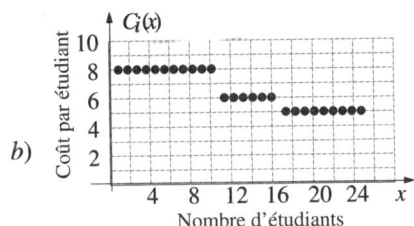

c) $R(x) = \begin{cases} 8x & \text{si } 0 < x \leq 10 \\ 6x & \text{si } 10 < x \leq 16 \\ 5x & \text{si } 16 < x \leq 25 \end{cases}$

d)
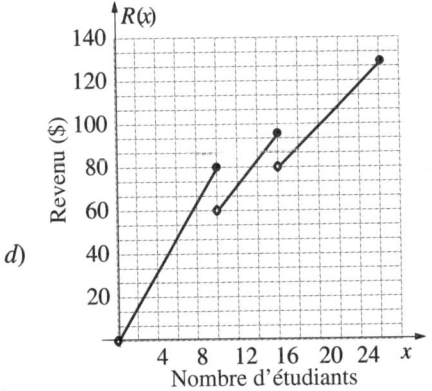

e) 78 \$; 110 \$

f) $P(x) = \begin{cases} 8x & \text{si } 0 < x \leq 10 \\ 6x - 60 & \text{si } 10 < x \leq 16 \\ 5x - 60 & \text{si } 16 < x \leq 25 \end{cases}$

g) Soit $A(x)$ le coût du transport en fonction du nombre de passagers, on a alors

$$A(x) = \dfrac{80}{x}$$

pour $x \in\ ]0;\ 35]$.

i) $C_T(x) = \begin{cases} 8 + \dfrac{80}{x} & \text{si } 0 < x \leq 10 \\ 6 + \dfrac{80}{x} & \text{si } 10 < x \leq 16 \\ 5 + \dfrac{80}{x} & \text{si } 16 < x \leq 25 \end{cases}$

EXERCICES 7.4

1. a) La variable indépendante est le prix du billet et la variable dépendante est le nombre de spectateurs.

c) $n = -200p + 2\ 104$. On pourrait sans problème arrondir et $n = -200p + 2\ 100$

d) 6,52 \$ ou 6,50 \$ si on a arrondi les paramètres du modèle.

e) [6,52; 10,52]

2. b) $Q(T) = -1,61T + 30,1$ conserver trois chiffres significatifs comme dans les données.

c) $Q(9) = 15,6$ L

d) $Q(-20) = 62,3$ L

e) $Q(-12) = 49,4$; la consommation mensuelle sera de 1 530 L, en arrondissant.

3. a) La variable indépendante est la température et la variable dépendante est la résistance.

b) $R(t) = 0,21t + 46,13$.

c) La somme des carrés des résidus est alors 0,0434.

4. b) $N(s) = 0,0039s + 55$ en arrondissant.

c) Environ 270 h

d) Le coefficient de corrélation est de 0,82.

5. b) $L(v) = 30v + 1\ 900$, en arrondissant.

c) Environ 270 véhicules

d) Le coefficient de corrélation est de 0,74.

6. b) $V(p) = -2\ 850p + 140\ 450$. On peut être plus prudent en arrondissant car la corrélation est forte, mais les données ne comportent que deux chiffres significatifs. On peut donc accepter $V(p) = -2\ 900p + 140\ 000$.

c) Le coefficient de corrélation est de –0,9995.

7. b) $V(p) = -16\,000p + 60\,000$ en arrondissant à deux chiffres significatifs.
   c) Environ 2,50 $
   d) Le coefficient de corrélation est de $-0,994$.

8. b) $V(p) = -9,94p + 736$ en arrondissant à trois chiffres significatifs comme les données de départ.
   c) Environ 34 $
   d) Le coefficient de corrélation est de $-0,9989$: il indique que la corrélation est négative et très forte. La corrélation étant négative, cela signifie que, lorsque le prix augmente, les ventes diminuent.

9. b) $N(T) = -500T + 16\,000$ en arrondissant à deux chiffres significatifs.
   c) Le coefficient de corrélation est de $-0,675$: il indique que la corrélation est négative et faible. Cela signifie que le modèle affine est peu représentatif du phénomène. Il y a certainement d'autres facteurs qui interviennent dans le nombre de mises en chantier.

10. b) $N(a) = 0,12a + 4,16$.
    c) Le coefficient de corrélation est de $0,361$: il indique que la corrélation est très faible et que le modèle affine est très peu représentatif du phénomène.

11. a) La variable indépendante est le prix de l'article (p) et la variable dépendante est le nombre de clients potentiels (N).

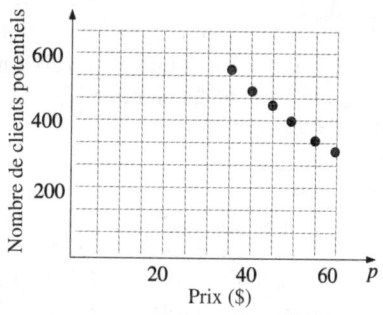

   b) $N(p) = -10p + 896$

   c)
Prix de l'article	Clients potentiels	Prévisions du modèle
35	540	546
40	492	496
45	458	446
50	406	396
55	336	346
60	294	296

   d) La somme des carrés des résidus est alors 400 et le coefficient de corrélation est $-0,995$. Ces deux résultats indiquent que le modèle affine est pertinent et présente peu de distorsion par rapport à la situation. On peut accorder une bonne fiabilité aux prévisions du modèle.

12. a) La variable indépendante est le nombre d'heures d'étude (n) et la variable dépendante est la moyenne (M) aux examens.
    b) $M(n) = 7,87n + 40$
    c) Le coefficient de corrélation est de $0,942$: il indique que la corrélation est très forte et que le modèle affine est très représentatif du phénomène.

CHAPITRE 8

EXERCICES 8.2

1. a) Après 1 an, on a $C(1) = 7\,500\,(1,065)^1$
      Après 2 ans, on a $C(2) = 7\,500\,(1,065)^2$
      ....
      Après n années, on a
      $C(n) = 7\,500\,(1,065)^n$
      Le capital après 5 ans est
      $C(5) = 7\,500\,(1,065)^5 = 10\,275,65$ $

   b)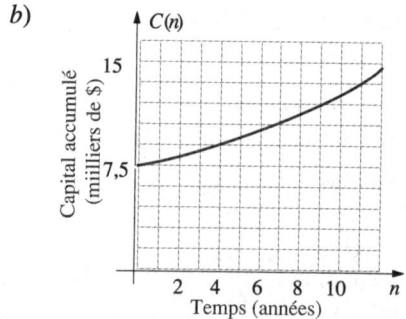

2. a) Après 1 an, on a $V(1) = V_0\,(0,85)^1$
      Après 2 ans, on a $V(2) = V_0\,(0,85)^2$
      ....
      Après n années, on a $V(n) = V_0\,(0,85)^n$

   b)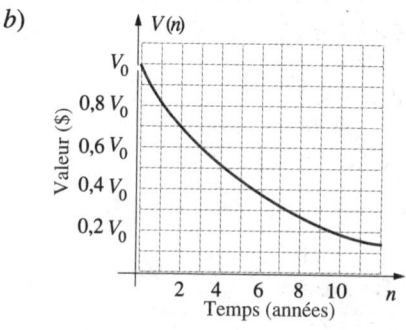

   c) $V(n) = 10\,000\,(0,85)^n$
      $V(8) = 2\,724,91$ $
      $V(10) = 1\,968,74$ $

3. a) $V(n) = 300\,000\,(0,983)^n$
   b) $V(24) = 300\,000\,(0,983)^{24} = 198\,795$ $
      $V(36) = 300\,000\,(0,983)^{36} = 161\,826$ $
      $V(60) = 107\,234$ $

4. a) $Q(t) = Q_0\,(49/50)^t$
   c) $Q(5) = 90,39$ unités, $Q(10) = 81,71$ unités

5. a) $Q(t) = Q_0 (0,8)^t$

6. $C(n) = C_0(1 + i)^n$, où n est le nombre d'années.
$C(6) = 8\,000\,(1,09)^6 = 13\,416,80$ $

7. a) $C(n) = C_0(1 + i)^n = 5\,000\,(1,012)^n$, où n est le nombre de trimestres
   b) $C(40) = 5\,000\,(1,012)^{40} = 8\,057,32$ $

8. $C(n) = C_0(1 + i)^n = 10\,000\,(1,12)^n$, où n est le nombre d'années.
$C(10) = 10\,000\,(1,12)^{10} = 31\,058,48$ $

9. Le taux mensuel étant $0,06/12 = 0,005$, le modèle est donc $C(n) = C_0(1 + i)^n = 6\,000\,(1,005)^n$, où n est le nombre de mois. Le capital accumulé sera
$C(60) = 6\,000\,(1,005)^{60} = 8\,093,10$ $.

10. $C_0 = C(1 + i)^{-n}$, où n est le nombre de mois. Alors,
$C_0 = 10\,000(1,006)^{-180} = 10\,000(0,340693) = 3\,406,93$ $

11. a) La valeur actuelle du paiement de 16 000 $ est donnée par
$$C_0 = C(1 + i)^{-n}$$
où n est le nombre d'années. On cherche donc C_0 tel que
$$C_0 = 16\,000(1,07)^{-3} = 13\,060,77 \text{ \$}$$
Par conséquent, un paiement de 16 000 $ dans trois ans équivaut à un paiement actuel de 13 060,77 $.

   b) Le remboursement serait
$$C(n) = C_0(1 + i)^n = 12\,000(1,07)^3$$
$$= 12\,000(1,225043) = 14\,700,52 \text{ \$}$$
Il serait donc préférable d'emprunter la somme de 12 000 $ à 7 % et de rembourser en un seul versement dans trois ans.

12. a) Soit d la durée de la panne et t la température intérieure, alors $t(d) = 22 \times (0,86)^d$.
    c) $t(10) = 4,9$ °C, soit environ 5 °C.

13. a) On peut considérer que la valeur initiale est de 35 000 $ et que, cinq ans plus tard, la valeur est de 56 800 $. On a donc
$56\,800 = 35\,000\,(1 + r)^5$
$(1 + r)^5 = 1,622857$
d'où $r = 10,17$ %
   b) $C(n) = 35\,000\,(1,1017)^n$ et $C(17) = 181\,560$ $

14. a) Soit n le nombre de périodes de quatre ans depuis 1972 et P la population, alors $P(n) = 27 \times (1,09)^n$, où n est le nombre de périodes de quatre années.
    b) $P(t) = 27 \times (1,0218)^t$, où t est en années.
    d) $P(28) = 27 \times (1,0218)^{28} = 49,39$
    La population est donc de 49 390 habitants.

	Population en milliers d'individus	
Année	Statistiques	Modèle
1972	27	27,00
1976	29	29,43
1980	32	32,08
1984	35	34,97

EXERCICES 8.4

1. a) 5 b) 2
   c) 5 d) –5
   e) 1/3 f) 3/2
   g) 4 h) 1/2

2. a) Puisque $\log 3 = 0,477...$, on a $3 = 10^{0,477...}$
   b) $54,5 = 10^{1,736...}$
   c) $0,22 = 10^{-0,657...}$ d) $1,2 = 10^{0,079...}$
   e) $3,7 = 10^{0,568...}$ f) $0,37 = 10^{-0,431...}$
   g) $8,32 = 10^{0,920...}$ h) $81,34 = 10^{1,910...}$

3. a) $10^x = 8$, d'où $x = \log 8 = 0,903...$
   b) $-0,187...$
   c) $31,62...$ d) $0,537...$
   e) $-0,077...$ f) $316,227...$
   g) $-0,903...$ h) $0,4659...$

4. La population aura doublé dans quatorze ans.

5. La valeur sera la moitié de la valeur d'achat après trois ans. On trouve également 4,92, 6,21 et 7,21. Elle sera le tiers après cinq ans, le quart après six ans et le cinquième après sept ans.

6. a) 14 ans, 34 ans, 69 ans
   b) 34 ans

7. $n = 8,50$. Le capital aura donc doublé après neuf ans puisque l'intérêt est payé annuellement.

8. 3 minutes 6 secondes ($t = 3,11$).

9. 87 mois, soit 7 ans et 3 mois.

10. Doublé: 47 trimestres, soit 11 ans et 9 mois.
    Triplé: 74 trimestres, soit 18 ans et 6 mois.

11. Cinq ans.

12. $i = j/m = 0,09/12 = 0,0075, C(60) = 7\,828,41$ $,
    $n = 123$ mois ou 10 ans et trois mois.

13. $i = j/m = 0,01$
    $n = 75$ mois ou 6 ans et trois mois.

14. $i = j/m = 0,08/4 = 0,02$. On a donc $C_0(1,02)^n = 2C_0$, où n est le nombre de trimestres et $n = 35$. La durée du

placement doit être de 35 trimestres, soit 8 ans et 9 mois.

15. $i = j/m = 0,0075$, on cherche n tel que $C_0 (1,0075)^n = 3 C_0$, où n est le nombre de mois. On trouve $n = 147,03$. La durée du placement doit être de 147 mois, soit 12 ans et 3 mois.

EXERCICES 8.6

6. a) Correspondance exponentielle
   b) $y = 40(10^{-0,49x})$

7. a) Correspondance exponentielle
   b) $p(h) = 101,32 \times (0,882)^h$

8. a) Fonction puissance
   b) $I(E) = 24,1 \, E^{0,608}$

CHAPITRE 9

EXERCICES 9.2

1. a) $\begin{pmatrix} 264 & 281 & 242 \\ 313 & 246 & 322 \\ 339 & 216 & 331 \\ 473 & 192 & 447 \\ 506 & 165 & 482 \\ 543 & 147 & 519 \end{pmatrix}$ b) $\begin{pmatrix} 139 & 143 & 128 \\ 166 & 125 & 170 \\ 179 & 110 & 175 \\ 250 & 97 & 236 \\ 267 & 84 & 254 \\ 287 & 75 & 274 \end{pmatrix}$

2. a) $\begin{pmatrix} 15\,500 & 16\,800 & 18\,200 & 19\,300 \\ 18\,300 & 19\,700 & 22\,600 & 24\,500 \\ 24\,000 & 26\,500 & 29\,400 & 31\,200 \\ 35\,000 & 39\,500 & 43\,200 & 46\,800 \end{pmatrix}$

   b) $\begin{pmatrix} 17\,435 & 18\,897 & 20\,472 & 21\,709 \\ 20\,585 & 22\,159 & 25\,421 & 27\,559 \\ 26\,996 & 29\,808 & 33\,070 & 35\,095 \\ 39\,369 & 44\,431 & 48\,593 & 52\,642 \end{pmatrix}$

   c) $\begin{pmatrix} 17\,650 & 18\,950 & 20\,350 & 21\,450 \\ 20\,450 & 21\,850 & 24\,750 & 26\,650 \\ 26\,150 & 28\,650 & 31\,550 & 33\,350 \\ 37\,150 & 41\,650 & 45\,350 & 48\,950 \end{pmatrix}$

3. a) $\begin{pmatrix} 6,05 & 7,43 & 9,02 & 11,28 \\ 7,15 & 8,64 & 9,46 & 11,83 \\ 8,69 & 10,01 & 11,28 & 12,76 \\ 9,02 & 10,34 & 12,82 & 13,70 \end{pmatrix}$

   b) $\begin{pmatrix} 6,05 & 7,45 & 9,00 & 11,30 \\ 7,15 & 8,65 & 9,45 & 11,85 \\ 8,70 & 10,00 & 11,30 & 12,75 \\ 9,00 & 10,35 & 12,80 & 13,70 \end{pmatrix}$

   c) $\begin{pmatrix} 6,96 & 8,57 & 10,35 & 13,00 \\ 8,22 & 9,95 & 10,87 & 13,63 \\ 10,01 & 11,50 & 13,00 & 14,67 \\ 10,35 & 11,91 & 14,72 & 15,76 \end{pmatrix}$

4. a) $\begin{pmatrix} 11 & 7 & 11 \\ 15 & 2 & 7 \\ 1 & 5 & 0 \\ 1 & 2 & 3 \end{pmatrix}$ b) $\begin{pmatrix} 7 & 1 & 6 \\ 12 & -3 & 5 \\ -3 & 5 & -3 \\ -2 & -2 & -2 \end{pmatrix}$

   Tous les articles dont les quantités sont négatives doivent être produits en priorité pour répondre à la demande.

5. a) $\begin{pmatrix} 1 & -3 \\ 3 & 7 \end{pmatrix}$ b) $\begin{pmatrix} 3 & -2 \\ -1 & 16 \end{pmatrix}$

   c) $\begin{pmatrix} -3 & 2 & 4 \\ -2 & -2 & 4 \end{pmatrix}$ d) $\begin{pmatrix} 1 & 0 \\ 0 & 1 \end{pmatrix}$

   e) $\begin{pmatrix} 7 & -5 \\ 4 & -3 \end{pmatrix}$ f) $\begin{pmatrix} -2 & 15 \\ 19 & 0 \end{pmatrix}$

   g) $\begin{pmatrix} -11 \\ -23 \end{pmatrix}$ h) $\begin{pmatrix} 13 & 0 \\ 44 & 3 \\ -9 & 0 \end{pmatrix}$

   i) $\begin{pmatrix} 0 & 0 \\ 0 & 0 \end{pmatrix}$ j) $\begin{pmatrix} 1 & 0 & 0 \\ 0 & 1 & 0 \\ 0 & 0 & 1 \end{pmatrix}$

   k) $\begin{pmatrix} 7 & 0 & 0 \\ 0 & 7 & 0 \\ 0 & 0 & 7 \end{pmatrix}$ l) $\begin{pmatrix} 5 & 4 & 22 \\ -27 & -1 & 3 \\ 2 & 17 & 22 \end{pmatrix}$

6. Non: $A \cdot B = \begin{pmatrix} 8 & -7 \\ 17 & -3 \end{pmatrix}$ et $B \cdot A = \begin{pmatrix} -9 & -17 \\ 13 & 14 \end{pmatrix}$

7. a) $\begin{pmatrix} 3 & 2 & 3 \\ 2 & 1 & 2 \\ 2 & 1 & 1 \end{pmatrix} \cdot \begin{pmatrix} 25 \\ 32 \\ 16 \end{pmatrix} = \begin{pmatrix} 187 \\ 114 \\ 98 \end{pmatrix}$

   Soit 187 heures à l'atelier de sciage, 114 heures à l'atelier d'assemblage et 98 heures à l'atelier de sablage.

   b) Pour trouver le coût de production en salaire, il faut effectuer le produit matriciel de la matrice des temps de réalisation par la matrice des salaires horaires, soit

$$(9{,}75 \quad 6{,}53 \quad 7{,}25) \cdot \begin{pmatrix} 187 \\ 114 \\ 98 \end{pmatrix} = 3\,278{,}17\ \$$$

c) Le coût de réalisation d'un exemplaire est obtenu en multipliant la matrice des temps de réalisation de chaque article par la matrice des salaires horaires, soit

$$(9{,}75 \quad 6{,}53 \quad 7{,}25) \cdot \begin{pmatrix} 3 & 2 & 3 \\ 2 & 1 & 2 \\ 2 & 1 & 1 \end{pmatrix}$$
$$= (56{,}81 \quad 33{,}28 \quad 49{,}56)$$

Le coût est donc de 56,81 $ pour un bureau, 33,28 $ pour une chaise et 49,56 $ pour une table.

8. a) $\begin{pmatrix} 9 & 12 & 11 \\ 1{,}2 & 2 & 1{,}6 \\ 1{,}2 & 0{,}8 & 1{,}4 \end{pmatrix} \cdot \begin{pmatrix} 50 \\ 65 \\ 52 \end{pmatrix} = \begin{pmatrix} 1\,802 \\ 273{,}2 \\ 184{,}8 \end{pmatrix}$

Soit 1 802 unités de bois, 273,2 unités de contreplaqué et 184,8 unités de panneau particule.

b) $\begin{pmatrix} 60 & 70 & 65 \\ 35 & 40 & 45 \\ 40 & 55 & 70 \end{pmatrix} \cdot \begin{pmatrix} 50 \\ 65 \\ 52 \end{pmatrix} = \begin{pmatrix} 10\,930 \\ 6\,690 \\ 9\,215 \end{pmatrix}$

La réalisation nécessite donc 182 heures et 10 minutes de travail à l'atelier de sciage, 111 heures et 30 minutes à l'atelier d'assemblage et 153 heures et 35 minutes à l'atelier de sablage.

9. a) $\begin{pmatrix} 530 & 240 & 645 \\ 832 & 220 & 663 \\ 784 & 196 & 671 \\ 636 & 174 & 857 \\ 734 & 125 & 800 \\ 868 & 78 & 1\,106 \end{pmatrix}$

b) Les revenus de la première semaine sont dans l'ordre 3 956,20 $, 4 914,80 $, 4 858,45 $, 4 861,70, 4 948,60 $ et 6 191,60 $.
Les revenus de la deuxième semaine sont 4 257,55 $, 5 018,75 $, 4 735,10 $, 4 949,25 $, 4 817,25 $, 6 011,20 $.

c) Revenu moyen par jour: 4 106,88 $, 4 966,78 $, 4 796,78$, 4 905,48 $, 4 882,93 $, 6 101,40 $.
Le samedi est le jour de la semaine qui donne le meilleur revenu.

d) Première semaine: 1 746,80 $, 2 117,30 $, 2 134,75 $, 2 204,60 $, 2 218,30 $, 2 813,80 $.
Deuxième semaine: 1 897,45 $, 2 228,15 $, 2 085,90 $, 2 230,45 $, 2 171,95 $, 2 759,60 $.

e) Première semaine: 2 096,80 $, 2 467,30 $, 2 484,75 $, 2 654,60 $, 2 668,30 $, 3 163,80 $.
Deuxième semaine: 2 247,45 $, 2 578,15 $, 2 435,90 $, 2 680,45 $, 2 621,95 $, 3 109,60 $.

f) 2 172,13 $, 2 522,73 $, 2 460,33 $, 2 667,53 $, 2 645,13 $, 3 136,70 $.

g) 1 934,75 $, 2 444,05 $, 2 336,45 $, 2 237,95 $, 2 237,80 $, 2 964,70 $.

10. a) $\begin{pmatrix} 6 & -4 \\ -8 & 10 \end{pmatrix}$ b) $\begin{pmatrix} 6 & 9 \\ -9 & 3 \\ 12 & 15 \end{pmatrix}$

c) $\begin{pmatrix} 6 & -9 & 12 \\ 9 & 3 & 15 \end{pmatrix}$ d) Pas défini

e) $\begin{pmatrix} 0 & -13 & 13 \\ 7 & 29 & -22 \end{pmatrix}$ f) $\begin{pmatrix} -6 & -23 & 17 \\ 11 & 27 & -16 \end{pmatrix}$

g) $\begin{pmatrix} 19 & 20 \\ -17 & 4 \end{pmatrix}$ h) Pas défini

i) $\begin{pmatrix} -6 & -13 & -8 \\ 11 & 11 & 17 \end{pmatrix}$ j) $\begin{pmatrix} 13 & 13 & 0 \\ -3 & 8 & -11 \\ 23 & 21 & 2 \end{pmatrix}$

k) $\begin{pmatrix} -6 & 11 \\ -13 & 11 \\ -8 & 17 \end{pmatrix}$ l) Pas défini

m) Pas défini n) $\begin{pmatrix} 91 & 52 \\ -161 & -60 \end{pmatrix}$

o) Pas défini p) $\begin{pmatrix} 0 & -78 & 78 \\ 42 & 174 & -132 \end{pmatrix}$

q) $\begin{pmatrix} -114 & -120 \\ 102 & -24 \end{pmatrix}$ r) $\begin{pmatrix} 91 & -161 \\ 52 & -60 \end{pmatrix}$

11. En effectuant le produit des matrices, on trouve
$$\begin{pmatrix} 2a+c & 2b+d \\ 4a+2c & 4b+2d \end{pmatrix} = \begin{pmatrix} 0 & 0 \\ 0 & 0 \end{pmatrix}$$

On cherche donc a et c tels que $2a + c = 0$ et $4a + 2c = 0$. Ces deux équations ont les mêmes solutions et la condition s'écrit $c = -2a$. En donnant une valeur particulière à a dans cette équation, on aura donc une valeur c qui satisfait à la condition. En posant $a = 1$, par exemple, on trouve $c = -2$.

De plus, on cherche donc b et d tels que $2b + d = 0$ et $4b + 2d = 0$. Ces deux équations ont les mêmes solutions et la condition s'écrit $d = -2b$. En donnant une valeur particulière à b dans cette équation, on aura une valeur d qui satisfait à la condition. En posant $b = 4$, par exemple, on trouve $d = -8$. La matrice

$$B = \begin{pmatrix} 1 & 4 \\ -2 & -8 \end{pmatrix}$$

satisfait donc à la condition posée, en effet
$$A \bullet B = \begin{pmatrix} 2 & 1 \\ 4 & 2 \end{pmatrix} \bullet \begin{pmatrix} 1 & 4 \\ -2 & -8 \end{pmatrix} = \begin{pmatrix} 0 & 0 \\ 0 & 0 \end{pmatrix}$$

On remarque que la matrice B satisfaisant à la condition posée n'est pas unique.
De plus,
$$B \bullet A = \begin{pmatrix} 1 & 4 \\ -2 & -8 \end{pmatrix} \bullet \begin{pmatrix} 2 & 1 \\ 4 & 2 \end{pmatrix} = \begin{pmatrix} 18 & 9 \\ -36 & -18 \end{pmatrix}$$

Donc, $A \bullet B \neq B \bullet A$.

12. $A \bullet B = \begin{pmatrix} 2 & -3 & 4 \\ 4 & 7 & 5 \end{pmatrix} \bullet \begin{pmatrix} 1 & 4 \\ -2 & 5 \\ 3 & 6 \end{pmatrix} = \begin{pmatrix} 20 & 17 \\ 5 & 81 \end{pmatrix}$

$B \bullet A = \begin{pmatrix} 1 & 4 \\ -2 & 5 \\ 3 & 6 \end{pmatrix} \bullet \begin{pmatrix} 2 & -3 & 4 \\ 4 & 7 & 5 \end{pmatrix} = \begin{pmatrix} 18 & 25 & 24 \\ 16 & 41 & 17 \\ 30 & 33 & 42 \end{pmatrix}$

Le produit n'est pas commutatif car dans un cas la matice obtenue est une 2×2 et dans l'autre cas une 3×3. Les matrices $A \bullet B$ et $B \bullet A$ ne sont donc pas égales.

13. Les deux produits donnent une matrice 2×2. Cependant, les deux matrices sont différentes car leurs éléments sont différents.

14. Les deux produits donnent une matrice 3×3. Cependant, les deux matrices sont différentes car leurs éléments sont différents.

15. Soit $A = \begin{pmatrix} 3 & 0 \\ 0 & 3 \end{pmatrix}$ et $B = \begin{pmatrix} 2 & 0 \\ 0 & 2 \end{pmatrix}$. On a alors $A \bullet B = B \bullet A$.

16. $\begin{pmatrix} -1 & 37 \\ 16 & 6 \end{pmatrix}$ 17. $\begin{pmatrix} 20 & 5 \\ 17 & 81 \end{pmatrix}$

18. $\begin{pmatrix} 33 & 26 & 55 \\ 32 & 35 & 50 \\ -2 & 2 & -6 \end{pmatrix}$

19. La matrice B n'existe pas.

20. $\begin{pmatrix} 1/5 & 1/5 \\ 3/5 & -2/5 \end{pmatrix}$ 21. $\begin{pmatrix} 4/22 & 2/22 \\ -5/22 & 3/22 \end{pmatrix}$

22. a) $\begin{pmatrix} 5 & -3 \\ 3 & -2 \end{pmatrix}$ b) Pas définie

c) $\begin{pmatrix} 3 & -4 \\ -2 & 3 \end{pmatrix}$ d) $\begin{pmatrix} -4/6 & 5/6 \\ 2/6 & -1/6 \end{pmatrix}$

EXERCICES 9.4

1. a) $(4; -2; 5)$ b) $(-3; 4; 4)$
   c) $\{(x;y;z) \mid x = 2 + 7t; y = 1 - 3t; z = t\}$
   d) $\{(x;y;z) \mid x = 9 + 8t/13; y = 23t/13; z = t\}$
   e) $\{(x;y;z) \mid x = 13 + 13t; y = 2 + 5t; z = t\}$
   f) $(7; -5; 4)$
   g) $\{(x;y;z) \mid x = 4t + 13; y = 2t + 2; z = t\}$
   h) $(2; -3; 4; 5)$ i) $(12; 34; 22)$
   j) $(2; -5; 7; 4)$

2. a) Soit x le nombre de paquets de 100 lames de première qualité et y le nombre de paquets de 100 lames de deuxième qualité. Les contraintes imposées par les quantités d'acier en réserve s'écrivent
   $5x + 9y = 195$ pour l'acier ordinaire
   $7x + 3y = 129$ pour l'acier spécial
   La solution de ce système d'équations est $(12;15)$; la compagnie peut donc fabriquer 12 paquets de lames de première qualité et 15 paquets de lames de deuxième qualité.

   b) Les réserves sont maintenant de 833 unités d'acier ordinaire et 523 unités d'acier spécial, les contraintes deviennent
   $5x + 9y = 833$ pour l'acier ordinaire
   $7x + 3y = 523$ pour l'acier spécial
   dont la solution est $(46;67)$. La compagnie peut donc fabriquer 46 paquets de lames de première qualité et 67 paquets de lames de deuxième qualité.

3. a) Soit x le nombre de bureaux,
   y le nombre de chaises
   et z le nombre de tables.
   L'achat d'une scie supplémentaire permettant d'augmenter la production de l'atelier de sciage en générant un surplus de 140 heures par mois, les contraintes dues aux temps de réalisation s'écrivent
   $5x + 2y + 3z = 140$ pour l'atelier de sciage,
   $3x + y + 2z = 75$ pour l'atelier d'assemblage,
   $3x + y + 3z = 85$ pour l'atelier de sablage,
   dont la solution est $(0; 55; 10)$.

   b) L'achat d'une scie supplémentaire permet donc de produire 55 chaises et 10 tables supplémentaires par mois tout en éliminant les temps morts dans les ateliers.

4. a) Soit x le nombre de camions de type C_1,
   y le nombre de camions de type C_2,
   et z le nombre de camions de type C_3.
   Les contraintes d'espace et de poids s'écrivent alors
   $5x + 3y + 4z = 43$ pour l'équipement de type E_1,
   $3x + 4y + 2z = 29$ pour l'équipement de type E_2,
   $2x + 4y + 3z = 27$ pour l'équipement de type E_3,
   dont la solution est $(5; 2; 3)$.
   Il faut donc louer cinq camions de type C_1, deux camions de type C_2, et trois camions de type C_3.

   b) Pour cette nouvelle commande, les contraintes sont
   $5x + 3y + 4z = 58$ pour l'équipementd e type E_1,
   $3x + 4y + 2z = 50$ pour l'équipement de type E_2,
   $2x + 4y + 3z = 54$ pour l'équipement de type E_3,
   dont la solution est $(2; 8; 6)$.

5. *a)* Soit x le nombre de bureaux du modèle M_1,
   y le nombre de bureaux du modèle M_2,
   et z le nombre de bureaux du modèle M_3.
   Les contraintes découlant des unités en réserve s'écrivent alors
   $12x + 16y + 14z = 530$ pour le bois,
   $1,5x + 2y + 1,8z = 66,9$ pour le contreplaqué,
   $0,8x + 0,6y + 1,2z = 31,8$ pour le panneau particule,
   dont la solution est (9;15;13).

   b) La compagnie ayant en réserve les quantités nécessaires à la réalisation de neuf bureaux du modèle M_1, quinze bureaux du modèle M_2 et treize bureaux du modèle M_3, le nombre de bureaux qui manqueront pour remplir cette commande est donné par la différence des matrices suivantes

   $$\begin{pmatrix} 29 \\ 55 \\ 43 \end{pmatrix} - \begin{pmatrix} 9 \\ 15 \\ 13 \end{pmatrix} = \begin{pmatrix} 20 \\ 40 \\ 30 \end{pmatrix}$$

   La compagnie doit donc commander les matériaux pour réaliser vingt bureaux du modèle M_1, quarante bureaux du modèle M_2 et trente bureaux du modèle M_3. Les quantités de bois que la compagnie doit commander sont données par le produit de la matrice des contraintes avec la matrice formée par le nombre de bureaux de chaque modèle.

   $$\begin{pmatrix} 12 & 16 & 14 \\ 1,5 & 2 & 1,8 \\ 0,8 & 0,6 & 1,2 \end{pmatrix} \cdot \begin{pmatrix} 20 \\ 40 \\ 30 \end{pmatrix} = \begin{pmatrix} 1\,300 \\ 164 \\ 76 \end{pmatrix}$$

   Il faut donc commander 1 300 unités de bois, 164 unités de contreplaqué et 76 unités de panneau particule.

   c) Les contraintes de temps s'écrivent:
   $75x + 90y + 85z = 5\,010$ pour le sciage,
   $45x + 50y + 65z = 3\,170$ pour l'assemblage,
   $50x + 65y + 90z = 4\,050$ pour le sablage,
   dont la solution est (20;22;18). La compagnie peut donc produire vingt bureaux du modèle M_1, vingt-deux bureaux du modèle M_2 et dix-huit bureaux du modèle M_3 à chaque semaine.

6. *a)* Le système a plusieurs solutions. Celles satisfaisant aux contraintes de la demande estimée à partir de l'étude de marché sont (18;10;11), (15;10;13) et (12;10;15). Il est plus avantageux de choisir la solution (18;10;11) car le profit est alors de 1 296 $.

   b) Le système d'équations devient
   $20x + 24y + 30z = 2\,120$ pour la soudure,
   $20x + 15y + 30z = 1\,895$ pour le moulage,
   $30x + 27y + 45z = 2\,955$ pour l'assemblage.
   La solution satisfaisant la contrainte d'un minimum de 10 unités par mois pour chacun des modèles et donnant le profit maximal est (61;25;10) pour un profit mensuel de 3 052 $.

   c) La solution est alors (40;25;24) pour un profit de 2 940 $.

7. *a)* Le prix de vente devrait être (14,10 14,26 15,11)
   b) 70 sachets de mélange velouté, 80 sachets de régulier et 90 sachets de corsé.
   c) 48 kg de grain brésilien, 60 kg d'africain et 72 kg de colombien.

8. *a)* 9 kg d'arachides, 9 kg de raisins et 18 kg de noix d'acajou
   b) (0,72 0,69 0,66)   *c)* (0,90 0,87 0,84)
   d) $1,8 \times (0,90\ \ 0,87\ \ 0,84) = (1,62\ \ 1,57\ \ 1,51)$
   e) $\{(x;y;z) \mid x = t\,;\, y = 400 - 2t\,;\, z = t\}$
   f) (0,10 0,04 0,26), (0,70 0,72 0,80)
   (0,88 0,90 0,98), prix: (1,58 1,62 1,76)
   g) $\begin{pmatrix} 40 & 25 & 20 \\ 10 & 20 & 20 \\ 10 & 15 & 20 \end{pmatrix} \cdot \begin{pmatrix} 100 \\ 100 \\ 100 \end{pmatrix} = \begin{pmatrix} 8\,500 \\ 5\,000 \\ 4\,500 \end{pmatrix}$

9. *a)* 648 mètres linéaires de bois, 83 m² de contreplaqué et 88 m² de panneau particule.
   b) (143,25 189,25 161,25)
   c) $8,50 \times (6\ \ 5\ \ 4) = (51\ \ 42,50\ \ 34)$
   d) (143,25 189,25 161,25) + (51 42,50 34)
   = (194,25 231,75 195,25)
   e) (291,38 347,63 292,88)
   f) (407,93 486,68 410,03)
   g) 10 bureaux du modèle colonial, 8 du modèle espagnol et 6 du modèle canadien.
   h) 12 bureaux du modèle colonial, 10 du modèle espagnol et 22 du modèle canadien.

10. *a)* (10; 4) *b)* (59/13; –66/13)
    c) (0,2; 4; –3,8) *d)* (8; –2; 5)
    e) $\{(x_1;x_2;x_3) \mid x_1 = 218 - 31t\,;\, x_2 = -80 + 12t\,;\, x_3 = t\}$
    f) (–20/3; 0; –4/3)

11. *a)* Les solutions sont (73/23; 164/23) et (8; 2) respectivement.
    c) Les solutions sont (3; –2; 4) et (–4; 2; 7).

12. *a)* $\begin{pmatrix} 5 & -3 \\ 3 & -2 \end{pmatrix}$ *b)* Pas inversible

    c) $\begin{pmatrix} 3 & -4 \\ -2 & 3 \end{pmatrix}$ *d)* $\begin{pmatrix} -4/6 & 5/6 \\ 2/6 & -1/6 \end{pmatrix}$

    e) $\begin{pmatrix} -11/2 & -5/2 & 17/2 \\ 3 & 1 & -4 \\ -1 & 0 & 1 \end{pmatrix}$ *f)* $\begin{pmatrix} -31 & -17 & 22 \\ 6 & 3 & -4 \\ 7 & 4 & -5 \end{pmatrix}$

    g) $\begin{pmatrix} 0 & 1/2 & -1/2 \\ 2 & 1 & -4 \\ 1 & 0 & -1 \end{pmatrix}$ *h)* $\begin{pmatrix} -1/3 & 13/3 & -11/3 \\ 1/2 & -2 & 3/2 \\ 0 & -1 & 1 \end{pmatrix}$

i) $\begin{pmatrix} 103 & -42 & -9 \\ -22 & 9 & 2 \\ 12 & -5 & -1 \end{pmatrix}$ j) Pas inversible

k) $\begin{pmatrix} 7/96 & 37/96 & 2/96 \\ 20/96 & -4/96 & -8/96 \\ 6/96 & 18/96 & -1/96 \end{pmatrix}$

l) $\begin{pmatrix} 14/3 & -1 & 5/3 \\ 29 & -7 & 11 \\ 8 & -2 & 3 \end{pmatrix}$ m) $\begin{pmatrix} 7/5 & -1 & 2/5 \\ -4/5 & 4/5 & -1/5 \\ 2/5 & -1/5 & 0 \end{pmatrix}$

n) $\begin{pmatrix} -4 & 3 & -1 \\ -1 & 2 & -2 \\ 2 & -1 & 0 \end{pmatrix}$

13. a) $\begin{pmatrix} -1/2 & 0 & 1/2 \\ -4/3 & -2/3 & 1 \\ -5/3 & -1/3 & 1 \end{pmatrix} \bullet \begin{pmatrix} -3 \\ 6 \\ 1 \end{pmatrix} = \begin{pmatrix} 2 \\ 1 \\ 4 \end{pmatrix}$

b) $\begin{pmatrix} 1/1 & 1/2 & 0 \\ 1/2 & 0 & 1/2 \\ 0 & 1/2 & 1/2 \end{pmatrix} \bullet \begin{pmatrix} 6 \\ -4 \\ 8 \end{pmatrix} = \begin{pmatrix} 1 \\ 7 \\ 2 \end{pmatrix}$

9.5 DÉFIS

1. En substituant $(2;2)$ à $(x;y)$ dans $y = ax^2 + bx + c$, on trouve : $4a + 2b + c = 2$.

   En posant $(x;y) = (4;4)$, on trouve $16a + 4b + c = 4$.

   En posant $(x;y) = (6;7)$, on trouve $36a + 6b + c = 7$.

   En résolvant le système d'équations, on trouve
   $$y = \frac{x^2}{8} + \frac{x}{4} + 1$$

2. a) La matrice associée au système d'équations est
   $$\begin{pmatrix} 1 & a & -1 & \vdots & 2 \\ 2 & -1 & 3 & \vdots & 3 \\ 3 & 1 & a & \vdots & 5 \end{pmatrix}$$

   En échelonnant, on trouve
   $$\begin{pmatrix} 1 & a & -1 & \vdots & 2 \\ 0 & -1-2a & 5 & \vdots & -1 \\ 0 & 0 & 2a^2-8a+8 & \vdots & a-2 \end{pmatrix}$$

   En décomposant en facteurs, on a
   $$\begin{pmatrix} 1 & a & -1 & \vdots & 2 \\ 0 & -1-2a & 5 & \vdots & -1 \\ 0 & 0 & 2(a-2)^2 & \vdots & a-2 \end{pmatrix}$$

   Si $a = 2$, la dernière ligne s'annule complètement et le système a une infinité de solutions car il y a une variable libre.

   Si $a \neq 2$, on a une solution unique car il reste trois équations pour trois inconnues dans la matrice échelonnée.

   b) Le système n'a pas de solution si $a = 1$ ou $a = 7$. Le système a une solution unique si $a \neq 1$ et $a \neq 7$.

   c) Le système n'a pas de solution si $a = 1$ ou $a = -3$. Le système a une solution unique si $a \neq 1$ et $a \neq -3$.

   d) Le système n'a pas de solution si $a = 3$, il a une infinité de solutions si $a = 5$ et une solution unique si $a \neq 3$ et $a \neq 5$.

   e) Le système n'a pas de solution si $a = 2$, il a une infinité de solutions si $a = -4$ et une solution unique si $a \neq 2$ et $a \neq -4$.

   f) Le système n'a pas de solution si $a = 2$, il a une infinité de solutions si $a = -5$ et une solution unique si $a \neq 2$ et $a \neq -5$.

3. a) La matrice échelonnée est
   $$\begin{pmatrix} 1 & 2 & -3 & \vdots & a \\ 0 & 2 & -5 & \vdots & b-2a \\ 0 & 0 & 0 & \vdots & c+2b-5a \end{pmatrix}$$

   Le système admet des solutions lorsque $c + 2b - 5a = 0$.

   b) Le système admet des solutions lorsque $c - b + 2a = 0$.

   c) Le système admet une solution unique quelles que soient les valeurs de a, b et c.

CHAPITRE 10

EXERCICES 10.2

1.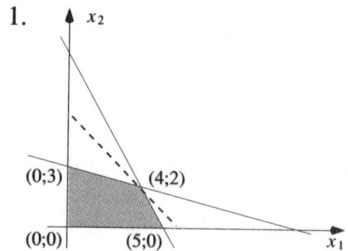

$(x;y)$	$(0;0)$	$(0;3)$	$(5;0)$	$(4;2)$
z	0	9	15	18

La valeur maximale, atteinte à $(4;2)$, est 18.

2.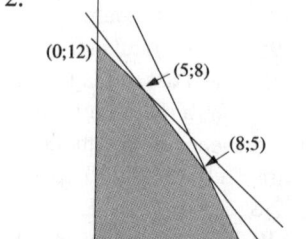

$(x;y)$	$(0;0)$	$(0;12)$	$(5;8)$	$(8;5)$	$(10;0)$
z	0	96	89	80	50

La valeur maximale, atteinte à $(0;12)$, est 96.

3.
$(x;y)$	$(0;0)$	$(0;12)$	$(5;8)$	$(8;5)$	$(10;0)$
z	0	48	52	52	40

La valeur maximale, atteinte à $(5;8)$, est 52, mais cette solution n'est pas unique. La même valeur est obtenue en $(8;5)$ et pour tous les points du segment de droite joignant les points $(5;8)$ et $(8;5)$. Il y a d'autres solutions entières en $(6;7)$ et $(7;6)$ pour lesquelles la fonction économique prend la même valeur. La droite représentant la fonction économique est donc parallèle à la droite frontière passant par ces deux points.

4.
$(x;y)$	$(0;0)$	$(0;12)$	$(5;8)$	$(8;5)$	$(10;0)$
z	0	96	109	112	90

La valeur maximale, atteinte à $(8;5)$, est 112.

5.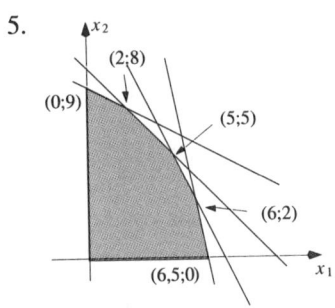

$(x;y)$	$(0;0)$	$(0;9)$	$(2;8)$	$(5;5)$	$(6;2)$	$(6,5;0)$
z	0	36	38	35	26	19,5

La valeur maximale, atteinte à $(2;8)$, est 38.

6.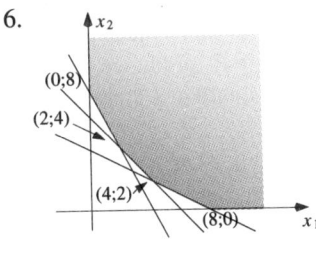

$(x;y)$	$(0;8)$	$(2;4)$	$(4;2)$	$(8;0)$
w	56	38	34	40

La valeur minimale, atteinte à $(4;2)$, est 34.

7.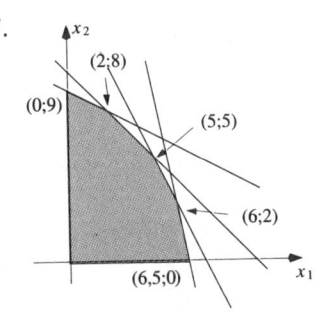

$(x;y)$	$(0;0)$	$(0;9)$	$(2;8)$	$(5;5)$	$(6;2)$	$(6,5;0)$
z_1	0	27	30	30	24	19,5

La valeur maximale, atteinte à $(2;8)$, est 30, mais cette solution n'est pas unique. La même valeur est obtenue en $(5;5)$ et pour tous les points du segment de droite joignant les points $(2;8)$ et $(5;5)$. La droite représentant la fonction économique est donc parallèle à la droite frontière passant par ces deux points.

$(x;y)$	$(0;0)$	$(0;9)$	$(2;8)$	$(5;5)$	$(6;2)$	$(6,5;0)$
z_2	0	45	52	55	46	39

La valeur maximale, atteinte à $(5;5)$, est 55.

$(x;y)$	$(0;0)$	$(0;9)$	$(2;8)$	$(5;5)$	$(6;2)$	$(6,5;0)$
z_3	0	27	40	55	54	52

La valeur maximale, atteinte à $(5;5)$, est 55.

8.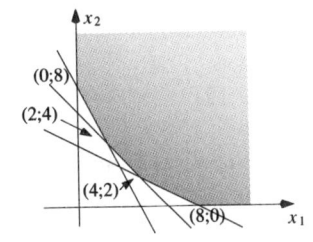

$(x;y)$	$(0;8)$	$(2;4)$	$(4;2)$	$(8;0)$
w_1	24	18	18	24

La valeur minimale, atteinte à $(2;4)$, est 18, mais cette solution n'est pas unique. La même valeur est obtenue en $(4;2)$ et pour tous les points du segment de droite joignant les points $(2;4)$ et $(4;2)$. La droite représentant la fonction économique est donc parallèle à la droite frontière passant par ces deux points.

$(x;y)$	$(0;8)$	$(2;4)$	$(4;2)$	$(8;0)$
w_2	16	10	8	8

La valeur minimale, atteinte à $(4;2)$, est 8, mais cette solution n'est pas unique. La même valeur est obtenue en $(8;0)$ et pour tous les points du segment de droite joignant les points $(4;2)$ et $(8;0)$. La droite représentant la fonction économique est donc parallèle à la droite frontière passant par ces deux points.

9.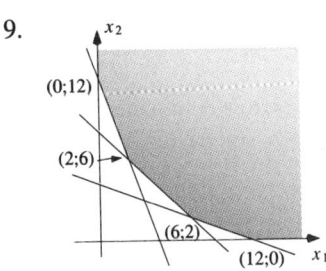

$(x;y)$	$(0;12)$	$(2;6)$	$(6;2)$	$(12;0)$
w	108	66	54	72

La valeur minimale, atteinte à $(6;2)$, est 54.

10.

(x;y)	(0;12)	(1;7)	(9;1)	(12;0)
w	36	23	21	24

La valeur minimale, atteinte à (9;1), est 21.

11. Si x est le nombre d'exemplaires du modèle 1 produits,
et y le nombre d'exemplaires du modèle 2 produits,
maximiser $z = 60x + 60y$ sujette aux contraintes
$x + 3y \leq 105$
$2x + 3y \leq 120$
$4x + 3y \leq 180$
$x \geq 0$ et $y \geq 0$.
On trouve $z = 3\,000$ \$ à (30; 20).

12. Si x est le nombre d'armoires Antique produites,
et y le nombre d'armoires Traditionnel produites,
maximiser $z = 225x + 200y$ sujette aux contraintes
$2x + 3y \leq 60$
$x + y \leq 25$
$3x + 2y \leq 60$
$x \geq 0$ et $y \geq 0$.
On trouve $z = 5\,100$ \$ à (12; 12).

13. a) Si x est le nombre d'exemplaires du modèle 1 produits,
et y le nombre d'exemplaires du modèle 2 produits,
maximiser $z = 80x + 60y$ sujette aux contraintes
$2x + 3y \leq 240$
$3x + 2y \leq 210$
$3x + y \leq 180$
$x \geq 0$ et $y \geq 0$.
On trouve $z = 6\,000$ \$ à (30; 60).

b) Maximiser $z = 90x + 60y$ sujette aux contraintes
$2x + 3y \leq 240$
$3x + 2y \leq 210$
$3x + y \leq 180$
$x \geq 0$ et $y \geq 0$.
On trouve $z = 6\,300$ \$ à (50; 30) ou à (30; 60) et en tout point du segment de droite joignant ces deux points car la fonction économique, qui s'écrit aussi
$$y = -\frac{3}{2}x + \frac{z}{60},$$
a la même pente que ce segment de droite. Il existe neuf autres solutions entières.

14. a) Si x est le nombre d'exemplaires du modèle 1 produits,
et y le nombre d'exemplaires du modèle 2 produits,
maximiser $z = 40x + 50y$ sujette aux contraintes
$3x + 5y \leq 250$
$2x + y \leq 100$
$x + y \leq 60$
$x \geq 0$ et $y \geq 0$.
On trouve $z = 2\,750$ \$ à (25; 35).

b) En effectuant le produit de la matrice des contraintes par la matrice de la solution optimale, on a

$$\begin{pmatrix} 3 & 5 \\ 2 & 1 \\ 1 & 1 \end{pmatrix} \cdot \begin{pmatrix} 25 \\ 35 \end{pmatrix} = \begin{pmatrix} 250 \\ 85 \\ 60 \end{pmatrix}$$

Avant de décider de fabriquer ces étagères, la matrice des surplus était $\begin{pmatrix} 250 \\ 100 \\ 60 \end{pmatrix}$. La matrice des matériaux et du temps que le plan de production permet d'utiliser est $\begin{pmatrix} 250 \\ 85 \\ 60 \end{pmatrix}$. Les matériaux et le temps en surplus seront alors $\begin{pmatrix} 250 \\ 100 \\ 60 \end{pmatrix} - \begin{pmatrix} 250 \\ 85 \\ 60 \end{pmatrix} = \begin{pmatrix} 0 \\ 15 \\ 0 \end{pmatrix}$

Il restera donc 15 feuilles de contreplaqué en surplus.

15. a) Si x est le nombre de sachets de mélange *Corsé* produits,
et y le nombre de sachets de mélange *Velouté* produits,
minimiser $w = 3x + 4y$ sujette aux contraintes
$100x + 100y \geq 6\,000$
$300x + 100y \geq 10\,000$
$100x + 300y \geq 10\,000$
$x \geq 0$ et $y \geq 0$.
On trouve $w = 200$ \$ à (40; 20).

b) Il doit commander 6 kg de brésilien, 14 kg de colombien et 10 kg d'africain.

16. a) Si x est le nombre d'unités de P_1 produites,
et y le nombre d'unités de P_2 produites,
minimiser $w = 5x + 5y$ sujette aux contraintes
$4x + 5y \geq 380$
$3x + y \geq 120$
$x + 4y \geq 150$
$x \geq 10$ et $y \geq 10$.
On trouve $w = 400$ \$ à (20; 60).

b) $\begin{pmatrix} 4 & 5 \\ 3 & 1 \\ 1 & 4 \end{pmatrix} \cdot \begin{pmatrix} 20 \\ 60 \end{pmatrix} = \begin{pmatrix} 380 \\ 120 \\ 260 \end{pmatrix}$

La machine M_1 aura un temps d'utilisation de 380 minutes, la machine M_2, 120 minutes et la machine M_3, 260 minutes.

17. a) Si x est le nombre de kilogrammes de SuperA produits
et y le nombre de kilogrammes d'ExtraC produits,
maximiser $z = 3x + 2y$ sujette aux contraintes
$0{,}4x + 0{,}2y \leq 38$
$0{,}3x + 0{,}3y \leq 30$

$0,3x + 0,5y \leq 45$
$x \geq 0$ et $y \geq 0$.
On trouve $z = 290$ \$ à (90; 10).

b) Il faut commander 38 kg de vitamine A, 30 kg de vitamine B et 32 kg de vitamine C.

18. a) Si x est le nombre de tables produites
et y le nombre de maisons de poupée produites,
maximiser $z = 50x + 60y$ sujette aux contraintes
$6x + 4y \leq 72$
$8x + 12y \leq 144$
$8x + 8y \leq 112$
$x \geq 0$ et $y \geq 0$.
On trouve $z = 780$ \$ à (6; 8).

b) 4 minutes à l'atelier de sciage seulement.

19. a) Le coût de main-d'œuvre pour produire la chaise Grand-mère est de 21,20 \$ et il en coûte 18,20 \$ pour produire la chaise Grand-père.

b) Si x est le nombre de chaises Grand-mère produites
et y le nombre de chaises Grand-père produites,
minimiser $w = 21,2x + 18,2y$ sujette aux contraintes
$20x + 40y \geq 240$
$60x + 30y \geq 360$
$24x + 24y \geq 240$
$x \geq 1$ et $y \geq 1$.
On trouve $w = 188$ \$ à (2; 8).

c) $\begin{pmatrix} 20 & 40 \\ 60 & 30 \\ 24 & 24 \end{pmatrix} \cdot \begin{pmatrix} 2 \\ 8 \end{pmatrix} = \begin{pmatrix} 360 \\ 360 \\ 240 \end{pmatrix}$

donc 6 heures à l'atelier de sciage, 6 heures pour le tournage et 4 heures pour l'assemblage.

20. a) Si x est le nombre de litres du mélange *Brillenet* produits,
et y le nombre de litres du mélange *Clairnet* produits,
maximiser $z = 1,50x + 1,20y$ sujette aux contraintes
$0,4x + 0,5y \leq 94$
$0,3x + 0,2y \leq 51$
$0,3x + 0,3y \leq 60$
$x \geq 0$ et $y \geq 0$.
On trouve $z = 273$ \$ à (110; 90).

b) Il faut commander 89 L du premier ingrédient, 51 L du deuxième et 60 L du troisième.

c) En ajoutant la contrainte $x \leq 70$, le plan de production est (70; 130) et alors $z = 261$ \$.

d) Il faut modifier le plan d'acquisitions et commander hebdomadairement 93 L du premier ingrédient, 47 L du deuxième et 60 L du troisième.

EXERCICES 10.4

1. a) $z = 15$ à (5; 0)
   b) $z = 96$ à (0; 12)
   c) $z = 52$ à (5; 8) ou à (8; 5)
   d) $z = 84$ à (3; 2; 4)
   e) $w = 6$ à (4; 0; 2) ou (0; 4; 2)
   f) $w = 7/2$ à (3/4; 3/4; 1/2)
   g) $w = 34$ à (4; 2)
   h) $w = 54$ à (6; 2)

2. $w = 5\,100$\$ à (12; 12)

3. a) $z = 780$ \$ à (6; 8)
   b) 4 minutes à l'atelier de sciage.

4. $z = 3\,200$ \$ à (160; 80; 80) ou (160; 160; 0)

5. a) $w = 200$ \$ à (40; 20)
   b) $\begin{pmatrix} 100 & 100 \\ 300 & 100 \\ 100 & 300 \end{pmatrix} \cdot \begin{pmatrix} 40 \\ 20 \end{pmatrix} = \begin{pmatrix} 6\,000 \\ 14\,000 \\ 10\,000 \end{pmatrix}$

6. a) $w = 400$ \$ à (20; 60)
   b) $\begin{pmatrix} 4 & 5 \\ 3 & 1 \\ 1 & 4 \end{pmatrix} \cdot \begin{pmatrix} 20 \\ 60 \end{pmatrix} = \begin{pmatrix} 380 \\ 120 \\ 260 \end{pmatrix}$

7. $w = 600$ \$ à (0; 0; 120)

8. a) $\dfrac{1}{60}\begin{pmatrix} 20 & 40 \\ 60 & 30 \\ 24 & 24 \end{pmatrix} = \begin{pmatrix} 1/3 & 2/3 \\ 1 & 1/2 \\ 2/5 & 2/5 \end{pmatrix}$

   $(12 \ \ 14 \ \ 18) \cdot \begin{pmatrix} 1/3 & 2/3 \\ 1 & 1/2 \\ 2/5 & 2/5 \end{pmatrix} = (21,20 \ \ 18,20)$

   b) $w = 188$ \$ à (2; 8)

   c) $\begin{pmatrix} 20 & 40 \\ 60 & 30 \\ 24 & 24 \end{pmatrix} \cdot \begin{pmatrix} 2 \\ 8 \end{pmatrix} = \begin{pmatrix} 360 \\ 360 \\ 240 \end{pmatrix}$

   donc 6 heures à l'atelier de sciage, 6 heures pour le tournage et 4 heures pour l'assemblage.

EXERCICES 10.6

1. a) Le problème comporte 12 variables qui sont les quantités de wagons déplacés de chacun des trois centres de déchargement à chacun des quatre centres de chargement.

   b) Il y a trois contraintes portant sur l'offre et quatre contraintes sur la demande.

   c) $\begin{pmatrix} 38 & 4 & 0 & 0 \\ 0 & 22 & 34 & 0 \\ 0 & 0 & 18 & 47 \end{pmatrix}$ dont le coût est $C = 7\,930$ \$.

   d) En évaluant le coût des transferts, on constate qu'il est avantageux d'assigner une valeur positive à la variable x_{31} et à la variable x_{32}. Puisque le coût de transfert pour assigner une valeur à la variable x_{31} est –2 et celui pour assigner une valeur à la variable x_{32} est –1, on choisit d'assigner une valeur à la variable x_{31}. En assignant 18 unités à cette variable, on a le tableau suivant:

$$\begin{pmatrix} 20 & 22 & 0 & 0 \\ 0 & 4 & 52 & 0 \\ 18 & 0 & 0 & 47 \end{pmatrix}$$ dont le coût est $C = 7\,570$ \$.

En évaluant à nouveau le coût des transferts, on constate qu'il est avantageux d'assigner une valeur positive à la variable x_{14}, le coût du transfert est –2. En assignant 20 unités à cette variable, on a le tableau suivant:

$$\begin{pmatrix} 0 & 22 & 0 & 20 \\ 0 & 4 & 52 & 0 \\ 38 & 0 & 0 & 27 \end{pmatrix}$$ dont le coût est $C = 7\,170$ \$.

En évaluant à nouveau le coût des transferts, on constate qu'il est avantageux d'assigner une valeur positive à la variable x_{32}, le coût du transfert est –1. En assignant 22 unités à cette variable, on a le tableau suivant:

$$\begin{pmatrix} 0 & 0 & 0 & 42 \\ 0 & 4 & 52 & 0 \\ 38 & 22 & 0 & 5 \end{pmatrix}$$ dont le coût est $C = 6\,950$ \$.

e) $\begin{pmatrix} 0 & 0 & 0 & 42 \\ 4 & 0 & 52 & 0 \\ 34 & 26 & 0 & 5 \end{pmatrix}$ dont le coût est $C = 7\,110$ \$.

N. B. D'autres réponses sont possibles.

f) $\begin{pmatrix} 0 & 0 & 0 & 42 \\ 0 & 4 & 52 & 0 \\ 38 & 22 & 0 & 5 \end{pmatrix}$ dont le coût est $C = 6\,950$ \$.

En évaluant à nouveau les coûts des transferts, on constate qu'ils sont tous positifs ou nuls, et la solution optimale est donc atteinte.

2. a) Le problème comporte 15 variables qui sont les quantités de paniers de fruits déplacés de chacun des trois centres de collecte à chacun des cinq centres de détention.

b) Il y a trois contraintes portant sur l'offre et cinq contraintes sur la demande.

c) $\begin{pmatrix} 13 & 1 & 0 & 0 & 0 \\ 0 & 11 & 6 & 0 & 0 \\ 0 & 0 & 6 & 10 & 12 \end{pmatrix}$ dont le coût est $C = 249$ \$.

d) $\begin{pmatrix} 0 & 9 & 0 & 5 & 0 \\ 0 & 0 & 0 & 5 & 12 \\ 13 & 3 & 12 & 0 & 0 \end{pmatrix}$ dont le coût est $C = 109$ \$.

e) Les coûts de tous les transferts de la solution obtenue par la méthode du coût minimal sont positifs ou nuls, et la solution optimale est donc atteinte.

3. a) Le problème comporte 12 variables qui sont les quantités de paniers de fruits déplacés de chacun des trois centres de collecte à chacun des quatre centres de détention.

b) Il y a trois contraintes portant sur l'offre et quatre contraintes sur la demande.

c) $\begin{pmatrix} 13 & 1 & 0 & 0 \\ 0 & 11 & 6 & 0 \\ 0 & 0 & 12 & 16 \end{pmatrix}$ dont le coût est $C = 243$ \$.

d) $\begin{pmatrix} 0 & 0 & 0 & 14 \\ 0 & 0 & 15 & 2 \\ 13 & 12 & 3 & 0 \end{pmatrix}$ dont le coût est $C = 121$ \$.

e) Les coûts de tous les transferts de la solution obtenue par la méthode du coût minimal sont positifs ou nuls, et la solution optimale est donc atteinte.

4. a) Le problème comporte 15 variables qui sont les quantités de chaises déplacées de chacun des trois centres de production à chacun des cinq centres hospitaliers. Cependant, l'offre excède la demande. En effet, l'offre est de 220 unités et la demande de 168 unités. Il faut donc ajouter une contrainte supplémentaire sur la demande à laquelle on associera des coûts nuls.

b) Il y a trois contraintes portant sur l'offre et six contraintes sur la demande.

c) $\begin{pmatrix} 27 & 30 & 0 & 0 & 0 & 0 \\ 0 & 12 & 24 & 42 & 0 & 0 \\ 0 & 0 & 0 & 2 & 31 & 52 \end{pmatrix}$

dont le coût est $C = 7\,280$ \$.

d) $\begin{pmatrix} 0 & 0 & 0 & 5 & 0 & 52 \\ 0 & 39 & 0 & 39 & 0 & 0 \\ 27 & 3 & 24 & 0 & 31 & 0 \end{pmatrix}$

dont le coût est $C = 7\,740$ \$.
N.B. D'autres réponses sont possibles.

e) En appliquant l'algorithme, on trouve

$$\begin{pmatrix} 19 & 2 & 18 & 18 & 0 & 0 \\ 0 & 40 & 0 & 26 & 12 & 0 \\ 8 & 0 & 6 & 0 & 19 & 52 \end{pmatrix}$$

dont le coût est $C = 6\,480$ \$.

5. a) Le problème comporte 16 variables qui sont les quantités de machines gérées par la compagnie pour chacun des quatre modèles de machines dans chacun des quatre emplacements.
   b) Il y a quatre contraintes portant sur l'offre et quatre contraintes sur la demande.
   c) $\begin{pmatrix} 6 & 6 & 0 & 0 \\ 0 & 5 & 5 & 0 \\ 0 & 0 & 4 & 4 \\ 0 & 0 & 0 & 14 \end{pmatrix}$ dont le coût est $C = 296$ \$.
   d) $\begin{pmatrix} 0 & 0 & 0 & 12 \\ 6 & 4 & 0 & 0 \\ 0 & 0 & 2 & 6 \\ 0 & 7 & 7 & 0 \end{pmatrix}$ dont le coût est $C = 225$ \$.

   N.B. D'autres réponses sont possibles.

   e) En appliquant l'algorithme, on trouve
   $\begin{pmatrix} 0 & 0 & 0 & 12 \\ 6 & 2 & 0 & 2 \\ 0 & 0 & 4 & 4 \\ 0 & 9 & 5 & 0 \end{pmatrix}$ dont le coût est $C = 221$ \$.

6. a) Le problème comporte 15 variables qui sont les quantités déplacées de chacune des trois usines à chacun des cinq centres de distribution.
   b) Il y a trois contraintes portant sur l'offre et cinq contraintes sur la demande.
   c) $\begin{pmatrix} 80 & 75 & 5 & 0 & 0 \\ 0 & 0 & 120 & 80 & 0 \\ 0 & 0 & 0 & 60 & 60 \end{pmatrix}$

   dont le coût est $C = 113\,000$ \$.
   d) $\begin{pmatrix} 0 & 75 & 0 & 65 & 20 \\ 0 & 0 & 125 & 75 & 0 \\ 80 & 0 & 0 & 0 & 40 \end{pmatrix}$

   dont le coût est $C = 99\,500$ \$.
   e) Les coûts de tous les transferts de la solution obtenue par la méthode du coût minimal sont positifs ou nuls, la solution optimale est donc atteinte.

CHAPITRE 11

EXERCICES 11.2

1. $7! = 5\,040$ mots
2. $5! = 120$ mots
3. $5! = 120$ mots

4. a) 120   b) 5016
   c) 720   d) 144
   e) 495   f) 134 596
   g) 744   h) 1 681

5. a) 120 mots   b) 2 520 mots
   c) 19 958 400 mots   d) 302 400 mots

6. a) i) 15 résultats   ii) 15 résultats
      iii) 6 résultats   iv) 6 résultats
      v) 1 résultats
   b) 64

7. a) 720 codes   b) 36 résultats

8. $8! = 40\,320$ résultats

9. a) 86 486 400 mots   b) 1 108 800 mots

10. 15 120 nombres   11. 2 520 mots

12. 165 765 600 mots

13. a) $n = 7$ b) $n = 13$

14. a) 6   b) 8
    c) 20   d) 16
    e) 5   f) 9

15. a) 5   b) 3
    c) 2   d) 13

16. 1 800 mots

17. a) 676 000 codes   b) 468 000 codes

18. $26^3 \times 10^3 = 17\,576\,000$ codes postaux

19. $2^4 = 16$ codes   20. $2^{12} = 4096$ résultats

21. 6

22. a) 36 mots   b) 729 mots

23. 1 956 signaux   24. 256 résultats

25. 11! dispositions   26. 14!/2 colliers

27. 900 000 résultats   28. 840 nombres

29. a) $8^5 = 32\,768$ mots   b) $8^3 = 512$ mots

30. $6^3 = 216$ 31. 98 176 mots

32. a) 27 216 nombres   b) 336 nombres
    c) 5 712 nombres   d) 13 776 nombres

33. 364 résultats

34. a) 32 messages   b) 62 messages

35. a) 26 496 résultats   b) 19 315 836 résultats

EXERCICES 11.4

1. Lorsqu'on forme des sous-ensembles, l'ordre suivant lequel on choisit les éléments n'a pas d'importance car cela ne change pas le sous-ensemble formé; on a donc $C_7^4 = 35$ sous-ensembles possibles.

2. Lorsqu'on forme des comités sans postes distincts, l'ordre suivant lequel on choisit les personnes n'a pas d'importance car cela ne change pas le comité formé; on a donc $C_{11}^6 = 462$ comités possibles.

3. Lorsqu'on choisit des billes simultanément, il n'y a pas d'ordre. En fait on forme un sous-ensemble de trois billes choisies parmi quinze, ce qui donne $C_{15}^3 = 455$ piges différentes.

4. 14

5. a) 27 405   b) 8 775 et 1 053

6. a) 230 300 prélèvements   b) 79 464; 14 190; 880; 15

7. a) 211 926 mains   b) 1 069 263 mains
   c) 22 308 mains

8. 5 005 groupes

9. a) 4 096 résultats   b) 924 résultats
   c) 2 510 résultats

10. a) 90 façons   b) 90 façons
    c) 21 façons   d) 185 façons
    e) 115 façons

11. a) 210 comités   b) 100 comités

12. a) 56 comités   b) 336 comités

13. a) 630 630 façons   b) 534 534 comités

14. $n = 15$ 15. 120 triangles

16. 35 diagonales

17. a) 10 produits   b) 26 produits

18. a) 495   b) 924

19. 1 947 792   20. 13 983 816

21. a) $C_{12}^3 \times C_9^3 \times C_6^3 \times C_3^3 = \dfrac{12!}{(3!)^4} = 369\ 600$ façons

    b) $C_{12}^3 \times C_{12}^3 \times C_{12}^3 \times C_{12}^3 = 220^4$ façons

22. a) 56 résultats   b) 24 résultats
    c) 28 résultats

23. a) $6{,}299 \times 10^{10}$ mots   b) $26^8 \approx 2{,}088 \times 10^{11}$ mots
    c) 96 909 120; $26^6 = 308\ 915\ 776$ mots
    d) 4 037 880; $26^5 = 11\ 881\ 376$ mots
    e) 175 560; $26^4 = 456\ 976$ mots

24. a) 78 624 000   b) 175 760 000
    c) 88 583 040   d) 156 000 000
    e) 258 336 000   f) 456 976 000
    g) 329 022 720   h) 358 800 000
    i) 468 000   j) 676 000
    k) 486 720   l) 650 000

25. a) 30 240   b) 100 000
    c) 2 600 640   d) 111 100 000

26. a) $C_n^0 = \dfrac{n!}{(n-0)!\,0!} = 1$ et $C_n^n = \dfrac{n!}{(n-n)!\,n!} = 1$

    d'où $C_n^0 = C_n^n = 1$

    b) $C_n^1 = \dfrac{n!}{(n-1)!\,1!} = n$ et

    $C_n^{n-1} = \dfrac{n!}{[n-(n-1)]!(n-1)!} = \dfrac{n!}{1!(n-1)!} = n$ d'où

    $C_n^1 = C_n^{n-1} = n$

    c) $C_n^{n-p} = \dfrac{n!}{[n-(n-p)]!(n-p)!} = \dfrac{n!}{p!(n-p)!} = C_n^p$

    d)

    $C_{n-1}^{p-1} + C_{n-1}^p = \dfrac{(n-1)!}{[n-1-(p-1)]!(p-1)!} + \dfrac{(n-1)!}{(n-p-1)!\,p!}$

    $= \dfrac{(n-1)!}{(n-p)!(p-1)!} + \dfrac{(n-1)!}{(n-p-1)!\,p!}$

    $= \dfrac{(n-1)!\,p}{(n-p)!\,p!} + \dfrac{(n-1)!(n-p)}{(n-p)!\,p!}$

    $= \dfrac{(n-1)!(p+n-p)}{(n-p)!\,p!}$

    $= \dfrac{(n-1)!\,n}{(n-p)!\,p!} = \dfrac{n!}{(n-p)!\,p!} = C_n^p$

CHAPITRE 12

EXERCICES 12.2

1. a) C'est une expérience aléatoire car on peut répéter l'expérience aussi souvent que l'on veut. On peut décrire l'espace échantillonnal {P ; F}, donc dénombrer les résultats possibles. Cependant, on ne peut prédire le résultat avec certitude.
   b) C'est une expérience aléatoire.
   c) C'est une expérience aléatoire.

d) Ce n'est pas une expérience aléatoire.
e) Pas si on est prêt pour l'examen et que l'on ne répond pas au hasard.

2. a) S = {PPP ; PPF ; PFP ; FPP ; PFF; FPF ; FFP ; FFF}
   b) Représentons chaque résultat par un nombre de deux chiffres dont le premier chiffre est le résultat du premier lancer et le deuxième chiffre le résultat du deuxième lancer. On a alors
   S = {11; 12; 13; 14; 15; 16; 21; 22; 23; 24; 25; 26; 31; 32; 33; 34; 35; 36; 41; 42; 43; 44; 45; 46; 51; 52; 53; 54; 55; 56; 61; 62; 63; 64; 65; 66}.
   c) S = {AAA; BBB; CCC; AAB; ABA; BAA; AAC; ACA; CAA; BBA; BAB; ABB; BBC; BCB; CBB; CCA; CAC; ACC; CCB; CBC; BCC; ABC; ACB; BAC ; BCA ; CAB ; CBA}.
   d) S = {11; 12; 13; 14; 21; 22; 23; 24; 31; 32; 33; 34; 41; 42; 43; 44}

3. a) #(S) = 2^5 = 32   b) #(S) = 6^4 = 1 296
   c) #(S) = C_{12}^5 = 792   d) #(S) = 4^4 = 256

4. a) 6/27 = 22,2 %   b) 19/27 = 70,4 %
   c) 21/27 = 77,7 %   d) 6/27 = 22,2 %

5. a) 3/8   b) 7/8
   c) 2/8

6. a) 56/252 = 22,2 %   b) 56/252 = 22,2 %
   c) 140/252 = 55,6 %

7. a) $P(E) = \dfrac{C_{40}^1 C_{60}^2}{C_{100}^3} = \dfrac{3\,540}{8\,085} = 0,4378...$ ou 43,8%.

   b) $P(F) = \dfrac{C_{60}^3}{C_{100}^3} = \dfrac{1\,711}{8\,085} = 0,2116...$ ou 21,2%.

   c) $P(\overline{F}) = 1 - P(F) = 1 - \dfrac{1\,711}{8\,085} = \dfrac{6\,374}{8\,085} = 0,78837...$ ou 78,8 %.

8. a) $P(E) = \dfrac{45}{1\,024} = 4,4\%$

   b) $P(F) = 1 - P(\overline{F}) = 1 - \dfrac{1}{1\,024} = \dfrac{1\,023}{1\,024} = 99,9\%$

9. a) 14/285 = 4,9 %   b) 21/285 = 7,4 %
   c) 115/285 = 40,4 %   d) 21/285 = 7,4 %
   e) 54/285 = 18,9 %

10. 0,000 000 513...

11. a) 0,05; 0,125 et 0,25   b) 0,2372
    c) 0,5066   d) 0,784

12. a) 97,3 %   b) 2,7 %

13. a) 0,1169   b) 0,4114
    c) 0,7063   d) 0,8912

EXERCICES 12.4

1. a) P(A∩B) = 0,2   b) 0,5
   c) $0,\overline{6}$ d) $0,8\overline{3}$

2. a) 10/19   b) 8/19
   c) 9/19   d) 11/19
   e) 3/19   f) 3/8
   g) 3/10   h) 7/11
   i) 5/8   j) 5/9
   k) 7/10   l) 4/11
   m) 4/9   n) 10/15
   o) 8/15   p) 0

3. Puisque A et B sont indépendants, on a P(A ∩ B) = P(A) × P(B) or P(A) ≠ 0 et P(B) ≠ 0, on a donc P(A ∩ B) ≠ 0 et les événements sont compatibles.

4. $P(A|\overline{A}) = \dfrac{P(A \cap \overline{A})}{P(\overline{A})} = \dfrac{0}{P(\overline{A})} = 0$

   $P(\overline{A}|A) = \dfrac{P(A \cap \overline{A})}{P(A)} = \dfrac{0}{P(A)} = 0$

5. $P[E|(E \cup F)] = \dfrac{P(E \cap (E \cup F))}{P(E \cup F)} = \dfrac{P(E)}{P(E \cup F)}$

6. a) 3/13   b) 3/13
   c) 1/26   d) 11/26
   e) 1/6   f) 1/6
   g) 1/4   h) 6/11
   i) 1

7. a) 0,66 et 0,34   b) $0,\overline{72}$ et 0,765
   c) $0,\overline{648}$ et 0,692 d) $0,\overline{351}$ et 0,308

8. F: « fumeur »; A: « administration »; H: « à taux horaire »
   a)

	Fumeurs	Non-fumeurs	
Taux horaire	768	1 152	1 920
Administration	336	144	480
	1 104	1 296	2 400

   b) P(F) = 1104/2400 = 46 %
   c) P(F|A) = 336/480 = 70 %;
      P(F|H) = 768/1920 = 40 %
   d) P(H|F) = 768/1104 = 69,6 %;
      $P(H|\overline{F})$ = 1152 / 1296 = 88,9 %.

9. a) Soit A l'événement « le lot est accepté ». Pour que cet événement se réalise, il faut que l'échantillon prélevé ne contienne aucun appareil défectueux, on a donc

   $P(A) = \dfrac{C_{11}^3}{C_{15}^3} = \dfrac{165}{455} = \dfrac{33}{91} = 36,3\%$

   b) $P(\overline{A}) = 1 - P(A) = 1 - \dfrac{33}{91} = \dfrac{58}{91} = 63,7\%$.

10. a)

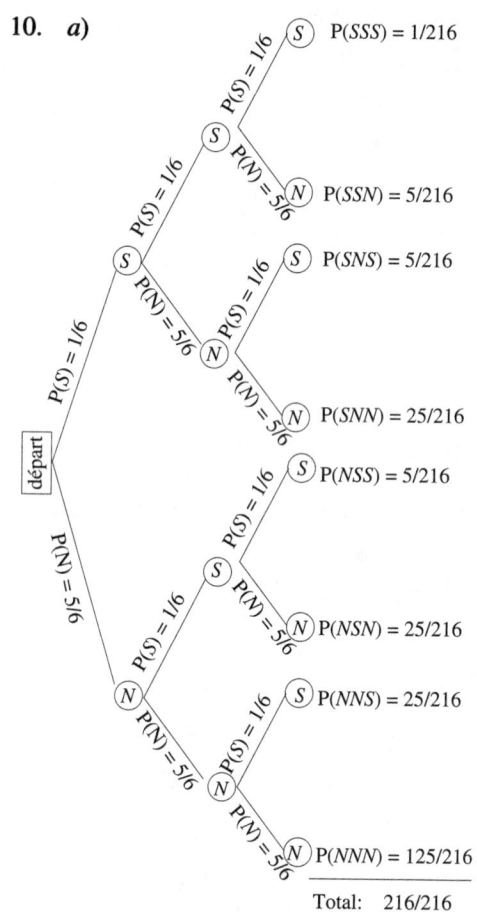

b) Soit S_2 l'événement « avoir au moins deux fois le six ». $P(S_2) = 16/216 = 7,4\ \%$

c) $5/180 = 2,8\ \%$

11. b) $26/96 = 27,1\ \%$ c) $39/96 = 40,6\ \%$
    d) $31/96 = 32,3\ \%$ e) $12/26 = 46,2\ \%$
    f) $16/39 = 41,0\ \%$ g) $4/31 = 12,9\ \%$

12. b) $36/96 = 37,5\ \%$ c) $36/96 = 37,5\ \%$
    d) $24/96 = 25,0\ \%$

13. b) 12/2652; 192/2652; 192/2652; 2256/2652
    c) 204/2652; 2448/2652
    d) 12/204; 192/204; 192/2448; 2256/2448

14. b) 16/2704; 192/2704; 192/2 704; 2304/2704.
    c) 208/2704; 2496/ 2704; 2496/2704
    d) 16/208; 192/208; 192/2496; 2304/2496.

15. b) 4/12; 8/12
    c) 1/4, 1/4 et 2/4   d) 1/8, 3/8 et 4/8

16.

	B	$\overline{B}$	Total
A_1	$P(A_1 \cap B)$ 1/12	$P(A_1 \cap \overline{B})$ 1/12	$P(A_1)$ 2/12
A_2	$P(A_2 \cap B)$ 1/12	$P(A_2 \cap \overline{B})$ 3/12	$P(A_2)$ 4/12
A_3	$P(A_3 \cap B)$ 2/12	$P(A_3 \cap \overline{B})$ 4/12	$P(A_3)$ 6/12
Total	$P(B)$ 4/12	$P(\overline{B})$ 8/12	$P(S)$ 12/12 = 1

CHAPITRE 13

SITUATION 13.1
Bases

10	2	8	16	dcb
7	111	7	7	0111
13	1101	15	D	0001 0011
29	1 1101	35	1D	0010 1001
14,75	1110,11	16,6	E,C	0001 0100,0111 0101
71	100 0111	107	47	0111 0001
856	11 0101 1000	1 530	358	1000 0101 0110
5,625	101,101	5,5	5,A	0101,0110 0010 0101
279	1 0001 0111	427	117	0010 0111 1001
205	1100 1101	315	CD	0010 0000 0101
27	11011	33	1B	0010 0111
427	1 1010 1011	653	1AB	0100 0010 0111
11,6875	1011,1011	13,54	B,B	0001 0001,0110 1000 0111 0101

18. a) $2^3 = 8$ b) 3
   b) La probabilité du succès lors d'un lancer étant 1/6 et celle de l'échec de 5/6, la probabilité de deux succès et d'un échec sur trois lancers est $\left(\frac{1}{6}\right)^2\left(\frac{5}{6}\right)^1$. Or il y a $C_3^2 = \frac{3!}{2!\,1!} = 3$ résultats comportant deux succès et un échec. La probabilité est donc
   $$C_3^2\left(\frac{1}{6}\right)^2\left(\frac{5}{6}\right)^1 = 3 \times \left(\frac{1}{6}\right)^2\left(\frac{5}{6}\right)^1 = \frac{15}{216} = 6{,}9\ \%.$$
   c) $P(sse) + P(ses) + P(ess) = \frac{15}{216} = 6{,}9\ \%.$
   d) Soit e_3 l'événement « Obtenir trois échecs en trois lancers », $P(e_3) = 125/216$
   e) $1 - P(e_3) = 91/216$

19. a) $2^3 = 8$ b) 3
    c) 48/216   d) 8/216
    e) 152/216

20. a) $2^4 = 16$ b) 6
    c) 54/256   d) 12/256
    e) 175/256

SITUATION 13.2
1. $(10010\ 0010)_2$
2. $(111\ 1000)_2$
3. $(11\ 0011\ 0011\ 1011)_2$
4. $(1\ 0010)_2$
5. $(1\ 031)_8$
6. $(163)_8$
7. $(1023)_{16}$
8. $(448)_{16}$

SITUATION 13.3
1. 0001 1000
2. 1101 1101
3. 0010 0101
4. 1101 0001

SITUATION 13.4
1. 0 0 0 0 1 1 0 0 0
   + 0 0 0 1 0 0 1 1
   = 0 0 1 0 1 0 0 1

2. 1 1 0 1 1 1 0 1
   + 0 0 0 0 0 1 1 1
   = 1 1 1 0 0 1 0 0

3. 0 0 1 0 0 1 0 1
   + 1 1 1 0 0 1 1 1
   = 0 0 0 0 1 1 0 0
   Débordement

4. 0 0 1 0 1 1 1 1
   + 0 1 0 0 1 0 0 0
   = 0 1 1 1 0 1 1 1

SITUATION 13.5
1. 0 1000110 10110101000000000000000
2. 0 1000111 00101101110011001100110
3. 0 1000000 10001110001001100110010
4. 0 1001001 10011011001100110011

SITUATION 13.6
a) En représentant graphiquement les données, on constate que la situation pourrait être décrite par un modèle affine.

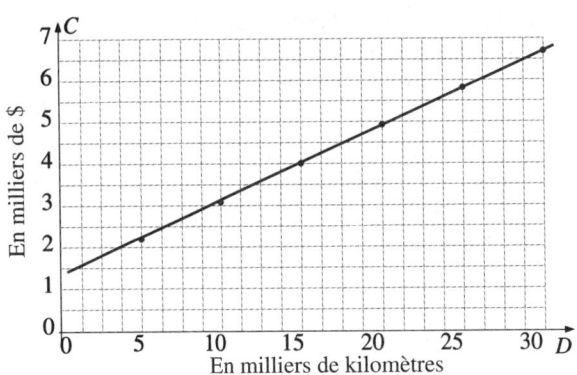

L'équation de la droite des moindres carrés est $C(D) = 0{,}18D + 1\,334$

b) Le calcul des résidus donne 7 296.
Le coefficient de corrélation est 0,9997. La corrélation est très forte, ce qui signifie que le modèle affine est très approprié.

c) $C(35\,000) = 7\,616$ \$ soit environ 7 600 \$.

d) On peut déterminer le coût du kilomètre en divisant le coût annuel par la distance parcourue annuellement, ce qui donne

D	5 000	10 000	15 000	20 000	25 000	30 000
C_u	0,45	0,31	0,27	0,5	0,23	0,22

Un modèle est $C_u(D) = 0{,}1795 + \dfrac{1\,334}{D}$.

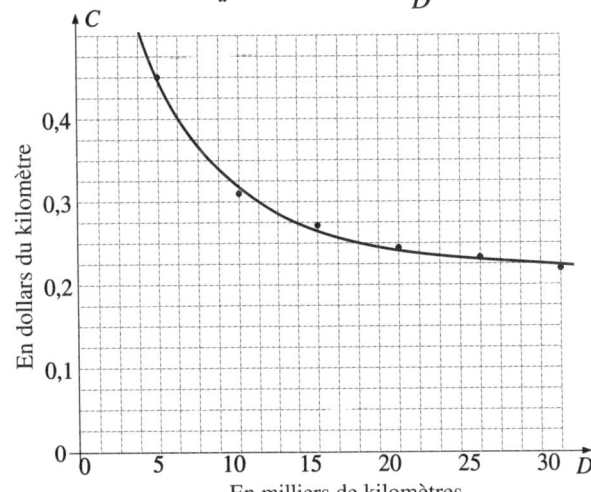

SITUATION 13.7

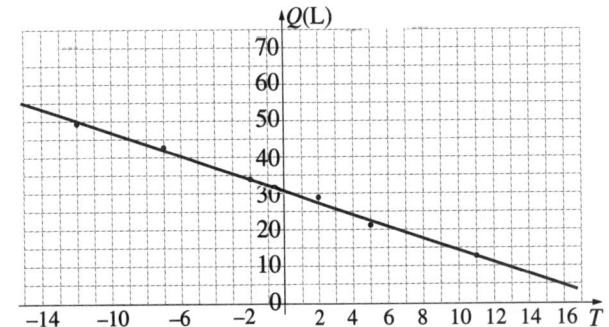

b) $Q(T) = -1{,}61T + 30{,}69$
   Le coefficient de corrélation est $-0{,}996$.
c) $Q(-9) = -1{,}61 \times -9 + 30{,}69 = 45{,}2$ L.
d) $Q(-12) = -1{,}61 \times -12 + 30{,}69 = 50{,}01$ L par jour en moyenne. Le mois comptant 31 jours, la consommation mensuelle sera d'environ 1 550 litres.
e) $Q(-20) = -1{,}61 \times -20 + 30{,}69 = 62{,}89$ L.

SITUATION 13.9
a) (30; 40) ou (55; 20), $z = 3\,200$ $. Tout point du segment reliant ces deux points est aussi solution du problème de maximisation. Il existe quatre autres solutions entières entre $x = 30$ et $x = 55$. Elles sont données dans le tableau suivant avec les surplus de matériau.

Nombre de modèles		Surplus mensuels	
M_1	M_2	Montants (m)	Contreplaqué (feuilles)
30	40	0	40
35	36	14	32
40	32	28	24
45	28	42	16
50	24	56	8
55	20	70	0

SITUATION 13.10
a) C'est INFO-NET qui a l'offre la plus avantageuse (avec 7 209,22 $).
b) On devrait choisir Info-Mod (avec 7 144,00 $).

SITUATION 13.11
Valeur = 44 991,35 $, Intérêts = 9 991,35 $

SITUATION 13.12
a) (60; 20), $z = 4\,800$ $
b) Les temps de travail sont les mêmes que les temps libres, sauf pour la soudure (surplus de 45×2 minutes de soudure par rapport aux temps libres).

SITUATION 13.13
a) Le total des salaires pour chaque semaine est
   (2 471,50   2 477,25   2 636,85   2 725,15)
b) L'impôt fédéral retenu par l'employeur pour chacune des semaines est
   (642,59   644,09   685,58   708,54)
   La cotisation de l'employé de l'Ass.-emploi est
   (71,67   71,84   76,47   79,03)
   L'impôt provincial est
   (593,16   594,54   632,84   654,04)
   La cotisation de l'employeur à l'assurance-emploi est
   (100,34   100,58   107,06   110,64)
   La cotisation au RRQ est
   (66,73   66,89   71,19   73,58)
   La contribution au FSS est (105,29   105,53   112,33   116,09)
   La contribution à la CNT est (1,98   1,98   2,11   2,18)

SITUATION 13.14
a) $S(n) = S_0 (1{,}045)^n$. $S(3) = 24\,000(1{,}045)^3 = 27\,387{,}99$ $
b) $S(8) = 24\,000(1{,}045)^8 = 34\,130{,}41$ $
c) Si les prévisions se réalisent,
   $S(8) = 27\,387{,}99 (1{,}032)^5 = 32\,059{,}64$ $

SITUATION 13.15
(0; 60; 60) à 2 160 $. Il faut donc fabriquer 60 exemplaires de P_2 et 60 exemplaires de P_3 pour minimiser les coûts à 2 160 $.

SITUATION 13.16
a) $V(P) = -120{,}6P + 1\,504$
b) Environ 8,36 $
c) Environ 2,50 $
d) 1 200 unités en arrondissant au cent près.
e) Il y aura encore des surplus de 300 unités. Il sera donc inutile d'engager du personnel supplémentaire, la prévision n'est pas réaliste.
f) Les ventes mensuelles seront de 961 unités. La capacité de production étant de 950 unités, les surplus accumulés diminueront de 11 unités par mois, soit 132 unités au cours de la deuxième année. Les surplus seront alors de 120 unités.

SITUATION 13.17
a) 49 %
b) Le groupe des 18 à 30 ans, car 60 % des répondants de ce groupe sont intéressés par le produit.
c) 60 %   d) 40 %

SITUATION 13.18
a) 2 $ b) 2 $
c) −1 $, ce qui signifie une perte pour le joueur et un gain pour le préposé.
d) C'est qu'un joueur peut espérer gagner en jouant une fois.
e) 1/36

SITUATION 13.19
a) 10/19600   b) 14190/19600
c) 5410/19600   d) 450/19600
e) 4950/19600   f) 5410/19600, 9720/19600

SITUATION 13.20
a) Il suffit de multiplier la matrice des résultats par une matrice comportant deux lignes et dont les coefficients représentent la pondération de chaque évaluation dans la note finale.
c) On utilise 0 comme multiplicateur pour éliminer les notes de travaux de l'évaluation du cheminement et réciproquement pour la colonne des travaux.

SITUATION 13.21
En représentant graphiquement les données, on constate que le modèle pourrait être une variation directement proportionnelle ou une variation directement proportionnelle au carré.

Le graphique ne permet pas de dire si la situation est décrite par une droite ou une courbe.
En calculant les rapports d/v et d/v^2 pour les différentes correspondances, on obtient le tableau ci-contre:

v	d	d/v	d/v^2
40	48	1,20	0,03
45	61	1,36	0,03
50	75	1,50	0,03
55	91	1,65	0,03
60	108	1,80	0,03
65	127	1,95	0,03

Les rapports d/v^2 étant constants, la variation est directement proportionnelle au carré, soit de la forme $d = kv^2$ où $k = 0,03$.
Le modèle algébrique est donc
$$d = 0,03v^2$$
On trouve par substitution les correspondances suivantes:

Vitesse (km/h)	70	80	120
Distance (m)	147	192	432

BIBLIOGRAPHIE

Amiot, Esther. *Introduction aux probabilités et à la statistique,* Boucherville, Gaëtan Morin éditeur, 1990, 478 p.

Anton, Howard. *Algèbre linéaire*, adaptation de Pelletier, Jean-Yves. Repentigny, Les Éditions Reynald Goulet Inc., 1993, 261 p.

Audet, Boucher, Caumartin, Skeene. *Probabilités et statistiques*, 2e édition, Boucherville, Gaëtan Morin éditeur, 1993, 419 p.

Aumiaux, Michel. *Logique binaire et ordinateurs*, Paris, Masson, 1977, 2 vol.

Baillargeon, Gérald. *Introduction à la programmation linéaire*, Trois-Rivières, Éditions SMG, 1977, 189 p.

Ball, W.W.R. *A Short Account of History of Mathematics,* New York, Dover Publications, Inc., 1960, 522 p.

Beaudoin, Germain. *Complément de mathématiques,* 2e édition revue et corrigée. Sainte-Foy, Les Presses de l'Université Laval, 1979, 355 p.

Beaudoin, Germain. *Algèbre linéare et géométrie vectorielle,* 2 tomes. Sainte-Foy, Les Presses de l'Université Laval, 1988, 946 p.

Beaudoin, Germain. *Math 105,* Montréal, Les Éditions BL, 1988, 430 p.

Boittiaux, J. *Mathématiques de l'informatique,* Paris, Dunod, 1970.

Boyer, Carl B. *A History of Mathematics*, New York, John Wiley & Sons, 1968, 717 p.

Casanova, Gaston. *L'algèbre de Boole*, Paris, Presses universitaires de France, 1969, 124 p.

Charron, Gilles et Parent, Pierre. *Algèbre linéaire et géométrie vectorielle,* 2e édition, Laval, Éditions Études Vivantes, 1999, 470 p.

Chinal, Jean. *Circuits logiques de traitement numérique de l'information*, Toulouse, CEPADUES, 1979, 652 p.

Collette, Jean-Paul. *Histoire des mathématiques*, Montréal, Éditions du Renouveau Pédagogique Inc., 1979, 2 vol., 587 p.

Davis, Philip J, Hersh, Reuben, Marchisotto, Elena Anne. *The Mathematical Experience,* Study edition, Boston, Birkhäuser, 1995, 485 p.

Dunham, William. *The Mathematical Universe,* New York, John Wiley & Sons, Inc., 1994, 314 p.

Fortin, André. *Analyse numérique pour ingénieurs,* Montréal, Éditions de l'École Polytechnique de Montréal, 1996, 448 p.

Gauvin, Jacques. *Leçons de programmation mathématique,* Montréal, Éditions de l'École Polytechnique de Montréal, 1995, 140 p

Gazalé, Midhat. *Number, From Ahmes to Cantor,* Princeton, New Jersey, Princeton University Press, 1999, 297 p.

Guérard, Jean-Claude. *Programmation linéaire,* Paris, Eyrolles, Montréal, Presses de l'Université de Montréal, 1978, 416 p.

Ifrah, Georges. *Histoire universelle des chiffres,* Paris, Éditions Robert Laffont, 1994, 2 vol, 2 051 p.

Kemeny, John G., Snell, J. Laurie, Thompson, Gerald L. *Introduction to Finite Mathematics,* 3e Édition, Englewoods Cliffs, Prentice-Hall, Inc., New Jersey, 1974, 484 p.

Kemeny, John G., Snell, J. Laurie, Thompson, Gerald L. *Algèbre moderne et activités humaines,* Paris, Dunod, 1969, 415 p.

Kline, Morris. *Mathematical Thought from Ancient to Modern Times,* New York, Oxford University Press, 1972, 1238 p.

Kramer, Edna E. *The Nature and Growth of Modern Mathematics,* New York, Hawthorn Books, Inc. Publishers, 1970, 758 p.

Lacasse, Raynald, Laliberté, Jules. *Algèbre linéaire,* Sherbrooke, Loze-Dion éditeur Inc.1991, 293 p.

Letocha, Jean. *Introduction aux circuits logiques.* Montréal, McGraw-Hill Éditeurs, 1982, 270 p.

Levine, Arnold. *Theoy of Probability*, Reading, Massachussetts, Addison-Wesley Publishing Company, 1971, 403 p.

Ouellet, Gilles. *Algèbre linéaire, vecteurs et géométrie,* Sainte-Foy, Les Éditions Le Griffon d'argile, 1994, 476 p.

Papillon, Vincent. *Vecteurs, matrices et nombres complexes,* Mont-Royal, Modulo éditeur, 1993, 387 p.

Rosen, Kenneth H. *Mathématiques discrètes*, Montréal, Chenelière McGraw-Hill, 1998, 670 p.

Smith, David Eugne. *History of Mathematics,* New York, Dover Publications, Inc. 1958, 2 vol. 1 299 p.

Struih, David. *A Concise History of Mathematics,* New York, Dover Publications, Inc. 1967, 195 p.

INDEX

A

Addition
- en binaire, 30
- en hexadécimal, 49
- en octal, 44

Additionneur, 146
- complet, 147

Addresse d'un élément d'une matrice, 265
Affectation des ressources, 316
Affine, fonction, 204
Aléatoire, expérience, 392
Algèbre
- des circuits, 135
- des propositions, 102

Algorithme des pierres de gué, 348
Antécédent, 105
Annuités, 173
- de début de période, 173
- de fin de période, 173, 175

Arrangements
- avec répétitions, 368
- sans répétition, 365

Arithmétique
- de l'ordinateur, 57
- progression, 167

Axiome d'induction, 189

B

Base
- d'une équation exponentielle, 234
- d'une fonction exponentielle, 240
- d'un système de numération, 3

Binaire
- naturel, 18
- réfléchi, 19

Biconditionnelle, 107
BOOLE, Georges, 110
- algèbre de, 102

Booléen(ne)
- énoncé, 102
- forme, 102
- opérateurs, 103
- conjonction, 103
- disjonction, 104
- négation, 103

Borne supérieure de l'erreur, 80
BRIGGS, Henry, 231

C

Calcul des résidus, 214
Canonique, somme, 144
Caractéristique algébrique du modèle exponentiel, 228
Cardinalité d'un ensemble, 393
CAYLEY, Arthur, 270
CELSIUS, Anders, 208
Changement de base, 238
Chiffres, 2
Circuits de base, 136
- circuit et, 136
- circuit inverseur, 136
- circuit ou, 136

Circuits logiques, application des, 144
Circuits particuliers, 138
- circuit à coïncidence, 140
- circuit comparateur, 140
- circuit non–et, 139
- circuit non–ou, 139
- circuit ou exclusif, 139
- circuits logiques, 122
- circuit parallèle, 123
- circuit série, 122

Circuits, simplification de, 142
Code Gray (ou binaire réfléchi), 19
Coefficient de corrélation, 214
Coïncidences de dates, 410
Combinaisons, 375
Complémentation
- en binaire, 35
- en décimal, 33
- en hexadécimal, 50
- en octal, 47

Conclusion, 105
Conséquence, 105
Conjonction, 103

Contradiction, 108
Contraposée, 107
Conversion
- binaire–hexadécimal, 15
- binaire–octal, 15
- décimal–hexadécimal, 13
- déxcimal–octal, 11
- d'un nombre binaire en décimal, 2
- d'un nombre décimal en binaire, 4
- d'un nombre entier en binaire, 4
- d'un nombre fractionnaire en binaire, 6
- octal-décimal, 12
Convexe,
- ensemble, 311
- polyèdre, 311
- polygone, 311
Cycle d'une échelle logarithmique, 246

D
DANTZIG, Georges Bernard, 340
Décimal codé binaire, 18
Demi-additionneur, 146
Demi-plan
- fermé, 308
- ouvert, 308
DE MORGAN
- Augustus, 156
- Lois de, 399
Dimension d'une matrice, 265
Discriminant, 106
Disjonction, 104
- exclusive, 105
Divisibilité des entiers, 193
Droite
- de régression, 212
- de tendance, 215
- équation d'une, 205
Dual, problème, 334
- représentation matricielle du, 334
Dualité de l'algèbre de BOOLE, 113

E
Écart, variable d', 324
Échelle
- linéaire, 246
- logarithmique, 246
- logarithmique et modélisation, 249
Égalité
- de matrices, 265
- sur les ensembles, 116
Éléments d'une matrice, 265
Énoncé booléen, 102
Ensemble
- convexe, 311
- d'arrivée, 164
- de départ, 164

Équation d'une droite, 205
Équation exponentielle, 234
Équivalence logique, 108
Erreur(s), 78
- absolue, 79
- de représentation sur ordinateur, 78
- dues à la représentation des entiers, 86
- dues à la représentation en mode réel, 90
- en notation flottante, 86
- relative, 79
Espace échantillonnal, 392
EULER
- Leonhard, 244
- nombre d', 244
Événement(s), 392
- certain, 395
- complémentaire, 397
- disjoints, 396
- impossible, 395
- incompatibles, 396
- indépendants, 408
Expérience aléatoire, 392
Exponentielle
- équation, 234
- fonction, 240
Extrapolation, 215

F
FAHRENHEIT, Daniel Gabriel, 208
Factorielle, 365
FERMAT, Pierre de, 371
Fonction,
- affine, 204
- constante, 205
- croissante, 205
- décroissante, 205
- économique, 314
- exponentielle, 240
- inverse, 206
- linéaire, 314
- logarithmique, 241
- logique, 123
- récursive, 165
Forme booléenne, 115
- et quantificateurs, 115

G
GALTON, Sir Francis, 217
GAUSS, Carl Friedrich, 285
GAUSS, Méthode de, 281
GAUSS–JORDAN, méthode de, 286

H
Hexadécimal, système, 11

I
Image, 206

Implication, 105
- logique, 108
Incertitude
- absolue, 80
- et opérations, 81
- relative, 92
Inégalités, propriétés des, 307
Inéquation(s) linéaire(s), 307
Intérêt, 242
Interpolation, 215
Intersection de deux ensembles, 117
Intervalle des nombres représentables, 91
Inverseur, circuit, 136

L
Libres, variables, 120
Liées, variables, 120
Limites de la représentation des données, 85
Linéaire
- échelle, 246
- fonction, 314
Logarithme(s)
- en base b, 235
- notes historiques, 254
Logarithmique, échelle, 246
Lois de DE MORGAN, 399

M
Machines à calculer, note historique, 51
Matrice(s), 265
- associée à un système d'équations linéaires, 281
- augmentée d'un système d'équations linéaires, 281
- carrée, 286
- des termes constants, 281
- des inconnues, 281
- dimension d'une, 265
- égalité de, 265
- éléments d'une, 265
- équivalentes-lignes, 282
- identité, 286
- inverse, 286
- opérations sur les matrices, 266
Méthode
- de GAUSS, 281
- de GAUSS–JORDAN, 286
- des moindres carrés, 212
- des pierres de gué, 348
- du coin nord-ouest, 345
- du coût minimal, 346
- du simplexe, 324

N
NAPIER, John, 231
Négation, 103
Nombre d'EULER, 244
Notation factorielle, 365
Numération système de, 2
- notes historiques, 9

O
Octal, système, 11
Opérations
- en binaire, 30
  addition, 30
  complémentation, 33
  division, 40
  multiplication, 39
  soustraction, 32
- en mode réel, 72
Opérateurs booléens, 103
- et circuits, 122
Opérations et incertitude, 81
Opérations sur les ensembles, 117
- complément, 117
- intersection, 117
- union, 117
Opérations sur les lignes d'une matrice, 282
Opérations sur les matrices, 266
- multiplication par un scalaire, 267
- produit matriciel, 269
- somme, 266

P
PASCAL, Blaise, 383
- triangle de, 383
Pente d'une droite, 204
Périodicité, 173
Permutations
- avec objets indiscernables, 366
- d'objets distincts, 363
Pivotage, 325
Point sommet, 311
Polyèdre convexe, 311
Polygone convexe, 311
Polynomiale
- représentation, d'un nombre, 2
Portée d'un symbole de sommation, 170
Position d'un chiffre, 3
Précision
- double, 78
- du modèle affine, 214
- machine, 93
Préimage, 206
Prémisse, 105
Primal, problème, 334
- représentation matricielle du, 334
Principe,
- additif, 377
- multiplicatif, 377
Probabilité
- conditionnelles, 407
- d'un événement, 393
Problème de transport, 344
Problème dual, 334
- représentation matricielle du, 334
Processus stochastique, 402

Progression
- arithmétique, 167
- géométrique, 168

Proposition, 102

Propriété(s)
- de la transposition, 271
- des exposants, 240
- des inégalités, 307
- des logarithmes, 240
- de $n!$, 369
- des opérateurs booléens, 113, 137
- des opérations sur les ensembles, 118
- des opérations sur les matrices, 268
- du nombre de combinaisons, 382
- du produit matriciel, 270

Q

Quantificateur
- existentiel, 120
- universel, 119

Quantification, 119

R

Raison d'une progression
- arithmétique, 167
- géométrique, 168

Rang d'un chiffre, 3

Récurrence, 164
- démonstration par, 189
- preuve par, 189
- règle de, 164

Règle du complément, 397

Relation
- et fonction, 204
- réciproque, 206

Représentation des nombres dans un ordinateur
- complémentation, 58
- en mode réel, 71
- par excés, 70
- signe et module, 64

Représentation polynomiale d'un nombre, 2

Résidus, 214

Résolution d'un problème de programmation linéaire
- algébrique, 325
- géométrique, 312
- matricielle, 327

S

Schéma d'un additionner à 4 bits, 147
Semi-conducteurs, 141
Simplification de circuits par la méthode de Karnaugh, 150
Solution(s)
- de base, 325
- réalisables, 312

Sommation, symbole de, 170

Somme
- canonique, 144
- partielle d'une progression arithmétique, 171
- partielle d'une progression géométrique, 171
- d'une progression géométrique infinie, 181

Soustraction
- en binaire, 32
- en hexadécimal, 50
- en octal, 47

Suite(s), 164
- de Fibonacci, 166
- règle de récurrence d'une, 164
- finie, 164
- infinie, 164
- terme général d'une, 164

Symbole de sommation, 170
- portée d'un, 170

Système de numération, 2
- notes historiques, 9

Système(s) d'équations linéaires, 278
- échelonné, 279, 281
- homogène, 281

T

Table de vérité, 103
Tableau de Karnaugh, 150
- à deux variables, 150
- à trois variables, 152
- à quatre variables, 152

Taux d'intérêt
- effectif, 180
- nominal, 180
- périodique, 180
- réel, 180

Tautologie, 107
Transport, problèmes de, 344
Transposée d'une matrice, 271
Triangle de PASCAL, 383
Troncature, 78
TURING, Alan Mathison, 75

V

Valeur
- actuelle, 169
- de vérité, 101
- future, 169

Variable(s)
- booléenne, 123
- de base, 325
- d'écart, 324
- dépendante, 204
- indépendante, 204
- libre, 120
- liée, 120
- structurées, 263

Tremblier 7770
H1K 1C4

Seze e-mail
larissue@yahoo.com

Myrlène
6525 Villeneuve
apt 205
Langelier